Mathematische Methoden der Theoretischen Physik | 2

Gebhard Grübl

Mathematische Methoden der Theoretischen Physik | 2

Wahrscheinlichkeitstheorie –
Funktionentheorie – Partielle
Differentialgleichungen

Springer Spektrum

Gebhard Grübl
Institut für Theoretische Physik
Universität Innsbruck
Innsbruck, Österreich

ISBN 978-3-662-58074-5   ISBN 978-3-662-58075-2   (eBook)
https://doi.org/10.1007/978-3-662-58075-2

Die Deutsche Nationalbibliothek verzeichnet diese Publikation in der Deutschen Nationalbibliografie;
detaillierte bibliografische Daten sind im Internet über http://dnb.d-nb.de abrufbar.

Springer Spektrum

Verantwortlich im Verlag: Margit Maly

Springer Spektrum ist ein Imprint der eingetragenen Gesellschaft Springer-Verlag GmbH, DE und ist ein
Teil von Springer Nature
Die Anschrift der Gesellschaft ist: Heidelberger Platz 3, 14197 Berlin, Germany

Vorwort

Der vorliegende Text entstand zumeinen Vorlesungen *Mathematische Methoden der Physik II* in den Wintersemestern 2004/2005 bis 2016/2017 an der Universität Innsbruck. Sein Hauptgewicht liegt auf jenen linearen, partiellen Differentialgleichungen und den mit ihnen einhergehenden „speziellen Funktionen", die für ein Verständnis von Elektrodynamik und Quantenmechanik entscheidend sind. Zudem wird neben einer Einführung in die Theorie der Wahrscheinlichkeit einiges vom funktionentheoretischen Werkzeug der Physik bereitgestellt. Zuletzt wird ein Ausblick auf die Theorie der Distributionen gegeben. Letztere bilden ja das Substrat der verallgemeinerten Lösungen von linearen partiellen Differentialgleichungen und sie werden daher zumindest schemenhaft in den Grundkursen über Theoretische Physik genutzt. Spätestens in den Kursen über Quantenfeldtheorie wird ein etwas solideres Verständnis der Distributionen, das über formale und rezeptartige Manipulationen hinausgeht, unumgänglich. Jedes Kapitel schließt mit einem Abschnitt von Übungsbeispielen, deren eigenständige Lösung die Stoffaufnahme (hoffentlich) erleichtert.

Einige tiefer in die Physik hineinführende Abschnitte, wie z. B. jener über die Lorentzinvarianz von d'Alemberts Wellengleichung, über die Maxwellgleichungen, oder auch der über Multipolmomente, sind mit einem Stern gekennzeichnet. Sie führen einige speziellere der in den Theorievorlesungen genutzten Begriffe und Techniken etwas näher an die allgemeine mathematische Grundausbildung heran. Diese Abschnitte sollten einige Kapitel der Theoriekurse im Selbststudium klärend begleiten können. Sie setzen manchmal den Stoff späterer nicht durch einen Stern gekennzeichneter Abschnitte voraus. Studierende, die in der Phase des Erstkontaktes mit dem Stoff stehen, werden solche Abschnitte daher besser überspringen.

Alle wesentlichen Aussagen des Textes aber sind, so hoffe ich, ohne Zuhilfenahme weiterer Literatur für sich verständlich. Zumal viele Beispiele aus der Physik eingeflochten sind, um mathematische Sätze und deren Tragweite zu illustrieren. Bei manchen Sätzen sind die Beweise nicht ausgeführt, sondern es wird auf detailliertere Spezialwerke verwiesen. Die Literaturhinweise sind dabei mit Absicht so sparsam gehalten, dass sie bei Bedarf zwar Zugang zu fehlenden Beweisen verschaffen, aber keinesfalls eine erdrückende Wirkung entfalten. Mein Ziel war es ferner, ein möglichst gutes Verständnis der Grundtechniken zu vermitteln, statt enzyklopädische Vollständigkeit anzustreben. Dafür gibt es andere Werke, die sich zum Teil auch unter den Literaturverweisen finden. Dem Streben nach größtmöglicher Klarheit ist es auch geschuldet, dass der Text nicht in Englisch verfasst ist. Es hilft ja beträchtlich, diesen doch recht schwierigen Stoff in der eigenen, in ihren Nuancen vertrauten Sprache aufnehmen zu können; einen Stoff, der es verlangt, jedes Wort beim Wort zu nehmen und bei Bedarf dreimal zu überdenken.

Peter Girtler, Sabine Kreidl, Laurin Ostermann, Markus Penz und Lukas Wurzer lieferten Korrekturen, Verbesserungsvorschläge und einige Grafiken. Michael Oberguggenberger, Norbert Ortner und Peter Wagner gaben mir die Gelegenheit an einigen ihrer äußerst interessanten Vorlesungen und Seminare über partielle Differentialgleichungen teilzunehmen. Wolfgang Förg-Rob stand mir immer wieder in Detailfragen klärend zur Seite. Hans Embacher unterstützte mich mit unendlicher Geduld in computertechnischen Belangen. Thomas Franosch machte mir Mut, an diesem Text weiterzuarbeiten, und Institutsleiter Helmut Ritsch stellte mir auch nach meiner Pensionierung die dafür nötigen Ressourcen zur Verfügung. Das Lektorat des Springerverlags brachte Rechtschreibung und Grammatik auf aktuellen Stand und rückte so manche Formulierung zurecht. Ihnen allen meinen herzlichen Dank!

25. Juli 2018   Gebhard Grübl

Inhaltsverzeichnis

Wahrscheinlichkeit 1

Schon lange erfreuen sich Menschen an Glücksspielen. Der Ausgang eines solchen Spiels ist nicht vorhersehbar und erst recht nicht beeinflussbar. Denn das Spiel macht Gebrauch von Naturvorgängen, die von den Spielern nur unvollkommen gesteuert werden können.

In der großen Welt, die uns umgibt, sind solche unabsehbaren Naturvorgänge eher die Regel als die Ausnahme, sodass sich die Physik mit diesem sogenannten Zufall auseinandersetzen muss. Jede Naturbeobachtung wird ja von unkontrollierten Umständen beeinflusst. Was kann also aus gestörten Beobachtungen über die Natur eines idealisierten Systems ermittelt werden? Gibt es reproduzierbare durchschnittliche Eigenschaften einer großen Zahl ähnlicher, im Detail aber doch unterschiedlicher Systemzustände? Die Antwort auf derlei Fragen kommt in Reichweite, wenn es gelingt, im Zufall Regelhaftigkeit auszumachen. Etwas verkürzt gesagt ist also darüber nachzudenken, wie aus einem Glücksspiel ein sicheres Geschäft zu machen ist.

Wird ein kommerzielles Glücksspiel hinreichend oft gespielt, dann zeichnet sich eine Regelmäßigkeit ab, die eine der spielenden Parteien, in der Regel jene Partei, welche die Regeln vorschlägt, nahezu sicher zur Gewinnerin macht. Der entscheidende Sachverhalt ist uns aus dem einfachen Würfelspiel geläufig. Ein Würfel werde N-mal geworfen. Dabei sei n_i die Anzahl jener Würfe, die als Ergebnis die Augenzahl i ergeben. Für hinreichend große Zahl N liegt dann die Häufigkeit n_i/N der Augenzahl i in der Nähe von $1/6$. Je größer N, umso besser ist in der Regel die Übereinstimmung zwischen n_i/N und $1/6$. Es gibt also Aussagen über die Ausgänge einer großen Zahl von Glücksspielen, die (fast) sicher wahr sind und auf die sich daher sorglos wetten lässt.

Von solchen Einsichten leben alle Kasinos und in einem übertragenen Sinn die gesamte statistische Physik. Probieren Sie es aus, indem Sie mit einer großen Zahl von Freunden gegen Zahlung von 1 EUR pro Würfelversuch die Auszahlung von 2 EUR im Fall eines geworfenen Sechsers vereinbaren. Endet ein Würfelversuch mit einer anderen Augenzahl als Sechs, gehört der Einsatz Ihnen. Nach 1000 Würfelversuchen werden Sie um etwa 500 EUR reicher sein. Dass Sie um 2000 EUR ärmer sind, ist zwar möglich, aber äußerst unwahrscheinlich.

© Springer-Verlag GmbH Deutschland, ein Teil von Springer Nature 2019
G. Grübl, *Mathematische Methoden der Theoretischen Physik | 2*,
https://doi.org/10.1007/978-3-662-58075-2_1

Natürlich geben empirische Häufigkeiten keine mathematische Definition von Wahrscheinlichkeit ab. Vielmehr geben sie ein Ziel dafür vor, was erklärt werden soll: Man versuche, Regelmäßigkeiten in einer großen Anzahl von ähnlich gelagerten Vorgängen zu erkennen und zu verstehen. Auch dann, wenn die einzelnen Vorgänge völlig regellos erscheinen mögen.

Das Galtonbrett, siehe Abb. 1.1, lässt eine solche Regelhaftigkeit im Zufall besonders klar hervortreten. Eine Kugel rollt über ein geneigtes Brett und ist immer wieder an einem Hindernis (Nagel) gezwungen, vom geraden Weg nach links oder rechts um einen Einheitsschritt abzuweichen. Nach dem Passieren von n Nagelreihen ist die Kugel um insgesamt $k \in \{-n, -n+2, \ldots n\}$ Schritte horizontal versetzt und landet im Auffangschacht für alle Kugeln mit Nettoversatz k. (Es gibt $n+1$ solcher Schächte.) Die Zahl der möglichen Wege einer Kugel beträgt 2^n, und keiner dieser Wege ist wahrscheinlicher als einer der anderen. Der genaue Weg oder auch nur der Gesamtversatz einer einzelnen Kugel ist nicht vorhersehbar. Lässt man aber eine große Zahl N von Kugeln über das Brett rollen, dann ergibt sich eine zumindest annähernd reproduzierbare Anzahl von Kugeln in den einzelnen Auffangschächten. Die Zahl der Kugeln mit Endversatz k wird mit wachsendem N zunehmend deterministisch. So schwankt etwa der Prozentsatz der Kugeln mit Gesamtversatz k bei einer Wiederholung eines Experiments mit N Kugeln umso weniger, je größer N ist. Oder es geht die Wahrscheinlichkeit des Ereignisses, dass alle N Kugeln eines Durchgangs denselben Endversatz haben, mit wachsendem N gegen 0.

Der Weg einer Kugel durch ein Galtonbrett liefert ein qualitatives Bild vom Zustandekommen eines Einzelmesswertes, in den eine ganze Reihe von zufälligen, unvermeidlichen Störungen Eingang findet. Die Verteilung der gestörten Einzelmesswerte (bei oftmaliger Wiederholung der Messung) ist in ihren groben Zügen determiniert. Sie hat ihr Maximum nahezu sicher über dem unverfälschten Wert.

Nur Ereignisse mit Wahrscheinlichkeiten nahe bei 0 oder 1 geben die Möglichkeit zum Vergleich einer wahrscheinlichkeitsbehafteten Theorie mit Beobachtungen. Solche Ereignisse gilt es zu finden, wenn ein Wahrscheinlichkeitsmodell empirischen Gehalt bekommen soll.

Abb. 1.1 Zwei Wege durchs Galtonbrett mit $n = 4$ und $k = \pm 2$

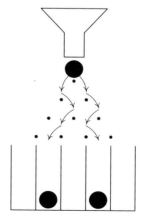

Das Thema Wahrscheinlichkeit wird vor dem Hintergrund der Physik recht ausführlich in [3, Kap. I, § 4] und auf einer höher entwickelten Stufe in [4, Kap. VI, § 19] behandelt. Eine systematische, elementare Einführung gibt das Lehrbuch [1]. Eine sehr knappe und auf die wichtigsten Ergebnisse gerichtete Zusammenfassung mit Hinweisen auf die geschichtliche Entwicklung enthält [5].

1.1 Endliche Wahrscheinlichkeitsräume

Etwa 300 Jahre mathematischen Räsonierens haben einen präzisen Wahrscheinlichkeitsbegriff hervorgebracht, der von empirischen Häufigkeiten und dem Versuch befreit ist, den Zufall selbst zu definieren. Er stammt von Andrei N. Kolmogorow und fasst Wahrscheinlichkeit als etwas auf, das den Teilmengen einer Grundmenge Ω in ähnlicher Weise zukommt, wie Volumina oder Massen den Teilen eines (physischen) Körpers zuzuweisen sind.

Allerdings ist der moderne mathematische Wahrscheinlichkeitsbegriff erstaunlich weit vom realitätsnahen Häufigkeitsbegriff entfernt. Er ist als rein mathematischer Begriff zunächst ohne jeden Bezug zur materiellen Wirklichkeit gefasst. Wie die Wahrscheinlichkeit eines materiellen Ereignisses gemessen werden kann, ist nicht mehr Teil der Definition. Dementsprechend werden Häufigkeiten erst in einem höher entwickelten Stadium der Theorie eingeführt und erst dann wird klar werden, wie Wahrscheinlichkeiten zumindest halbwegs sicher empirisch ermittelt werden können. Eine vollkommene Sicherheit wird sich dabei jedoch als unerreichbar erweisen. Das wiederum löst naturphilosophische Zweifel und Fragen aus, welche die Mathematik aber unberührt lassen.[1]

1.1.1 Wahrscheinlichkeit als Mengenfunktion

Definition 1.1 Ein endlicher Wahrscheinlichkeitsraum (W-Raum) ist eine endliche, nichtleere Menge Ω zusammen mit einer Funktion $W : \text{pot}(\Omega) \to \mathbb{R}$, sodass

(i) $W(A) \geq 0$ für alle $A \subset \Omega$,
(ii) $W(A \cup B) = W(A) + W(B)$ für alle $A, B \subset \Omega$ mit $A \cap B = \{\}$,
(iii) $W(\Omega) = 1$.

Die Elemente von Ω repräsentieren die in einem Zufallsexperiment möglichen Ergebnisse, die als Versuchsausgänge bezeichnet werden. Teilmengen $A \subset \Omega$ heißen Ereignisse und für $\omega \in \Omega$ wird die einelementige Teilmenge $\{\omega\}$ als Elementarereignis bezeichnet. Ein Ereignis A tritt in einem Zufallsexperiment genau dann ein,

---

[1] Solche Fragen werden z. B. in Kapitel VIII und in diversen Anhängen von Karl Popper in seiner *Logik der Forschung* [6] besprochen.

wenn der Versuchsausgang Element von A ist. Für $A \subset \Omega$ heißt $\Omega \setminus A$ das zu A komplementäre Ereignis. Die Potenzmenge $\mathrm{pot}(\Omega)$ von Ω ist die Menge aller Teilmengen von Ω. Die Funktion W, die jeder Teilmenge von Ω eine Zahl zuordnet, wird als ein Wahrscheinlichkeitsmaß (W-Maß) auf Ω bezeichnet. Die Zahl $W(A)$ heißt Wahrscheinlichkeit des Ereignisses A. Es gilt also $W(A) + W(\Omega \setminus A) = 1$. Zur Beschreibung verschiedener Zufallsexperimente werden im Allgemeinen verschiedene Grundmengen Ω und W-Maße W benötigt.

Die Zahlen $W(A)$ sind gemäß (i) nichtnegativ. Aus (ii) folgt $W(\{\}) = 0$. Im Beispiel eines Münzwurfes besteht Ω nur aus zwei Elementen, nämlich K (Kopf) und Z (Zahl). Die Menge $\mathrm{pot}(\Omega)$ aller Teilmengen von Ω besteht aus der leeren Menge $\{\}$ und den weiteren Mengen $\{K\}, \{Z\}, \{K, Z\} = \Omega$. Gilt etwa bei einer (ganz und gar ungerechten) Münze $W(\{K\}) = 0{,}95$, dann folgt aus (ii), dass $W(\{Z\}) = 0{,}05$. Gleichung $W(\{\}) = 0$ sagt, dass die Wahrscheinlichkeit dafür, dass nach einem Münzwurf weder Kopf noch Zahl obenauf liegt, gleich 0 ist.

Beispiel 1.1 (Würfel) Sei $\Omega := \{1, 2, 3, 4, 5, 6\}$ mit $p_i := W(\{i\}) := 1/6$ für alle $i \in \Omega$. Nach Regel (ii) folgt $W(\{1, 4\}) = W(\{1\}) + W(\{4\}) = \frac{1}{6} + \frac{1}{6} = \frac{1}{3}$. So kann die Wahrscheinlichkeit eines jeden Ereignisses aus den Wahrscheinlichkeiten der Elementarereignisse durch Addition berechnet werden. Im Beispiel ist das Ereignis $\{1, 4\}$ das mathematische Bild des Ereignisses „beim einmaligen Wurf eines Würfels wird die Augenzahl 1 oder 4 geworfen".

Definition 1.2 Ein endlicher W-Raum (Ω, W) mit $W(\{\omega\}) = 1/|\Omega|$ für alle $\omega \in \Omega$ heißt Gleichverteilung. Hier bezeichnet $|\Omega|$ die Anzahl der Elemente von Ω.

Ist (Ω, W) Gleichverteilung, dann gilt für jedes $A \subset \Omega$, dass $W(A) = |A|/|\Omega|$. Gleichverteilungen werden wegen ihrer Einfachheit oft als Beispiele diskutiert, sind jedoch „winzige Inseln im Meer der Wahrscheinlichkeitsräume". Ein gezinkter Würfel ist etwa durch die sechs im Allgemeinen voneinander verschiedenen Elementarwahrscheinlichkeiten $0 \le W(\{i\}) =: p_i$ mit der Nebenbedingung $\sum_{i=1}^{6} p_i = 1$ charakterisiert. Der Extremfall eines gezinkten Würfels ist mit

$$p_i = \begin{cases} 1 & \text{für } i = k \\ 0 & \text{sonst} \end{cases}$$

für ein fest gegebenes $k \in \Omega$ realisiert. Dieser Würfel wirft mit Sicherheit die Augenzahl k.

Definition 1.3 Ein W-Maß W_k, für das $W_k(A) = 1$ für $k \in A$ und $W_k(A) = 0$ für $k \notin A$ gilt, heißt Punktmaß, lokalisiert in k.

Das Beispiel des Würfels macht klar, dass jedes Wahrscheinlichkeitsmaß W einer endlichen Menge Ω durch die endlich vielen Werte $p_\omega := W(\{\omega\})$ für $\omega \in \Omega$ eindeutig bestimmt ist. Es gilt ja nach (ii) $W(\{\omega_1, \ldots \omega_k\}) = W(\{\omega_1\}) + \ldots + W(\{\omega_k\})$. Die Funktion $p : \Omega \to [0, 1], \omega \mapsto p_\omega$ hat daher einen eigenen Namen. Sie heißt

Wahrscheinlichkeitsfunktion. Falls also p auf Ω konstant ist und daher überall den Wert $1/|\Omega|$ annimmt, ist W eine Gleichverteilung.

1.1.2 Konstruktion von Wahrscheinlichkeitsräumen

Wie kann aus einem oder mehreren Wahrscheinlichkeitsräumen ein neuer gebildet werden? Dieser Abschnitt stellt einige wichtige Konstruktionsverfahren für solchermaßen abgeleitete Wahrscheinlichkeitsräume vor.

Bedingte Wahrscheinlichkeit

Zwei unterscheidbare Münzen werden geworfen. Das Ergebnis des Wurfes der ersten Münze wird mit $\varepsilon \in \{1, -1\}$, jenes der zweiten mit $\eta \in \{1, -1\}$ bezeichnet. Die Grundmenge aller möglichen Versuchsausgänge ist somit die vierelementige Menge $\Omega = \{(\varepsilon, \eta) \mid \varepsilon, \eta \in \{1, -1\}\}$. Jedes Wahrscheinlichkeitsmaß W auf Ω ist durch seine Wahrscheinlichkeitsfunktion p festgelegt. Wir notieren $p(1, 1) = \lambda$, $p(1, -1) = \mu$ und $p(-1, 1) = \nu$ mit $\lambda, \mu, \nu \in \mathbb{R}_{\geq 0}$ und $\lambda + \mu + \nu \leq 1$, sodass $p(-1, -1) = 1 - \lambda - \mu - \nu \geq 0$ folgt. Die Gleichverteilung liegt genau dann vor, wenn $\lambda = \mu = \nu = 1/4$.

Nimmt das Ergebnis ε des Wurfes der ersten Münze Einfluss auf das Ergebnis η des zweiten Wurfes? Zunächst ein Wort über eine praktische und übliche Kurzschreibweise. Das Ereignis $\{(\varepsilon, \eta) \in \Omega : \varepsilon = 1\}$ wird kurz als das Ereignis $\varepsilon = 1$ bezeichnet. Für die Wahrscheinlichkeit von $\varepsilon = 1$ gilt unter Verwendung dieser Kurznotation $W(\varepsilon = 1) = W(\{(1, 1), (1, -1)\}) = \lambda + \mu$.

Falls nun $W(\varepsilon = 1 \text{ und } \eta = 1) = W(\varepsilon = 1) \cdot W(\eta = 1)$ gilt, dann hat das Ereignis $\eta = 1$ bei Vorliegen des Ereignisses $\varepsilon = 1$ bezogen auf die Wahrscheinlichkeit von $\varepsilon = 1$ dieselbe Wahrscheinlichkeit wie im gesamten Raum Ω. Die Zusatzbedingung $\varepsilon = 1$ hat keinen Einfluss auf die Wahrscheinlichkeit für das Eintreten von $\eta = 1$. Wegen $W(\eta = 1) = \lambda + \nu$ ist dies also genau dann der Fall, wenn $\lambda = (\lambda + \mu)(\lambda + \nu)$ gilt. Ist beispielsweise W eine Gleichverteilung, dann folgt $W(\{(1, 1)\}) = W(\varepsilon = 1) \cdot W(\eta = 1)$.

Für $W(\{\varepsilon = 1 = \eta\}) \neq W(\varepsilon = 1) \cdot W(\eta = 1)$ aber, besteht eine „stochastische Abhängigkeit" zwischen den Ereignissen $\varepsilon = 1$ und $\eta = 1$.[2] Ein extremer Fall eines solchen Zusammenhangs liegt für $\lambda = 1/2$ und $\mu = \nu = 0$ vor. Es gilt dann $W(\varepsilon = 1) = 1/2 = W(\eta = 1)$ und $W(\varepsilon = \eta) = 1$. Die beiden Münzen fallen mit Sicherheit auf dieselbe Seite.[3]

---

[2]Der Begriff Stochastik fasst heute die Gebiete (mathematische) Wahrscheinlichkeit und Statistik zusammen. Er leitet sich von der griechischen Wendung $\sigma\tau o\chi\alpha\sigma\tau\iota\kappa\grave{\eta}$ $\tau\varepsilon\chi\nu\acute{\eta}$ für die „Kunst(fertigkeit) des Vermutens" ab.

[3]Liest man das Ereignis $\varepsilon = 1$ als „Die Person X hat mehr als 1000 Zigaretten geraucht" und $\eta = 1$ als „Die Person X erkrankt an Lungenkrebs", dann wird die praktische Bedeutung einer stochastischen Abhängigkeit drastisch sichtbar, denn für $W(\{(1, 1)\}) > W(\varepsilon = 1) \cdot W(\eta = 1)$ erhöht Rauchen das Erkrankungsrisiko.

Definition 1.4 Zwei Ereignisse A, $B \subset \Omega$ eines W-Raumes (Ω, W) heißen stochastisch unabhängig, falls $W(A \cap B) = W(A)W(B)$.

Ein quantitatives Maß für den Einfluss eines Ereignisses B auf die Wahrscheinlichkeit des gemeinsamen Vorliegens von A und B gibt die folgende Definition.

Definition 1.5 Sei (Ω, W) ein W-Raum und $B \subset \Omega$ ein fest gewähltes Ereignis mit $W(B) > 0$. Dann heißt $W_B(A) := \frac{W(A \cap B)}{W(B)}$ die Wahrscheinlichkeit von A relativ zu B. Oft wird statt $W_B(A)$ die Schreibweise $W(A \mid B)$ benutzt. $W_B(A)$ wird meist als bedingte Wahrscheinlichkeit von A unter (Vorliegen von) B bezeichnet.

Satz 1.1 *Die Mengenfunktion W_B auf $pot(\Omega)$ ist ein W-Maß auf Ω.*

Beweis Bedingung (i) von Definition 1.1 ist offensichtlich erfüllt. Zu (ii): Für $A_1, A_2 \subset \Omega$ mit $A_1 \cap A_2 = \{\}$ gilt

$$W_B(A_1 \cup A_2) = \frac{W((A_1 \cup A_2) \cap B)}{W(B)} = \frac{W((A_1 \cap B) \cup (A_2 \cap B))}{W(B)}$$
$$= \frac{W(A_1 \cap B) + W(A_2 \cap B)}{W(B)} = W_B(A_1) + W_B(A_2).$$

Zu (iii): Die Normiertheit $W_B(\Omega) = 1$ ist wiederum offensichtlich erfüllt. $\square$

Mischen und Produktbildung

Satz 1.2 *Sind W_i für $i = 1, \ldots n$ W-Maße auf Ω und sind λ_i für $i = 1, \ldots n$ positive reelle Zahlen mit $\sum_i \lambda_i = 1$, dann ist auch $W := \sum_{i=1}^{n} \lambda_i W_i$ ein W-Maß auf Ω. (W wird als Mischung der Maße W_i bezeichnet.)*

Beweis (Induktion) Zunächst für $n = 2$: Die Bedingung (i) aus Definition 1.1 ist offenbar erfüllt. (ii) folgt so: $W(A \cup B) = \lambda_1 W_1(A \cup B) + \lambda_2 W_2(A \cup B)$. Da W_1 und W_2 beides W-Maße sind, gilt für disjunkte Mengen A und B, dass $W_i(A \cup B) = W_i(A) + W_i(B)$. Somit folgt

$$W(A \cup B) = \lambda_1 W_1(A) + \lambda_2 W_2(A) + \lambda_1 W_1(B) + \lambda_2 W_2(B) = W(A) + W(B).$$

Die Normierungsbedingung (iii) $W(\Omega) = 1$ folgt aus

$$W(\Omega) = \lambda_1 W_1(\Omega) + \lambda_2 W_2(\Omega) = \lambda_1 + \lambda_2 = 1.$$

Der Fall $n > 2$ kann nun mittels Induktion nach n gezeigt werden. Wir nehmen dazu an, dass für $n - 1$ die Behauptung gilt. Nun gilt

$$\sum_{i=1}^{n} \lambda_i W_i = \sum_{i=1}^{n-1} \lambda_i W_i + \lambda_n W_n = (1 - \lambda_n) \sum_{i=1}^{n-1} \frac{\lambda_i}{1 - \lambda_n} W_i + \lambda_n W_n.$$

Wegen $\sum_{i=1}^{n-1} \frac{\lambda_i}{1-\lambda_n} = 1$ ist gemäß Induktionsvoraussetzung $W' := \sum_{i=1}^{n-1} \frac{\lambda_i}{1-\lambda_n} W_i$ ein W-Maß. Die Mischung der beiden Maße W' und W_n ist dann gemäß $n = 2$ ein W-Maß. $\qquad\square$

Die Mischung zweier W-Maße $\lambda W_1 + (1 - \lambda) W_2$ kann man sich so vorstellen: Beim Würfeln mit einem Würfel wird der Würfel selbst zunächst zufällig aus einer Palette von zwei Würfelsorten ausgewählt. Die Würfelsorte 1 hat die Wahrscheinlichkeit λ und ein Würfel dieser Sorte wirft gemäß W_1. Die Würfelsorte 2 hat die Wahrscheinlichkeit $1 - \lambda$ und ein Würfel dieser Sorte wirft gemäß W_2.

Satz 1.3 *Sind (Ω_i, W_i) für $i = 1, \ldots n$ W-Räume, dann existiert auf $\Omega_1 \times \ldots \times \Omega_n$ genau ein W-Maß W, sodass $W(A_1 \times \ldots \times A_n) = W_1(A_1) \ldots W_n(A_n)$ für alle $A_i \subset \Omega_i$ gilt. Notation: $W = W_1 \times \ldots \times W_n$ („Produktmaß").*

Beweis Jede Mengenfunktion W mit $W(A_1 \times \ldots \times A_n) = W_1(A_1) \ldots W_n(A_n)$ hat auf den Elementarereignissen wegen $\{(\omega_1, \ldots \omega_n)\} = \{\omega_1\} \times \ldots \times \{\omega_n\}$ die eindeutig bestimmten Werte

$$p(\omega_1, \ldots \omega_n) := W(\{(\omega_1, \ldots, \omega_n)\}) = \prod_i W_i(\{\omega_i\}) = \prod_i p_i(\omega_i).$$

Über die Additivität wird W dann auf alle anderen Teilmengen von Ω eindeutig fortgesetzt. Für $W(A_1 \times \ldots \times A_n)$ folgt somit

$$W(A_1 \times \ldots \times A_n) = \sum_{\omega_1 \in A_1} \cdots \sum_{\omega_n \in A_n} p(\omega_1, \ldots \omega_n) = \sum_{\omega_1 \in A_1} \cdots \sum_{\omega_n \in A_n} \prod_i p_i(\omega_i)$$

$$= \prod_i \left(\sum_{\omega_i \in A_i} p_i(\omega_i) \right) = \prod_i W_i(A_i).$$

Die Positivität von W ist klar. Die Normierungsbedingung gilt wegen

$$W(\Omega) = W(\Omega_1 \times \ldots \times \Omega_n) = \prod_i W_i(\Omega_i) = 1.$$

$\qquad\square$

Das zweimalige Werfen eines Würfels gibt ein Beispiel für das Produktmaß. Sei $\Omega_1 = \Omega_2 = \{1, 2, \ldots 6\}$ mit der Gleichverteilung $W_1 = W_2$ auf Ω_i. Dann ist $p(i, j) := p_1(i) p_2(j) = \frac{1}{36}$ für alle i, j. Das Produkt $W_1 \times W_2$ ist also wieder eine Gleichverteilung. Analog hat das n-malige Werfen eines Würfels den Wahrscheinlichkeitsraum $\{1, 2, \ldots 6\}^n$ mit der Gleichverteilung. Sie gibt jeder Folge $(\omega_1, \ldots \omega_n)$ von Augenzahlen dieselbe Wahrscheinlichkeit $p(\omega_1, \ldots \omega_n) = 6^{-n}$. Bei 10-mal Würfeln zehn Sechser zu werfen, hat also eine Wahrscheinlichkeit von $6^{-10} = e^{-10 \ln 6} \approx 1{,}65 \cdot 10^{-8}$. Wer so eine Wurffolge erlebt, wird wohl den Würfel zu untersuchen beginnen.

Ein physikalisch interessantes Beispiel liefert das Isotopenverhältnis von normalem Wasser, halbschwerem Wasser und schwerem Wasser, also von H_2O, HDO und D_2O, im natürlichen Wasser. Dort kommen diese Moleküle in einem Zahlenverhältnis von $1 : 3{,}1 \cdot 10^{-4} : 2{,}4 \cdot 10^{-8}$ vor. Können wir das mit einem einfachen Modell verstehen?

Bei der Bildung von Wasser bindet ein Sauerstoffatom aus dem es umgebenden Isotopengemisch an Wasserstoff zwei Wasserstoffatome. Es „zieht" also ein Element des Raumes $\{H, D\} \times \{H, D\}$. Mit der Wahrscheinlichkeit x wird ein H und mit der Wahrscheinlichkeit $1 - x = x'$ wird ein D gezogen. Angenommen die Ziehung zweier Atome geschieht unabhängig, also mit dem Produktmaß, dann verbrennt das O-Atom mit den Wahrscheinlichkeiten $W(\{(H, H)\}) = x^2$, $W(\{(H, D), (D, H)\}) = 2xx'$ und $W(\{(D, D)\}) = x'^2$ zu jeweils H_2O, HDO und D_2O. Die Wahrscheinlichkeiten stehen also gemäß dieser Vorstellung im Verhältnis $1 : 2x'/x : (x'/x)^2$. Aus $3{,}1 \cdot 10^{-4} = 2x'/x$ folgt $x'/x = 1{,}55 \cdot 10^{-4}$ und damit $(x'/x)^2 = 2{,}4 \cdot 10^{-8}$. Das Modell erklärt also den Anteil an D_2O aus jenem von HDO. Der Wert von x' ergibt sich zu $x' \approx 1/6500$. Eines von 6500 Wasserstoffatomen ist ein schweres.

Transport von W-Maßen

Satz 1.4 *Sei (Ω, W) ein W-Raum und $f : \Omega \to \Omega'$ mit endlicher Menge Ω'. Dann ist Ω' zusammen mit $W_f : \mathrm{pot}\,(\Omega') \to \mathbb{R}$ und $W_f(A') := W(f^{-1}(A'))$ ein W-Raum. Dieser wird als der Transport von W unter f oder auch als die Verteilung von f unter W bezeichnet.*

Hier bezeichnet $f^{-1}(A') = \{\omega \in \Omega \,|\, f(\omega) \in A'\}$ das Urbild von A' unter f. Zur Abbildung f braucht keine inverse Abbildung zu existieren. Für die Wahrscheinlichkeitsfunktion $p_f : \Omega' \to [0, 1]$ von W_f gilt also

$$p_f(\omega') = W\left(\{\omega \in \Omega \,|\, f(\omega) = \omega'\}\right).$$

Beweis Die Positivität ist klar. Zur Additivität: $A, B \subset \Omega'$ disjunkt impliziert dass auch $f^{-1}(A) \cap f^{-1}(B) = \{\}$. Daher und wegen $f^{-1}(A \cup B) = f^{-1}(A) \cup f^{-1}(B)$ gilt $W_f(A \cup B) = W\left(f^{-1}(A \cup B)\right) = W\left(f^{-1}(A) \cup f^{-1}(B)\right) = W_f(A) + W_f(B)$. Normiertheit: $W_f(\Omega') = W\left(f^{-1}(\Omega')\right) = W(\Omega) = 1$. $\qquad \square$

Sei $\Omega := \{1, \ldots, 6\} \times \{1, \ldots, 6\}$ und W die Gleichverteilung (zwei Würfel, einer rot und einer grün). Ein Farbenblinder kann das Elementarereignis (i, j) für $i \neq j$ nicht von (j, i) unterscheiden. Er identifiziert daher für $i < j$ die zwei Würfe (i, j) und (j, i). Sei $f : \Omega \to \Omega' := \{(i, j) \in \Omega \mid i \leq j\}$, mit $f(i, j) = (i, j)$, falls $i \leq j$, und $f(i, j) = (j, i)$ sonst. Der Farbenblinde sieht also nur das mit der Abbildung

f transportierte W-Maß W_f. Es hat die Wahrscheinlichkeitsfunktion $p_f(i, j) = \frac{1}{18}$ für $i > j$ und $p_f(i, i) = \frac{1}{36}$. Natürlich ist W_f keine Gleichverteilung.

1.1.3 Binomialverteilung

Ein weiteres Beispiel zum Produkt und Transport von W-Maßen ist der N-malige-Wurf einer unwuchtigen Münze. Hier ist $\Omega = \{0, 1\}$ mit $W(\{1\}) = x \in [0, 1]$ der W-Raum eines einzigen Wurfes. Der W-Raum des N-maligen Wurfes ist Ω^N mit dem Produktmaß W^N. Es gilt $W^N(\{(\omega_1, \ldots, \omega_N)\}) = \prod_{i=1}^{N} W(\{\omega_i\})$. Die Abbildung $Z_N : \Omega^N \to \mathbb{R}$ mit $(\omega_1, \ldots, \omega_N) \mapsto \sum_{i=1}^{N} \omega_i$ ordnet jeder Folge von Münzwurf-ausgängen $(\omega_1, \ldots, \omega_N)$ die Zahl der in ihr vorkommenden Einsen zu.[4] Der Wertebereich von Z_N ist $\{0, \ldots, N\}$. Auf diesem ist das transportierte W-Maß $\left(W^N\right)_{Z_N}$ definiert. Es gilt

$$\left(W^N\right)_{Z_N}(\{k\}) = W^N\left(\left\{\omega \in \Omega^N \mid Z_N(\omega) = k\right\}\right) = x^k(1-x)^{N-k} \left| Z_N^{-1}(\{k\}) \right|$$

$$= x^k(1-x)^{N-k} \binom{N}{k}.$$

Hier gibt der Binomialkoeffizient $\binom{N}{k} := \frac{N!}{(N-k)!k!}$ die Mächtigkeit der Menge $Z_N^{-1}(\{k\})$, also die Zahl der Möglichkeiten an, genau k Einsen in einer Folge aus N Nullen oder Einsen unterzubringen.

Definition 1.6 Für $x \in [0, 1]$ und $N \in \mathbb{N}$ heißt das W-Maß W auf $\{0, \ldots, N\}$ mit

$$W(\{k\}) := \text{Bi}(k; N, x) := x^k(1-x)^{N-k} \binom{N}{k}$$

Binomialverteilung zu den Parameterwerten N und x (siehe Abb. 1.2).

1.1.4 *Multinomialverteilung

Eine naheliegende Verallgemeinerung der Binomialverteilung ergibt sich aus einem k-elementigen W-Raum (Ω, W) durch Übergang zum W-Raum (Ω^N, W^N). Sei Ω also eine endliche Menge mit k Elementen: $\Omega = \{\omega_1, \ldots \omega_k\}$. W sei ein beliebiges W-Maß auf Ω. Abkürzung: $W(\{\omega_i\}) = p_i$. Es gilt $p_i \geq 0$ und $\sum_{i=1}^{k} p_i = 1$.

---

[4] Auch der Weg einer Kugel durch das Galtonbrett kann als Element ω von Ω^N aufgefasst werden. Der Wert $Z_N(\omega)$ gibt dann den Endversatz des Weges nach N Hindernissen an.

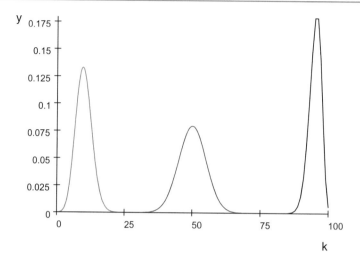

Abb. 1.2 $y = Bi(k; N, x)$ (interpoliert) für $N = 100$ und $x = 0{,}1$ (grün), $x = 0{,}5$ (rot) und $x = 0{,}95$ (schwarz)

Das W-Maß W^N auf $\Omega^N = \Omega \times \ldots \times \Omega$ ist definiert durch

$$W^N\left(\left\{(\omega_{i_1}, \ldots \omega_{i_N})\right\}\right) = p_{i_1} \cdot \ldots \cdot p_{i_N}.$$

Die Funktion $Z_i : \Omega^N \to \mathbb{N}_0$ mit $i \in \{1, \ldots k\}$ und

$$Z_i\left(\omega_{i_1}, \ldots \omega_{i_N}\right) = \delta_{i,i_1} + \ldots + \delta_{i,i_N}$$

gibt für jeden Punkt $\left(\omega_{i_1}, \ldots \omega_{i_N}\right) \in \Omega^N$ an, wie viele seiner Einträge mit ω_i übereinstimmen.

Sei $(n_1, \ldots n_k) \in \mathbb{N}_0^k$. Dann gilt

$$W^N\left(\{\omega \in \Omega_N : Z_1(\omega) = n_1, \ldots Z_k(\omega) = n_k\}\right)$$
$$= \begin{cases} \frac{N!}{n_1! \ldots n_k!} p_1^{n_1} \cdots p_k^{n_k} & \text{für } n_1 + \ldots + n_k = N \\ 0 & \text{sonst} \end{cases}.$$

Dieses W-Maß auf $\mathbb{N}_0^k$ heißt N-te Multinomialverteilung über W. Sie ist der Transport von W^N unter der Abbildung $(Z_1, \ldots Z_k) : \Omega^N \to \mathbb{N}_0^k$.

Die Multinomialverteilung beantwortet Fragestellungen des folgenden Typs: Ein unfairer Würfel wird 1000-mal geworfen. Wie groß ist die Wahrscheinlichkeit, dass dabei 155-mal die Eins, 201-mal die Zwei usw. geworfen wird, wenn p_1 die Wahrscheinlichkeit für eine Eins bei einem einzigen Wurf ist und p_2 jene für eine Zwei usw.? Oder auch die folgende Frage aus dem Bereich des „Urnenmodells" : In einer Urne sind s_1 Kugeln der Sorte 1, $\ldots s_k$ Kugeln der Sorte k. Daher ist bei einer wahllosen Ziehung die Wahrscheinlichkeit gleich $p_i = s_i / \sum_{r=1}^k s_r$, eine Kugel der Sorte

i zu ziehen. Werden nun N Ziehungen einer Kugel aus der Urne vorgenommen und die Kugeln jeweils vor der nächsten Ziehung in die Urne zurückgelegt, dann hat die Wahrscheinlichkeit, dabei n_1 Kugeln der Sorte 1 und n_2 Kugeln der Sorte 2 und ... n_k Kugeln der Sorte k zu ziehen, welchen Wert?

1.1.5 *Hypergeometrische Verteilung

Die hypergeometrische Verteilung ergibt sich auf natürliche Weise im Zusammenhang des Urnenmodells. In einer Urne sind N Kugeln. Sie tragen die Nummern $1, \ldots N$. Davon sind die Kugeln mit den Nummern $1, \ldots M$ weiß und die restlichen $N - M$ Kugeln schwarz. Nun werden aus der Urne wahllos n Kugeln entnommen. Wie groß ist die Wahrscheinlichkeit, dass von den entnommenen Kugeln k weiße und der Rest schwarze Kugeln sind? Es gilt also $N, M, n \in \mathbb{N}, k \in \mathbb{N}_0$ mit $M \le N$ und $k \le n$.

Jede Ziehung ω kann als n-elementige Teilmenge der Menge $\{1, \ldots N\}$ aufgefasst werden. Der Ereignisraum Ω ist also die Menge aller n-elementigen Teilmengen von $\{1, \ldots N\}$. Es gilt $|\Omega| = \binom{N}{n}$. Die Zahl aller k-elementigen Teilmengen von $\{1, \ldots M\}$ ist $\binom{M}{k}$ für $k \le M$ und 0 sonst. Setzen wir für $k > M$ die Zahl $\binom{M}{k} = 0$, dann gilt für alle $k \in \mathbb{N}_0$, dass die Zahl der k-elementigen Teilmengen von $\{1, \ldots M\}$ gleich $\binom{M}{k}$ ist. Die Zahl aller $(n-k)$-elementigen Teilmengen von $\{M+1, \ldots N\}$ ist dementsprechend gleich $\binom{N-M}{n-k}$. Die Zahl aller n-elementigen Teilmengen von $\{1, \ldots N\}$, deren Durchschnitt mit $\{1, \ldots M\}$ die Mächtigkeit k hat, ist somit gleich $\binom{M}{k} \cdot \binom{N-M}{n-k}$. Damit ergibt sich nun für die Gleichverteilung W auf Ω, dass

$$W\left(\{\omega \in \Omega : |\omega \cap \{1, \ldots M\}| = k\}\right) = \frac{\binom{M}{k} \cdot \binom{N-M}{n-k}}{\binom{N}{n}}.$$

Das W-Maß auf der Menge $\{0, 1, \ldots n\}$ mit

$$W_{N,M,n}\left(\{k\}\right) = \frac{\binom{M}{k} \cdot \binom{N-M}{n-k}}{\binom{N}{n}}$$

mit $N, M, n \in \mathbb{N}$ mit $M \le N, n \le N$ wird als hypergeometrische Verteilung zu den Parameterwerten N, M, n bezeichnet. Es entsteht aus der Gleichverteilung auf Ω durch Transport mit der Funktion

$$f : \Omega \to \{0, 1, \ldots n\}, \quad \omega \mapsto |\omega \cap \{1, \ldots M\}|.$$

Hypergeometrische Verteilungen steuern die Wahrscheinlichkeit, mit einem Tipp beim Lotto „Sechs aus 45" drei „Richtige" zu erraten. Sie finden weiters Verwendung in der Qualitätskontrolle. Den weißen Kugeln entsprechen dabei etwa die fehlerhaften Stücke einer Produktion, den schwarzen die makellosen.

1.1.6 Erwartungswert und Varianz

Reellwertige Funktionen auf einem W-Raum, sogenannte (reelle) stochastische Variable, haben besondere Bedeutung. Sie geben etwa bei Glücksspielen Verlust oder Gewinn in Abhängigkeit vom Versuchsausgang an. Wichtige Größen sind Erwartungswert und Varianz einer reellen stochastischen Variable.

Definition 1.7 Sei (Ω, W) ein Wahrscheinlichkeitsraum und $f : \Omega \to \mathbb{R}$. Dann heißt $\langle f \rangle_W := \sum_{\omega \in \Omega} f(\omega) W(\{\omega\})$ Erwartungswert und $V_W(f) := \left\langle \left(f - \langle f \rangle_W\right)^2 \right\rangle_W \geq 0$ Varianz von f unter W. Die Zahl $(\Delta f)_W := \sqrt{V_W(f)}$ heißt Streuung (oder Standardabweichung) von f. Der Index W an Erwartungswert und Varianz wird weggelassen, wenn das Wahrscheinlichkeitsmaß W aus dem Zusammenhang klar ist.

Ein Freund(?) bietet Ihnen ein Würfelspiel an. Wird die gerade Augenzahl n geworfen, bezahlen Sie ihm n Euro. Wird jedoch eine ungerade Augenzahl n geworfen, erhalten Sie von ihm n Euro. Mit welchem Gewinn oder Verlust pro Spiel müssen Sie bei einer großen Anzahl N von Spielen rechnen? Die Gewinnfunktion f erfüllt: $f(n) = -(-1)^n n$. Etwas später werden wir lernen, dass im Grenzübergang $N \to \infty$ die Wahrscheinlichkeit gegen 1 konvergiert, einen Gewinn pro Spiel in der Höhe von $G = \langle f \rangle$ Euro zu erhalten. Es gilt somit

$$G = \frac{1}{6}(1 - 2 + 3 - 4 + 5 - 6) = -\frac{1}{2}$$

und Sie werden das Spiel besser nicht zu oft spielen.

Satz 1.5 *Sei $\Omega = \{1, 2, \ldots, n\}$ und sei W das gleichverteilte W-Maß auf Ω. Die stochastische Variable $f := \mathrm{id}_\Omega$ hat den Erwartungswert $\langle f \rangle = \frac{n+1}{2}$ und die Varianz $V(f) = \frac{n^2-1}{12}$ unter W.*

Beweis Es gilt $\langle f \rangle = (1/n)\sum_{k=1}^{n} k = (1/n) \cdot (n/2) \cdot (n+1) = (n+1)/2$. Nun zur Varianz. Es gilt $V(f) = \langle f^2 \rangle - \langle f \rangle^2 = (1/n)\sum_{k=1}^{n} k^2 - (n+1)^2/4$. Mit

$$\sum_{k=1}^{n} k^2 = \frac{n(n+1)(2n+1)}{6} \tag{1.1}$$

folgt daraus die Behauptung, denn

$$V(f) = \frac{(n+1)(2n+1)}{6} - \frac{(n+1)^2}{4} = (n+1)\left(\frac{2n+1}{6} - \frac{n+1}{4}\right)$$

$$= (n+1)\left(\frac{4n+2}{12} - \frac{3n+3}{12}\right) = (n+1)\frac{n-1}{12} = \frac{n^2-1}{12}.$$

Gl. 1.1 zeigt man durch Induktion. Für $n = 1$ gilt sie. Gilt Gl. 1.1 für ein $n \geq 1$, dann folgt daraus einerseits

$$\sum_{k=1}^{n+1} k^2 = \sum_{k=1}^{n} k^2 + (n+1)^2 = \frac{n\,(n+1)\,(2n+1)}{6} + (n+1)^2$$

$$= \frac{n+1}{6}\left(2n^2 + n + 6n + 6\right) = \frac{n+1}{6}\left(2n^2 + 7n + 6\right).$$

Andererseits gilt

$$\frac{n+1}{6}\,(n+2)\,(2(n+1)+1)$$

$$= \frac{n+1}{6}\left(2n^2 + 2n + 4n + 4 + n + 2\right) = \frac{n+1}{6}\left(2n^2 + 7n + 6\right)$$

und somit Gl. 1.1 auch für $n+1$ und damit für alle $n \in \mathbb{N}$. □

Der folgende Satz listet eine Reihe nützlicher Eigenschaften von Varianz und Erwartungswert auf. Diese Eigenschaften ersparen manche Rechnung, sind nützlich bei der Fehlersuche oder begründen – wie im Fall der Chebyshev-Ungleichung – die immense Bedeutung der Varianz für empirische Anwendungen von Wahrscheinlichkeitsmodellen.

Satz 1.6 *Sei (Ω, W) ein Wahrscheinlichkeitsraum mit $f, g : \Omega \to \mathbb{R}$. Dann gilt:*

1. *$\langle \alpha f + \beta g \rangle = \alpha\,\langle f \rangle + \beta\,\langle g \rangle$ für $\alpha, \beta \in \mathbb{R}$ (Linearität)*
2. *$\min f(\Omega) \leq \langle f \rangle \leq \max f(\Omega)$*
3. *$\langle f^n \rangle_W = \sum_{x \in f(\Omega)} x^n p_f(x) = \left\langle \left(\mathrm{id}_{f(\Omega)}\right)^n \right\rangle_{W_f}$ mit $n \in \mathbb{N}_0$ und*

$$p_f(x) := W_f\left(\{x\}\right) = W\left(f^{-1}\{x\}\right) = W\left(\{\omega \in \Omega \mid f(\omega) = x\}\right).$$

   (Die Wahrscheinlichkeitsfunktion von W_f, also $p_f : f(\Omega) \to [0, 1]$, heißt auch Verteilungsfunktion von f unter W.)
4. *$\langle f \rangle_{\lambda W_1 + (1-\lambda)W_2} = \lambda\,\langle f \rangle_{W_1} + (1 - \lambda)\,\langle f \rangle_{W_2}$. (Der Erwartungswert unter einer Mischung ist gleich der Mischung der Erwartungswerte.)*
5. *W_f ist Punktmaß in $x \in f(\Omega) \Rightarrow \langle f \rangle = x$.*
6. *$V(f) = \langle f^2 \rangle - \langle f \rangle^2$, $\left\langle (f - x)^2 \right\rangle = V(f) + (\langle f \rangle - x)^2$ für $x \in \mathbb{R}$. (Der Erwartungswert der quadratischen Abweichung zwischen f und x ist minimal für $x = \langle f \rangle$.)*
7. *$V(f) = 0$ genau dann, wenn der Transport W_f ein Punktmaß ist.*
8. *$W\left(\{\omega \in \Omega : |f(\omega) - \langle f \rangle| \geq t\}\right) \leq \frac{1}{t^2} V(f)$ für alle $t > 0$ (Chebyshev-Ungleichung).*

9. $V_{\lambda W_1 + (1-\lambda) W_2}(f) = \lambda V_{W_1}(f) + (1-\lambda) V_{W_2}(f) + \lambda (1-\lambda) \left(\langle f \rangle_{W_1} - \langle f \rangle_{W_2} \right)^2$.
   (Die Varianz unter einer Mischung ist also nicht kleiner als die Mischung der Varianzen.)

Beweis Die meisten Aussagen sind ganz einfach direkt nachzurechnen. Wir zeigen beispielhaft wie die Aussagen 8) und 9) zustande kommen. Zunächst zu 9): Für die Varianz von f unter der Mischung $W = \lambda W_1 + (1-\lambda) W_2$ mit $p(\omega) = \lambda p_1(\omega) + (1-\lambda) p_2(\omega)$ gilt

$$
\begin{aligned}
V_W(f) &= \sum_{\omega \in \Omega} p(\omega) f(\omega)^2 - \left(\sum_{\omega \in \Omega} p(\omega) f(\omega) \right)^2 \\
&= \lambda \left\langle f^2 \right\rangle_1 + (1-\lambda) \left\langle f^2 \right\rangle_2 - \left[\lambda \langle f \rangle_1 + (1-\lambda) \langle f \rangle_2 \right]^2 \\
&= \lambda V_1(f) + (1-\lambda) V_2(f) + \lambda \langle f \rangle_1^2 + (1-\lambda) \langle f \rangle_2^2 - \left[\lambda \langle f \rangle_1 + (1-\lambda) \langle f \rangle_2 \right]^2 \\
&= \lambda V_1(f) + (1-\lambda) V_2(f) + \lambda (1-\lambda) \left[\langle f \rangle_1^2 - 2 \langle f \rangle_1 \langle f \rangle_2 + \langle f \rangle_2^2 \right] \\
&= \lambda V_1(f) + (1-\lambda) V_2(f) + \lambda (1-\lambda) \left[\langle f \rangle_1 - \langle f \rangle_2 \right]^2 .
\end{aligned}
$$

Aussage 8) kann so gezeigt werden. Sei $t \in \mathbb{R}_{>0}$, dann gilt

$$
\begin{aligned}
V(f) &= \sum_{\omega \in \Omega} (f(\omega) - \langle f \rangle)^2 \, p(\omega) \geq \sum_{\omega \in \Omega, \text{ mit } (f(\omega) - \langle f \rangle)^2 \geq t^2} (f(\omega) - \langle f \rangle)^2 \, p(\omega) \\
&\geq \sum_{\omega \in \Omega, \text{ mit } (f(\omega) - \langle f \rangle)^2 \geq t^2} t^2 p(\omega) = t^2 W (\{ \omega \in \Omega \mid |f(\omega) - \langle f \rangle| \geq t \}) .
\end{aligned}
$$

$\square$

Die Chebyshev-Ungleichung gibt fallweise für große t eine nützliche Abschätzung der Wahrscheinlichkeit von Ereignissen, auf denen f vom Erwartungswert mindestens um t abweicht.

Satz 1.7 *Sei $\Omega = \{0, 1, \ldots, N\}$. Dann gilt $\langle \mathrm{id}_\Omega \rangle = Nx$ und $V(\mathrm{id}_\Omega) = Nx(1-x)$ unter der Binomialverteilung zu den Parametern $N \in \mathbb{N}$ und $x \in [0, 1]$.*

Beweis Einen sehr lehrreichen Beweis werden wir in Abschn. 1.1.8 über das Gesetz der großen Zahl mittels des N-maligen Münzwurfes kennenlernen (siehe Bsp. 2.4). Ein direkter Beweis geht unter Verwendung des Binomialsatzes wie folgt: Für $N = 1$ gilt bekanntlich $\langle \mathrm{id}_\Omega \rangle = x$. Für $N > 1$ folgt

$$\langle \mathrm{id}_\Omega \rangle = \sum_{k=0}^{N} k \, \mathrm{Bi}(k; N, x) = \sum_{k=1}^{N} x^k (1-x)^{N-k} \frac{N!}{(k-1)!(N-k)!}$$

$$= Nx \sum_{k=1}^{N} x^{k-1}(1-x)^{N-1-(k-1)} \frac{(N-1)!}{(k-1)!(N-1-(k-1))!}$$

$$= Nx \sum_{j=0}^{N-1} x^j (1-x)^{N-1-j} \frac{(N-1)!}{j!(N-1-j)!} = Nx(1-x+x)^{N-1} = Nx.$$

Somit gilt $\langle \mathrm{id}_\Omega \rangle = Nx$ für alle $N \in \mathbb{N}$. Als Vorstufe zur Varianz berechnen wir für $f = \mathrm{id}_\Omega$ den Erwartungswert von $f(f-1)$. Sei $N > 1$

$$\langle f(f-1) \rangle = \sum_{k=0}^{N} k\,(k-1)\,\mathrm{Bi}(k; N, x) = \sum_{k=2}^{N} x^k (1-x)^{N-k} \frac{N!}{(k-2)!(N-k)!}$$

$$= N(N-1)x^2 \sum_{j=0}^{N-2} x^j (1-x)^{N-2-j} \frac{(N-2)!}{j!(N-2-j)!}$$

$$= N(N-1)x^2(1-x+x)^{N-2} = N(N-1)x^2.$$

Für $N = 1$ gilt offensichtlich $\langle f(f-1) \rangle = 0$, also auch $\langle f(f-1) \rangle = N(N-1)x^2$. Damit folgt nun für alle $N \in \mathbb{N}$

$$V(f) = \langle f^2 \rangle - \langle f \rangle^2 = \langle f(f-1) \rangle + \langle f \rangle - \langle f \rangle^2$$
$$= N(N-1)x^2 + Nx - N^2x^2 = Nx(1-x).$$

$\square$

Für $x = 0$ und für $x = 1$ gilt $V(\mathrm{id}_\Omega) = 0$. In genau diesen Fällen ist die Binomialverteilung ein Punktmaß. Für $x = 0$ ist sie in $k = 0$ lokalisiert und für $x = 1$ ist sie in $k = N$ lokalisiert.

1.1.7 *Kovarianz und Korrelationskoeffizient

Sei Ω eine endliche Menge von Personen, aus der eine Person durch einen Zufallsmechanismus, also ein W-Maß W, gezogen werden kann. Die Funktion $m : \Omega \to \mathbb{R}$ ordne jeder Person $\omega \in \Omega$ ihre Masse (in irgendeiner Einheit) zu und $l : \Omega \to \mathbb{R}$ gebe ihre Länge an. Für viele jener Personen ω, die überdurchschnittlich groß sind, nicht aber unbedingt für alle von ihnen, ist auch ihre Masse überdurchschnittlich. Wie lässt sich diese Beobachtung quantifizieren? Ein Maß für einen solchen „Parallelismus" gibt die sogenannte Kovarianz zweier Zufallsvariablen.

Definition 1.8 Sei (Ω, W) ein endlicher W-Raum mit den Funktionen $f, g : \Omega \to \mathbb{R}$. Die Zahl $C(f, g) = \langle (f - \langle f \rangle)(g - \langle g \rangle) \rangle$ heißt Kovarianz von f und g.

Falls also $f(\omega) > \langle f \rangle$ genau dann gilt, wenn $g(\omega) > \langle g \rangle$, dann ist die Funktion $(f - \langle f \rangle)(g - \langle g \rangle)$ nichtnegativ und erst recht ihr Erwartungswert, also die Kovarianz $C(f, g)$. Wichtige Eigenschaften der Kovarianz zählt der folgende Satz auf.

Satz 1.8 *Sei* (Ω, W) *ein endlicher W-Raum mit reellwertigen Funktionen* f, g, h. *Dann gilt*

1. $C(f, g) = \langle fg \rangle - \langle f \rangle \langle g \rangle$,
2. $C(f, g) = C(g, f)$,
3. $C(\lambda f, g) = \lambda C(f, g)$ *für alle* $\lambda \in \mathbb{R}$,
4. $C(f + g, h) = C(f, h) + C(g, h)$,
5. $V(f + g) = V(f) + V(g) + 2C(f, g)$,
6. $C(f, g) = 0$ *für jede konstante Funktion* f,
7. $C(f, f) = V(f)$,
8. $|C(f, g)| \leq \sqrt{V(f) V(g)}$.

Beweis Die Aussagen 1–7 sind offensichtlich bzw. direkt nachzurechnen. Aussage 8 folgt aus der Cauchy-Schwarz-Ungleichung des Standardskalarproduktes des $\mathbb{R}^n$ so:

$$
C(f, g) = \langle (f - \langle f \rangle)(g - \langle g \rangle) \rangle = \sum_{\omega \in \Omega} p(\omega) (f(\omega) - \langle f \rangle)(g(\omega) - \langle g \rangle)
$$

$$
= \sum_{\omega \in \Omega} \sqrt{p(\omega)} (f(\omega) - \langle f \rangle) \sqrt{p(\omega)} (g(\omega) - \langle g \rangle)
$$

$$
= \sum_{\omega \in \Omega} x(\omega) y(\omega) = \langle x, y \rangle
$$

mit $x(\omega) = \sqrt{p(\omega)} (f(\omega) - \langle f \rangle)$ und $y(\omega) = \sqrt{p(\omega)} (g(\omega) - \langle g \rangle)$. Wegen

$$
V(f) = \sum_{\omega \in \Omega} p(\omega) (f(\omega) - \langle f \rangle)^2 = \langle x, x \rangle
$$

folgt nun aus der Cauchy-Schwarz-Ungleichung $\langle x, y \rangle^2 \leq \langle x, x \rangle \langle y, y \rangle$ die Ungleichung $C(f, g)^2 \leq V(f) V(g)$ und somit Aussage 8. □

Anmerkung: Nach Teilaussage 8 des Satzes liegt der sogenannte Korrelationskoeffizient zwischen f und g, nämlich die Zahl

$$
K(f, g) = \frac{C(f, g)}{\sqrt{V(f) V(g)}}
$$

im Intervall $[-1, 1]$. Offenbar gilt $K(f, f) = 1$ und $K(f, -f) = -1$. Überdies ist K invariant unter einer Umskalierung der Funktionen f oder g, d. h., es gilt für $\lambda, \mu > 0$

$$
K(\lambda f, g) = K(f, \mu g) = K(f, g).
$$

Der Korrelationskoeffizient von Länge und Masse der Elemente ω einer Menschenmenge Ω (mit W-Maß W) ist somit unabhängig von den gewählten Längen- und Masseneinheiten.

1.1.8 Gesetz der großen Zahl

Dieser Abschnitt zeigt wie in einem Wahrscheinlichkeitsmodell Ereignisse mit Wahrscheinlichkeit sehr nahe bei 1 identifiziert werden können. Solche Ereignisse geben erst die Möglichkeit, ein Wahrscheinlichkeitsmodell an der beobachteten Wirklichkeit zu überprüfen.

Definition 1.9 Sei (Ω, W) ein Wahrscheinlichkeitsraum mit Funktionen $f_i : \Omega \to X_i$ für $i = 1, \ldots, n$. Die Funktionen f_i heißen stochastisch unabhängig, falls für alle $A_i \subset X_i$ gilt, dass $W\left(f_1^{-1}(A_1) \cap \ldots \cap f_n^{-1}(A_n)\right) = \prod_{i=1}^{n} W\left(f_i^{-1}(A_i)\right)$.

Sei (Ω, W) ein Wahrscheinlichkeitsraum mit den unabhängigen reellwertigen Funktionen f und g. Welche Wahrscheinlichkeitsfunktion p_{f+g} hat W_{f+g}? Es gilt für $x \in f(\Omega) + g(\Omega) \subset \mathbb{R}$

$$p_{f+g}(x) = W\left(\{\omega \in \Omega \mid f(\omega) + g(\omega) = x\}\right).$$

Aus der Darstellung

$$\{\omega \in \Omega \mid f(\omega) + g(\omega) = x\} = \bigcup_{a \in f(\Omega)} \left(\{\omega \mid f(\omega) = a\} \cap \{\omega \mid g(\omega) = x - a\}\right)$$

$$= \bigcup_{a \in f(\Omega)} \left(f^{-1}(a) \cap g^{-1}(x - a)\right)$$

als disjunkte Vereinigung folgt mit der Additivität von W und der Unabhängigkeit von f und g

$$p_{f+g}(x) = \sum_{a \in f(\Omega)} W\left(f^{-1}(a) \cap g^{-1}(x - a)\right) = \sum_{a \in f(\Omega)} W\left(f^{-1}(a)\right) W\left(g^{-1}(x - a)\right)$$

$$= \sum_{a \in f(\Omega)} p_g(x - a)\, p_f(a) = \sum_{a \in f(\Omega) \cup g(\Omega)} p_g(x - a)\, p_f(a) = \left(p_g * p_f\right)(x).$$

Die Funktion $p_g * p_f : f(\Omega) + g(\Omega) \to [0, 1]$ wird als die Faltung von p_g mit p_f an der Stelle x bezeichnet. Substituiert man $x - a = b$, so ergibt sich auch

$$p_{f+g}(x) = \sum_{b \in f(\Omega) \cup g(\Omega)} p_f(x - b)\, p_g(b) = \left(p_f * p_g\right)(x).$$

Satz 1.9 *Seien (Ω_i, W_i) für $i = 1, \ldots, n$ Wahrscheinlichkeitsräume mit $F_i : \Omega_i \to X_i$. Am Produktraum $\Omega := \Omega_1 \times \ldots \times \Omega_n$ mit dem Produktmaß W sind die Funktionen $f_i := F_i \circ pr_i$ mit den kanonischen Projektionen $pr_i(\omega_1, \ldots, \omega_n) := \omega_i$ stochastisch unabhängig.*

Beweis Es gilt einerseits

$$W\left(f_1^{-1}(A_1) \cap \ldots \cap f_n^{-1}(A_n)\right)$$
$$= W\left(\{(\omega_1, \ldots, \omega_n) \in \Omega \mid F_1(\omega_1) \in A_1, \ldots, F_n(\omega_n) \in A_n\}\right)$$
$$= W\left(F_1^{-1}(A_1) \times \ldots \times F_n^{-1}(A_n)\right) = \prod_i W_i\left(F_i^{-1}(A_i)\right).$$

Andererseits gilt

$$W\left(f_i^{-1}(A_i)\right) = W\left(\{(\omega_1, \ldots, \omega_n) \in \Omega \mid F_i(\omega_i) \in A_i\}\right)$$
$$= W\left(\Omega_1 \times \ldots \times F_i^{-1}(A_i) \times \ldots \times \Omega_n\right)$$
$$= W_1(\Omega_1) \cdot \ldots \cdot W_i\left(F_i^{-1}(A_i)\right) \cdot \ldots \cdot W_n(\Omega_n) = W_i\left(F_i^{-1}(A_i)\right).$$

Somit folgt die Bedingung für die stochastische Unabhängigkeit, nämlich

$$W\left(f_1^{-1}(A_1) \cap \ldots \cap f_n^{-1}(A_n)\right) = \prod_i W\left(f_i^{-1}(A_i)\right).$$

$\square$

Im Fall eines ungezinkten Würfels sind Augenzahl und Quadrat der Augenzahl nicht stochastisch unabhängig. Sei $f(\omega) := \omega$ und $g := f^2$. Somit gilt $f^{-1}(\{1\}) = \{1\}$ und $g^{-1}(\{4\}) = \{2\}$. Daraus folgt

$$0 = W\left(f^{-1}(\{1\}) \cap g^{-1}(\{4\})\right) \neq W\left(f^{-1}(\{1\})\right) W\left(g^{-1}(\{4\})\right) = 1/36.$$

Satz 1.10 *Sei (Ω, W) ein Wahrscheinlichkeitsraum und $f_i : \Omega \to \mathbb{R}$ für $i = 1, \ldots, n$ seien stochastisch unabhängig. Seien $k_1, \ldots, k_n \in \mathbb{N}_0$. Dann gilt*

$$\left\langle (f_1)^{k_1} \ldots (f_n)^{k_n} \right\rangle = \prod_{i=1}^{n} \left\langle (f_i)^{k_i} \right\rangle \quad und \quad V(f_1 + \ldots + f_n) = \sum_{i=1}^{n} V(f_i).$$

Beweis

$$\left\langle (f_1)^{k_1} \ldots (f_n)^{k_n} \right\rangle = \sum_{\omega \in \Omega} (f_1(\omega))^{k_1} \cdot \ldots \cdot (f_n(\omega))^{k_n}\, W(\{\omega\})$$

$$= \sum_{x_1 \in f_1(\Omega)} \ldots \sum_{x_n \in f_n(\Omega)} (x_1)^{k_1} \cdot \ldots \cdot (x_n)^{k_n}$$

$$W\left(f_1^{-1}(\{x_1\}) \cap \ldots \cap f_n^{-1}(\{x_n\})\right)$$

$$= \sum_{x_1 \in f_1(\Omega)} \ldots \sum_{x_n \in f_n(\Omega)} (x_1)^{k_1} \cdot \ldots \cdot (x_n)^{k_n}$$

$$W\left(f_1^{-1}(\{x_1\})\right) \cdot \ldots \cdot W\left(f_n^{-1}(\{x_n\})\right)$$

$$= \sum_{x_1 \in f_1(\Omega)} (x_1)^{k_1}\, W\left(f_1^{-1}(\{x_1\})\right) \cdot \ldots \cdot \sum_{x_n \in f_n(\Omega)} (x_n)^{k_n}$$

$$W\left(f_n^{-1}(\{x_n\})\right)$$

$$= \prod_{i=1}^{n} \left\langle (f_i)^{k_i} \right\rangle$$

Für die Varianz gilt:

$$V(f_1 + \ldots + f_n) = \left\langle \left(\sum_{i=1}^{n} f_i\right)^2 \right\rangle - \left\langle \sum_{i=1}^{n} f_i \right\rangle^2$$

$$= \sum_{i=1}^{n} \langle f_i^2 \rangle + \sum_{i,j=1, i \neq j}^{n} \langle f_i f_j \rangle - \left(\sum_{i=1}^{n} \langle f_i \rangle\right)^2$$

$$= \sum_{i=1}^{n} \langle f_i^2 \rangle + \sum_{i,j=1, i \neq j}^{n} \langle f_i f_j \rangle - \sum_{i=1}^{n} \langle f_i \rangle^2 - \sum_{i,j=1, i \neq j}^{n} \langle f_i \rangle \langle f_j \rangle$$

$$= \sum_{i=1}^{n} \langle f_i^2 \rangle - \sum_{i=1}^{n} \langle f_i \rangle^2 = \sum_{i=1}^{n} V(f_i)$$

$\square$

Sind zwei Funktionen $f, g : \Omega \to \mathbb{R}$ unter dem W-Maß W auf Ω stochastisch unabhängig, dann gilt also $\langle f \cdot g \rangle = \langle f \rangle \cdot \langle g \rangle$. Umgekehrt folgt jedoch aus $\langle f \cdot g \rangle = \langle f \rangle \cdot \langle g \rangle$ *nicht*, dass f und g stochastisch unabhängig sind. Dazu ein Gegenbeispiel.

Sei $W : \mathrm{pot}(\Omega) \to [0,1]$ die Gleichverteilung auf $\Omega = \{1, 2, 3\}$. Es gilt also $W(\{\omega\}) = 1/3$ für alle $\omega \in \Omega$. Die Funktionen f, g seien wie folgt gewählt:

$$f(1) = 1, \quad f(2) = 0, \quad f(3) = -1,$$
$$g(1) = 0, \quad g(2) = 1, \quad g(3) = 0.$$

Somit gilt $f \cdot g = 0$ und $\langle f \rangle = 0$, $\langle g \rangle = 1/3$. Daraus folgt weiter, dass $\langle f \cdot g \rangle = \langle f \rangle \cdot \langle g \rangle$. Die Funktionen f und g sind somit unkorreliert.

Die Ereignisse $A = \{1\} \subset \Omega$ und $B = \{2\} \subset \Omega$ erfüllen

$$A = f^{-1}(1) = \{\omega : f(\omega) = 1\} \text{ und } B = g^{-1}(1) = \{\omega : g(\omega) = 1\}.$$

A und B haben beide die Wahrscheinlichkeit $1/3$, sind aber disjunkt, sodass

$$W\left(f^{-1}(1) \cap g^{-1}(1)\right) = 0 \neq (1/3)^2 = W\left(f^{-1}(1)\right) \cdot W\left(g^{-1}(1)\right).$$

f und g sind also stochastisch abhängig und dennoch unkorreliert. Der Transport von W unter der Abbildung $f \times g$ ist dementsprechend auch kein Produktmaß auf $f(\Omega) \times g(\Omega)$. Für die W-Funktion $p_{f \times g}$ von $W_{f \times g}$ gilt vielmehr die folgende Tabelle, aus der ersichtlich ist, dass die beiden Zeilen $p_{f \times g}(x, 0)$ und $p_{f \times g}(x, 1)$ linear unabhängig sind. Im Fall eines Produktmaßes wären sie linear abhängig.

$p_{f \times g}(x, y)$	$x = -1$	$x = 0$	$x = 1$
$y = 0$	1/3	0	1/3
$y = 1$	0	1/3	0

Beispiel 1.2 Die Seitenlängen x und y eines Rechtecks werden aus den Vielfachen $i \cdot L$ einer Längeneinheit $L > 0$ mit $i \in \Omega_1 = \{1, 2, \dots 6\}$ gewürfelt. Der Wahrscheinlichkeitsraum ist also $\Omega = \Omega_1 \times \Omega_1$ mit der Gleichverteilung W. Welchen Erwartungswert und welche Varianz haben Fläche und Umfang der Rechtecke? Welche Kovarianz haben Fläche und Umfang?

Das Rechteck (i, j) hat die Fläche $A(i, j) = L^2 i j$ und den Umfang $U(i, j) = 2L(i + j)$. Also ergeben sich mit $x(i, j) = Li$ und $y(i, j) = Lj$ die Erwartungswerte

$$\langle U \rangle = 2(\langle x \rangle + \langle y \rangle) = 4\langle x \rangle = 14L,$$

$$\langle A \rangle = \langle xy \rangle = \langle x \rangle \langle y \rangle = \langle x \rangle^2 = L^2 \frac{49}{4}$$

von Umfang und Fläche. Für die Varianz des Umfangs folgt

$$V(U) = 4(V(x) + V(y)) = 8V(x) = 8L^2 \frac{35}{12} = \frac{70}{3} L^2.$$

Für die Varianz der Fläche folgt

$$
\begin{aligned}
V(A) &= \langle x^2 y^2 \rangle - \langle xy \rangle^2 = \langle x^2 \rangle \langle y^2 \rangle - \langle x \rangle^2 \langle y \rangle^2 = \langle x^2 \rangle^2 - \langle x \rangle^4 \\
&= \left(V(x) + \langle x \rangle^2 \right)^2 - \langle x \rangle^4 = V(x)^2 + 2V(x)\langle x \rangle^2 = V(x)\left(V(x) + 2\langle x \rangle^2 \right) \\
&= L^4 \left(\frac{35}{12} \right) \left(\frac{35}{12} + \frac{49}{2} \right) = L^4 \left(\frac{35}{12} \right) \frac{7}{2} \left(\frac{5}{6} + 7 \right) \\
&= L^4 \left(\frac{35}{12} \right)^2 \frac{47}{5} \approx 79{,}965 L^4 .
\end{aligned}
$$

Die Kovarianz von Umfang und Fläche ergibt sich daraus so:

$$
\begin{aligned}
\langle UA \rangle &= \langle 2(x+y)xy \rangle = 2\left(\langle x^2 y \rangle + \langle xy^2 \rangle \right) = 4\langle x^2 \rangle \langle x \rangle \\
&= 4\left(V(x) + \langle x \rangle^2 \right)\langle x \rangle = 4L^3 \left(\frac{35}{12} + \frac{49}{4} \right) \frac{7}{2} \\
C(U,A) &= \langle UA \rangle - \langle U \rangle \langle A \rangle = 4L^3 \left(\frac{35}{12} + \frac{49}{4} \right) \frac{7}{2} - 14L^3 \frac{49}{4} \\
&= 14L^3 \left[\left(\frac{35}{12} + \frac{49}{4} \right) - \frac{49}{4} \right] = L^3 7 \frac{35}{6} = L^3 7^2 \frac{5}{6} .
\end{aligned}
$$

Daraus folgt nun der Korrelationskoeffizient

$$
\begin{aligned}
K(U,A) &= \frac{C(U,A)}{\sqrt{V(U)V(A)}} = \frac{7^2 \frac{5}{6}}{\sqrt{\frac{70}{3}\left(\frac{35}{12} \right)\left(\frac{35}{12} + \frac{49}{2} \right)}} \\
&= \frac{7^2 \frac{5}{6}}{\sqrt{\frac{7^3}{12^2} \frac{10}{3} 5 \cdot 47}} = 2\sqrt{\frac{105}{470}} \approx 0{,}945\,31 .
\end{aligned}
$$

Beispiel 1.3 Ein ungezinkter Würfel wird 1000-mal geworfen. Lässt sich die Wahrscheinlichkeit abschätzen, mit der die Summe der geworfenen Augenzahlen vom Erwartungswert 3500 um mindestens 1000 abweicht? Chebyshevs Ungleichung gibt eine Antwort. Sei $\Omega = \{1, \dots 6\}$ und W_n die Gleichverteilung auf Ω^n. Sei $f_n : \Omega^n \to \mathbb{R}$ mit $f_n(\omega_1, \dots \omega_n) = \sum_{i=1}^{n} \omega_i$. Dann gilt

$$
W_n \left(\left\{ \omega \in \Omega^n : \left| f_n(\omega) - \langle f_n \rangle_{W_n} \right| \geq t \right\} \right) \leq \frac{V_{W_n}(f_n)}{t^2} .
$$

Mit $\langle f_n \rangle_{W_n} = n \langle f_1 \rangle_{W_1} = n \cdot 7/2$ und $V_{W_n}(f_n) = n V_{W_1}(f_1) = n \frac{36-1}{12}$ folgt daraus

$$
W_n \left(\left\{ \omega \in \Omega^n : \left| f_n(\omega) - n\frac{7}{2} \right| \geq t \right\} \right) \leq \frac{n}{t^2} \frac{35}{12} .
$$

Wählen wir nun $n = 1000$ und $t = 1000$, dann ergibt sich

$$W_n \left(\left\{ \omega \in \Omega^n : \left| f_{1000}(\omega) - 1000 \frac{7}{2} \right| \geq 1000 \right\} \right) \leq \frac{35}{12.000} \approx 2{,}9 \cdot 10^{-3}.$$

Der folgende Satz baut das vorangehende Beispiel zu einem allgemeinen Resultat aus. Er zeigt, wie bei einer großen Anzahl von Wiederholungen eines Zufallsexperiments Mittelwerte gebildet werden können, deren Varianzen gegen 0 gehen. Er bildet somit eine Version des „Gesetzes der großen Zahl".

Satz 1.11 *Sei* (Ω_1, W_1) *ein endlicher Wahrscheinlichkeitsraum und* $f : \Omega_1 \to \mathbb{R}$. *Dann gilt für die Funktionen* $f_i = f \circ pr_i$ *auf* $\left(\Omega_1^n, W_1 \times \dots W_1 \right)$

$$V_{W_n} \left(\frac{1}{n} \sum_i f_i \right) = \frac{1}{n} V_{W_1}(f).$$

Beweis Sei $\Omega_n := (\Omega_1)^n$ und $W_n := W_1 \times \dots \times W_1$ mit den Funktionen $f_i := f \circ$ pr_i. Sie sind stochastisch unabhängig. Es folgt zunächst $\langle (f_i)^k \rangle_{W_n} = \langle (f)^k \rangle_{W_1}$ für $i = 1, \dots, n$ und $k \in \mathbb{N}_0$. Wegen

$$\frac{1}{n} \sum_{i=1}^n f_i(\omega_1, \dots, \omega_n) = \frac{1}{n} \sum_{i=1}^n f(\omega_i)$$

heißt $\frac{1}{n} \sum_i f_i(\omega)$ für $\omega \in \Omega_n$ der Mittelwert von f in der Folge $\omega = (\omega_1, \dots, \omega_n)$ von n Elementen $\omega_i \in \Omega_1$. Aus der Linearität des Erwartungswertes folgt

$$\left\langle \frac{1}{n} \sum_{i=1}^n f_i \right\rangle_{W_n} = \langle f \rangle_{W_1}.$$

Aus der Formel für die Varianz einer Summe von stochastisch unabhängigen Variablen folgt

$$V_{W_n} \left(\frac{1}{n} \sum_i f_i \right) = \frac{1}{n^2} V_{W_n} \left(\sum_i f_i \right) = \frac{1}{n^2} \sum_i V_{W_n}(f_i) = \frac{1}{n^2} n V_{W_1}(f).$$

$\square$

Beispiel 1.4 Sei $\Omega = \{0, 1\}$ mit $W(\{1\}) = x \in [0, 1]$ (gezinkter Münzwurf, Kernzerfall, …). W_n sei das Produktmaß auf Ω^n. Wir wissen schon aus Abschn. 1.1.3, dass der Transport von W_n mit der Funktion $Z_n : \Omega^n \to \{0, 1, \dots, n\}$, die

$$Z_n(\omega_1, \dots \omega_n) = \sum_{k=1}^n \omega_i = \sum_{k=1}^n pr_i(\omega_1, \dots \omega_n)$$

erfüllt, die Binomialverteilung mit Parameter x auf $\{0, 1, \ldots, n\}$ ist. Es gilt also

$$(W_n)_{Z_n}(\{k\}) = \mathrm{Bi}(k; n, x).$$

Da die Projektionen pr_i stochastisch unabhängig sind, folgt

$$\langle Z_n \rangle_{W_n} = \sum_{k=1}^{n} \langle \mathrm{pr}_i \rangle_{W_n} = nx \quad \text{und} \quad V_{W_n}(Z_n) = nx(1-x).$$

Also stimmen $\langle Z_n \rangle_{W_n}$ und $V_{W_n}(Z_n)$ mit Erwartungswert und Varianz von id unter der Binomialverteilung überein:

$$\langle Z_n \rangle_{W_n} = \langle \mathrm{id} \rangle_{(W_n)_{Z_n}}, \quad V_{W_n}(Z_n) = V_{(W_n)_{Z_n}}(\mathrm{id}).$$

Dies ist also eine etwas indirekte zweite Möglichkeit, Erwartungswert und Varianz von id unter der Binomialverteilung zu berechnen.

Aus Satz 1.11 folgt, dass für $n \to \infty$ die Varianz des Mittelwertes gegen 0 geht, der Mittelwert wird also deterministisch. Auf solche Mittelwerte von f lässt sich mit wenig Risiko wetten! Man beachte dazu auch die Übungsbeispiele 14, 15.

Satz 1.11 ermöglicht noch weiter gehende Schlüsse. Wähle dazu ein Element $x \in \Omega_1$ und die zugehörige Indikatorfunktion

$$f = \delta_x : \Omega_1 \to \mathbb{R}, \quad \omega \mapsto \begin{cases} 1 \text{ für } \omega = x \\ 0 \quad \text{sonst} \end{cases}.$$

Für den Erwartungswert von f gilt $\langle f \rangle_{W_1} = W_1(\{x\}) = p(x)$. Er gibt also die Wahrscheinlichkeit des Elementarereignisses $\{x\}$ an. Die Funktion $\sum_i f_i$ auf Ω_n gibt für $\omega := (\omega_1, \ldots, \omega_n) \in \Omega_n$ an, wie oft $x \in \Omega_1$ in ω auftritt. Der Quotient $h_{n,x}(\omega) := \frac{1}{n} \sum_i f_i(\omega)$ heißt die relative Häufigkeit von x in der Folge ω von n Zufallsereignissen. Es gilt $\langle h_{n,x} \rangle_{W_n} = p(x)$. Wegen

$$V_{W_n}(h_{n,x}) = \sum_{\omega \in \Omega_n} \left(h_{n,x}(\omega) - p(x) \right)^2 W_n(\{\omega\}) \to 0$$

bei $n \to \infty$, gilt für jedes feste $\varepsilon > 0$ nach der Chebyshev-Ungleichung, dass

$$\lim_{n \to \infty} W_n\left(\left\{ \omega \in \Omega_n \mid \left| h_{n,x}(\omega) - p(x) \right| > \varepsilon \right\}\right) = 0.$$

Deshalb nähert für genügend großes n ein einzelner zufälliger[5] Wert $h_{n,x}(\omega)$ die Wahrscheinlichkeit $W_1(\{x\})$ mit „großer" Wahrscheinlichkeit. Dieses mathematische Faktum bildet für gewöhnlich die Grundlage zur empirischen Bestimmung von Wahrscheinlichkeiten.

---

[5]Das heißt, jedes Element der Folge ω wird von einem Zufallsgenerator erzeugt, der durch W_1 beschrieben ist. Man denke etwa an eine Folge von Würfelexperimenten.

Ein Beispiel dazu liefert das radioaktive Zerfallsgesetz. Eine Probe enthalte zur Zeit $t = 0$ eine Anzahl von n_0 instabilen Kernen. Für jeden dieser Kerne sei die Wahrscheinlichkeit, zur Zeit $t > 0$ noch unzerfallen zu sein, durch $p_t = e^{-\lambda t}$ gegeben. Die Konstante $\lambda > 0$ heißt Zerfallskonstante. Sie hängt nicht von t ab. Die Zahl der zur Zeit t noch unzerfallenen Kerne in der Probe erfüllt somit für großes n (mit hoher Wahrscheinlichkeit)

$$n_t \approx n_0 e^{-\lambda t}.$$

Für die Zahl Z der Kerne, die zwischen t und $t + \tau$ zerfallen, gilt für $\lambda\tau \ll 1$

$$n_t - n_{t+\tau} \approx n_0 e^{-\lambda t}\left(1 - e^{-\lambda\tau}\right) \approx \lambda\tau n_0 e^{-\lambda t}.$$

Für die Aktivität A_t der Probe zur Zeit t gilt somit

$$A_t = \frac{n_t - n_{t+\tau}}{\tau} \approx \lambda n_0 e^{-\lambda t}.$$

Das Gesetz der großen Zahl bildet also den Ausgangspunkt der mathematischen Statistik, Fehlerrechnung und Schätztheorie. Dort geht es um die Frage, wie aus endlich vielen Zufallsexperimenten die Verteilung einer Funktion f mit möglichst großer Wahrscheinlichkeit richtig zu erraten ist. Immer gehen dabei Hypothesen über den Typ des Maßes W_f ein, und ermittelt werden Parameter, die das Maß dann nur mehr im Detail bestimmen. (Achtung: Oft hat man keine klare Vorstellung vom Definitionsbereich von f.) Eine übersichtliche rezeptartige Zusammenfassung der für die statistische Auswertung von Messreihen wichtigen Formeln ist in [7, Kap. 12] zu finden. Einige Resultate sind die folgenden:

- Die beste Schätzung des Erwartungswertes $\langle f \rangle$ ist der Mittelwert

$$\overline{f} := \frac{f_1 + \ldots + f_n}{n}$$

der aus den n zur Verfügung stehenden (unabhängigen) Stichproben von Werten $f_i := f(\omega_i) \in \mathbb{R}$, der einen(!) Funktion f zu bilden ist.
- Die beste Schätzung der Varianz $V(f)$ ist aus der mittleren quadratischen Abweichung

$$s^2 := \frac{1}{n}\sum_{i=1}^{n}\left(f_i - \overline{f}\right)^2$$

mit $\frac{n}{n-1}s^2$ gegeben. Man beachte dabei: Die auf $\mathbb{R}$ definierte differenzierbare Abbildung S, das Polynom zweiten Grades

$$S : x \mapsto \frac{1}{n}\sum_{i=1}^{n}(f_i - x)^2,$$

nimmt in $x = \overline{f}$ ihr globales Minimum an, denn es gilt

$$S'(x) = -\frac{2}{n} \sum_{i=1}^{n} (f_i - x) = -2(\overline{f} - x)$$

und somit $S'(x) = 0$ genau dann, wenn $x = \overline{f}$. Wegen $S \geq 0$ ist der kritische Punkt des Polynoms zweiten Grades das globale Minimum von S. Die mittlere quadratische Abweichung der Messwerte f_i von irgendeinem Referenzwert x ist minimal für $x = \overline{f}$.

Abschließend wird noch eine etwas allgemeinere Version des Gesetzes der großen Zahl für (unendliche) W-Räume angegeben (siehe [5, Abschn. 10.4]).

Satz 1.12 *Sei* (Ω, W) *ein W-Raum. Die Funktionen* $f_i : \Omega \to \mathbb{R}$ *für* $i \in \mathbb{N}$ *seien stochastisch unabhängig. Die Zahlenfolge* $(V(f_i))_{i \in \mathbb{N}}$ *sei beschränkt. Sei* $\varepsilon > 0$. *Dann gilt*

$$\lim_{n \to \infty} W\left(\left\{\omega \in \Omega : \left|\frac{f_1(\omega) + \ldots + f_n(\omega)}{n} - \left\langle\frac{f_1 + \ldots + f_n}{n}\right\rangle_W\right| < \frac{n^\varepsilon}{\sqrt{n}}\right\}\right) = 1.$$

Beweis Anwendung der Chebyshev-Ungleichung (Eigenschaft 8 in Bemerkung 1.6) auf $Z_n := \frac{1}{n}\sum_{i=1}^{n} f_i$ ergibt wegen der stochastischen Unabhängigkeit der f_i nach Satz 1.10

$$W\left(\left\{\omega \in \Omega : \left|Z_n(\omega) - \langle Z_n\rangle_W\right| \geq t\right\}\right) \leq \frac{1}{t^2} V_W(Z_n) = \frac{1}{t^2 n^2} \sum_{i=1}^{n} V_W(f_i) \leq \frac{K}{t^2 n},$$

wobei $K \in \mathbb{R}$ mit $V_W(f_i) \leq K$ für alle $i \in \mathbb{N}$ gilt. Mit $t = n^\varepsilon/\sqrt{n}$ für $\varepsilon > 0$ folgt

$$W\left(\left\{\omega \in \Omega : \left|Z_n(\omega) - \langle Z_n\rangle_W\right| \geq n^\varepsilon/\sqrt{n}\right\}\right) \leq \frac{K}{n^{2\varepsilon}}.$$

Damit folgt für das komplementäre Ereignis

$$1 \geq W\left(\left\{\omega \in \Omega : \left|Z_n(\omega) - \langle Z_n\rangle_W\right| < n^\varepsilon/\sqrt{n}\right\}\right) \geq 1 - \frac{K}{n^{2\varepsilon}} \to 1 \text{ für } n \to \infty.$$

$\square$

1.2 Abzählbar unendliche W-Räume

Auf abzählbar unendliche Mengen Ω übertragen sich Begriffe und Sätze, die für endliche Mengen formuliert wurden, weitgehend. In den folgenden Unterabschnitten wird anhand von zwei physikalisch viel genutzten Wahrscheinlichkeitsmaßen auf $\mathbb{N}_0$ ein grober Eindruck der neuen Situation vermittelt. Es sind dies die geometrische und die Poissonverteilung.

Zuvor wird jedoch die allgemeine Konstruktion von W-Maßen auf einer abzählbar unendlichen Menge Ω beschrieben. Insbesondere wird dabei auf die „thermischen" W-Maße zu einer Energiefunktion $E : \Omega \to \mathbb{R}$, welche von Boltzmann und Gibbs zur Beschreibung thermischer Gleichgewichtszustände vorgeschlagen wurden, näher eingegangen.

1.2.1 Diskrete Verteilungen

Eine Mengenfunktion $W : \mathrm{pot}(\Omega) \to \mathbb{R}$ für eine abzählbar unendliche Menge Ω heißt W-Maß auf Ω, bzw. diskrete Verteilung, falls analog zu Bedingung (ii) in Kolmogorows Definition für alle abzählbaren Familien $(A_i)_{i \in I}$ disjunkter Teilmengen von Ω

$$W \left(\bigcup_{i \in I} A_i \right) = \sum_{i \in I} W(A_i)$$

gilt. Die Bedingungen (i) der Positivität $W(A) \geq 0$ und (iii) der Normierung $W(\Omega) = 1$ werden übernommen. Analog zum Fall endlicher W-Räume gilt dann für jede Menge $A \subset \Omega$, dass $W(A) = \sum_{\omega \in A} W(\{\omega\})$. Die Normierungsbedingung (iii) sagt $W(\Omega) = \sum_{\omega \in \Omega} W(\{\omega\}) = 1$.

Damit kann aus einer beliebigen Funktion $q : \Omega \to \mathbb{R}_{\geq 0}$, die nicht überall den Wert 0 annimmt, ein W-Maß auf Ω erzeugt werden, sofern die Reihe $Z := \sum_{\omega \in \Omega} q(\omega)$ konvergiert. Man wählt die Wahrscheinlichkeitsfunktion

$$p : \Omega \to \mathbb{R}, \quad \omega \mapsto q(\omega)/Z$$

und definiert für $A \subset \Omega$ die Mengenfunktion $W : \mathrm{pot}(\Omega) \to [0, 1]$ durch

$$W(A) = \sum_{\omega \in A} p(\omega).$$

In der physikalischen Anwendung auf thermische Zustände eines Quantensystems ist Ω eine abzählbare Menge, die mit einer Orthonormalbasis [6] (ONB) $\mathfrak{B}$ von

---

[6]Eine Basis eines Vektorraumes heißt Orthonormalbasis, wenn sie aus lauter Vektoren besteht, deren Skalarprodukt mit sich selbst gleich 1 ist, während das Skalarprodukt zwischen zwei unterschiedlichen Basisvektoren 0 ergibt.

Eigenvektoren des System-Hamilton-Operators H in Bijektion ist, d.h., es existiert eine bijektive Abbildung $\varphi : \Omega \to \mathfrak{B}, \omega \mapsto \varphi_\omega$. Daher wird Ω als Zustandsraum bezeichnet. Jedem Zustand $\omega \in \Omega$ ist der zugehörige Eigenwert $E(\omega)$ des System-Hamilton-Operators zugeordnet, d.h., es gilt $H\varphi_\omega = E(\omega)\varphi_\omega$. Für das Folgende genügt nun die bloße Kenntnis der Funktion $E : \Omega \to \mathbb{R}$ und der ganze quantenmechanische Hintergrund kann getrost im Dunkeln gelassen werden.

Falls für ein $\beta \in \mathbb{R}$ die Reihe („Zustandssumme") $\sum_{\omega \in \Omega} \exp(-\beta E(\omega))$ konvergiert[7], dann existiert das W-Maß W_β zur W-Funktion $p_\beta : \Omega \to [0, 1]$ mit

$$p_\beta(\omega) := \frac{e^{-\beta E(\omega)}}{Z(\beta)} \text{ mit } Z(\beta) := \sum_{\omega \in \Omega} e^{-\beta E(\omega)}.$$

Für $\beta = 1/kT$ (Boltzmannkonstante $k > 0$) wird p_β und auch die zugehörige Mengenfunktion W_β als Boltzmann-Gibbs-Verteilung der Temperatur T zur Energiefunktion E bezeichnet. In vielen Anwendungen existiert p_β nur für $\beta > 0$.

Falls die Abbildung $\beta \mapsto \sum_{\omega \in \Omega} E(\omega) \exp(-\beta E(\omega))$ als Grenzfunktion einer Folge von Funktionen auf $\mathbb{R}_{>0}$ gewisse Konvergenzbedingungen[8] erfüllt, dann folgt für den Erwartungswert der Energie, dass für alle $\beta > 0$

$$\langle E \rangle_{W_\beta} = \sum_{\omega \in \Omega} E(\omega) p_\beta(\omega) = \sum_{\omega \in \Omega} E(\omega) \frac{e^{-\beta E(\omega)}}{Z(\beta)} = -\frac{1}{Z(\beta)} Z'(\beta) = -\frac{d}{d\beta} \ln Z(\beta).$$

Anmerkung: Wird zur Energiefunktion $E : \Omega \to \mathbb{R}$ eine Konstante $\varepsilon \in \mathbb{R}$ addiert, ändert sich $Z(\beta)$ zu $Z(\beta) \cdot e^{-\beta\varepsilon}$, während die Wahrscheinlichkeitsfunktion $p_\beta : \Omega \to [0, 1]$ unverändert bleibt.

1.2.2 *Plancksche Strahlungsformel

Der vielleicht bedeutendste Fall einer Boltzmann-Gibbs-Verteilung ergibt sich für den quantenmechanischen harmonischen Oszillator. Hier gilt $\Omega = \mathbb{N}_0$ und $E(n) = h\nu(n + 1/2)$. Dann ist W_β für $\beta > 0$ die Boltzmann-Gibbs-Verteilung beispielsweise einer Hohlraumstrahlungsmode der Frequenz $\nu > 0$, wobei h die Plancksche Konstante ist. Der Zustand $n \in \Omega$ steht für die „Besetzung" der Mode durch n Photonen.

Für $n \in \mathbb{N}_0$ folgt daher mit $x := \exp(-\beta h\nu) \in (0, 1)$

$$p_\beta(n) = \frac{e^{-\beta h\nu\left(n+\frac{1}{2}\right)}}{Z(\beta)} \text{ mit } Z(\beta) = e^{-\frac{\beta h\nu}{2}} \sum_{n \in \mathbb{N}_0} e^{-\beta h\nu n} = e^{-\frac{\beta h\nu}{2}} \sum_{n \in \mathbb{N}_0} x^n = \frac{e^{-\frac{\beta h\nu}{2}}}{1 - x}.$$

---

[7]Natürlich funktioniert die Konstruktion bei endlichen Mengen Ω für jedes $\beta \in \mathbb{R}$.
[8]Siehe Satz 35 samt Bemerkung in [2, Kap. III, Abschn. 7].

Daraus ergibt sich $p_\beta(n) = (1-x)x^n$ und wegen $-\ln Z(\beta) = \ln\left(1 - e^{-\beta h\nu}\right) +$ $\beta h\nu/2$ der Energieerwartungswert

$$\langle E\rangle_{W_\beta} = h\nu\left[\frac{e^{-\beta h\nu}}{1 - e^{-\beta h\nu}} + \frac{1}{2}\right] = h\nu\left[\frac{1}{e^{\beta h\nu} - 1} + \frac{1}{2}\right] = \frac{h\nu}{2}\left(\tanh\frac{\beta h\nu}{2}\right)^{-1},$$
(1.2)

ein wesentlicher Baustein für Plancks Strahlungsformel.

Mitteilung ohne Beweis: Da die Zahl der Hohlraummoden mit Frequenz ν proportional zu ν^2 ist, und die Nullpunktsenergie $h\nu/2$ den Hohlraum nicht verlassen kann, regelt eine Funktion des Typs

$$0 < \nu \mapsto C \cdot \frac{\nu^3}{e^{\beta h\nu} - 1}$$

die spektrale Leistungsdichte eines beheizten Hohlraumes der Temperatur T, mit der elektromagnetische Strahlung den Hohlraum durch eine kleine Öffnung verlässt. Bis auf die fehlende Bestimmung der Konstanten $C > 0$ ist dies Plancks Strahlungsformel. Abb. 1.3 zeigt den Graphen der Funktion $x \mapsto x^3/(e^x - 1)$ in Schwarz und jenen von $x \mapsto x^3/\left(e^{0,9\cdot x} - 1\right)$ in Rot. Die entsprechenden Temperaturen stehen zueinander also im Verhältnis $10 : 9$.

Abb. 1.4 zeigt den Graphen jener Funktion, welche der „reduzierten" Temperatur $\Theta := 1/h\nu\beta = T/T_\nu > 0$ mit $T_\nu := h\nu/k$ den Energieerwartungswert $\langle E\rangle_{W_\beta}$ aus Gl. 1.2 in Einheiten von $h\nu$ zuordnet, zusammen mit ihrer Hochtemperaturasymptote $\Theta \mapsto \Theta$. Diese Hochtemperaturasymptote gibt den Energieerwartungswert eines klassisch-mechanischen harmonischen Oszillators unter dem thermischen W-Maß W_β am Phasenraum an.

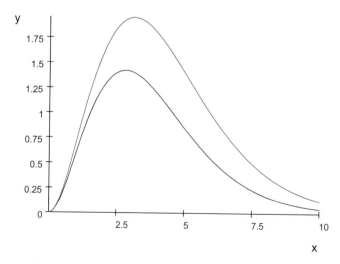

Abb. 1.3 $y = \frac{x^3}{e^{\alpha x} - 1}$ für $\alpha = 1$ (schwarz) und $\alpha = 0,9$ (rot)

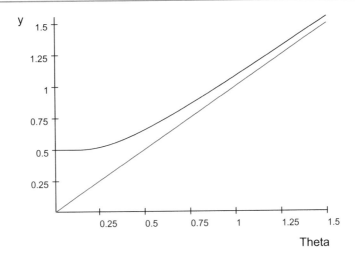

Abb. 1.4 $y = \langle E \rangle_{W_\beta}(\Theta)/h\nu$ mit Hochtemperaturasymptote $y = \Theta$ (rot)

Interessant ist auch die Ableitung $d\langle E\rangle_{W_\beta}/dT$, die spezifische Wärme des Oszillators. Es folgt

$$\frac{d\langle E\rangle_{W_\beta}}{dT} = h\nu \frac{d}{d\beta}\left[\frac{1}{e^{\beta h\nu}-1}+\frac{1}{2}\right]\cdot \frac{d\beta}{dT} = h\nu \left[\frac{-h\nu e^{\beta h\nu}}{\left(e^{\beta h\nu}-1\right)^2}\right]\cdot\left(-\frac{1}{kT^2}\right)$$

$$= k\left(\frac{\beta h\nu}{e^{\beta h\nu/2}-e^{-\beta h\nu/2}}\right)^2 = k\left(2\Theta \sinh\frac{1}{2\Theta}\right)^{-2}.$$

Mit einer Funktion wie obigem Ausdruck für $d\langle E\rangle_{W_\beta}/dT$ lieferte Einstein die
erste Erklärung für das Tieftemperaturverhalten der spezifischen Wärme von Festkör-
pern. Erst bei hohen Temperaturen nähert sich die spezifische Wärme der klassischen
Asymptote, der konstanten Funktion mit dem Wert k an. Die Abb. 1.5 zeigt den Graphen der spezifischen Wärme (in Einheiten von k) als Funktion von $x = 2\Theta$, also
den Graphen der Funktion $0 < x \mapsto [x \sinh 1/x]^{-2}$.

1.2.3 Geometrische Verteilung

Die geometrischen Verteilungsfunktionen $p : \mathbb{N}_0 \to [0, 1]$ mit $p(n) = (1-x)x^n$
für ein $x \in (0, 1)$, auf die wir im vorigen Abschnitt im Zusammenhang der thermischen Hohlraumstrahlung gestoßen sind, motivieren wir nun etwas profaner.

Ein unverbesserlicher Optimist kauft jeden Freitag abend einen Tipp für die nächs-
te Ziehung im (österreichischen) Lotto „6 aus 45". Seine Wahrscheinlichkeit auf
einen Sechser ist $1 - x = 1/8.145.060 \approx 10^{-7}$. Er nimmt sich vor, so lange zu

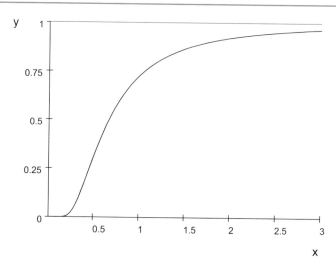

Abb. 1.5 $y = \left[x \sinh \frac{1}{x} \right]^{-2}$

spielen, bis er den ersten Sechser einfährt. Sein Spiel hat also den Wahrscheinlichkeitsraum $\mathbb{N}_0$. Dabei steht $n \in \mathbb{N}_0$ für die Zahl seiner sechserlosen Tipps bis zu seinem finalen Sechser. Die Wahrscheinlichkeit, dass er nach n Fehltipps einen Sechser tippt, ist gleich $p_x(n) = x^n \cdot (1 - x)$. Kontrolle der Normierungsbedingung:

$$\sum_{n=0}^{\infty} p_x(n) = (1 - x) \sum_{n=0}^{\infty} x^n = 1.$$

Definition 1.10 Sei $x \in (0, 1)$ und $\Omega := \mathbb{N}_0$. Dann heißt der W-Raum (Ω, W_x) mit der Wahrscheinlichkeitsfunktion $p_x : \Omega \to [0, 1]$, $n \mapsto (1 - x)x^n$ geometrische Verteilung zum Parameterwert x.

Wegen $p_x(n + 1) = x p_x(n)$ ist die Funktion p_x streng monoton fallend. Von zwei Elementarereignissen $\{m\}$ und $\{n\}$ mit $m < n$ hat also $\{m\}$ die größere Wahrscheinlichkeit. Mit steigendem x wird p_x flacher. Für $x \downarrow 0$ geht W_x gegen das Punktmaß, das auf 0 lokalisiert ist, denn $\lim_{x \to 0}(1 - x)x^n = \delta_{0,n}$. Abb. 1.6 zeigt die geometrische Verteilungsfunktion $n \mapsto p_x(n)$ für $x = 0{,}5$ in Schwarz und $x = 0{,}8$ in Rot.

Welche Wahrscheinlichkeit hat das Ereignis $2 \cdot \mathbb{N}_0 = \{2n \mid n \in \mathbb{N}_0\}$ unter der geometrischen Verteilung W_x? Es gilt

$$W_x(2 \cdot \mathbb{N}_0) = \sum_{n=0}^{\infty} p_x(2n) = (1 - x) \sum_{n=0}^{\infty} x^{2n} = \frac{1 - x}{1 - x^2} = \frac{1}{1 + x}.$$

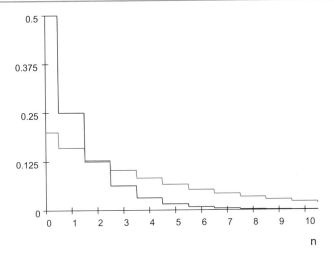

Abb. 1.6 Geometrische Verteilung $y = p_x(n)$ für $x = 0{,}5$ (schwarz) und $x = 0{,}8$ (rot)

Das komplementäre Ereignis $2 \cdot \mathbb{N}_0 + 1$ (aller ungeraden nichtnegativen ganzen Zahlen) hat somit die Wahrscheinlichkeit

$$W_x\,(2 \cdot \mathbb{N}_0 + 1) = 1 - \frac{1}{1+x} = \frac{x}{1+x} < W_x\,(2 \cdot \mathbb{N}_0)\,.$$

Nun zu Erwartungswert und Varianz von id unter der geometrischen Verteilung.

Satz 1.13 *Für die geometrische Verteilung zum Parameterwert* $x \in (0, 1)$ *gilt:*

$$\langle \mathrm{id} \rangle_{W_x} = \frac{x}{1-x} \quad und \quad V_{W_x}(\mathrm{id}) = \frac{x}{(1-x)^2}\,.$$

Man beachte: $\lim_{x \downarrow 0} \langle \mathrm{id} \rangle = 0 = \min \mathrm{id}(\Omega)$ und $\lim_{x \downarrow 0} V(\mathrm{id}) = 0$. Für $x \to 1$ wachsen $\langle \mathrm{id} \rangle$ und $V(\mathrm{id})$ unbeschränkt.

Beweis Für den Erwartungswert gilt

$$\langle \mathrm{id} \rangle_{W_x} = \sum_{n=0}^{\infty} n x^n\,(1-x)$$
$$= (1-x) \sum_{n=0}^{\infty} x \frac{d}{dx} x^n = (1-x)\,x\,\frac{d}{dx} \frac{1}{1-x} = (1-x)\,x\,\frac{1}{(1-x)^2} = \frac{x}{1-x}\,.$$

Für die Varianz gilt $V_{W_x}(\mathrm{id}) = \langle \mathrm{id}^2 \rangle_{W_x} - \langle \mathrm{id} \rangle_{W_x}^2$. Berechne zuerst die Hilfsgröße

$$\langle \mathrm{id}^2 - \mathrm{id} \rangle_{W_x} = \sum_{n=0}^{\infty} \left(n^2 - n \right) x^n \left(1 - x \right) = \left(1 - x \right) \sum_{n=0}^{\infty} n \left(n - 1 \right) x^n$$

$$= \left(1 - x \right) x^2 \left(\frac{d}{dx} \right)^2 \sum_{n=0}^{\infty} x^n \left(1 - x \right) x^2 \left(\frac{d}{dx} \right)^2 \frac{1}{1-x}$$

$$= \left(1 - x \right) x^2 \left(\frac{d}{dx} \right) \frac{1}{(1-x)^2} = \left(1 - x \right) x^2 \frac{2}{(1-x)^3} = \frac{2x^2}{(1-x)^2}.$$

Daraus folgt nun

$$V_{W_x}(\mathrm{id}) = \langle \mathrm{id}^2 - \mathrm{id} \rangle_{W_x} + \langle \mathrm{id} \rangle_{W_x} - \langle \mathrm{id} \rangle_{W_x}^2 = \frac{2x^2}{(1-x)^2} + \frac{x}{1-x} - \frac{x^2}{(1-x)^2}$$

$$= \frac{2x^2 + x(1-x) - x^2}{(1-x)^2} = \frac{x}{(1-x)^2}.$$

□

Wie viele sechserlose Tipps muss unser Optimist bis zu seinem ersten Sechser erwarten? Ungefähr $\left(1 - 10^{-7} \right)/10^{-7} \approx 10^7$. Wenn er wöchentlich einen Tipp abgibt, muss er sich auf ca. $2 \cdot 10^5$ Jahre einrichten.

Münzwurfspiel mit Gewinnwahrscheinlichkeit $x \in [0, 1]$

Das folgende Beispiel zerlegt den Ereignisraum $\mathbb{N}$ mit der geometrischen Verteilung zum Parameter $1/2$ in zwei komplementäre Ereignisse mit den Wahrscheinlichkeiten $x \in [0, 1]$ und $1 - x$. Auf diese Weise lässt sich mit einer fairen Münze jedes W-Maß auf einer zweielementigen Menge erzeugen.

Die Zahl $x \in [0, 1]$ habe die Binärentwicklung $0, x_1 x_2 \ldots$, d. h., für die unendliche Folge $(x_1, x_2, \ldots)$ mit Einträgen aus der Menge $\{0, 1\}$ gilt

$$x = \sum_{k=1}^{\infty} x_k \frac{1}{2^k}.$$

Werfen Sie nun eine (gleichverteilte) Münze. Wenn Kopf fällt, werten Sie dies als die Zahl 0, fällt hingegen Zahl, werten Sie dies als 1. Werfen Sie die Münze n-mal hintereinander, so erzeugen Sie eine Folge $\omega = (\omega_1, \ldots \omega_n)$ in $\{0, 1\}$. Sie geben nun die Zahl n der Würfe nicht vor, sondern lassen den Zufall über n entscheiden, und zwar nach der Regel

$$\omega_i = x_i \text{ für } i = 1, \ldots n - 1 \text{ und } \omega_n \neq x_n.$$

Sie werfen also so oft, bis die geworfene Folge erstmals von der Binärfolge von x abweicht. Der Wahrscheinlichkeitsraum Ω dieses Spiels ist also $\mathbb{N}$.

Die Wahrscheinlichkeit, dass Sie eine Folge der Länge n werfen, ist durch $p_n = \frac{1}{2^n}$ gegeben. Es gilt übrigens

$$\sum_{n=1}^{\infty} p_k = \sum_{n=0}^{\infty} \frac{1}{2^k} - 1 = \frac{1}{1-\frac{1}{2}} - 1 = 1.$$

Wie groß ist die Wahrscheinlichkeit, dass der erste Fehlwurf, der zum Spielende führt, $\omega_n < x_n$ erfüllt? Für $x_n = 0$ kann $\omega_n < x_n$ nicht gelten. Für $x_n = 1$ hingegen folgt aus $\omega_n \neq x_n$, dass $\omega_n < x_n$. Daher gilt für eine Folge ω der Länge n, dass $\omega_n < x_n$, genau dann, wenn $x_n = 1$. Wegen $x_n \in \{0, 1\}$ gilt

$$W(\{n \in \mathbb{N} : x_n = 1\}) = \sum_{n=1, x_n=1}^{\infty} p_n = \sum_{n=1}^{\infty} x_n p_n = x.$$

Die beiden zueinander komplementären Ereignisse „Spiel abgebrochen wegen $\omega_n < x_n$" bzw. „Spiel abgebrochen wegen wegen $\omega_n > x_n$" haben somit die Wahrscheinlichkeiten x bzw. $1 - x$.

1.2.4 Poissonverteilung

Eine radioaktive Probe enthalte $N = 10^{20}$ instabile Kerne. Jeder der Kerne habe die winzige Wahrscheinlichkeit von $x = 10^{-18} =: \delta/N$, innerhalb der nächsten Sekunde zu zerfallen. Es gilt also $\delta = 100$. Die Wahrscheinlichkeit, dass in der nächsten Sekunde genau $k \in \{0, 1, \dots N\}$ der Kerne zerfallen, ist $\mathrm{Bi}(k; N, x) = \mathrm{Bi}(k; N, \delta/N)$. Wir werden nun zeigen, dass $\mathrm{Bi}(k; N, \delta/N) \approx e^{-\delta} \delta^k / k!$ gilt (Gesetz der kleinen Wahrscheinlichkeiten).[9]

Definition 1.11 Für $\delta > 0$ heißt der W-Raum $(\mathbb{N}_0, W_\delta)$ mit $p_\delta(n) \mapsto e^{-\delta} \cdot \delta^n / n!$ Poissonverteilung zum Parameter δ.

Es gilt die Normierungsbedingung $\sum_{n=0}^{\infty} p_\delta(n) = 1$. Wegen $p_\delta(n) = p_\delta(n-1) \cdot \delta/n$ gilt $p_\delta(n) > p_\delta(n-1)$ für alle $n < \delta$ und $p_\delta(n) < p_\delta(n-1)$ für alle $n > \delta$. Der Graph von p_δ wird mit wachsendem δ flacher. Für $\delta \downarrow 0$ geht W_δ gegen das Punktmaß, das auf 0 lokalisiert ist. Abb. 1.7 zeigt die Poissonverteilungsfunktion für $\delta = 0{,}5$ (schwarz) und $\delta = 5$ (rot). Abb. 1.8 zeigt für $\delta = 100$ (schwarz) und für $\delta = 120$ (rot) den Graphen jener reellen Interpolation $P_\delta(x)$ der Poissonverteilung p_δ, die für $x \in \mathbb{R}_{\geq 0}$ mittels Eulers Gammafunktion Γ durch

---

[9]Den Fehler werden wir allerdings nicht abschätzen können.

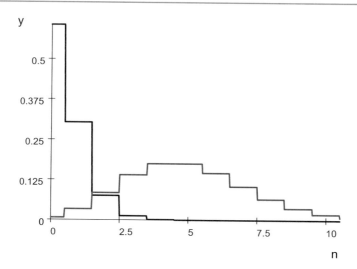

Abb. 1.7 Poissonverteilung $y = p_\delta(x)$ für $\delta = 0{,}5$ (schwarz) und $\delta = 5$ (rot)

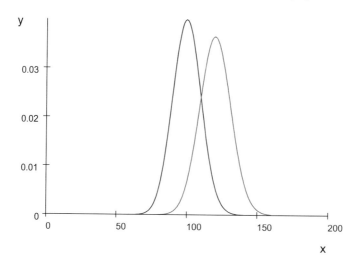

Abb. 1.8 Interpolierte Poissonverteilung $y = P_\delta(x)$ für $\delta = 100$ (schwarz) und $\delta = 120$ (rot)

$$P_\delta(x) := \delta^x e^{-\delta}/x! \text{ mit } x! := \Gamma(1+x) := \int_0^\infty e^{-t} t^x \, dt$$

gegeben ist. Die vorliegende grafische Auflösung kann P_δ nicht von p_δ unterscheiden.

Satz 1.14 *Für die Poissonverteilung W_δ gilt $\langle \mathrm{id} \rangle_{W_\delta} = \delta$, $V_{W_\delta}(\mathrm{id}) = \delta$.*

Beweis

$$\langle \mathrm{id} \rangle = \sum_{n=0}^{\infty} n \, p_\delta(n) = \sum_{n=0}^{\infty} n \frac{\delta^n}{n!} e^{-\delta} = \sum_{n=1}^{\infty} \frac{\delta^n}{(n-1)!} e^{-\delta}$$

$$= \delta e^{-\delta} \sum_{n=1}^{\infty} \frac{\delta^{n-1}}{(n-1)!} = \delta e^{-\delta} \sum_{n=0}^{\infty} \frac{\delta^n}{(n)!} = \delta e^{-\delta} e^{\delta} = \delta$$

$$\langle \mathrm{id}^2 \rangle = \sum_{n=0}^{\infty} n^2 \, p_\delta(n) = \sum_{n=1}^{\infty} n \frac{\delta^n}{(n-1)!} e^{-\delta} = \delta e^{-\delta} \sum_{n=1}^{\infty} n \frac{\delta^{n-1}}{(n-1)!}$$

$$= \delta e^{-\delta} \left\{ \sum_{n=1}^{\infty} (n-1) \frac{\delta^{n-1}}{(n-1)!} + \sum_{n=1}^{\infty} \frac{\delta^{n-1}}{(n-1)!} \right\}$$

$$= \delta e^{-\delta} \left\{ \delta \sum_{n=2}^{\infty} \frac{\delta^{n-2}}{(n-2)!} + \sum_{n=0}^{\infty} \frac{\delta^n}{n!} \right\} = \delta e^{-\delta} \left\{ \delta e^{\delta} + e^{\delta} \right\} = \delta^2 + \delta$$

Daraus folgt $V(\mathrm{id}) = \langle \mathrm{id}^2 \rangle - \langle \mathrm{id} \rangle^2 = (\delta^2 + \delta) - \delta^2 = \delta$. $\qquad\qquad \square$

Der folgende Poisson-Grenzwertsatz stellt einen Zusammenhang zwischen Binomialverteilung und Poissonverteilung her.

Satz 1.15 *Für $N, k \in \mathbb{N}_0$ und $\delta \in \mathbb{R}_{>0}$ gilt $\lim_{N \to \infty} Bi\left(k; N, \frac{\delta}{N}\right) = p_\delta(k)$.*

Beweis Sei ohne Einschränkung $N > \delta$ und $N > k$. Dann gilt

$$\mathrm{Bi}(k; N, \frac{\delta}{N}) = \binom{N}{k} \left(\frac{\delta}{N} \right)^k \left(1 - \frac{\delta}{N} \right)^{N-k}$$

$$= \frac{\delta^k}{k!} \left(1 - \frac{\delta}{N} \right)^{-k} \left(1 - \frac{\delta}{N} \right)^N \frac{N!}{(N-k)! N^k}$$

Die Stetigkeit von $x \mapsto (1-x)^{-k}$ bei $x = 0$ liefert $\lim_{N \to \infty} (1 - \delta/N)^{-k} = 1$. Für das k-fache Produkt

$$\frac{N!}{(N-k)! N^k} = \frac{N(N-1)\dots(N-k+1)}{N^k} = 1 \cdot \left(1 - \frac{1}{N} \right) \cdot \dots \cdot \left(1 - \frac{k-1}{N} \right)$$

folgt $\lim_{N \to \infty} \frac{N!}{(N-k)! N^k} = 1$. Mit Eulers Formel $\lim_{N \to \infty} \left(1 - \frac{\delta}{N} \right)^N = \exp(-\delta)$ folgt schließlich die Behauptung. $\qquad\qquad \square$

Eine Approximation der Binomialverteilung zu festem Parameter x gibt der folgende Grenzwertsatz von de Moivre und Laplace (siehe z. B. [4, Kap. VI, § 19.4.1]).

Satz 1.16 *Sei $W_{n,\alpha}$ die Binomialverteilung*[10] *auf $\Omega_n = \{0, 1, \ldots n\}$ zum Parameter $\alpha \in (0, 1)$ und sei $Y_{n,\alpha} = \frac{\mathrm{id}_{\Omega_n} - n\alpha}{\sqrt{n\alpha(1-\alpha)}}$. Dann gilt $\langle Y_{n,\alpha}\rangle_{W_{n,\alpha}} = 0$, $V_{W_{n,\alpha}}\left(Y_{n,\alpha}\right) = 1$ und für alle $x \in \mathbb{R}$*

$$\lim_{n\to\infty} W_{n,\alpha}\left(\{k \in \Omega_n : Y_{n,\alpha}(k) \le x\}\right) = \frac{1}{\sqrt{2\pi}} \int_{-\infty}^{x} e^{-\frac{u^2}{2}} du.$$

Dieser Satz erklärt die Gaußsche Glockenkurve am Galtonbrett. Darüber hinaus leitet er uns hin zu überabzählbar unendlichen W-Räumen. Doch zuvor ein Beispiel für seine Brauchbarkeit. Um das Beispiel näher an unseren Alltag heranzuführen, ersetzen wir die eingangs betrachteten Kernzerfälle durch Todesfälle im Straßenverkehr.

Anwendung des Grenzwertsatzes: Unfallstatistik

In Österreich waren während des Jahres 2014 bei rund 8 Mio. Einwohnern 408 straßenverkehrsbedingte Todesfälle zu verzeichnen.[11] Im Jahr 2015 waren es 448. Ist die Sorge berechtigt, dass dieser Anstieg auf eine systematische Erhöhung der Unfallwahrscheinlichkeit hinweist, oder handelt es sich vielleicht nur um eine zufällige Schwankung?

Zunächst eine vereinfachende Modellannahme: Jede von $N = 8 \cdot 10^8$ Personen macht (unabhängig von allen anderen) einen einmaligen (unfairen) Münzwurf, der über Leben oder Tod im Straßenverkehr während des Beobachtungsjahres entscheidet.[12] Die Grundmenge unseres Problems ist also $\Omega_N = \{0, 1, \ldots N\}$ und es gilt $T = \mathrm{id}_{\Omega_N}$.

Die Werte des Jahres 2014 nutzen wir, um die Parameter dieser hypothetischen Binomialverteilung abzulesen, indem wir annehmen, dass der 2014 verzeichnete Wert von $T(\omega_{2014}) = 408$ mit dem binomialen Erwartungswert von T übereinstimmt. Die Wahrscheinlichkeit des Ereignisses $\{k\} \subset \{0, 1, \ldots N\}$ ist dann mit $\alpha = \frac{408}{8\cdot10^6} = 51 \cdot 10^{-6}$ und $N = 8 \cdot 10^6$ durch

$$W_{N,\alpha}(\{k\}) = \binom{N}{k} \alpha^k (1 - \alpha)^{N-k}$$

gegeben. Das Ereignis $E = \{0, 1, \ldots 447\} \subset \Omega_N$, dass die Zahl der Todesfälle kleiner oder gleich 447 ist, stimmt offenbar mit dem Ereignis

$$\left\{k \in \Omega_N : Y_{N,\alpha}(k) = \frac{k - N\alpha}{\sqrt{N\alpha(1-\alpha)}} \le \frac{447 - 408}{\sqrt{408(1-\alpha)}} \approx \frac{39}{\sqrt{408}}\right\}$$

---

[10]Es gilt also $W_{n,\alpha}(\{k\}) = \binom{n}{k} \alpha^k (1 - \alpha)^{n-k}$.

[11]Tiroler Tageszeitung vom 1. April 2016, S. 13.

[12]Ein Unfall, dem mehrere Mitglieder einer regelmäßigen Fahrgemeinschaft zum Opfer fallen, zeigt, dass die Annahme unabhängiger Münzwürfe die Aufgabe zu sehr vereinfacht.

überein. E ist also alternativ durch die obere Schranke von $x = 39/\sqrt{408} \approx 1{,}93$ für die Funktion $Y_{N,\alpha}$ aus dem Grenzwertsatz bestimmt. Die Wahrscheinlichkeit

$$W_{N,\alpha}(E) = W_{N,\alpha}\left(\{k \in \Omega_N : Y_{N,\alpha}(k) \leq x\}\right)$$

wird nun wegen $N \gg 1$ durch das Integral des Grenzwertsatzes approximiert:

$$W_{N,\alpha}\left(Y_{N,\alpha} \leq x\right) \approx \lim_{n\to\infty} W_{n,\alpha}\left(Y_{n,\alpha} \leq x\right) = \frac{1}{\sqrt{2\pi}} \int_{-\infty}^{x} e^{-\frac{u^2}{2}}\, du \approx 0{,}97.$$

Das komplementäre Ereignis zu E, dass mindestens 448 Verkehrstote zu verzeichnen sind, hat also die doch kleine Wahrscheinlichkeit von etwa 3 %. Es wird sich daher kaum um „reinen Zufall" handeln, wenn $T(\omega_{2015})$ den Wert $T(\omega_{2014})$ um mehr als 39 übersteigt.

1.3 Wahrscheinlichkeitsmaße auf $\mathbb{R}^n$

Für W-Maße auf überabzählbar unendlichen Mengen Ω muss die Potenzmenge pot(Ω) zwar zu einer darin enthaltenen σ-Algebra von Teilmengen von Ω verkleinert werden, aber viele Analogien zum Fall einer endlichen Menge Ω bleiben bestehen. Wir behandeln überabzählbar unendliche Mengen Ω nur beispielhaft und weichen der Formulierung allgemeiner Sachverhalte aus.

1.3.1 Wahrscheinlichkeitsmaße auf $\mathbb{R}$ mit Dichtefunktion

Der Grenzwertsatz von de Moivre und Laplace legt die folgende allgemeine Konstruktion für W-Maße auf $\mathbb{R}$ nahe. Sei $\rho_0 : \mathbb{R} \to \mathbb{R}$ eine stetige nichtnegative Funktion, für die das Integral $\int_{-\infty}^{\infty} \rho_0(x)\, dx$ existiert. Durch Übergang zu $\rho = c\rho_0$ mit einer positiven reellen Zahl c kann dann immer erreicht werden, dass $\int_{-\infty}^{\infty} \rho(x)\, dx = 1$ gilt. Damit wird nun die Funktion $F : \mathbb{R} \to [0, 1]$ mit

$$F(x) = \int_{-\infty}^{x} \rho(t)\, dt$$

monoton wachsend und es gilt $F' = \rho$ und $\lim_{x\to-\infty} F(x) = 0, \lim_{x\to\infty} F(x) = 1$.

Die Zahl $F(x)$ kann als Definition der Wahrscheinlichkeit des Ereignisses $(-\infty, x]$ in $\mathbb{R}$ gewählt werden. Die Funktion F heißt Verteilungsfunktion des W-Maßes und ρ heißt Wahrscheinlichkeitsdichte oder auch kurz Dichte von F. Einem endlichen Intervall $(a, b]$ wird die Wahrscheinlichkeit

$$W((a, b]) = \int_{a}^{b} \rho(x)\, dx = F(b) - F(a)$$

zugeordnet. $W((a, b])$ gleicht also dem Inhalt jener Fläche, die zwischen a und b unter dem Graphen von ρ liegt. Nach dem Mittelwertsatz der Integralrechnung existiert ein $x \in [a, b]$, sodass

$$W((a, b]) = \int_a^b \rho(x)dx = (b - a) \cdot \rho(x).$$

Für eine (abzählbare) Vereinigung von disjunkten Intervallen I_α wird

$$W(\cup_\alpha I_\alpha) = \sum_\alpha W(I_\alpha)$$

gesetzt.

1.3.2 Gaußsche Normalverteilung

Ein Beispiel für das Konstruktionsschema[13] des vorigen Abschnitts liefert die nach Gauß benannte Normalverteilung.

Definition 1.12 Das W-Maß auf $\mathbb{R}$, das für alle $x \in \mathbb{R}$ dem Ereignis $(-\infty, x]$ die Wahrscheinlichkeit

$$F(x) = \int_{-\infty}^x \frac{1}{\sqrt{2\pi\delta^2}} e^{-\frac{(t-x_0)^2}{2\delta^2}} dt \qquad (1.3)$$

zuordnet, heißt (Gaußsche) Normalverteilung zu den Parameterwerten $\delta > 0$ und $x_0 \in \mathbb{R}$. Die Funktion F heißt Verteilungsfunktion und die Ableitung $\rho = F'$ ihre Dichte.

Die Verteilungsfunktion F der Normalverteilung zu (δ, x_0) geht aus der parameterfreien Gaußschen Fehlerfunktion[14]

$$\mathrm{erf} : \mathbb{R} \to \mathbb{R}, \quad \mathrm{erf}(x) := \frac{2}{\sqrt{\pi}} \int_0^x e^{-t^2} dt = \frac{1}{\sqrt{\pi}} \int_{-x}^x e^{-t^2} dt$$

folgendermaßen hervor:

$$F(x) = \frac{1}{2}\left(1 + \mathrm{erf}\left(\frac{x - x_0}{\sqrt{2\delta^2}}\right)\right). \qquad (1.4)$$

---

[13]Noch allgemeiner ist die Vorgabe einer Verteilungsfunktion $F : \mathbb{R} \to \mathbb{R}$ mit folgenden Eigenschaften: F ist nicht fallend, F ist stetig bis auf höchstens abzählbar viele Sprungstellen, in den Sprungstellen ist F rechtsseitig stetig, $\lim_{x \to -\infty} F(x) = 0$ und $\lim_{x \to \infty} F(x) = 1$.
[14]Das Kürzel erf leitet sich von *error function* ab.

Die Parameter x_0 und δ der Verteilung F schieben und strecken die Fehlerfunktion. Warum gilt Gl. 1.4? Substituiere $t := (x - x_0)/\sqrt{2\delta^2}$ in Gl. 1.3. Damit folgt

$$F(x) = \frac{1}{\sqrt{\pi}} \int_{-\infty}^{\frac{x-x_0}{\sqrt{2}\delta}} e^{-t^2} dt = \frac{1}{\sqrt{\pi}} \int_{-\infty}^{0} e^{-t^2} dt + \frac{1}{\sqrt{\pi}} \int_{0}^{\frac{x-x_0}{\sqrt{2}\delta}} e^{-t^2} dt$$

$$= \frac{1}{\sqrt{\pi}} \int_{0}^{\infty} e^{-t^2} dt + \frac{1}{\sqrt{\pi}} \int_{0}^{\frac{x-x_0}{\sqrt{2}\delta}} e^{-t^2} dt = \frac{1}{2} \left(1 + \operatorname{erf}\left(\frac{x - x_0}{\sqrt{2}\delta} \right) \right).$$

Für das letzte Gleichheitszeichen wurde $\lim_{x\to\infty} \operatorname{erf}(x) = 1$ benutzt, was weiter unten bewiesen wird. Wegen Gl. 1.4 stellt dies sicher, dass $\lim_{x\to\infty} F(x) = 1$.

Abb. 1.9 zeigt die Dichte der Gaußverteilung für $x_0 = 0$ und $\delta = 1$ bzw. $\delta = 1/2$. Abb. 1.10 zeigt die Normalverteilung F für $x_0 = 0$ und $\delta = 1$ bzw. $\delta = 1/2$. Der Fall $x_0 > 0$ entsteht durch Verschieben der Graphen um x_0 nach rechts.

Nun zeigen wir noch, dass $\lim_{x\to\infty} \operatorname{erf}(x) = 1$ gilt. Mit Polarkoordinaten des $\mathbb{R}^2$, nämlich $x = r \cos(\varphi)$ und $y = r \sin(\varphi)$, ist das Quadrat des positiven eindimensionalen Integrals $I = \lim_{x\to\infty} \operatorname{erf}(x) = \int_{-\infty}^{\infty} \exp(-x^2)\, dx / \sqrt{\pi}$ als zweidimensionales Integral ganz einfach zu berechnen.

$$I^2 = \int_{-\infty}^{\infty} \left(\int_{-\infty}^{\infty} \frac{1}{\pi} e^{-(x^2+y^2)} dx \right) dy = \frac{1}{\pi} \int_{0}^{2\pi} \left(\int_{0}^{\infty} e^{-r^2} r\, dr \right) d\varphi$$

$$= \frac{1}{\pi} \int_{0}^{2\pi} \int_{0}^{\infty} \frac{d}{dr}\left(-\frac{1}{2} e^{-r^2} \right) dr\, d\varphi = \frac{1}{2\pi} \int_{0}^{2\pi} d\varphi = 1.$$

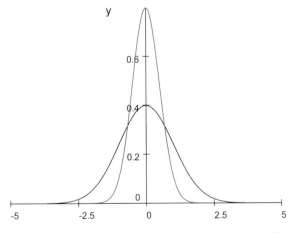

Abb. 1.9 Dichte der Normalverteilung $y = \rho(x)$ für $x_0 = 0$ und $\delta = 1$ (schwarz) bzw. $\delta = 1/2$ (rot)

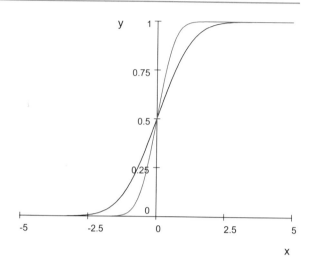

Abb. 1.10 Normalverteilung $y = F(x)$ für $\delta = 1$ (schwarz) bzw. $\delta = 1/2$ (rot) mit $x_0 = 0$

Anmerkung 1.1 Substituieren von $x = t/\sqrt{2\delta^2}$ in $\int_{-\infty}^{\infty} \exp\left(-x^2\right) dx = \sqrt{\pi}$ ergibt mit $\delta > 0$ das Gaußsche Integral

$$\int_{-\infty}^{\infty} e^{-\frac{t^2}{2\delta^2}} dt = \delta\sqrt{2\pi}.$$

In Abschn. 2.6.4 wird klar werden: Diese Integralformel gilt nicht nur für $\delta \in \mathbb{R}_{>0}$, sondern auch für $\delta \in \mathbb{C} \smallsetminus \{0\}$, sofern $-\frac{\pi}{4} < \arg(\delta) < \frac{\pi}{4}$. Das Argument einer von Null verschiedenen komplexen Zahl δ ist dabei durch $\delta = |\delta| \exp\left(i \arg(\delta)\right)$ mit $-\pi < \arg(\delta) \le \pi$ definiert. Im Fall $\delta \in \mathbb{C} \smallsetminus \{0\}$ mit $-\frac{\pi}{4} < \arg(\delta) < \frac{\pi}{4}$ gilt die für die Konvergenz des Integrals nötige Ungleichung $\Re\left(\delta^2\right) > 0$.

1.3.3 Exponentialverteilung

Die Beobachtung radioaktiver Zerfälle zeigt: Die Wahrscheinlichkeit $p(\tau)$, dass ein instabiler Atomkern (eines bestimmten Isotops) eine Zeitspanne der Dauer $\tau > 0$ unzerfallen übersteht, sinkt für $\tau \to \infty$ gegen 0 ab. Umgekehrt strebt für $\tau \to 0$ diese „Überlebenswahrscheinlichkeit" $p(\tau)$ gegen 1. Für Zeiten $\tau > 0$ nahe bei 0 gilt eine (einseitige) Tangentialapproximation $p(\tau) \approx 1 - \lambda\tau$ mit $\lambda \in \mathbb{R}_{>0}$, deren Fehler $\psi(\tau) = p(\tau) - (1 - \lambda\tau)$ die Bedingung $\lim_{\tau \to 0} \psi(\tau)/\tau = 0$ erfüllt. Die positive reelle Zahl λ wird als „Zerfallsrate" bezeichnet. Mit welcher Wahrscheinlichkeit überlebt der Atomkern höchstens N Zeitspannen der Dauer τ? Gibt es eine stetige Funktion auf $\mathbb{R}$, welche die Wahrscheinlichkeit angibt, dass ein zur Zeit 0 vorliegender Kern irgendwann vor der Zeit $t \in \mathbb{R}$ zerfällt?

Unter der physikalischen Hypothese, dass der Kern jedes Zeitintervall der Dauer τ mit Wahrscheinlichkeit $p(\tau)$ intakt übersteht, ist die Wahrscheinlichkeit für das Überleben von höchstens $N \in \mathbb{N}_0$ solchen (aneinandergereihten) Intervallen durch die geometrische Verteilung W_x auf $\mathbb{N}_0$ mit Parameter $x = p(\tau)$ gegeben, d. h.

$$W_x(\{n \in \mathbb{N}_0 : n \leq N\}) = \sum_{n=0}^{N} (1-x) x^n = 1 - x^{N+1}.$$

Sei nun $t \in \mathbb{R}_{>0}$. Dann gilt mit $\frac{t}{\tau} = \left[\frac{t}{\tau}\right] + \left\{\frac{t}{\tau}\right\}$ und $\left[\frac{t}{\tau}\right] \in \mathbb{N}_0$ und $0 \leq \left\{\frac{t}{\tau}\right\} < 1$

$$W_x\left(\left\{n \in \mathbb{N}_0 : n \leq \frac{t}{\tau}\right\}\right) = 1 - x^{\left[\frac{t}{\tau}\right]+1} = 1 - x^{\frac{t}{\tau}} x^{1-\left\{\frac{t}{\tau}\right\}}.$$

Die Zahl $\alpha = 1 - \left\{\frac{t}{\tau}\right\}$ liegt im Intervall $(0, 1]$. Die Zahl $x^\alpha = e^{\alpha \ln p(\tau)}$ erfüllt wegen $\ln p(\tau) < 0$ die Abschätzung $e^{\ln p(\tau)} \leq x^\alpha < e^0 = 1$. Aus $\lim_{\tau \to 0} e^{\ln p(\tau)} = 1$ folgt daher $\lim_{\tau \to 0} x^\alpha = 1$.

Den Faktor $x^{\frac{t}{\tau}}$ formen wir um zu

$$x^{\frac{t}{\tau}} = (1 - \lambda\tau + \psi(\tau))^{\frac{t}{\tau}} = \left(1 - \frac{\lambda t}{t/\tau} + \frac{\lambda t}{t/\tau} \frac{\psi(\tau)}{\lambda\tau}\right)^{\frac{t}{\tau}}.$$

Für $\tau \to 0$ ergibt sich daher mit $s = t/\tau$

$$\lim_{\tau \to 0} x^{\frac{t}{\tau}} = \lim_{s \to \infty} \left(1 - \frac{\lambda t}{s} \left(1 - \frac{\psi(t/s)}{\lambda t/s}\right)\right)^s = e^{-\lambda t}.$$

Für die Wahrscheinlichkeit $P_\lambda(t)$, dass ein Kern, der eine „Zerfallsrate" λ besitzt und der zur Zeit 0 intakt vorliegt, irgendwann vor einer Zeit $t > 0$ zerfällt, gilt somit

$$P_\lambda(t) = \lim_{\tau \downarrow 0} W_{1-\lambda\tau}(\{n \in \mathbb{N}_0 : n \leq t/\tau\}) = 1 - e^{-\lambda t}.$$

Für $t = 0$ ergibt sich

$$P_\lambda(0) = \lim_{\tau \downarrow 0} W_{1-\lambda\tau}(\{n \in \mathbb{N}_0 : n \leq 0\}) = \lim_{\tau \downarrow 0} W_{1-\lambda\tau}(\{0\}) = \lim_{\tau \downarrow 0} (1 - p(\tau)) = 0.$$

Definition 1.13 Sei $\lambda \in \mathbb{R}_{>0}$. Dann heißt das Wahrscheinlichkeitsmaß auf $\mathbb{R}$ mit der Verteilungsfunktion $F_\lambda(x) = 1 - e^{-\lambda x}$ für $x > 0$ und $F_\lambda(x) = 0$ sonst, Exponentialverteilung zum Parameter λ.

Anmerkung: Die Funktion ρ_λ mit $\rho_\lambda(x) = \lambda e^{-\lambda x}$ für $x > 0$ und $\rho_\lambda(x) = 0$ für $x \leq 0$ ist eine Dichte der Verteilungsfunktion F_λ.

Damit bekommt Curies Zerfallsgesetz eine probabilistische Form: Ein zur Zeit t_0 vorliegender Kern mit der Zerfallsrate $\lambda > 0$ zerfällt mit der Wahrscheinlichkeit $F_\lambda(t)$ vor der Zeit $t_0 + t$. Abb. 1.11 zeigt diese Zerfallswahrscheinlichkeit bis zur Zeit $t_0 + t$ als Funktion von $x = \lambda t$ in Rot und die dazu komplementäre Überlebenswahrscheinlichkeit in Grün. Man beachte jedoch: Für $t < 0$ ist die Wahrscheinlichkeit, dass der Kern vor der Zeit $t_0 + t$, also auch vor t_0 zerfallen ist, gleich 0. Das erscheint zwar plausibel, wenn ein Zerfall als einmaliger, irreversibler Vorgang gedacht wird, widerspricht aber dem tatsächlichen Entstehungsprozess eines instabilen Kerns aus den Fragmenten eines zerfallenen Zustands.

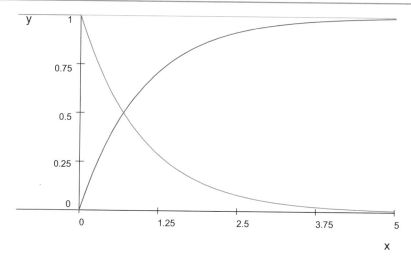

Abb. 1.11 Exponentialverteilung $y = F_1(x)$ (rot) und $y = 1 - F_1(x)$ (grün)

1.3.4 *Cauchyverteilung

Die Gaußverteilung haben wir aus einer Dichtefunktion konstruiert. Umgekehrt bietet sich auch manch nichtnegative, beschränkte, monoton wachsende Funktion direkt als Verteilungsfunktion an. Die arctan-Funktion etwa ist monoton wachsend und bildet $\mathbb{R}$ auf $(-\pi/2, \pi/2)$ bijektiv ab. Sie legt daher die folgende Konstruktion eines W-Maßes auf $\mathbb{R}$ nahe.

Definition 1.14 Die Funktion $F : \mathbb{R} \to (0, 1)$ mit $F(x) = \frac{1}{2} + \frac{1}{\pi} \arctan\left(\frac{x-x_0}{\delta}\right)$ ist für jedes Paar $(x_0, \delta) \in \mathbb{R}^2$ mit $\delta > 0$ eine Verteilungsfunktion. Diese Verteilung auf $\mathbb{R}$ heißt Cauchy- oder auch Lorentzverteilung zu den Parametern x_0, δ.

F hat wegen $\arctan'(x) = \frac{1}{1+x^2}$ die Dichte $\rho : \mathbb{R} \to \mathbb{R}_{>0}$ mit

$$\rho(x) = \frac{1}{\delta\pi} \cdot \frac{1}{1 + \left(\frac{x-x_0}{\delta}\right)^2} = \frac{1}{\pi} \cdot \frac{\delta}{\delta^2 + (x - x_0)^2}.$$

Die Dichte ρ ist maximal bei $x = x_0$ mit $\rho(x_0) = 1/\delta\pi$. Der Parameter δ regelt die Breite von ρ, denn für $|x - x_0| = \delta$ gilt $\rho(x) = \rho(x_0)/2$, siehe Abb. 1.12.

Obwohl jede Cauchyverteilung einer Gaußverteilung ähnlich sieht, bestehen im Detail doch erhebliche Unterschiede. Abb. 1.13 vergleicht die Dichte der Lorentzverteilung mit $\delta = 1$ und $x_0 = 0$ mit der Dichte der Gaußverteilung für $\delta = \sqrt{\pi/2}$ und $x_0 = 0$. Beide haben zwar bei $x = 0$ denselben Wert, die Gaußverteilung gibt jedoch größeren Werten von $|x|$ weniger Gewicht. Dies lässt sich mit erweiterten Begriffen für Erwartungswert und Varianz quantitativ fassen.

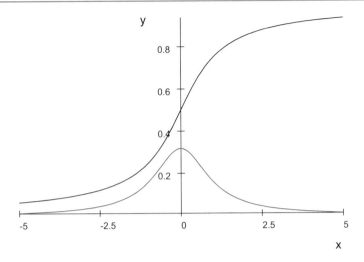

Abb. 1.12 Cauchyverteilung $y = F(x)$ (schwarz) und Dichte $y = \rho(x)$ (rot) für $\delta = 1$ und $x_0 = 0$

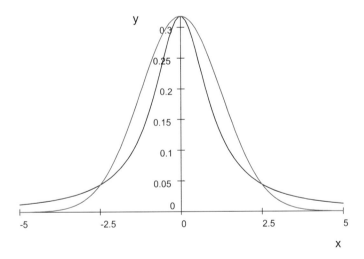

Abb. 1.13 Vergleich der Dichten $y = \rho(x)$ von Cauchy- (schwarz) und Gaußverteilung (rot) (Details siehe Abschn. 1.3.4)

1.3.5 Erwartungswert und Varianz

Erwartungswert, Varianz oder Korrelationskoeffizienten von reellwertigen Funktionen lassen sich auch unter W-Maßen auf $\mathbb{R}^n$, die eine Dichte besitzen, zumindest unter gewissen Vorbehalten bilden. Dabei werden aus den Summen des diskreten Falls wenig überraschend Integrale. Die Vorbehalte beziehen sich auf die Existenz der jeweiligen Integrale. Im Folgenden werden Erwartungswert und Varianz beispielhaft behandelt.

Definition 1.15 Sei $\rho : \mathbb{R} \to \mathbb{R}$ Dichte eines W-Maßes auf $\mathbb{R}$ und $f : \mathbb{R} \to \mathbb{R}$ sei derart, dass die Funktionen $|f|\rho$ und $f^2\rho$ über $\mathbb{R}$ uneigentlich riemannintegrierbar sind. Dann sind Erwartungswert $\langle f \rangle$ und Varianz $V(f)$ von f unter dem W-Maß mit der Dichte ρ wie folgt definiert:

$$\langle f \rangle := \int_{-\infty}^{\infty} f(x)\rho(x)dx \quad \text{und} \quad V(f) := \langle (f - \langle f \rangle)^2 \rangle = \langle f^2 \rangle - \langle f \rangle^2 .$$

Anmerkung: Für eine Cauchyverteilung existiert weder Erwartungswert noch Varianz der identischen Funktion.

Satz 1.17 *Für Erwartungswert und Varianz der stochastischen Variable $X := \mathrm{id}_{\mathbb{R}}$ unter der Normalverteilung zu (δ, x_0) gilt $\langle X \rangle = x_0$ und $V(X) = \delta^2$.*

Beweis Es gilt $\langle X - x_0 \rangle = 0$, da der Integrand um x_0 ungerade ist. Also gilt $\langle X \rangle = x_0$. Die Varianz von X folgt dann mit $\alpha := 1/2\delta^2$ zu

$$
\begin{aligned}
V(X) = \langle (X - x_0)^2 \rangle &= \int_{-\infty}^{\infty} \frac{(x-x_0)^2}{\sqrt{2\pi\delta^2}} e^{-\frac{(x-x_0)^2}{2\delta^2}} dx = \sqrt{\frac{\alpha}{\pi}} \int_{-\infty}^{\infty} x^2 e^{-\alpha x^2} dx \\
&= \sqrt{\frac{\alpha}{\pi}} \int_{-\infty}^{\infty} \left(-\frac{d}{d\alpha} e^{-\alpha x^2} \right) dx = -\sqrt{\frac{\alpha}{\pi}} \frac{d}{d\alpha} \int_{-\infty}^{\infty} e^{-\alpha x^2} dx \\
&= -\sqrt{\frac{\alpha}{\pi}} \frac{d}{d\alpha} \sqrt{\frac{\pi}{\alpha}} = \frac{1}{2}\sqrt{\frac{\alpha}{\pi}} \sqrt{\pi} \alpha^{-3/2} = \frac{1}{2\alpha} = \delta^2 .
\end{aligned}
$$

$\square$

Satz 1.18 *Für Erwartungswert und Varianz der stochastischen Variable $X := \mathrm{id}_{\mathbb{R}}$ unter der Exponentialverteilung mit der Dichte $\rho_\lambda(x) = \lambda e^{-\lambda x}$ für $x > 0$ und $\rho_\lambda(x) = 0$ für $x \le 0$ gilt $\langle X \rangle = 1/\lambda$ und $V(X) = 1/\lambda^2$.*

Beweis Der Erwartungswert von X folgt mit partieller Integration

$$
\begin{aligned}
\langle X \rangle &= \int_0^{\infty} \rho_\lambda(x)\,x\,dx = \int_0^{\infty} \lambda e^{-\lambda x} x\,dx = -\int_0^{\infty} \frac{d}{dx}\left(e^{-\lambda x}\right) x\,dx \\
&= -\left(x e^{-\lambda x}\right)\Big|_{x=0}^{x=\infty} + \int_0^{\infty} e^{-\lambda x} dx = \lambda^{-1} .
\end{aligned}
$$

Der Erwartungswert von X^2 folgt analog

$$
\begin{aligned}
\langle X^2 \rangle &= \int_0^{\infty} \lambda e^{-\lambda x} x^2 dx = \frac{1}{\lambda} \int_0^{\infty} \left(\frac{d}{dx} \right)^2 \left(e^{-\lambda x} \right) x^2 dx \\
&= \frac{1}{\lambda} \int_0^{\infty} e^{-\lambda x} \left(\frac{d}{dx} \right)^2 x^2 dx = \frac{2}{\lambda} \int_0^{\infty} e^{-\lambda x} dx = \frac{2}{\lambda^2} .
\end{aligned}
$$

Daraus ergibt sich $V(X) = \langle X^2 \rangle - \langle X \rangle^2 = \lambda^{-2}$. $\square$

1.3.6   Gleichverteilung auf Intervall

Definition 1.16 Sei $I \subset \mathbb{R}$ ein Intervall. $|I|$ bezeichne die Länge[15] von I. Das W-Maß W auf $\mathbb{R}$, das dem Ereignis $E_x := (-\infty, x]$ die Wahrscheinlichkeit $W(E_x) := |E_x \cap I| / |I|$ zuordnet, heißt Gleichverteilung auf I.

Satz 1.19 *Sei W die Gleichverteilung auf $I = (a, b)$. Dann gilt für die Verteilungsfunktion F von W*

$$F(x) = W(E_x) = \begin{cases} 0 & \text{für } x < a \\ \frac{x-a}{b-a} & \text{für } a \leq x < b \\ 1 & \text{für } b \leq x \end{cases}.$$

F hat die Dichte $\rho(x) = \frac{1}{b-a}$ für $a < x < b$ und $\rho(x) = 0$ sonst. Für den Erwartungswert und die Varianz der stochastischen Variable $X := \text{id}_{\mathbb{R}}$ gilt $\langle X \rangle = \frac{b+a}{2}$ und $V(X) = \frac{(b-a)^2}{12}$.

Beweis Für $x \leq a$ gilt $(-\infty, x] \cap (a, b) = \emptyset$ und daher $F(x) = W(\emptyset) = 0$. Für $a < x < b$ gilt $(-\infty, x] \cap (a, b) = (a, x]$ und daher $F(x) = W((a, x]) = \frac{x-a}{b-a}$. Für $x \geq b$ gilt $(-\infty, x] \cap (a, b) = (a, b)$ und daher $F(x) = W((a, b)) = 1$.

Die Formel

$$F(x) = \int_{-\infty}^{x} \rho(u)\, du$$

ist offensichtlich. Der Erwartungswert von X ergibt sich mit

$$\langle X \rangle = \int_{-\infty}^{\infty} x \rho(x)\, dx = \int_{a}^{b} \frac{x}{b-a}\, dx = \frac{1}{2} \frac{1}{b-a} \left(b^2 - a^2 \right) = \frac{a+b}{2}.$$

Die Varianz von X ergibt sich mit der Substitution $u = x - \frac{a+b}{2}$

$$V(X) = \int_{-\infty}^{\infty} \left(x - \frac{a+b}{2} \right)^2 \rho(x)\, dx = \frac{1}{b-a} \int_{a}^{b} \left(x - \frac{a+b}{2} \right)^2 dx$$

$$= \frac{1}{b-a} \int_{-(b-a)/2}^{(b-a)/2} u^2 du = \frac{2}{b-a} \left. \frac{u^3}{3} \right|_{0}^{(b-a)/2} = \frac{2}{b-a} \frac{1}{3} \left(\frac{b-a}{2} \right)^3 = \frac{(b-a)^2}{12}.$$

$\square$

---

[15]Also $|(a, b)| := b - a$.

1.3.7 W-Maße auf $\mathbb{R}^n$ und ihr Transport

Ist U eine Kugel, ein Quader oder Ähnliches im $\mathbb{R}^n$, dann ist die Gleichverteilung auf U durch das W-Maß $W(A) := \frac{|U \cap A|}{|U|}$ für $A \subset \mathbb{R}^n$ definiert, wobei $|X|$ das euklidische Volumen einer Menge $X \subset \mathbb{R}^n$ bezeichnet. Hier ist etwas Vorsicht angebracht. Nicht jeder Teilmenge $X \subset \mathbb{R}^n$ lässt sich ein euklidisches Volumen zuordnen. Die hier angedeutete Definition verlangt also die Einengung der zulässigen Mengen U und A auf Mengen, deren euklidisches Volumen definiert ist. Diese Mengen werden als messbar bezeichnet.

Für $n > 1$ sind etwas allgemeinere W-Maße durch eine integrable Dichte $\rho : \mathbb{R}^n \to \mathbb{R}$ mit $\rho \geq 0$ und $\int_{\mathbb{R}^n} \rho(x) d^n x = 1$ charakterisiert. Dann ist die Wahrscheinlichkeit $W(A)$ des Ereignisses $A \subset \mathbb{R}^n$ (messbar) definiert durch

$$W(A) = \int_A \rho(x) d^n x.$$

Die Gleichverteilung auf U hat die Dichte ρ mit $\rho(x) = 1/|U|$ für $x \in U$ und $\rho(x) = 0$ sonst.

Sei $f : \mathbb{R}^n \to \mathbb{R}$ eine stochastische Variable. Falls $|f|\rho$ und $f^2 \rho$ über ganz $\mathbb{R}^n$ integrierbar sind, dann existieren Erwartungswert und Varianz von f unter W:

$$\langle f \rangle_W := \int_{\mathbb{R}^n} f(x) \rho(x) d^n x, \text{ und } V_W(f) = \left\langle \left(f - \langle f \rangle_W \right)^2 \right\rangle_W.$$

Der Transport W_f von W unter f ist analog zu Satz 1.4 durch

$$W_f(A') := W\left(f^{-1}\left(A' \right) \right) \text{ für } A' \subset \mathbb{R} \text{ (messbar)}$$

definiert. Das W-Maß W_f hat die Verteilungsfunktion $F_f : \mathbb{R} \to \mathbb{R}$ mit

$$F_f(x) := W\left(f^{-1}(-\infty, x] \right).$$

Falls F_f stetig und überall (außer möglicherweise in endlich vielen Stellen) differenzierbar ist, hat F_f eine Dichte ρ_f, die folgendermaßen gewählt werden kann: In den Differenzierbarkeitsstellen x von F_f sei $\rho_f(x) = F'_f(x)$; in Punkten x, in denen F_f nicht differenzierbar ist, ist $\rho_f(x)$ beliebig in $\mathbb{R}_{\geq 0}$. Dann gilt nämlich $F_f(x) = \int_{-\infty}^x \rho_f(u) \, du$ für alle $x \in \mathbb{R}$. Falls der Erwartungswert von f^n für ein $n \in \mathbb{N}$ unter W existiert, lässt er sich auch aus ρ_f durch Integration berechnen:

$$\langle f^n \rangle_W = \int_{-\infty}^{\infty} x^n \rho_f(x) \, dx = \left\langle (\mathrm{id}_{\mathbb{R}})^n \right\rangle_{W_f}.$$

Gleichverteilung auf Rechteck

Sei W die Gleichverteilung auf $R = [0, 1] \times [0, 1]$ und für die Funktion[16] $f : \mathbb{R}^2 \to \mathbb{R}$ gelte $f(a, b) = a^2$ für alle $(a, b) \in R$. Ein Blick auf den Funktionsgraphen von f, siehe Abb. 1.14, zeigt, dass bei gleichverteilter Ziehung von (a, b) Funktionswerte $f(a, b) < 1/2$ eher als Funktionswerte $f(a, b) > 1/2$ zu erwarten sind. Etwas genauer: Für $0 \leq x \leq 1$ gilt $f^{-1}((-\infty, x]) = [0, \sqrt{x}] \times [0, 1]$. Daraus folgt für die Verteilungsfunktion von f

$$F_f(x) = \left| [0, \sqrt{x}] \times [0, 1] \right| = \sqrt{x} \text{ für } 0 \leq x \leq 1.$$

Für $x < 0$ gilt $F_f(x) = 0$ und für $x > 1$ gilt $F_f(x) = 1$ (siehe Abb. 1.15). Für die Dichte ρ_f von F_f gilt $\rho_f(x) = F_f'(x) = 1/(2\sqrt{x})$ für $0 < x < 1$ und $\rho_f(x) = 0$ sonst. Die Wahrscheinlichkeit von $f(x) < 1/2$ ist somit $1/\sqrt{2} \approx 0{,}7$ bzw. jene von $f(x) > 1/2$ ist dann $1 - 1/\sqrt{2} \approx 0{,}3$.

Berechnen wir noch $\langle f^n \rangle_W$. Es gilt

$$\langle f^n \rangle_W = \int_0^1 \left(\int_0^1 a^{2n} da \right) db = \frac{1}{2n + 1}.$$

Für den Erwartungswert von f gilt somit $\langle f \rangle_W = 1/3$. Die Varianz von f ergibt sich zu $V(f) = \langle f^2 \rangle_W - \langle f \rangle_W^2 = \frac{1}{5} - \frac{1}{9} = \frac{4}{45}$. Eine Kontrolle gibt

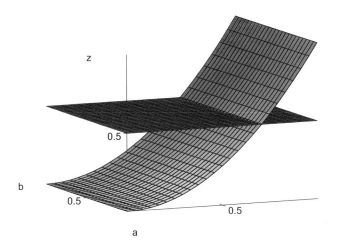

Abb. 1.14 Die Funktionen $z = f(a, b)$ und $z = 1/2$ aus Abschn. Gleichverteilung auf Rechteck

---

[16]Wie f außerhalb von R definiert ist, spielt im Folgenden keine Rolle.

Abb. 1.15 $y = F_f(x)$
(schwarz) und
$y = \rho_f(x)$ (rot) aus
Abschn. Gleichverteilung
auf Rechteck

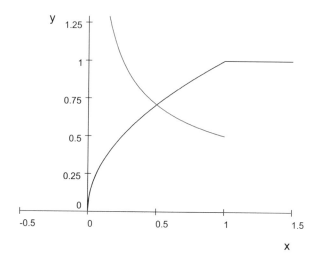

$$\langle f^n \rangle_W = \langle \mathrm{id}^n \rangle_{W_f} = \int_{-\infty}^{\infty} \rho_f(x)\, x^n dx = \int_0^1 \frac{x^n}{2\sqrt{x}} dx = \frac{1}{2} \cdot \frac{1}{n + \frac{1}{2}}\, x^{n+\frac{1}{2}} \Big|_0^1$$

$$= \frac{1}{2n + 1}.$$

Gleichverteilung auf Kreisscheibe

Sei W die Gleichverteilung auf $K_R = \left\{ (a, b) \in \mathbb{R}^2 \,|\, a^2 + b^2 \leq R^2 \right\}$ für ein $R > 0$.
Sei $r(a, b) = \sqrt{a^2 + b^2}$ für $(a, b) \in \mathbb{R}^2$. Für die Verteilungsfunktion F_r von W_r
folgt dann für $0 \leq x \leq R$

$$F_r(x) = W(\{p \in K_R \,|\, r(p) \leq x\}) = \frac{x^2 \pi}{R^2 \pi} = \left(\frac{x}{R}\right)^2.$$

Für $x < 0$ folgt $F_r(x) = 0$ und für $x > R$ gilt $F_r(x) = 1$. Die Funktion ρ_r mit
$\rho_r(x) = 2x/R^2$ für $0 < x < R$ und $\rho_r(x) = 0$ sonst ist eine Dichte von F_r.
Für den Erwartungswert von r gilt

$$\langle r \rangle_W = \frac{1}{R^2 \pi} \int_0^{2\pi} \left(\int_0^R \xi^2 d\xi \right) d\phi = \frac{1}{R^2 \pi} \cdot \frac{1}{3} \xi^3 \Big|_0^R \cdot \int_0^{2\pi} d\phi = \frac{2}{3} R.$$

Kontrolle:

$$\langle r \rangle_W = \langle \mathrm{id}_\mathbb{R} \rangle_{W_r} = \int_0^R \rho_r(x)\, x\, dx = \int_0^R \frac{2x}{R^2} x\, dx = \frac{2}{3R^2}\, x^3 \Big|_0^R = \frac{2}{3} R.$$

Normalverteilung auf $\mathbb{R}^2$

Sei $\delta > 0$. Die Funktion $\rho_G : \mathbb{R}^2 \to \mathbb{R}$ mit

$$\rho_G(a,b) = \frac{1}{2\delta^2\pi} e^{-\frac{a^2+b^2}{2\delta^2}}$$

ist Dichte eines W-Maßes. Für die Verteilung der Betragsfunktion $r = |\cdot| : \mathbb{R}^2 \to \mathbb{R}$ mit $|(a,b)| = \sqrt{a^2+b^2}$ unter ρ_G ergibt sich für $\xi \geq 0$

$$F_r(x) = W\left(\{p \in \mathbb{R}^2 \,|\, |p| \leq x\}\right) = \frac{1}{2\delta^2\pi} \int_0^{2\pi} \left(\int_0^x e^{-\frac{t^2}{2\delta^2}} t\, dt \right) d\phi$$

$$= \frac{2\pi}{2\delta^2\pi} \int_0^x e^{-\frac{t^2}{2\delta^2}} t\, dt = \int_0^{x/\sqrt{2\delta^2}} 2u e^{-u^2}\, du = -\int_0^{x/\sqrt{2\delta^2}} \frac{d}{du} e^{-u^2}\, du$$

$$= 1 - e^{-\frac{x^2}{2\delta^2}}.$$

Für $x < 0$ gilt $F_r(x) = 0$. Die Funktion ρ_r mit $\rho_r(x) = \frac{x}{\delta^2} e^{-\frac{x^2}{2\delta^2}}$ für $x > 0$ und $\rho_r(x) = 0$ für $x < 0$ ist eine Dichte von F_r.

Damit ergibt sich der Erwartungswert der Betragsfunktion r unter ρ_G zu

$$\langle r \rangle = \int_0^\infty x \rho_r(x)\, dx = \int_0^\infty \frac{x^2}{\delta^2} e^{-\frac{x^2}{2\delta^2}}\, dx = \int_{-\infty}^\infty \frac{x^2}{2\delta^2} e^{-\frac{x^2}{2\delta^2}}\, dx$$

$$= \frac{\pi}{\sqrt{2\delta^2\pi}} \int_{-\infty}^\infty x^2 \frac{e^{-\frac{x^2}{2\delta^2}}}{\sqrt{2\delta^2\pi}}\, dx = \frac{\pi\delta^2}{\sqrt{2\delta^2\pi}} = \sqrt{\frac{\pi\delta^2}{2}}.$$

Für den Erwartungswert von r^2 folgt

$$\langle r^2 \rangle = \int_0^\infty x^2 \rho_r(x)\, dx = \int_0^\infty \frac{x^3}{\delta^2} e^{-\frac{x^2}{2\delta^2}}\, dx = 2\delta^2 \int_0^\infty \frac{x^2}{2\delta^2} e^{-\frac{x^2}{2\delta^2}} \frac{2x\, dx}{2\delta^2}$$

$$= 2\delta^2 \int_0^\infty t e^{-t}\, dt = 2\delta^2.$$

Das Ergebnis $\langle r^2 \rangle = 2\delta^2$ ist auch ganz einfach mit 2d-Integration über ρ_G zu erhalten:

$$\langle r^2 \rangle = \int_{\mathbb{R}^2} (x^2+y^2) \frac{1}{2\delta^2\pi} e^{-\frac{x^2+y^2}{2\delta^2}}\, dx dy = 2 \int_{-\infty}^\infty x^2 \frac{e^{-\frac{x^2}{2\delta^2}}}{\sqrt{2\delta^2\pi}}\, dx \int_{-\infty}^\infty \frac{e^{-\frac{y^2}{2\delta^2}}}{\sqrt{2\delta^2\pi}}\, dy$$

$$= 2 \int_{-\infty}^\infty x^2 \frac{e^{-\frac{x^2}{2\delta^2}}}{\sqrt{2\delta^2\pi}}\, dx = 2\delta^2.$$

Für die Varianz von r gilt somit $V(r) = (2 - \pi/2)\,\delta^2$.

Normalverteilung auf $\mathbb{R}^3$

Sei $\delta > 0$. Die Funktion $\rho_G : \mathbb{R}^3 \to \mathbb{R}$ mit

$$\rho_G(v) = \frac{1}{\left(2\delta^2\pi\right)^{3/2}} e^{-\frac{|v|^2}{2\delta^2}}$$

ist Dichte eines W-Maßes. Die Verteilung des Geschwindigkeitsvektors eines Teilchens eines idealen Gases im thermischen Gleichgewicht ist von dieser Art. Für die Verteilung F_r der Betragsfunktion $r = |\cdot| : \mathbb{R}^3 \to \mathbb{R}$ unter ρ_G folgt für $x \geq 0$

$$F_r(x) = W\left(\left\{v \in \mathbb{R}^3 : |v| \leq x\right\}\right) = \frac{1}{\left(2\delta^2\pi\right)^{3/2}} \int_0^{2\pi} d\phi \int_0^\pi \sin\theta d\theta \left(\int_0^x e^{-\frac{t^2}{2\delta^2}} t^2 dt\right)$$

$$= \frac{4\pi}{\left(2\delta^2\pi\right)^{3/2}} \int_0^x e^{-\frac{t^2}{2\delta^2}} t^2 dt = \frac{4}{\sqrt{\pi}} \int_0^{x/2\delta^2} e^{-u^2} u^2 du.$$

Für $x < 0$ gilt $F_r(x) = 0$. Die Funktion[17] $\rho_r : \mathbb{R} \to \mathbb{R}$ mit $\rho_r(x) = \frac{4\pi x^2}{\left(2\delta^2\pi\right)^{3/2}} e^{-\frac{x^2}{2\delta^2}}$ für $x > 0$ und $\rho_r(x) = 0$ für $x < 0$ ist eine Dichte von F_r. Die Verteilung F_r spielt in der kinetischen Gastheorie eine Rolle. Sie wird als Maxwellsche Geschwindigkeitsverteilung bezeichnet.

Für den Erwartungswert von r unter ρ_G gilt $\langle r \rangle = \sqrt{8\delta^2/\pi}$, denn

$$\int_0^\infty x\rho_r(x)\,dx = \frac{4\pi}{\left(2\delta^2\pi\right)^{3/2}} \int_0^\infty x^3 e^{-\frac{x^2}{2\delta^2}} dx = \frac{4}{\sqrt{\pi}} \sqrt{2\delta^2} \int_0^\infty u^3 e^{-u^2} du$$

$$= 2\sqrt{\frac{2\delta^2}{\pi}} \int_0^\infty t e^{-t} dt = -2\sqrt{\frac{2\delta^2}{\pi}} \int_0^\infty t \left(e^{-t}\right)' dt = 2\sqrt{\frac{2\delta^2}{\pi}}.$$

Für den Erwartungswert von r^2 gilt analog zum zweidimensionalen Fall $\langle r^2 \rangle = 3\delta^2$. Die Varianz von r ergibt sich somit zu $V(r) = (3 - 8/\pi)\,\delta^2$.

---

[17]In der Physik tritt F_r mit $\delta^2 = kT/m$ als Maxwells thermische Geschwindigkeitsverteilung eines einzelnen Teilchens von einem Massenpunktgas der Temperatur T auf. Der Erwartungswert der kinetischen Energie $m|v|^2/2$ des Teilchens ergibt sich zu $3kT/2$. Da die Geschwindigkeiten aller Teilchen voneinander unabhängig verteilt sind, gilt für die Zahl $N(x)$ der Teilchen mit $|v| < x$, dass $N(x)/N_{ges} \approx F_r(x)$.

Vorgreifende Anmerkung: Mithilfe der Dichte ρ_r folgt die Gleichung $\langle r^2 \rangle = 3\delta^2$ auch unter Verwendung der in Abschn. 4.3 behandelten Gammafunktion so:

$$\int_0^\infty x^2 \rho_r(x)\,dx = \frac{4\pi}{(2\delta^2\pi)^{3/2}} \int_0^\infty x^4 e^{-\frac{x^2}{2\delta^2}}\,dx = \frac{4}{\sqrt{\pi}} 2\delta^2 \int_0^\infty u^4 e^{-u^2}\,du$$

$$= \frac{4\delta^2}{\sqrt{\pi}} \int_0^\infty t^{3/2} e^{-t}\,dt = \frac{4\delta^2}{\sqrt{\pi}} \Gamma\left(\frac{5}{2}\right).$$

Mit $\Gamma\left(\frac{5}{2}\right) = \frac{3}{2}\Gamma\left(\frac{3}{2}\right) = \frac{3}{2}\frac{1}{2}\Gamma\left(\frac{1}{2}\right) = \frac{3}{4}\sqrt{\pi}$ folgt schließlich

$$\int_0^\infty x^2 \rho_r(x)\,dx = 3\delta^2.$$

Gleichverteilung am Halbkreis

Hier ein Beispiel dafür, wie eine Cauchyverteilung aus einer Gleichverteilung erzeugt werden kann. Der Halbstrahl $\mathbb{R}_{>0} \cdot (\cos\phi, \sin\phi) \subset \mathbb{R}^2$ mit $-\frac{\pi}{2} < \phi < \frac{\pi}{2}$ schneidet die Gerade $(\delta, 0) + \mathbb{R} \cdot (0, 1)$ mit $\delta > 0$ im Punkt $S = (\delta, \delta\tan\phi)$ (siehe Abb. 1.16). Ist auf dem Winkelintervall $-\frac{\pi}{2} < \phi < \frac{\pi}{2}$ eine Gleichverteilung gegeben, so gilt für die Wahrscheinlichkeit des Ereignisses $\left\{\phi \in \left(-\frac{\pi}{2}, \frac{\pi}{2}\right) : \delta \cdot \tan\phi < y\right\}$

$$W\left(\{\phi : \delta \cdot \tan\phi < y\}\right) = \frac{\left|\left(-\frac{\pi}{2}, \arctan\frac{y}{\delta}\right)\right|}{\pi} = \frac{1}{2} + \frac{1}{\pi}\arctan\frac{y}{\delta}.$$

Die y-Koordinate des Schnittpunktes S ist also Cauchy-verteilt. Somit gilt: Der Transport der Gleichverteilung auf $\left(-\frac{\pi}{2}, \frac{\pi}{2}\right)$ mit der Funktion $\delta \cdot \tan$ ergibt eine Cauchyverteilung.

Abb. 1.16 Halbstrahl schneidet achsenparallele Gerade

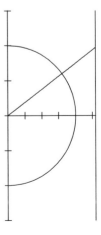

Gleichverteilung am Intervall

Ein Auto fährt mit der Geschwindigkeit v und ist zu einer Vollbremsung gezwungen. Für seinen Bremsweg s gilt bei einer konstanten Bremsbeschleunigung b, dass $s = \frac{v^2}{2b}$. Die für eine Vollbremsung zur Verfügung stehende Bremsbeschleunigung eines zufällig herausgegriffenen Autos sei im Intervall $I := [b_1, b_2] \subset \mathbb{R}_{>0}$ gleichverteilt. Unter diesen Annahmen sollen die folgenden Größen berechnet werden:

1. der Erwartungswert $\langle s \rangle$ des Bremsweges für $v = 30\,\text{m/s}$ und $b_1 = 4\,\text{m/s}^2$ und $b_2 = 8\,\text{m/s}^2$;
2. die Verteilungsfunktion des Bremsweges und ihre Dichte;
3. für $v = 30\,\text{m/s}$ und $b_1 = 4\,\text{m/s}^2$ und $b_2 = 8\,\text{m/s}^2$ die Wahrscheinlichkeit, dass ein zufällig herausgegriffenes Auto einen Bremsweg hat, der kleiner als $\langle s \rangle$ ist.

Der Bremsweg ist am Intervall I der möglichen Werte von b durch die streng monoton fallende Funktion $s : I \to \mathbb{R}$ mit $b \mapsto v^2/(2b)$ gegeben (siehe Abb. 1.17). Sie fällt von $s_1 := s(b_1) = 112,5\,\text{m}$ auf $s_2 := s(b_2) = 56,25\,\text{m}$ ab. Ihr Erwartungswert unter der Gleichverteilung ist

$$\langle s \rangle = \int_{b_1}^{b_2} \frac{s(b)\,db}{b_2 - b_1} = \frac{v^2}{2(b_2 - b_1)} \int_{b_1}^{b_2} \frac{db}{b}$$

$$= \frac{v^2}{2(b_2 - b_1)} \ln\left(\frac{b_2}{b_1}\right) = \frac{900}{8} \ln(2) \approx 87\,\text{m}.$$

Man beachte, dass $\langle s \rangle$ *nicht* mit $s(\langle \text{id} \rangle) = s(6\,\text{m s}^{-2}) = 75\,\text{m}$ übereinstimmt.

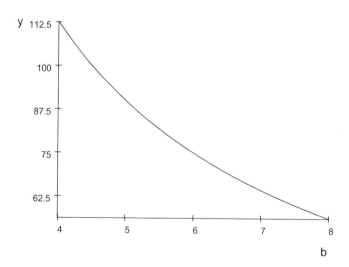

Abb. 1.17 Bremsweg $y = s(b)$ als Funktion der Bremsbeschleunigung

Für die Verteilungsfunktion F_s von s gilt

$$F_s(x) = W(\{b \mid s(b) \le x\}) = \begin{cases} 0 & \text{für } x \le s_2 \\ \frac{b_2 - s^{-1}(x)}{b_2 - b_1} & \text{für } s_2 < x < s_1 \\ 1 & \text{für } s_1 \le x \end{cases}$$

$$= \begin{cases} 0 & \text{für } x \le s_2 \\ \frac{b_2 - \frac{v^2}{2x}}{b_2 - b_1} & \text{für } s_2 < x < s_1 \\ 1 & \text{für } s_1 \le x \end{cases}$$

$$= \begin{cases} 0 & \text{für } x \le s_2 \\ \frac{s_1}{s_1 - s_2}\left(1 - \frac{s_2}{x}\right) & \text{für } s_2 < x < s_1 \\ 1 & \text{für } s_1 \le x \end{cases}.$$

Einsetzen der Zahlenwerte ergibt bei Verwendung der Einheit Meter für den Bremsweg x die in Abb. 1.18 gezeigte Verteilungsfunktion

$$F_s(x) = \begin{cases} 0 & \text{für } x \le 56{,}25 \\ 2\left(1 - \frac{56{,}25}{x}\right) & \text{für } 56{,}25 < x < 112{,}5 \\ 1 & \text{für } 112{,}5 \le x \end{cases}.$$

Die Dichte ρ_s dieser Verteilung ist für alle $x \in \mathbb{R} \setminus \{s_2, s_1\}$ durch die Ableitung $\rho_s(x) = F_s'(x)$ gegeben. In den Ausnahmepunkten kann sie beliebig gewählt werden. So ergibt sich die in Abb. 1.19 dargestellte Funktion

$$\rho_s(x) = \begin{cases} \frac{s_1 s_2}{s_1 - s_2} \cdot \frac{1}{x^2} & \text{für } s_2 < x < s_1 \\ 0 & \text{sonst} \end{cases}.$$

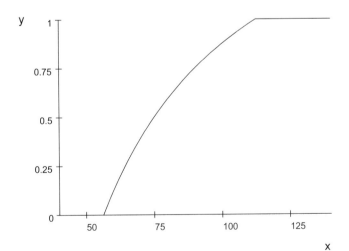

Abb. 1.18 Bremswegsverteilungsfunktion $y = F_s(x)$

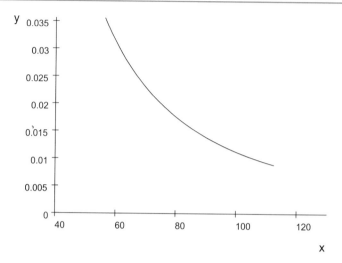

Abb. 1.19 Dichte $y = \rho_s(x)$ der Bremswegverteilung

Die Wahrscheinlichkeit, dass der Bremsweg eines Autos kleiner als $\langle s \rangle$ ist, ergibt sich aus der Verteilungsfunktion zu $F_s(\langle s \rangle) = \frac{s_1}{s_1 - s_2}\left(1 - \frac{s_2}{\langle s \rangle}\right) = 2 - \frac{1}{\ln(2)} \approx 0{,}56$.

1.3.8 *Bells Nichtlokalität

Der Wurf zweier Münzen hat den Ereignisraum $\Sigma = \{1, -1\} \times \{1, -1\}$. Wir stellen uns nun ein Paar von Münzen vor, das an einem Ort O geprägt wird. Von O entfernen sich die beiden Münzen mit (beinahe) Lichtgeschwindigkeit in entgegengesetzte Richtungen. Nach einer Laufzeit von etwa einer Stunde werden sie an den weit auseinanderliegenden Orten A bzw. B zum Aufprall und Liegen gebracht. Das Ereignis $\{(\varepsilon, \eta)\}$ bedeutet, dass die Münze in der Zone A mit der Seite ε und jene in der Zone B mit η obenauf zu liegen kommt. Bei zwei alltäglichen Münzen tritt jedes der Elementarereignisse $\{(\varepsilon, \eta)\}$ mit Wahrscheinlichkeit $1/4$ ein.

Es gibt nun aber mikrophysikalische „Münzpaare" und Aufprallapparaturen, bei denen die Stochastik des Zufallsversuchs von zusätzlichen Regelgrößen a und b beeinflusst ist. Diese Größen sind beispielsweise ein Magnetfeld mit Richtung $a \in \mathbb{S}^2 = \{x \in \mathbb{R}^3 : |x| = 1\}$ bzw. $b \in \mathbb{S}^2$. Die Richtung a (bzw. b) braucht erst wenige Sekunden vor dem Aufprall der Münze im Gebiet A (bzw. im Gebiet B) von einem jeweils in der Zone A (bzw. B) befindlichen Spieler nach Gutdünken eingeregelt zu werden.

Nun zur Lokalitätshypothese, die nach Bell im Bereich der Mikrophysik außer Kraft gesetzt ist: Die Errichtung der Regelgröße a im Gebiet A sollte nach allem, was über die Ausbreitungsgeschwindigkeit elektromagnetischer Felder bekannt ist, den Aufprall der Münze bei B nicht beeinflussen können. Umgekehrt sollte b für den Aufprall bei A ohne Einfluss bleiben. Die physikalischen Größen, die von a bzw.

b repräsentiert werden, existieren während des Münzaufpralls nur in den Zonen A bzw. B. Man sagt, sie seien in den Zonen A bzw. B lokalisiert.

Bei geeigneter Konstruktion eines derartigen mikrophysikalischen „Spielautomaten" ist es möglich, für $\varepsilon, \eta \in \{1, -1\}$ und für $a, b \in \mathbb{S}^2$ die Gesetzmäßigkeit

$$p_{a,b}(\varepsilon, \eta) := W_{a,b}(\{(\varepsilon, \eta)\}) = \frac{1}{4}(1 - \varepsilon\eta\cos\theta)$$

zu realisieren. Hier bezeichnet $\theta \in [0, \pi]$ den ungerichteten Winkel zwischen a und b. Es gilt also $a \cdot b = \cos\theta$. Nur für $\theta = \pi/2$ ist $p_{a,b}$ gleichverteilt.

Ein realer Automat operiert heute meist mit einem Photonenpaar und Laufzeiten von 10 ns bis 1 ms anstelle von Stunden. Die beiden Photonen laufen dementsprechend bis zu einer Distanz von 3 m bis 300 km auseinander und prallen dann auf jeweils einen Polarisationsfilter der Orientierung a bzw. b, den sie entweder durchdringen oder eben nicht. Im letzten Schritt des Zufallsexperiments fällt die Entscheidung über die beiden Zahlen $\varepsilon, \eta \in \{1, -1\}$.

Man beachte, dass

$$p_{a,b}(\varepsilon, \eta) = \begin{cases} \frac{1}{2}\sin^2(\theta/2) & \text{für } \varepsilon = \eta \\ \frac{1}{2}\cos^2(\theta/2) & \text{für } \varepsilon \neq \eta \end{cases}.$$

Somit gilt $\sum_{\eta=\pm 1} p_{a,b}(\varepsilon, \eta) = \frac{1}{2} = \sum_{\varepsilon=\pm 1} p_{a,b}(\varepsilon, \eta)$, d. h., die Randverteilungen sind unabhängig von a und b gleichverteilt. Daher haben die kanonischen Projektionen $\pi_1, \pi_2 : \Sigma \to \{1, -1\}$ mit $\pi_1(\varepsilon, \eta) = \varepsilon$ und $\pi_2(\varepsilon, \eta) = \eta$ die Erwartungswerte $\langle \pi_i \rangle = 0$ und ihre Varianzen den Wert $\langle \pi_i^2 \rangle = 1$. Die Ereignisse $\{(1, 1), (-1, -1)\}$ und $\{(1, -1), (-1, 1)\}$ werden von $W_{a,b}$ durch

$$W_{a,b}(\pi_1 = \pi_2) = \sin^2(\theta/2), \quad W_{a,b}(\pi_1 = -\pi_2) = \cos^2(\theta/2)$$

gewichtet. Die Kovarianz von π_1 und π_2 stimmt mit dem Erwartungswert von $\pi_1 \cdot \pi_2$ überein und es folgt

$$\langle \pi_1\pi_2 \rangle_{W_{a,b}} = \sum_{(\varepsilon,\eta)\in\Sigma} \varepsilon\eta p_{a,b}(\varepsilon, \eta) = \sin^2(\theta/2) - \cos^2(\theta/2) = -\cos\theta = -a \cdot b.$$

Was ist merkwürdig am Verhalten zweier Münzen, die voneinander weit entfernt unter dem Einfluss der lokalen Regelgrößen a bzw. b jeweils eines der Ergebnisse 1 oder -1 liefern, und zwar so, dass im Fall $a = b$ die Ergebnisse mit Sicherheit genau entgegengesetzt sind?

Zum Zeitpunkt der Münzprägung stehen die Vektoren a, b noch nicht fest. Sie entstehen erst später nach willkürlichen Entscheidungen der beiden Spieler, einer im Gebiet A und einer im Gebiet B, kurz vor dem Aufprall der jeweiligen Münzen. (Zur Erinnerung: Die Wahl von b in der Zone B sollte auf das Verhalten der Münze in A keinen Einfluss haben. Die Einflusssphäre der Erzeugung von b erreicht die Gegend A nicht vor dem Aufprall der dort einlaufenden Münze.) Daher können die Ergebnisse

ε und η nur dann für $a = b$ mit Wahrscheinlichkeit 1 die Bedingung $\varepsilon \cdot \eta = -1$ erfüllen, wenn jede Münze einer Gesetzmäßigkeit folgt, die in Abhängigkeit der nur für sie wirksamen Regelgröße eindeutig festlegt, welchen Wert ε bzw. η annimmt.

Ist ω der Zustand eines Münzpaares (oder auch nur eine eindeutige Identifikationsadresse eines Mitglieds einer Stichprobe) zum Zeitpunkt der Prägung, dann muss es Funktionen f_a auf der Menge aller ω geben, sodass bei Anlegen der Felder a und b die Ergebnisse $\varepsilon = f_a(\omega)$ und $\eta = -f_b(\omega)$ erzwungen werden. Der irische Physiker John Bell erkannte so, dass eine lokale und Einstein-kausale Erklärung der Familie von W-Maßen $\{W_{a,b} : a, b \in \mathbb{S}^2\}$ notwendig deterministisch zu sein hat.

Bell ging daher der Frage nach, wie die Familie von W-Maßen $\{W_{a,b} : a, b \in \mathbb{S}^2\}$ durch Transport eines einzigen W-Maßes W von einem Ereignisraum Ω mithilfe von Funktionen erzeugt werden kann. Dabei ist (Ω, W) ein von a und b unabhängiges Wahrscheinlichkeitsmodell des Vorgangs der Münzprägung, während die Funktionen oder „Zufallsvariablen" das Fallen der Münzen bei A bzw. B determinieren. Wir suchen also (Ω, W) und Abbildungen $f_a : \Omega \to \{1, -1\}$ und $g_b : \Omega \to \{1, -1\}$, sodass

$$p_{a,b}(\varepsilon, \eta) = W(\{\omega \in \Omega : f_a(\omega) = \varepsilon \text{ und } g_b(\omega) = \eta\}) \qquad (1.5)$$

für alle $a, b \in \mathbb{S}^2$ und für alle $\varepsilon, \eta \in \{1, -1\}$ erfüllt ist.

Als erste Konsequenz dieser Voraussetzung ist zu beachten, dass für $a = b$ die Gleichung $W_{a,a}(\{\omega \in \Omega : \pi_1(\omega) = -\pi_2(\omega)\}) = 1$ gilt. In allen Punkten $\omega \in \Omega$ mit $W(\{\omega\}) > 0$ gilt somit $f_a(\omega) = -g_a(\omega)$. Damit gehen die beiden Funktionen f_a und g_a auseinander hervor. Bedingung (1.5) ist somit äquivalent zu

$$p_{a,b}(\varepsilon, \eta) = W(\{\omega \in \Omega : f_a(\omega) = \varepsilon \text{ und } f_b(\omega) = -\eta\}) \qquad (1.6)$$

für alle $a, b \in \mathbb{S}^2$ und für alle $\varepsilon, \eta \in \{1, -1\}$.

Bell leitete nun eine Ungleichung ab, welche drei Kovarianzen $\langle f_a f_b \rangle_W$, $\langle f_a f_c \rangle_W$ und $\langle f_b f_c \rangle_W$ zueinander in Beziehung setzt.

Lemma 1.1 (Bell-Ungleichung) *Sei (Ω, W) ein W-Raum mit den (messbaren) Funktionen $f, g, h : \Omega \to \{1, -1\}$. Dann gilt $|\langle fg \rangle - \langle fh \rangle| \leq 1 - \langle gh \rangle$.*

Beweis Hier kann der Beweis nur für eine endliche Menge Ω geführt werden. Aus Dreiecksungleichung und Linearität des Erwartungswertes folgt unter Beachtung von $g^2 = 1$ und $1 - gh \geq 0$

$$|\langle fg \rangle - \langle fh \rangle| = |\langle f(g-h) \rangle| \leq \langle |f(g-h)| \rangle = \langle |g-h| \rangle = \langle |g(1-gh)| \rangle$$
$$= \langle 1 - gh \rangle = 1 - \langle gh \rangle.$$

$\square$

Insbesondere gilt für die Erwartungswerte $\langle f_a f_b \rangle$, $\langle f_a f_c \rangle$ und $\langle f_b f_c \rangle$ die Bellsche Ungleichung

$$|\langle f_a f_b \rangle - \langle f_a f_c \rangle| \leq 1 - \langle f_b f_c \rangle.$$

Gäbe es nun Funktionen f_a, welche die Bedingung (1.6) erfüllen, dann müsste wegen $\langle f_a g_b \rangle_W = \langle \pi_1 \pi_2 \rangle_{W_{a,b}} = -a \cdot b$ auch

$$|a \cdot b - a \cdot c| \leq 1 - b \cdot c \tag{1.7}$$

für alle $a, b, c \in \mathbb{S}^2$ gelten. Wähle etwa $a \cdot b = b \cdot c = 1/\sqrt{2}$ und $a \cdot c = 0$. Dann besagt (1.7), dass $1/\sqrt{2} \leq 1 - 1/\sqrt{2}$, was zu $\sqrt{2} \leq 1$ äquivalent ist.

Dieser Widerspruch macht nun klar, was als Bells Nichtlokalitätstheorem enorme Berühmtheit erlangt hat.

Theorem 1.1 (Bells Nichtlokalität) *Es gibt keinen W-Raum (Ω, W) mit stochastischen Variablen $f_a, g_b : \Omega \to \{1, -1\}$, sodass $\langle f_a g_b \rangle_W = -a \cdot b$ für alle $a, b \in \mathbb{S}^2$.*

Bell zog aus seiner bemerkenswert einfachen, aber starken, da extrem voraussetzungsarmen Beobachtung den Schluss, dass die mikrophysikalische Wirklichkeit dem Prinzip von Lokalität und Einsteinkausalität widerspricht. Dabei war ihm jedoch auch bewusst, dass diese Verletzung nach allem, was heute bekannt ist, nicht zur Signalübertragung mit Überlichtgeschwindigkeit taugt und daher auch nichts Greifbares „gebeamt" werden kann, denn die Verteilung von π_1 (bzw. π_2) wird ja von b (bzw. a) nicht beeinflusst. Andererseits ist es trotz ausgelobten Wetteinsatzes noch niemandem gelungen, die beschriebene Familie von Zufallsexperimenten mit ausschließlich makrophysikalisch modellierbaren Bausteinen zu verwirklichen. Die Mikrophysik unterscheidet sich also auf eine sehr tiefgehende Weise von der Makrophysik.

Beispiel zur Bell-Ungleichung

Bell gab auch ein lokales Münzpaarwurfsmodell an, also einen W-Raum (Ω, W) mit Funktionen $f_a : \Omega \to \{1, -1\}$ für jedes $a \in \mathbb{S}^2$. An diesem Modell kann die Gültigkeit von Bells Ungleichungen verifiziert werden. Natürlich kann es aber die quantenphysikalische Familie von Kovarianzen $\langle \pi_1 \pi_2 \rangle_{W_{a,b}} = -a \cdot b$ nicht für alle a, b reproduzieren.

Sei $\Omega = \mathbb{S}^2$ mit der Gleichverteilung W. Für $a \in \mathbb{S}^2$ sei $f_a : \Omega \to \{1, -1\}$ so, dass

$$f_a(\omega) = \begin{cases} 1 & \text{für } a \cdot \omega > 0 \\ -1 & \text{für } a \cdot \omega \leq 0 \end{cases}.$$

Welchen Erwartungswert hat die Funktion $f_a f_b$?

Aus den Flächeninhalten der Urbilder von ± 1 unter $f_a \cdot f_b$ ergibt sich

$$\langle f_a f_b \rangle = 1 - 2\theta/\pi,$$

wobei $a \cdot b = \cos\theta$ mit $0 \leq \theta \leq \pi$. Warum?

Abb. 1.20 $f_a f_b = -1$ im
schraffierten Bereich

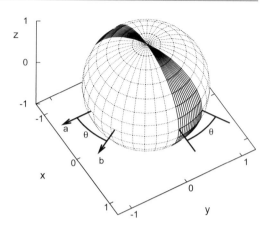

Die Fläche des Bereiches, wo $f_a f_b = -1$ gilt, ist $4\pi \cdot \theta/\pi$. Das sieht man an der Skizze einer Sphäre (siehe Abb. 1.20), deren Äquator a und b enthält. Dann sind die Bereiche, wo $f_a f_b = -1$ gilt, von Meridianen berandet. Somit folgt

$$\langle f_a f_b \rangle = (-1)\frac{4\pi \cdot \frac{\theta}{\pi}}{4\pi} + (1)\frac{4\pi - 4\pi \cdot \frac{\theta}{\pi}}{4\pi} = 1 - 2\frac{\theta}{\pi}.$$

Bells Ungleichung sagt, dass $|\langle f_a f_b \rangle - \langle f_a f_c \rangle| \le 1 - \langle f_b f_c \rangle$ für alle $a, b, c \in \mathbb{S}^2$. Dies ist für $\langle f_a f_b \rangle = 1 - \frac{2\theta}{\pi}$ äquivalent zu $|\theta_{a,b} - \theta_{a,c}| \le \theta_{b,c}$.

Der Winkel $\theta_{a,b}$ ist die Länge des Großkreisbogens, der a mit b verbindet, also gerade der sphärische Abstand $d(a, b)$ zwischen den Punkten a und b. Für die Distanzfunktion d der sphärischen Geometrie gilt aber die Dreiecksungleichung und daher $d(a, c) \le d(a, b) + d(b, c)$ und $d(a, b) \le d(a, c) + d(b, c)$. Diese beiden Ungleichungen sind zu $|d(a, c) - d(a, b)| \le d(b, c)$ äquivalent. Also gilt tatsächlich Bells Ungleichung für die stochastischen Variablen f_a, f_b und f_c.

Abb. 1.21 zeigt $\langle f_a f_b \rangle = 1 - 2\theta/\pi$ zusammen mit der Kovarianz $-\langle \pi_1 \cdot \pi_2 \rangle_{W_{a,b}}$ $= \cos\theta$ als Funktionen von $\theta/\pi \in [0, 1]$, wobei $\cos\theta = a \cdot b$ für $a, b \in \mathbb{S}^2$.

Ein nichtlokales Kolmogorowmodell für $W_{a,b}$

Kann die Familie von W-Maßen $\{W_{a,b} : a, b \in \mathbb{S}^2\}$ durch Transport eines W-Maßes W von einem Ereignisraum Ω mithilfe von Zufallsvariablen erzeugt werden, die von jeweils beiden Regelgrößen a und b abhängen können? Wir suchen also (Ω, W) und Abbildungen $f_{a,b} : \Omega \to \{1, -1\}$ und $g_{a,b} : \Omega \to \{1, -1\}$, sodass

$$p_{a,b}(\varepsilon, \eta) = W\left(\{\omega \in \Omega : f_{a,b}(\omega) = \varepsilon \text{ und } g_{a,b}(\omega) = \eta\}\right)$$

für alle $a, b \in \mathbb{S}^2$ und für alle $\varepsilon, \eta \in \{1, -1\}$ gilt.

Eine solche Familie von Abbildungen lässt sich mittels einer Gleichverteilung W auf dem Raum $\Omega = \{1, -1\} \times [0, 1]$ bilden. Diese Gleichverteilung gibt der Menge

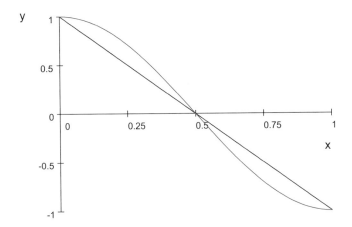

Abb. 1.21 Lokale Kovarianz $y = 1 - 2x$ (schwarz) und Quantenkovarianz $y = \cos(\pi x)$ (rot)

$\{\varepsilon\} \times I \subset \Omega$ mit einem Intervall $I := [a, b] \subset [0, 1]$ die Wahrscheinlichkeit

$$W\left(\{\varepsilon\} \times I\right) = \frac{1}{2} \, |I| \ \text{mit} \ |I| = b - a.$$

Definiere nun abhängig vom Winkel θ zwischen a und b die Funktionen $f_{a,b}$ und $g_{a,b}$ durch $f_{a,b}(s, x) = s$ für alle $(s, x) \in \Omega$ und

$$g_{a,b}(s, x) = \begin{cases} -s & \text{für alle } (s, x) \in \Omega \text{ mit } x < \cos^2(\theta/2) \\ s & \text{für alle } (s, x) \in \Omega \text{ mit } x \geq \cos^2(\theta/2) \end{cases}.$$

Es folgt

$$\left\{\omega \in \Omega : f_{a,b}(\omega) = \varepsilon \ \text{ und } \ g_{a,b}(\omega) = \varepsilon\right\} = \{\varepsilon\} \times \left[\cos^2(\theta/2), 1\right],$$
$$\left\{\omega \in \Omega : f_{a,b}(\omega) = \varepsilon \ \text{ und } \ g_{a,b}(\omega) = -\varepsilon\right\} = \{\varepsilon\} \times \left[0, \cos^2(\theta/2)\right).$$

Daher gilt nun $p_{a,b}(\varepsilon, \eta) = W\left(\{\omega \in \Omega : f_{a,b}(\omega) = \varepsilon \ \text{und} \ g_{a,b}(\omega) = \eta\}\right)$, denn

$$2W\left(\{\omega \in \Omega : f_{a,b}(\omega) = \varepsilon \ \text{und} \ g_{a,b}(\omega) = \varepsilon\}\right) = 1 - \cos^2(\theta/2)$$
$$= \sin^2(\theta/2),$$
$$2W\left(\{\omega \in \Omega : f_{a,b}(\omega) = \varepsilon \ \text{und} \ g_{a,b}(\omega) = -\varepsilon\}\right) = \cos^2(\theta/2).$$

Während die Funktionen $f_{a,b}$ gar nicht von den Magnetfeldrichtungen a, b abhängen, sind die stochastischen Variablen $g_{a,b}$, welche den Ausgang des Münzaufpralls in B beschreiben, nicht nur vom Magnetfeld in Zone B, sondern auch von jenem in der weit entfernten Zone A abhängig. Ist ω der Zustand des in O erzeugten Münzpaares, dann widerspricht es wohl unseren Vorstellungen von Nahwirkung und endlicher Ausbreitungsgeschwindigkeit von Einflusssphären, wenn das Ergebnis $g_{a,b}(\omega)$ des

Münzaufpralls in B nicht nur vom Zustand des Münzpaares ω und von b, sondern auch noch von der in einer Entfernung von zwei Lichtstunden eingeregelten Richtung a abhängt. Der Vektor a könnte ja in A erst wenige Sekunden vor dem Fall der Münze in B festgelegt worden sein.

1.3.9 W-Maße eines Quantenzustands

Dem Abschn. 1.3.8 über Bells Theorem wurde eine Familie von W-Maßen $W_{a,b}$ ohne jede weitere Begründung zugrunde gelegt. Wie kommt diese Familie zustande? Um das zu erklären, ist vorerst zu beschreiben, wie im Rahmen der Quantentheorie überhaupt W-Maße gebildet werden.

Mit einer Funktion $\psi : \mathbb{R}^3 \to \mathbb{C}$, für die $\int_{\mathbb{R}^3} |\psi(x)|^2 \, d^3x = 1$ gilt, ist durch

$$W(A) = \int_A |\psi(x)|^2 \, d^3x$$

ein W-Maß auf den messbaren Teilmengen von $\mathbb{R}^3$ gegeben. Max Born nutzte die Zahl $W(A)$ als Wahrscheinlichkeit, ein Teilchen mit der „Ortswellenfunktion" ψ im Raumgebiet A zu detektieren. Dementsprechend wird seither die Funktion $\rho : \mathbb{R}^3 \to \mathbb{R}$ mit $\rho(x) = |\psi(x)|^2$ als Ortswahrscheinlichkeitsdichte eines Teilchens mit Ortswellenfunktion ψ bezeichnet.

Aufgrund der Formel von Plancherel (siehe etwa Bd. 1 dieses Werkes) erzeugt auch die Fouriertransformierte $\mathscr{F}\psi$ einer Ortswellenfunktion ψ ein W-Maß auf den messbaren Teilmengen von $\mathbb{R}^3$, nämlich jenes, das durch

$$\widetilde{W}(A) = \int_A |\mathscr{F}\psi(k)|^2 \, d^3k = \int_{\hbar \cdot A} |\mathscr{F}\psi(p/\hbar)|^2 \, \frac{d^3p}{\hbar^3}$$

gegeben ist. Die Zahl $\widetilde{W}(A)$ kann (mit gutem, aber hier nicht angeführtem Grund) als Wahrscheinlichkeit gedeutet werden, an einem Teilchen mit Wellenfunktion ψ einen Impuls p im Gebiet $\hbar \cdot A$ nachzuweisen. Daher wird die Funktion

$$p \mapsto |\mathscr{F}\psi(p/\hbar)|^2 / \hbar^3$$

als Impulswahrscheinlichkeitsdichte bezeichnet. Diese beiden Konstruktionen von W-Maßen aus einer quadratintegrablen Funktion sind Spezialfälle eines sehr allgemeinen Schemas. Im Folgenden wird dieses Schema für endlichdimensionale quantenmechanische Zustandsräume beschrieben.

Gegeben sei ein endlichdimensionaler komplexer Vektorraum V, in dem ein Skalarprodukt $\langle \cdot, \cdot \rangle$ mit der zugehörigen Norm $|\cdot|$ ausgewählt ist. Weiter seien ein Vektor $\varphi \in V$ mit $|\varphi| = 1$ und eine lineare Abbildung $A : V \to V$ gewählt. Die Abbildung A erfülle für alle $v, w \in V$ die Bedingung $\langle v, Aw \rangle = \langle Av, w \rangle$. Man sagt dazu: A ist symmetrisch bezüglich des Skalarproduktes $\langle \cdot, \cdot \rangle$ und es gilt $A^* = A$.

Die Eigenwerte von A sind wegen $A^* = A$ reell. Die Menge der Eigenwerte von A wird als $\sigma(A)$ bezeichnet. Der Unterraum der Vektoren $v \in V$ mit $Av = av$ für ein $a \in \sigma(A)$ von A heißt Eigenraum von A zum Eigenwert a. Die Eigenräume von A zu zwei verschiedenen Eigenwerten stehen senkrecht aufeinander. Die Orthogonalprojektion auf den Eigenraum zum Eigenwert a von A wird als P_a^A bezeichnet. Sie ist symmetrisch und erfüllt als Projektion $P_a^A P_a^A = P_a^A$. Es gilt weiters

$$\sum_{a \in \sigma(A)} P_a^A = \mathrm{id}_V \text{ und } A = \sum_{a \in \sigma(A)} a \cdot P_a^A.$$

Damit erfüllt die nichtnegative Funktion $p_\varphi^A : \sigma(A) \to \mathbb{R}$ mit $p_\varphi^A(a) = \left| P_a^A \varphi \right|^2$ die Normierungsbedingung

$$\sum_{a \in \sigma(A)} p_\varphi^A(a) = \sum_{a \in \sigma(A)} \left\langle P_a^A \varphi, P_a^A \varphi \right\rangle = \sum_{a \in \sigma(A)} \left\langle \varphi, P_a^A P_a^A \varphi \right\rangle = \sum_{a \in \sigma(A)} \left\langle \varphi, P_a^A \varphi \right\rangle$$

$$= \left\langle \varphi, \sum_{a \in \sigma(A)} P_a^A \varphi \right\rangle = \langle \varphi, \mathrm{id}_V \varphi \rangle = \langle \varphi, \varphi \rangle = 1.$$

p_φ^A ist somit die Verteilungsfunktion eines W-Maßes W_φ^A auf $\sigma(A)$. Ein Einheitsvektor $\varphi \in V$ macht also das Eigenwertspektrum einer jeden symmetrischen Abbildung zu einem W-Raum.

Sind $A, B : V \to V$ linear und symmetrisch mit $A \circ B - B \circ A = 0$, dann ist für $X \subset \sigma(A) \times \sigma(B)$ durch

$$W_\varphi^{A,B}(X) := \sum_{(a,b) \in X} \left| P_a^A P_b^B \varphi \right|^2$$

in analoger Weise ein W-Maß auf $\sigma(A) \times \sigma(B)$ definiert. (Dies lässt sich auf endliche Folgen kommutierender Observablen ausdehnen.)

Eine weitere Verallgemeinerung geht in die folgende Richtung: Sei $\varphi_1, \ldots \varphi_m$ eine Familie von Einheitsvektoren. Dann ist für nichtnegative reelle Zahlen $\lambda_1, \ldots \lambda_m$ mit $\sum_{k=1}^m \lambda_k = 1$ die Mischung der W-Maße $W_{\varphi_k}^A$

$$\sum_{k=1}^m \lambda_k W_{\varphi_k}^A$$

ebenfalls ein W-Maß auf $\sigma(A)$. Es gilt mit der als Dichteoperator bezeichneten linearen Abbildung

$$\rho = \sum_{k=1}^m \lambda_k \varphi_k \langle \varphi_k, \cdot \rangle : V \to V \text{ mit } v \mapsto \sum_{k=1}^m \lambda_k \varphi_k \langle \varphi_k, v \rangle$$

für jedes Ereignis $X \subset \sigma(A)$

$$Sp \left(\rho \sum_{a \in X} P_a^A \right) = \sum_{k=1}^m \lambda_k W_{\varphi_k}^A(X) =: W_\rho^A(X).$$

Umgekehrt erzeugt jede lineare Abbildung $\rho : V \to V$ mit $\rho \geq 0$ und $Sp\,(\rho) = 1$ über $W_\rho^A\,(X) = Sp\left(\rho \sum_{a \in X} P_a^A\right)$ auf $\sigma\,(A)$ ein W-Maß, das W-Maß des Dichteoperators ρ am Spektrum von A.

Die Familie von W-Maßen aus Bells Theorem ergibt sich nun folgendermaßen: Sei E ein zweidimensionaler $\mathbb{C}$-Vektorraum, in dem ein Skalarprodukt $\langle \cdot, \cdot \rangle_E$ und eine Orthonormalbasis $\underline{e} = (e_1, e_2)$ gewählt sind. Weiter sei $\varphi \in E \otimes E$ gegeben durch

$$\varphi = \frac{1}{\sqrt{2}}\,(e_1 \otimes e_2 - e_2 \otimes e_1)\,.$$

Die lineare Abbildung $\widetilde{a} : E \to E$ habe für $a = \left(a^1, a^2, a^3\right) \in \mathbb{S}^2$ die Matrix

$$M\left(\widetilde{a}, \underline{e}\right) = \begin{pmatrix} a^3 & a^1 - ia^2 \\ a^1 + ia^2 & -a^3 \end{pmatrix}\,.$$

Dann sind $A_a := \widetilde{a} \otimes \mathrm{id}$ und $B_b := \mathrm{id} \otimes \widetilde{b}$ kommutierende, bezüglich des durch $\langle \cdot, \cdot \rangle_E$ auf $E \otimes E$ induzierten Skalarproduktes symmetrische, lineare Abbildungen von $E \otimes E$ nach $E \otimes E$ mit $\sigma\,(A_a) = \sigma\,(B_b) = \{1, -1\}$. Eine etwas längere, aber einfache Nebenrechnung zeigt nun, dass

$$W_\varphi^{A_a, B_b} = W_{a,b}$$

gilt. Damit ist das Zustandekommen der Familie von W-Maßen $W_{a,b}$ in Bells Theorem zumindest mathematisch beschrieben.

Das quantentheoretische Verfahren zur Erzeugung von W-Maßen wird gelegentlich als „Quantum Probability" bezeichnet. Dabei geht es aber nicht um ein neues Wahrscheinlichkeitskonzept, sondern um ein linear algebraisches Konstruktionsschema für ganz gewöhnliche Kolmogorowsche W-Räume. Jeder Dichteoperator erzeugt eine unendliche Familie von W-Räumen.

1.4 Übungsbeispiele

1. Sei $\Omega = \{a, b, c\}$. Geben Sie die Potenzmenge von Ω an. Wie viele Elemente enthält sie? Geben Sie ein Beispiel für ein Wahrscheinlichkeitsmaß auf Ω.
2. Wie viele Elemente enthält die Potenzmenge einer Menge Ω, die aus n Elementen besteht?
3. In einer Schachtel sind $2n$ Kugeln. Sie sind von 1 bis $2n$ durchnummeriert. Die Kugeln mit den Nummern $1, \ldots n$ sind rot und jene mit den Nummern $n + 1, \ldots 2n$ grün. Es wird erst eine und dann noch eine Kugel wahllos aus der Schachtel gezogen, ohne dass die erste zuvor in die Schachtel zurückgelegt wird.

   a) Überlegen Sie, dass der Ereignisraum dieses Vorgangs die Menge Ω ist.

   $$\Omega = \{(i, j) \mid i, j \in \{1, \ldots 2n\} \text{ und } i \neq j\}$$

   Wie viele Elemente hat Ω?

   b) Berechnen Sie zur Gleichverteilung W auf Ω die Wahrscheinlichkeit $W(A)$ des Ereignisses A, dass beide Kugeln dieselbe Farbe haben. Ist diese Wahrscheinlichkeit kleiner als $1/2$?

   c) Zeigen Sie, dass $\lim_{n\to\infty} W(A) = 1/2$.

   d) Sei B das Ereignis, dass die zuerst gezogene Kugel rot ist, und sei C das Ereignis, dass die zweitgezogene Kugel rot ist. Sind diese beiden Ereignisse stochastisch unabhängig? Untersuchen Sie also, ob

$$W(B \cap C) = W(B)\,W(C).$$

4. In einem Becher sind zwei unterscheidbare, ungezinkte Würfel. Der Becher wird geschüttelt und auf ein Tablett geleert. Ein Elementarereignis dieses Spiels ist somit ein Paar (i, j) von Augenzahlen $i, j \in \{1, \dots, 6\}$.

   a) Geben Sie für den Wahrscheinlichkeitsraum (Ω, W) dieses Würfelspiels die Werte der Wahrscheinlichkeitsfunktion $p(\omega) := W(\{\omega\})$ für alle $\omega \in \Omega$ an.

   b) Die Teilmenge $A \subset \Omega$ steht für das Ereignis „Mindestens eine der gewürfelten Augenzahlen ist 1 oder prim." Welche Wahrscheinlichkeit hat A?

   c) $B \subset \Omega$ steht für: „Die Summe der Augenzahlen ist größer als 11." Sind A und B stochastisch unabhängig, d. h., gilt $W(A \cap B) = W(A)W(B)$?

   d) Sei $f : \Omega \to \mathbb{R}, (i, j) \mapsto i + j$. Berechnen Sie den Erwartungswert und die Varianz von f:

$$\langle f \rangle_W = \sum_{\omega \in \Omega} p(\omega)\, f(\omega), \quad V(f) = \langle f^2 \rangle_W - \langle f \rangle_W^2.$$

   e) Geben Sie für den Transport[18] W_f von W mit f die Wahrscheinlichkeitsfunktion p_f auf $f(\Omega)$ an. Berechnen Sie also für jedes $x \in f(\Omega)$ die Zahl $p_f(x) := W(\{\omega \in \Omega \mid f(\omega) = x\})$. Zeigen Sie $\langle f \rangle_W = \sum_{x \in f(\Omega)} x p_f(x)$.

5. Beantworten Sie die Frage aus Teil a) von Übungsbeispiele 4 für zwei *ununterscheidbare*, ungezinkte Würfel. Liegt wie dort eine Gleichverteilung vor?

6. Ein ungezinkter Würfel wird n-mal geworfen. Wie groß ist die Wahrscheinlichkeit, dass die ersten k Würfe eine Sechs und die restlichen Würfe keine einzige Sechs ergeben? Welcher Wert ergibt sich für $n = 600$ und $k = 100$?

7. Welchen Wahrscheinlichkeitsraum hat das Lotto-Glücksspiel „Sechs aus 45"? Welche Wahrscheinlichkeit hat ein Elementarereignis? Hinweis: Eine Ziehung ist eine injektive[19] Abbildung $f : \{1, 2, \dots 6\} \to \{1, 2, \dots 45\}$. Wie viele solche Abbildungen gibt es? Sind f und g zwei solche Abbildungen mit

$$g(\{1, 2, \dots 6\}) = f(\{1, 2, \dots 6\}),$$

---

[18]Es gilt für jedes $A \subset f(\Omega)$, dass $W_f(A) = W\left(f^{-1}(A)\right)$, wobei $f^{-1}(A) = \{\omega \in \Omega \mid f(\omega) \in A\}$.

[19]Eine Abbildung $f : X \to Y$ heißt injektiv, falls für alle $a, b \in X$ mit $a \neq b$ gilt: $f(a) \neq f(b)$.

dann werden sie als dasselbe Zufallsereignis aufgefasst, da die Reihenfolge der gezogenen Zahlen ignoriert wird. Wie viele sechselementige Teilmengen hat also $\{1, 2, \ldots, 45\}$? Für $N, k \in \mathbb{N}_0, k \leq N$ heißen die Zahlen

$$\binom{N}{k} := \frac{N!}{k! \, (N - k)!}$$

Binomialkoeffizienten[20]. Für $k \in \mathbb{N}$ ist $k! := k(k - 1) \ldots 1$ und $0! := 1$.

8. Ein ungezinkter Würfel wird n-mal geworfen. Wie groß ist die Wahrscheinlichkeit, dass genau k Würfe eine Sechs werfen? Welchen Wert hat sie für $n = 600$ und $k = 100$?

9. Ein Signalprozessor liest eine Folge aus Nullen und Einsen. Die Wahrscheinlichkeit, dass er ein Zeichen falsch liest, sei 0,05. Wie groß ist die Wahrscheinlichkeit, dass er beim Lesen einer Folge von 39 Zeichen mindestens 7 Zeichen falsch liest?

10. Ein instabiler Atomkern sei nach Ablauf der Zeitspanne τ mit der Wahrscheinlichkeit $x \in [0, 1]$ zerfallen. Der W-Raum (Ω, W) dieses Versuchs ist $\Omega = \{0, 1\}$ mit dem W-Maß W, für das $W(\{1\}) = x$ gilt. Die Zahl 1 steht also für das Elementarereignis „Der Kern ist zerfallen".

a) Welchen Erwartungswert und welche Varianz hat $Z : \Omega \to \mathbb{R}$, $\omega \mapsto \omega$?

b) Wenn N unterscheidbare Kerne sich gegenseitig nicht beeinflussen, hat der Zufallsversuch „Welche der N Kerne zerfallen innerhalb einer Sekunde?" den W-Raum (Ω_N, W_N) mit

$$\Omega_N := \Omega^N \text{ und } W_N(A_1 \times \ldots \times A_N) := \prod_{i=1}^{N} W(A_i).$$

Die Zahl der in einem Elementarereignis $(\omega_1, \ldots, \omega_N) \in \Omega_N$ zerfallenen Kerne wird von der stochastischen Variablen $Z_N : \Omega_N \to \mathbb{R}$ mit

$$Z_N(\omega_1, \ldots, \omega_N) := \sum_{i=1}^{N} Z(\omega_i)$$

angegeben. Welchen Erwartungswert und welche Varianz hat Z_N?

c) Zeigen Sie, dass der Transport von W_N mit Z_N die Binomialverteilung auf $\{0, 1, \ldots, N\}$ ist. Es gilt für $k \in \{0, 1, \ldots, N\}$

$$W_N(Z_N^{-1}(\{k\})) = \mathrm{Bi}(k; N, x) := x^k (1 - x)^{N-k} \frac{N!}{(N - k)! k!}.$$

---

[20]Es gilt:

$$(x + y)^N = \sum_{k=0}^{N} \binom{N}{k} x^k y^{N-k}.$$

Die Abb. 1.22 und 1.23 zeigen die Binomialverteilung

$$k \mapsto W_N(Z_N^{-1}(\{k\}))$$

für $N = 10$ und $N = 100$ sowie $x = 1/3$ und $x = 2/3$.

d) Sei nun $x = 10^{-3}$. Welchen Wert hat die Wahrscheinlichkeit, dass von $N = 10^3$ Kernen innerhalb einer Sekunde mehr als zwei (bzw. drei) zerfallen? Hinweis: Berechnen Sie zunächst die Wahrscheinlichkeit des komplementären Ereignisses.

e) Kontrollieren Sie Ihr Ergebnis für d) an der Chebyshev-Ungleichung[21].

11. Die Wahrscheinlichkeit x, dass ein Atomkern während einer Zeitspanne der Dauer $\tau > 0$ zerfällt, sei für hinreichend kleine τ durch $\gamma\tau$ gegeben. Dabei sei $\gamma > 0$ und $\gamma\tau \ll 1$.

a) Der Kern wird für ein $n \in \mathbb{N}$ über eine Zeitspanne der Dauer $n\tau$ beobachtet. Falls der Kern zerfällt, wird festgestellt, in welchem der n Teilintervalle der Dauer τ er zerfällt. Mit welcher Wahrscheinlichkeit zerfällt er im k-ten Zeitintervall?

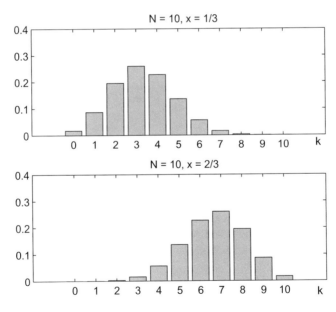

Abb. 1.22 Binomialverteilungen zu $N = 10$ mit $x = 1/3$ und $x = 2/3$

---

[21] Für eine reelle stochastische Variable f auf einem endlichen Wahrscheinlichkeitsraum (Ω, W) gilt

$$W(\{\omega \in \Omega : |f(\omega) - \langle f \rangle| \geq t\}) \leq V(f)t^{-2}.$$

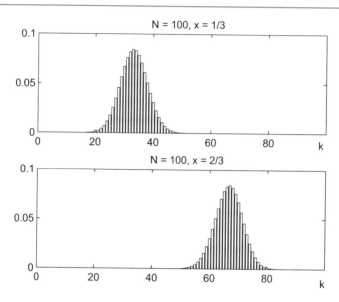

Abb. 1.23 Binomialverteilungen zu $N = 100$ mit $x = 1/3$ und $x = 2/3$

b) Sei $P(t)$ die Wahrscheinlichkeit, dass der Kern ein Zeitintervall der Dauer $t > 0$ überlebt. Zeigen Sie, dass

$$\lim_{\tau \to 0} P(t) = e^{-\gamma t}.$$

Hinweis: Überlegen Sie, dass $\lim_{\tau \to 0} P(t) = \lim_{n \to \infty} P\left(\frac{t}{n}\right)^n$.

12. Geometrische Verteilung zum Parameter x: Ein instabiler Atomkern zerfalle unabhängig von seinem Alter in einer Sekunde mit der Wahrscheinlichkeit $(1 - x) \in\,]0, 1[$. Die Wahrscheinlichkeit, dass er $n \in \mathbb{N}_0$ Sekunden überlebt und dann bis zum Zeitpunkt $n + 1$ zerfällt, ist $p(n) := W(\{n\}) := x^n(1 - x)$. Seine Lebensdauer ist also in diesem diskreten Modell geometrisch verteilt. Es ist, als würde der Kern, solange er lebt, jede Sekunde eine Münze werfen, die über sein Leben entscheidet. Wenn er zum ersten Mal „Tod" wirft, ist sein Zufallsexperiment beendet.

a) Sei $N \in \mathbb{N}_0$ gegeben. Mit welcher Wahrscheinlichkeit zerfällt der Kern vor der Zeit $N + 1$? Gilt $W(\mathbb{N}_0) = 1$?

b) Die stochastische Variable $\tau := \mathrm{id}_{\mathbb{N}_0}$ heißt Lebensdauer. Welchen Erwartungswert und welche Varianz hat τ? Hinweis:

$$\sum_{n=0}^{\infty} n x^n = x \frac{d}{dx} \sum_{n=0}^{\infty} x^n \quad \text{und} \quad \sum_{n=0}^{\infty} n(n - 1)x^n = x^2 \frac{d^2}{dx^2} \sum_{n=0}^{\infty} x^n$$

c) Skizzieren Sie den Graphen der Verteilung p (von τ).

d) Seien $M, m \in \mathbb{N}_0$. Mit welcher Wahrscheinlichkeit zerfällt ein Kern, der in einem Intervall $n \geq M$ zerfällt, in irgendeinem Intervall mit $n < M + m$? Hinweis: Die bedingte Wahrscheinlichkeit $W(A \mid B) = \frac{W(A \cap B)}{W(B)}$ für $A = \{n \in \mathbb{N}_0 \mid n < M + m\}$ und $B = \{n \in \mathbb{N}_0 \mid n \geq M\}$ ist zu ermitteln.

e) Seien $M, m \in \mathbb{N}_0$. Mit welcher Wahrscheinlichkeit zerfällt ein Kern in irgendeinem Intervall n mit $M \leq n < M + m$? Sind A und B stochastisch unabhängig? Hinweis: $W(A \cap B) =$?

13. Eine Brücke von Übungsbsp. 12 hin zur Physik mit einer kleinen Fingerübung in Sachen Limesberechnung und Kettenregel:
Im thermischen Gleichgewichtszustand eines elektromagnetischen Hohlraumresonators mit einer Schwingungsmode der Frequenz ν ist die Zahl n der Photonen in dieser Mode geometrisch verteilt mit Parameter $x = \exp(-\frac{h\nu}{kT})$. (Hier bezeichnet T die Temperatur, h die Plancksche Konstante und k die Boltzmannkonstante.) Kontrollieren Sie, dass sich die Funktion $T \mapsto \langle n \rangle$ für $T \to \infty$ an eine lineare Funktion annähert. Zeigen Sie auch, dass diese Funktion für $T \to 0$ stärker als T gegen 0 geht. Hinweis: Zeigen Sie, dass die Funktion

$$ F : \mathbb{R}_{>0} \to \mathbb{R}_{>0}, \Theta := \frac{kT}{h\nu} \mapsto \langle n \rangle / \Theta = \frac{1}{\Theta \exp\left(1/\Theta\right) - \Theta} $$

für $\Theta \to \infty$ gegen 1 und für $\Theta \to 0$ gegen 0 konvergiert[22] (siehe Abb. 1.24). Die Größe Θ ist eine dimensionslose, problemangepasste Temperaturvariable. Zeigen Sie weiter, dass für die Ableitung G' der Funktion $G(\Theta) := \Theta F(\Theta) = \langle n \rangle$ gilt

$$ G'(\Theta) = \left(2\Theta \sinh\left(\frac{1}{2\Theta}\right)\right)^{-2}. $$

G' ist der Beitrag der betrachteten Mode zur spezifischen Wärme des Hohlraumresonators. G' ist in Abb. 1.24 und G in Abb. 1.25 dargestellt. Berechnen Sie die Limiten von $G'(\Theta)$ für $\Theta \to 0$ und $\Theta \to \infty$.

14. Ein ungezinkter Würfel wird n-mal geworfen. Die Funktion

$$ f : \{1, \ldots 6\}^n \to \mathbb{R} \text{ mit } f(\omega_1, \ldots \omega_n) = \frac{1}{n} \sum_{i=1}^{n} \omega_i $$

gibt den Mittelwert der Augenzahlen einer Wurffolge an. Welchen Erwartungswert und welche Varianz hat die Funktion f? *Lösung:* Der Erwartungswert ist $7/2$ und die Varianz ist $35/12n$. Schätzen Sie im Fall $n = 100$ mit der Chebyshev-Ungleichung die Wahrscheinlichkeit ab, einen Mittelwert kleiner oder gleich 3 bzw. größer oder gleich 4 zu erwürfeln. *Lösung:* $W < 11,7\,\%$. Welchen Erwartungswert und welche Varianz hat das Produkt der geworfenen Augenzahlen bei n Würfen? *Lösung:* Der Erwartungswert ist $(7/2)^n$ und die Varianz ist $(7 \cdot 13/6)^n - (7/2)^{2n}$. Man beachte: $7 \cdot 13/6 > (7/2)^2$.

---

[22]Es gilt sogar für alle $m \in \mathbb{N}$, dass $\lim_{\Theta \to 0} \langle n \rangle / \Theta^m = 0$.

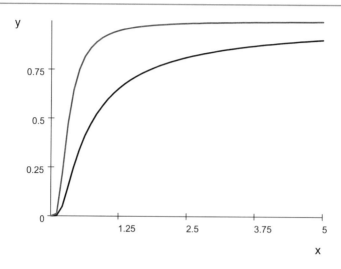

Abb. 1.24 $y = F(x)$ (schwarz) und $y = G'(x)$ (rot) zu Übungsbsp. 13

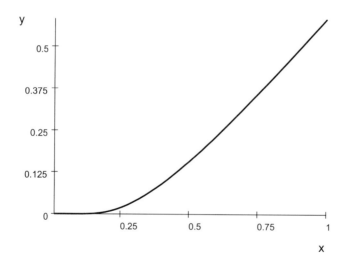

Abb. 1.25 $y = G(x)$ zu Übungsbsp. 13

15. Ein Zufallsexperiment hat die zwei möglichen Ausgänge A und B. Die Wahrscheinlichkeit des Ausgangs B sei x. Wird das Experiment N-mal wiederholt, dann bezeichnet N_B die Anzahl der Experimente mit Ausgang B. Die Chebyshev-Ungleichung zu N_B gibt eine obere Schranke für die Wahrscheinlichkeit an, dass die *Häufigkeit* des Ausgangs B, nämlich N_B/N, von x um mehr als εx abweicht. ($\varepsilon > 0$) Berechnen Sie diese Schranke für $N = 10^{22}, x = 10^{-3}$ und $\varepsilon = 10^{-3}$.

16. Die Poissonverteilung zum Parameter $\delta \in \mathbb{R}_{>0}$ ist der W-Raum $(\mathbb{N}_0, W)$ mit

$$p_\delta : \mathbb{N}_0 \to \mathbb{R}, \quad n \mapsto W(\{n\}) = \frac{\delta^n \exp(-\delta)}{n!}.$$

Abb. 1.26 zeigt den Graphen von p_δ für $\delta = 10$ (schwarz) und für $\delta = 1$ (rot). Rechnen Sie nach:[23]

a) $W(\mathbb{N}_0) = 1$, $W(2 \cdot \mathbb{N}_0) = e^{-\delta} \cosh(\delta) > 1/2$, $W(2 \cdot \mathbb{N}_0 + 1) = e^{-\delta} \sinh(\delta)$.

b) $\langle \mathrm{id}_{\mathbb{N}_0} \rangle = \delta$.

c) $V(\mathrm{id}_{\mathbb{N}_0}) = \delta$, Hinweis: Differenzieren Sie b) nach δ.

d) Für $f : \mathbb{N}_0 \to \mathbb{R}, n \mapsto (-1)^n$ gilt $\langle f \rangle = e^{-2\delta}$, $V(f) = 1 - e^{-4\delta}$.

e) $\langle f \cdot \mathrm{id}_{\mathbb{N}_0} \rangle = -\delta e^{-2\delta}$. Sind f und $\mathrm{id}_{\mathbb{N}_0}$ unter W stochastisch unabhängig?

17. In einer Stadt mit ungefähr 10^5 Einwohnern kommen täglich im Mittel 5,5 Kinder zur Welt. Die Wahrscheinlichkeit, dass an einem Tag $n \in \mathbb{N}_0$ Kinder geboren werden, ist dann (etwas idealisierend) poissonverteilt mit $\delta = 5,5$. Wie groß ist die Wahrscheinlichkeit dafür, dass an einem bestimmten Tag mehr als 10 Kinder geboren werden? Wie groß ist die Wahrscheinlichkeit, dass kein Kind geboren wird?[24]

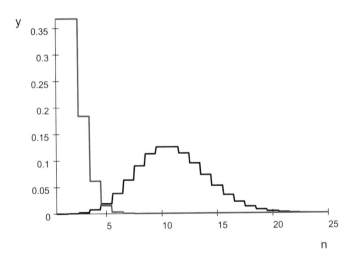

Abb. 1.26 Poissonverteilung $y = p_\delta(n)$ für $\delta = 10$ (schwarz) und $\delta = 1$ (rot)

---

[23] $2 \cdot \mathbb{N}_0 := \{2n \mid n \in \mathbb{N}_0\}$.

[24] Ersetzen Sie *Geburt* durch *Zerfall*, dann haben Sie die Poissonverteilung der Zahl der Zerfälle einer (makroskopischen) radioaktiven Probe in einer Zeitspanne, die viel kleiner als die Halbwertszeit ist.

18. Ein harmonischer Oszillator habe zur Zeit t die Auslenkung $f(t) = A \sin \omega t$ mit $A, \omega \in \mathbb{R}_{>0}$. Wird die Zeit t gleichverteilt aus dem Intervall $\left[-\frac{T}{2}, \frac{T}{2}\right]$ mit $T = 2\pi/\omega$ gewählt, so hat die zu dieser Zufallszeit vorliegende Auslenkung $f(t)$ die Verteilungsfunktion F_f. Zeigen Sie, dass

$$F_f(x) = \begin{cases} 0 & \text{für } x < -A \\ \frac{1}{2} + \frac{\arcsin\left(\frac{x}{A}\right)}{\pi} & \text{für } -A \le x \le A \\ 1 & \text{für } x > A \end{cases}.$$

Zeigen Sie für die Dichte von F_f, dass $F'_f(x) = \frac{1}{\pi\sqrt{A^2 - x^2}}$ für $-A < x < A$. Abb. 1.27 zeigt im Fall $A = 1$ die Verteilungsfunktion F_f und ihre Dichte $\rho_f :=$ F'_f. Wie groß ist die Wahrscheinlichkeit von $|f(t)|/A < 10^{-1}$ und jene von $|f(t)|/A > 1 - 10^{-1}$? Zeigen Sie für $\langle|f|\rangle = \frac{1}{T} \int_0^T |f(t)| \, dt$

$$\langle|f|\rangle = \frac{2}{\pi}A = \int_{-A}^{A} F'_f(x) \, |x| \, dx.$$

19. Die Exponentialverteilung ist ein W-Maß W auf $\mathbb{R}$. Sie hat die Dichte $\rho(x) = \lambda \exp(-\lambda x)$ mit $\lambda > 0$ für $x > 0$ und $\rho(x) = 0$ sonst.

   a) Berechnen Sie die Verteilungsfunktion $F : \mathbb{R} \to \mathbb{R}$ mit $x \mapsto W((-\infty, x])$ von W. Zeigen Sie, dass

$$\lim_{x \to 0} F(x) = 0, \quad \lim_{x \to \infty} F(x) = 1.$$

   Skizzieren Sie die Graphen von F und F'.

Abb. 1.27 $y = F_f(x)$ (schwarz) und $y = \rho_f(x)$ (rot) zu Übungsbsp. 18

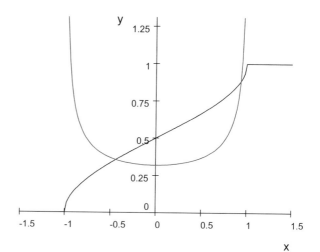

b) Zeigen Sie durch Induktion nach n für den Erwartungswert der stochastischen Variablen $X_n := (\mathrm{id}_\Omega)^n$ mit $n \in \mathbb{N}_0$, dass $\langle X_n \rangle = n!/\lambda^n$.

c) Welche Verteilungsfunktion $F_f : \mathbb{R} \to \mathbb{R}$ und Dichte F_f' hat der Transport W_f von W unter der stochastischen Variablen $f := \sqrt{|X_1|} : \mathbb{R} \to \mathbb{R}$? Lösung:

$$F_f(\xi) := W_f\left((-\infty, \xi]\right) = W\left(\left\{ x \in \mathbb{R} \mid \sqrt{|x|} \le \xi \right\}\right)$$
$$= \begin{cases} 0 & \text{für } \xi \le 0 \\ 1 - \exp\left(-\lambda \xi^2\right) & \text{für } \xi > 0 \end{cases}.$$

Skizzieren Sie die Graphen von F_f und F_f'.

d) Sei $L > 0$, das Ereignis $B = (L, \infty)$ und W_B das konditionelle W-Maß zu B. Welche Verteilungsfunktion $F_{g,B}$ und Dichte $F_{g,B}'$ hat die stochastische Variable $g := X_1 - L : \mathbb{R} \to \mathbb{R}$ unter W_B? Hinweis:

$$F_{g,B}(\xi) := (W_B)_g\left((-\infty, \xi]\right) = \frac{W\left(g^{-1}\left((-\infty, \xi]\right) \cap B\right)}{W(B)}$$

e) Welche bedingte Wahrscheinlichkeit $W(A \mid B)$ hat das Ereignis $A = (0, L_1)$ bezüglich $B = (0, L_2)$? Sind A und B stochastisch unabhängig?

20. Das W-Maß W auf $\mathbb{R}^3$, sei für ein $R > 0$ in der Kugel

$$K_R := \left\{ (x, y, z) \in \mathbb{R}^3 \mid x^2 + y^2 + z^2 < R^2 \right\}$$

gleichverteilt.

a) Welche Verteilungsfunktion $F_r : \mathbb{R} \to \mathbb{R}$ und Dichte F_r' hat der Transport W_r von W unter der folgenden stochastischen Variablen r?

$$r : \mathbb{R}^3 \to \mathbb{R}, \quad (x, y, z) \mapsto \sqrt{x^2 + y^2 + z^2}$$

Lösung:

$$F_r(\xi) := W\left(r^{-1}\left((-\infty, \xi]\right)\right) = \begin{cases} 0 & \text{für } \xi \le 0 \\ \left(\frac{\xi}{R}\right)^3 & \text{für } 0 < \xi < R \\ 1 & \text{für } \xi \ge R \end{cases}.$$

b) Zeigen Sie, dass

$$\langle r \rangle_W := \int_{-\infty}^{\infty} F_r'(\xi)\, \xi\, d\xi = \frac{3}{4} R, \quad V_W(r) = \frac{3R^2}{80}.$$

c) Welche Verteilungsfunktion F_{π_1} hat der Transport von W unter $\pi_1 : \mathbb{R}^3 \to \mathbb{R}$, $(x, y, z) \mapsto x$?

21. Der Abstand r zwischen Kern und Elektron eines H-Atoms ist eine (nichtnegative) reelle stochastische Variable auf $\mathbb{R}^3$. Sie hat im Grundzustand die Verteilungsfunktion $F : \mathbb{R}_{>0} \to \mathbb{R}$ mit

$$F(x) := \int_0^x \rho(\xi)d\xi, \qquad \rho(x) := Nx^2 \exp(-x).$$

Hier ist der halbe Bohrsche Radius als Längeneinheit gewählt und es gilt $N \in \mathbb{R}$. Bearbeiten Sie folgende Aufgaben:

a) $N = ?$ Hinweis: $\lim_{x \to \infty} F(x) = 1$.
b) Skizzieren Sie die Graphen von F und ρ.
c) $\langle r \rangle = ?$, $V(r) = ?$

Literatur

1. Dehling, H., Haupt, B.: Einführung in die Wahrscheinlichkeitstheorie und Statistik. Springer, Berlin (2003)
2. Erwe, F.: Differential- und Integralrechnung, Bd. 1. BI, Mannheim (1973)
3. Fischer, H., Kaul, H.: Mathematik für Physiker, Bd. 1. Teubner, Stuttgart (2005a)
4. Fischer, H., Kaul, H.: Mathematik für Physiker, Bd. 2. Teubner, Stuttgart (2005b)
5. Gårding, L.: Encounter with Mathematics. Springer, New York (1977)
6. Popper, K.: Logik der Forschung. Mohr, Tübingen (1973)
7. Weltner, K.: Mathematik für Physiker 1. Springer, Berlin (2001)

Funktionentheorie

2

Die Funktionentheorie behandelt nicht irgendwelche Abbildungen zwischen Mengen A und B, sondern nur solche, die auf offenen Teilmengen der komplexen Zahlenebene $\mathbb{C}$ definiert sind, Werte in $\mathbb{C}$ annehmen und *komplex differenzierbar* sind; es geht also um sehr spezielle (Tangenten-)Vektorfelder in $\mathbb{R}^2$. Die komplexe Differenzierbarkeit ist nämlich weitaus enger gefasst als die totale Differenzierbarkeit einer $\mathbb{R}^2$-wertigen Funktion auf $\mathbb{R}^2$ und ermöglicht erstaunlich starke Schlüsse. Die Ausweitung des Definitionsbereiches von (reell-analytischen) Funktionen von einem reellen Intervall zu einem möglichst großen Definitionsbereich in der komplexen Zahlenebene wirft vielfach auf die ursprüngliche, rein reelle Funktion ein klärendes Licht. Für die mathematische Physik besonders bedeutend sind einige Integrationssätze (Cauchyscher Integralsatz, Residuensatz). Alle in diesem Abschnitt nicht angeführten Beweise von Sätzen sind in [5] zu finden.

2.1 Elementare komplexe Funktionen

Komplexe Zahlen werden als bekannt vorausgesetzt. Es genügt daher eine knappe Wiederholung. Die Menge $\mathbb{R}^2 = \{(a, b) \,|\, a, b \in \mathbb{R}\}$ wird durch die Addition

$$(a, b) + (u, v) = (a + u, b + v)$$

und durch die kommutative und assoziative Multiplikation

$$(a, b) \cdot (u, v) = (au - bv, av + bu)$$

zu einem Körper. Er heißt $(\mathbb{C}, +, \cdot)$.

Das n-fache Produkt eines Elementes $z \in \mathbb{C}$ mit sich wird als n-te Potenz bezeichnet und durch

$$z^n = z \cdot \ldots \cdot z \ (n\text{-mal})$$

© Springer-Verlag GmbH Deutschland, ein Teil von Springer Nature 2019
G. Grübl, *Mathematische Methoden der Theoretischen Physik | 2*,
https://doi.org/10.1007/978-3-662-58075-2_2

notiert. Das Einselement $(1, 0)$ der Multiplikation in $\mathbb{C}$ wird als $1_\mathbb{C} = 1$ und das Element $(0, 1)$ als imaginäre Einheit i notiert. Allgemeiner wird abkürzend für alle $a, b \in \mathbb{R}$

$$(a, b) = a \cdot 1_\mathbb{C} + b \cdot i = a + ib$$

notiert. Die reellen Zahlen a bzw. b heißen Realteil bzw. Imaginärteil von $a + ib$. Es gilt $i^2 = -1$. Die euklidische Norm

$$|(a, b)| = \sqrt{a^2 + b^2}$$

wird als Betrag der komplexen Zahl $a + ib$ bezeichnet.

Die reell-lineare Abbildung von $\mathbb{R}^2$ nach $\mathbb{R}^2$, für die $1 \mapsto 1$ und $i \mapsto -i$ gilt, heißt komplexe Konjugation. Sie spiegelt an der reellen Achse und bildet ein beliebiges Element aus $\mathbb{C}$ wie folgt ab:

$$z = a + ib \mapsto a - ib =: \overline{z}$$

Es gilt $|z|^2 = z \cdot \overline{z}$. Jedes Element $z \in \mathbb{C} \setminus \{0\}$ hat bezüglich der Multiplikation genau ein inverses Element. Es wird als z^{-1} oder $1/z$ bezeichnet und es gilt

$$z^{-1} = \frac{1}{|z|^2} \overline{z}.$$

Es gilt $|w \cdot z| = |w| \, |z|$ und daher auch $|1/z| = 1/|z|$.

Sei $n \in \mathbb{N}$. Die für alle $z \in \mathbb{C}$ definierte Funktion $z \mapsto z^n$ heißt Potenzfunktion mit positiv ganzzahligem Exponenten. Für $n = 0$ wird $z^0 = 1$ definiert. Die zugehörige Potenzfunktion hat also den konstanten Wert 1. Die Funktion $z^{-1} : z \mapsto 1/z$, die auf $\mathbb{C} \setminus \{0\}$ definiert ist, kann dazu genutzt werden, eine Potenzfunktion mit negativ ganzzahligem Exponenten auf $\mathbb{C} \setminus \{0\}$ zu definieren. Für $n \in \mathbb{N}$ wird

$$z \mapsto z^{-n} = z^{-1} \cdot \ldots \cdot z^{-1} \ (n\text{-mal})$$

definiert. Es gilt $z^{-n} = 1/(z^n)$.

Natürlich kann eine komplexwertige Funktion auf einer Teilmenge von $\mathbb{C}$ auch als reelles zweidimensionales (Tangenten-)Vektorfeld veranschaulicht werden. Abb. 2.1 tut dies für die Potenzfunktion z^{-1}. Es gilt für alle $(x, y) \in \mathbb{R}^2 \setminus \{0\}$

$$\frac{1}{x + iy} = \frac{x - iy}{x^2 + y^2} = \frac{1}{x^2 + y^2} \, (x, -y).$$

Zum Vergleich wird in Abb. 2.2 das Vektorfeld der auf ganz $\mathbb{C}$ definierten Funktion

$$z = x + iy \mapsto z \cdot z = z^2 = x^2 - y^2 + i2xy$$

gezeigt. Dieses Vektorfeld erinnert an das elektrische Feld eines Ladungsdipols.

Abb. 2.1 Vektorfeld zur
Funktion $z \mapsto z^{-1}$

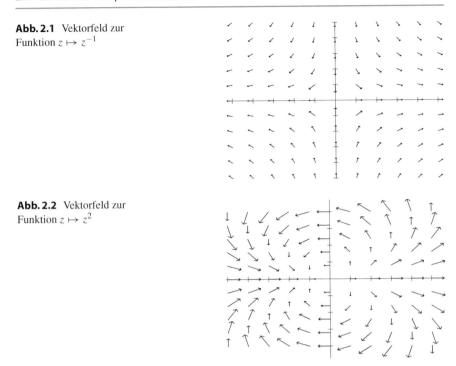

Abb. 2.2 Vektorfeld zur
Funktion $z \mapsto z^2$

Analog zum reellen Fall sind komplexe Polynome und rationale Funktionen wie beispielsweise

$$z \mapsto \frac{A}{(z-a)^2} + B\,(z-b)^3$$

mit festen Zahlen $A, B, a, b \in \mathbb{C}$ für alle $z \in \mathbb{C} \setminus \{a\}$ erklärt.

2.1.1 *Erster Exkurs zu den 2d-Multipolen

Woher kommt die Ähnlichkeit von z^2 mit dem elektrischen Dipolfeld? Das elektrische Potential eines zweidimensionalen Punktmonopols ist (bis auf einen konstanten Faktor) die reelle Funktion $\Phi : \mathbb{R}^2 \setminus \{0\} \to \mathbb{R}$ mit $\Phi(v) = \ln |v|$. Das Potential eines 2d-Dipols ist daher proportional dem Skalarfeld der Richtungsableitungen $[p]\,\Phi : \mathbb{R}^2 \setminus \{0\} \to \mathbb{R}$ mit einem konstanten Vektorfeld p gebildet. Für dieses folgt mit dem Standardskalarprodukt $\langle \cdot, \cdot \rangle$

$$[p]_v\,\Phi = \frac{\langle p, v \rangle}{|v|^2} \quad \text{und} \quad \mathrm{grad}_v\left([p]\,\Phi\right) = \frac{1}{|v|^4}\left(|v|^2 p - 2\,\langle p, v \rangle\,v\right).$$

Wird nun im Raum $\mathbb{R}^2$ die komplexe Multiplikation so eingeführt, dass $(1, 0) = 1_{\mathbb{C}}$ und $(0, 1) = i$ gesetzt wird, dann folgt für $p = (1, 0)$ mit $v = x + iy = z$

Abb. 2.3 Vektorfeld zur
Funktion $z \mapsto z^3$

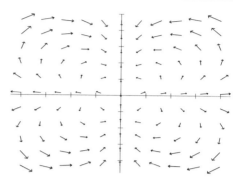

$$\mathrm{grad}_v \left([p]\, \Phi\right) = \frac{1}{|z|^4}\left(|z|^2 - 2x\,(x+iy)\right) = -\frac{1}{|z|^4}\left(x^2 - y^2 + i2xy\right) = -\frac{z^2}{|z|^4} = -\frac{1}{\bar{z}^2}.$$

Bis auf den positiven reellen Faktor $1/|z|^4$, der die Länge des Vektorfeldes, nicht aber seine Richtung beeinflusst, stimmt also die Funktion $-z^2$ mit dem Gradientenfeld eines 2d-Dipolpotentials überein.

Abb. 2.3 zeigt das Vektorfeld der (auf ganz $\mathbb{C}$ definierten) Funktion $z \mapsto z^3$. Es erinnert an das elektrische Feld von zwei nahe bei 0 gelegenen, parallel zur reellen Achse, aber entgegengesetzt zueinander orientierten Dipolen. Es ist dies ein 2d-Quadrupol. Je eine positive Einheitsladung sitzt dabei in den Punkten $\pm 2\varepsilon$ der reellen Achse der Ebene $\mathbb{C}$ und je eine negative Einheitsladung sitzt in $\pm\varepsilon$. Dabei ist $\varepsilon \in \mathbb{R}_{>0}$ so klein, dass $(\varepsilon, 0)$ in der Grafik nicht von $(0, 0)$ unterschieden werden kann. Es gilt

$$z^3 = (x+iy)^3 = \left(x^3 - 3xy^2\right) + i\left(3x^2y - y^3\right).$$

Dieser Exkurs deutet einen tiefer liegenden Zusammenhang zwischen den komplexen Monomen z^n einerseits und den Potentialen von Punktmultipolen andererseits an, den wir bald verstehen werden.

2.1.2 Exponentialfunktion, Sinus und Cosinus

Reelle Funktionen, die über Potenzreihen mit dem Konvergenzradius r erklärt sind, können zu komplexwertigen Funktionen auf einer offenen Kreisscheibe um $0 \in \mathbb{C}$ mit Radius r verallgemeinert werden. Ein Beispiel ist die auf ganz $\mathbb{C}$ konvergente Reihe (Exponentialfunktion)

$$\exp : \mathbb{C} \to \mathbb{C}, \quad z \mapsto \sum_{k=0}^{\infty} \frac{z^k}{k!}.$$

Daraus folgt Eulers Formel $\exp(i\alpha) = \cos\alpha + i\sin\alpha$, denn für alle $\alpha \in \mathbb{C}$ gilt

$$\exp(i\alpha) = \sum_{k=0}^{\infty} i^k \frac{\alpha^k}{k!} = \sum_{k=0}^{\infty} i^{2k} \frac{\alpha^{2k}}{(2k)!} + \sum_{k=0}^{\infty} i^{2k+1} \frac{\alpha^{2k+1}}{(2k+1)!}$$

$$= \sum_{k=0}^{\infty} (-1)^k \frac{\alpha^{2k}}{(2k)!} + i \sum_{k=0}^{\infty} (-1)^k \frac{\alpha^{2k+1}}{(2k+1)!} = \cos(\alpha) + i\sin(\alpha).$$

Für jeden Punkt $(a, b) \in \mathbb{R}^2$ mit $(a, b) \neq (0, 0)$ existiert bekanntlich genau ein „Polarwinkel" $\alpha \in (-\pi, \pi]$ mit

$$(a, b) = \sqrt{a^2 + b^2} \left(\cos(\alpha), \sin(\alpha) \right).$$

Es gilt also

$$a + ib = |a + ib| \exp(i\alpha).$$

Die Abbildung $\arg : \mathbb{C} \setminus \{0\} \to (-\pi, \pi]$, die jeder von 0 verschiedenen komplexen Zahl ihren Polarwinkel zuordnet, heißt Argumentfunktion. Sie ist überall, außer in den Punkten der negativen reellen Achse, stetig. Im Nullpunkt ist sie nicht erklärt.

Für die komplexe Exponentialfunktion folgt analog zur reellen für alle $w, z \in \mathbb{C}$

$$\exp(w) \exp(z) = \exp(w + z).$$

Aus

$$\exp(i\alpha) \exp(i\beta) = \exp(i(\alpha + \beta))$$

folgt somit für zwei beliebige komplexe Zahlen $z = |z| \exp(i\alpha)$, $w = |w| \exp(i\beta)$

$$z \cdot w = |z| |w| \exp(i(\alpha + \beta)).$$

Damit hat die komplexe Multiplikation eine einfache geometrische Interpretation: Die Beträge der Faktoren werden multipliziert und ihre Polarwinkel (modulo 2π) addiert. Für $w = |w| \exp(i\beta) \neq 0$ ist somit die Abbildung

$$\Pi_w : \mathbb{C} \to \mathbb{C}, \ z \mapsto w \cdot z = |w| \exp(i\beta) \cdot z$$

eine Drehstreckung um den Winkel β. Aus $w = u + iv = |w| (\cos\beta + i\sin\beta)$ folgt

$$\Pi_w(a + ib) = au - bv + i(av + bu)$$

$$= \begin{pmatrix} u & -v \\ v & u \end{pmatrix} \begin{pmatrix} a \\ b \end{pmatrix} = |w| \begin{pmatrix} \cos\beta & -\sin\beta \\ \sin\beta & \cos\beta \end{pmatrix} \begin{pmatrix} a \\ b \end{pmatrix}.$$

Die Matrix der (linearen) Multiplikationsabbildung hat also eine recht spezielle Form. Ihre Spalten sind zwei aufeinander senkrecht stehende Vektoren derselben Norm. Weiters ist sie orientierungserhaltend, denn es gilt $\det \Pi_w = |w|^2 > 0$.

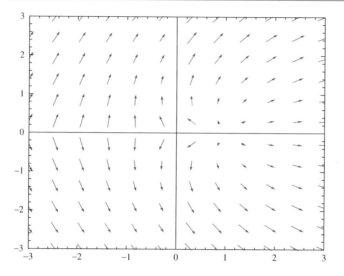

Abb. 2.4 Vektorfeld des Hauptzweiglogarithmus

2.1.3 Der komplexe Hauptzweiglogarithmus

Seien nun $x, y \in \mathbb{R}$. Dann bildet die komplexe Exponentialfunktion wegen

$$\exp (x + iy) = e^x (\cos y + i \sin y)$$

die vertikale Gerade in $\mathbb{C}$, auf der der Realteil von z konstant ist, also $\Re z = x$ für ein festes $x \in \mathbb{R}$ gilt, auf den Kreis um 0 mit Radius e^x ab.[1] In y ist die Abbildung 2π-periodisch. Die Einschränkung der komplexen Exponentialfunktion auf den offenen Streifen $\{z \in \mathbb{C} : -\pi < \Im z < \pi\}$ bildet daher bijektiv auf die geschlitzte Ebene $\mathbb{C} \setminus \{z \in \mathbb{C} : \Im z = 0, \Re z \leq 0\}$ ab. Ihre Umkehrfunktion ln heißt Hauptzweig der komplexen Logarithmusfunktion. Abb. 2.4 zeigt das Vektorfeld von ln. Der Sprung entlang der negativen reellen Achse ist deutlich zu erkennen.

Es gilt also für $-\pi < y < \pi$ und $x \in \mathbb{R}$

$$x + iy = \ln \left(e^{x+iy} \right) = \ln \left(e^x e^{iy} \right).$$

Da $\left| e^{x+iy} \right| = e^x$ und $\arg \left(e^{x+iy} \right) = y$ für alle $x \in \mathbb{R}$ und $y \in (-\pi, \pi)$ gilt, folgt für alle z der geschlitzten Ebene

$$\ln (z) = \ln (|z|) + i \arg (z).$$

Es gilt somit für alle z in der geschlitzten Ebene $\ln (\overline{z}) = \overline{\ln (z)}$.

---

[1] Hier und im Folgenden bezeichnet $\Im z$ bzw. $\Re z$ den Imaginärteil bzw. Realteil von z.

Sei z. B. $z = 1 + i$. Dann gilt $|z| = \sqrt{2}$ und daher

$$z = \sqrt{2}\left(\frac{1}{\sqrt{2}} + i\frac{1}{\sqrt{2}}\right) = \sqrt{2}\left(\cos\frac{\pi}{4} + i\sin\frac{\pi}{4}\right) = \sqrt{2}\exp\left(i\frac{\pi}{4}\right).$$

Somit gilt $\ln(1 + i) = \left(\ln\sqrt{2}\right) + i\pi/4$.

Man beachte: Im Allgemeinen gilt $\ln(w \cdot z) \neq \ln(w) + \ln(z)$. Hier ein Beispiel: $z = w = (-1 + i)/\sqrt{2}$. Es gilt dann $\ln(wz) = -i\pi/2$, aber $\ln(w) + \ln(z) = 3i\pi/2$.

Noch eine kleine Übung im Logarithmieren: Welchen Wert hat $\ln\frac{x+i}{x-i}$ für $x \in \mathbb{R}_{>0}$? Wegen $\left|\frac{x+i}{x-i}\right| = 1$ ist $\ln\frac{x+i}{x-i}$ rein imaginär. Wegen

$$\frac{x+i}{x-i} = \frac{(x+i)^2}{1+x^2} = \frac{x^2 - 1 + 2ix}{1+x^2}$$

liegt $\frac{x+i}{x-i}$ in der oberen Halbebene und es gilt

$$\arg\frac{x+i}{x-i} = \arg(x+i) - \arg(x-i) = \arctan\frac{1}{x} - \left(-\arctan\frac{1}{x}\right)$$

$$= 2\arctan\frac{1}{x} = 2\left(\frac{\pi}{2} - \arctan x\right) = \pi - 2\arctan x \in (0,\pi).$$

Daher gilt

$$\ln\frac{x+i}{x-i} = i\arg\frac{x+i}{x-i} = i(\pi - 2\arctan x) \in i \cdot (0,\pi).$$

Insbesondere folgt daraus

$$\lim_{x\downarrow 0}\ln\frac{x+i}{x-i} = i\pi \quad\text{und}\quad \lim_{x\to\infty}\ln\frac{x+i}{x-i} = 0.$$

Anmerkung: Wir haben

$$\ln\frac{x+i}{x-i} = i(\pi - 2\arctan x) \tag{2.1}$$

unter der Voraussetzung $x > 0$ abgeleitet. Kann Gl. 2.1 auch für $x < 0$ gelten? Nein, denn der Imaginärteil des Hauptzweiglogarithmus liegt im Bereich $(-\pi, \pi)$. Die korrekte Formel für $x < 0$ ergibt sich z. B. so: Es gilt

$$\frac{x+i}{x-i} = \frac{-x-i}{-x+i} = \overline{\left(\frac{-x+i}{-x-i}\right)}.$$

Wegen $\ln\bar{z} = \overline{\ln z}$ folgt nun für $x < 0$ aus Gl. 2.1:

$$\ln\frac{x+i}{x-i} = \overline{\ln\frac{-x+i}{-x-i}} = \bar{i}(\pi - 2\arctan(-x)) = i(-\pi + 2\arctan|x|) \in i \cdot (-\pi, 0).$$

Daraus folgt

$$\lim_{x \uparrow 0} \ln \frac{x+i}{x-i} = -i\pi \quad \text{und} \quad \lim_{x \to -\infty} \ln \frac{x+i}{x-i} = 0.$$

2.1.4 Komplexe Wurzeln und ihr Hauptzweig

Sei $w \in \mathbb{C}$ beliebig. Es existiert also ein $\phi \in [0, 2\pi)$ mit $w = |w| \exp(i\phi)$. Für welche $z \in \mathbb{C}$ gilt $z^n = w$? Es sind genau die Zahlen $z_k = \sqrt[n]{|w|} \exp\left(i\frac{\phi}{n}\right) \exp\left(2\pi i \frac{k}{n}\right)$ mit $k = 0, 1, \ldots n-1$. Sie heißen für $w = 1$ die n-ten Einheitswurzeln

$$E_n = \left\{ \exp\left(2\pi i \frac{k}{n}\right) : k = 0, 1, \ldots n-1 \right\}.$$

Alle n-ten Wurzeln einer Zahl $w \in \mathbb{C}$ ergeben sich aus einer einzigen ihrer n-ten Wurzeln durch Multiplikation mit den n-ten Einheitswurzeln.

Warum ist dies so? Aus $z^n = w$ folgt zunächst, dass $|z|^n = |w|$ und in der Folge $|z| = \sqrt[n]{|w|} > 0$. Daher existiert zu einer Lösung z genau ein $\varphi \in [0, 2\pi)$, sodass $z = \sqrt[n]{|w|} \cdot e^{i\varphi}$. Aus $z^n = w$ folgt dann $e^{in\varphi} = e^{i\phi}$, also $n\varphi = \phi + k \cdot 2\pi$ für ein $k \in \mathbb{Z}$. Der Winkel φ erfüllt somit $\varphi = \phi/n + 2\pi k/n$ für ein $k \in \mathbb{Z}$. Die Abbildung $\mathbb{Z} \ni k \mapsto \exp(i2\pi k/n)$ hat die Periode n, sodass für $w \neq 0$ als verschiedene Lösungen z nur die Zahlen $z_k = \sqrt[n]{|w|} \exp\left(i\frac{\phi}{n}\right) \exp\left(2\pi i \frac{k}{n}\right)$ mit $k = 0, 1, \ldots n-1$ übrig bleiben.

Die Funktion $z \mapsto z^n$ ist also für $n \in \mathbb{N}$ und $n \geq 2$ auf $\mathbb{C}$ nicht injektiv und besitzt somit keine Umkehrfunktion. Aber die Einschränkung von $z \mapsto z^n$ auf den Sektor

$$\left\{ z \in \mathbb{C} : z = |z| e^{i\phi} \text{ mit } -\frac{\pi}{n} < \phi < \frac{\pi}{n} \right\}$$

ist injektiv. Ihre Umkehrfunktion heißt Hauptzweig der n-ten Wurzelfunktion und wird wie im reellen Fall mit $\sqrt[n]{\cdot}$ notiert.[2] Es gilt dann für alle z in der geschlitzten Ebene $\mathbb{C} \smallsetminus \{z \in \mathbb{C} \,|\, \Im z = 0 \text{ und } \Re z \leq 0\}$

$$\sqrt[n]{z} = \exp\left(\frac{1}{n} \ln z\right) = \exp\left(\frac{\ln(|z|) + i \arg(z)}{n}\right) = \sqrt[n]{|z|} \exp\left(i \frac{\arg(z)}{n}\right).$$

Die Hauptzweigwurzel ist also für reelle z mit $\Re z \leq 0$ nicht erklärt. Das zur Hauptzweigwurzel für $n = 2$ gehörige Vektorfeld ist in Abb. 2.5 gezeigt, das zu ihrem Kehrwert $1/\sqrt{z}$ gehörige Vektorfeld in Abb. 2.6.

---

[2] Andere injektive Einschränkungen der Potenzfunktion ergeben andere Versionen der Wurzelfunktionen.

Abb. 2.5 Vektorfeld zur
Hauptzweigwurzel $\sqrt{\cdot}$.

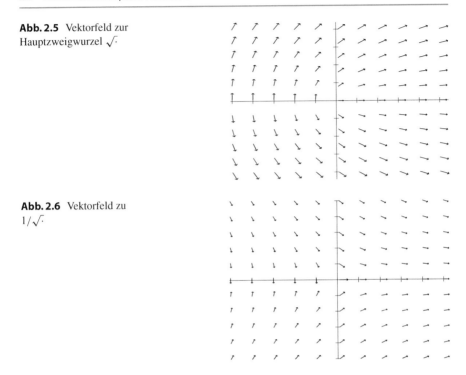

Abb. 2.6 Vektorfeld zu
$1/\sqrt{\cdot}$.

2.1.5 Komplexe Potenzfunktionen (Hauptzweig)

Allgemeine Potenzfunktionen mit einem beliebigen komplexen Exponenten lassen sich nun wie folgt erklären: Für $\alpha \in \mathbb{C}$ wird auf der geschlitzten Ebene

$$P_\alpha : z \mapsto z^\alpha = \exp\left(\alpha \ln z\right)$$

gesetzt. So bekommen Ausdrücke wie i^i eine Bedeutung: $i^i = e^{i \cdot i\pi/2} = e^{-\pi/2} \approx 0, 2$.

Für $\alpha = n \in \mathbb{Z}$ besitzt die Potenzfunktion z^n eine stetige Fortsetzung auf $\mathbb{C} \setminus \{0\}$. Diese stimmt mit der zuvor getroffenen Definition von z^n überein. Des Weiteren stimmt $P_{1/n}$ für $n \in \mathbb{N}$ mit der n-ten Hauptzweigwurzelfunktion überein.

Es gilt $P_\alpha \cdot P_\beta = P_{\alpha+\beta}$ für alle $\alpha, \beta \in \mathbb{C}$. Man beachte jedoch, dass $P_\alpha\left(w \cdot z\right) = P_\alpha\left(w\right) \cdot P_\alpha\left(z\right)$ zwar für alle positiven reellen w, z, i. A. aber nicht für alle w, z im Definitionsbereich von P_α gilt. (Ein Beispiel liefert die Wahl $w = z = i$ und $\alpha = 1/2$. Die Funktion $P_{1/2}$ ist im Punkt $w \cdot z = -1$ gar nicht erklärt.) Die für positive reelle x und reelle α, β gültige Formel $\left(x^\alpha\right)^\beta = x^{\alpha\beta}$ überträgt sich ebenso wenig einschränkungslos ins Komplexe, denn es existieren $\alpha, \beta \in \mathbb{C}$ mit $P_\beta \circ P_\alpha \neq P_{\alpha\beta}$. Man betrachte beispielsweise den Fall $\beta = 1/2$ und $\alpha = 3$ für $z = i$. Es gilt

$$\left(i^3\right)^{1/2} = (-i)^{1/2} = e^{-i\pi/4} = \frac{1-i}{\sqrt{2}} \text{ und } i^{3/2} = e^{3i\pi/4} = e^{i\pi} e^{-i\pi/4} = -e^{-i\pi/4}$$

und daher $\left(i^3\right)^{1/2} = -\left(i^{3/2}\right)$.

2.2 Komplexe Ableitung

Definition 2.1 Sei $\Omega \subset \mathbb{R}^2$ offen. Eine Funktion $f : \Omega \to \mathbb{R}^2$ heißt in $z \in \Omega$ reell total differenzierbar, falls eine $\mathbb{R}$-lineare Abbildung $d_z f : \mathbb{R}^2 \to \mathbb{R}^2$ existiert, sodass

$$\lim_{\xi \to 0} \frac{|f(z+\xi) - f(z) - d_z f(\xi)|}{|\xi|} = 0.$$

Falls f in z total differenzierbar ist und überdies ein $w \in \mathbb{R}^2$ existiert, sodass für alle $\xi \in \mathbb{R}^2$ (bezüglich der komplexen Multiplikation) $d_z f(\xi) = w \cdot \xi$ gilt, dann heißt f in z komplex[3] differenzierbar. Die komplexe Zahl w wird als $f'(z)$ notiert.

Falls f in z komplex differenzierbar ist, dann gilt wegen $|v| / |\xi| = |v/\xi|$

$$0 = \lim_{\xi \to 0} \frac{\left|f(z+\xi) - f(z) - f'(z) \cdot \xi\right|}{|\xi|} = \lim_{\xi \to 0} \left|\frac{f(z+\xi) - f(z) - f'(z) \cdot \xi}{\xi}\right|$$
$$= \lim_{\xi \to 0} \left|\frac{f(z+\xi) - f(z)}{\xi} - f'(z)\right|.$$

Also gilt die aus dem Reellen vertraute Differentiationsformel

$$f'(z) = \lim_{\xi \to 0} \frac{f(z+\xi) - f(z)}{\xi}$$

genau dann, wenn f in z komplex differenzierbar ist. Man beachte, dass diese Formel im Vektorraum $\mathbb{R}^2$ ohne die Definition der komplexen Multiplikation nicht funktioniert. Der folgende Satz wird analog zum reellen Fall bewiesen. Er formuliert Linearität, Produktregel, Quotientenregel und Kettenregel. Doch zuvor das einfachste Beispiel einer differenzierbaren Funktion.

Sei $K \in \mathbb{C}$. Sei $\Omega \subset \mathbb{C}$ offen und $f(z) = K$ für alle $z \in \Omega$. Dann gilt $f'(z) = 0$ für alle $z \in \Omega$, da ja

$$\frac{f(z+\xi) - f(z)}{\xi} = 0$$

für alle ξ in einer hinreichend kleinen Kreisscheibe um 0.

---

[3]Die Bezeichnung „komplex differenzierbar" wird im Gebiet der Funktionentheorie meist zu „differenzierbar" verkürzt.

Satz 2.1 *Seien f und g in z differenzierbar und $\alpha \in \mathbb{C}$. Dann gilt*

$$(\alpha f + g)'(z) = \alpha f'(z) + g'(z),$$
$$(f g)'(z) = f'(z) g(z) + f(z) g'(z).$$

Falls $g(z) \neq 0$, dann gilt

$$\left(\frac{f}{g}\right)'(z) = \frac{f'(z) g(z) - f(z) g'(z)}{g^2(z)}.$$

Ist g in $f(z)$ und f in z differenzierbar, dann gilt $(g \circ f)'(z) = g'(f(z))f'(z)$.

2.2.1 Baukastenbeispiele

1. *Potenzfunktion mit positivem ganzem Exponenten:* Sei $f : \mathbb{C} \to \mathbb{C}$ mit $f(z) = z^n$ für $n \in \mathbb{N}_0$. Diese Funktion f ist überall differenzierbar. Es gilt nämlich für $n \neq 0$

$$(z + \xi)^n - z^n = \sum_{k=0}^{n-1} \binom{n}{k} z^k \xi^{n-k}.$$

Daraus folgt

$$\left(z^n\right)' = \lim_{\xi \to 0} \frac{(z + \xi)^n - z^n}{\xi} = \binom{n}{n-1} z^{n-1} = nz^{n-1}.$$

2. *Exponentialfunktion:* Aus $(z^n)' = nz^{n-1}$ ergibt sich wie im reellen Fall durch gliedweises Differenzieren der Potenzreihe, dass $\exp' = \exp$.
3. *Potenzfunktion mit negativem ganzem Exponenten:* Sei $f : \mathbb{C} \setminus \{0\} \to \mathbb{C}$ mit $f(z) = 1/z^n = z^{-n}$ für $n \in \mathbb{N}$. Diese Funktion f ist überall differenzierbar. Es folgt nämlich aus $f(z)z^n = 1$ mit der Produktregel

$$0 = f'(z)z^n + f(z)nz^{n-1} = f'(z)z^n + \frac{n}{z}.$$

Also gilt $f'(z) = -nz^{-n-1}$ für alle $z \neq 0$.
4. *Logarithmus:* Wegen $\exp(\ln z) = z$ für alle z in der geschlitzten Ebene gilt nach der Kettenregel $1 = \exp(\ln z) \ln' z = z \ln' z$ und daher $\ln' z = 1/z$.
5. *Potenzfunktion mit allgemeinem Exponenten:* Sei $\alpha \in \mathbb{C}$ und $P_\alpha(z) = z^\alpha = \exp(\alpha \ln z)$ für alle z in der geschlitzten Ebene. Dann folgt mit der Kettenregel

$$P_\alpha'(z) = \frac{\alpha}{z} \exp(\alpha \ln z) = \alpha P_{\alpha-1}(z).$$

6. *Komplexe Konjugation:* Sei $f : \mathbb{C} \to \mathbb{C}$ mit $f(a + ib) = a - ib$ (Spiegelung an der reellen Achse). Da f reell-linear ist, gilt $d_z f = f$. Die Matrix von f ist

$$\begin{pmatrix} 1 & 0 \\ 0 & -1 \end{pmatrix}.$$

Daher ist $d_z f$ keine Drehstreckung und f ist daher nicht komplex differenzierbar. Dies zeigt sich auch folgendermaßen: Für $\varepsilon \in \mathbb{R}$ und $z = a + ib$ gilt

$$\lim_{\varepsilon \to 0} \frac{f(z + \varepsilon) - f(z)}{\varepsilon} = \lim_{\varepsilon \to 0} \frac{(a + \varepsilon - ib) - (a - ib)}{\varepsilon} = 1,$$

$$\lim_{\varepsilon \to 0} \frac{f(z + i\varepsilon) - f(z)}{i\varepsilon} = \lim_{\varepsilon \to 0} \frac{a - i(b + \varepsilon) - (a - ib)}{i\varepsilon} = -1.$$

Es existiert also kein komplexer Grenzwert $\lim_{\xi \to 0} \frac{f(z+\xi)-f(z)}{\xi}$.

2.2.2 *Schrödingergleichung: Ruhende Gaußpaketlösung

Sei $\phi : U \times \mathbb{R} \to \mathbb{C}$ mit $U = \mathbb{C} \setminus \{(t, 0) : t \leq -1\}$ und $\phi(z, x) = e^{-\frac{x^2}{2(1+z)}}/\sqrt{1 + z}$. Dabei ist $\sqrt{1 + z} = P_{1/2}(1 + z)$ die Hauptzweigwurzel.

Lemma 2.1 *Für alle* $(z, x) \in U \times \mathbb{R}$ *gilt* $\partial_z \phi(z, x) = \frac{1}{2} \partial_x^2 \phi(z, x)$.

Beweis Es gilt für $(z, x) \in U \times \mathbb{R}$ nach der Quotientenregel für komplex differenzierbare Funktionen

$$\partial_z \phi(z, x) \equiv \frac{d}{dz} \phi(z, x) = \frac{\frac{x^2}{2(1+z)^2}\sqrt{1+z} - \frac{1}{2}\frac{1}{\sqrt{1+z}}}{1 + z} e^{-\frac{x^2}{2(1+z)}}$$

$$= \frac{x^2 - (1 + z)}{2(1 + z)^{5/2}} e^{-\frac{x^2}{2(1+z)}}.$$

Weiters gilt

$$\partial_x \phi(z, x) = -\frac{x}{1 + z} \frac{e^{-\frac{x^2}{2(1+z)}}}{\sqrt{1 + z}}.$$

Daraus folgt

$$\partial_x^2 \phi(z, x) = -\left(\frac{1}{1 + z} \frac{e^{-\frac{x^2}{2(1+z)}}}{\sqrt{1 + z}} - \left(\frac{x}{1 + z} \right)^2 \frac{e^{-\frac{x^2}{2(1+z)}}}{\sqrt{1 + z}} \right)$$

$$= \left(x^2 - (1 + z) \right) \frac{e^{-\frac{x^2}{2(1+z)}}}{(1 + z)^{5/2}},$$

sodass $\partial_z \phi(z, x) = \frac{1}{2} \partial_x^2 \phi(z, x)$ gezeigt ist. $\square$

Durch Einschränkung von z in der Funktion ϕ auf die imaginäre Achse $z = it$ mit $t \in \mathbb{R}$ ergibt sich daraus die Funktion $\psi : \mathbb{R} \times \mathbb{R} \to \mathbb{C}$ mit

$$\psi\,(t, x) = \phi\,(it, x) = \frac{e^{-\frac{x^2}{2(1+it)}}}{\sqrt{1 + it}}.$$

Korollar 2.1 *Die Funktion ψ löst die parameterreduzierte Schrödingergleichung*

$$i\partial_t \psi\,(t, x) = -\frac{1}{2}\partial_x^2 \psi\,(t, x)\,. \tag{2.2}$$

Anmerkung: ψ illustriert die hier nur mitgeteilte Tatsache, dass für jede Lösung ψ der Schrödingergleichung (2.2) die Abbildung $\tau \mapsto \psi\,(\tau, x)$ bei festem x der Randwert einer zumindest in der unteren komplexen Halbebene holomorphen Funktion ist. (Die hier vorliegende Lösung ψ ist bei jedem festem x sogar auf der ganzen komplexen Ebene mit Ausnahme rein imaginärer Zahlen τ mit $\Im \tau \geq 1$ holomorph.) Diese Randwerteigenschaft bewirkt (über den Identitätssatz holomopher Funktionen), dass die Menge aller Punkte, auf der die Funktion $\psi\,(\cdot, x)$ einen gegebenen Wert $c \in \mathbb{C}$ annimmt, entweder der gesamte Definitionsbereich von $\psi\,(\cdot, x)$ ist oder aber eine Menge ohne Häufungspunkt. Dies verhindert beispielsweise, dass eine Lösung der (freien) Schrödingergleichung in einem Punkt x eine Zeit lang den Wert 0 hat und sich später von 0 entfernt. Ein solches Verhalten zeigen jedoch viele Lösungen von Maxwells Gleichungen und wir kennen das Phänomen vom Verhalten des Lichtes. Ein Lichtpuls endlicher Dauer kann die Finsternis in einem Punkt zeitweilig vertreiben.

Wie kann aus der Funktion ψ eine Lösung der physikalisch parametrisierten Schrödingergleichung

$$i\hbar\partial_t \Psi\,(t, x) = -\frac{\hbar^2}{2m}\partial_x^2 \Psi\,(t, x) \tag{2.3}$$

gebildet werden? Sei $a > 0$ eine reelle Konstante (mit der physikalischen Dimension einer Länge). Wir setzen $\xi := x/a$ und definieren $\Psi\,(t, x) = f\,(t, \xi)$. Dann folgt $\partial_x^2 \Psi\,(t, x) = \left[\partial_\xi^2 f\,(t, \xi)\right] \cdot (\partial_x \xi)^2 = a^{-2} \cdot \partial_\xi^2 f\,(t, \xi)$. Somit gilt für die Funktion f die partielle Differentialgleichung

$$\frac{ma^2}{\hbar}i\partial_t f\,(t, \xi) = -\frac{1}{2}\partial_\xi^2 f\,(t, \xi)$$

genau dann, wenn Ψ die Schrödingergleichung erfüllt. Setzen wir nun $\tau := t\hbar/\left(ma^2\right)$ und $\psi\,(\tau, \xi) = f\,(t, \xi)$, dann folgt wegen

$$\partial_\tau \psi\,(\tau, \xi) = \left[\partial_t f\,(t, \xi)\right] \cdot \partial_\tau t = \left(ma^2/\hbar\right) \partial_t f\,(t, \xi)$$

$$= -\frac{1}{2}\partial_\xi^2 f\,(t, \xi) = -\frac{1}{2}\partial_\xi^2 \psi\,(\tau, \xi)$$

das gesuchte Ergebnis:

Lemma 2.2 *Die Funktion* $\Psi : \mathbb{R} \times \mathbb{R} \to \mathbb{C}$ *mit* $\Psi(t,x) = \psi(\tau, \xi) = e^{-\frac{\xi^2}{2(1+i\tau)}} /$ $\sqrt{1+i\tau}$ *erfüllt für* $\tau = t\hbar/(ma^2)$, $\xi = x/a$

$$\Psi(t,x) = \frac{e^{-\frac{x^2}{2a^2\left(1+i\frac{\hbar t}{ma^2}\right)}}}{\sqrt{1+i\frac{\hbar t}{ma^2}}}$$

und löst Gl. 2.3 für alle $(t,x) \in \mathbb{R} \times \mathbb{R}$ *(Gaußpaketlösung).*

Anmerkung: Die Verallgemeinerung auf Gaußpaketlösungen der mehrdimensionalen kräftefreien Schrödingergleichung

$$i\hbar\partial_t\Psi(t, x_1, \ldots x_s) = -\frac{\hbar^2}{2m}\Delta\Psi(t, x_1, \ldots x_s) \tag{2.4}$$

gelingt mithilfe der folgenden Beobachtung: Sind $u, v : \mathbb{R} \times \mathbb{R} \to \mathbb{C}$ zwei Lösungen von $i\hbar\partial_t\psi(t,x) = -\left(\hbar^2/2m\right)\partial_x^2\psi(t,x)$, dann erfüllt die Funktion $\Psi : \mathbb{R} \times \mathbb{R}^2 \to \mathbb{C}$ mit

$$\Psi(t, x, y) = u(t, x) \cdot v(t, y)$$

gemäß Produktregel für die Ableitung ∂_t die Differentialgleichung

$$i\hbar\partial_t\Psi(t, x, y) = -\frac{\hbar^2}{2m}\left(\partial_x^2 + \partial_y^2\right)\Psi(t, x, y).$$

Damit ist etwa die Funktion $\Psi : \mathbb{R} \times \mathbb{R}^s \to \mathbb{C}$ mit

$$\Psi(t, x_1, \ldots x_s) = \Pi_{k=1}^s \frac{\exp\left\{-x_k^2 / \left[2a_k^2\left(1+i\frac{\hbar t}{ma_k^2}\right)\right]\right\}}{\sqrt{1+i\frac{\hbar t}{ma_k^2}}}$$

für beliebige positive reelle Zahlen $a_1, \ldots a_s$ eine Lösung von Gl. 2.4.

Durch Einschränkung von z in der Funktion ϕ auf die reelle Halbachse $z = t$ mit $t > -1$ ergibt sich die reelle(!) Funktion $u : (-1, \infty) \times \mathbb{R} \to \mathbb{R}$ mit

$$u(t, x) := \phi(t, x) = \frac{e^{-\frac{x^2}{2(1+t)}}}{\sqrt{1+t}}.$$

Sie erfüllt die partielle Differentialgleichung

$$\partial_t u(t, x) = \frac{1}{2}\partial_x^2 u(t, x),$$

eine parameterreduzierte Version der Wärmeleitungsgleichung. Anders als die Funktion ψ kann die Lösung u nicht zu einer Lösung auf ganz $\mathbb{R} \times \mathbb{R}$ fortgesetzt werden.

2.3 Holomorphie

Definition 2.2 Eine Funktion $f : \Omega \to \mathbb{C}$ mit $\Omega \subset \mathbb{C}$ offen und wegzusammen-hängend, die überall differenzierbar ist, heißt *holomorph* (oder auch komplex analytisch). Existiert zu einer Funktion $f : \Omega \to \mathbb{C}$ mit $\Omega \subset \mathbb{C}$ offen und wegzu-sammenhängend eine holomorphe Funktion F mit $F' = f$, dann wird F als eine Stammfunktion von f bezeichnet.

Für $n \in \mathbb{Z}$ ist z.B. die Funktion $f_n : z \mapsto z^n$ für $n \geq 0$ auf $\mathbb{C}$ und für $n < 0$ auf $\mathbb{C} \smallsetminus \{0\}$ holomorph. Für $n \neq -1$ hat f_n die Stammfunktion $\frac{1}{n+1}f_{n+1}$. Die Funktion f_{-1} hat keine Stammfunktion. Ihre Einschränkung auf die geschlitzte Ebene hat jedoch den Hauptzweig des Logarithmus als Stammfunktion.

Satz 2.2 *Die Funktion $f : \Omega \to \mathbb{C}$ mit $\Omega \subset \mathbb{C}$ offen und (weg-)zusammenhängend habe die Stammfunktion F. Dann gilt für jede weitere Stammfunktion G von f, dass $F - G$ eine konstante Funktion ist.*

Beweis Nach Voraussetzung gilt für die Funktion $H = F - G$, dass $H' = 0$ auf Ω. Sei für $z = x + iy$ mit $x, y \in \mathbb{R}$ und reellwertigen Funktionen u, v

$$H(x + iy) = u(x, y) + iv(x, y).$$

Dann gilt

$$\begin{pmatrix} \partial_x u & \partial_y u \\ \partial_x v & \partial_y v \end{pmatrix} = 0.$$

Seien $p, q \in \Omega$. Dann existiert eine stetig differenzierbare Kurve $\gamma : [0, 1] \to \Omega$ mit $\gamma(0) = p$ und $\gamma(1) = q$. Für diese Kurve gilt

$$0 = \int_\gamma \operatorname{grad}(u) = u(q) - u(p).$$

Analoges gilt für v. Daraus folgt $H(p) = H(q)$. $\square$

Der folgende Satz gibt eine notwendige und hinreichende Bedingung für Holomor-phie an.

Satz 2.3 *Sei $\Omega \subset \mathbb{R}^2$ offen und $u, v : \Omega \to \mathbb{R}$. Weiter sei $f : \Omega \to \mathbb{C}$ mit*

$$f(x + iy) = u(x, y) + iv(x, y).$$

Die Funktion f ist genau dann holomorph, wenn $u, v \in C^1(\Omega : \mathbb{R})$ und wenn auf ganz Ω die beiden Cauchy-Riemannschen Differentialgleichungen $\partial_x u = \partial_y v$ und $\partial_x v = -\partial_y u$ gelten.

Beweis Die wesentliche Idee ist die folgende: Für die Matrix $J_z f$ des Differentials $d_z f$ zur Standardbasis gilt

$$J_{x+iy} f = \begin{pmatrix} \partial_x u\,(x, y) & \partial_y u\,(x, y) \\ \partial_x v\,(x, y) & \partial_y v\,(x, y) \end{pmatrix}.$$

Dies ist die Matrix einer Drehstreckung genau dann, wenn zwei (von z abhängige) reelle Zahlen a, b existieren, sodass

$$\begin{pmatrix} \partial_x u\,(x, y) & \partial_y u\,(x, y) \\ \partial_x v\,(x, y) & \partial_y v\,(x, y) \end{pmatrix} = \begin{pmatrix} a & -b \\ b & a \end{pmatrix}$$

gilt. Dies ist äquivalent zu den Cauchy-Riemannschen Differentialgleichungen an der Stelle $x + iy$. Ein ausführlicher Beweis ist in [2, Kap. VII, § 27, Sect. 1.3] zu finden.   □

In den Begriffen der reellen Vektoranalysis drücken die Cauchy-Riemannschen Differentialgleichungen aus, dass die beiden Vektorfelder $(u, -v)$ und (v, u) sowohl divergenz- als auch wirbelfrei sind. Diese beiden Vektorfelder sind die komplexen Funktionen $\bar{f}$ und $i\bar{f}$.

2.3.1 Baukastenbeispiele

Exponentialfunktion: Sei $f = \exp$. Dann folgt aus

$$f\,(x + iy) = e^x e^{iy} = e^x\,(\cos y + i \sin y)\,,$$

dass $u\,(x, y) = e^x \cos y, \quad v\,(x, y) = e^x \sin y$. Also gilt für alle $(x, y) \in \mathbb{R}^2$

$$\partial_x u\,(x, y) = e^x \cos y, \quad \partial_y u\,(x, y) = -e^x \sin y,$$
$$\partial_x v\,(x, y) = e^x \sin y, \quad \partial_y v\,(x, y) = e^x \cos y.$$

Die Cauchy-Riemannschen Differentialgleichungen gelten also überall. Man beachte weiter

$$\Delta u\,(x, y) = \partial_x \partial_x u\,(x, y) + \partial_y \partial_y u\,(x, y)$$
$$= \partial_x \partial_y v\,(x, y) + \partial_y\,(-\partial_x v\,(x, y)) = 0.$$

Dies liegt offenbar nicht am speziellen Beispiel, sondern folgt aus den Cauchy-Riemannschen Differentialgleichungen, sofern $u, v \in C^2$. Letzteres ist auch nicht auf Einzelbeispiele beschränkt, sondern gilt für alle holomorphen Funktionen, sodass Real- und Imagiärteil einer beliebigen holomorphen Funktion jedenfalls Lösungen der (zweidimensionalen) Laplacegleichung sind. Solche Funktionen werden harmonisch genannt.

Das Vektorfeld $f = \exp = (u, v)$ hat die Divergenz

$$\left(\partial_x u + \partial_y v\right)(x, y) = 2\partial_x u\,(x, y) = 2e^x \cos(y)$$

und die Wirbelstärke $\left(\partial_x v - \partial_y u\right)(x, y) = 2\partial_x v\,(x, y) = 2e^x \sin(y)$. Abb. 2.7 illustriert das Vektorfeld der komplexen Exponentialfunktion.

Die komplex konjugierte Funktion $\bar{f} = (u, -v)$ hingegen erfüllt die Cauchy-Riemannschen Differentialgleichungen nicht. Ihr Vektorfeld ist in Abb. 2.8 wiedergegeben. Es hat tatsächlich die Divergenz $\left(\partial_x u - \partial_y v\right)(x, y) = 0$ und die Wirbelstärke $\left(-\partial_x v - \partial_y u\right)(x, y) = 0$. Es ist das Gradientenfeld der harmonischen Funktion $\rho : \mathbb{R}^2 \to \mathbb{R}$ mit $\rho(x, y) = e^x \cos y$, denn es gilt

$$(u, -v)(x, y) = \left(e^x \cos y, -e^x \sin y\right) = \left(\partial_x e^x \cos y, \partial_y e^x \cos y\right).$$

Man beachte auch, dass $\exp(\bar{z}) = \overline{\exp(z)}$ gilt.

Komplexe Konjugation: Es sei $f(x + iy) = x - iy$, also $u(x, y) = x$, und $v(x, y) = -y$. Daraus folgt für alle $(x, y) \in \mathbb{R}^2$

$$\partial_x u\,(x, y) = 1, \quad \partial_y u\,(x, y) = 0,$$
$$\partial_x v\,(x, y) = 0, \quad \partial_y v\,(x, y) = -1.$$

Die Cauchy-Riemannschen Differentialgleichungen gelten also nirgends und f ist nirgends komplex differenzierbar.

Abb. 2.7 Vektorfeld zu $z \mapsto \exp z$

Abb. 2.8 Vektorfeld zu $z \mapsto \exp \bar{z}$

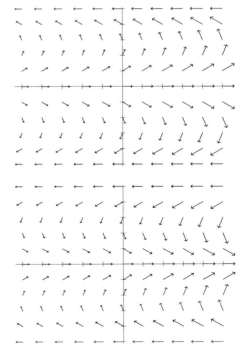

2.3.2 *Zweiter Exkurs zu den 2d-Multipolen

Mithilfe der komplexen Differenzierbarkeit kann aufgeklärt werden, warum die Abbildung $z \mapsto z^2$ dem elektrischen Feld eines Dipols und $z \mapsto z^3$ jenem eines elektrischen Quadrupols ähnelt.

Das Potential eines 2d-Monopols ist bis auf einen konstanten Faktor die reelle Funktion $\Phi : \mathbb{R}^2 \setminus \{0\} \to \mathbb{R}$ mit $\Phi(v) = \ln |v|$. Ihr Gradientenfeld erfüllt $\mathrm{grad}_v \Phi = v / |v|^2$. Wird $\mathbb{R}^2$ zu $\mathbb{C}$ gemacht, gilt für $z \in \mathbb{C} \setminus \{0\}$

$$\mathrm{grad}_z \Phi = \frac{z}{|z|^2} = \overline{\left(\frac{1}{z} \right)}.$$

Ein n-tes Multipolpotential ergibt sich aus Φ durch Bildung der n-fach iterierten Richtungsableitung von Φ mit dem konstanten Vektorfeld $e = (1, 0)$. Es gilt also $\Phi_n = [e]^n \Phi$ und auf $\mathbb{R}^2 \setminus \{0\}$

$$\mathrm{grad}\, \Phi_n = \mathrm{grad}\left([e]^n \Phi \right) = [e]^n \mathrm{grad}\left(\Phi \right).$$

Wegen $e = 1_{\mathbb{C}}$ gilt mit $inv : \mathbb{C} \to \mathbb{C}, z \mapsto 1/z$

$$[e]^n \mathrm{grad}\left(\Phi \right) = [e]^n \overline{(inv)} = \overline{[e]^n\, inv}.$$

Nun gilt aber $[e]_z\, inv = \left(\frac{1}{z} \right)' \cdot 1 = -z^{-2}$. Nach n-facher Iteration folgt

$$[e]_z^n\, inv = \left(\frac{1}{z} \right)^{(n)} = \frac{(-1)^n\, n!}{z^{n+1}}.$$

Somit gilt

$$\mathrm{grad}_z \Phi_n = \frac{\overline{(-1)^n\, n!}}{z^{n+1}} = (-1)^n\, n! \frac{z^{n+1}}{|z|^{2(n+1)}}.$$

Das Richtungsverhalten des elektrischen Feldes eines 2d-Monopols, -Dipols, -Quadrupols, ... kann somit an den Vektorfeldern z, z^2, z^3 abgelesen werden.

Für z im Bereich der geschlitzten Ebene nehmen die Potenzen z^n eine besonders durchsichtige Form an, wenn z in die Polardarstellung $z = |z|\, e^{i\varphi(z)}$ mit $0 < \varphi(z) < 2\pi$ gebracht wird. Dann folgt $z^n = |z|^n\, e^{in\varphi(z)} = |z|^n \left(\cos(n\varphi(z)) + i \sin(n\varphi(z)) \right)$. Eine Rechnung (in Polarkoordinaten) bestätigt, dass $r^n \cos(n\varphi)$ und $r^n \sin(n\varphi)$ auf dem Definitionsbereich U der Polarkoordinaten harmonisch sind. Dasselbe gilt auch für $r^{-n} \cos(n\varphi)$ und $r^{-n} \sin(n\varphi)$. Als Einschränkungen homogener Polynome in den Standardkoordinatenfunktionen x, y auf U sind die Funktionen $r^n \cos(n\varphi)$ und $r^n \sin(n\varphi)$ auf ganz $\mathbb{R}^2$ und in ähnlicher Weise $r^{-n} \cos(n\varphi)$ und $r^{-n} \sin(n\varphi)$ auf $\mathbb{R}^2 \setminus \{0\}$ harmonisch fortsetzbar.

Der Kartenausdruck von $\Re z^n$ in der Standardkarte lässt sich mithilfe der Chebyshev-Polynome T_n angeben. Es existiert nämlich zu jedem $n \in N_0$ genau ein reelles Polynom T_n vom Grad n, sodass $\cos(n\varphi) = T_n(\cos\varphi)$ für alle $\varphi \in \mathbb{R}$ gilt (siehe [7,

Lemma 4.3]). Dieses Polynom erfüllt $T_n(-x) = (-1)^n T_n(x)$ für alle $x \in \mathbb{R}$. Es gilt daher $\cos(n\varphi) = T_n(\cos\varphi) = a_n \cos^n \varphi + a_{n-2} \cos^{n-2} \varphi + \dots$ und somit

$$r^n \cos(n\varphi) = r^n T_n(\cos\varphi) = a_n x^n + a_{n-2} r^2 x^{n-2} + \dots$$
$$= a_n x^n + a_{n-2}(x^2 + y^2) x^{n-2} + \dots$$

Alternativ dazu kann natürlich auch $(x + iy)^n$ mit der binomischen Formel als Summe von Monomen in Real- und Imaginärteil zerlegt werden.

Auch die kartesischen Kartenausdrücke von $\Im z^n$ lassen sich (etwas umständlicher) auf Chebyshev-Polynome zurückführen. Wir werden im Abschn. Separation in Polarkoordinaten über radial separierte harmonische Funktionen auf $\mathbb{R}^2 \setminus \{0\}$ nochmals darauf zurückkommen.

2.4 Potenzreihen

Ein wichtiges Werkzeug zur Bildung holomorpher Funktionen sind Potenzreihen.

Definition 2.3 Sei $c_n \in \mathbb{C}$ für $n \in \mathbb{N}_0$. Dann heißt die Folge (f_n) der Polynome $f_n : \mathbb{C} \to \mathbb{C}$ mit $f_n(z) = \sum_{k=0}^n c_k (z - z_0)^k$ eine Potenzreihe um z_0.

Durch Translation der Potenzreihe kann immer der Fall $z_0 = 0$ herbeigeführt werden, sodass im Folgenden $z_0 = 0$ gewählt wird.

2.4.1 Geometrische Reihe

Sei $c_k = 1$ für alle $k \in \mathbb{N}_0$. Dann gilt

$$f_n(z) = 1 + z + \dots + z^n = 1 + z\left(1 + z + \dots + z^{n-1}\right)$$
$$= 1 + z f_{n-1}(z).$$

Weiter gilt $f_n(z) = f_{n-1}(z) + z^n$. Daraus folgt $f_{n-1}(z) + z^n = 1 + z f_{n-1}(z)$. Auflösen nach $f_{n-1}(z)$ ergibt für $z \in \mathbb{C} \setminus 1$

$$f_{n-1}(z) = \frac{1 - z^n}{1 - z}.$$

Für $z = 1$ folgt $f_{n-1}(z) = 1^0 + 1^1 + \dots + 1^{n-1} = n$.
Für $z \in \mathbb{C}$ mit $|z| < 1$ gilt somit

$$\lim_{n \to \infty} f_n(z) = \frac{1}{1 - z}.$$

Für $z = 1$ wächst $f_n(z)$ unbeschränkt an und konvergiert somit nicht. Für $z \in \mathbb{C} \smallsetminus 1$ mit $|z| = 1$ gilt $z^n = e^{in\varphi} = \cos(n\varphi) + i \sin(n\varphi)$ für ein $\varphi \in (0, 2\pi)$. Für kein $\varphi \in (0, 2\pi)$ konvergieren beide Zahlenfolgen $(\cos(n\varphi))$ und $(\sin(n\varphi))$. Die Zahlenfolge $z^n = e^{in\varphi}$ hat für $\varphi \in (0, 2\pi)$ mindestens zwei Häufungspunkte und konvergiert daher nicht, sodass auch $f_n(z)$ nicht konvergiert. Ein alternatives Argument nutzt den Sachverhalt, dass aus der Konvergenz einer Reihe folgt, dass die Folge der Reihenglieder gegen 0 strebt. Dies ist für die Folge (z^n) mit $|z| \geq 1$ nicht der Fall.

Die Potenzreihe $1 + z + z^2 + \ldots$ ergibt also auf der offenen Einheitskreisscheibe die Funktion $z \mapsto 1/(1 - z)$, die auf $\mathbb{C} \smallsetminus 1$ holomorph ist. Für kein $z \in \mathbb{C}$ mit $|z| \geq 1$ hat die Folge der $f_n(z)$ einen Grenzwert. Dieses Konvergenz- bzw. Divergenzverhalten ist kein Zufall, sondern illustriert sehr allgemeine Züge von Potenzreihen.

Satz 2.4 *Sei (f_n) eine Potenzreihe um 0. Die komplexe Zahlenfolge $(f_n(z_1))$ sei konvergent. Sei $r < |z_1|$. Dann konvergiert die Funktionenfolge (f_n) auf der Kreisscheibe $\overline{K_r} = \{z \in \mathbb{C} : |z| \leq r\}$ absolut und gleichmäßig.*

Beweis Sei

$$f_n(z) = \sum_{k=0}^{n} c_k z^k.$$

Wegen der Konvergenz von $f_n(z_1)$ ist die Menge $\{|c_k z_1^k| : k \in \mathbb{N}_0\}$ beschränkt. Sei also $M \geq |c_k z_1^k|$ für alle $k \in \mathbb{N}_0$. Dann gilt für jedes $z \in \overline{K_r}$

$$\begin{aligned}
|f_n(z)| &\leq \sum_{k=0}^{n} |c_k z^k| = \sum_{k=0}^{n} |c_k| \, |z|^k = \sum_{k=0}^{n} |c_k| \, |z_1|^k \left| \frac{z}{z_1} \right|^k \\
&\leq M \sum_{k=0}^{n} \left| \frac{z}{z_1} \right|^k \leq M \sum_{k=0}^{n} \left(\frac{r}{|z_1|} \right)^k < M \lim_{n \to \infty} \sum_{k=0}^{n} \left(\frac{r}{|z_1|} \right)^k \\
&= M \frac{1}{1 - \frac{r}{|z_1|}}.
\end{aligned}$$

Diese z-unabhängige Majorisierung zeigt die gleichmäßige absolute Konvergenz. Die absolute Konvergenz zieht die Konvergenz von $(f_n(z))$ nach sich. □

Definition 2.4 Sei (f_n) eine Potenzreihe um 0. Der Konvergenzradius von (f_n) ist die Zahl $\rho = \sup\{|z| : z \in \mathbb{C} \text{ mit } f_n(z) \text{ ist konvergent}\}$.

Da beispielsweise die reelle Exponentialreihe überall konvergiert, ist der Konvergenzradius der komplexen Exponentialfunktion unendlich.

Eine Potenzreihe um 0 mit endlichem Konvergenzradius hat die Funktion $f :$ $\mathbb{C} \setminus \{i, -i\} \to \mathbb{C}$ mit $f(z) = \frac{1}{1+z^2}$. Es gilt ja für $|z| < 1$

$$f(z) = \frac{1}{1+z^2} = \sum_{k=0}^{\infty} (-1)^k z^{2k} = 1 - z^2 + z^4 - \ldots$$

Für $|z| \geq 1$ hingegen divergiert die Potenzreihe $1 - z^2 + z^4 - \ldots$ wie die geometrische Reihe.

Gliedweise Integration der Potenzreihe von f um 0 liefert

$$F(z) = \sum_{k=0}^{\infty} \frac{(-1)^k}{2k+1} z^{2k+1} = z - \frac{z^3}{3} + \frac{z^5}{5} - \ldots$$

Wegen $F(z) = z \left(1 - \frac{z^2}{3} + \frac{z^4}{5} - \ldots\right)$ ist die Reihe im Bereich $|z| < 1$ absolut konvergent, da sie von der geometrischen Reihe $\sum_{k=0}^{\infty} \left(|z|^2\right)^k$ majorisiert ist. Die Potenzreihe F divergiert jedoch für $z = i$, hat also den Konvergenzradius 1, da

$$F(i) = i \left(1 - \frac{i^2}{3} + \frac{i^4}{5} - \ldots\right) = i \left(1 + \frac{1}{3} + \frac{1}{5} + \frac{1}{7} \ldots\right).$$

Wegen

$$2 \left(1 + \frac{1}{3} + \frac{1}{5} + \frac{1}{7} \ldots\right) > 1 + \frac{1}{2} + \frac{1}{3} + \frac{1}{4} + \frac{1}{5} + \frac{1}{6} + \frac{1}{7} \ldots = \infty$$

divergiert somit auch die Reihe $\sum_{k=1}^{\infty} 1/(2k+1)$. Die Funktion F ist eine Fortsetzung des reellen Arkustangens in die komplexe Einheitskreisscheibe. Ist sie holomorph? Ist sie wirklich eine Stammfunktion von f? Hier die Antworten:

Satz 2.5 *Sei* $(f_n) = \left(\sum_{k=0}^{n} c_k z^k\right)$ *eine Potenzreihe um 0 mit dem Konvergenzradius* ρ. *Dann konvergiert die Funktionenfolge* (f_n) *auf* K_ρ *gegen eine holomorphe Grenzfunktion* f *und für alle* $z \in K_\rho$ *gilt* $f'(z) = \lim_{n \to \infty} \sum_{k=1}^{n} k c_k z^{k-1}$. *(Die Ableitung ist also durch gliedweise Differentiation zu erhalten.) Weiters konvergiert die Folge* $(f_n(z))$ *für kein* z *mit* $z > \rho$.

Dieser Satz macht also klar: Die durch eine Potenzreihe um z_0 definierte Funktion ist holomorph. Es gilt aber auch umgekehrt, dass jede holomorphe Funktion um jeden Punkt ihres Definitionsbereiches zumindest lokal eine Potenzreihendarstellung hat. Genauere Auskunft gibt der folgende Potenzreihenentwicklungssatz.

Satz 2.6 *Sei* $f : \Omega \to \mathbb{C}$ *holomorph und* $z_0 \in \Omega$. *Dann existiert genau eine Potenzreihe* $\left(\sum_{k=0}^{n} c_k (z - z_0)^k\right)$ *mit positivem Konvergenzradius* ρ, *deren Grenzfunktion mit* f *in einer Umgebung von* z_0 *übereinstimmt. Diese Potenzreihe konvergiert auf jeder offenen Kreisscheibe um* z_0, *die in* Ω *enthalten ist, und erfüllt dort* $f(z) = \sum_{k=0}^{\infty} c_k (z - z_0)^k$. *Es gilt* $c_k = f^{(k)}(z_0)/k!$.

2.5 Laurentreihen

Sei $(f_n(z))$ mit $f_n(z) = \sum_{k=0}^{n} c_k z^k$ eine Potenzreihe mit dem Konvergenzradius ρ. Dann ist die Grenzfunktion f auf K_ρ holomorph und mit f ist auch die Funktion

$$g : \{z \in \mathbb{C} : |z| > 1/\rho\} \to \mathbb{C}, \text{ mit } g(z) = f\left(\frac{1}{z}\right) = \sum_{n=0}^{\infty} c_n z^{-n}$$

holomorph. Dies motiviert die folgende

Definition 2.5 Sei $c_k \in \mathbb{C}$ für alle $k \in \mathbb{Z}$. Dann ist für $n, m \in \mathbb{N}_0$ auf $\mathbb{C} \setminus \{0\}$ die rationale Funktion $f_{n,m}(z) = \sum_{k=-n}^{m} c_k z^k$ erklärt. Die Potenzreihe $\sum_{k=0}^{\infty} c_k z^k$ habe den Konvergenzradius R und die Potenzreihe $\sum_{k=1}^{\infty} c_{-k} z^k$ habe den Konvergenzradius $\rho = 1/r$ mit $r < R$. Die Funktionenfamilie $(f_{n,m})$ heißt Laurentreihe um 0. Die Reihe $f_H(z) = \sum_{k=-\infty}^{-1} c_k z^k$ heißt ihr Hauptteil und $f_N(z) = \sum_{k=0}^{\infty} c_k z^k$ ihr Nebenteil.

Satz 2.7 *Die Funktionenfolge $(f_{n,n})$ einer Laurentreihe konvergiert innerhalb des Kreisrings $r < |z| < R$ (siehe Abb. 2.9) lokal gleichmäßig gegen die holomorphe Grenzfunktion $f_H + f_N$. Ihre Ableitung kann gliedweise gebildet werden.*

Laurentreihen produzieren also holomorphe Funktionen. Der folgende Satz macht darüber hinaus klar, dass die durch Laurentreihen definierten Funktionen alle holomorphen Funktionen umfassen.

Satz 2.8 (Entwicklungssatz) *Sei $\Omega \subset \mathbb{C}$ offen und die Funktion $f : \Omega \to \mathbb{C}$ sei holomorph. Für die Zahlen $z_0 \in \mathbb{C}$, $r, R \in \mathbb{R}_{>0}$ mit $r < R$ sei der Kreisring $K(r, R) = \{z \in \mathbb{C} : r < |z - z_0| < R\}$ in Ω enthalten. Dann besitzt f eine Laurentreihenentwicklung um z_0, die in $K(r, R)$ gegen f konvergiert. Es gilt*

$$f(z) = \sum_{k \in \mathbb{Z}} c_k (z - z_0)^k \text{ mit } c_k = \frac{1}{2\pi i} \int_\gamma \frac{f(z)\,dz}{(z - z_0)^{k+1}}.$$

Dabei ist $\gamma : [0, 2\pi] \to C$ mit $\gamma(t) = \rho e^{it}$ für ein $\rho \in (r, R)$.

Abb. 2.9
Konvergenzbereich einer
Laurentreihe

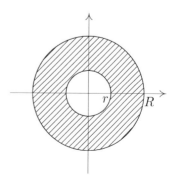

2.5.1 Die Laurentreihe von $(1 + z^2)^{-1}$ um i

Als ein Beispiel für die Behauptung des Entwicklungssatzes bestimmen wir die Laurentreihe der Funktion

$$f : \mathbb{C} \setminus \{i, -i\} \to \mathbb{C} \text{ mit } f(z) = \frac{1}{1 + z^2}$$

um den Punkt i. Es gilt für $|z - i| < 2$

$$\frac{1}{1 + z^2} = \frac{1}{z - i}\frac{1}{z + i} = \frac{1}{z - i}\frac{1}{z - i + 2i}$$

$$= \frac{1}{z - i}\frac{1}{2i}\frac{1}{1 - \frac{i}{2}(z - i)} = \frac{1}{z - i}\frac{1}{2i}\sum_{k=0}^{\infty}\left(\frac{i}{2}\right)^k (z - i)^k$$

$$= \sum_{k=0}^{\infty}\frac{1}{2i}\left(\frac{i}{2}\right)^k (z - i)^{k-1} = \sum_{k=-1}^{\infty}\frac{1}{2i}\left(\frac{i}{2}\right)^{k+1} (z - i)^k.$$

Für die Koeffizienten c_k der Laurentreihe gilt daher

$$c_k = \begin{cases} \frac{1}{2i}\left(\frac{i}{2}\right)^{k+1} & \text{für } k \geq -1 \\ 0 & \text{sonst} \end{cases}.$$

Sie konvergiert im punktierten Kreis um i mit dem Radius 2, d. h. für alle $z \in \mathbb{C}$ mit $0 < |z - i| < 2$.

2.5.2 *Hochtemperaturentwicklung der Planckschen Formel

Die spektrale Dichte der Strahlungsleistung eines beheizten Hohlraumes der Temperatur $T > 0$ ist für Strahlung der Frequenz $v > 0$ durch die Plancksche Strahlungsformel

$$u(v, T) = C\frac{(hv)^3}{e^{\beta hv} - 1}$$

gegeben. Dabei sind C und h positive reelle Konstanten und $\beta = 1/(kT)$ mit Boltzmanns Konstante $k > 0$. Wie verhält sich die Funktion $u(v, T)$ bei fester Frequenz v für $T \to \infty$ bzw. für $\beta \to 0$?

Es ist also die holomorphe Funktion $f : \mathbb{C} \setminus 2\pi i \cdot \mathbb{Z} \to \mathbb{C}$ mit $f(z) = (e^z - 1)^{-1}$ um den Punkt $z = 0$ in eine Laurentreihe zu entwickeln. Der Entwicklungssatz behauptet, dass diese für $0 < |z| < 2\pi$ konvergiert. Es gilt

$$\frac{1}{e^z - 1} = \frac{1}{z + \frac{z^2}{2!} + \frac{z^3}{3!} + \dots} = \frac{1}{z} \cdot \frac{1}{1 + \frac{z}{2!} + \frac{z^2}{3!} + \dots}$$

$$= \frac{1}{z} \cdot \frac{1}{1 + g(z)}.$$

Die (auf ganz $\mathbb{C}$) holomorphe Funktion $g(z) = \frac{z}{2!} + \frac{z^2}{3!} + \ldots = \frac{z}{2}\left(1 + \frac{2}{3!}z + \frac{2}{4!}z^2\right.$ $+ \ldots \Big)$ geht für $z \to 0$ gegen 0. Für hinreichend kleines $\varepsilon > 0$ existiert daher für alle z mit $|z| < \varepsilon$ eine Funktion $z \mapsto \psi(z)$ mit $\psi \in \mathrm{o}\left(z^2\right)$ für $z \to 0$, sodass

$$\frac{1}{1 + g(z)} = 1 - g(z) + g(z)^2 + \psi(z).$$

Eine Funktion ψ ist vom Typ $\mathrm{o}\left(z^2\right)$, falls $\lim_{z \to 0} \psi(z)/z^2 = 0$ gilt. Es folgt daraus für $z \to 0$

$$\frac{1}{1 + \frac{z}{2!} + \frac{z^2}{3!} + \ldots} = 1 - \frac{z}{2}\left(1 + \frac{2}{3!}z + \ldots\right) + \frac{z^2}{4} + \mathrm{o}\left(z^2\right)$$

$$= 1 - \frac{z}{2} + \frac{z^2}{4} - \frac{z^2}{6} + \mathrm{o}\left(z^2\right) = 1 - \frac{z}{2} + \frac{z^2}{12} + \mathrm{o}\left(z^2\right).$$

Die Übertragung dieser Entwicklung auf die Funktion u ergibt somit die Hochtemperaturentwicklung für $\beta \to 0$

$$u(\nu, T) = C(h\nu)^3 \left(\frac{1}{\beta h\nu} - \frac{1}{2} + \frac{\beta h\nu}{12} + \mathrm{o}\left((\beta h\nu)^2\right)\right).$$

2.6 Komplexe Kurvenintegration

Sei $I = [a, b]$ ein reelles Intervall und $\gamma : I \to \mathbb{C}$ stetig. Dann sind die reellwertigen Funktionen u und v mit $\gamma = u + iv$ Riemann-integrierbar. Das Integral von γ über I ist dann durch

$$\int_a^b \gamma(t)dt = \int_a^b u(t)dt + i \int_a^b v(t)dt$$

definiert. Dies entspricht der komponentenweisen Integration einer $\mathbb{R}^2$-wertigen Kurve. Darauf ist der folgende Begriff komplexer Wegintegrale aufgebaut.

Definition 2.6 Sei $\Omega \subset \mathbb{C}$ offen und zusammenhängend. Die Funktion $f : \Omega \to \mathbb{C}$ sei stetig. Sei $\gamma : [a, b] \to \mathbb{C}$ stetig und stückweise C^1. Dann heißt

$$\int_\gamma f(z)\,dz = \int_a^b f(\gamma(t)) \cdot \dot{\gamma}(t)dt$$

das (komplexe) Kurvenintegral von f längs der Kurve γ.

Wie im Fall reeller Kurvenintegrale folgt, dass komplexe Kurvenintegrale ihren Wert bei Vorschaltung einer orientierungserhaltenden Umparametrisierung nicht ändern. Daher genügt es, das Bild von γ, den sogenannten „Weg", seine Orientierung und bei geschlossenen Wegen die Zahl der Umläufe zu kennen, um ein Kurvenintegral festzulegen. Es wird daher auch von Wegintegralen gesprochen. Hat eine Funktion f in einer offenen Umgebung von γ eine Stammfunktion F, dann gilt aufgrund der Kettenregel für komplex differenzierbare Funktionen

$$f\left(\gamma\left(t\right)\right) \cdot \dot{\gamma}\left(t\right) = \frac{d}{dt}\left(F \circ \gamma\right)\left(t\right).$$

Daraus ergibt sich

$$\int_{\gamma} f\left(z\right) dz = \left(F \circ \gamma\right)\left(b\right) - \left(F \circ \gamma\right)\left(a\right).$$

Warnung: Zwar ist jede komplexe Funktion mit Stammfunktion holomorph, aber nicht jede holomorphe Funktion hat eine Stammfunktion.

Wie im Fall reeller Kurvenintegrale folgt eine Dreiecksungleichung für komplexe Wegintegrale. Es gilt

$$\left|\int_{\gamma} f\left(z\right) dz\right| \leq \int_{a}^{b} \left|f\left(\gamma\left(t\right)\right) \cdot \dot{\gamma}\left(t\right)\right| dt.$$

Beispiel 2.1 Sei $R > 0$. Dann stimmt das reelle Integral $I_R = \int_0^R \frac{dx}{1+x^2}$, für das ja $I_R = \arctan\left(x\right)\big|_0^R = \arctan R$ gilt, mit dem komplexen Wegintegral $\int_{\gamma} \frac{dz}{1+z^2}$ längs des Weges $\gamma : [0, R] \to \mathbb{C}$ mit $\gamma\left(t\right) = t$ überein. Der Integrand ist holomorph auf $\mathbb{C} \setminus \{i, -i\}$. Durch Partialbruchzerlegung des Integranden folgt

$$I_R = \int_{\gamma} \frac{dz}{1 + z^2} = \frac{1}{2i} \int_{\gamma} \left[\frac{1}{z - i} - \frac{1}{z + i}\right] dz.$$

Da auf $\Omega_+ = \mathbb{C} \setminus \{z \,|\, \Re z \leq 0 \text{ und } \Im z = 1\}$

$$\frac{1}{z - i} = \frac{d}{dz} \ln\left(z - i\right)$$

und auf $\Omega_- = \mathbb{C} \setminus \{z \,|\, \Re z \leq 0 \text{ und } \Im z = -1\}$

$$\frac{1}{z + i} = \frac{d}{dz} \ln\left(z + i\right)$$

gilt, und die Kurve γ ihre Werte in $\Omega_+ \cap \Omega_-$ annimmt, folgt

$$I_R = \frac{1}{2i}\left[\int_{\gamma} \frac{d}{dz} \ln\left(z - i\right) dz - \int_{\gamma} \frac{d}{dz} \ln\left(z + i\right) dz\right]$$

$$= \frac{1}{2i} \left[\ln (R - i) - \ln (-i) - \ln (R + i) + \ln (i) \right]$$

$$= \frac{1}{2i} \left[i \arg (R - i) - i \left(-\frac{\pi}{2} \right) - i \arg (R + i) + i \frac{\pi}{2} \right]$$

$$= \frac{1}{2} \left[\pi - 2 \arctan \frac{1}{R} \right] = \arctan R.$$

Das Ergebnis der reellen Integration ist also reproduziert.

Das folgende Beispiel ist etwas reichhaltiger. Es enthält zwar ausschließlich holomorphe Integranden, die aber nicht alle in einer offenen Umgebung des Integrationswegs, so wie dies im Beispiel 2.1 der Fall ist, eine Stammfunktion besitzen.

Beispiel 2.2 Seien $R > 0$, $\tau > 0$ und $\gamma : [0, \tau] \to \mathbb{C}$, mit $\gamma (t) = R \cdot \exp (it)$. Dann gilt $\dot{\gamma} (t) = iR \cdot \exp (it)$. Daraus folgt für $n \in \mathbb{Z} \setminus \{-1\}$

$$\int_\gamma z^n dz = \int_0^\tau R^n \cdot \exp (nit) \cdot iR \cdot \exp (it) \, dt$$

$$= iR^{n+1} \int_0^\tau \exp ((n + 1) it) \, dt = \frac{R^{n+1}}{n + 1} \left[\exp ((n + 1) i\tau) - 1 \right].$$

Für $\tau = 2\pi$ ist γ geschlossen und es gilt $\int_\gamma z^n dz = 0$.
   Sei nun $n = -1$. Dann folgt

$$\int_\gamma \frac{1}{z} dz = \int_0^\tau R^{-1} \cdot \exp (-it) \cdot iR \cdot \exp (it) \, dt = i\tau.$$

Für die geschlossene Kurve γ bei $\tau = 2\pi$, die 0 im Gegenuhrzeigersinn einmal umläuft, gilt somit

$$\int_\gamma \frac{1}{z} dz = 2\pi i.$$

Man beachte: 1) Der Wert des Integrals hängt nicht vom Parameter R ab. 2) Die Tatsache, dass das Integral von $1/z$ längs des geschlossenen Kreises nicht 0 ergibt, liegt daran, dass $1/z$ in keiner offenen Umgebung des Kreises eine Stammfunktion besitzt. Der Schlitz im Definitionsbereich des Hauptzweiglogarithmus steht dem im Weg.

Die Einsichten aus Beispiel 2.2 geben ein überraschendes Ergebnis für das Ringintegral einer Laurentreihe. Es ist durch einen Einzigen der Entwicklungskoeffizienten c_k der Reihe bereits festgelegt. Das ergibt sich so: Für alle $z \in \mathbb{C}$ mit $r_1 < |z| < r_2$ gelte

$$f (z) = \sum_{k \in \mathbb{Z}} c_k z^k.$$

Dann folgt für die Kurve γ aus Beispiel (2.2) im Fall $\tau = 2\pi$ und $r_1 < R < r_2$, dass

$$\int_\gamma f(z)\, dz = 2\pi i c_{-1}.$$

2.6.1 Cauchys Integralsatz

Was ist die reelle Bedeutung eines komplexen Kurvenintegrals? Mit den reellen Funktionen u, v und x, y, für die $f = u + iv$ und $\gamma = x + iy$ gilt, folgt $f \cdot \dot\gamma = u\dot x - v\dot y + i(u\dot y + v\dot x)$. Daher ist das komplexe Kurvenintegral aus den reellen Kurvenintegralen der beiden Vektorfelder $U := (u, -v)$ und $V = (v, u)$, die mit dem Standardskalarprodukt gebildet sind, zusammengesetzt. Genauer gilt

$$\Re \int_\gamma f(z)\, dz = \int_\gamma U \text{ und } \Im \int_\gamma f(z)\, dz = \int_\gamma V.$$

Falls f holomorph ist, sind die reellen Vektorfelder U und V wegen der Cauchy-Riemann-Gleichungen wirbelfrei. Dies zieht als eine komplexe Version des Poincaré-Lemmas den folgenden „Integralsatz von Cauchy" nach sich.

Satz 2.9 (Cauchys Integralsatz) *Sei $\Omega \subset \mathbb{C}$ offen und einfach zusammenhängend. Die Abbildung $f : \Omega \to \mathbb{C}$ sei holomorph. Sei $\gamma : [a, b] \to \Omega$ eine geschlossene, stetige, stückweise C^1-Kurve. Dann gilt*

$$\int_\gamma f(z)\, dz = 0.$$

Sei f wie in Cauchys Integralsatz und $z_0 \in \Omega$ fest gewählt. Für jedes $z \in \Omega$ sei $\gamma_z : [0, 1] \to \Omega$ differenzierbar mit $\gamma_z(0) = z_0$ und $\gamma_z(1) = z$ gewählt. Dann ist $F : \Omega \to \mathbb{C}$ mit

$$F(z) = \int_{\gamma_z} f(z')\, dz'$$

eine von der speziellen Wahl der Kurven γ_z unabhängige Stammfunktion von f.

2.6.2 Dirichlets Integral

Als Beispiel für die Brauchbarkeit von Cauchys Integralsatz beweisen wir die folgende Integralformel Dirichlets

$$\int_0^\infty \frac{\sin x}{x}\, dx = \frac{\pi}{2}.$$

Abb. 2.10 Integrationsweg $\Gamma_{r,R}$ für Dirichlets Integral

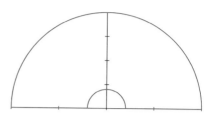

Seien $r, R \in \mathbb{R}_{>0}$ mit $r < R$. Sei $\Gamma_{r,R}$ eine Kurve in $\mathbb{C}$, die zuerst entlang der negativen reellen Achse von $-R$ bis $-r$, dann auf einem Halbkreis vom Radius r in der oberen Halbebene von $-r$ bis r führt. Weiter geht es dann entlang der positiven reellen Achse von r nach R und schließlich entlang des Halbkreises mit Radius R zurück zum Ausgangspunkt, siehe Abb. 2.10.

Dann gilt nach Cauchys Integralsatz

$$\int_{\Gamma_{R,r}} \frac{e^{iz}}{z} dz = 0.$$

Das Geradenstück auf der negativen reellen Achse trägt zum Wegintegral mit

$$\int_{-R}^{-r} \frac{e^{ix}}{x} dx = -\int_{r}^{R} \frac{e^{-ix}}{x} dx$$

bei, das Geradenstück auf der positiven Halbachse mit $\int_{r}^{R} \left(e^{ix}/x \right) dx$. Beide Geradenstücke zusammen ergeben daher

$$\int_{r}^{R} \frac{e^{ix}}{x} dx - \int_{r}^{R} \frac{e^{-ix}}{x} dx = \int_{r}^{R} \frac{e^{ix} - e^{-ix}}{x} dx = 2i \int_{r}^{R} \frac{\sin x}{x} dx.$$

Der kleine Halbkreis trägt zum Wegintegral bei mit

$$\int_{\pi}^{0} \frac{e^{ire^{i\varphi}}}{re^{i\varphi}} ire^{i\varphi} d\varphi = -i \int_{0}^{\pi} e^{ire^{i\varphi}} d\varphi.$$

Für $r \to 0$ geht der Integrand gleichmäßig gegen 1 und somit das Integral gegen $-i\pi$. Der große Halbkreis trägt zum Wegintegral bei mit

$$\int_{0}^{\pi} \frac{e^{iRe^{i\varphi}}}{Re^{i\varphi}} iRe^{i\varphi} d\varphi = i \int_{0}^{\pi} e^{iRe^{i\varphi}} d\varphi.$$

Eine Abschätzung dieses Integrals mittels Dreiecksungleichung ergibt

$$\left| i \int_{0}^{\pi} e^{iRe^{i\varphi}} d\varphi \right| \leq \int_{0}^{\pi} \left| e^{iRe^{i\varphi}} \right| d\varphi = \int_{0}^{\pi} e^{-R\sin\varphi} d\varphi$$

$$= 2 \int_{0}^{\pi/2} e^{-R\sin\varphi} d\varphi.$$

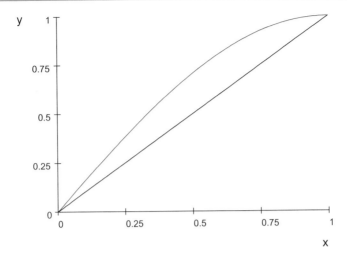

Abb. 2.11 $y = \sin\left(\frac{\pi}{2}x\right)$ (rot) und $y = x$ für $0 < x < 1$ (schwarz)

Da $\sin$ am Intervall $(0, \pi/2)$ streng monoton von 0 auf 1 ansteigt und negative zweite Ableitung hat, gilt auf diesem Intervall die Ungleichung $\sin\varphi > \frac{2}{\pi}\varphi$ oder äquivalent dazu $\sin\left(\frac{\pi}{2}x\right) > x$ für $0 < x < 1$ (siehe Abb. 2.11). Damit lässt sich obige Abschätzung zu Ende bringen: Es gilt für $R \to \infty$

$$\int_0^{\pi/2} e^{-R\sin\varphi}\,d\varphi < \int_0^{\pi/2} e^{-2\frac{R}{\pi}\varphi}\,d\varphi = \pi\,\frac{1 - e^{-R}}{2R} \to 0.$$

Der Beitrag des großen Halbkreises zum gesamten Wegintegral über $\Gamma_{r,R}$ verschwindet also für $R \to \infty$. Damit ist gezeigt, dass

$$2i \int_0^\infty \frac{\sin x}{x}\,dx - i\pi = 0.$$

2.6.3 *Cauchys Hauptwertintegral

Die Berechnung von Dirichlets Integral aus Abschn. 2.6.2 leitet uns zur Betrachtung der folgenden Situation. Wege, längs derer eine holomorphe Funktion integriert wird, können in die Nähe eines einzelnen Punktes führen, in den die Funktion nicht holomorph fortgesetzt werden kann. Ein typisches Beispiel ist der Punkt $i\varepsilon$ der Funktion $f : \mathbb{C} \setminus i\varepsilon \to \mathbb{C}$ mit $f(z) = 1/(z - i\varepsilon)$. Solche Punkte werden als isolierte Singularitäten bezeichnet. Mit kleiner werdendem $|\varepsilon|$ rückt die Singularität näher an den Weg heran, den die Kurve $\gamma : [-1, 1] \to \mathbb{C}$ mit $\gamma(t) = t$ parametrisiert. Im Grenzfall $\varepsilon \to 0$ fällt die Singularität auf den Weg.

Dieser Abschnitt behandelt also Wegintegrale über parameterabhängige holomorphe Funktionen f_ε, die alle eine isolierte Singularität besitzen. Der reelle Parameter

$\varepsilon > 0$ regelt dabei die Lage der Singularität. Es geht um das Verhalten von Integralen $\int_\gamma f_\varepsilon(z)\,dz$ längs einer fest gewählten Kurve γ im Grenzfall $\varepsilon \to 0$, wenn dabei die Singularität in den Bildbereich von γ konvergiert. Der wesentliche Sachverhalt ist der folgende:

Lemma 2.3 *$f : D \to \mathbb{C}$ sei für fest gewählte reelle Zahlen a, b, η mit $a < 0 < b$ und $0 < \eta$ holomorph am Streifen $D := \{z \in \mathbb{C} : a < \Re z < b \text{ und } |\Im z| < \eta\}$. Dann gilt*

$$\lim_{\varepsilon \downarrow 0} \int_a^b \frac{f(x)}{x + i\varepsilon}\,dx = \lim_{\varepsilon \downarrow 0} \int_a^b \Theta(|x| - \varepsilon)\frac{f(x)}{x}\,dx - i\pi f(0).$$

Anmerkung: Der Grenzwert $\lim_{\delta \downarrow 0} \int_a^b \Theta(|x| - \delta)\frac{f(x)}{x}\,dx$ wird als Cauchys Hauptwertintegral bezeichnet und es wird notiert:

$$\mathscr{P}\int_a^b \frac{f(x)}{x}\,dx := \lim_{\varepsilon \downarrow 0} \int_a^b \Theta(|x| - \varepsilon)\frac{f(x)}{x}\,dx.$$

Beweis Für $0 < \varepsilon < \eta$ ist die Funktion $g_\varepsilon : z \mapsto f(z) / (z + i\varepsilon)$ auf $D \smallsetminus \{-i\varepsilon\}$ holomorph. Der Punkt $-i\varepsilon \in D$ ist eine Polstelle höchstens erster Ordnung von g_ε. Es gilt daher mit $\gamma : [a, b] \to \mathbb{C}, t \mapsto t$

$$I(\varepsilon) := \int_a^b \frac{f(x)}{x + i\varepsilon}\,dx = \int_\gamma g_\varepsilon(z)\,dz.$$

Wir wählen ein $\delta < \min\{-a, b, \eta\} =: \rho$ und definieren die stückweise C^1-Kurve $\Gamma_\delta : [a, b] \to D \subset \mathbb{C}$

$$\Gamma_\delta(t) = \begin{cases} t & \text{für } a < t \leq -\delta \\ \delta \cdot e^{i\frac{\pi}{2\delta}(\delta - t)} & \text{für } -\delta < t < \delta \\ t & \text{für } \delta \leq t < b \end{cases}.$$

Die Kurve Γ_δ durchläuft im Bereich $|t| < \delta$ einen Halbkreisbogen um 0 vom Radius δ in der oberen Halbebene. Wir nennen $\Gamma_\delta|_{|t| < \delta} =: \gamma_\delta$. Nach Cauchys Integralsatz gilt für alle δ mit $0 < \delta < \rho$

$$I(\varepsilon) = \int_{\Gamma_\delta} g_\varepsilon(z)\,dz.$$

Bearbeite nun das Integral von g_ε längs Γ_δ. Es gilt

$$I(\varepsilon) = \int_{\Gamma_\delta} g_\varepsilon(z)\,dz = \int_a^b \Theta(|x| - \delta)\frac{f(x)}{x + i\varepsilon}\,dx + \int_{\gamma_\delta} g_\varepsilon(z)\,dz.$$

Aus

$$g_\varepsilon(z) = \frac{f(z) - f(0)}{z + i\varepsilon} + \frac{f(0)}{z + i\varepsilon}$$

folgt

$$\int_{\gamma_\delta} g_\varepsilon(z)\,dz = \int_{\gamma_\delta} \frac{f(z) - f(0)}{z + i\varepsilon}\,dz + \int_{\gamma_\delta} \frac{f(0)}{z + i\varepsilon}\,dz.$$

Das zweite dieser Integrale lässt sich berechnen:

$$\int_{\gamma_\delta} \frac{f(0)}{z + i\varepsilon}\,dz = f(0)\left[\ln(z + i\varepsilon)\right]_{z=-\delta}^{z=\delta} = f(0)\left[\ln(\delta + i\varepsilon) - \ln(-\delta + i\varepsilon)\right].$$

Es gilt $\delta + i\varepsilon = \sqrt{\delta^2 + \varepsilon^2}\,e^{i\arctan\frac{\varepsilon}{\delta}}$ und somit

$$\ln(\delta + i\varepsilon) = \frac{1}{2}\ln\left(\delta^2 + \varepsilon^2\right) + i\arctan\frac{\varepsilon}{\delta}.$$

Weiter gilt $-\delta + i\varepsilon = \sqrt{\delta^2 + \varepsilon^2}\,e^{i(\pi - \arctan\frac{\varepsilon}{\delta})}$ und somit

$$\ln(-\delta + i\varepsilon) = \frac{1}{2}\ln\left(\delta^2 + \varepsilon^2\right) + i\left(\pi - \arctan\frac{\varepsilon}{\delta}\right).$$

Daraus folgt

$$\int_{\gamma_\delta} \frac{f(0)}{z + i\varepsilon}\,dz = if(0)\left[-\pi + 2\arctan\frac{\varepsilon}{\delta}\right].$$

Das erste Integral können wir nur abschätzen. Nach der Dreiecksungleichung gilt

$$\left|\int_{\gamma_\delta} \frac{f(z) - f(0)}{z + i\varepsilon}\,dz\right| = \left|\int_{-\delta}^{\delta} \frac{f(\gamma_\delta(t)) - f(0)}{\gamma_\delta(t) + i\varepsilon}\dot{\gamma}_\delta(t)\,dt\right|$$

$$\leq \int_{-\delta}^{\delta} \left|\frac{f(\gamma_\delta(t)) - f(0)}{\gamma_\delta(t) + i\varepsilon}\dot{\gamma}_\delta(t)\right|\,dt.$$

Der Betrag des Integranden wird weiter abgeschätzt gemäß

$$\left|\frac{f(\gamma_\delta(t)) - f(0)}{\gamma_\delta(t) + i\varepsilon}\dot{\gamma}_\delta(t)\right| = \left|\frac{f(\gamma_\delta(t)) - f(0)}{\gamma_\delta(t) + i\varepsilon}\right||\dot{\gamma}_\delta(t)|$$

$$= \left|\frac{f(\gamma_\delta(t)) - f(0)}{\gamma_\delta(t) + i\varepsilon}\right|\frac{\pi}{2}.$$

Weiter gilt die von ε unabhängige Schranke

$$\left|\frac{f(\gamma_\delta(t)) - f(0)}{\gamma_\delta(t) + i\varepsilon}\right| \leq \frac{|f(\gamma_\delta(t)) - f(0)|}{\min_{t\in(-\delta,\delta)}|\gamma_\delta(t) + i\varepsilon|} = \frac{|f(\gamma_\delta(t)) - f(0)|}{\sqrt{\delta^2 + \varepsilon^2}}$$

$$\leq \frac{|f(\gamma_\delta(t)) - f(0)|}{\delta}.$$

Die Funktion $h(z) := f(z) - f(0)$ ist auf D holomorph und hat eine Nullstelle in 0. Es existiert daher eine Funktion ψ auf der offenen Kreisscheibe U_ρ vom Radius ρ um 0, sodass $\psi(z)/z^2$ auf $U_\rho \setminus \{0\}$ beschränkt ist (Potenzreihenentwicklungssatz beachten!) und $h(z) = h'(0)z + \psi(z)$ gilt. Daraus folgt

$$\left| f(\gamma_\delta(t)) - f(0) \right| \le \left| h'(0) \right| \left| \gamma_\delta(t) \right| + \left| \psi(\gamma_\delta(t)) \right| = \left| h'(0) \right| \delta + \left| \psi(\gamma_\delta(t)) \right|.$$

Somit ergibt sich für das gesamte erste Integral $\left| \int_{\gamma_\delta} \frac{f(z)-f(0)}{z+i\varepsilon} dz \right| \le$

$$\frac{\pi}{2} \int_{-\delta}^{\delta} \frac{\left| h'(0) \right| \delta + \left| \psi(\gamma_\delta(t)) \right|}{\delta} dt = \pi\delta \left(\left| h'(0) \right| + \int_{-\delta}^{\delta} \frac{\left| \psi(\gamma_\delta(t)) \right|}{2\delta^2} dt \right).$$

Wegen der Beschränktheit von $\psi(z)/z^2$ auf U_ρ existiert eine von δ unabhängige Zahl $M > 0$, sodass

$$\int_{-\delta}^{\delta} \frac{\left| \psi(\gamma_\delta(t)) \right|}{\delta^2} dt = \int_{-\delta}^{\delta} \frac{\left| \psi(\gamma_\delta(t)) \right|}{\left| \gamma_\delta(t) \right|^2} dt \le \int_{-\delta}^{\delta} M dt = 2\delta M.$$

Insgesamt ist also die Abbildung

$$\delta \mapsto \frac{1}{\delta} \left| \int_{\gamma_\delta} \frac{f(z)-f(0)}{z+i\varepsilon} dz \right|$$

beschränkt auf dem Intervall $(0, \rho)$.

Somit existiert eine beschränkte Funktion $C(\delta)$ für alle $\delta \in (0, \rho)$, sodass

$$\lim_{\varepsilon \to 0} I(\varepsilon) = \lim_{\varepsilon \to 0} \int_a^b \Theta(|x|-\delta) \frac{f(x)}{x+i\varepsilon} dx + \lim_{\varepsilon \to 0} \int_{\gamma_\delta} g_\varepsilon(z) \, dz$$

$$= \int_a^b \Theta(|x|-\delta) \cdot \frac{f(x)}{x} dx + \lim_{\varepsilon \to 0} if(0) \left[-\pi + 2\arctan\frac{\varepsilon}{\delta} \right] + \delta C(\delta)$$

$$= \int_a^b \Theta(|x|-\delta) \cdot \frac{f(x)}{x} dx - i\pi f(0) + \delta C(\delta).$$

Beim ersten Integral kann der $\lim_{\varepsilon \to 0}$ in das Integral gezogen werden, da die Konvergenz von $1/(x+i\varepsilon)$ gegen die Grenzfunktion $1/x$ im Bereich $|x| > \delta$ gleichmäßig ist[4]:

$$\left| \frac{1}{x+i\varepsilon} - \frac{1}{x} \right| = \left| \frac{-i\varepsilon}{x(x+i\varepsilon)} \right| \le \frac{\varepsilon}{\delta\sqrt{\delta^2+\varepsilon^2}} \le \frac{\varepsilon}{\delta^2}.$$

---

[4]Siehe z. B. [3, §21, Satz 4].

Beim Integral $\int_{\gamma_\delta} g_\varepsilon(z)\,dz$ ist keine Vertauschung nötig, da die Abschätzung vorliegt. Man beachte, dass in der Gleichung

$$\lim_{\varepsilon \to 0} I(\varepsilon) = \int_a^b \Theta(|x| - \delta) \frac{f(x)}{x} dx - i\pi f(0) + \delta C(\delta)$$

die linke Seite von δ unabhängig ist, die rechte Seite aber eine δ-abhängige Aufspaltung von $\lim_{\varepsilon \to 0} I(\varepsilon)$ vornimmt.

Führe nun den Übergang zu $\delta \to 0$ durch. Dies ergibt schließlich

$$\lim_{\varepsilon \to 0} I(\varepsilon) = \lim_{\delta \to 0} \int_a^b \Theta(|x| - \delta) \frac{f(x)}{x} dx - i\pi f(0) + \lim_{\delta \to 0} \delta C(\delta)$$

$$= \mathscr{P} \int_a^b \frac{f(x)}{x} dx - i\pi f(0).$$

$\square$

Eine sehr naheliegende Verallgemeinerung des Lemmas besagt: Unter den Voraussetzungen des Lemmas gilt für $x_0 \in \mathbb{R}$ mit $a < x_0 < b$ auch

$$\lim_{\varepsilon \downarrow 0} \int_a^b \frac{f(x)}{x - x_0 + i\varepsilon} dx = \mathscr{P} \int_a^b \frac{f(x)}{x - x_0} dx - i\pi f(x_0). \tag{2.5}$$

Warum? Durch $g(z - x_0) := f(z)$ ist auf dem Streifen $D - x_0$ die holomorphe Funktion g definiert. Es gilt dann wegen des Lemmas

$$\lim_{\varepsilon \downarrow 0} \int_a^b \frac{f(x)}{x - x_0 + i\varepsilon} dx = \lim_{\varepsilon \downarrow 0} \int_a^b \frac{g(x - x_0)}{x - x_0 + i\varepsilon} dx$$

$$= \lim_{\varepsilon \downarrow 0} \int_{a-x_0}^{b-x_0} \frac{g(y)}{y + i\varepsilon} dx = \lim_{\delta \to 0} \int_{a-x_0}^{b-x_0} \Theta(|y| - \delta) \frac{g(y)}{y} dy - i\pi g(0)$$

$$= \lim_{\delta \to 0} \int_a^b \Theta(|x - x_0| - \delta) \frac{f(x)}{x - x_0} dx - i\pi f(x_0)$$

$$= \mathscr{P} \int_a^b \frac{f(x)}{x - x_0} dx - i\pi f(x_0).$$

Eine weitere Ausweitung des Lemmas besagt: Unter den Voraussetzungen des Lemmas gilt auch

$$\lim_{\varepsilon \downarrow 0} \int_a^b \frac{f(x)}{x - x_0 - i\varepsilon} dx = \lim_{\varepsilon \downarrow 0} \int_a^b \Theta(|x - x_0| - \varepsilon) \frac{f(x)}{x - x_0} dx + i\pi f(x_0).$$

Warum? Ist $f(x)$ für $z \in (a, b)$ reell, folgt die Behauptung durch komplexe Konjugation der Gl. 2.5. Ist $f(x)$ für $a < x < b$ nicht überall reell, muss der Beweis des Lemmas entsprechend umgeschrieben werden. Es geht alles ganz analog.

Lediglich der Halbkreisbogen γ_δ muss in die untere Halbebene verlegt werden. Es tritt dann das folgende Integral auf:

$$
\int_{\gamma_\delta} \frac{f(0)}{z - i\varepsilon} dz = f(0) \left[\ln(z - i\varepsilon)\right]_{z=-\delta}^{z=\delta} = f(0) \left[\ln(\delta - i\varepsilon) - \ln(-\delta - i\varepsilon)\right]
$$

$$
= if(0) \left[-\arctan\frac{\varepsilon}{\delta} - \left(-\pi + \arctan\frac{\varepsilon}{\delta}\right)\right] = if(0) \left[\pi - 2\arctan\frac{\varepsilon}{\delta}\right].
$$

Der Beitrag dieses Integrals konvergiert für $\varepsilon \to 0$ gegen den Wert $i\pi f(0)$. Wir fassen alle diese Ergebnisse zusammen zu:

Satz 2.10 *Die Funktion $f : D \to \mathbb{C}$ sei für fest gewählte reelle Zahlen a, b, η mit $a < 0 < b$ und $0 < \eta$ holomorph am Streifen $D := \{z \in \mathbb{C} : a < \Re z < b$ und $|\Im z| < \eta\}$. Dann gilt für $x_0 \in (a, b)$*

$$
\lim_{\varepsilon \downarrow 0} \int_a^b \frac{f(x)}{x - x_0 \pm i\varepsilon} dx = \mathscr{P} \int_a^b \frac{f(x)}{x - x_0} dx \mp i\pi f(x_0).
$$

2.6.4 Gaußsche und Fresnelsche Integrale

Im Abschnitt über die Gaußverteilung wurde gezeigt, dass $\int_{-\infty}^{\infty} e^{-\alpha x^2} dx = \sqrt{\frac{\pi}{\alpha}}$ für alle $\alpha \in \mathbb{R}_{>0}$. Existiert dieses „Gaußsche Integral" auch für $\alpha \in \mathbb{C}$ mit $\Re\alpha > 0$? Ja, es existiert sogar noch für $\Re\alpha = 0$, sofern $\alpha \neq 0$. Genaueres sagt der folgende Satz.

Satz 2.11 *Sei $\alpha \in \mathbb{C} \setminus \{0\}$ mit $\Re\alpha \geq 0$, d.h., es gilt $\alpha = |\alpha| e^{i\delta}$ mit $-\frac{\pi}{2} \leq \delta \leq \frac{\pi}{2}$. Dann gilt unter Verwendung der Hauptzweigwurzel $\sqrt{\cdot}$*

$$
I(\alpha) := \int_{-\infty}^{\infty} e^{-\alpha x^2} dx = \sqrt{\pi/\alpha} = \sqrt{\pi/|\alpha|} e^{-i\frac{\delta}{2}}.
$$

Beweis Überlege zunächst wie sich das Integral $I(\alpha)$ bei einer Dehnung von α ändert. Sei $\lambda \in \mathbb{R}_{>0}$. Dann gilt

$$
I(\lambda\alpha) = \int_{-\infty}^{\infty} e^{-\alpha\left(\sqrt{\lambda}x\right)^2} \frac{\sqrt{\lambda}dx}{\sqrt{\lambda}} = \frac{1}{\sqrt{\lambda}} \int_{-\infty}^{\infty} e^{-\alpha y^2} dy = \frac{I(\alpha)}{\sqrt{\lambda}}.
$$

Es genügt daher, $I(\alpha)$ im Fall $\alpha = (1 + ia)^2 = 1 - a^2 + 2ia$ mit $-1 \leq a \leq 1$ zu berechnen. Alle anderen Fälle gewinnt man daraus durch Dehnen. Wegen

$$
I(\alpha) = 2 \int_0^{\infty} e^{-\alpha x^2} dx
$$

genügt die Untersuchung des Integrals

$$\frac{I(\alpha)}{2} = \int_0^\infty e^{-(1+ia)^2 x^2} dx.$$

Es gilt also $-\frac{\pi}{4} \leq \arg(1+ia) \leq \frac{\pi}{4}$ und für $\gamma : [0, R] \to \mathbb{C}$ mit $\gamma(t) = (1+ia)t$ folgt

$$\frac{I(\alpha)}{2} = \frac{1}{1+ia} \lim_{R \to \infty} \int_\gamma e^{-z^2} dz.$$

Da $z \mapsto e^{-z^2}$ auf ganz $\mathbb{C}$ holomorph ist, gilt nach Cauchys Integralsatz

$$\int_\gamma e^{-z^2} dz = \int_{\gamma_1} e^{-z^2} dz + \int_{\gamma_2} e^{-z^2} dz,$$

wobei $\gamma_1 : [0, R] \to \mathbb{C}$, mit $\gamma_1(t) = t$, und $\gamma_2 : [0, R] \to \mathbb{C}$, mit $\gamma_2(t) = R + iat$, die Katheten des Dreiecks mit den Eckpunkten 0, R und $R + iaR$ parametrisieren.

Nun schätzen wir den Beitrag der Kurve γ_2 ab. Es gilt wegen $\dot\gamma_2(t) = ia$

$$\int_{\gamma_2} e^{-z^2} dz = ia \int_0^R e^{-(R+iat)^2} dt$$

und daher für $a \neq 0$

$$\left| \int_{\gamma_2} e^{-z^2} dz \right| \leq |a| \int_0^R \left| e^{-(R+iat)^2} \right| dt = |a| \int_0^R e^{-R^2 + a^2 t^2} dt$$

$$\leq |a| \int_0^R e^{-R^2 + a^2 Rt} dt = |a| e^{-R^2} \int_0^R e^{a^2 Rt} dt$$

$$= \frac{|a| e^{-R^2}}{a^2 R} \left(e^{a^2 R^2} - 1 \right) \leq \frac{e^{-(1-a^2)R^2}}{|a| R} \leq \frac{1}{|a| R}.$$

Für $R \to \infty$ geht der Beitrag von γ_2 gegen 0 und es folgt somit

$$\lim_{R \to \infty} \int_\gamma e^{-z^2} dz = \lim_{R \to \infty} \int_{\gamma_1} e^{-z^2} dz = \lim_{R \to \infty} \int_0^R e^{-t^2} dt = \frac{\sqrt{\pi}}{2}.$$

Damit ist

$$I\left((1+ia)^2\right) = \frac{\sqrt{\pi}}{1+ia} = \sqrt{\pi} \frac{1-ia}{1+a^2} = \sqrt{\frac{\pi}{(1+ia)^2}}$$

für $|a| \leq 1$ gezeigt. $\square$

Für $\alpha = i\frac{\pi}{2}$ ergibt das Gaußsche Integral

$$I\left(i\frac{\pi}{2}\right) = \int_{-\infty}^{\infty} e^{-i\frac{\pi}{2}x^2}\,dx = \sqrt{\frac{2\pi}{i\pi}} = \sqrt{2}\sqrt{-i} = 1 - i.$$

Andererseits gilt

$$1 - i = \int_{-\infty}^{\infty} e^{-i\frac{\pi}{2}x^2}\,dx = \int_{-\infty}^{\infty} \cos\left(\frac{\pi}{2}x^2\right)dx - i\int_{-\infty}^{\infty} \sin\left(\frac{\pi}{2}x^2\right)dx.$$

Daraus folgen somit die beiden Fresnelschen Integrale

$$\int_0^{\infty} \cos\left(\frac{\pi}{2}x^2\right)dx = \int_0^{\infty} \sin\left(\frac{\pi}{2}x^2\right)dx = \frac{1}{2}.$$

Dass diese uneigentlichen Integrale existieren, obwohl die Integranden für $x \to \infty$ nicht gegen 0 konvergieren, liegt daran, dass die Spitzen und Täler der Integranden mit wachsendem x immer schlanker und enger werden und sich abwechselnd aufheben. Die Fresnelschen Funktionen $C, S : \mathbb{R} \to \mathbb{R}$ mit

$$C(x) = \int_0^x \cos\left(\frac{\pi}{2}t^2\right)dt \quad \text{und} \quad S(x) = \int_0^x \sin\left(\frac{\pi}{2}t^2\right)dt$$

sind offensichtlich ungerade. Sie sind für $0 < x < 7,5$ in Abb. 2.12 gezeigt. Zum Einsatz gelangen sie bei der Behandlung der Beugung von Wellen.

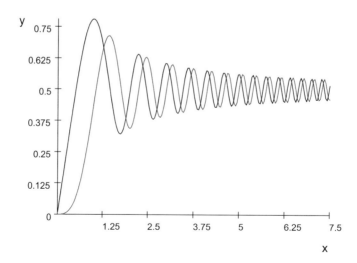

Abb. 2.12 Die Fresnelschen Funktionen $y = C(x)$ (schwarz) und $y = S(x)$ (rot)

Hier noch ein zweiter Satz über Gaußsche Integrale:

Satz 2.12 *Für $\alpha \in \mathbb{C}$ mit $\Re\alpha > 0$ und $\beta \in \mathbb{C}$ gilt $\int_{-\infty}^{\infty} e^{-\alpha(x+\beta)^2} dx = \sqrt{\frac{\pi}{\alpha}}$.*

Beweis Für $\Im\beta = 0$ ist die Behauptung durch die Substitution $y = x + \beta$ klar. Sei daher ohne Einschränkung der Allgemeinheit (oEdA) $\Im\beta > 0$. Mit der Substitution $y = x + \Re\beta$ und $b = \Im\beta$ ergibt sich $\int_{-\infty}^{\infty} e^{-\alpha(x+\beta)^2} dx = \int_{-\infty}^{\infty} e^{-\alpha(y+ib)^2} dy$. Für die Kurve $\gamma : [-R, R] \to \mathbb{C}$ mit $\gamma(t) = t + ib$ folgt somit

$$\int_{-\infty}^{\infty} e^{-\alpha(x+\beta)^2} dx = \lim_{R \to \infty} \int_{\gamma} e^{-\alpha z^2} dz.$$

Wende nun auf das Rechteck mit den Eckpunkten $-R, R, R + ib, -R + ib$ den Cauchyschen Integralsatz an. Die Kante von R nach $R + ib$ trägt zum Ringintegral mit $i \int_0^b e^{-\alpha(R+it)^2} dt$ bei.

Für $R > b$ schätzen wir diesen Beitrag ab:

$$\left| \int_0^b e^{-\alpha(R+it)^2} dt \right| \leq \int_0^b e^{-\Re\alpha(R^2-t^2)} e^{2\Im\alpha R t} dt \leq e^{-\Re\alpha R^2} \int_0^b e^{R(\Re\alpha+2|\Im\alpha|)t} dt$$

$$= \frac{e^{-\Re\alpha R^2}}{R} \frac{1}{\Re\alpha + 2|\Im\alpha|} \left(e^{(\Re\alpha+2|\Im\alpha|)Rb} - 1 \right)$$

$$\leq \frac{e^{-\Re\alpha R^2}}{R} \frac{1}{\Re\alpha + 2|\Im\alpha|} e^{(\Re\alpha+2|\Im\alpha|)Rb} \to 0 \quad \text{für } R \to \infty.$$

Analoges gilt für die Kante von $-R$ nach $-R + ib$. Damit folgt für $\Re\alpha > 0$

$$\lim_{R \to \infty} \int_{\gamma} e^{-\alpha z^2} dz = \int_{-\infty}^{\infty} e^{-\alpha x^2} dx.$$

$\square$

Für $\Re\alpha = 0$ versagt der obige Beweis! Tatsächlich gilt für $\Re\alpha = 0$ und $\Im\alpha \neq 0$ die Formel des Satzes nur für reelles β und nicht für alle $\beta \in \mathbb{C}$.

2.6.5 *Freie Schrödingerevolution

Bei der Lösung des Anfangswertproblems der freien Schrödingergleichung hilft die Funktion u des folgenden Satzes. Sie wird als Evolutionskern der (parameterreduzierten, freien, eindimensionalen) Schrödingergleichung bezeichnet. Sie besteht aus zwei Halbraumlösungen der Schrödingergleichung, die nicht zu einer auf ganz $\mathbb{R}^2$ definierten C^2-Lösung fortgesetzt werden kann. Es existieren also lokale Lösungen der Schrödingergleichung ohne Ganzraumerweiterung.

Satz 2.13 *Sei* $u : \mathbb{R} \setminus \{0\} \times \mathbb{R} \to \mathbb{C}$ *mit*

$$u(\tau, x) = \frac{1}{2\pi} \int_{-\infty}^{\infty} e^{-i\frac{\tau}{2}k^2} e^{ikx} dk.$$

Dann folgt $u(\tau, x) = \frac{e^{i\frac{x^2}{2\tau}}}{\sqrt{2\pi i \tau}}$ *und* $i\partial_\tau u(\tau, x) = -\frac{1}{2}\partial_x^2 u(\tau, x)$ *für* $\tau \in \mathbb{R} \setminus \{0\}$ *und* $x \in \mathbb{R}$. *Ferner gilt für* $\tau \in \mathbb{R} \setminus \{0\}$

$$u(-\tau, \cdot) = \overline{u(\tau, \cdot)}, \quad |u(\tau, \cdot)|^2 = \frac{1}{2\pi |\tau|} \quad und \quad \int_{-\infty}^{\infty} u(\tau, x)\, dx = 1.$$

Beweis Es gilt nach Satz 2.12

$$2\pi u(\tau, x) = \int_{-\infty}^{\infty} e^{-i\frac{\tau}{2}\left(k^2 - \frac{2kx}{\tau}\right)} dk = \int_{-\infty}^{\infty} e^{-i\frac{\tau}{2}\left(k^2 - \frac{2kx}{\tau} + \left(\frac{x}{\tau}\right)^2 - \left(\frac{x}{\tau}\right)^2\right)} dk$$

$$= e^{i\frac{x^2}{2\tau}} \int_{-\infty}^{\infty} e^{-i\frac{\tau}{2}\left(k^2 - \frac{2kx}{\tau} + \left(\frac{x}{\tau}\right)^2\right)} dk = e^{i\frac{x^2}{2\tau}} \int_{-\infty}^{\infty} e^{-i\frac{\tau}{2}\left(k - \frac{x}{\tau}\right)^2} dk$$

$$= e^{i\frac{x^2}{2\tau}} \int_{-\infty}^{\infty} e^{-i\frac{\tau}{2}k^2} dk = \sqrt{\frac{2\pi}{i\tau}} e^{i\frac{x^2}{2\tau}}.$$

Daraus folgt nun $u(\tau, x) = \sqrt{\frac{1}{2\pi i \tau}} e^{i\frac{x^2}{2\tau}}$ und weiter

$$|u(\tau, x)| = \left| \frac{1}{\sqrt{2\pi i \tau}} \right| = \frac{1}{\sqrt{2\pi |\tau|}} \left| \sqrt{\pm i} \right| = \frac{1}{\sqrt{2\pi |\tau|}}.$$

Dass u die Schrödingergleichung auf ganz $\mathbb{R} \setminus \{0\} \times \mathbb{R}$ löst, ist direkt nachzurechnen. Die Funktion $u(\tau, \cdot)$ ist über $(-\infty, \infty)$ uneigentlich Riemann-integrabel. Nach Satz 2.11 gilt für $\tau > 0$

$$\int_{-\infty}^{\infty} u(\tau, x)\, dx = \frac{1}{\sqrt{2\pi i \tau}} \int_{-\infty}^{\infty} e^{-\left(-\frac{i}{2\tau}\right)x^2} dx = \frac{1}{\sqrt{2\pi i \tau}} \sqrt{\frac{2\pi \tau}{-i}} = 1.$$

Wegen $u(\tau, x) = \overline{u(-\tau, x)}$ gilt $\int_{-\infty}^{\infty} u(\tau, x)\, dx = 1$ auch für alle $\tau < 0$. $\square$

Veranschaulichen wir uns noch den Real- und Imaginärteil von u zu einer festen Zeit $\tau > 0$. Es gilt $\sqrt{1/2\pi i \tau} = \sqrt{1/2\pi \tau}\sqrt{-i} = \frac{1-i}{\sqrt{2}} \frac{1}{\sqrt{2\pi \tau}} = \frac{\exp(-i\pi/4)}{\sqrt{2\pi \tau}}$. Dies ergibt für $\tau > 0$

$$u(\tau, x) = \frac{1}{\sqrt{2\pi \tau}} e^{-i\pi/4} e^{i\frac{x^2}{2\tau}} = \frac{\cos\left(\frac{x^2}{2\tau} - \frac{\pi}{4}\right) + i \sin\left(\frac{x^2}{2\tau} - \frac{\pi}{4}\right)}{\sqrt{2\pi \tau}}.$$

Äquivalent dazu gilt

$$u(\tau, x) = \frac{1}{\sqrt{2\pi\tau}}\frac{1-i}{\sqrt{2}}e^{i\frac{x^2}{2\tau}}$$

$$= \frac{1}{2\sqrt{\pi\tau}}\left\{\left[\cos\left(\frac{x^2}{2\tau}\right) + \sin\left(\frac{x^2}{2\tau}\right)\right] + i\left[\sin\left(\frac{x^2}{2\tau}\right) - \cos\left(\frac{x^2}{2\tau}\right)\right]\right\}.$$

Abb. 2.13 zeigt den Graphen von $u(\tau, \cdot)$ für $\tau = 1/\pi$. Für $\tau > 1/\pi$ ist der Funktionsgraph von $u(\tau, \cdot)$ gegenüber dem in Abb. 2.13 gezeigten Funktionsgraphen horizontal gedehnt und vertikal gestaucht. Für $\tau < 1/\pi$ hingegen ist er horizontal gestaucht und vertikal gedehnt.

Mit der Substitution $\tau = \hbar t/m$ erhält man für alle $(t, x) \in (\mathbb{R} \smallsetminus \{0\}) \times \mathbb{R}$

$$U(t, x) := u\left(\frac{\hbar t}{m}, x\right) = \sqrt{\frac{m}{2\pi i\hbar t}}e^{i\frac{mx^2}{2\hbar t}}.$$

U heißt Evolutionskern der freien 1d-Schrödingergleichung

$$i\hbar\partial_t\psi(t, x) = -\frac{\hbar^2}{2m}\partial_x^2\psi(t, x).$$

Für eine große Klasse von Lösungen ψ gilt nämlich

$$\psi(t, x) = \int_{-\infty}^{\infty} U(t, x - y)\,\psi(0, y)\,dy.$$

Dies zeigt, dass ψ durch die Vorgabe von $\psi(0, \cdot)$ bereits festgelegt ist (Eindeutigkeit der Lösung des Anfangswertproblems). Im Kapitel über die Wärmeleitungsgleichung wird eine eng verwandte Lösungsformel etwas genauer behandelt. Hier noch ein explizites Beispiel zur freien Schrödingerevolution:

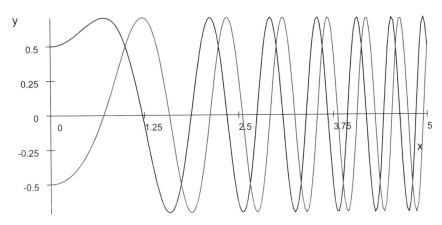

Abb. 2.13 Zum Evolutionskern: $y = \Re u\left(\frac{1}{\pi}, x\right)$ (schwarz) und $y = \Im u\left(\frac{1}{\pi}, x\right)$ (rot)

2.6.6 *Freie Schrödingerevolution: Rechteckfunktion

Sei $L \in \mathbb{R}_{>0}$ und $\varphi : \mathbb{R} \to \mathbb{R}$ mit $\varphi(x) = 1$ für $|x| < L$ und $\varphi(x) = 0$ sonst. Die freie Schrödingerevolution von φ ist gegeben durch $\phi : \mathbb{R}_{\geq 0} \times \mathbb{R} \to \mathbb{C}$ mit $\phi(0, \cdot) = \varphi$ und

$$\phi(\tau, x) = \int_{-\infty}^{\infty} u(\tau, x - y)\, \varphi(y)\, dy$$

für $\tau > 0$. Mit der Substitution $r = (x - y)/\sqrt{\pi \tau}$ folgt

$$\phi(\tau, x) = \int_{-L}^{L} \frac{e^{i \frac{(x-y)^2}{2\tau}}}{\sqrt{2 i \pi \tau}} dy = \frac{1}{\sqrt{2i}} \int_{\frac{x-L}{\sqrt{\pi \tau}}}^{\frac{x+L}{\sqrt{\pi \tau}}} e^{i \frac{\pi}{2} r^2} dr$$

$$= \frac{e^{-i\pi/4}}{\sqrt{2}} \left[\left(C\left(\frac{L+x}{\sqrt{\pi \tau}}\right) + C\left(\frac{L-x}{\sqrt{\pi \tau}}\right) \right) + i \left(S\left(\frac{L+x}{\sqrt{\pi \tau}}\right) + S\left(\frac{L-x}{\sqrt{\pi \tau}}\right) \right) \right].$$

An dieser Darstellung von ϕ durch die Fresnelschen Funktionen ist abzulesen[5], dass für jedes $\tau > 0$ und für jedes $R > 0$ Punkte x mit $|x| > R$ existieren, für die $\phi(\tau, x) \neq 0$ gilt. Ein sehr allgemeines Resultat zeichnet sich ab: Die frei evolvierende Schrödingerwellenfunktion eines lokalisierten Teilchens breitet sich innerhalb beliebig kurzer Zeit in den ganzen Raum aus.

Anmerkung: ϕ lässt sich mittels $u(-\tau, \cdot) = \overline{u(\tau, \cdot)}$ zu einer Funktion ϕ auf $\mathbb{R}^2$ fortsetzen. Diese erfüllt $i\partial_\tau \phi = -\frac{1}{2}\partial_\xi^2 \phi$ und $\phi(-\tau, \cdot) = \overline{\phi(\tau, \cdot)}$ auf $\mathbb{R} \setminus \{0\} \times \mathbb{R}$.

2.6.7 *Ruhendes Gaußpaket: Fourierdarstellung

Die Abbildung $\xi \mapsto \phi(\tau, \xi)$ des folgenden Satzes ist die (inverse) Fouriertransformierte der Funktion $k \mapsto e^{-i\frac{k^2}{2}\tau} e^{-\frac{k^2}{2}}$. Die Funktion ϕ ist eine kontinuierliche Überlagerung von „stationären" Lösungen

$$U_k(\tau, \xi) = e^{-i\frac{k^2}{2}\tau} e^{ik\xi} = e^{i\left(k\xi - \frac{k^2}{2}\tau\right)}$$

der dimensionsbereinigten Schrödingergleichung $i\partial_\tau U = -\frac{1}{2}\partial_\xi^2 U$ mit der Gewichtsfunktion $k \mapsto e^{-\frac{k^2}{2}}$. Sie ist eine der wenigen explizit angebbaren quadratintegrablen Lösungen.

---

[5]Zum Beispiel durch Beachten der Tatsache, dass für $\tau > 0$ die Abbildung $x \mapsto \phi(\tau, x)$ die Einschränkung einer auf ganz $\mathbb{C}$ holomorphen Funktion $\Phi_\tau \neq 0$ ist. Die Nullstellenmenge einer holomorphen Funktion $\Phi_\tau \neq 0$ hat aber im Widerspruch zur Annahme, dass $\Phi_\tau(x) \equiv \phi(\tau, x) = 0$ für alle $|x| > R$ gilt, keinen Häufungspunkt.

Satz 2.14 *Sei* $\phi : \mathbb{R}^2 \to \mathbb{C}$ *mit* $\phi(\tau, \xi) = \frac{1}{\sqrt{2\pi}} \int_{-\infty}^{\infty} e^{-i\frac{k^2}{2}\tau} e^{-\frac{k^2}{2}} e^{ik\xi} dk$. *Dann gilt*

$$\phi(\tau, \xi) = \frac{1}{\sqrt{1+i\tau}} e^{-\frac{\xi^2}{2(1+i\tau)}}. \tag{2.6}$$

Beweis Durch quadratisches Ergänzen im Exponenten kann dieses Integral auf ein Gaußsches zurückgeführt werden:

$$-i\frac{k^2}{2}\tau - \frac{k^2}{2} + ik\xi = -\frac{1+i\tau}{2}\left[k^2 - \frac{2ik\xi}{1+i\tau}\right]$$

$$= -\frac{1+i\tau}{2}\left[k^2 - 2k\frac{i\xi}{1+i\tau} + \left(\frac{i\xi}{1+i\tau}\right)^2 - \left(\frac{i\xi}{1+i\tau}\right)^2\right]$$

$$= -\frac{1+i\tau}{2}\left[\left(k - \frac{i\xi}{1+i\tau}\right)^2 + \left(\frac{\xi}{1+i\tau}\right)^2\right]$$

$$= -\frac{1+i\tau}{2}\left(k - \frac{i\xi}{1+i\tau}\right)^2 - \frac{\xi^2}{2(1+i\tau)}.$$

Daraus ergibt sich

$$\phi(\tau, \xi) = \frac{1}{\sqrt{2\pi}} e^{-\frac{\xi^2}{2(1+i\tau)}} \int_{-\infty}^{\infty} \exp\left\{-\frac{1+i\tau}{2}\left(k - \frac{i\xi}{1+i\tau}\right)^2\right\} dk$$

$$= \frac{1}{\sqrt{1+i\tau}} e^{-\frac{\xi^2}{2(1+i\tau)}}.$$

$\square$

Wegen $\sqrt{\bar{z}} = \overline{\sqrt{z}}$ gilt $\phi(-\tau, \xi) = \overline{\phi(\tau, \xi)}$. Daraus und aus

$$e^{-\frac{\xi^2}{2(1+i\tau)}} = e^{-\frac{1-i\tau}{2(1+\tau^2)}\xi^2}$$

folgt offenbar

$$|\phi(\tau, \xi)|^2 = \frac{1}{\sqrt{1+\tau^2}} e^{-\frac{\xi^2}{1+\tau^2}}.$$

Für ein paar Werte von τ zeigt Abb. 2.14 die Funktion $\xi \mapsto |\phi(\tau, \xi)|^2$. Es gilt nach der Formel von Parseval aus dem Hauptsatz der Fouriertransformation für alle $\tau \in \mathbb{R}$

$$\int_{-\infty}^{\infty} |\phi(\tau, \xi)|^2 d\xi = \int_{-\infty}^{\infty} \left|e^{-i\frac{k^2}{2}\tau} e^{-\frac{k^2}{2}}\right|^2 dk = \int_{-\infty}^{\infty} e^{-k^2} dk = \sqrt{\pi}.$$

Daher ist die Funktion $\xi \mapsto |\phi(\tau, \xi)|^2 / \sqrt{\pi}$ die Dichte einer Gaußverteilung auf $\mathbb{R}$.

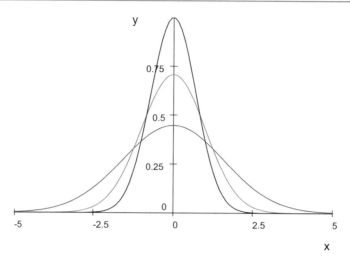

Abb. 2.14 Die Abbildungen $y = |\phi(\tau, x)|^2$ für $\tau = 0$ (schwarz), $\tau = 1$ (grün) und $\tau = 2$ (rot)

Eine Polardarstellung von $\phi(\tau, \xi)$ ergibt sich folgendermaßen:

$$\frac{1}{\sqrt{1 + i\tau}} = \frac{\sqrt{1 - i\tau}}{\sqrt{1 + \tau^2}} = \frac{1}{\sqrt[4]{1 + \tau^2}} \sqrt{\frac{1 - i\tau}{\sqrt{1 + \tau^2}}}$$

Die Zahl $\frac{1 - i\tau}{\sqrt{1 + \tau^2}}$ hat den Betrag 1 und das Argument $-\arctan \tau$. Daher gilt

$$\phi(\tau, \xi) = \frac{e^{-\frac{\xi^2}{2(1 + \tau^2)}}}{\sqrt[4]{1 + \tau^2}} e^{\frac{i}{2}\left(\frac{\tau \xi^2}{1 + \tau^2} - \arctan \tau\right)}.$$

Nun noch zur physikalisch parametrisierten Lösung: Auswertung von ϕ auf $\tau = \hbar t/ma^2$ und $\xi = x/a$ für ein $a \in \mathbb{R}_{>0}$ ergibt mit der Substitution $q = k/a$

$$\psi(t, x) := \frac{1}{\sqrt{a}} \phi\left(\frac{\hbar t}{ma^2}, \frac{x}{a}\right) = \frac{1}{\sqrt{2\pi a}} \int_{-\infty}^{\infty} e^{-i\frac{k^2}{2}\frac{\hbar t}{ma^2}} e^{-\frac{k^2}{2}} e^{ik\frac{x}{a}} dk$$

$$= \sqrt{\frac{a}{2\pi}} \int_{-\infty}^{\infty} e^{-i\frac{\hbar t}{2m}q^2} e^{-a^2\frac{q^2}{2}} e^{iqx} dq.$$

Es gilt

$$\int_{-\infty}^{\infty} |\psi(t, x)|^2 dx = \int_{-\infty}^{\infty} \left|\frac{1}{\sqrt{a}} \phi\left(\tau, \frac{x}{a}\right)\right|^2 dx = \int_{-\infty}^{\infty} |\phi(\tau, \xi)|^2 d\xi = \sqrt{\pi}.$$

Damit gilt für die Funktion $\Psi : \mathbb{R}^2 \to \mathbb{C}$ mit $\Psi(t, x) = \frac{1}{\sqrt[4]{a^2\pi}} \phi\left(\frac{\hbar t}{ma^2}, \frac{x}{a}\right)$

$$i\hbar\partial_t \Psi(t, x) = -\frac{\hbar^2}{2m}\partial_x^2 \Psi(t, x) \text{ und } \int_{-\infty}^{\infty} |\Psi(t, x)|^2 \, dx = 1.$$

2.6.8 *Laufendes Gaußpaket und Galileiboosts

Die Funktion aus Gl. 2.6 beschreibt ein ruhendes Schrödingerteilchen. Eine Lösung der Schrödingergleichung, deren Ortsdichte sich mit konstanter Geschwindigkeit bewegt, lässt sich aus dieser Funktion mit folgender Überlegung gewinnen.

Substitution der Integrationsvariablen k in Gl. 2.6 durch $k = k' - k_0$ für ein festes $k'_0 \in \mathbb{R}$ ergibt

$$\phi(\tau, \xi) = \frac{1}{\sqrt{2\pi}} \int_{-\infty}^{\infty} e^{-i\frac{(k'-k_0)^2}{2}\tau} e^{-\frac{(k'-k_0)^2}{2}} e^{i(k'-k_0)\xi} \, dk'.$$

Daraus ergibt sich

$$\phi(\tau, \xi) = \frac{1}{\sqrt{2\pi}} e^{-ik_0\xi} e^{-ik_0^2\frac{\tau}{2}} \int_{-\infty}^{\infty} e^{-i(k')^2\frac{\tau}{2}} e^{ik_0k'\tau} e^{-\frac{(k'-k_0)^2}{2}} e^{ik'\xi} \, dk'$$

$$= e^{-ik_0\xi} e^{-ik_0^2\frac{\tau}{2}} \frac{1}{\sqrt{2\pi}} \int_{-\infty}^{\infty} e^{-i(k')^2\frac{\tau}{2}} e^{-\frac{(k'-k_0)^2}{2}} e^{ik'(\xi+k_0\tau)} \, dk'.$$

Es gilt daher nach Umbenennung der Integrationsvariablen k' in k

$$\phi(\tau, \xi - k_0\tau) = e^{-ik_0(\xi-k_0\tau)} e^{-ik_0^2\frac{\tau}{2}} \frac{1}{\sqrt{2\pi}} \int_{-\infty}^{\infty} e^{-ik^2\frac{\tau}{2}} e^{-\frac{(k-k_0)^2}{2}} e^{ik\xi} \, dk. \quad (2.7)$$

Die durch das letzte Integral definierte Funktion ϕ_{k_0} mit

$$\phi_{k_0}(\tau, \xi) = \frac{1}{\sqrt{2\pi}} \int_{-\infty}^{\infty} e^{-ik^2\frac{\tau}{2}} e^{-\frac{(k-k_0)^2}{2}} e^{ik\xi} \, dk$$

ist aber wiederum eine Lösung der Schrödingergleichung.[6] Für $k_0 = 0$ spezialisiert sie sich zu ϕ. Es gilt also

$$i\partial_\tau \phi_{k_0}(\tau, \xi) = -\frac{1}{2}\partial_\xi^2 \phi_{k_0}(\tau, \xi)$$

und zudem wegen Gl. 2.7 der Zusammenhang

$$\phi_{k_0}(\tau, \xi) = e^{ik_0(\xi-k_0\tau)} e^{ik_0^2\frac{\tau}{2}} \phi(\tau, \xi - k_0\tau) = e^{ik_0\xi} e^{-ik_0^2\frac{\tau}{2}} \phi(\tau, \xi - k_0\tau).$$

---

[6]Ihre Wellenzahlverteilung ist um k_0 und nicht mehr um 0 konzentriert.

Er illustriert die allgemeine Galileisymmetrie der freien Schrödingergleichung, die sich im folgenden Satz ausdrückt.

Satz 2.15 *Erfüllt die Funktion* $\varphi : \mathbb{R}^2 \to \mathbb{C}$ *in jedem Punkt* $(\tau, \xi) \in \mathbb{R}^2$ *die Gleichung* $i\partial_\tau \varphi (\tau, \xi) = -\frac{1}{2}\partial_\xi^2 \varphi (\tau, \xi)$, *dann tut dies auch für jedes* $u \in \mathbb{R}$ *die „geboostete" Funktion* $\varphi_u : \mathbb{R}^2 \to \mathbb{C}$ *mit*

$$\varphi_u (\tau, \xi) = e^{iu\xi} e^{-iu^2 \frac{\tau}{2}} \varphi (\tau, \xi - u\tau).$$

Beweis Der Beweis ist eine nützliche Übung in Sachen Kettenregel. Er wird im Zusammenhang der eng verwandten Wärmeleitungsgleichung später vorgeführt. $\square$

Anmerkungen: 1) Es gilt $\varphi_u (0, \xi) = e^{iu\xi} \varphi (0, \xi)$. Die Anfangsdaten der beiden Lösungen zu $\tau = 0$ unterscheiden sich also nur durch den Faktor $e^{iu\xi}$. 2) Die ebene Wellenlösung $U_k (\tau, \xi) = e^{ik\xi} e^{-ik^2 \frac{\tau}{2}}$ mit $k \in \mathbb{R}$ geht also aus der konstanten Lösung mit $U_0 (\tau, \xi) = 1$ durch Galileitransformation mit dem Boostparameter $u = k$ hervor. In der hier benutzten Notation kann dies durch $U_k = (U_0)_k$ ausgedrückt werden.

2.6.9 *Freie Schrödingerevolution: Halbwelle

Das 1d-Schrödingerteilchen im unendlich tiefen Potentialtopf über dem Intervall $[-L, L]$ hat die Grundzustandswellenfunktion

$$\varphi (\xi) = \begin{cases} \cos (\pi \xi / 2L) & \text{für } -L < \xi < L \\ 0 & \text{sonst} \end{cases}.$$

Werden die das Teilchen einsperrenden Kräfte zur Zeit $t = 0$ ausgeschaltet, evolviert die Funktion φ bis zur Zeit $\tau > 0$ mit dem freien Evolutionskern $u (\tau, \cdot)$ in die Funktion

$$\psi (\tau, \xi) = \int_{-\infty}^{\infty} u (\tau, \xi - x) \varphi (x) \, dx.$$

Die so definierte Funktion ψ erfüllt $i\partial_\tau \psi = -\frac{1}{2}\partial_\xi^2 \psi$ auf $\mathbb{R}_{>0} \times \mathbb{R}$. Können wir diese Funktion ψ berechnen?

Im Abschnitt über die zerfließende Rechteckfunktion wurde die Lösung ϕ der freien Schrödingergleichung zur Anfangsbedingung $\phi (0, \xi) = \Theta (L - |\xi|)$ durch Fresnelfunktionen ausgedrückt. Die Grundzustandswellenfunktion $\varphi : \mathbb{R} \to \mathbb{C}$ des ins Intervall $[-L, L]$ gesperrten Teilchens erfüllt somit

$$\varphi (\xi) = \cos \left(\frac{\pi \xi}{2L} \right) \Theta (L - |\xi|) = \frac{e^{i \frac{\pi}{2L} \xi} + e^{-i \frac{\pi}{2L} \xi}}{2} \phi (0, \xi).$$

Eine Funktion $\psi : \mathbb{R}_{>0} \times \mathbb{R} \to \mathbb{C}$ mit $\lim_{\tau \to 0} \psi (\tau, \xi) = \varphi (\xi)$ und $i\partial_\tau \psi = \frac{1}{2}\partial_\xi^2 \psi$ auf $\mathbb{R}_{>0} \times \mathbb{R}$ ist aber nach dem Satz über die Galileiinvarianz der Schrödingergleichung offenbar auf $\mathbb{R}_{>0} \times \mathbb{R}$ durch

$$\psi = \frac{1}{2} (\phi_u + \phi_{-u}) \text{ mit } u = \frac{\pi}{2L}$$

gegeben. Dabei geht also ϕ_u aus ϕ auf $\mathbb{R} \times \mathbb{R}$ durch die Galileitransformation

$$\phi_u (\tau, \xi) = e^{iu\xi} e^{-iu^2 \frac{\tau}{2}} \phi (\tau, \xi - u\tau)$$

hervor. Die Funktion ψ ist also vollständig durch Exponential- und Fresnelfunktionen ausgedrückt.

Da die (maximalen) Lösungen der freien Schrödingergleichung durch ihre Anfangswerte eindeutig bestimmt sind, ist ψ ihre einzige Lösung auf $\mathbb{R}_{>0} \times \mathbb{R}$ zur Anfangsvorgabe

$$\lim_{\tau \to 0} \psi (\tau, \xi) = \cos \left(\frac{\pi \xi}{2L} \right) \Theta (L - |\xi|) \text{ für alle } \xi \in \mathbb{R}.$$

ψ beschreibt somit, wie sich ein Teilchen, das bis zur Zeit $\tau = 0$ ins Intervall $[-L, L]$ gesperrt und im Grundzustand war, nach dem Ausschalten der eingrenzenden Kräfte in den gesamten Raumbereich ausbreitet.

2.7 Residuensatz

Cauchys Integralsatz stellt fest, dass das Integral einer holomorphen Funktion f längs einer geschlossenen Kurve verschwindet, falls der Innenbereich der Kurve nur Punkte enthält, die im Definitionsbereich von f liegen. Lässt sich Ähnliches schließen, wenn einzelne Punkte im Innenbereich der Kurve nicht zum Definitionsbereich von f gehören? Hier ein erstes Teilergebnis. Es handelt von Integralen längs Kreisen, innerhalb derer ausschließlich der Kreismittelpunkt nicht zum Definitionsbereich von f gehört.

Lemma 2.4 *Sei $\Omega \subset \mathbb{C}$ offen und zusammenhängend. Sei $f : \Omega \smallsetminus \{z_1, \dots z_n\} \to \mathbb{C}$ holomorph. Sei $\varepsilon > 0$ kleiner als der Radius der punktierten Kreisscheibe um z_i, auf der die Laurentreihe von f um z_i,*

$$f (z) = \sum_{k=-\infty}^{\infty} c_k (z - z_i)^k ,$$

konvergiert Ist $\gamma_{i,\varepsilon}$ *eine im Gegenuhrzeigersinn orientierte Parametrisierung der Kreislinie vom Radius* ε *um* z_i, *dann gilt*

$$\frac{1}{2\pi i} \int_{\gamma_{i,\varepsilon}} f(z)\, dz = c_{-1}.$$

(Der Koeffizient c_{-1} *heißt Residuum von* f *bei* z_i *und wird auch als* $Res_i(f)$ *notiert.)*

Beweis Da f eine Laurentreihendarstellung in einem Bereich $0 < |z - z_i| < \rho_i$ hat, gilt wegen der gleichmäßigen Konvergenz der Laurentreihe für $\varepsilon < \rho_i$

$$\int_{\gamma_{i,\varepsilon}} f(z)\, dz = \sum_{k=-\infty}^{\infty} c_k \int_{\gamma_{i,\varepsilon}} (z - z_i)^k\, dz = c_{-1} 2\pi i.$$

$\square$

Definition 2.7 Sei $\gamma : [a, b] \to \mathbb{C} \setminus z_0$ geschlossen, stetig und stückweise C^1. Dann heißt

$$\nu = \frac{1}{2\pi i} \int_{\gamma} \frac{1}{z - z_0} dz$$

die Zahl der orientierten Umläufe von γ um z_0. Es gilt $\nu \in \mathbb{Z}$.

Nun ein Satz, der von allgemeinen geschlossenen Wegintegralen handelt, deren Weg höchstens endlich viele Punkte umschließt, die nicht zum Definitionsbereich des holomorphen Integranden gehören. Dieser sogenannte Residuensatz zeigt, dass viele Details des Integranden für den Wert des Integrals bedeutungslos sind. Einzig die Residuen und die Umlaufzahlen bestimmen den Wert des Integrals.

Satz 2.16 *Sei* $\Omega \subset \mathbb{C}$ *offen und einfach zusammenhängend. Sei* $f : \Omega \setminus \{z_1, \ldots z_n\} \to \mathbb{C}$ *holomorph. Sei* $\gamma : [a, b] \to \Omega \setminus \{z_1, \ldots z_n\}$ *geschlossen, stetig und stückweise* C^1. *Die Zahl* $\nu_i \in \mathbb{Z}$ *sei die Zahl der orientierten Umläufe der Kurve* γ *um* z_i. *Dann gilt*

$$\int_{\gamma} f(z)\, dz = 2\pi i \sum_{i=1}^{n} \nu_i \cdot Res_i(f).$$

Beweis Mithilfe des Cauchyschen Integralsatzes wird der Weg $\gamma([a, b])$ in mehrere kleine, miteinander verbundene Kreise um die Punkte z_k deformiert, die eventuell mehrfach durchlaufen werden. Die Verbindungsstrecken der Kreise tragen zum Wegintegral nicht bei, da sie hin und zurück durchlaufen werden. $\square$

Hier ein kleines Beispiel. Sei $f : \mathbb{C} \setminus \{i, -i\} \to \mathbb{C}$ mit

$$f(z) = \frac{1}{1 + z^2} = \frac{1}{(z - i)(z + i)} = \frac{1}{2i} \left(\frac{1}{z - i} - \frac{1}{z + i} \right).$$

und $\gamma : [0, 2\pi] \to \mathbb{C}$ mit

$$\gamma(t) = i + re^{it}.$$

Die Kurve γ umrundet den Ausnahmepunkt i von f einmal auf einem Kreis vom Radius r im Gegenuhrzeigersinn. Für $0 < r < 2$ gilt

$$\int_\gamma \frac{dz}{1 + z^2} = \frac{1}{2i} \int_\gamma \frac{dz}{z - i} - \frac{1}{2i} \int_\gamma \frac{dz}{z + i}.$$

Das erste Integral hat den Wert $2\pi i$, das zweite ist nach Cauchys Integralsatz gleich 0. Daher ergibt sich

$$\int_\gamma \frac{dz}{1 + z^2} = \pi.$$

Das Residuum von f lässt sich an

$$f(z) = \frac{1}{2i} \left(\frac{1}{z - i} - \frac{1}{z + i} \right)$$

ablesen. Die Funktion $z \mapsto 1/(z + i)$ hat eine Potenzreihenentwicklung[7] um i mit dem Konvergenzradius 2. Damit ist $\frac{1}{2i}$ das Residuum von f bei i. Die Umlaufzahl von γ um i ist 1, jene um $-i$ ist 0. Somit reproduziert der Residuensatz den Wert $2\pi i \cdot 1 \cdot (1/2i) = \pi$ für das gesuchte Integral.

Eine einfache Formel zur Residuenbestimmung in z_0 für Funktionen des Typs $f(z)/(z - z_0)$ mit f holomorph in einer Umgebung von z_0 gibt das folgende Lemma.

Lemma 2.5 *Sei $\Omega \subset \mathbb{C}$ offen (und zusammenhängend) und $f : \Omega \to \mathbb{C}$ sei holomorph. Für $z_0 \in \Omega$ sei $g : \Omega \setminus z_0 \to \mathbb{C}$, $z \mapsto f(z)/(z - z_0)$. Die Funktion g ist holomorph und es gilt für das Residuum von g bei z_0*

$$Res_{z_0}(g) = f(z_0).$$

Beweis Die Funktion $f(z)$ hat um z_0 die Potenzreihenentwicklung $f(z) = f(z_0) + \sum_{k=1}^\infty c_k (z - z_0)^k$. Damit folgt für g die Laurentreihendarstellung um z_0

$$g(z) = \frac{f(z_0)}{z - z_0} + \sum_{k=0}^\infty c_{k+1} (z - z_0)^k,$$

deren Residuum den Wert $f(z_0)$ hat. $\square$

---

[7]In Abschn. 2.5 über Laurentreihen wurde sie bestimmt.

Korollar 2.2 (Cauchys Integralformel) *Sei* $\Omega \subset \mathbb{C}$ *offen (und zusammenhängend). Die abgeschlossene Kreisscheibe* $K_r(z_0)$ *vom Radius* r *um* z_0 *sei in* Ω *enthalten. Sei* $f : \Omega \to \mathbb{C}$ *holomorph. Sei* γ *eine im Gegenuhrzeigersinn orientierte* C^1*-Parametrisierung des Randes von* $K_r(z_0)$. *Dann gilt für alle inneren Punkte* $z \in K_r(z_0)$

$$f(z) = \frac{1}{2\pi i} \int_\gamma \frac{f(\xi)}{\xi - z} d\xi.$$

Die Cauchyformel zeigt, wie die Werte, die eine holomorphe Funktion *innerhalb* eines Kreises annimmt, durch ihre Werte *auf* dem Kreis eindeutig festgelegt sind. Dass eine holomorphe Funktion durch ihre Werte auf einem Kreis bestimmt ist, folgt schon aus folgendem Sachverhalt. Seien $f, g : \Omega \to \mathbb{C}$ holomorphe Funktionen mit $f(z_k) = g(z_k)$ für alle $z_k \in G \subset \Omega$. Die Menge $G \subset \Omega$ sei abzählbar unendlich und besitze einen Häufungspunkt in Ω. Dann gilt $f = g$ (Identitätssatz [6]).

2.8 Residuenbestimmung durch Ableiten

Der Residuensatz führt die Integration einer holomorphen Funktion f längs eines geschlossenen Weges, der höchstens endlich viele „Fehlstellen" des Definitionsbereiches von f umschließt, auf die Berechnung der Residuen von f in den Fehlstellen zurück. Bisher wissen wir nur, wie diese Residuen durch Integration von f längs kleiner Kreise um die Fehlstellen zu ermitteln sind. Eine erhebliche Vereinfachung der Berechnung von Residuen ergibt sich nun daraus, dass sie auf eine (komplexe) Differentiation zurückgeführt wird. Dazu muss erst die Funktion f in der Umgebung der Fehlstelle „glatt gebügelt" werden. Wie geht das?

Definition 2.8 Sei Ω offen und zusammenhängend und $f : \Omega \to \mathbb{C}$ sei holomorph. Ein Punkt $z_0 \in \mathbb{C}$, um den eine Kreisscheibe existiert, die mit Ausnahme von z_0 in Ω enthalten ist, heißt eine isolierte Singularität von f. Falls $\lim_{z \to z_0} f(z)$ existiert, heißt z_0 eine hebbare Singularität. Falls für ein $k \in \mathbb{N}$ der $\lim_{z \to z_0} (z - z_0)^k f(z)$ existiert, heißt z_0 Pol(stelle) von f. Andernfalls heißt die Singularität wesentlich. Im Fall eines Pols heißt das kleinste $k \in \mathbb{N}$, für das $\lim_{z \to z_0} (z - z_0)^k f(z)$ existiert, die Ordnung des Pols.

Gleich ein paar Beispiele: Die Funktion $f : \mathbb{C} \smallsetminus \{0\} \to \mathbb{C}$ mit $f(z) = \sin(z)/z$ hat bei 0 eine hebbare Singularität, denn es gilt

$$\frac{\sin z}{z} = \sum_{k=0}^\infty \frac{(-1)^k}{(2k+1)!} z^{2k} \to 1 \text{ für } z \to 0.$$

Die Funktion $f : \mathbb{C} \smallsetminus z_0 \to \mathbb{C}$ mit $f(z) = 1/(z - z_0)^k$ mit $k \in \mathbb{N}$ hat bei z_0 einen Pol k-ter Ordnung. Die Funktion $f : \mathbb{C} \smallsetminus \{0\} \to \mathbb{C}$ mit $f(z) = \exp(1/z)$ hat bei 0 eine wesentliche Singularität, denn es gilt ja

$$z^k e^{\frac{1}{z}} = z^k + \frac{z^{k-1}}{1!} + \frac{z^{k-2}}{2!} + \ldots + \frac{1}{k!} + \frac{1}{z(k+1)!} + \cdots$$

Für jedes $k \in \mathbb{N}$ ist $z \mapsto z^k e^{1/z}$ in jedem punktierten Kreis um 0 unbeschränkt.

Der Hauptzweig der Logarithmusfunktion ist im Punkt 0 nicht definiert. Zudem fehlt die negative reelle Achse im Definitionsbereich Ω der holomorphen Funktion ln . Wegen $\ln(z) = \ln|z| + i \arg(z)$ ist die Menge $\{\ln(z) \,|\, z \in \Omega$ und $|z| < \varepsilon\}$ für jedes $\varepsilon > 0$ unbeschränkt. Da – wegen des Schnittes – jedoch ln in keiner noch so kleinen punktierten Umgebung von 0 holomorph ist, ist 0 keine isolierte Singularität von ln . Obwohl $\lim_{z \in \Omega, z \to 0} z \ln z = 0$ gilt, ist auch die Funktion $z \mapsto z \ln z$ in keiner Umgebung von 0 holomorph. Der Schnitt bleibt immer im Weg.

Satz 2.17 *Sei z_0 ein Pol k-ter Ordnung der holomorphen Funktion f. Dann gilt*

$$Res_{z_0}(f) = \frac{1}{(k-1)!} \frac{d^{k-1}}{dz^{k-1}} \left[(z - z_0)^k f(z) \right]\Big|_{z=z_0} . \tag{2.8}$$

Beweis Die Funktion $f(z)$ hat eine Laurentreihenentwicklung um z_0 der Art

$$f(z) = \sum_{n=-k}^{\infty} c_k (z - z_0)^n .$$

Das Residuum von f ist der Koeffizient c_{-1}. Die Funktion $(z - z_0)^k f(z)$ hat die Potenzreihenentwicklung

$$(z - z_0)^k f(z) = c_{-k} + c_{-k+1} (z - z_0)^1 + \ldots + c_{-1} (z - z_0)^{k-1} + c_0 (z - z_0)^k + \cdots$$

Die $(k-1)$-fache Ableitung dieser Potenzreihe bei z_0 ergibt daher

$$\left(\frac{d}{dz} \right)^{k-1}_{z_0} \left[(z - z_0)^k f(z) \right] = (k-1)! c_{-1}.$$

$\square$

Ein häufiger Spezialfall von Formel (2.8) zur Berechnung des Residuums soll erwähnt werden. Sei g in einer offenen Umgebung Ω von z_0 holomorph. Dann gilt für die auf $\Omega \smallsetminus z_0$ definierte holomorphe Funktion f mit $f(z) = g(z)/(z-z_0)^k$

$$Res_{z_0}(f) = \frac{1}{(k-1)!} \frac{d^{k-1} g(z)}{dz^{k-1}}\Big|_{z=z_0} .$$

Ein weiterer Spezialfall ist wie folgt: Seien g und h in einer offenen Umgebung Ω von z_0 holomorph. Die Funktion h habe bei z_0 eine einfache Nullstelle, d. h., es gilt $h'(z_0) \neq 0$. Dann gilt für die auf $\Omega \setminus z_0$ definierte holomorphe Funktion f mit $f(z) = \frac{g(z)}{h(z)}$ unter Verwendung der Tangentialapproximation von h bei z_0

$$f(z) = \frac{g(z)}{h'(z_0)(z-z_0) + o(z-z_0)} = \frac{1}{(z-z_0)} \frac{g(z)}{h'(z_0) + \psi(z-z_0)}.$$

$z \mapsto \frac{g(z)}{h'(z_0) + \psi(z-z_0)}$ ist in einer Umgebung von z_0 holomorph, da $\lim_{z \to z_0} \psi (z-z_0) = 0$ und $h'(z_0) \neq 0$. Die Funktion f hat somit bei z_0 einen Pol erster Ordnung und es folgt aus Gl. 2.8 mit $k=1$

$$Res_{z_0}(f) = \frac{g(z_0)}{h'(z_0)}. \tag{2.9}$$

Beispiel 2.3 Als Beispiel wird das Residuum von $(1 + z^2)^{-1}$ bei i berechnet. Aus der Laurentreihe von $(1 + z^2)^{-1}$ um i ist abzulesen, dass $c_{-1} = 1/2i$. Das kann mit der Ableitungsformel überprüft werden. Wegen

$$\lim_{z \to i} \frac{z-i}{1+z^2} = \lim_{z \to i} \frac{z-i}{(z+i)(z-i)} = \frac{1}{2i}$$

ist die Singularität von $(1 + z^2)^{-1}$ bei $z = i$ ein Pol erster Ordnung. Ihr Residuum hat nach Gl. 2.8 tatsächlich den Wert $1/2i$.

2.9 Integration mittels Residuensatzes

Der Residuensatz ermöglicht die Berechnung mancher Integrale auf erstaunlich einfache Weise. Zur Illustration dienen die folgenden Beispiele. Eine weitaus umfassendere Liste von Beispielen ist in [6, Kap. V, § 3 und § 4], [5, §7.1 bis §7.5] oder auch in [4, §10.3] zu finden.

1. Gesucht ist der Wert des uneigentlichen reellen Riemannintegrals

$$I := \lim_{R \to \infty} I_R \text{ mit } I_R = \int_{-R}^{R} \frac{dx}{1+x^4}.$$

Die komplexe Funktion

$$f : \mathbb{C} \setminus \{z : z^4 = -1\} \to \mathbb{C} \text{ mit } f(z) = \frac{1}{1+z^4}.$$

ist holomorph und hat jeweils eine isolierte Singularität in den vier Nullstellen von $1 + z^4$. Diese Nullstellen sind $z_k = \exp\left(i\frac{\pi}{4}k\right)$ mit $k = 1, 3, 5, 7$. Die Singularität von f in z_k ist ein Pol erster Ordnung, denn die Tangentialapproximation von $1 + z^4$ bei z_k sagt für $z \to z_k$

$$1 + z^4 = 4z_k^3 (z - z_k) + o (z - z_k) .$$

Das Residuum von f bei z_k ergibt sich daher mit Gl. 2.9 zu

$$Res_{z_k} (f) = \frac{1}{4z_k^3} = \frac{1}{4} \exp\left(-3i\frac{\pi}{4}k\right) .$$

Sei nun weiter $\gamma_R : [-R, R] \to \mathbb{C}$ mit $\gamma_R (t) = t$. Das Integral I_R stimmt mit dem komplexen Wegintegral der Funktion f längs der Kurve γ_R überein (siehe Abb. 2.15).

Das Integral von f längs des ebenfalls in Abb. 2.15 dargestellten Hilfskurve $\widetilde{\gamma}_R : [0, \pi] \to \mathbb{C}$ mit $\widetilde{\gamma}_R(t) = R \cdot \exp(it)$ kann wie folgt abgeschätzt werden: Es gilt für $|z|^4 > 2$ wegen der inversen Dreiecksungleichung[8]

$$\left|1 + z^4\right| = \left|1 - \left(-z^4\right)\right| \geq \left|1 - \left|-z^4\right|\right| = \left|1 - |z|^4\right|$$
$$= |z|^4 - 1 = \frac{|z|^4}{2} + \frac{|z|^4}{2} - 1 > \frac{|z|^4}{2} .$$

Daraus folgt für $R^4 > 2$

$$\left|(f \circ \widetilde{\gamma}_R) (t)\right| = \frac{1}{\left|1 + \widetilde{\gamma}_R (t)^4\right|} < \frac{2}{R^4}$$

und es gilt

$$\left|\int_{\widetilde{\gamma}_R} f (z) \, dz\right| = \left|\int_0^\pi (f \circ \widetilde{\gamma}_R) (t) \frac{d}{dt} \widetilde{\gamma}_R (t) \, dt\right|$$
$$\leq \int_0^\pi \left|(f \circ \widetilde{\gamma}_R) (t) \frac{d}{dt} \widetilde{\gamma}_R (t)\right| dt < \frac{2\pi}{R^3} \to 0 \text{ für } R \to \infty .$$

Daher folgt mit dem Residuensatz

$$I = \lim_{R \to \infty} \left[\int_{\gamma_R} f (z) \, dz + \int_{\widetilde{\gamma}_R} f (z) \, dz\right] = 2\pi i \sum_{k=1,3} Res_{z_k} (f)$$
$$= \frac{2\pi i}{4} \left[\exp\left(-3i\frac{\pi}{4}\right) + \exp\left(-3i\frac{\pi}{4}3\right)\right] = \frac{i\pi}{2} \left[-\frac{1+i}{\sqrt{2}} + \frac{1-i}{\sqrt{2}}\right] = \frac{\pi}{\sqrt{2}} .$$

---

[8]Die inverse Dreiecksungleichung $|v - w| \geq \|v\| - |w\|$ eines normierten Vektorraumes V folgt so: Es gilt für alle $v, w \in V$

$$|v| = |v - w + w| \leq |v - w| + |w| .$$

Also gilt $|v - w| \geq |v| - |w|$. Wegen $|v - w| = |w - v| \geq |w| - |v|$ gilt somit $|v - w| \geq \|v\| - |w\|$.

Abb. 2.15 Pole und
Integrationsweg zu Bsp. 2.9
von Abschn. 2.9

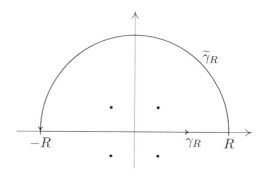

2. Gesucht ist das Integral

$$I := \int_0^{\pi/2} \frac{dx}{1 + \sin^2 x}.$$

Wegen der Symmetrie $\sin^2\left(\frac{\pi}{2} - x\right) = \sin^2\left(\frac{\pi}{2} + x\right)$ (für alle $x \in \mathbb{R}$) gilt

$$2I = \int_0^\pi \frac{dx}{1 + \sin^2 x}.$$

Dieses Integral wird nun als komplexes Wegintegral längs einer geschlossenen
Kreislinie identifiziert. Es gilt

$$2I = 4 \int_0^\pi \frac{dx}{4 - \left(e^{ix} - e^{-ix}\right)^2} = 4 \int_0^\pi \frac{dx}{4 - e^{-2ix}\left(e^{2ix} - 1\right)^2}$$

$$= \frac{4}{2i} \int_0^\pi \frac{2ie^{2ix}dx}{4e^{2ix} - \left(e^{2ix} - 1\right)^2} = 2i \int_\gamma \frac{dz}{(z - 1)^2 - 4z}$$

für die Kurve $\gamma : [0, \pi] \to \mathbb{C}$ mit $\gamma(x) = e^{2ix}$. Das Nennerpolynom hat die
beiden Nullstellen (erster Ordnung) $z_\pm = 3 \pm \sqrt{8}$. Nur die Nullstelle $z_- = 3 - \sqrt{8} \in (0, 1)$ liegt im Inneren der von der Kreislinie γ umlaufenen Kreisscheibe. Damit folgt

$$I = i \int_\gamma \frac{dz}{(z - 1)^2 - 4z} = i \int_\gamma \frac{dz}{(z - z_+)(z - z_-)} = i2\pi i \frac{1}{z_- - z_+} = \frac{\pi}{\sqrt{8}} = \frac{\pi}{2\sqrt{2}}.$$

3. Schließlich soll noch das Integral

$$I := \int_0^\infty \frac{\sqrt{x}}{1 + x^2} dx$$

berechnet werden. Die (positive) reelle Wurzelfunktion des Integranden ist der
Randwert der holomorphen Funktion $f : U = \{z \in \mathbb{C} : \Im z = 0 \Rightarrow \Re z < 0\} \to \mathbb{C}$
mit

$$z = |z|\, e^{i\varphi} \mapsto \sqrt{|z|}e^{i\varphi/2} = f(z).$$

Abb. 2.16 Der Weg der
Kurve $\gamma_{\varepsilon,R}$ zu Bsp. 2.9 aus
Abschn. 2.9

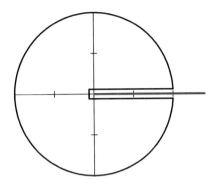

mit $\varphi \in (0, 2\pi)$ für $\varphi \to 0$. Die Funktion f erfüllt also $f(z)^2 = z$ und für $x > 0$

$$\lim_{y \downarrow 0} f(x + iy) = \sqrt{x} = -\lim_{y \uparrow 0} f(x + iy).$$

Es ist dies die Quadratwurzelfunktion mit Schnitt auf der positiven reellen Achse.

Sei nun für $0 < \varepsilon < 1$ und $1 < R$ die geschlossene Kurve $\gamma_{\varepsilon,R} : \mathbb{R} \to \mathbb{C}$ eine Parametrisierung des Weges C, der aus vier hintereinandergesetzten (orientierten) Wegen $c_1, \ldots c_4$ zusammengesetzt ist. C ist schematisch in Abb. 2.16 angedeutet. Der Weg c_1 führt auf der Geraden konstanten (negativen) Imaginärteils vom Punkt $z_1 = \sqrt{R^2 - \varepsilon^2} - i\varepsilon$ zum Punkt $z_2 = -\varepsilon - i\varepsilon$. Der Weg c_2 führt von z_2 auf dem Geradenstück (negativen) konstanten Realteils weiter zum Punkt $z_3 = -\varepsilon + i\varepsilon$. Der Weg c_3 führt von z_3 geradeswegs weiter zum Punkt $z_4 = \sqrt{R^2 - \varepsilon^2} + i\varepsilon$, und c_4 schließlich führt auf dem Kreisbogen um 0, der die positive reelle Achse nicht schneidet, von z_4 zurück zum Ausgangspunkt z_1. Dann gilt für die Wegintegrale der holomorphen Funktion $g : U \setminus \{i, -i\} \to \mathbb{C}$ mit $g(z) = f(z)/(1 + z^2) = f(z)/[(z + i)(z - i)]$

$$\lim_{\varepsilon \downarrow 0} \int_{c_2} g(z)\, dz = 0 = \lim_{R \to \infty} \lim_{\varepsilon \downarrow 0} \int_{c_4} g(z)\, dz,$$

$$\lim_{R \to \infty} \lim_{\varepsilon \downarrow 0} \int_{c_1} g(z)\, dz = I = \lim_{R \to \infty} \lim_{\varepsilon \downarrow 0} \int_{c_3} g(z)\, dz.$$

Daraus folgt nun

$$\lim_{R \to \infty} \lim_{\varepsilon \downarrow 0} \int_{\gamma_{\varepsilon,R}} g(z)\, dz = 2I.$$

Für $0 < \varepsilon < 1 < R$ lässt sich das geschlossene Wegintegral $\int_{\gamma_{\varepsilon,R}} g(z)\, dz$ mithilfe des Residuensatzes berechnen. Die Singularitäten von g in $\pm i$ sind Pole erster

Ordnung. Sie werden von der Kurve $\gamma_{\varepsilon,R}$ einmal im Gegenuhrzeigersinn umlaufen. Der Residuensatz ergibt somit den von ε und R unabhängigen Wert

$$\int_{\gamma_{\varepsilon,R}} g\,(z)\,dz = 2\pi i \left(\frac{f\,(i)}{2i} + \frac{f\,(-i)}{-2i} \right) = \pi\,(f\,(i) - f\,(-i))$$

$$= \pi \left(e^{i\pi/4} - e^{3i\pi/4} \right) = \pi \left(\frac{1+i}{\sqrt{2}} - \frac{-1+i}{\sqrt{2}} \right) = \pi\sqrt{2}.$$

Daher gilt

$$I = \frac{1}{2} \lim_{R\to\infty} \lim_{\varepsilon\downarrow 0} \int_{\gamma_{\varepsilon,R}} g\,(z)\,dz = \frac{\pi}{\sqrt{2}}.$$

2.9.1 Fouriertransformation mittels Residuensatzes

Die Integration mithilfe des Residuensatzes macht zahlreiche Fouriertransformierte berechenbar. Hier als Beispiel eine Funktion f, die gelegentlich als „Signaleinhüllende" fungiert, indem ein monofrequentes Signal wie $\cos(\omega t)$ durch Multiplikation mit $f\,(t)$ zu einem langsam anwachsenden und dann wieder abklingenden Cosinussignal modifiziert wird. Die Fouriertransformierte von f steht dann bekanntlich in einer sehr direkten Beziehung zur Fouriertransformierten des modifizierten Cosinussignals.

Satz 2.18 *Sei $a \in \mathbb{R}_{>0}$, $n \in \mathbb{N}$ und $g : \mathbb{R} \to \mathbb{R}_{>0}$ mit $g\,(x) = a^{2n} / \left(a^2 + x^2 \right)^n$. Dann gilt*

$$(\mathscr{F}g)\,(k) = \int_{-\infty}^{\infty} \frac{e^{-ikx}}{\sqrt{2\pi}} g\,(x)\,dx = \sqrt{2\pi}\,\frac{a\,(a\,|k|)^{n-1}}{2^n\,(n-1)!}\,e^{-a|k|}.$$

Beweis Gesucht ist zunächst die Fouriertransformierte von $f_n : \mathbb{R} \to \mathbb{R}_{>0}$ mit $f_n\,(x) = \left(1 + x^2 \right)^{-n}$. Diese existiert, da f_n absolut integrabel ist, und es gilt

$$\sqrt{2\pi}\,(\mathscr{F}f_n)\,(k) = \int_{-\infty}^{\infty} \frac{e^{-ikx}}{\left(1 + x^2 \right)^n}\,dx.$$

Die Fouriertransformierte ist stetig und beschränkt durch

$$|(\mathscr{F}f_n)\,(k)| \leq |(\mathscr{F}f_n)\,(0)| = (\mathscr{F}f_n)\,(0) = \frac{1}{\sqrt{2\pi}} \int_{-\infty}^{\infty} \frac{dx}{\left(1 + x^2 \right)^n}.$$

Die Funktion f_n ist reellwertig und gerade. Daher ist auch $\mathscr{F}f_n$ reellwertig und gerade, sodass es genügt, den Fall $k > 0$ zu untersuchen.

Der Integrand hat Nullstellen in den Punkten $x = \pm i$. Beide Nullstellen sind n-fach. Schließe den Integrationsweg für $k > 0$ in der unteren komplexen x-Ebene. Daher gilt nach dem Residuensatz

$$\sqrt{2\pi} \, (\mathscr{F}f_n) \, (k) = -2\pi i \cdot \mathrm{Res}_{-i} \left(z \mapsto \frac{e^{-ikz}}{\left(1 + z^2\right)^n} \right).$$

Berechnung des Residuums: Mit $\left(1 + z^2\right)^n = (z - i)^n (z + i)^n$ und der Potenzreihenentwicklung der Exponentialfunktion um die Nennernullstelle $-i$

$$e^{-ikz} = e^{-ik(z+i)-k} = e^{-k} \left(1 - ik \, (z + i) + \ldots + \frac{(-ik)^n}{n!} (z + i)^n + \mathfrak{o} \, (z + i) \right)$$

ergibt sich

$$\mathrm{Res}_{-i} \left(z \mapsto \frac{e^{-ikz}}{\left(1 + z^2\right)^n} \right) = \frac{(-ik)^{n-1} \, e^{-k}}{(n - 1)! \, (-2i)^n} = \frac{ik^{n-1}}{2^n \, (n - 1)!} e^{-k}.$$

Daher gilt für alle $k \in \mathbb{R}$

$$(\mathscr{F}f_n) \, (k) = \sqrt{2\pi} \frac{|k|^{n-1}}{2^n \, (n - 1)!} e^{-|k|}.$$

Sei nun $a > 0$ und $g : \mathbb{R} \to \mathbb{R}_{>0}$ mit $g \, (x) = a^{2n} \left(a^2 + x^2\right)^{-n}$. Für die Fouriertransformierte von g folgt dann mit der Substitution $s = x/a$

$$(\mathscr{F}g) \, (k) = \frac{1}{\sqrt{2\pi}} \int_{-\infty}^{\infty} \frac{a^{2n} e^{-ikx}}{\left(a^2 + x^2\right)^n} dx = \frac{a}{\sqrt{2\pi}} \int_{-\infty}^{\infty} \frac{e^{-iaks}}{\left(1 + s^2\right)^n} ds$$

$$= a \, (\mathscr{F}f_n) \, (ak) = \sqrt{2\pi} \frac{a \, (a \, |k|)^{n-1}}{2^n \, (n - 1)!} e^{-a|k|}.$$

$\square$

2.9.2   Fourierdarstellung der Heavisidefunktion

Sei $\varepsilon \in \mathbb{R}_{>0}$. Für $f_\varepsilon : \mathbb{R} \to \mathbb{C}$ gelte $f_\varepsilon \, (t) = \Theta \, (t) \, e^{-\varepsilon t}$, wobei $\Theta \, (t) = 1$ für $t \geq 0$ und $\Theta \, (t) = 0$ sonst. Θ wird als Heavisidefunktion oder Heavisidestufe bezeichnet. Es folgt

$$\sqrt{2\pi} \, (\mathscr{F}f_\varepsilon) \, (\omega) = \int_{-\infty}^{\infty} e^{-i\omega t} f_\varepsilon \, (t) \, dt = \frac{-i}{\omega - i\varepsilon}.$$

Die Funktion $|\mathscr{F}f|$ ist nicht über ganz $\mathbb{R}$ integrierbar und der Umkehrsatz daher nicht anwendbar. Trotzdem gilt die Umkehrformel

$$f_\varepsilon(t) = \frac{1}{2\pi i} \int_{-\infty}^{\infty} \frac{e^{i\omega t}}{\omega - i\varepsilon} d\omega = \frac{1}{2\pi i} \left[\lim_{L\to\infty} \int_{-L}^{0} \frac{e^{i\omega t}}{\omega - i\varepsilon} d\omega + \lim_{L\to\infty} \int_{0}^{L} \frac{e^{i\omega t}}{\omega - i\varepsilon} d\omega \right]$$

für $t \in \mathbb{R} \setminus \{0\}$. Für $t \neq 0$ haben die Oszillationen der Exponentialfunktion eine konvergenzerzeugende Wirkung, sodass die beiden uneigentlichen Teilintegrale von $e^{i\omega t}/(\omega - i\varepsilon)$ über Intervalle $(-\infty, a)$ und (a, ∞) einzeln existieren. (Sie lassen sich auf die Exponentialintegralfunktion zurückführen.)

Warnung: Für $t = 0$ ist das obige uneigentliche Integral $\int_{-\infty}^{\infty} \frac{d\omega}{\omega - i\varepsilon}$ sinnlos, denn es gilt für $r > 0$ und $s > 0$

$$\int_{-r}^{s} \frac{d\omega}{\omega - i\varepsilon} = \ln(s - i\varepsilon) - \ln(-r - i\varepsilon)$$

$$= \ln \sqrt{\frac{s^2 + \varepsilon^2}{r^2 + \varepsilon^2}} - i \arctan \frac{\varepsilon}{s} + i \left(\pi - \arctan \frac{\varepsilon}{r} \right).$$

Daraus folgt beispielsweise im Grenzübergang $r \to \infty$ mit $s = cr$ und festem $c > 0$

$$\lim_{r\to\infty} \int_{-r}^{cr} \frac{d\omega}{\omega - i\varepsilon} = \ln c + i\pi.$$

Für $c = 1$ ergibt dies

$$\frac{1}{2\pi i} \lim_{r\to\infty} \int_{-r}^{r} \frac{d\omega}{\omega - i\varepsilon} = \frac{1}{2}.$$

Um nun zumindest das Teilergebnis

$$\frac{1}{2\pi i} \lim_{R\to\infty} \int_{-R}^{R} \frac{e^{i\omega t}}{\omega - i\varepsilon} d\omega = \begin{cases} e^{-\varepsilon t} & \text{für } t > 0 \\ 0 & \text{für } t < 0 \end{cases} \tag{2.10}$$

zu beweisen, wird das Integral $\int_{-R}^{R} \frac{e^{i\omega t}}{\omega - i\varepsilon} d\omega$ als komplexes Wegintegral aufgefasst. Der Integrand $g : \mathbb{C} \setminus i\varepsilon \to \mathbb{C}$ mit $g(z) = \frac{e^{izt}}{z - i\varepsilon}$ ist holomorph. Der Punkt $i\varepsilon$ ist ein Pol erster Ordnung von g mit dem Residuum $e^{-\varepsilon t}$.

Für $t > 0$ und $R > 2\varepsilon$ wird das Integral $\int_{-R}^{R} \frac{e^{i\omega t}}{\omega - i\varepsilon} d\omega$ in der oberen Halbebene durch einen Halbkreisbogen um 0 mit Radius R geschlossen. Nach dem Residuensatz gilt für das Ringintegral

$$\oint g(z) \, dz = 2\pi i e^{-\varepsilon t}.$$

Falls der Beitrag des Halbkreisbogens im Limes $R \to \infty$ verschwindet, folgt daher Gl. 2.10 für $t > 0$.

Der Beitrag des Halbkreisbogens wird mithilfe der Dreiecksungleichung abgeschätzt

$$\left| \int_0^\pi \frac{e^{itR \cdot e^{i\varphi}}}{R \cdot e^{i\varphi} - i\varepsilon} iR \cdot e^{i\varphi} d\varphi \right| \leq \int_0^\pi \left| \frac{e^{itR \cdot e^{i\varphi}}}{R \cdot e^{i\varphi} - i\varepsilon} iR \cdot e^{i\varphi} d\varphi \right|$$

$$= \int_0^\pi \frac{e^{-tR \sin \varphi}}{\left| e^{i\varphi} - i\varepsilon/R \right|} d\varphi.$$

Für $R > 2\varepsilon$ gilt $\left| e^{i\varphi} - i\varepsilon/R \right| > 1/2$ und daher

$$\int_0^\pi \frac{e^{-tR \sin \varphi}}{\left| e^{i\varphi} - i\varepsilon/R \right|} d\varphi < 2 \int_0^\pi e^{-tR \sin \varphi} d\varphi < 4 \int_0^{\pi/2} e^{-tR \sin \varphi} d\varphi.$$

Am Intervall $\varphi \in (0, \pi/2)$ gilt $\sin \varphi > 2\varphi/\pi$ und daher

$$4 \int_0^{\pi/2} e^{-tR \sin \varphi} d\varphi < 4 \int_0^{\pi/2} e^{-tR \frac{2}{\pi} \varphi} d\varphi = \frac{2\pi}{tR} \left(1 - e^{-tR} \right).$$

Somit folgt für $R \to \infty$

$$0 < \left| \int_0^\pi \frac{e^{itR \cdot e^{i\varphi}}}{R \cdot e^{i\varphi} - i\varepsilon} iR \cdot e^{i\varphi} d\varphi \right| < \frac{2\pi}{tR} \left(1 - e^{-tR} \right) \to 0.$$

Damit ist gezeigt, dass der Beitrag des Halbkreisbogens für $R \to \infty$ gegen 0 konvergiert.

Im Fall $t < 0$ wird der Integrationsweg durch einen Halbkreisbogen in der unteren Halbebene geschlossen. Da kein Pol umlaufen wird, gilt $\oint g(z) \, dz = 0$. Wieder konvergiert der Beitrag des Halbkreisbogens für $R \to \infty$ gegen 0. Damit ist Gl. 2.10 gezeigt.

Die Fourierdarstellung der Heavisidefunktion ergibt sich aus Gl. 2.10 durch den Grenzübergang $\varepsilon \to 0$. Es gilt für alle $t \neq 0$

$$\Theta(t) = \frac{1}{2\pi i} \lim_{\varepsilon \downarrow 0} \int_{-\infty}^\infty \frac{e^{i\omega t}}{\omega - i\varepsilon} d\omega. \tag{2.11}$$

Daraus folgt durch komplexe Konjugation, dass

$$\overline{\Theta(-t)} = -\frac{1}{2\pi i} \lim_{\varepsilon \downarrow 0} \int_{-\infty}^\infty \frac{e^{i\omega t}}{\omega + i\varepsilon} d\omega.$$

Es gilt also für alle $t \in \mathbb{R} \setminus \{0\}$

$$\lim_{\varepsilon \downarrow 0} \int_{-\infty}^\infty \frac{e^{i\omega t}}{\omega \mp i\varepsilon} d\omega = \pm 2\pi i \Theta(\pm t). \tag{2.12}$$

2.9.3 *Fourierdarstellung der Rechteckfunktion

Die Fouriertransformierte der charakteristischen Funktion $\chi(x) = \Theta(L - |x|)$ des Intervalls $[-L, L]$ ist die Funktion

$$(\mathscr{F}\chi)(k) = \int_{-L}^{L} \frac{e^{-ikx}}{\sqrt{2\pi}} dx = \frac{e^{-ikL} - e^{ikL}}{-ik\sqrt{2\pi}} = \sqrt{\frac{2}{\pi}} \frac{\sin(kL)}{k}.$$

Die Funktion $|\mathscr{F}\chi|$ ist nicht über ganz $\mathbb{R}$ integrierbar. Daher erhebt sich die Frage nach der Gültigkeit der Fourierumkehr

$$\chi(x) = \int_{-\infty}^{\infty} \frac{e^{ikx}}{\sqrt{2\pi}} \left[\sqrt{\frac{2}{\pi}} \frac{\sin(kL)}{k} \right] dx = \frac{1}{\pi} \int_{-\infty}^{\infty} \frac{\sin(kL)}{k} e^{ikx} dx.$$

Es gilt $\Theta(L - |x|) = \Theta(x + L) - \Theta(x - L)$ und daher nach Gl. 2.11 für $|x| \neq L$

$$\Theta(L - |x|) = \lim_{0 < \varepsilon \to 0} \frac{1}{2\pi i} \int_{-\infty}^{\infty} \frac{e^{ik(x+L)} - e^{ik(x-L)}}{k - i\varepsilon} dk$$

$$= \lim_{0 < \varepsilon \to 0} \frac{1}{\pi} \int_{-\infty}^{\infty} \frac{e^{ikx} \sin(kL)}{k - i\varepsilon} dk = \frac{1}{\pi} \int_{-\infty}^{\infty} \lim_{0 < \varepsilon \to 0} \frac{e^{ikx} \sin(kL)}{k - i\varepsilon} dk$$

$$= \frac{1}{\pi} \int_{-\infty}^{\infty} \frac{\sin(kL)}{k} e^{ikx} dk.$$

Die Vertauschbarkeit von Limes und uneigentlichem Integral ist nach [1, Satz 37] tatsächlich gegeben, da erstens die Konvergenz für $\varepsilon \to 0$

$$f_\varepsilon(k) = \frac{e^{ikx} \sin(kL)}{k - i\varepsilon} \to \frac{\sin(kL)}{k} e^{ikx} = f(k)$$

auf jedem kompakten x-Intervall gleichmäßig ist. Zweitens existiert für jedes $\delta > 0$ ein $K > 0$, sodass für alle $b > a > K$

$$\left| \int_a^b \left[f_\varepsilon(k) - f(k) \right] dk \right| < \delta.$$

Die Funktion $k \mapsto \sin(kL)/k$ ist gerade und daher folgt weiter

$$\Theta(L - |x|) = \frac{1}{\pi} \int_{-\infty}^{\infty} \frac{\sin(kL)}{k} \cos(kx)\, dk = \frac{2}{\pi} \int_0^{\infty} \frac{\sin(kL)}{k} \cos(kx)\, dk.$$

Es gelten also für alle $x \in \mathbb{R}$ mit $|x| \neq L$ die Fourierdarstellungen

$$\Theta(L - |x|) = \frac{1}{\pi} \int_{-\infty}^{\infty} \frac{\sin(kL)}{k} e^{ikx} dk \qquad (2.13)$$

und

$$\Theta\left(L-|x|\right)=\frac{2}{\pi}\int_0^\infty\frac{\sin\left(kL\right)}{k}\cos\left(kx\right)dk. \tag{2.14}$$

2.9.4 *Schwingungsgleichung: Greensche Funktionen

Im Kapitel über die Fouriertransformation wurde in Band 1 dieses Werkes die folgende Fourierintegraldarstellung der retardierten Greenschen Funktion (oder auch Fundamentallösung) der gedämpften Schwingungsgleichung $y'' + 2\gamma y' + \omega_0^2 y = 0$ mit $0 < \gamma < \omega_0$ aus dem Umkehrsatz erschlossen:

$$g_{\mathrm{ret}}\left(t\right)=\Theta\left(t\right)\frac{\exp\left(-\gamma t\right)\sin\left(\Omega t\right)}{\Omega}=-\frac{1}{2\pi}\lim_{R\to\infty}\int_{-R}^R\frac{e^{i\omega t}d\omega}{\left(\omega-\omega_+\right)\left(\omega-\omega_-\right)} \tag{2.15}$$

Dabei gilt $\Omega = \sqrt{\omega_0^2 - \gamma^2} > 0$ und $\omega_\pm = \pm\Omega + i\gamma$.

Besonders suggestiv ist die zu Gl. 2.15 äquivalente Formel

$$g_{\mathrm{ret}}\left(t\right)=\frac{1}{2\pi}\lim_{R\to\infty}\int_{-R}^R\frac{e^{i\omega t}}{p\left(\omega\right)}d\omega, \tag{2.16}$$

wobei $p\left(\omega\right)=\omega_0^2-\omega^2+2i\gamma\omega$ das charakteristische Polynom der Differentiationsvorschrift $Ly=\omega_0^2 y+2\gamma y'+y''$ ist, das mit $y\left(t\right)=e^{i\omega t}$ durch $Ly=p\left(\omega\right)y$ definiert ist. Es gilt ja $-\left(\omega-\omega_+\right)\left(\omega-\omega_-\right)=p\left(\omega\right)$.

Formal ergibt sich aus Gl. 2.16 durch Vertauschung von L mit dem uneigentlichen Integral $\lim_{R\to\infty}\int_{-R}^R$

$$Lg_{\mathrm{ret}}\left(t\right)=\frac{1}{2\pi}\lim_{R\to\infty}\int_{-R}^R\frac{p\left(\omega\right)e^{i\omega t}}{p\left(\omega\right)}d\omega=\delta\left(t\right).$$

Natürlich darf dieses Argument nicht beim Wort genommen werden. Aber es ist zumindest eine Merkhilfe.

Die Integralformel von Gl. 2.15 soll nun am Residuensatz überprüft werden. Dazu wird das Integral als Wegintegral entlang $\gamma_R : [-R, R] \to \mathbb{C}$ mit $\gamma_R\left(s\right) = s$, also entlang der reellen Achse der komplexen ω-Ebene von $-R$ nach R aufgefasst. Die komplexe Funktion $f : \mathbb{C} \setminus \{\omega_+, \omega_-\} \to \mathbb{C}$ mit $f\left(z\right) = e^{izt}/(z - \omega_+)(z - \omega_-)$ ist holomorph. Die Punkte ω_+, ω_- sind Pole erster Ordnung mit den Residuen

$$Res_{\omega_\pm}\left(f\right)=\pm\frac{e^{i\omega_\pm t}}{\omega_+-\omega_-}=\pm\frac{e^{-\gamma t}e^{\pm i\Omega t}}{2\Omega}.$$

Es gilt $|\omega_\pm| = \sqrt{\Omega^2 + \gamma^2} = \omega_0$ und $\Im\omega_\pm > 0$.

Für $t \geq 0$ und $R \neq \omega_0$ kann das Integral $\int_{-R}^R f\left(\omega\right)d\omega$ durch den Halbkreisbogen $\widetilde{\gamma}_R : [0, \pi] \to \mathbb{C}$ mit $\widetilde{\gamma}_R\left(s\right) = Re^{is}$ mit dem Radius R in der oberen Halbebene zu einem geschlossenen Wegintegral ergänzt werden. Wir zeigen nun, dass der Beitrag des Halbkreises für $R \to \infty$ verschwindet. Für $t \geq 0$ gilt $\left| e^{izt} \right| \leq 1$ für alle z mit $\Im z \geq 0$. Für $R > 2\omega_0$ folgt daraus unter Verwendung der inversen Dreiecksungleichung $\left| Re^{is} - \omega_\pm \right| \geq \left| R - \omega_0 \right| = R - \omega_0 > R/2$ die Abschätzung

$$|f \circ \tilde{\gamma}_R (s)| \leq \frac{1}{\left| Re^{is} - \omega_+ \right| \left| Re^{is} - \omega_- \right|} < \frac{4}{R^2}.$$

Damit gilt

$$\left| \int_{\tilde{\gamma}_R} f(z)\, dz \right| \leq \int_0^\pi \left| (f \circ \tilde{\gamma}_R)(t) \frac{d}{dt} \tilde{\gamma}_R(t) \right| dt < \frac{4\pi}{R} \to 0 \text{ für } R \to \infty.$$

Mit dem Residuensatz folgt daraus

$$\lim_{R \to \infty} \int_{-R}^R \frac{e^{i\omega t}}{(\omega - \omega_+)(\omega - \omega_-)} d\omega = \lim_{R \to \infty} \left[\int_{\gamma_R} f(z)\, dz + \int_{\tilde{\gamma}_R} f(z)\, dz \right]$$

$$= 2\pi i e^{-\gamma t} \frac{e^{i\Omega t} - e^{-i\Omega t}}{2\Omega} = -2\pi e^{-\gamma t} \frac{\sin(\Omega t)}{\Omega}.$$

Für $t \leq 0$ kann das Wegintegral durch einen Halbkreisbogen in der unteren Halbebene geschlossen werden. Der geschlossene Integrationsweg umschließt keinen Pol. Daher hat das Ringintegral den Wert 0. Wieder verschwindet der Beitrag des Halbkreisbogens für $R \to \infty$. Dies zeigt die Gültigkeit der Integraldarstellung aus Gl. 2.15.

Der Spezialfall der ungedämpften Schwingung, also $\gamma = 0$, soll noch etwas genauer betrachtet werden. Aus Gl. 2.15 folgt durch punktweisen Grenzübergang $\gamma \downarrow 0$ bei festem ω_0 unter Verwendung von $\Omega = \sqrt{\omega_0^2 - \gamma^2} > 0$ und $\omega_\pm = \pm\Omega + i\gamma$

$$g_{\mathrm{ret}}(t) = \Theta(t) \frac{\sin(\omega_0 t)}{\omega_0} = -\frac{1}{2\pi} \lim_{\gamma \downarrow 0} \lim_{R \to \infty} \int_{-R}^R \frac{e^{i\omega t}}{(\omega - \omega_0 - i\gamma)(\omega + \omega_0 - i\gamma)} d\omega$$

$$= -\frac{1}{2\pi} \lim_{\gamma \downarrow 0} \lim_{R \to \infty} \int_{-R}^R \frac{e^{i\omega t}}{\omega^2 - \omega_0^2 - i\omega\gamma} d\omega.$$

Für die avancierte Greensche Funktion g_{av} mit $g_{\mathrm{av}}(t) = g_{\mathrm{ret}}(-t)$ folgt

$$g_{\mathrm{av}}(t) = -\Theta(-t) \frac{\sin(\Omega t)}{\Omega} = -\frac{1}{2\pi} \lim_{\gamma \downarrow 0} \lim_{R \to \infty} \int_{-R}^R \frac{e^{i(-\omega)t}}{\omega^2 - \omega_0^2 - i\omega\gamma} d\omega$$

$$= -\frac{1}{2\pi} \lim_{\gamma \downarrow 0} \lim_{R \to \infty} \int_{-R}^R \frac{e^{i\omega t}}{\omega^2 - \omega_0^2 + i\omega\gamma} d\omega.$$

Schließlich definieren wir für $\omega_0 > 0$ die Funktion $g_F : \mathbb{R} \to \mathbb{C}$ mit

$$g_F(t) := -\frac{1}{2\pi} \lim_{\gamma \downarrow 0} \lim_{R \to \infty} \int_{-R}^R \frac{e^{i\omega t}}{(\omega - \omega_0 + i\gamma)(\omega + \omega_0 - i\gamma)} d\omega.$$

Es gilt somit auch

$$g_F(t) = -\frac{1}{2\pi} \lim_{\gamma\downarrow 0} \lim_{R\to\infty} \int_{-R}^{R} \frac{e^{i\omega t}}{\omega^2 - \omega_0^2 + \gamma^2 + 2i\omega_0\gamma} d\omega$$

$$= -\frac{1}{2\pi} \lim_{\gamma\downarrow 0} \lim_{R\to\infty} \int_{-R}^{R} \frac{e^{i\omega t}}{\omega^2 - \omega_0^2 + i\gamma} d\omega.$$

Schaffen wir es, g_F zu berechnen? Mit dem Residuensatz folgt aus der Definition von $g_F(t)$

$$g_F(t) = -\frac{1}{2\pi}\Theta(t) \lim_{\gamma\downarrow 0} \frac{2\pi i e^{i(-\omega_0+i\gamma)t}}{2(-\omega_0+i\gamma)} - \frac{1}{2\pi}\Theta(-t) \lim_{\gamma\downarrow 0} \frac{-2\pi i e^{i(\omega_0-i\gamma)t}}{2(\omega_0-i\gamma)}$$

$$= \frac{i}{2\omega_0}\left[\Theta(t)e^{-i\omega_0 t} + \Theta(-t)e^{i\omega_0 t}\right] = \frac{i}{2\omega_0}e^{-i\omega_0|t|}.$$

g_F ist also die (komplexwertige) Feynmansche Fundamentallösung der Schwingungsgleichung aus Band 1 dieses Werkes.

2.9.5 *DAWG: Retardierte Greensche Funktion (d = 2)

Es soll nun für die retardierte Greensche Funktion $g_{\text{ret}} : \mathbb{R}^2 \to \mathbb{R}$ der d'Alembertschen Wellengleichung (dAWG) auf $\mathbb{R}^2$ eine Fourierdarstellung entwickelt werden. Die Funktion g_{ret} wird in Abschn. 3.4.2 und 5.3.5 ausführlich behandelt. Einen Hinweis darauf, wie eine solche Fourierdarstellung aussehen könnte, liefert der Abschn. 5.3.8 über die Greenschen Funktionen der Klein-Gordon-Gleichung.

Zunächst wird für Punkte $(t,x) \in \mathbb{R}^2$ mit $t^2 \neq x^2$ ein Funktionswert $\Delta_{\text{ret}}(t,x) \in \mathbb{C}$ versuchsweise[9] definiert durch

$$-(2\pi)^2 \Delta_{\text{ret}}(t,x) = \lim_{\varepsilon\downarrow 0} \int_{\mathbb{R}} \left(\int_{\mathbb{R}} \frac{e^{i(k^0 t - k^1 x)} dk^0}{(k^0 - i\varepsilon)^2 - (k^1)^2} \right) dk^1.$$

Falls der Grenzwert $\Delta_{\text{ret}}(t,x)$ für alle $(t,x) \in U = \mathbb{R}^2 \setminus \{(t,x) : t^2 = x^2\}$ existiert, dann ist die Funktion $(t,x) \mapsto \Delta_{\text{ret}}(t,x)$ dehnungsinvariant[10], d.h., es gilt $\Delta_{\text{ret}}(\lambda t, \lambda x) = \Delta_{\text{ret}}(t,x)$ für $(t,x) \in U$ und $\lambda > 0$. Dies folgt mithilfe der Substitution $\lambda k^i = q^i$ wegen

$$\int_{\mathbb{R}^2} \frac{e^{i(k^0\lambda t - k^1\lambda x)} dk^0 dk^1}{(k^0-i\varepsilon)^2 - (k^1)^2} = \int_{\mathbb{R}^2} \frac{e^{i(q^0 t - q^1 x)} dq^0 dq^1}{(q^0-i\lambda\varepsilon)^2 - (q^1)^2}$$

---

[9]Eine endgültige und sinnvolle Definition für $\Delta_{\text{ret}} : \mathbb{R}^2 \to \mathbb{R}$ wird erst am Ende des Abschnitts angegeben werden können.
[10]Auch die Menge U ist dehnungsinvariant.

mit der Umbenennung $\eta = \lambda\varepsilon$

$$- (2\pi)^2 \, \Delta_{\text{ret}} \, (\lambda t, \lambda x) = \lim_{\eta \downarrow 0} \int_{\mathbb{R}^2} \frac{e^{i(q^0 t - q^1 x)} dq^0 dq^1}{\left(q^0 - i\eta\right)^2 - \left(q^1\right)^2} = - (2\pi)^2 \, \Delta_{\text{ret}} \, (t, x) \, .$$

Nun zur Berechnung des gesuchten Grenzwertes $\Delta_{\text{ret}} \, (t, x)$. Wegen

$$\left(k^0 - i\varepsilon\right)^2 - \left(k^1\right)^2 = \left(k^0 - i\varepsilon - k^1\right) \left(k^0 - i\varepsilon + k^1\right)$$

gilt für $(t, x) \in U$

$$- (2\pi)^2 \, \Delta_{\text{ret}} \, (t, x) = \lim_{\varepsilon \downarrow 0} \int_{-\infty}^{\infty} e^{-ik^1 x} \left(\int_{-\infty}^{\infty} \frac{e^{ik^0 t} dk^0}{\left(k^0 - \left(k^1 + i\varepsilon\right)\right) \left(k^0 - \left(-k^1 + i\varepsilon\right)\right)} \right) dk^1 \, .$$

Führe das k^0-Integral mit dem Residuensatz aus. Für $t > 0$ kann der Integrationsweg in der oberen Halbebene geschlossen werden, für $t < 0$ in der unteren. Für $t = 0$ stehen beide Möglichkeiten offen. So folgt für $t \in \mathbb{R}$

$$\int_{-\infty}^{\infty} \frac{e^{ik^0 t} dk^0}{\left(k^0 - \left(k^1 + i\varepsilon\right)\right) \left(k^0 - \left(-k^1 + i\varepsilon\right)\right)} = 2\pi i \Theta \, (t) \, e^{-\varepsilon t} \left[\frac{e^{ik^1 t} - e^{-ik^1 t}}{2k^1} \right] \, .$$

Dabei ist $\Theta \, (t) = 1$ für $t > 0$ und $\Theta \, (t) = 0$ für $t < 0$. (Der Wert $\Theta \, (0)$ ist hierbei ohne Belang, da der Faktor in der eckigen Klammer für $t = 0$ verschwindet.)

Damit folgt

$$2\pi \, \Delta_{\text{ret}} \, (t, x) = \lim_{\varepsilon \downarrow 0} \Theta \, (t) \, e^{-\varepsilon t} \int_{-\infty}^{\infty} e^{-ikx} \frac{e^{ikt} - e^{-ikt}}{2ik} \, dk = \Theta \, (t) \int_{-\infty}^{\infty} e^{ikx} \frac{\sin \, (tk)}{k} \, dk \, .$$

Für $L > 0$ gilt nach Gl. 2.13 die Fourierdarstellung der charakteristischen Funktion des Intervalls $[-L, L]$

$$\frac{1}{\pi} \int_{-\infty}^{\infty} e^{ikx} \frac{\sin \, (kL)}{k} \, dk = \Theta \, (L - |x|) \text{ für } L \neq |x| \, .$$

Daher ist für Punkte (t, x) mit $0 \neq t^2 \neq x^2$ der gesuchte Grenzwert bestimmt zu

$$\Delta_{\text{ret}} \, (t, x) = \frac{1}{2} \Theta \, (t) \, \Theta \, (t - |x|) = \frac{1}{2} \Theta \, (t - |x|) \, .$$

Bei Übergang zu den Integrationsvariablen $r = k^0 - k^1$ und $s = k^0 + k^1$ folgt wegen

$$k^0 t - k^1 x = r \frac{t + x}{2} + s \frac{t - x}{2}$$

das Ergebnis $\Delta_{\mathrm{ret}}(t, x) = \Theta(t - |x|)/2$ für $(t, x) \in U$ mit Gl. 2.11 so:

$$
-(2\pi)^2 \Delta_{\mathrm{ret}}(t, x) = \lim_{\varepsilon \downarrow 0} \int_{\mathbb{R}^2} \frac{e^{i(k^0 t - k^1 x)} dk^0 dk^1}{\left(k^0 - (k^1 + i\varepsilon)\right)\left(k^0 - (-k^1 + i\varepsilon)\right)}
$$

$$
= \lim_{\varepsilon \downarrow 0} \frac{1}{2} \int_{\mathbb{R}^2} \frac{e^{ir(t+x)/2} e^{is(t-x)/2}}{(r - i\varepsilon)(s - i\varepsilon)} dr ds
$$

$$
= \lim_{\varepsilon \downarrow 0} \frac{1}{2} \int_{-\infty}^{\infty} \frac{e^{ir(t+x)/2}}{r - i\varepsilon} dr \int_{-\infty}^{\infty} \frac{e^{is(t-x)/2}}{s - i\varepsilon} ds
$$

$$
= \frac{1}{2} (2\pi i)^2 \Theta(t + x) \Theta(t - x) = -\frac{(2\pi)^2}{2} \Theta(t - |x|).
$$

Diese Berechnung von $\Delta_{\mathrm{ret}}(t, x)$ in „Lichtkegelkoordinaten" zeigt auch, warum die Punkte (t, x) mit $t^2 = x^2$ problematisch sind. Für $t^2 = x^2$ ist nämlich mindestens eine der beiden Zahlen $t \pm x$ gleich 0; für $t^2 = x^2 \neq 0$ ist es genau eine, für $t = x = 0$ sind es beide. Für $t = x$ etwa ist daher das Integral $\int_{-\infty}^{\infty} \frac{ds}{s - i\varepsilon}$ für die Berechnung von $\Delta_{\mathrm{ret}}(t, x)$ relevant. Dieses uneigentliche Integral ist aber ohne weitere Zusatzvorschrift undefiniert, denn

$$
\int_{-R}^{L} \frac{ds}{s - i\varepsilon} = \ln(L - i\varepsilon) - \ln(-R - i\varepsilon)
$$

$$
= \ln \sqrt{L^2 + \varepsilon^2} - i \arctan \frac{\varepsilon}{L} - \ln \sqrt{R^2 + \varepsilon^2} - i \left(-\pi + \arctan \frac{\varepsilon}{R}\right)
$$

$$
= \frac{1}{2} \ln \frac{L^2 + \varepsilon^2}{R^2 + \varepsilon^2} + i \left(\pi - \arctan \frac{\varepsilon}{L} - \arctan \frac{\varepsilon}{R}\right).
$$

Wird die (unzureichende, vorläufige) Definition von $\Delta_{\mathrm{ret}}(t, x)$ für $t = x \neq 0$ zu

$$
\int_{-\infty}^{\infty} \frac{ds}{s - i\varepsilon} := \lim_{L \to \infty} \int_{-L}^{L} \frac{ds}{s - i\varepsilon}
$$

präzisiert, dann folgt zunächst

$$
\lim_{\varepsilon \downarrow 0} \lim_{L \to \infty} \int_{-L}^{L} \frac{ds}{s - i\varepsilon} = i\pi
$$

und damit weiter, dass

$$
-(2\pi)^2 \Delta_{\mathrm{ret}}(t, x) = \frac{1}{2} (2\pi i)(i\pi) \Theta(t + x) = -\frac{(2\pi)^2}{4} \Theta(t + x).
$$

Somit gilt für alle $(t, x) \in \mathbb{R}^2$

$$- (2\pi)^2 \cdot \Delta_{\text{ret}}(t, x) := \lim_{\varepsilon \downarrow 0} \lim_{L \to \infty} \frac{1}{2} \int_{-L}^{L} \frac{e^{ir(t+x)/2}}{r - i\varepsilon} dr \int_{-L}^{L} \frac{e^{is(t-x)/2}}{s - i\varepsilon} ds$$

$$= - (2\pi)^2 \cdot \begin{cases} 1/2 & \text{für } t > |x| > 0 \\ 1/4 & \text{für } t = |x| > 0 \\ 1/8 & \text{für } t = x = 0 \\ 0 & \text{sonst} \end{cases}.$$

Diese Funktion $\Delta_{\text{ret}} : \mathbb{R}^2 \to \mathbb{R}$ stimmt auf den Punkten (t, x) mit $t^2 - x^2 \neq 0$ mit der retardierten Greenschen Funktion g_{ret} der zweidimensionalen d'Alembertschen Wellengleichung aus Abschn. 3.4.2 bzw. 5.3.5 überein. Sie ist dehnungsinvariant und im zweiten Argument gerade, also raumspiegelungsinvariant. Überdies ist sie invariant unter allen orthochronen Lorentztransformationen. Jede reellwertige Funktion auf $\mathbb{R}^2$, die abseits einer Menge vom Maß 0 mit Δ_{ret} übereinstimmt, legt ein und dieselbe reguläre Distribution fest, die retardierte Fundamentallösung des Differentialoperors $\partial_t^2 - \partial_x^2 = \square$ auf $\mathbb{R}^2$.

2.9.6 *DAWG: Feynmanscher Propagator (d = 2)

Analog zur Fourierdarstellung der retardierten Greenschen Funktion aus Abschn. 2.9.5 wird nun die Fourierdarstellung von Feynmans („kausalem") Propagator Δ_c für die zweidimensionale d'Alembertsche Wellengleichung zumindest für Punkte (t, x) mit $t^2 - x^2 \neq 0$ entwickelt. Sei also für $(t, x) \in \mathbb{R}^2$ mit $t^2 \neq x^2$ und für $\varepsilon \in \mathbb{R}_{>0}$

$$- (2\pi)^2 \Delta_F(t, x; \varepsilon) = \int_{-\infty}^{\infty} \left(\int_{-\infty}^{\infty} \frac{e^{-ik^0 t} e^{ik^1 x} dk^0}{(k^0)^2 - (|k^1| - i\varepsilon)^2} \right) dk^1.$$

Die Abbildungen $t \mapsto \Delta_F(t, x; \varepsilon)$ und $x \mapsto \Delta_F(t, x; \varepsilon)$ sind gerade. Sei daher oEdA $t, x > 0$ und $t \neq x$.

In den Nullstellen des Nenners $(k^0)^2 - (|k^1| - i\varepsilon)^2$ gilt

$$k^0 = \pm (|k^1| - i\varepsilon).$$

Eine der beiden Nullstellen k_0 erfüllt $\Re k_0 \geq 0$ und $\Im k_0 < 0$. Die beiden Nullstellen gehen durch Multiplikation mit -1 ineinander über.

Die k^0-Integration kann für $t > 0$ in der unteren komplexen k^0-Halbebene als komplexes Wegintegral zu einem geschlossenen Wegintegral ergänzt werden. Dieser Weg umringt den Pol erster Ordnung bei $|k^1| - i\varepsilon$. Daher gilt für $t > 0$

$$\int_{-\infty}^{\infty} \frac{e^{-ik^0 t} dk^0}{(k^0 + (|k| - i\varepsilon))(k^0 - (|k| - i\varepsilon))} = -2\pi i \frac{e^{-i(|k| - i\varepsilon)t}}{2(|k| - i\varepsilon)} = \frac{-\pi i e^{-\varepsilon t}}{|k| - i\varepsilon} e^{-i|k|t}.$$

Daraus folgt für $t > 0$

$$-(2\pi)^2 \, \Delta_{\mathrm{F}}\,(t,x;\varepsilon) = -i\pi e^{-\varepsilon t} \int_{-\infty}^{\infty} \frac{e^{-i|k|t}}{|k| - i\varepsilon} e^{ikx} dk$$

$$= -i\pi e^{-\varepsilon t} \int_{-\infty}^{\infty} \frac{e^{-i|k|t}\,(\cos(kx) + i\sin(kx))}{|k| - i\varepsilon} dk = -2i\pi e^{-\varepsilon t} \int_{0}^{\infty} \frac{e^{-ikt}\cos(kx)}{k - i\varepsilon} dk$$

$$= -i\pi e^{-\varepsilon t} \int_{0}^{\infty} \frac{e^{-ik(t+x)} + e^{-ik(t-x)}}{k - i\varepsilon} dk.$$

Im Bereich $t > 0, x > 0$ mit $t \neq x$ treten die beiden Fälle $t > x > 0$ und $x > t > 0$ auf, sodass die beiden Integrale

$$I\,(\alpha,\varepsilon) = \int_{0}^{\infty} \frac{e^{-i\alpha k}}{k - i\varepsilon} dk \text{ und } J\,(\alpha,\varepsilon) = \int_{0}^{\infty} \frac{e^{i\alpha k}}{k - i\varepsilon} dk$$

für $\alpha > 0$ und $\varepsilon > 0$ zu untersuchen sind. Mit diesen gilt dann

$$-(2\pi)^2 \, \Delta_{\mathrm{F}}\,(t,x;\varepsilon) = -i\pi e^{-\varepsilon t} \cdot \begin{cases} I\,(t+x,\varepsilon) + I\,(t-x,\varepsilon) \text{ für } t > x > 0 \\ I\,(t+x,\varepsilon) + J\,(x-t,\varepsilon) \text{ für } x > t > 0 \end{cases}.$$

Offenbar gilt $J\,(\alpha,\varepsilon) = \overline{I\,(\alpha,-\varepsilon)}$. Es genügt daher die Untersuchung von $J\,(\alpha,\varepsilon)$ für $\alpha > 0$ und $\varepsilon \neq 0$, also auch negative Werte von ε.

Das Integral $I\,(\alpha,\varepsilon)$ kann als komplexes Wegintegral eines holomorphen Integranden dargestellt werden. Das geht mithilfe der Kurve $v_{\alpha\varepsilon} : \mathbb{R}_{>0} \to \mathbb{C}$ für $v_{\alpha\varepsilon}\,(t) = \alpha\varepsilon + it$ so:

$$I\,(\alpha,\varepsilon) = \int_{0}^{\infty} \frac{e^{-i\alpha k}}{k - i\varepsilon} dk = \int_{0}^{\infty} \frac{e^{-i\alpha k}}{i\alpha\,(k - i\varepsilon)} i\alpha\,dk = \int_{0}^{\infty} \frac{e^{-i\alpha k}}{(i\alpha k + \alpha\varepsilon)} i\alpha\,dk$$

$$= e^{\alpha\varepsilon} \int_{0}^{\infty} \frac{e^{-(it+\alpha\varepsilon)}}{(it + \alpha\varepsilon)} i\cdot dt = e^{\alpha\varepsilon} \int_{v_{\alpha\varepsilon}} \frac{e^{-\zeta}}{\zeta} d\zeta.$$

Der Integrationsweg $v_{\alpha\varepsilon}$ führt also von einem Punkt $\alpha\varepsilon$ der reellen Achse mit konstantem Realteil, also vertikal, durch die obere Halbebene ins Unendliche.

Definition 2.9 Für $z \in \mathbb{C} \smallsetminus \mathbb{R}_{\leq 0}$ sei $\gamma_z : \mathbb{R}_{>0} \to \mathbb{C}$ mit $\gamma_z\,(t) = z + t$. Die Abbildung $E_1 : \mathbb{C} \smallsetminus \mathbb{R}_{\leq 0} \to \mathbb{C}$ mit

$$E_1\,(z) = \int_{\gamma_z} \frac{e^{-\zeta}}{\zeta} d\zeta = e^{-z} \int_{0}^{\infty} \frac{e^{-t}}{z + t} dt$$

heißt Hauptzweig des Exponentialintegrals.

Der Integrationsweg in $I\,(\alpha,\varepsilon)$ kann für $\varepsilon > 0$ in den Weg $\gamma_{\alpha\varepsilon}$ deformiert werden, ohne den Wert des Integrals zu ändern. Daher gilt für $\varepsilon > 0$

$$I(\alpha, \varepsilon) = e^{\alpha \varepsilon} E_1(\alpha \varepsilon).$$

Für $\varepsilon < 0$ ist diese Deformation des Weges nicht möglich, da der Integrand einen Pol am horizontalen Weg hat. Aber es hilft der folgende Trick: Beginne das Integral längs des vertikalen Weges etwas oberhalb der negativen reellen Achse im Punkt $\alpha \varepsilon + i\delta$ mit $\delta > 0$. Dann ist die Deformation in den horizontalen Weg möglich und es folgt für $\varepsilon < 0$

$$I(\alpha, \varepsilon) = e^{\alpha \varepsilon} \lim_{\delta \downarrow 0} \int_{v_{\alpha \varepsilon + i\delta}} \frac{e^{-\zeta}}{\zeta} d\zeta = e^{\alpha \varepsilon} \lim_{\delta \downarrow 0} E_1(\alpha \varepsilon + i\delta).$$

Daher gilt nun für $\alpha > 0$ und $\varepsilon > 0$

$$I(\alpha, \varepsilon) = e^{\alpha \varepsilon} E_1(\alpha \varepsilon) \text{ und } J(\alpha, \varepsilon) = \overline{I(\alpha, -\varepsilon)} = e^{-\alpha \varepsilon} \lim_{\delta \downarrow 0} \overline{E_1(-\alpha \varepsilon + i\delta)}.$$

Der Hauptzweig des Exponentialintegrals ist holomorph, aber unstetig entlang der negativen reellen Achse. Für den Sprung über die negative reelle Achse gilt

$$\lim_{\delta \downarrow 0} (E_1(-x + i\delta) - E_1(-x - i\delta)) = \int_{\partial K_r} \frac{e^{-\zeta}}{\zeta} d\zeta.$$

Dabei ist ∂K_r der im Uhrzeigersinn orientierte Rand eines Kreises um 0 mit Radius r. Daher gilt nach Cauchys Integralformel

$$\lim_{\delta \downarrow 0} (E_1(-x + i\delta) - E_1(-x - i\delta)) = -2\pi i.$$

Für $x > 0$ sei

$$E_1(x) = \int_x^\infty \frac{e^{-s}}{s} ds =: -\text{Ei}(-x).$$

Die dadurch definierte reellwertige Funktion Ei wird nun von der negativen reellen Achse reellwertig auf $\mathbb{R} \setminus \{0\}$ fortgesetzt, indem für $x > 0$ Ei (x) durch Cauchys Hauptwertintegral

$$\text{Ei}(x) = -\mathscr{P} \int_{-x}^\infty \frac{e^{-s}}{s} ds = \lim_{\delta \downarrow 0} \int_{-x}^\infty \Theta(\delta - |s|) \frac{e^{-s}}{s} ds$$

definiert wird. Damit gilt für $x > 0$, siehe auch [8, Gl. 5.5.1],

$$\lim_{\delta \downarrow 0} E_1(-x \pm i\delta) = -\text{Ei}(x) \mp i\pi.$$

Es gilt also für $\alpha > 0$ und $\varepsilon > 0$

$$I(\alpha, \varepsilon) = e^{\alpha \varepsilon} E_1(\alpha \varepsilon) = -e^{\alpha \varepsilon} \text{Ei}(-\alpha \varepsilon)$$

und

$$J\left(\alpha, \varepsilon\right) = e^{-\alpha\varepsilon} \lim_{\delta\downarrow 0} \overline{E_1\left(-\alpha\varepsilon + i\delta\right)} = e^{-\alpha\varepsilon}\overline{\left[-\mathrm{Ei}\left(-\alpha\varepsilon\right) - i\pi\right]}$$

$$= e^{-\alpha\varepsilon}\left[-\mathrm{Ei}\left(-\alpha\varepsilon\right) + i\pi\right].$$

Daraus folgt

$$-\left(2\pi\right)^2 \Delta_{\mathrm{F}}\left(t, x; \varepsilon\right) = -i\pi e^{-\varepsilon t} \cdot \begin{cases} I\left(t+x, \varepsilon\right) + I\left(t-x, \varepsilon\right) & \text{für } t > x > 0 \\ I\left(t+x, \varepsilon\right) + J\left(x-t, \varepsilon\right) & \text{für } x > t > 0 \end{cases}$$

$$= i\pi e^{-\varepsilon t} \begin{cases} e^{\varepsilon(t+x)}\mathrm{Ei}\left(-\varepsilon\left(t+x\right)\right) + e^{\varepsilon(t-x)}\mathrm{Ei}\left(-\varepsilon\left(t-x\right)\right) \\ e^{\varepsilon(t+x)}\mathrm{Ei}\left(-\varepsilon\left(t+x\right)\right) + e^{-\varepsilon(x-t)}\left(\mathrm{Ei}\left(-\varepsilon\left(x-t\right)\right) - i\pi\right) \end{cases}$$

$$= i\pi \begin{cases} e^{\varepsilon x}\mathrm{Ei}\left(-\varepsilon\left(t+x\right)\right) + e^{-\varepsilon x}\mathrm{Ei}\left(-\varepsilon\left(t-x\right)\right) & \text{für } t > x > 0 \\ e^{\varepsilon x}\mathrm{Ei}\left(-\varepsilon\left(t+x\right)\right) + e^{-\varepsilon x}\left(\mathrm{Ei}\left(-\varepsilon\left(x-t\right)\right) - i\pi\right) & \text{für } x > t > 0 \end{cases}.$$

Also gilt

$$\Delta_{\mathrm{F}}\left(t, x; \varepsilon\right) =$$

$$= -\frac{i}{4\pi} \cdot \begin{cases} e^{\varepsilon x}\mathrm{Ei}\left(-\varepsilon\left(t+x\right)\right) + e^{-\varepsilon x}\mathrm{Ei}\left(-\varepsilon\left(t-x\right)\right) & \text{für } t > x > 0 \\ e^{\varepsilon x}\mathrm{Ei}\left(-\varepsilon\left(t+x\right)\right) + e^{-\varepsilon x}\left(\mathrm{Ei}\left(-\varepsilon\left(x-t\right)\right) - i\pi\right) & \text{für } x > t > 0 \end{cases}.$$

In den folgenden Formeln (siehe [8, S. 150–152]) bezeichnet $\gamma = 0,57721\ldots$ die Euler-Mascheroni-Konstante und $\mathscr{E}in$ das komplementäre Exponentialintegral mit

$$\mathscr{E}in\left(z\right) = \int_0^z \frac{1 - e^{-\zeta}}{\zeta} d\zeta.$$

Diese Funktion ist holomorph auf ganz $\mathbb{C}$ und verschwindet offensichtlich bei 0.

Satz 2.19 *Für* $z \in C$ *gilt* $\mathscr{E}in\left(z\right) = \sum_{k=1}^{\infty} \left(-1\right)^{k-1} z^k / \left(k!k\right)$.

Beweis Einsetzen der Potenzreihendarstellung von $\exp\left(-\zeta\right)$ in die Definition von $\mathscr{E}in\left(z\right)$ ergibt bei gliedweiser Integration

$$\mathscr{E}in\left(z\right) = \int_0^z \frac{1 - e^{-\zeta}}{\zeta} d\zeta = \int_0^z \sum_{k=1}^{\infty} \left(-1\right)^{k-1} \frac{\zeta^{k-1}}{k!} d\zeta = \sum_{k=1}^{\infty} \left(-1\right)^{k-1} \frac{z^k}{k!k}.$$

$\square$

Satz 2.20 *Für* $x > 0$ *gilt* $\mathrm{Ei}\left(\pm x\right) = -\mathscr{E}in\left(\mp x\right) + \ln x + \gamma$.

Beweis Für $x > 0$ gilt nach der Definition von Ei

$$\mathrm{Ei}\,(-x) = -E_1\,(x) = -\int_x^\infty \frac{e^{-s}}{s}\,ds = -\int_x^1 \frac{e^{-s}}{s}\,ds - \int_1^\infty \frac{e^{-s}}{s}\,ds.$$

Für das erste Integral gilt

$$-\int_x^1 \frac{e^{-s}}{s}\,ds = \int_x^1 \frac{1-e^{-s}}{s}\,ds - \int_x^1 \frac{ds}{s} = \int_x^1 \frac{1-e^{-s}}{s}\,ds + \ln x$$

$$= \int_0^1 \frac{1-e^{-s}}{s}\,ds - \int_0^x \frac{1-e^{-s}}{s}\,ds + \ln x = -\mathscr{E}in\,(x) + \ln x + \int_0^1 \frac{1-e^{-s}}{s}\,ds.$$

Somit folgt

$$\mathrm{Ei}\,(-x) = -\mathscr{E}in\,(x) + \ln x + \int_0^1 \frac{1-e^{-s}}{s}\,ds - \int_1^\infty \frac{e^{-s}}{s}\,ds$$

$$= -\mathscr{E}in\,(x) + \ln x + \mathscr{E}in\,(1) + \mathrm{Ei}\,(-1)\,.$$

Damit ist gezeigt, dass für $x > 0$

$$\mathrm{Ei}\,(-x) + \mathscr{E}in\,(x) - \ln x = \int_0^1 \frac{1-e^{-s}}{s}\,ds - \int_1^\infty \frac{e^{-s}}{s}\,ds,$$

dass $\mathrm{Ei}\,(-x) + \mathscr{E}in\,(x) - \ln x$ also gleich einer Konstante C ist. Dass der Wert der Konstanten gleich γ ist, bleibt hier unbewiesen, da es für das verfolgte Ziel unbedeutend ist. $\qquad\square$

Aus diesen beiden Sätzen folgt für $x > 0$

$$\mathrm{Ei}\,(x) = -\mathscr{E}in\,(-x) + \ln x + \gamma = \gamma + \ln x + \sum_{k=1}^\infty \frac{x^k}{k!k}$$

und für $x < 0$

$$\mathrm{Ei}\,(x) = \mathrm{Ei}\,(-|x|) = -\mathscr{E}in\,(|x|) + \ln |x| + \gamma = \gamma + \ln |x| + \sum_{k=1}^\infty (-1)^k \frac{|x|^k}{k!k}$$

$$= \gamma + \ln |x| + \sum_{k=1}^\infty \frac{x^k}{k!k}.$$

Somit gilt für alle $x \neq 0$

$$\mathrm{Ei}\,(x) = \gamma + \ln |x| + \sum_{k=1}^\infty \frac{x^k}{k!k}.$$

Daraus folgt nun

$$\Delta_F(t,x;\varepsilon) = -\frac{i}{4\pi} \cdot \begin{cases} 2\gamma + 2\ln\varepsilon + \ln(t+x) + \ln(t-x) + o(\varepsilon) \\ 2\gamma + 2\ln\varepsilon + \ln(t+x) + \ln(x-t) - i\pi + o(\varepsilon) \end{cases}$$

$$= -\frac{i}{4\pi} \cdot \begin{cases} 2\gamma + 2\ln\varepsilon + \ln(t^2 - x^2) + \mathcal{O}(\varepsilon) & \text{für } t > x > 0 \\ 2\gamma + 2\ln\varepsilon + \ln(x^2 - t^2) - i\pi + \mathcal{O}(\varepsilon) & \text{für } x > t > 0 \end{cases}.$$

Der Grenzwert für $\varepsilon \to 0$ ergibt sich daher zu

$$\lim_{\varepsilon \downarrow 0}\left[\Delta_F(t,x;\varepsilon) + \frac{i}{2\pi}\ln\varepsilon\right] = -\frac{i}{4\pi} \cdot \begin{cases} 2\gamma + \ln(t^2 - x^2) & \text{für } t > x > 0 \\ 2\gamma + \ln(x^2 - t^2) - i\pi & \text{für } x > t > 0 \end{cases}.$$

Aufgrund der Spiegelungssymmetrien von Δ_F gilt allgemeiner für alle (t,x) mit $t^2 \neq x^2$

$$\lim_{\varepsilon \downarrow 0}\left[\Delta_F(t,x;\varepsilon) + \frac{i}{2\pi}\ln\varepsilon\right] = -\frac{i}{4\pi}\ln\left(\left|t^2 - x^2\right|\right) - i\frac{\gamma}{2\pi} - \frac{1}{4}\Theta\left(x^2 - t^2\right).$$

Mit $-\Theta\left(x^2 - t^2\right) = \Theta\left(t^2 - x^2\right) - 1$ folgt weiter

$$\Delta_c(t,x) = \lim_{\varepsilon \downarrow 0}\left[\Delta_F(t,x;\varepsilon) + \frac{i}{2\pi}\ln\varepsilon\right]$$

$$= -\frac{i}{4\pi}\ln\left|t^2 - x^2\right| + \frac{\Theta\left(t^2 - x^2\right)}{4} - \left(i\frac{\gamma}{2\pi} + \frac{1}{4}\right).$$

Die Funktion $\Delta_c : \mathbb{R}^2 \smallsetminus \left\{(t,x)\,\big|\,t^2 = x^2\right\} \to \mathbb{C}$ wird als Feynmanpropagator zur zweidimensionalen dAWG bezeichnet. Die ihr zugeordnete reguläre Distribution ist eine Fundamentallösung von $\Box_2$.

2.10 Übungsbeispiele

1. Seien $w, z \in \mathbb{C}$. Zeigen Sie: $w \cdot z = z \cdot w$, $|w \cdot z| = |w|\,|z|$, $|1/z| = 1/\,|z|$.
2. Geben Sie für die (vier) Zahlen $z \in \mathbb{C}$, für die $z^4 = -1$ gilt, die folgenden Größen an: $|z|$, $\Re z$, $\Im z$, $\arg(z)$.
3. Berechnen Sie $\arg(1 + i\sqrt{3})$ und $\arg(\sqrt{3} - i)$. Berechnen Sie Betrag und Argument von $\sqrt[3]{1 + i\sqrt{3}}$ und von $\sqrt[3]{\sqrt{3} - i}$ für den Hauptzweig der Wurzelfunktion.
4. Kontrollieren Sie für die folgenden Funktionen f, ob die Cauchy-Riemannschen-Differentialgleichungen gelten:
   $f : \mathbb{C} \to \mathbb{C}$ mit $f(z) = z^2$.
   $f : \mathbb{C} \smallsetminus \{0\} \to \mathbb{C}$ mit $f(z) = 1/z$.
   $f : \mathbb{C} \to \mathbb{C}$ mit $f(z) = \sin(z)$. (Abb. 2.17 zeigt $\Re f$.)
   $f : \mathbb{C} \to \mathbb{C}$ mit $f(x + iy) = x^2 - y^2 + i\alpha xy$ für $x, y \in \mathbb{R}$ und festes $\alpha \in \mathbb{R}$.

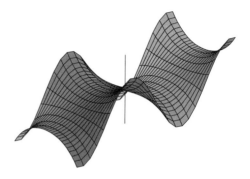

Legen Sie eine Liste jener harmonischen Funktionen an, die dieses Beispiel
abwirft. Geben Sie auch die Kartenausdrücke dieser Funktionen in Polarkoordinaten an.

5. Für welche $(a, b) \in \mathbb{R}^2$ existiert eine holomorphe Funktion $f : \mathbb{C} \to \mathbb{C}$, sodass
   für alle $x, y \in \mathbb{R}$

$$(\Re f)\,(x + iy) = x^2 + 2axy + by^2 \tag{2.17}$$

gilt? Geben Sie zu jedem solchen Paar (a, b) alle holomorphen Funktionen f an,
für die Gl. 2.17 gilt.

Hinweis: Was lässt sich aus $\Delta\,(\Re f) = 0$ über b erschließen? Lösen Sie dann mit
diesem Wissen die Cauchy-Riemann-Gleichungen.

6. Sei $K_1 = \{z \in \mathbb{C} : |z| < 1\}$ und $g : K_1 \to \mathbb{C}$ mit

$$g\,(z) = \sum_{n=1}^{\infty} (-1)^{n-1}\,\frac{z^n}{n} = z - \frac{z^2}{2} + \frac{z^3}{3} - \ldots$$

Die unendliche Reihe ist durch die geometrische Reihe, die den Konvergenzradius 1 hat, majorisiert. Daher ist g holomorph. Zeigen Sie mithilfe von Ketten-
und Quotientenregel, dass für alle $z \in K_1$

$$\frac{d}{dz}\,\frac{e^{g(z)}}{1 + z} = 0.$$

Schließen Sie daraus, dass $g\,(z) = \ln\,(1 + z)$, wobei $\ln$ der Hauptzweig der
Logarithmusfunktion ist. Welche Potenzreihe hat die Funktion $\ln$ um einen allgemeinen Punkt $x \in \mathbb{C}$ mit $x = \Re x > 0$?

7. (Komplexe Wegintegration) Sei $R > 0$ und $\gamma_1 : [-2R, 0] \to \mathbb{C}$, $t \mapsto t + R$.
   Weiter sei $\gamma_2 : [0, \pi] \to \mathbb{C}$, $t \mapsto R \cdot \exp\,(it)$. Die stetige, geschlossene, stückweise C^1-Kurve $\gamma : [-2R, \pi] \to \mathbb{C}$ mit

$$\gamma\,(t) = \begin{cases} \gamma_1\,(t) \text{ für } t \le 0 \\ \gamma_2\,(t) \text{ für } t > 0 \end{cases}$$

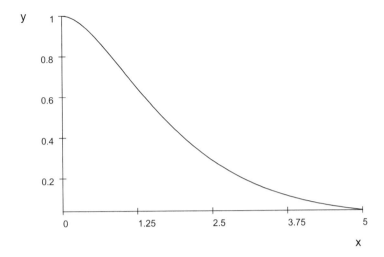

Abb. 2.18 Die Funktion $y = (1 + x)\, e^{-x}$ aus Übungsbeispiele 9

parametrisiert daher einen in der oberen komplexen Halbebene liegenden Halb-kreis um 0 (samt Durchmesser). Sei $\alpha \in \mathbb{R}$ und $f : \mathbb{C} \to \mathbb{C}$ mit

$$f(x + iy) = x^2 - y^2 + i\alpha xy$$

für $x, y \in \mathbb{R}$. Zeigen Sie

$$\int_\gamma f(z)\, dz = \frac{2R^3}{3}(2 - \alpha).$$

Beachten Sie: f ist holomorph $\Leftrightarrow \alpha = 2 \Leftrightarrow \int_\gamma f(z)\, dz = 0$.

8. (Residuensatz) Seien $x \in \mathbb{R}$ und $\lambda \in \mathbb{R}_{>0}$. Zeigen Sie mithilfe des Residuensat-zes, dass

$$\lim_{K \to \infty} \int_{-K}^{K} \frac{\exp(ikx)}{k^2 + \lambda^2}\, dk = \frac{\pi}{\lambda} e^{-\lambda |x|}.$$

Ist dieses Ergebnis mit dem Fourierschen Umkehrsatz und der (z. B. in Bd. 1 dieses Werkes berechneten) Fouriertransformierten von $e^{-\lambda |x|}$, nämlich

$$\int_{-\infty}^{\infty} \frac{e^{-ikx}}{\sqrt{2\pi}} e^{-\lambda |x|} dx = \sqrt{\frac{2}{\pi}} \frac{\lambda}{k^2 + \lambda^2},$$

konsistent? Hinweis: Schließen Sie für $x \geq 0$ den Integrationsweg durch einen Halbkreisbogen in der oberen komplexen Halbebene. Den Fall $x < 0$ führen Sie durch die Substitution $k' = -k$ auf $x > 0$ zurück.

9. (Mit dem Residuensatz zum Yukawapotential) Sei $x \in \mathbb{R}^3 \setminus \{0\}$, $\kappa \in \mathbb{R}_{>0}$ und $r = |x|$. Zeigen Sie durch Integration mit Kugelkoordinaten, dass für die dreidimensionale Kugel K_R um 0 mit Radius $R > 0$

$$\frac{1}{(2\pi)^3} \int_{K_R} \frac{e^{i\langle k,x\rangle}}{|k|^2 + \kappa^2} d^3 k = \frac{1}{(2\pi)^2} \int_0^R \frac{q^2}{q^2 + \kappa^2} \left(\int_0^\pi e^{iqr\cos\theta} \sin\theta d\theta \right) dq$$

$$= \frac{i}{r(2\pi)^2} \int_0^R \frac{q}{q^2 + \kappa^2} \left(\int_0^\pi \frac{d}{d\theta} e^{iqr\cos\theta} d\theta \right) dq$$

$$= \frac{i}{r(2\pi)^2} \int_0^R \frac{q}{q^2 + \kappa^2} \left(e^{-iqr} - e^{iqr} \right) dq$$

$$= \frac{i}{r(2\pi)^2} \int_{-R}^R \frac{qe^{-iqr}}{(q - i\kappa)(q + i\kappa)} dq \to \frac{e^{-\kappa r}}{4\pi r} =: Y(x) \text{ für } R \to \infty.$$

Der letzte Schritt folgt aus dem Residuensatz, da der ergänzende Halbkreisbogen in der unteren Halbebene im Limes $R \to \infty$ keinen Beitrag liefert (siehe [2, § 28.7.4]).[11] Zeigen Sie, dass $\left(-\Delta + \kappa^2\right) Y = 0$ auf $\mathbb{R}^3 \setminus \{0\}$. Zeigen Sie für das Flussintegral von $-\text{grad}(Y)$ durch die nach außen orientierte 2-Sphäre mit Radius r, dass $\int_{\mathbb{S}_r^2} -\langle \text{grad}(Y), df \rangle = (1 + \kappa r) e^{-\kappa r}$. Abb. 2.18 zeigt die Funktion $y = (1 + x) e^{-x}$ für $0 < x < 5$.

10. Prüfen Sie für den Hauptzweig der Logarithmusfunktion die Cauchy-Riemannschen Differentialgleichungen. Kontrollieren Sie, ob Ihre Formeln für

$$\Re \log(x + iy) \text{ und } \Im \log(x + iy)$$

wirklich das Vektorfeld von Abb. 2.4 ergeben. Achten Sie dabei auf die Fallunterscheidungen im Definitionsbereich, sodass der Schnitt tatsächlich auf der negativen reellen Achse liegt!

Literatur

1. Erwe, F.: Differential- und Integralrechnung, Bd. 2. BI, Mannheim (1962)
2. Fischer, H., Kaul, H.: Mathematik für Physiker, Bd. 1. Teubner, Stuttgart (2005)
3. Forster, O.: Analysis 1. Vieweg, Braunschweig (1992)
4. Hassani, S.: Mathematical Physics, a Modern Introduction to its Foundations. Springer, New York (1999)
5. Jänich, K.: Funktionentheorie. Springer, Berlin (1999)

[11] $-(Q/\varepsilon_0) \, grad \, (Y)$ modelliert das elektrostatische Feld einer Punktladung der Stärke Q, die in ein neutrales, ionisiertes Medium eingebracht ist. Das Medium schirmt die Punktladung nach außen hin zunehmend ab, indem Ionenladung Q_r die Kugel um 0 vom Radius r verlässt. Q_r steigt im Bereich $0 < r < \infty$ monoton von 0 auf Q an. $1/\kappa$ heißt Debye-Länge.

6. Jänich, K.: Analysis für Physiker und Ingenieure. Springer, Berlin (2001)
7. Koerner, T.W.: Fourier Analysis. Cambridge UP, Cambridge (1988)
8. Olver, F.W.J., et al. (Hrsg.): NIST Handbook of Mathematical Functions. Cambridge UP, Cambridge (2010)

Partielle Differentialgleichungen 3

Die analytische Mechanik formuliert die Bewegungsgesetze von Materie als ein System gewöhnlicher Differentialgleichungen. Sie tut dies, indem sie ein materielles System als Aggregat von vielen ausdehnungslosen „Massenpunkten" auffasst. Eine Lösung der Bewegungsgleichung eines mechanischen Systems ist eine Abbildung eines reellen Zeitintervalls in einen zusammengesetzten Galileischen Konfigurationsraum.

Elektrodynamik, Kontinuumsmechanik und orthodoxe Quantentheorie hingegen sehen die Geschichte eines materiellen Systems nicht als Aggregat einzelner Weltlinien, sondern als Aggregat von Funktionen entweder auf der Einsteinschen Raumzeit oder auf einer Galileischen Konfigurationsraumzeit. Diese Funktionen, die meist Felder genannt werden, repräsentieren etwa Massendichte, Ladungsstromdichte und elektromagnetisches Feld oder Aufenthaltswahrscheinlichkeit in ihrer Abhängigkeit von Ort oder Konfiguration und Zeit. Die Naturgesetze dieser Theorien setzen die Felder in jedem Punkt p der Raumzeit mit Ableitungen der Felder *im selben* Punkt p in Zusammenhang, sodass eine Feldkonfiguration ein System von partiellen Differentialgleichungen löst und damit die Dynamik der Felder von Nahewirkung geprägt ist. Von den wichtigsten der linearen partiellen Differentialgleichungen, welche die Physik benutzt, handelt dieses Kapitel.

Da wir es im Folgenden fast ausschließlich mit reellwertigen Skalarfeldern zu tun haben werden, wird die Bezeichnung $C^m(\Omega : \mathbb{R})$ für den Raum aller Funktionen von Ω nach $\mathbb{R}$, deren partielle Ableitungen bis mindestens zur Ordnung m existieren und stetig sind, zu $C^m(\Omega)$ verkürzt. Im Fall $m = 0$ der stetigen Funktionen wird $C^0(\Omega)$ gelegentlich zu $C(\Omega)$ verknappt.

3.1 Laplacegleichung

In diesem Abschnitt werden einige Eigenschaften von Funktionen $g : \mathbb{R}^n \supset \Omega \to \mathbb{R}$, welche auf Ω die Laplacegleichung $\Delta g = 0$ erfüllen, behandelt. Es wird dabei

© Springer-Verlag GmbH Deutschland, ein Teil von Springer Nature 2019
G. Grübl, *Mathematische Methoden der Theoretischen Physik | 2*,
https://doi.org/10.1007/978-3-662-58075-2_3

teilweise vorausgesetzt, dass der offene Grundbereich Ω beschränkt, also ein soge-
nannter Innenraum ist. Systematische Rechenmethoden zum Auffinden von solchen
Funktionen, den Lösungen der Laplacegleichung, werden erst in späteren Abschnitten behandelt.

Definition 3.1 Sei $\Omega \subset \mathbb{R}^n$ offen. Der Rand von Ω wird als $\partial\Omega$ und der Abschluss
von Ω als $\overline{\Omega}$ notiert. Für $\partial\Omega \neq \{\}$ sei die Funktion $h : \partial\Omega \to \mathbb{R}$ stetig. Eine Funktion $g \in C^2(\Omega)$ mit $\Delta_x g = 0$ für alle $x \in \Omega$ heißt harmonisch. Eine Funktion $g \in$
$C^0(\overline{\Omega})$, die auf Ω harmonisch ist und $g(x) = h(x)$ für alle $x \in \partial\Omega$ erfüllt, wird
als Lösung des Dirichletschen Randwertproblems[1] (DRWP) zur Laplacegleichung
auf Ω mit stetiger Randvorgabe h bezeichnet.

Im Fall der Elektrostatik dienen harmonische Funktionen als elektrische Potentiale, im Fall der Schwerkraft als Schwerepotentiale, jeweils außerhalb des von den
potentialerzeugenden Massen oder Ladungen besetzten Raumgebietes.

Die Funktion $g : \mathbb{R}^2 \to \mathbb{R}$ mit $g(x, y) = a\left(x^2 - y^2\right) + bxy + cx + dy + e$ ist
für beliebige Konstanten $a, b \ldots \in \mathbb{R}$ harmonisch. Wenig überraschend gibt es also
unendlich viele Lösungen von $\Delta g = 0$. Sind zwei Funktionen auf Ω harmonisch,
dann sind auch alle reellen Linearkombinationen dieser Funktionen harmonisch. Die
Menge aller auf Ω harmonischen Funktionen ist also ein reeller Vektorraum.

Wie können einzelne Lösungen von $\Delta g = 0$ (auf Ω) durch Zusatzbedingungen
ausgezeichnet werden? Bei Vorliegen beschränkter Grundmenge Ω und weiterer
einschränkender Voraussetzungen an Ω erweist sich das DRWP zu $\Delta g = 0$ auf
Ω mit stetiger Randvorgabe als eine Aufgabenstellung, die mindestens eine Lösung
hat. Die entsprechenden Existenznachweise übersteigen den Rahmen dieses Werkes,
(siehe aber [13, Abschn. 3.3 und 3.4]). Wir werden im Folgenden aber einsehen, dass
es höchstens eine Lösung zu einem solchen DRWP geben kann. Zu jeder stetigen
Randvorgabe h auf $\partial\Omega$ gehört dann genau eine harmonische Funktion auf Ω mit
stetiger Fortsetzung nach $\overline{\Omega}$.

Anmerkung 1: Nicht jede Funktion $g : \Omega \to \mathbb{R}$, die nach jeder der beiden Stan-
dardkoordinaten zweimal partiell differenzierbar ist und $\sum_{i=1}^{n} \partial_i^2 g(x) = 0$ in allen Punkten $x \in \Omega$ erfüllt, ist harmonisch. Ein Beispiel dafür ist die Funktion[2]
$u : \mathbb{R}^2 \to \mathbb{R}$ mit

---

[1]Hier ist der Wortteil „Problem" im Sinn von Aufgabe zu verstehen. Dementsprechend wird auch
vielfach von einer Randwertaufgabe gesprochen.

[2]In der Physik tritt diese Funktion als 2d-Quadrupolpotential auf. Sie ergibt sich (bis auf einen
konstanten Faktor) durch zweimaliges Ableiten der Funktion $f = \frac{1}{2\pi} \ln \sqrt{x^2 + y^2}$ auf $\mathbb{R}^2 \smallsetminus 0$. Es
gilt $\partial_y \partial_x \ln \sqrt{x^2 + y^2} = \partial_y \frac{x}{x^2 + y^2} = -2 \frac{xy}{(x^2 + y^2)^2}$ und daher $u = -\pi \partial_y \partial_x f$ auf $\mathbb{R}^2 \smallsetminus 0$. Die lokalintegrable Funktion f ist eine Fundamentallösung des 2d-Laplaceoperators.

$$u(x, y) = \frac{xy}{\left(x^2 + y^2\right)^2} \text{ für } (x, y) \neq (0, 0) \text{ und } u(0, 0) = 0.$$

Sie erfüllt, wie man sich leicht überzeugt, $\partial_1^2 u(0,0) = \partial_2^2 u(0,0) = 0$ und für alle $(x, y) \in \mathbb{R}^2 \smallsetminus (0, 0)$

$$\partial_1^2 u(x, y) = 12xy \frac{x^2 - y^2}{\left(x^2 + y^2\right)^4} \text{ und } \partial_2^2 u(x, y) = 12xy \frac{y^2 - x^2}{\left(x^2 + y^2\right)^4} = -\partial_1^2 u(x, y).$$

Somit gilt $\partial_1^2 u + \partial_2^2 u = 0$ auf ganz $\mathbb{R}^2$. Aber die Funktion u und ihre (ungemischten!) partiellen Ableitungen $\partial_i^k u$ sind im Nullpunkt unstetig. Die Existenz von $\partial_i^k u$ in 0 ist garantiert durch

$$u(x, 0) = 0 = u(0, y) \text{ für alle } x, y \in \mathbb{R}.$$

In allen Punkten von $\mathbb{R}^2 \smallsetminus \{0\}$ ist u beliebig oft stetig differenzierbar. Eingeschränkt auf $\mathbb{R}^2 \smallsetminus \{0\}$ ist u somit harmonisch, nicht jedoch auf ganz $\mathbb{R}^2$.

Die Bedingung $g \in C^2(\Omega)$ an eine harmonische Funktion g ist also nicht überflüssig. Woher kommt sie? Der Ausdruck Δg ist koordinatenfrei ja nicht als Summe der zweiten partiellen Ableitungen, sondern durch $\Delta_x g = \text{div}_x(\text{grad}[g])$ definiert. Damit Δg auf Ω Sinn macht, muss g auf Ω überall vom C^2-Typ sein.

Anmerkung 2: Eine harmonische Funktion $g : \Omega \to \mathbb{R}$ bestimmt eine Lösung eines DRWP zu $\Delta g = 0$ auf Ω mit stetiger Randvorgabe genau dann, wenn g eine stetige Fortsetzung auf $\overline{\Omega}$ besitzt. Diese wird meist auch wieder als g bezeichnet und man notiert $g \in C^0(\overline{\Omega}) \cap C^2(\Omega)$. Besitzt eine harmonische Funktion g eine stetige Fortsetzung auf $\overline{\Omega}$, dann braucht $\partial_i g$ nicht stetig von Ω auf $\overline{\Omega}$ fortsetzbar zu sein. Ein von Hadamard geliefertes Beispiel einer solchen harmonischen Funktion ist in [8, Example 30.2] beschrieben.

3.1.1 DRWP: Existenz einer Lösung

Für $h = 0$ ist $g = 0$ eine Lösung des DRWP zur Laplacegleichung. Man nennt die Vorgabe $h = 0$ das homogene DRWP zur Laplacegleichung auf Ω. Existiert auch für allgemeine Funktion h eine Lösung? Ist Ω etwa eine Kreisscheibe, dann existiert eine explizit konstruierte Abbildung, Poissons Integralformel, die zu jeder stetigen Randvorgabe h eine Lösung $g[h]$ angibt.

Für allgemeine Grundmenge Ω mit Randvorgabe $h \neq 0$ existiert jedoch fallweise gar keine Lösung des DRWP. Erst zusätzliche Bedingungen an Ω garantieren die Existenz einer Lösung des DRWP zu jedem stetigen h. Wir können darauf nicht näher eingehen, geben aber ein Beispiel. Sei $\Omega \subset \mathbb{R}^2$ die offene Einheitskreisscheibe um 0, aus der 0 entfernt ist. Dann gilt

$$\partial \Omega = \left\{ p \in \mathbb{R}^2 : |p| = 1 \right\} \cup \{0\}.$$

Sind $c, d \in \mathbb{R}$ mit $c \neq d$, dann existiert zur Randvorgabe $h(p) = c$ für $|p| = 1$ und $h(0) = d$ keine Lösung des DRWP auf Ω. Dies folgt aus Poissons Lösungsformel für das DRWP zur Einheitskreisscheibe mit konstanter Vorgabe auf der Kreislinie $\{p \in \mathbb{R}^2 : |p| = 1\}$. Sie besagt nämlich: $g[h] = c$ auf $\overline{\Omega}$. Poissons Lösungsformel wird in Abschn. 3.5.21 eingehender behandelt.

Gibt es für eine Menge Ω Lösungen g zu jedem stetigen h, dann sind sie in der Regel nur näherungsweise und maschinell zu berechnen. Nur für einfachste Gebiete wie Rechteck, Quader oder Kugelschale kann die Lösungsabbildung $h \mapsto g[h]$ weitgehend konstruiert werden.

3.1.2 DRWP: Eindeutigkeit der Lösung

Falls das DRWP zur Laplacegleichung auf Ω mit Randvorgabe h eine Lösung $g[h]$ hat, ist diese Lösung dann eindeutig? Diese Frage ist für beschränkten Grundbereich Ω einigermaßen einfach zu klären. Für unbeschränkte Bereiche Ω ist die Situation etwas schwieriger zu verstehen. Hier ein erster Eindeutigkeitssatz, der über das Grundgebiet Ω und die zur Auswahl stehenden harmonischen Funktionen etwas einengende Voraussetzungen macht.

Satz 3.1 *Sei $\Omega \subset \mathbb{R}^n$ offen, beschränkt und stückweise glatt berandet. Seien g_1, g_2 Lösungen des DRWP von $\Delta g = 0$ auf Ω zur Randvorgabe $h \in C^0(\partial\Omega)$ mit $g_1, g_2 \in \overline{C}^2(\Omega)$.[3] Dann gilt $g_1 = g_2$.*

Beweis Für $u = g_1 - g_2$ gilt $\Delta u = 0$ auf Ω und $u = 0$ auf $\partial\Omega$. Wegen $\Delta u = 0$ gilt $\operatorname{div}(u \cdot \operatorname{grad}(u)) = \langle \operatorname{grad}(u), \operatorname{grad}(u) \rangle$ auf Ω. Integration mit dem Satz von Gauß – hier wird $u \in \overline{C}^2(\Omega)$ benötigt – ergibt wegen $u = 0$ auf $\partial\Omega$

$$0 \leq \int_\Omega |\operatorname{grad}(u)|^2 \, d^n x = \int_{\partial\Omega} u \, \langle \operatorname{grad}(u), df \rangle = 0.$$

Also gilt $\operatorname{grad}(u) = 0$ auf Ω. Aus $u = 0$ auf $\partial\Omega$ folgt $u = 0$. □

Das homogene DRWP zu $\Delta g = 0$ auf Ω hat also für stückweise glatt berandete Ω genau eine Lösung g in $\overline{C}^2(\Omega)$, nämlich $g = 0$. Analog ist für konstante Randvorgabe $h = h_0$ die konstante Funktion $g = h_0$ die eindeutige Lösung des DRWP in $\overline{C}^2(\Omega)$.

---

[3] $\overline{\mathscr{C}}^2(\Omega)$ bezeichnet die Menge aller auf Ω zweimal stetig partiell differenzierbaren reellwertigen Funktionen, deren partielle Ableitungen bis zur zweiten Ordnung stetige Fortsetzungen nach $\overline{\Omega}$ haben.

Existiert für gegebenes Ω zu einem $h \in C^0 (\partial \Omega)$ eine Lösung des DRWP zu $\Delta g = 0$, dann zeigt die Eindeutigkeit dieser Lösung, dass weitere Vorgaben das Problem überbestimmen und i. A. dazu führen, dass eine dermaßen überzogene Wunschliste nicht erfüllbar ist. Die Aufgabe hat dann gar keine Lösung. Ist hingegen h nur auf einem Stück des Randes vorgegeben, dann gibt es eventuell unendliche viele harmonische Funktionen, die diese unvollständige Randvorgabe erfüllen.

Die Zuordnung $h \mapsto g[h]$ eines DRWP realisiert ein Ideal der Physik: Sie gibt eine Größe h an, die innerhalb bestimmter Grenzen frei wählbar ist, und ordnet dieser eine eindeutige Fortsetzung g auf einen weitaus größeren Bereich zu. Im gegenwärtigen Fall bedeutet dies, dass aus den Werten eines Potentials am Rand eines Gebietes auf die Werte des Potentials im Inneren des Gebietes geschlossen werden kann.

3.1.3 Eigenschaften harmonischer Funktionen

Die Eindeutigkeit der Lösung eines DRWP zu $\Delta g = 0$ auf Ω gilt auch für Ω ohne stückweise glatten Rand und ohne die Einschränkung auf $g \in \overline{C}^2 (\Omega) \subset C^0 (\overline{\Omega}) \cap C^2 (\Omega)$. Dies kann mithilfe eines Maximumsprinzips für harmonische Funktionen bewiesen werden, das besagt, dass eine harmonische Funktion im Inneren ihres Definitionsbereiches keinen Wert annimmt, der größer (bzw. kleiner) als das Maximum (bzw. Minimum) ihrer Randwerte ist. Zudem lässt sich aus dem Maximumsprinzip für gegebenes Ω die Stetigkeit der Lösungsabbildung $h \mapsto g[h]$ ableiten.

Maximumsprinzip und Mittelwerteigenschaft
Satz 3.2 *Sei $\Omega \subset \mathbb{R}^n$ offen, beschränkt, und $g \in C^0 (\overline{\Omega}) \cap C^2 (\Omega)$ sei harmonisch auf Ω. Dann gilt für jedes $x \in \overline{\Omega}$ das schwache Maximumsprinzip*

$$\min \{g(y) : y \in \partial \Omega\} \leq g(x) \leq \max \{g(y) : y \in \partial \Omega\} .$$

Ist Ω zusammenhängend und gilt für ein $x \in \Omega$ entweder $g(x) = \max \{g(y) : y \in \partial \Omega\}$ oder $g(x) = \min \{g(y) : y \in \partial \Omega\}$, dann ist g konstant. (Starkes Maximumsprinzip)

Beweis Sei $g_\varepsilon : \overline{\Omega} \to \mathbb{R}$ mit $g_\varepsilon (x) = g(x) + \varepsilon |x|^2$ für $\varepsilon > 0$. Daraus folgt $\Delta g_\varepsilon = 2 \varepsilon n > 0$. Nehme nun an, dass g_ε in einem inneren Punkt y von Ω maximal ist. Dann folgt $\partial_i^2 g_\varepsilon \leq 0$ für alle $i = 1, \ldots n$. Daraus wiederum folgt $\Delta g_\varepsilon \leq 0$, was im Widerspruch zu $\Delta g_\varepsilon > 0$ steht. g_ε nimmt also auf Ω kein Maximum an. Als stetige Funktion nimmt g_ε aber auf $\overline{\Omega}$ ein Maximum an. Dieses wird somit auf einem

Randpunkt $x_0 \in \partial\Omega$ angenommen. Daher gilt für alle $x \in \Omega$

$$g(x) = g_\varepsilon(x) - \varepsilon |x|^2 \leq g_\varepsilon(x) \leq g_\varepsilon(x_0) = g(x_0) + \varepsilon |x_0|^2$$
$$\leq g(x_0) + \varepsilon \max\left\{ |y|^2 \,|\, y \in \partial\Omega \right\} \leq \max_{\partial\Omega} g + \varepsilon \max_{\partial\Omega} |\cdot|^2.$$

Für alle $\varepsilon > 0$ und für alle $x \in \Omega$ gilt also

$$g(x) \leq \max_{\partial\Omega} g + \varepsilon \max_{\partial\Omega} |\cdot|^2.$$

Durch Grenzübergang $\varepsilon \downarrow 0$ folgt daraus, dass $g(x) \leq \max_{\partial\Omega} g$ für alle $x \in \Omega$. Ersetzt man nun g durch $-g$, so folgt, da ja auch $-g$ harmonisch ist, $-g(x) \leq \max_{\partial\Omega}(-g) = -\min_{\partial\Omega} g$. Somit gilt $\min_{\partial\Omega} g \leq g(x)$ für alle $x \in \Omega$. Damit ist das schwache Maximumsprinzip bewiesen. Zum Beweis des starken Maximumsprinzips siehe etwa [10, Abschn. 6.3]. $\square$

Nach dem Maximumsprinzip hat eine Punktladung unter dem Einfluss eines (vorgegebenen!) harmonischen Potentials g keine stabile Gleichgewichtslage im Inneren des Definitionsbereiches von g. Deshalb wurde bis 1913 angenommen, dass die gebundenen Elektronen eines Atoms als Punktteilchen in einer kontinuierlichen Wolke positiver Ladungsdichte von der Größe eines Atoms sitzen. Damit war das Potential, das ein Elektron spürt, keine harmonische Funktion mehr, und die unliebsame Folge des Maximumsprinzips war umgangen. Erst Rutherfords Experimente zwangen zur Aufgabe der Vorstellung vom rosinenkuchenartigen Atom und stellten die Atomphysik vor die Frage, wie das Maximumsprinzip für harmonische Funktionen mit der Stabilität von Atomen vereinbar ist. Abb. 3.1 illustriert das Prinzip an $g(x, y) = x^2 - y^2$.

Nun zur angekündigten wichtigen Konsequenz dieses Maximumsprinzips.

Korollar 3.1 *Seien $g_1, g_2 \in C^0\left(\overline{\Omega}\right) \cap C^2(\Omega)$ harmonisch auf einer offenen und beschränkten Menge $\Omega \subset \mathbb{R}^n$. Falls $g_1(x) = g_2(x)$ für alle $x \in \partial\Omega$, dann gilt $g_1(x) = g_2(x)$ für alle $x \in \overline{\Omega}$.*

Beweis Die Funktion $g = g_1 - g_2$ ist harmonisch auf Ω und es gilt $g(x) = 0$ für alle $x \in \partial\Omega$. Somit folgt aus dem Maximumsprinzip $0 \leq g(x) \leq 0$ für alle $x \in \Omega$. Also gilt $g_1 = g_2$ auch auf Ω. $\square$

Abb. 3.1 Die Funktion $x^2 - y^2$ über dem Einheitsquadrat $[-1, 1]^2$

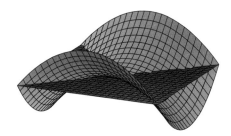

Etwas allgemeiner ist das folgende, ganz analog zu beweisende Ergebnis:

Korollar 3.2 *Seien* $g_1, g_2 \in C^0\left(\overline{\Omega}\right) \cap C^2(\Omega)$ *harmonisch auf einer offenen und beschränkten Menge* $\Omega \subset \mathbb{R}^n$. *Falls* $-\varepsilon \leq g_1(x) - g_2(x) \leq \varepsilon$ *für alle* $x \in \partial\Omega$, *dann gilt* $-\varepsilon \leq g_1(x) - g_2(x) \leq \varepsilon$ *für alle* $x \in \overline{\Omega}$.

Damit garantiert das Maximumsprinzip die Eindeutigkeit von Lösungen des DRWP zur Laplacegleichung bei beschränktem Ω. Zudem garantiert es die stetige Abhängigkeit der Lösung von den Randvorgaben. Die Existenz von Lösungen lässt das Prinzip jedoch offen. Ist für eine beschränkte Grundmenge Ω auch noch die Existenz von mindestens einer Lösung g zu stetiger Randvorgabe h sichergestellt, dann wird das DRWP zur Laplacegleichung auf Ω als „wohlgestellt" oder „korrekt gestellt" bezeichnet.

Ein einfaches Beispiel für eine nicht korrekt gestellte Aufgabe zur Laplacegleichung stammt von Hadamard. Wir werden es in Abschn. 3.3.4 über die Wohlgestelltheit des Anfangswertproblems zu d'Alemberts Wellengleichung beschreiben. Die Formulierung einer korrekt gestellten Randwertaufgabe verlangt also schon erhebliche Einsicht in die Lösungsmenge einer partiellen Differentialgleichung.

Eine weitere Folge des Maximumsprinzips ist die Mittelwerteigenschaft harmonischer Funktionen auf (beliebigen) offenen Teilmengen $\Omega \subset \mathbb{R}^n$.

Satz 3.3 *Sei* $\Omega \subset \mathbb{R}^n$ *offen. Die Funktion* $g : \Omega \to \mathbb{R}$ *sei harmonisch. Die abgeschlossene Kugel* $\overline{K}_{x,R}$ *um einen Punkt* $x \in \Omega$ *sei in* Ω *enthalten. Der Flächeninhalt von* $\partial K_{x,R}$ *wird mit* $\omega_n(R)$ *bezeichnet. Dann gilt mit dem Flächenelement* $d\omega$ *von* $\partial K_{x,R}$

$$g(x) = \frac{1}{\omega_n(R)} \int_{\partial K_{x,R}} g \, d\omega.$$

Beweis Wegen der Drehinvarianz von Δ ist mit $g|_{\overline{K}_{x,R}}$ auch jede Drehung von $g|_{\overline{K}_{x,R}}$ um x eine auf $\overline{K}_{x,R}$ stetige Funktion, die auf $K_{x,R}$ harmonisch ist. Sie hat im Punkt x den Wert $g(x)$. Mittelung über alle Drehungen von $g|_{\overline{K}_{x,R}}$ ergibt eine drehinvariante (im Inneren harmonische) Funktion $\overline{g}_x$ auf $\overline{K}_{x,R}$ mit $\overline{g}_x(x) = g(x)$. Auf dem Rand $\partial K_{x,R}$ ist $\overline{g}_x$ konstant, nimmt also überall den Wert $\overline{g}_{x,R} = \frac{1}{\omega_n(R)} \int_{\partial K_{x,R}} g \, d\omega$ an. Da die einzige Lösung des Dirichletproblems in der Kugel $K_{x,R}$ zur konstanten Randvorgabe $\overline{g}_{x,R}$ die konstante Funktion mit dem Wert $\overline{g}_{x,R}$ ist, folgt die Behauptung. $\square$

Die Mittelwerteigenschaft harmonischer Funktionen hat bemerkenswerte Konsequenzen. Es lässt sich aus ihr schließen, dass jede auf Ω harmonische Funktion in $C^\infty(\Omega)$ liegt ([13, Korollar 2.1.3] oder [4, Kap. V, § 14.2.7 (d)]), ja sogar reellanalytisch ist ([13, Satz 2.4.4]). Daher ist mit g auch jede partielle Ableitung von g harmonisch. Dies ist bei Lösungen von Randwertproblemen mit Randvorgaben, die nicht in $C^\infty(\partial\Omega)$ liegen, durchaus verwunderlich und vor allem nicht vorbehaltlos auf andere partielle Differentialgleichungen übertragbar.

Überprüfen wir die Mittelwerteigenschaft am Beispiel der harmonischen Funktion $u : \mathbb{R}^2 \to \mathbb{R}$ mit $u(x, y) = x^2 - y^2$. Für einen beliebig gewählten Punkt $(x, y) \in \mathbb{R}^2$ und ein $r > 0$ ist $\gamma : [0, 2\pi] \to \mathbb{R}^2$ mit $\gamma(t) = (x + r\cos t, y + r\sin t)$ eine Parametrisierung des Kreises vom Radius r um den Mittelpunkt (x, y). Die Mittelung von u über diesen Kreis ergibt tatsächlich den Wert von u im Kreismittelpunkt, wie die folgende kurze Rechnung zeigt.

$$
\begin{aligned}
\frac{1}{2\pi} \int_0^{2\pi} u \circ \gamma(t)\, dt &= \frac{1}{2\pi} \int_0^{2\pi} \left[(x + r\cos t)^2 - (y + r\sin t)^2 \right] dt \\
&= \frac{1}{2\pi} \int_0^{2\pi} \left[u(x, y) + 2r(x\cos t - y\sin t) \right. \\
&\qquad\qquad \left. + r^2 \left(\cos^2 t - \sin^2 t \right) \right] dt \\
&= u(x, y) + \frac{r}{\pi} \int_0^{2\pi} (x\cos t - y\sin t)\, dt \\
&\qquad + \frac{r^2}{2\pi} \int_0^{2\pi} \cos(2t)\, dt \\
&= u(x, y).
\end{aligned}
$$

Zuletzt noch eine bemerkenswerte Aussage über jene auf ganz $\mathbb{R}^n$ harmonischen Funktionen, die für $|x| \to \infty$ von polynomial beschränktem Wachstum sind (siehe [4, Kap. V, § 14, sect. 2.7 f.]). Sie sind selbst Polynome. Genauer gilt:

Satz 3.4 *Ist $g : \mathbb{R}^n \to \mathbb{R}$ harmonisch und existieren Zahlen $m \in \mathbb{N}_0, C \in \mathbb{R}_{\geq 0}$ mit $g(x) \leq C \left(1 + |x|^m \right)$ für alle $x \in \mathbb{R}^n$, dann ist g ein Polynom vom Grad $n \leq m$.*

Daraus folgt, dass eine beschränkte, auf $\mathbb{R}^n$ harmonische Funktion konstant ist.

3.2 Poissongleichung

Befinden sich in einem Raumgebiet Ω elektrische Ladungen oder Massen, dann erfüllt das elektrische Potential bzw. das Gravitationspotential $\Phi : \Omega \to \mathbb{R}$ eine Gleichung des Typs $\Delta\Phi = j$ mit (manchmal) vorgegebener und stetiger Funktion $j : \Omega \to \mathbb{R}$. Dies motiviert die Aufgabenstellung der folgenden Definition.

Definition 3.2 Sei $\Omega \subset \mathbb{R}^n$ offen und beschränkt. Die Funktionen $j : \Omega \to \mathbb{R}$ und $h : \partial\Omega \to \mathbb{R}$ seien stetig. Eine stetige Funktion $u : \overline{\Omega} \to \mathbb{R}$ mit $u \in C^2(\Omega)$ und $\Delta u(x) = j(x)$ für alle $x \in \Omega$ und $u(x) = h(x)$ für alle $x \in \partial\Omega$ heißt Lösung des DRWP zur Poissongleichung mit Quelle j und Randvorgabe h.

3.2.1 Innenraumproblem: Eindeutigkeit der Lösung

Die Existenz von Lösungen u des DRWP zur Poissongleichung bei gegebenen Funktionen j, h benötigt wie im Fall $j = 0$ Zusatzbedingungen an Ω. Zusätzlich muss von j mehr als nur Stetigkeit verlangt werden. Wir können darauf nicht eingehen. Die Eindeutigkeit von u ist zumindest für beschränkten Bereich Ω, einen sogenannten Innenraum, klar, da für zwei Lösungen u_1 und u_2 folgt, dass die Differenz $v = u_1 - u_2$ eine Lösung des DRWP der Laplacegleichung auf Ω zur Randvorgabe $h = 0$ ist. Und eine solche ist nur die Funktion $v = 0$.

Falls irgendeine Funktion $v \in C^2(\Omega) \cap C^0(\overline{\Omega})$ mit $\Delta v(x) = j(x)$ für alle $x \in \Omega$ vorliegt, dann ist die Bestimmung einer Lösung u der Poissongleichung auf Ω mit Quelle j und Randvorgabe h auf die Lösung der Randwertaufgabe zur Laplacegleichung auf Ω mit Randvorgabe $h - v|_{\partial\Omega}$ zurückgeführt. Löst nämlich $g \in C^2(\Omega) \cap C^0(\overline{\Omega})$ auf Ω die Gleichung $\Delta g = 0$ und erfüllt g die Randvorgabe $h - v|_{\partial\Omega}$, dann ist $v + g$ offenbar eine Lösung der Poissongleichung auf Ω mit Quelle j und Randvorgabe h.

3.2.2 Ganzraumproblem: Lösungsformel

Der Abschnitt erklärt ein für die Elektrostatik wesentliches Ergebnis über Lösungen etwas eingeschränkter Poissongleichungen im beinahe ganzen Raum $\mathbb{R}^n$ für $n \geq 3$. Der entsprechende Satz ist [4, § 14.5.1] entnommen. Physikalisch besonders relevant ist der Fall $n = 3$. Die Einschränkung besteht darin, dass die Quelle j außerhalb einer genügend großen Kugel verschwindet und dass vom ganzen $\mathbb{R}^n$ nur der Rand einer beschränkten offenen Teilmenge entfernt ist. Zudem lässt der Satz gewisse moderate Unstetigkeiten der Quelle zu.

Satz 3.5 *Sei $n \geq 3$ und $Q \subset \mathbb{R}^n$ offen, beschränkt und C^2-berandet. Die Funktion $j : \mathbb{R}^n \to \mathbb{R}$ erfülle $j|_{\overline{Q}} \in \overline{C}^1(Q)$ und $j(x) = 0$ für $x \in \Omega = \mathbb{R}^n \smallsetminus \overline{Q}$. Dann existiert genau eine Funktion $u \in C^1(\mathbb{R}^n) \cap C^2(\mathbb{R}^n \smallsetminus \partial\Omega)$, sodass $\Delta u(x) = j(x)$ für alle $x \in \mathbb{R}^n \smallsetminus \partial\Omega$ und $\lim_{|x| \to \infty} u(x) = 0$. Dabei gilt für $x \in \mathbb{R}^n$*

$$u(x) = (\Gamma * j)(x) := \int_Q \Gamma(x - y) \cdot j(y) \, d^n y,$$

mit

$$\Gamma(y) = \frac{1}{(2 - n)\,\omega_n} \cdot \frac{1}{|y|^{n-2}} \text{ für alle } y \in \mathbb{R}^n \smallsetminus \{0\}.$$

Hier bezeichnet $\omega_n = 2\pi^{n/2}/\Gamma(n/2)$ den Flächeninhalt der n-dimensionalen Einheitskugeloberfläche, also $\omega_3 = 4\pi$. Die Bedingung $\lim_{|x| \to \infty} u(x) = 0$ für alle $x \in \Omega$ bedeutet genauer ausformuliert: Zu jedem $\varepsilon > 0$ existiert ein $R > 0$, sodass $|u(x)| < \varepsilon$ für alle x mit $|x| > R$. Diese Bedingung ist nicht äquivalent zu

$\lim_{\lambda \to \infty} u(\lambda x) = 0$ für alle $x \in \mathbb{R}^n \setminus \{0\}$. Die Funktion u wird als Newtonpotential bezeichnet.

Wird zur Funktion u eine von 0 verschiedene harmonische Funktion $u_0 : \mathbb{R}^n \to \mathbb{R}$ addiert, dann erfüllt die Funktion $v = u + u_0$ wie u die Bedingung $v \in C^1(\mathbb{R}^n) \cap C^2(\Omega)$ und $\Delta v(x) = j(x)$ für alle $x \in \Omega$. Ist u_0 nichtkonstant, dann wachsen nach Satz 3.4 sowohl $|v(x)|$ als auch $\left|\operatorname{grad}_x(v)\right|$ für $|x| \to \infty$ unbeschränkt an. Da $-\operatorname{grad}_x(v)$ aber das Kraftfeld auf einen Testkörper ist, schließt das Anwachsen von $\left|\operatorname{grad}_x(v)\right|$ die Verwendung von v als Bild realer Verhältnisse aus, sodass solche Lösungen als unphysikalisch eingestuft werden. Es verbleibt also nur die Möglichkeit, zu u eine Konstante $u_0 \in R$ zu addieren. Zwei Lösungen der Poissongleichung, deren Differenz konstant ist, sind aber physikalisch nicht voneinander zu unterscheiden. Damit scheidet die Bedingung $\lim_{|x| \to \infty} u(x) = 0$ einerseits alle unphysikalischen Lösungen der Poissongleichung aus und zeichnet im verbleibenden Rest von physikalisch ununterscheidbaren Lösungen eine einzige, nämlich u, aus. Der Wert $u(x)$ stimmt dann mit der Arbeit überein, die zu verrichten ist, wenn ein Testkörper aus unendlich großer Entfernung an den Ort x gebracht wird.

Der Lösungssatz 3.5 lässt sich also mit $n = 3$ zur Formulierung des Grundgesetzes der Elektrostatik nutzen. Es besagt: Die elektrische Feldstärke, die eine lokalisierte (statische) Ladungsdichte j begleitet, ist $-\operatorname{grad}(u)$, wobei u wie in Satz 3.5 angegeben ist.

Der Lösungssatz 3.5 besitzt ein Analogon für die Fälle $n = 2$ und $n = 1$. Dabei ist erstens für alle $y \in \mathbb{R}^n \setminus \{0\}$

$$\Gamma(y) = \begin{cases} \frac{|y|}{\omega_1} = \frac{|y|}{2} & \text{für } n = 1 \\ \frac{1}{\omega_2} \ln|y| = \frac{1}{2\pi} \ln|y| & \text{für } n = 2 \end{cases}$$

zu setzen. Zweitens aber ist für diese Dimensionen die Bedingung $\lim_{|x| \to \infty} u(x) = 0$ nicht allgemein erfüllbar. Sie ist durch eine andere Bedingung zu ersetzen.

Anmerkung (Petrinis Gegenbeispiel): Es ist eine etwas stärkere Version von Satz 3.5 bekannt, die mit der schwächeren Glattheitsannahme der Hölderstetigkeit an die Quelle j auskommt (siehe [13, Satz 4.2.6 und Korollar 4.2.7]). Die Voraussetzung $j|_{\overline{Q}} \in \overline{C}^1(Q)$ kann jedoch nicht zu $j|_{\overline{Q}} \in C(\overline{Q})$ abgeschwächt werden, denn es existieren Beispiele mit $j|_{\overline{Q}} \in C(\overline{Q})$ für eine Kugel Q, sodass das zugehörige Newtonpotential u nicht in jedem inneren Punkt der Kugel zweimal stetig partiell differenzierbar ist. Damit ist die Funktion u des obigen Satzes dann auch keine Lösung der Poissongleichung zur Quelle j (siehe [13, Abschn. 4.3]).

Schwerkraft im Erdinneren

Die Massendichtefunktion ρ im Erdinneren ist nur sehr indirekt aus seismischen Messungen zu erschließen. Ein sehr einfaches (und grobes) Modell unterstellt einen inhomogen linearen Zusammenhang zwischen Abstand r vom Erdmittelpunkt und Dichte, d. h., es existieren Konstanten $a, b \in \mathbb{R}$, sodass $\rho = a + b\frac{r}{R} > 0$ im Bereich $r < R$ gilt. Hier bezeichnet R den Erdradius und r die Abstandsfunktion vom Erdmittelpunkt, der als $0 \in V = \mathbb{R}^3$ gewählt wird. Dieses Modell gibt der Erde somit eine (um den Erdmittelpunkt) drehinvariante, aber nicht notwendig konstante (positive) Massendichte. (Außerhalb der Erde, also im Bereich $r \geq R$, wird natürlich $\rho = 0$ gesetzt.) Um die Dichte an der Erdoberfläche positiv zu haben, muss $a + b > 0$ gelten. Damit die Dichte, wie es plausibel ist, nach außen hin abnimmt, muss $b < 0$ gelten.

Die Gesamtmasse $M = 5{,}976 \cdot 10^{24}$ kg der Erde ist aus der Erdbeschleunigungskonstante g, Erdradius R und dem Wert der Gravitationskonstante $G = 6{,}673 \cdot 10^{-11}$ m^3 kg^{-1} s^{-2} zu ermitteln.[4] Die Dichte ρ_s an der Erdoberfläche ist ebenso bekannt. Es gilt (grob) $\rho_s = 3 \cdot 10^3$ kg m^{-3}. Wie hängen M, ρ_s mit a, b zusammen? Es gilt $\rho_s = a + b$ und

$$M = 4\pi \int_0^R \left(a + b\frac{r}{R} \right) r^2 dr = \frac{4\pi R^3}{3} \left(a + \frac{3}{4}b \right).$$

a, b ergeben sich daraus mit der mittleren Dichte $\rho_0 = 3M/4\pi R^3 \approx 5{,}5 \cdot 10^3$kgm^{-3} zu

$$a = 4\rho_0 - 3\rho_s, \quad b = 4\left(\rho_s - \rho_0 \right).$$

Es gilt also $a \approx 13 \cdot 10^3$ kg m$^{-3} > 0$ und $b \approx -10 \cdot 10^3$ kg m$^{-3} < 0$. Man beachte $a + \frac{3}{4}b = \rho_0$.

Das Schwerepotential $\Phi : V \to \mathbb{R}$ der Erde erfüllt für alle $x \in V$

$$\Phi(x) = -G \int_V \frac{\rho(y)}{|x - y|} d^3y < 0.$$

Für jede Isometrie $T : V \to V$ folgt wegen $|\cdot| \circ T = |\cdot|$ und $|\det T| = 1$

$$\Phi(Tx) = -G \int_V \frac{\rho(y)}{|Tx - y|} d^3y = -G \int_V \frac{\rho\left(T^{-1}y \right)}{|x - T^{-1}y|} d^3y = \Phi(x),$$

also $\Phi \circ T = \Phi$. Insbesondere ist Φ drehinvariant um 0. Es existiert also eine Funktion $\varphi : \mathbb{R}_{\geq 0} \to \mathbb{R}$ mit $\Phi = \varphi \circ r$. Weiter gilt $\varphi(s) \to 0$ für $s \to \infty$.

Die Funktion $m\Phi$ fungiert als potentielle Energie eines Massenpunktes der Masse m, der dem Schwerefeld der Erde ausgesetzt ist. Der Vektor $-\text{grad}_x (m\Phi)$ ist die Kraft, die auf den Massenpunkt wirkt, wenn er sich am Ort x befindet. Es folgt

$$-\text{grad}_x (m\Phi) = -m\varphi'(|x|) \cdot \frac{x}{|x|} = Gm \int_V \frac{\rho(y)}{|x - y|^2} \cdot \frac{y - x}{|x - y|} d^3y.$$

Nach Satz 3.5 gilt in allen Stetigkeitspunkten $x \in V$ von ρ

$$\Delta_x \Phi = 4\pi G\rho(x) = \begin{cases} 4\pi G \left(a + b\frac{|x|}{R} \right) & \text{für } |x| < R \\ 0 & \text{für } |x| > R \end{cases}. \tag{3.1}$$

---

[4]Henry Cavendish ermittelte um 1798 erstmals den Wert von G mit einer Drehwaage. Daher die Redewendung, dass Cavendish als Erster die Erde abgewogen habe.

Zudem besagt der Satz, dass $\Phi \in C^1 (V : \mathbb{R})$, also auch $\varphi \in C^1 (\mathbb{R}_{\geq 0} : \mathbb{R})$.

Aus dem Integralsatz von Gauß folgt für $s \in \mathbb{R}_{\geq 0}$

$$4\pi s^2 \cdot \varphi'(s) = \int_{|x|=s} \left\langle \text{grad}_x (\Phi), \frac{x}{|x|} \right\rangle d_x f = 4\pi G \int_{|x| \leq s} \rho(x) d^3 x = 4\pi G M(s)$$

und somit $\varphi'(s) = GM(s)/s^2$. Dabei ist $M(s)$ die in der Kugel um 0 vom Radius s enthaltene Gesamtmasse. Für $0 \leq s < R$ gilt

$$M(s) = 4\pi \int_0^s \left(a + b\frac{r}{R} \right) r^2 dr = \frac{4\pi s^3}{3} \left(a + \frac{3}{4}\frac{s}{R}b \right)$$

und $M(s) = M$ für $s \geq R$. Die Funktion φ lässt sich daraus nun durch Integration unter Beachtung der Bedingung $\varphi(s) \to 0$ für $s \to \infty$ berechnen. Wir gehen der Übung halber im Folgenden jedoch anders vor.

Eine drehinvariante Lösung von Gl. (3.1) im Bereich $|x| < R$ ist wie folgt abzulesen: Es gilt $\Delta r^\alpha = \alpha(1 + \alpha) r^{\alpha - 2}$ für $\alpha \in \mathbb{R}$ im Bereich $r > 0$ und daher $\Delta r^2 = 6$ und $\Delta r^3 = 12r$. Es folgt somit, dass eine im Bereich $|x| < R$ harmonische und drehinvariante Funktion Φ_0 existiert, sodass

$$\Phi = 4\pi G \left(a\frac{r^2}{6} + \frac{b}{R}\frac{r^3}{12} \right) + \Phi_0 \text{ auf } r < R$$

gilt. Jede im Gebiet $r < R$ drehinvariante harmonische Funktion Φ_0 ist (nach dem Maximumsprinzip) konstant. Also existiert eine Zahl $c \in \mathbb{R}$, sodass

$$\Phi = \frac{4\pi G r^2}{6} \left(a + \frac{b}{2}\frac{r}{R} \right) + G R^2 c \text{ auf } r < R.$$

Im Bereich $r > R$ folgt aus Drehinvarianz, dem Verschwinden von Φ im Unendlichen und aus $\Delta \Phi = 0$, dass eine Zahl $\gamma \in \mathbb{R}$ existiert, sodass $\Phi = G\gamma/r$ im Bereich $r > R$ gilt. Die stetige Differenzierbarkeit von Φ liegt genau dann vor, wenn

$$\frac{\gamma}{R} = \frac{4\pi R^2}{6} \left(a + \frac{b}{2} \right) + cR^2 \text{ und } -\frac{\gamma}{R^2} = \frac{4\pi R}{3} \left(a + \frac{3}{4}b \right).$$

Äquivalent dazu ist

$$\gamma = -M \text{ und } cR^2 = -\frac{M}{R} - \frac{4\pi R^2}{6} \left(a + \frac{b}{2} \right).$$

Damit ist das Potential Φ bestimmt zu

$$\Phi = \begin{cases} \frac{4\pi G R^2}{6} \left(\frac{r}{R} \right)^2 \left(a + \frac{b}{2}\frac{r}{R} \right) - G \left(\frac{M}{R} + \frac{4\pi R^2}{6} \left(a + \frac{b}{2} \right) \right) & \text{auf } r < R \\ -\frac{GM}{R} \cdot \frac{R}{r} & \text{auf } r > R \end{cases}.$$

Weitere Umformung ergibt

$$\Phi = \frac{4\pi G R^2}{3} \cdot \begin{cases} \frac{1}{2}\left(\frac{r}{R}\right)^2 \left(a + \frac{b}{2}\frac{r}{R}\right) - \left(\frac{3}{2}a + b\right) & \text{auf } r < R \\ -\rho_0 \cdot \frac{R}{r} & \text{auf } r > R \end{cases}$$

$$= \frac{GM}{R} \cdot \begin{cases} \frac{1}{2}\left(\frac{r}{R}\right)^2 \left(\alpha + \frac{\beta}{2}\frac{r}{R}\right) - \left(\frac{3}{2}\alpha + \beta\right) & \text{auf } r < R \\ -\frac{R}{r} & \text{auf } r > R \end{cases}.$$

Dabei ist $\alpha := a/\rho_0 \approx 13/5{,}5 \approx 2{,}36$ und $\beta := b/\rho_0 \approx -10/5{,}5 \approx -1{,}82$ gesetzt. Abb. 3.2 zeigt die Funktion $\Phi/(GM/R)$ als Funktion von r/R für diese Parameterwerte in Schwarz und für das Modell konstanter Dichte, also für $a = \rho_0$ und $b = 0$, in Rot.

Die „Erdbeschleunigung" als Funktion von r ergibt sich zu

$$\varphi'(r) = \frac{GM}{R^2} \cdot \left\{ \begin{array}{ll} \frac{r}{R}\left(\alpha + \frac{3}{4}\beta\frac{r}{R}\right) & \text{auf } r < R \\ \left(\frac{R}{r}\right)^2 & \text{auf } r > R \end{array} \right\} = \frac{GM(r)}{r^2}.$$

Man beachte, dass $GM/R^2 = g \approx 9{,}84\,\mathrm{m\,s^{-2}}$ die Erdbeschleunigung an der Erdoberfläche ist. Abb. 3.3 zeigt die Beschleunigung in Einheiten von g als Funktion von r/R für den Fall nichtkonstanter Dichte in Schwarz und für konstante Dichte in Rot. Durch die nach innen zunehmende Dichte übersteigt die Erdbeschleunigung in einem äußeren Erdmantelbereich zwar geringfügig, aber doch ihren Oberflächenwert von g. Im Modell konstanter Dichte hingegen sinkt die Erdbeschleunigung vom Oberflächenwert g ins Erdzentrum hin linear auf 0 ab.

Könnte man eine Testmasse von einem Punkt der Erdoberfläche durch einen geraden Schacht durch den Erdmittelpunkt zum Antipoden fallen lassen, dann würde

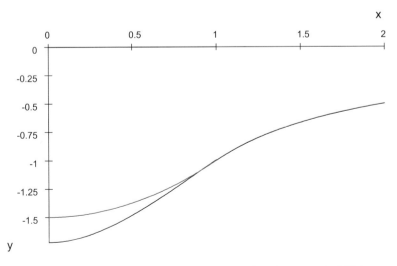

Abb. 3.2 $x = r/R \mapsto y = \Phi R/GM$ bei variabler (schwarz) bzw. konstanter (rot) Dichte ρ

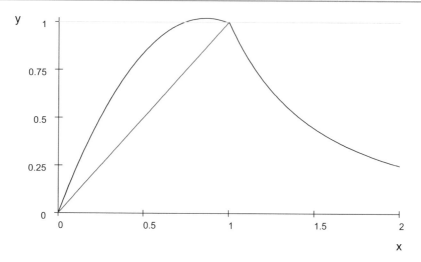

Abb. 3.3 $x = r/R \mapsto \varphi'/g$ bei variabler (schwarz) bzw. konstanter (rot) Dichte ρ

diese Masse im Fall konstanter Dichte eine harmonische Oszillatorbewegung ausführen, da die Kraft proportional zum Abstand vom Erdmittelpunkt ist. Die Kraft auf die Masse an der Erdoberfläche, also bei $r = R$, ist mg. Daher erfüllt die Auslenkung x der Testmasse die Bewegungsgleichung $m\left(\ddot{x} + (g/R)\,x\right) = 0$. Die Frequenzkonstante ω der Oszillatorgleichung $\ddot{x} + \omega^2 x = 0$ liegt also mit $\omega = \sqrt{g/R}$ vor. Die Oszillatorperiode T ist dementsprechend durch

$$T = \frac{2\pi}{\omega} = 2\pi\sqrt{\frac{R}{g}} = 2\pi\sqrt{\frac{6{,}38 \cdot 10^6\,\mathrm{m}}{9{,}81\,\mathrm{m\,s^{-2}}}} \approx 5067\,\mathrm{s} \approx 84\,\mathrm{min}$$

gegeben. Wegen $R\omega^2 = g$ stimmt diese Periodendauer mit der Umlaufdauer eines Erdsatelliten auf einer Kreisbahn vom Radius R überein.

3.2.3 Innenraumproblem: Existenz der Lösung

In diesem Abschnitt wird das DRWP der Poissongleichung für beschränktes Gebiet Ω aufgegriffen. Zur Bestimmung der Lösung eines solchen DRWP wird ein Umweg über eine Hilfslösung v der Poissongleichung ohne Berücksichtigung einer Randvorgabe eingeschlagen. Der Einfachheit halber wird dabei nur der Fall $\Omega \subset \mathbb{R}^3$ betrachtet. Teilweise wird zusätzlich zur Poissongleichung auch die inhomogene Schwingungsgleichung von Helmholtz mit abgedeckt.

Sei $\Omega \subset \mathbb{R}^3$ beschränkt, offen und glatt berandet. Die Funktionen $u, v \in C^2$ $(\Omega : \mathbb{R})$ seien zusammen mit ihren ersten Ableitungen stetig nach $\overline{\Omega}$ fortsetzbar.

Aus dem Gaußschen Integralsatz folgt dann wegen

$$\operatorname{div}\left(u \cdot \operatorname{grad}(v)\right) = \langle \operatorname{grad}(u), \operatorname{grad}(v) \rangle + u \Delta v$$

die „erste Greensche Formel"

$$\int_{\partial \Omega} u \cdot n\,[v]\,d\sigma = \int_{\Omega} \left(\langle \operatorname{grad}(u), \operatorname{grad}(v) \rangle + u \Delta v\right) d^3 x. \qquad (3.2)$$

Hierbei bezeichnet n das nach außen gerichtete Einheitsnormalenvektorfeld auf $\partial \Omega$ und $d\sigma$ bezeichnet das induzierte skalare Flächenelement von $\partial \Omega$. Die stetige Funktion $n\,[u] : \partial \Omega \to \mathbb{R}$ stimmt am Punkt $x \in \partial \Omega$ mit dem Grenzwert der Richtungsableitung $\lim_{y \to x} \langle n_x, \operatorname{grad}_y(u) \rangle$ überein. Durch Vertauschen von u und v in Gl. (3.2) und Subtraktion der dabei entstehenden Gleichung von Gl. (3.2) folgt die „zweite Greensche Formel"

$$\int_{\partial \Omega} \left(u \cdot n\,[v] - v \cdot n\,[u]\right) d\sigma = \int_{\Omega} \left(u \Delta v - v \Delta u\right) d^3 x. \qquad (3.3)$$

Eine Funktion $u \in C^0\left(\overline{\Omega}\right) \cap C^2\left(\Omega\right)$ erfülle auf Ω für ein $k \geq 0$ die inhomogene Helmholtzgleichung $\left(\Delta + k^2\right) u = j$, wobei für die Quelle $j \in C^1\left(\overline{\Omega}\right)$ gelte. Die Funktion

$$v_y : \mathbb{R}^3 \smallsetminus \{y\} \to \mathbb{R} \text{ mit } v_y(x) = -\frac{\cos\left(k\,|x-y|\right)}{4\pi\,|x-y|} \text{ für ein } y \in \mathbb{R}^3 \qquad (3.4)$$

erfüllt auf $\mathbb{R}^3 \smallsetminus \{y\}$, wie man sich durch eine kurze Nebenrechnung vergewissert, die Gleichung $\left(\Delta + k^2\right) v_y = 0$. Der Grenzfall $k = 0$ führt zurück zu der vertrauten, in y singulären Lösung $v(x) = -1/4\pi\,|x-y|$ der Laplacegleichung.

Ist $y \in \Omega$, dann liegt für hinreichend kleines $\varepsilon > 0$ die abgeschlossene Kugel $\overline{K}_{y,\varepsilon}$ in Ω. Für ein solches ε sei $\Omega' = \Omega \smallsetminus K_{y,\varepsilon}$. Es gilt dann

$$\int_{\Omega'} \left(u \Delta v_y - v_y \Delta u\right) d^3 x = -\int_{\Omega'} v_y \left(\Delta + k^2\right) u\, d^3 x = \int_{\Omega'} \frac{\cos\left(k\,|x-y|\right)}{4\pi\,|x-y|}\, j\,(x)\, d^3 x.$$

Aufgrund der zweiten Greenschen Formel aus Gl. 3.3 gilt aber auch

$$\int_{\Omega'} \left(u \Delta v_y - v_y \Delta u\right) d^3 x = \int_{\partial \Omega'} \left(u \cdot n\,[v_y] - v_y \cdot n\,[u]\right) d\sigma.$$

Das Oberflächenintegral zerfällt in die beiden Anteile

$$\int_{\partial \Omega'} \left(u n\,[v_y] - v_y n\,[u]\right) d\sigma = \int_{\partial \Omega} \left(u n\,[v_y] - v_y n\,[u]\right) d\sigma - \int_{\partial K_{y,\varepsilon}} \left(u n\,[v_y] - v_y n\,[u]\right) d\sigma,$$

wobei auf $\partial K_{y,\varepsilon}$ das Normalenfeld n aus $K_{y,\varepsilon}$ heraus orientiert gewählt ist. Es soll nun im Integral über $\partial K_{y,\varepsilon}$ der Grenzübergang zu $\varepsilon \to 0$ durchgeführt werden. Es gilt $d\sigma = \varepsilon^2 d\omega$ auf $\partial K_{y,\varepsilon}$ und daher

$$\lim_{\varepsilon \to 0} \int_{\partial K_{y,\varepsilon}} \varepsilon^2 \left(u \cdot n\,[v_y] - v_y \cdot n\,[u]\right) d\omega = \lim_{\varepsilon \to 0} \int_{\partial K_{y,\varepsilon}} \varepsilon^2 u\,(y + \varepsilon n)\, \frac{\cos\,(k\varepsilon)}{4\pi \varepsilon^2}\, d\omega = u\,(y).$$

Da der Integrand des Volumenintegrals

$$\int_{\Omega'} \frac{\cos{(k\,|x-y|)}}{4\pi\,|x-y|}\,j\,(x)\,d^3x$$

eine integrable Singularität bei $x = y$ hat, kann der Limes $\varepsilon \to 0$ in diesem Integral durchgeführt werden, sodass folgt:

$$u\,(y) = \int_{\partial\Omega} \left(u \cdot n\,[v_y] - v_y \cdot n\,[u] \right) d\sigma - \int_{\Omega} \frac{\cos{(k\,|x-y|)}}{4\pi\,|x-y|}\,j\,(x)\,d^3x.$$

Wir fassen zusammen:

Satz 3.6 *Sei $k \geq 0$ und sei $\Omega \subset \mathbb{R}^3$ beschränkt, offen und glatt berandet. n bezeichne das nach außen orientierte Einheitsnormalenfeld von $\partial\Omega$. Die Funktion $u \in C^2\,(\Omega : \mathbb{R})$ sei zusammen mit ihren ersten Ableitungen stetig nach $\overline{\Omega}$ fortsetzbar. Auch die Funktion $j := \left(\Delta + k^2 \right) u$ sei stetig nach $\overline{\Omega}$ fortsetzbar. Dann gilt für jeden Punkt $y \in \Omega$ mit der Definition von Gl. 3.4*

$$u\,(y) = \int_{\Omega} v_y\,(x)\,j\,(x)\,d^3x + \int_{\partial\Omega} \left(u\,(x) \cdot n_x\,[v_y] - v_y\,(x) \cdot n_x\,[u] \right) d_x\sigma. \quad (3.5)$$

Dieser Satz gibt uns *keine* Lösungsformel für die inhomogene Helmholtz- bzw. mit $k = 0$ für die Poissongleichung, da die Randvorgaben für u und $n\,[u]$ nicht unabhängig voneinander wählbar sind.[5] Gl. 3.5 stellt also vielmehr eine Integralgleichung dar, die jedoch den Ausgangspunkt für die Entwicklung von Lösungsformeln darstellt. Es ist nicht einmal gesichert, dass es eine Funktion u gibt, für die die Voraussetzungen des Satzes erfüllt sind. Für den Fall $k = 0$, den Fall der Poissongleichung also, soll dies etwas genauer ausgeführt werden.

Zunächst sei noch $k^2 \geq 0$ unterstellt. Dann lässt sich Gl. 3.5 verallgemeinern, indem die Funktion v_y auf $\Omega \setminus \{y\}$ durch die Funktion $g_y = v_y + h_y$ ersetzt wird, wobei $h_y \in C^2\,(\Omega : \mathbb{R})$ samt allen ersten Ableitungen $\partial_i h_y$ eine stetige Fortsetzung nach $\overline{\Omega}$ besitzen möge. Weiter gelte $\left(\Delta + k^2 \right) h_y = 0$ auf Ω. Unter diesen Voraussetzungen folgt

$$u\,(y) = \int_{\Omega} g_y\,(x)\,j\,(x)\,d^3x + \int_{\partial\Omega} \left(u\,(x) \cdot n_x\,[g_y] - g_y\,(x) \cdot n_x\,[u] \right) d_x\sigma.$$

Falls nun für jedes $y \in \Omega$ eine solche Funktion h_y existiert, für die $h_y = -v_y$ auf $\partial\Omega$ gilt, dann ergibt sich wegen $g_y\big|_{\partial\Omega} = 0$

$$u\,(y) = \int_{\Omega} g_y\,(x)\,j\,(x)\,d^3x + \int_{\partial\Omega} u\,(x) \cdot n_x\,[g_y]\,d_x\sigma.$$

---

[5]Vom DRWP der Laplacegleichung her ist ja bereits klar, dass schon die Vorgabe von u am Rand $\partial\Omega$ eine harmonische Funktion u vollständig festlegt.

Dies aber ist eine Lösungsformel für die inhomogene Helmholtzgleichung mit inhomogener Dirichletscher Randvorgabe.

Es blieb bisher offen, ob eine solche Funktion g_y zu jedem y in einer vorgegeben Menge Ω existiert. Für $k > 0$ ist dies i. A. nicht der Fall.[6] Für $k = 0$ und hinreichend glatt berandetes Ω hingegen ist die Existenz von g_y für alle $y \in \Omega$ gesichert. Da es sogar zu jedem $y \in \Omega$ genau eine harmonische Funktion h_y zur Randvorgabe $-v_y|_{\partial\Omega}$ gibt, ist die sogenannte Greensche Funktion zu Dirichlets Randwertproblem zur Laplacegleichung auf dem Gebiet Ω

$$G_\Omega : \{(x, y) : x, y \in \Omega \text{ mit } x \neq y\} \to \mathbb{R} \text{ mit } G_\Omega (x, y) = g_x (y)$$

eindeutig bestimmt. Ist G_Ω bekannt, dann reduziert sich die Bestimmung einer Lösung u der Poissongleichung auf Ω mit Inhomogenität j und Dirichletvorgabe u_0 am Rand $\partial\Omega$ zu einer Integrationsaufgabe, denn es gilt dann

$$u(x) = \int_\Omega G_\Omega(x, y) \, j(y) \, d^3y + \int_{\partial\Omega} n_y [G_\Omega(x, \cdot)] \, u_0(y) \, d_y\sigma.$$

Fraglich ist nun, ob die so ermittelte Funktion u tatsächlich überall in Ω zweimal stetig differenzierbar ist.[7] Für stetige Funktion j braucht dies nicht der Fall zu sein (siehe [13, Abschn. 4.3]). Der folgende Satz gibt eine (und zwar nicht die schwächste) Bedingung an j an, unter der das hier skizzierte Verfahren auch wirklich eine Lösungsformel liefert. Sein Beweis benötigt detaillierte Überlegungen zum Differenzierbarkeitsgrad der Hilfsfunktion $\Omega \ni y \mapsto \int_\Omega v_y(x) \, j(x) \, d^3x$.

Satz 3.7 *Sei $\Omega \subset \mathbb{R}^3$ offen, beschränkt und glatt berandet. Für $v_y : \mathbb{R}^3 \setminus \{y\} \to \mathbb{R}$ mit $y \in \mathbb{R}^3$ gelte $v_y(x) = -1/4\pi \, |x - y|$. Dann existiert zu jedem $y \in \Omega$ genau eine Lösung h_y des DRWP zur Laplacegleichung auf Ω zur Randvorgabe $h_y(x) = -v_y(x)$ für alle $x \in \partial\Omega$. Weiter existiert genau eine Lösung u des Dirichletschen Randwertproblems auf Ω zur Poissongleichung $\Delta u = j$ mit $j \in C^1(\overline{\Omega})$ und stetiger Randvorgabe $u_0 : \partial\Omega \to \mathbb{R}$. Für alle $x \in \Omega$ gilt*

$$u(x) = \int_\Omega G_\Omega(x, y) \, j(y) \, d^3y + \int_{\partial\Omega} u_0(y) \cdot n_y [G_\Omega(x, \cdot)] \, d_y\sigma \quad mit$$

$$G_\Omega(x, y) = -\frac{1}{4\pi \, |x - y|} + h_x(y) \quad \text{für alle } y \in \overline{\Omega} \setminus x.$$

Dieser Satz ist ein wesentliches Instrument der (elektrostatischen) Potentialtheorie, denn er stellt erst die Sinnhaftigkeit vieler Randwertaufgaben sicher. Er kann vielleicht als *der* Hauptsatz der Elektrostatik gelten.

---

[6]Ein einfaches Beispiel dafür ist die Gleichung $u'' + u = 0$ auf dem Intervall $\Omega = (0, \pi)$ mit den Randvorgaben $u(0) = 0$ und $u(\pi) = 1$. Unter allen Lösungen $u(x) = a \cos x + b \sin x$ der Differentialgleichung erfüllt keine einzige beide Randvorgaben. Unter den Lösungen $u(x) = a + bx$ der Gleichung $u'' = 0$ befindet sich jedoch sehr wohl eine, nämlich die Funktion $u(x) = x/\pi$.
[7]Bisher wurde dies ja immer nur vorausgesetzt.

3.3 D'Alemberts homogene Wellengleichung

In diesem Abschnitt wird der Prototyp aller Bewegungsgleichungen schwingungs-
fähiger Felder, d'Alemberts homogene Wellengleichung, behandelt. Sie beschreibt
die Schwingung eines langen, gespannten Seils um seine Ruhelage ebenso wie die
Druckschwankungen in einem Gas. Maxwell erkannte, dass sie auch das Verhalten
elektromagnetischer Felder im Vakuum regelt. Damit wurde sie zur Geburtshelfe-
rin der Relativitätstheorie und findet sich in allen Feldgleichungen der modernen
Elementarteilchentheorie wieder. Wie sieht diese grandiose Gleichung aus?

3.3.1 *Physikalische Motivation

Ein Gummiband („Saite") sei zwischen zwei feste Punkte einer Ebene gespannt. In
Gleichgewichtslage belege es die Punktmenge $\{(x, y) \in \mathbb{R}^2 : 0 \leq x \leq L, y = 0\}$.
Bei schwacher, auf die Ebene beschränkter Auslenkung aus der Gleichgewichts-
lage werde der Punkt $(x, 0)$ der Saite in die Lage $(x, u(x))$ gebracht. $u(x)$ heißt
Auslenkung[8] der Saite an der Stelle x. Es gelte $u(0) = u(L) = 0$. In diesem Fall
belegt die Saite den Graphen der Funktion u, also die Menge $\{(x, u(x)) | 0 \leq x \leq L\}$
$\subset \mathbb{R}^2$. Natürlich gibt es auch Auslenkungen einer Saite, die nicht den Graphen einer
Funktion $u : I \to \mathbb{R}$ bilden (siehe Abb. 3.4).

Wir nehmen nun an, dass eine schwach ausgelenkte Saite, die ungestört schwingt,
zu jeder Zeit t eine Punktmenge belegt, die der Graph einer Funktion $u(t, \cdot) :$
$[0, L] \to \mathbb{R}$ mit $u(t, 0) = u(t, L) = 0$ ist. Die Funktion $u : \mathbb{R} \times [0, L] \to \mathbb{R}$ sei
stetig und eine C^2-Funktion auf $\mathbb{R} \times (0, L)$. Auf das Saitenstück, das über dem
Intervall $[0, x]$ liegt, wirkt im Punkt $(x, u(t, x))$ eine Zugkraft $F(t, x)$, die dort
tangential an den Graphen von $u(t, \cdot)$ liegt. Sie wird vom Saitenstück über $[x, L]$
ausgeübt. Es gilt also

$$F(t, x) = \frac{|F(t, x)|}{\sqrt{1 + (\partial_x u(t, x))^2}} \begin{pmatrix} 1 \\ \partial_x u(t, x) \end{pmatrix}.$$

Die Befestigung in $(0, 0)$ wirkt auf die Saite mit der Kraft $-F(t, 0)$ ein. Somit sagt
Newtons Bewegungsgleichung für den Schwerpunkt des Saitenstücks über $[0, x]$

$$\partial_t^2 \int_0^x \rho(t, \xi) \begin{pmatrix} \xi \\ u(t, \xi) \end{pmatrix} d\xi = F(t, x) - F(t, 0).$$

Hier sei $\rho : \mathbb{R} \times [0, L] \to \mathbb{R}_{>0}$ stetig und auf $\mathbb{R} \times (0, L)$ eine C^2-Funktion, die die
Massendichte der Saite angibt. Das heißt, die Masse des Saitenstücks über $[0, x]$ zur
Zeit t ist $\int_0^x \rho(t, \xi) d\xi$.

---

[8]Ist die Saite in einigen Punkten markiert, dann lässt sich die Annahme, dass der Punkt $(x, 0)$ in
einen Punkt $(x, u(x))$ übergeht, überprüfen.

Abb. 3.4 Moderat (grün), extrem (rot) und gar nicht (schwarz) deformierte Saite

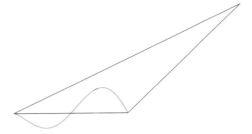

Unterstellt man nun, dass $\rho\,(t,\xi) = \rho\,(0,\xi)$ für alle t gilt, dann folgt die zeitliche Konstanz der x-Koordinate des Saitenschwerpunktes und somit

$$\frac{|F\,(t,x)|}{\sqrt{1+(\partial_x u\,(t,x))^2}} = \frac{|F\,(t,0)|}{\sqrt{1+(\partial_x u\,(t,0))^2}}.$$

Damit ergibt sich die y-Komponente der Bewegungsgleichung zu

$$\partial_t^2 \int_0^x \rho\,(0,\xi)\,u\,(t,\xi)\,d\xi = \frac{|F\,(t,0)|}{\sqrt{1+(\partial_x u\,(t,0))^2}}\,[\partial_x u\,(t,x) - \partial_x u\,(t,0)].$$

Ableitung dieser Gleichung nach x ergibt wegen der Vertauschbarkeit von ∂_x mit ∂_t^2

$$\rho\,(0,x)\,\partial_t^2 u\,(t,x) = \frac{|F\,(t,0)|}{\sqrt{1+(\partial_x u\,(t,0))^2}}\,\partial_x^2 u\,(t,x).$$

Es gilt dann mit $c\,(t,x)^2 = \frac{|F(t,0)|}{\rho(0,x)\sqrt{1+(\partial_x u(t,0))^2}}$ die Schwingungsgleichung

$$\left(c\,(t,x)^{-2}\,\partial_t^2 - \partial_x^2\right) u\,(t,x) = 0.$$

Sind ρ und $|F\,(t,0)|\,/\sqrt{1+(\partial_x u\,(t,0))^2}$ annähernd konstant, kann die Funktion c^2 ohne großen Fehler durch eine positive Konstante ersetzt werden.

Die antike Beobachtung der Abhängigkeit der Tonhöhe einer schwingenden Saite von ihrer Länge und Spannkraft[9] wird heute als Sternstunde der Geistesgeschichte gesehen. Pythagoras fand angeblich heraus, dass der Zusammenklang zweier gleichzeitig schwingender (gleich gebauter) Saiten nur dann als angenehm empfunden wird, wenn die Längen der Saiten zueinander in einem einfachen rationalen Verhältnis wie $1/2, 2/3, 3/4\ldots$ stehen [12]. (Der Begriff einer Schwingungsfrequenz zur Objektivierung der Tonhöhe war damals natürlich noch in weiter Ferne.)

Galilei griff schon als Halbwüchsiger das Thema auf und beobachtete dank seiner legendären Akribie, dass die Spannkraft einer Saite vervierfacht werden muss,

---

[9]Die Saitenspannung wurde durch ein Gewicht an einem der beiden Saitenenden eingestellt.

wenn sie um eine Oktave höher, also mit doppelter Frequenz, erklingen soll.[10] Pythagoras hingegen hatte noch geglaubt, dass eine Verdoppelung der Spannkraft nötig wäre [12]. Was Galilei mit Pythagoras verband, war sein Staunen darüber, dass für das Buch der Natur Zahlen eine dermaßen große Bedeutung haben. Die beiden haben wohl schon so etwas wie Wigners „unreasonable effectiveness of mathematics" erblickt.

3.3.2 D'Alemberts Wellenoperator

Definition 3.3 Sei $c \in \mathbb{R}_{>0}$. Die Funktionen $(t, x^1, \ldots x^n)$ bezeichnen die Standardkarte von $\mathbb{R} \times \mathbb{R}^n$. Die lineare Abbildung $\square : C^2 \left(\mathbb{R}^{n+1} \right) \to C \left(\mathbb{R}^{n+1} \right)$ mit

$$(\square A)(t, x) = c^{-2} \partial_t^2 A(t, x) - \Delta_x A(t, \cdot)$$

heißt d'Alembertscher Wellenoperator auf $C^2 \left(\mathbb{R}^{n+1} \right)$. Eine Funktion $A \in \ker \square$ heißt (globale) Lösung der (homogenen) d'Alembertschen Wellengleichung (dAWG).

Anmerkungen:

1. Die Funktion $A = 0$ auf $\mathbb{R}^{n+1}$ ist eine Lösung von d'Alemberts Wellengleichung; sie heißt die triviale Lösung. Sind A_1 und A_2 Lösungen der dAWG und ist $\lambda \in \mathbb{R}$, dann ist auch $\lambda A_1 + A_2$ eine Lösung der dAWG. Die Menge aller Lösungen der dAWG ist also ein reeller Vektorraum. Dieser ist unendlichdimensional, wie der folgende Abschnitt zeigt. Die Linearität des Lösungsraumes $\ker \square$ ist natürlich in der Linearität von $\square$ begründet.

Die partielle Differentialgleichung $\square A = 0$ wird daher selbst als linear bezeichnet. Die Gleichung $\square A + \lambda A^3 = 0$ mit $\lambda \in \mathbb{R}$ ist eine nichtlineare partielle Differentialgleichung. Die Gleichung $\square A = j$ mit gegebener reellwertiger Funktion j auf $\mathbb{R}^{n+1}$ wird als inhomogen linear bezeichnet.

2. Ein qualitatives Bild vom Kurzzeitverhalten der Lösungen gibt die folgende Bemerkung: Die Beschleunigung der Auslenkung A am Ort x stimmt zur Zeit t mit c^2 mal der Summe der Krümmungen der Auslenkung zur Zeit t im Punkt x (in Richtung der kartesischen Koordinatenachsen) überein.

3. D'Alemberts Wellenoperator $\square$ wurde hier in einem speziellen Koordinatensystem, nämlich der Standardkarte von $\mathbb{R}^{n+1}$ definiert. Auch die oben beschriebene Ableitung von d'Alemberts Wellengleichung für ein schwingendes Seil benutzt ein ausgezeichnetes Koordinatensystem, in welchem die Randaufhängung des Seiles zeitunabhängig ist. Daher ist es wenig verwunderlich, dass d'Alemberts Wellengleichung die Galileisymmetrie der Newtonschen Mechanik bricht.

Eine kartenfreie Formel für $\square$ benötigt neben der Galileischen Raumzeitstruktur auf $\mathbb{R}^{n+1}$ ein ausgezeichnetes Inertialsystem, ein hypothetisches Ätherruhsystem.

---

[10]Wegen $c = \sqrt{F/\rho}$ und $\nu = c/L$ erklärt die hier gegebene Ableitung diesen Sachverhalt.

Der Operator $\square$ hat aber auch die alternative kartenfreie Form $\square = \operatorname{div} \circ \operatorname{grad}$, wenn grad den Gradienten auf $V = \mathbb{R}^{n+1}$ bezüglich Minkowskis indefinitem innerem Produkt mit

$$\langle \cdot, \cdot \rangle : V \times V \to \mathbb{R}, \quad \langle (t, x, y, z), (t, x, y, z) \rangle = c^2 t^2 - x^2 - y^2 - z^2$$

bezeichnet. Diese Beobachtung öffnete das Tor zu Einsteins spezieller Relativitätstheorie, die sich verdichtet in der Botschaft: Naturgesetze enthalten keine Galileische Struktur, sondern ausschließlich die Minkowskische.

4. Es existieren Funktionen, die auf einer offenen Teilmenge von $\mathbb{R}^{n+1}$ definiert sind und dort d'Alemberts Wellengleichung erfüllen, aber nicht zu einer globalen Lösung $A \in \ker \square$ fortsetzbar sind. Sie werden als lokale Lösungen von d'Almberts Wellengleichung bezeichnet. Anders als bei den linearen gewöhnlichen Differentialgleichungen lässt sich also eine Lösung einer linearen partiellen Differentialgleichung nicht notwendig auf den gesamten Definitionsbereich der Gleichung zu einer globalen Lösung fortsetzen. Jede Lösung A der dAWG im Sinn von Definition 3.3 ist jedenfalls auf dem gesamten Bereich $\mathbb{R}^{n+1}$ erklärt und erfüllt überall $\square A(t, x) = 0$.

3.3.3 D'Alemberts Lösungsformel (d = 2)

Es wird nun gezeigt, dass das Anfangswertproblem (AWP) zu d'Alemberts Wellengleichung im Fall $n = 1$ genau eine globale Lösung hat. Für diese Lösung wird eine Integraldarstellung angegeben.

Eine erste Orientierung im Lösungsraum einer Differentialgleichung gibt ein vereinfachender Lösungsansatz. Ein solcher ist beispielsweise durch Komposition einer C^2-Funktion $f : \mathbb{R} \to \mathbb{R}$ mit einer Linearform auf $\mathbb{R}^2$ gegeben. Sei also $A(t, x) = f(ax + bct)$ mit $a, b \in \mathbb{R}$. Mit der Kettenregel ergibt sich $\square A(t, x) = (b^2 - a^2) f''(ax + bct)$. Der Ansatz liefert somit genau dann eine Funktion $A \in \ker \square$, wenn entweder $f'' = 0$ oder $b^2 = a^2$.

Der Ansatz führt also auf die Lösungen $A_{f,g} : \mathbb{R}^2 \to \mathbb{R}$ mit

$$A_{f,g}(t, x) = f(x - ct) + g(x + ct) \text{ und } f, g \in C^2(\mathbb{R}).$$

Abb. 3.5 zeigt $A_{f,g}$ für $f(x) = \exp(-x^2) = -g(x)$. Ein Berg und ein Tal laufen aufeinander zu, interferieren kurz und entfernen sich wieder voneinander. Für einen Augenblick, zur Zeit $t = 0$, löschen die beiden gegenläufigen Wellen einander vollständig aus. Es gilt $A(0, \cdot) = 0$. Dass die Welle danach „wiederaufersteht", liegt daran, dass $\partial_t A(0, \cdot) \neq 0$ gilt (siehe Abb. 3.5). Wir werden in Abschn. 3.3.9 begreifen, dass die (zeitlich konstante) Gesamtenergie dieser Welle zur Zeit $t = 0$ in rein kinetischer Form vorliegt und in diesem Augenblick ihre potentielle Energie gleich 0 ist.

Prominente Lösungen ergeben sich für $f(x) = \cos(kx)$ mit $k > 0$

$$A_{f,0}(t, x) = \cos(k(x - ct)), \ A_{0,f}(t, x) = \cos(k(x + ct)),$$
$$A_{f,-f}(t, x) = \cos(kx - ckt) - \cos(kx + ckt) = 2\sin(ckt)\sin(kx).$$

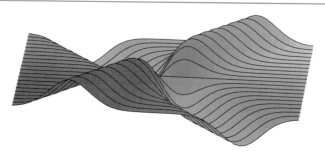

Abb. 3.5 Interferenz zweier Gaußpakete: $z = A_{f,-f}(t,x)$ mit $f(x) = e^{-x^2}$

Es sind dies eine rechts- bzw. linksläufige monochromatische Welle, und die Summe („Überlagerung") der beiden ist, da sie in einen x- und einen t-abhängigen Teil faktorisiert, eine sogenannte Stehwellenlösung. In solchen Stehwellen schwingt die Auslenkung an einem festen Ort mit der Kreisfrequenz $\omega = ck$.

Eine rechtsläufige Welle $A_{f,0}$, in der konstruktive und destruktive Interferenz einander wiederholt ablösen, wird als Schwebung bezeichnet. Eine solche ergibt sich beispielsweise aus der Funktion[11]

$$f(x) = \cos(k_1 x) + \cos(k_2 x) = 2\cos\left(\frac{k_2 - k_1}{2}x\right)\cos\left(\frac{k_2 + k_1}{2}x\right)$$

mit $k_1, k_2 \in \mathbb{R}_{>0}$ und $|k_1 - k_2| \ll k_1 + k_2$. Abb. 3.6 zeigt $A_{f,0}$ im Fall $k_1 = 2\pi$ und $k_2 = 2\pi \cdot 1,15$ zur Zeit $t = 0$.

Der folgende Satz zeigt, dass jede globale Lösung der 2d-dAWG in der Menge der Lösungen $\{A_{f,g} : f, g \in C^2(\mathbb{R})\}$ enthalten ist. Überdies zeigt er, dass $A \in \ker \square$ durch die „Anfangswerte" $A(0, \cdot)$ und $\partial_t A(0, \cdot)$ eindeutig bestimmt ist. Diese Funktion wird als die Lösung des Anfangswertproblems (AWP) zur (zweidimensionalen, homogenen) d'Alembertschen Wellengleichung mit der Anfangsvorgabe $A(0, \cdot) = u$ und $\partial_t A(0, \cdot) = v$ bezeichnet.

Satz 3.8 (d'Alemberts Lösungsformel) *Seien* $u \in C^2(\mathbb{R})$, $v \in C^1(\mathbb{R})$. *Dann existiert genau eine Lösung A der zweidimensionalen d'Alembertschen Wellengleichung mit $A(0, x) = u(x)$ und $\partial_t A(0, x) = v(x)$ für alle $x \in \mathbb{R}$. Für diese Lösung gilt für alle $(t, x) \in \mathbb{R}^2$*

$$A(t, x) = \frac{1}{2}(u(x - ct) + u(x + ct)) + \frac{1}{2c}\int_{x-ct}^{x+ct} v(\xi)\, d\xi. \qquad (3.6)$$

---

[11] Am festen Ort x hört man einen Ton der Frequenz $\pi c(k_2 + k_1)$ abwechselnd lauter und leiser. Dieses An- und Abschwellen geschieht mit der Frequenz $\pi c|k_2 - k_1|$. Bringen Sie zwei gleiche Weingläser zum Klingen. Die niedrigsten und dominierenden Eigenfrequenzen der beiden Gläser sind nicht exakt gleich und daher hören Sie eine Schwebung.

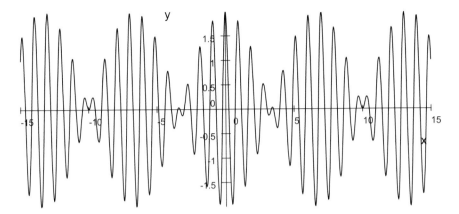

Abb. 3.6 Die Schwebung $y = \cos(2\pi x) + \cos(2,3 \cdot \pi x)$

Beweis Sei $\Psi = (t, x)$ die Standardkarte von $\mathbb{R}^2$. Sei $\Phi = (ct + x, ct - x)$. Dann gelten wegen

$$\partial_i^\Psi = \sum_{j=1}^2 \left(\partial_i^\Psi \Phi^j \right) \partial_j^\Phi$$

die Beziehungen $\partial_1^\Psi = c \left(\partial_1^\Phi + \partial_2^\Phi \right)$ und $\partial_2^\Psi = \partial_1^\Phi - \partial_2^\Phi$. Daraus folgt, dass

$$\Box = \frac{1}{c^2} \left(\partial_1^\Psi \right)^2 - \left(\partial_2^\Psi \right)^2 = 4\partial_1^\Phi \partial_2^\Phi.$$

Es gilt somit $\Box A = 0$ genau dann, wenn $\partial_2^\Phi A = p\left(\Phi^2\right)$ für ein $p \in C^1(\mathbb{R})$. Dies wiederum gilt genau dann, wenn $A = q\left(\Phi^1\right) + P\left(\Phi^2\right)$ für ein $q \in C^2(\mathbb{R})$, und P eine Stammfunktion von p ist.

Damit ist gezeigt, dass zu einer jeden Lösung A von d'Alemberts Wellengleichung (von A abhängige) Funktionen $f, g \in C^2(\mathbb{R})$ existieren, sodass

$$A(t, x) = f(x - ct) + g(x + ct) \text{ für alle } (t, x) \in \mathbb{R}^2 \tag{3.7}$$

erfüllt ist.

Die Lösung A von Gl. 3.7 erfüllt die Anfangsvorgabe $A(0, x) = u(x)$ und $\partial_t A(0, x) = v(x)$ für alle $x \in \mathbb{R}$ genau dann, wenn für alle $x \in \mathbb{R}$

$$u(x) = f(x) + g(x) \text{ und } v(x) = c\left(g'(x) - f'(x)\right).$$

Die Integration der zweiten Gleichung von 0 bis x ergibt

$$\frac{1}{c} \int_0^x v(\xi)\, d\xi = g(x) - f(x) - g(0) + f(0).$$

Addiert man diese integrierte Gleichung zur ersten, folgt mit $K = g(0) - f(0)$, dass

$$2g(x) = K + u(x) + \frac{1}{c} \int_0^x v(\xi)\, d\xi.$$

Subtraktion ergibt

$$2f(x) = -K + u(x) - \frac{1}{c} \int_0^x v(\xi)\, d\xi.$$

Daraus folgt nun für alle $(t, x) \in \mathbb{R}^2$ die behauptete Lösungsformel

$$
\begin{aligned}
A(t, x) &= f(x - ct) + g(x + ct) \\
&= \frac{1}{2} \left\{ u(x - ct) + u(x + ct) - \frac{1}{c} \int_0^{x-ct} v(\xi)\, d\xi + \frac{1}{c} \int_0^{x+ct} v(\xi)\, d\xi \right\} \\
&= \frac{u(x - ct) + u(x + ct)}{2} + \frac{1}{2c} \int_{x-ct}^{x+ct} v(\xi)\, d\xi.
\end{aligned}
$$
□

Erproben wir d'Alemberts Lösungsformel an der Lösung A mit $A(t, x) = t$ für alle $t, x \in \mathbb{R}$. Es gilt $u = 0$ und $v = 1$. Es ergibt sich nun tatsächlich

$$A(t, x) = \int_{x-ct}^{x+ct} \frac{v(\xi)}{2c}\, d\xi = \int_{x-ct}^{x+ct} \frac{d\xi}{2c} = \left. \frac{\xi}{2c} \right|_{x-ct}^{x+ct} = t.$$

Ähnlich folgt für die statische Lösung mit $A(t, x) = x$ für alle $(t, x) \in \mathbb{R}^2$, dass

$$2A(t, x) = A(0, x - ct) + A(0, x + ct) = x - ct + x + ct = 2x.$$

Man beachte, dass für jede statische Lösung, also eine mit $\partial_t A = 0$, zwei Zahlen $a, b \in R$ existieren, sodass $A(t, x) = a + bx$ für alle $(t, x) \in \mathbb{R}^2$ gilt.

Für welche Anfangsvorgabe (u, v) ist die Lösung A von $\square A = 0$ eine rechtsläufige? Eine Funktion $A \in C^2(\mathbb{R}^2)$ mit $\square A = 0$ ist genau dann rechtsläufig, wenn eine Funktion $f \in C^2(\mathbb{R})$ existiert, sodass $A(t, x) = f(x - ct)$ für alle $(t, x) \in \mathbb{R}^2$. Aus $A(t, x) = f(x - ct)$ folgt $u(x) = A(0, x) = f(x)$ und $v(x) = \partial_t A(0, x) = -cf'(x)$ für alle $x \in \mathbb{R}$. Ist A also rechtsläufig, dann besteht zwischen den Anfangswerten $u = A(0, \cdot)$ und $v = \partial_t A(0, \cdot)$ die Beziehung $v = -cu'$. Liegt andererseits diese Beziehung zwischen den Anfangswerten vor, dann folgt aus der Lösungsformel auch die Rechtsläufigkeit von A:

$$A(t, x) = \frac{u(x - ct) + u(x + ct)}{2} + \frac{1}{2c} \int_{x-ct}^{x+ct} -cu'(\xi)\, d\xi = u(x - ct).$$

In analoger Weise ist die Lösung A des Anfangswertproblems $\square A = 0$ mit $A(0, \cdot) = u$ und $\partial_t A(0, \cdot) = v$ genau dann linksläufig, wenn $v = cu'$.

3.3.4 Anmerkungen zur Lösungsformel (d = 2)

D'Alemberts Lösungsformel wird manch einem recht unspektakulär und einfach erscheinen. Sie erlaubt jedoch einige unerwartete, höchst interessante Schlüsse, auf die es sich ausführlicher einzugehen lohnt. Zumal die so erschlossenen Eigenschaften von Funktionen in ker □ es erlauben, wesentliche Eigenschaften der Natur mathematisch präzise darzustellen. Diese Eigenschaften von ker □ prägen einige der Kernbotschaften des modernen, naturwissenschaftlich fundierten Weltbildes, da sie sich in vielen Weiterentwicklungen der dAWG wiederfinden.

Korrekte Aufgabenstellung

Satz 3.8 zeigt, dass das Anfangswertproblem zur 2d-dAWG im Sinne Hadamards korrekt oder wohlgestellt ist. Damit ist Folgendes gemeint: Differentialgleichung und Zusatzbedingung (hier die Anfangsvorgaben) sind so, dass die Existenz einer eindeutigen Lösung der Aufgabe garantiert ist. Etwas vollständiger ausformuliert bedeutet dies, dass

1. es zu jeder zulässigen Anfangsvorgabe mindestens eine C^2-Lösung gibt,
2. es zu jeder zulässigen Anfangsvorgabe höchstens eine C^2-Lösung gibt,
3. die eindeutige Lösung zur Anfangsvorgabe stetig von dieser abhängt. (Um das zu präzisieren, muss im Raum der Anfangsvorgaben und im Lösungsraum jeweils eine Norm festgelegt werden.)

Die Formulierung eines wohlgestellten Problems zu einer (quasi-)linearen partiellen Differentialgleichung ist selbst ein nichttriviales Ergebnis der systematischen Theorie. Im Allgemeinen muss die Lösungsklasse innerhalb aller C^2-Funktionen noch weiter gehend, z. B. auf Wachstumsklassen, eingeschränkt werden, um ein wohlgestelltes Problem zu erhalten. Die zulässigen Hyperflächen im Definitionsbereich einer partiellen Differentialgleichung, auf denen wohlgestellte Vorgaben gemacht werden können, sind auch sorgfältig zu ermitteln und nicht einfach irgendwie zu wählen. Solche Überlegungen begründen die unterschiedlichen Zusatzvorgaben bei den Gleichungen von Laplace bzw. d'Alembert: wie etwa hier Anfangswerte $A\,(0,\cdot)$ und $\partial_t A\,(0,\cdot)$, dort Randwerte $u|_{\partial\Omega}$.

Dass Anfangsvorgaben, wie sie zu d'Alemberts Wellengleichung gestellt werden, im Fall der Laplacegleichung das 3. Kriterium einer wohlgestellten Aufgabe verletzen, zeigt das folgende Beispiel Hadamards. Die Funktion $A_n : \Omega \to \mathbb{R}$ mit $\Omega = (-1, 1) \times \mathbb{R}$ und

$$A_n\,(t,x) = \sinh{(nt)}\,\frac{\cos{(nx)}}{n^2}\ \text{für } n \in \mathbb{N}$$

erfüllt $\Delta A_n = \left(\partial_t^2 + \partial_x^2\right) A = 0$ und die Anfangsvorgabe

$$A_n\,(0,x) = 0 \text{ und } \partial_t A_n\,(0.x) = \frac{\cos{(nx)}}{n}.$$

Die Anfangsvorgabe $u_n(x) = 0$, $v_n(x) = \cos(nx)/n$ nähert sich für $n \to \infty$ punktweise der Vorgabe $(0, 0)$. Die Lösung A_n entfernt sich hingegen von der die Vorgabe $(0, 0)$ erfüllenden 0-Lösung punktweise, da ja $\sinh(nt)/n^2$ für $t > 0$ und $n \to \infty$ unbeschränkt anwächst und der Faktor $\cos(nx)$ zwischen -1 und 1 pendelt.

Das Anfangswertproblem der Laplacegleichung wäre als Naturgesetz unbrauchbar, da die Anfangsvorgabe niemals mit voller Präzision bekannt ist und diese mangelnde Präzision eine Aussage über den Wert von $A(\tau, x)$ für $\tau > 0$ unmöglich macht. Denn in jeder ε-Umgebung der trivialen Anfangswerte $u = 0$, $v = 0$ befinden sich Lösungen, die zu beliebig kurzer Zeit später von der trivialen Lösung beliebig stark abweichen!

Naturphilosophische Lektion

Viele grundlegende Naturgesetze stützen sich auf korrekte Aufgabenstellungen zu partiellen Differentialgleichungen. So etwa die Gesetze der Zeitevolution elektromagnetischer Felder (Maxwells Gleichungen) oder von quantenmechanischen Wellenfunktionen (Schrödingers Gleichung). Oder auch das Gesetz, das die elektromagnetischen Felder einer statischen Ladungs- und Stromverteilung festlegt.

Die Existenz einer Lösung ist eine minimale Voraussetzung dafür, dass eine „Aufgabe" überhaupt als Naturgesetz taugen kann. In der Eindeutigkeit der Lösung einer solchen Aufgabe wurzelt die Ablehnung von Wodu- und Aberglaube durch das moderne, naturwissenschaftlich geprägte Weltbild, denn diese Gesetze besagen ja: Wenn heute oder hier dieser (dynamisch abgeschlossene!) Teil der Welt so und so beschaffen ist, dann ist dort oder morgen in diesem Teil der Welt unausweichlich dieses und jenes der Fall. Derartig rigide Gesetzmäßigkeit lässt keinen Platz für alternative Optionen und erst recht nicht für eine unerklärte Wahl zwischen solchen. An dieser Situation hat auch die moderne Quantentheorie nichts geändert. Denn auch dort, wo keine individuellen Kausalzusammenhänge erkennbar sind, regiert zumindest der Zufall in Form von Wahrscheinlichkeitsverteilungen. Und auch Letztere sind unerbittlich und lassen der Hoffnung keinen Platz, dass sie sich mit ein bisschen (billig erfundenem und teuer verkauftem) Hokuspokus manipulieren ließen.

Beliebige Vorgabezeit

Wie ist d'Alemberts Lösungsformel zu modifizieren, wenn die Anfangsvorgaben nicht zur Zeit 0, sondern zu irgendeiner Zeit τ vorliegen? Für welche Lösung A_τ der dAWG gilt also $A_\tau(\tau, \cdot) = u$ und $\partial_t A_\tau(\tau, \cdot) = v$?

Für A gelte $\Box A = 0$ und $A(0, \cdot) = u$ und $\partial_t A(0, \cdot) = v$. Sei A_τ die Funktion mit $A_\tau(t, x) = A(t - \tau, x)$. Für sie gilt $\Box A_\tau = 0$ mit $A_\tau(\tau, \cdot) = u$ und $\partial_t A_\tau(\tau, \cdot) = v$. Somit lautet die Lösungsformel für Anfangsvorgaben (u, v) zur Zeit τ

$$A_\tau(t, x) = \frac{1}{2}\left(u\left(x - c(t - \tau)\right) + u\left(x + c(t - \tau)\right)\right) + \frac{1}{2c}\int_{x-c(t-\tau)}^{x+c(t-\tau)} v(\xi)\,d\xi.$$

Grenzgeschwindigkeit und Einsteinkausalität

Sei (u, v) eine Anfangsvorgabe mit $u(x) = v(x) = 0$ für alle x außerhalb des (endlichen, abgeschlossenen) Intervalls $I \subset \mathbb{R}$. A sei die zugehörige Lösung der 2d-dAWG. Für $(t, x) \in \mathbb{R}^2$ gelte $c^2 t^2 < (x - y)^2$ für alle $y \in I$. Dann folgt aus Gl. 3.6, dass $A(t, x) = 0$. Ist also die Welle zur Zeit 0 etwa im Bereich $|x| < R$ lokalisiert, so ist sie zur Zeit t im Bereich $|x| < R + c|t|$ lokalisiert. Die Ausweitung des Raumgebietes, in dem die Funktionen $A(t, \cdot)$ und $\partial_t A(t, \cdot)$ von 0 verschieden sein können, ist also durch den in $\square$ eingehenden Geschwindigkeitswert c begrenzt.

Dieser Sachverhalt ist ein Beispiel dafür, was als Einsteinkausalität der Wellenausbreitung bezeichnet wird. Ähnliches gilt für die Wellengleichung $\left(\square + \kappa^2\right) A = 0$ oder auch Maxwells Gleichungen. Eine sehr allgemeine Formulierung des Prinzips besagt: Zwei Materiezustände, die zu einer Zeit t_0 außerhalb einer Kugel um den Ort p vom Radius R übereinstimmen, stimmen zur Zeit $t_0 + T$ zumindest außerhalb einer Kugel um p vom Radius $R + c|T|$ überein. Daraus folgt, dass lokale Manipulationen in einer Entfernung L vom Ort der Manipulation erst nach einer Verzögerung um die Laufzeit von Licht L/c nachweisbar sind.

Es gibt also keine Überlichtgeschwindigkeitstelefone, oder um es in John Bells (von Zweifeln durchsetzter) Schärfe zu sagen: „Nothing can go faster than light." Dieses Prinzip wird gegenwärtig für ein strikt gültiges Naturgesetz gehalten. Die Newtonsche Physik verletzt das Prinzip zwar, wird aber diesbezüglich für unrealistisch, also physikalisch falsch gehalten.

Die Ableitungen $\partial_t A(t, x)$ und $\partial_x A(t, x)$ einer Lösung von $\square A = 0$ sind sogar einzig und allein durch die Anfangsvorgaben u, v in einer beliebig kleinen Umgebung der „retardierten Stellen" $x \pm ct$ bestimmt, denn es gilt

$$\partial_t A(t, x) = \frac{c}{2}\left\{u'(x + ct) - u'(x - ct)\right\} + \frac{1}{2}\left\{v(x + ct) + v(x - ct)\right\},$$

$$\partial_x A(t, x) = \frac{1}{2}\left\{u'(x + ct) + u'(x - ct)\right\} + \frac{1}{2c}\left\{v(x + ct) - v(x - ct)\right\}.$$

Dies merkt man sich mit dem folgenden Slogan: „Die Ableitungen breiten sich mit genau der Geschwindigkeit c aus." Hier ein Beispiel dafür, was das nach sich zieht: Sei $u(x) = v(x) = 0$ für alle x außerhalb des Intervalls $I = [a, b] \subset \mathbb{R}$. Für ein festes $x > b$ folgt $\partial_t A(t, x) = \partial_x A(t, x) = 0$ für alle $t \notin \left[\frac{a-x}{c}, \frac{b-x}{c}\right] \cup \left[\frac{x-b}{c}, \frac{x-a}{c}\right]$.

Zur Illustration der Einsteinkausalität ein einfaches Beispiel: Sei $A : \mathbb{R} \times \mathbb{R} \to \mathbb{R}$ eine C^2-Funktion mit $\square A = 0$. Es gelte für ein festes $L > 0$

$$A(0, x) = u(x) := \begin{cases} \sin^3\left(\pi \frac{x}{L}\right) & \text{für } 0 < x < L \\ 0 & \text{sonst} \end{cases}.$$

Weiter gelte $\partial_t A(0, x) = v(x) := 0$ für alle $x \in \mathbb{R}$. D'Alemberts Lösungsformel ergibt daher $A(t, x) = (u(x - ct) + u(x + ct))/2$. Das anfängliche lokalisierte

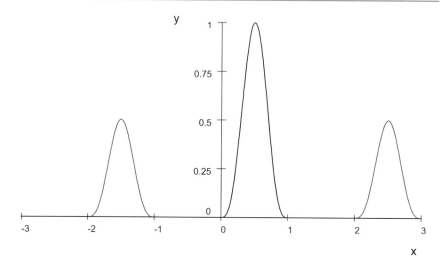

Abb. 3.7 $y = u(x)$ (schwarz) und $y = A(t = 2L/c, x)$ (rot)

„Paket" zerfällt also in zwei halb so hohe, auseinanderlaufende lokalisierte Pakete. Die Funktion $x \mapsto A(t, x)$ für $t = 2L/c$ zusammen mit u zeigt Abb. 3.7.[12]

Eine Lösungsschranke

Für eine Anfangsvorgabe (u, v), zu der reelle Zahlen M, N existieren, sodass $|u| \leq M$ und $\int_{-\infty}^{\infty} |v(x)| \, dx \leq 2cN$ gilt, folgt aus der Lösungsformel die Schranke

$$|A(t, x)| \leq \frac{1}{2} |u(x - ct) + u(x + ct)| + \frac{1}{2c} \int_{x-ct}^{x+ct} |v(\xi)| \, d\xi \leq M + N.$$

Insbesondere ergeben beschränkte Vorgaben u und v eine beschränkte Lösung A, wenn v außerhalb eines endlichen Intervalls gleich 0 ist.

3.3.5 *Lösungen mit Fourierdarstellung

Für eine Funktion $f \in C^2(\mathbb{R} : \mathbb{R})$, deren Betrag $|f|$ über ganz $\mathbb{R}$ integriert werden kann, existiert die Fouriertransformierte $\mathscr{F} f =: a$. Sie ist stetig. Kann auch $|a|$ über

---

[12]Vorgreifende Anmerkung: Im Intervall $[-L, 2L]$ befinden sich zur Zeit $t = 2L/c$ natürlich keine Punkte x mit Energiedichte $\varepsilon_A(t, x) > 0$, da die Lösung dort konstant (gleich 0) ist. Im Bereich mit $x > 3L$ oder $x < -2L$ gilt natürlich auch $\varepsilon_A(2L/c, x) = 0$.

ganz $\mathbb{R}$ integriert werden, dann gilt nach dem Satz von der Fourierumkehr für $x \in \mathbb{R}$

$$f(x) = \int_{-\infty}^{\infty} \frac{e^{ikx}}{\sqrt{2\pi}} a(k)\,dk.$$

Dabei folgt aus der Reellwertigkeit von f, dass $a(-k) = \overline{a(k)}$ für alle $k \in \mathbb{R}$. Somit hat die rechtsläufige Lösung $A \in C^2(\mathbb{R}^2 : \mathbb{R})$ von $\Box A = 0$ mit $A(t, x) = f(x - ct)$ die Fourierdarstellung

$$\begin{aligned}
A(t, x) &= \int_{-\infty}^{\infty} \frac{e^{ik(x-ct)}}{\sqrt{2\pi}} a(k)\,dk = \int_{-\infty}^{0} \frac{e^{ik(x-ct)}}{\sqrt{2\pi}} a(k)\,dk + \int_{0}^{\infty} \frac{e^{ik(x-ct)}}{\sqrt{2\pi}} a(k)\,dk \\
&= \int_{-\infty}^{0} \frac{e^{ik(x-ct)}}{\sqrt{2\pi}} \overline{a(-k)}\,dk + \int_{0}^{\infty} \frac{e^{ik(x-ct)}}{\sqrt{2\pi}} a(k)\,dk \\
&= \int_{0}^{\infty} \frac{a(k)\,e^{-i(ckt-kx)} + \overline{a(k)}e^{i(ckt-kx)}}{\sqrt{2\pi}}\,dk.
\end{aligned}$$

Ähnlich ergibt sich für eine Funktion $g \in C^2(\mathbb{R} : \mathbb{R})$, deren Betrag $|g|$ wie auch der ihrer Fouriertransformierten $\mathscr{F}g =: b$ über ganz $\mathbb{R}$ integriert werden kann, dass für die linksläufige Lösung A mit $A(t, x) = g(x + ct)$

$$\begin{aligned}
A(t, x) &= \int_{-\infty}^{\infty} \frac{e^{ik(x+ct)}}{\sqrt{2\pi}} b(k)\,dk = \int_{-\infty}^{0} \frac{e^{ik(x+ct)}}{\sqrt{2\pi}} b(k)\,dk + \int_{0}^{\infty} \frac{e^{ik(x+ct)}}{\sqrt{2\pi}} b(k)\,dk \\
&= \int_{-\infty}^{0} \frac{e^{-i(c|k|t-kx)}}{\sqrt{2\pi}} b(k)\,dk + \int_{0}^{\infty} \frac{e^{i(c|-k|t-(-k)x)}}{\sqrt{2\pi}} \overline{b(-k)}\,dk \\
&= \int_{-\infty}^{0} \frac{b(k)\,e^{-i(c|k|t-kx)} + \overline{b(k)}e^{i(c|k|t-kx)}}{\sqrt{2\pi}}\,dk.
\end{aligned}$$

Zusammenfassung:

Satz 3.9 *Seien* $f, g \in C^2(\mathbb{R} : \mathbb{R})$ *mit* $\int_{-\infty}^{\infty} |f(x)|\,dx < \infty$ *und* $\int_{-\infty}^{\infty} |g(x)|\,dx < \infty$. *Für die Funktion* $a : \mathbb{R} \to \mathbb{C}$ *gelte* $a(k) = (\mathscr{F}f)(k)$ *für alle* $k > 0$ *und* $a(k) = (\mathscr{F}g)(k)$ *für alle* $k < 0$. *Ist auch* $|a|$ *über ganz* $\mathbb{R}$ *integrierbar, dann gilt für alle* $(t, x) \in \mathbb{R}^2$

$$A_{f,g}(t, x) := f(x - ct) + g(x + ct) = \int_{-\infty}^{\infty} \frac{a(k)\,e^{-i(c|k|t-kx)} + \overline{a(k)}e^{i(c|k|t-kx)}}{\sqrt{2\pi}}\,dk.$$

3.3.6 *Passiver Galileischer Dopplereffekt (d = 2)

Sei (e_0, e_1) die Standardbasis von $\mathbb{R}^2$ und $\Psi = (t, x)^t$ die zugehörige Karte von $\mathbb{R}^2$, sodass $\mathrm{id} = (e_0, e_1) \cdot (t, x)^t$ gilt. Sei $v \in \mathbb{R}$. Für die Galilei-transformierte Basis

$$(f_0, f_1) = (e_0, e_1) \cdot \begin{pmatrix} 1 & 0 \\ v & 1 \end{pmatrix}$$

gelte $\mathrm{id} = (f_0, f_1) \cdot (t', x')^t$, sodass

$$\begin{pmatrix} 1 & 0 \\ v & 1 \end{pmatrix} \cdot \begin{pmatrix} t' \\ x' \end{pmatrix} = \begin{pmatrix} t \\ x \end{pmatrix} \text{ bzw. } \begin{pmatrix} 1 & 0 \\ -v & 1 \end{pmatrix} \cdot \begin{pmatrix} t \\ x \end{pmatrix} = \begin{pmatrix} t' \\ x' \end{pmatrix}$$

folgt. Die Lösung $A_{f,g} = f(x - ct) + g(x + ct)$ hat daher den Galilei-transformierten Kartenausdruck

$$A_{f,g} = f\left(x' + vt' - ct'\right) + g\left(x' + vt' + ct'\right).$$

Der f-Anteil bewegt sich relativ zur Karte Φ mit der Geschwindigkeit $c - v$ und der g-Anteil mit Geschwindigkeit $c + v$. Speziell für $f(x) = \sin kx$ und $g(x) = \cos kx$ folgt

$$A_{f,g} = \sin k \left(x' - c\left(1 - \frac{v}{c}\right)t'\right) + \cos k \left(x' + c\left(1 + \frac{v}{c}\right)t'\right).$$

Für $0 < v < c$ ist die Frequenz des (rechtsläufigen) Sinusanteils zu $\omega' = \omega\left(1 - \frac{v}{c}\right) < \omega$ verkleinert und die des (linksläufigen) Cosinusanteils zu $\omega' = \omega\left(1 + \frac{v}{c}\right) > \omega$ vergrößert. Die Wellenzahl ist hingegen unverändert. Dieser Sachverhalt wird passiver Dopplereffekt genannt. Er ist an Schallwellen mit Sensoren, die relativ zu Φ ruhen, zu beobachten.

Es gilt natürlich

$$\left(\frac{1}{c^2}\partial_{t'}^2 - \partial_{x'}^2\right) A_{f,g} \neq 0,$$

da sonst die rechtsläufige und die linksläufige Ausbreitungsgeschwindigkeit von $A_{f,g}$ bezüglich der Karte Φ mit c übereinstimmen würden.

Der Kartenausdruck des Wellenoperators $\Box$, den wir ja unter Bezugnahme auf die Standardkarte Ψ von $\mathbb{R}^2$ definiert haben, ändert sich dementsprechend bei einem Galileischen Kartenwechsel. Es gilt ja

$$\partial_i^\Psi = \sum_{j=1}^2 \left(\partial_i^\Psi \Phi^j\right) \partial_j^\Phi$$

und somit

$$\partial_1^\Psi = \left(\partial_1^\Psi \Phi^1\right) \partial_1^\Phi + \left(\partial_1^\Psi \Phi^2\right) \partial_2^\Phi = 1 \cdot \partial_1^\Phi - v \cdot \partial_2^\Phi,$$
$$\partial_2^\Psi = \left(\partial_2^\Psi \Phi^1\right) \partial_1^\Phi + \left(\partial_2^\Psi \Phi^2\right) \partial_2^\Phi = 0 \cdot \partial_1^\Phi + 1 \cdot \partial_2^\Phi.$$

Mit der üblichen Kurzbezeichnung $\partial_1^\Psi = \partial_t$, $\partial_1^\Phi = \partial_{t'}$, $\partial_2^\Psi = \partial_x$ und $\partial_2^\Phi = \partial_{x'}$ vereinfacht sich dies zu

$$\partial_t = \partial_{t'} - v\partial_{x'} \text{ und } \partial_x = \partial_{x'}.$$

Somit folgt für den Kartenausdruck von $\Box$ in der bewegten Karte Φ :

$$\Box = \left(\frac{1}{c^2}\partial_t^2 - \partial_x^2\right) = \frac{1}{c^2}\left(\partial_{t'} - v\partial_{x'}\right)^2 - \partial_{x'}^2$$
$$= \left(\frac{1}{c^2}\partial_{t'}^2 - \partial_{x'}^2\right) - 2\frac{v}{c^2}\partial_{t'}\partial_{x'} + \left(\frac{v}{c}\right)^2\partial_{x'}^2.$$

Diese „passive" Überlegung kann auch in eine „aktive" umgemünzt werden. Sei $\Gamma : \mathbb{R}^2 \to \mathbb{R}^2$ jene lineare Abbildung, die die Standardbasis (e_0, e_1) in die Basis (f_0, f_1) überführt. Dann gilt

$$\binom{t}{x} \circ \Gamma = \begin{pmatrix} 1 & 0 \\ v & 1 \end{pmatrix} \cdot \binom{t}{x}.$$

Die Hintereinanderschaltung $A \circ \Gamma^{-1}$ für $A_{f,g} = f(x - ct) + g(x + ct)$ ergibt daher

$$A_{f,g} \circ \Gamma^{-1} = f(x + vt - ct) + g(x + vt + ct).$$

Die Funktion $A \circ \Gamma^{-1}$ ist für $v \neq 0$ und für $A \neq 0$ keine Lösung von d'Alemberts Wellengleichung. Daher lässt sich der aktive Dopplereffekt auch an $A_{f,g} \circ \Gamma^{-1}$ nicht ablesen. Um diesen zu sehen, muss vielmehr die Wellengleichung mit bewegter Sinusquelle gelöst werden.

Licht kann fern von Ladungen etwas vereinfacht als Lösung $A_{f,g}$ von $\Box A = 0$ beschrieben werden. Ist die richtungsabhängige Wellenausbreitungsgeschwindigkeit von $A_{f,g}$ bezüglich (t', x') mit einer in Achsenrichtung gleichförmig bewegten Fizeaustange[13] zu sehen? Nein! Alle Versuche, bewegungsinduzierte Asymmetrien in ansonsten symmetrischen Experimenten[14] zu finden, fielen bis heute negativ aus. Die Geschwindigkeit des schwingenden Mediums (Äther) lässt sich im Fall von Licht nicht ermitteln, da Licht immer an Licht gemessen wird. Die Lichtgeschwindigkeit ist unabhängig von einer (konstanten) Bewegung der Vermessungsapparatur.

Daraus folgerte Einstein, dass der Galileische Kartenwechsel nicht jene inertialen Karten verbindet, die durch zwei zueinander konstant bewegte Vermessungsnetze physikalisch realisiert sind. Solche „Bezugssysteme" funktionieren ja selbst auch

---

[13]An den Enden einer solchen nach ihrem Erfinder Hippolyte Fizeau benannten Stange befinden sich zwei durchlöcherte Kreisscheiben. Blickt man längs der Stange durch die Löcher der Scheiben auf eine Lichtquelle, so sieht man Licht. Rotiert die Stange genügend schnell, so gelangt das Licht, das durch ein Loch der ersten Scheibe hindurchtritt, nicht mehr durch das dahinter befindliche Loch der zweiten Scheibe, da sich dieses weggedreht hat. Es bleibt dunkel. Erst bei einer weiteren Erhöhung der Drehgeschwindigkeit der Scheiben wird es wieder hell. Sind Länge und Winkelgeschwindigkeit der Achse bekannt, so lässt sich daraus die Lichtgeschwindigkeit ermitteln.

[14]Das berühmteste ist Michelsons Interferenzexperiment. Vereinfacht gesagt sucht es nach Laufzeitunterschieden längs zweier aufeinander senkrecht stehender deckungsgleicher Fizeaustangen. Eine der beiden Stangen ist dabei parallel zur Bewegung ausgerichtet.

nach den Gesetzen des Elektromagnetismus. Einstein suchte daher nach den (linearen) Kartenwechseln, die den Kartenausdruck des Wellenoperators und damit die Lichtgeschwindigkeit unverändert lassen. Auf diese Weise ist sichergestellt, dass eine gleichförmige Gesamtbewegung einer Lösung von $\Box A = 0$ keinen Einfluss auf die inneren Verhältnisse dieser Lösung hat. Sie breitet sich in alle Richtungen mit derselben Geschwindigkeit aus.

Ein Analogon zur Galileischen Symmetrie der Mechanik war so für elektromagnetische Felder gefunden. Merkwürdige Phänomene sind die Folge: Ob zwei Raumzeitpunkte gleichzeitig sind, hängt davon ab, auf welches Inertialsystem man sich bezieht. Die absolute Gleichzeitigkeit der Galileischen Physik ging also verloren. Ebenso hängen die Abmessungen eines Körpers oder die Dauer eines Vorgangs vom relativen Bewegungszustand des Bezugssystems ab. All dies wird im nächsten Abschnitt etwas eingehender erläutert.

3.3.7 *Lorentzinvarianz des Wellenoperators (d = 2)

Sei $\phi \in C^2\left(\mathbb{R}^n : \mathbb{R}\right)$ und sei $R : \mathbb{R}^n \to \mathbb{R}^n$ eine Drehspiegelung. Dann gilt $\Delta\left(\phi \circ R\right) = \left(\Delta\phi\right) \circ R$. Man sagt, der Laplaceoperator ist invariant unter Drehspiegelungen. Daraus folgt für $\phi : \mathbb{R}^n \to \mathbb{R}$ mit $\Delta\phi = 0$, dass auch $\Delta\left(\phi \circ R\right) = 0$ gilt. Gibt es einen analogen Sachverhalt im Fall von d'Alemberts Wellengleichung $\Box A = 0$? Wir schildern hier den räumlich eindimensionalen Fall.

Was entspricht den Drehungen von $V = \mathbb{R}^2$ im Fall des Wellenoperators? Zunächst vereinfachen wir den Wellenoperator mithilfe der Karte $\Phi = \left(x^0, x^1\right)^T = (ct, x)^T$. Dann gilt $\Box = \left(\left(\partial_0^{\Phi}\right)^2 - \left(\partial_1^{\Phi}\right)^2\right)$. Dem euklidischen Skalarprodukt, das im Laplaceoperator $\partial_x^2 + \partial_y^2$ steckt, entspricht beim Wellenoperator die Bilinearform $G : V \times V \to \mathbb{R}$ mit der Gramschen Matrix

$$G_{\underline{e}} = \begin{pmatrix} 1 & 0 \\ 0 & -1 \end{pmatrix}$$

zur Basis $\underline{e} = (e_0, e_1)$ von V mit $\Phi\left(e_0\right) = (1, 0)^T$ und $\Phi\left(e_1\right) = (0, 1)^T$. Damit gilt für den Gradienten zu G

$$\Box = \operatorname{div} \circ \operatorname{grad} = \sum_{\mu, \nu = 0}^{1} \left(G_{\underline{e}}^{-1}\right)^{\mu\nu} \partial_{\mu}^{\Phi} \partial_{\nu}^{\Phi}.$$

So wie die Drehspiegelungen die Invarianzen des euklidischen Skalarproduktes sind, gibt es Invarianzen von G. Und diese führen zu Invarianzen des Wellenoperators.

Sei also $\Lambda : \mathbb{R}^2 \to \mathbb{R}^2$ linear mit

$$G\left(\Lambda v, \Lambda w\right) = G\left(v, w\right) \text{ für alle } v, w \in \mathbb{R}^2. \tag{3.8}$$

Die Menge aller solchen linearen Abbildungen Λ bildet offenbar bezüglich der Hintereinanderausführung eine Gruppe, die Lorentzgruppe $O(1, 1)$. Wie können die Elemente der Lorentzgruppe explizit angegeben werden?

Das Bild der Standardbasis $\underline{e} = (e_0, e_1)$ unter $\Lambda \in O(1, 1)$ ist ein Paar von Vektoren

$$(\Lambda e_0, \Lambda e_1) = (e_0, e_1) \begin{pmatrix} a & b \\ c & d \end{pmatrix}$$

mit $a^2 - c^2 = 1$, $b^2 - d^2 = -1$ und $ab - cd = 0$. Lösen dieses Gleichungssystems für $a, b, c, d \in \mathbb{R}$ zeigt, dass (a, b, c, d) genau dann eine Lösung ist, wenn Konstante $\tau, \varepsilon \in \{1, -1\}$ und $\beta \in (-1, 1)$ existieren, sodass

$$\begin{pmatrix} a & b \\ c & d \end{pmatrix} = \frac{1}{\sqrt{1 - \beta^2}} \begin{pmatrix} \tau & \varepsilon\beta \\ \tau\beta & \varepsilon \end{pmatrix} =: \begin{pmatrix} M(\Lambda, \underline{e})^0{}_0 & M(\Lambda, \underline{e})^0{}_1 \\ M(\Lambda, \underline{e})^1{}_0 & M(\Lambda, \underline{e})^1{}_1 \end{pmatrix}.$$

Die Elemente Λ mit $\varepsilon = \tau = 1$ bilden eine Untergruppe von $O(1, 1)$, die eigentliche, orthochrone Lorentzgruppe $SO_+(1, 1)$. Sie wird auch als Gruppe der Lorentzboosts bezeichnet.

Für die Matrix von $\Lambda \in O(1, 1)$ zur Basis $\underline{e}$ gilt wegen Gl. 3.8

$$\sum_{\rho, \sigma = 0}^{1} M(\Lambda, \underline{e})^\mu{}_\rho \left(G_{\underline{e}}^{-1}\right)^{\rho\sigma} M(\Lambda, \underline{e})^\nu{}_\sigma = \left(G_{\underline{e}}^{-1}\right)^{\mu\nu}. \tag{3.9}$$

Überprüfen wir damit unser Ergebnis für die Matrix $M(\Lambda, \underline{e})$. Tatsächlich gilt:

$$\frac{1}{\sqrt{1 - \beta^2}} \begin{pmatrix} \tau & \varepsilon\beta \\ \tau\beta & \varepsilon \end{pmatrix} \begin{pmatrix} 1 & 0 \\ 0 & -1 \end{pmatrix} \begin{pmatrix} \tau & \varepsilon\beta \\ \tau\beta & \varepsilon \end{pmatrix}^T \frac{1}{\sqrt{1 - \beta^2}}$$

$$= \frac{1}{1 - \beta^2} \begin{pmatrix} \tau & -\varepsilon\beta \\ \tau\beta & -\varepsilon \end{pmatrix} \begin{pmatrix} \tau & \tau\beta \\ \varepsilon\beta & \varepsilon \end{pmatrix} = \begin{pmatrix} 1 & 0 \\ 0 & -1 \end{pmatrix}.$$

Wir benutzen nun Gl. 3.9, um die Lorentzinvarianz des Wellenoperators zu zeigen.[15] Damit ist Folgendes gemeint:

Satz 3.10 *Sei $A \in C^2\left(\mathbb{R}^2 : \mathbb{R}\right)$ und $\Lambda \in O(1, 1)$. Dann gilt $\Box(A \circ \Lambda) = (\Box A) \circ \Lambda$.*

---

[15]Diese scheint Woldemar Voigt um 1887 als Erster erkannt zu haben. Er wurde jedenfalls von Hermann Minkowski in seinem Vortrag vor der „80. Versammlung Deutscher Naturforscher und Ärzte zu Cöln" am 21. September 1908 diesbezüglich zitiert. Erst Albert Einstein jedoch hat den Stier bei den Hörnern gepackt und daraus die physikalische Konsequenz gezogen.

Beweis Es gilt nach der Kettenregel mit $\partial_\mu = \partial_\mu^\Phi$, $\Lambda^\mu_{\ \nu} = M(\Lambda, \underline{e})^\mu_{\ \nu}$ und $\eta^{\mu\nu} = \left(G_{\underline{e}}^{-1}\right)^{\mu\nu}$

$$\sum_{\mu,\nu=0}^{1} \eta^{\mu\nu} \partial_\mu \partial_\nu (A \circ \Lambda) = \sum_{\mu,\nu=0}^{1} \eta^{\mu\nu} \sum_{\rho,\sigma=0}^{1} \Lambda^\rho_{\ \mu} \Lambda^\sigma_{\ \nu} \left(\partial_\rho \partial_\sigma A\right) \circ \Lambda$$

$$= \sum_{\rho,\sigma=0}^{1} \eta^{\rho\sigma} \left(\partial_\rho \partial_\sigma A\right) \circ \Lambda = (\Box A) \circ \Lambda. \qquad \Box$$

Damit ist nun klar, dass für $\Lambda \in O(1,1)$ aus $\Box A = 0$ auch $\Box \left(A \circ \Lambda^{-1}\right) = 0$ folgt. Das heißt, die „Anwendung" einer Lorentztransformation Λ auf eine nichtkonstante Lösung A der dAWG liefert eine von A verschiedene, also neue Lösung, nämlich $A \circ \Lambda^{-1}$. Die Lösungsmenge der dAWG wird also von der „Linksoperation" $\mu : O(1,1) \times C^2\left(\mathbb{R}^2 : \mathbb{R}\right) \to C^2\left(\mathbb{R}^2 : \mathbb{R}\right)$ der Lorentzgruppe mit $\mu(\Lambda, A) = A \circ \Lambda^{-1}$ auf sich abgebildet; sie ist invariant unter μ.

Anmerkung: Der Kartenausdruck von $A \circ \Lambda^{-1}$ bezüglich der bewegten Karte $\Psi = \left(x'^0, x'^1\right)^T = M\left(\Lambda^{-1}, \underline{e}\right) \left(x^0, x^1\right)^T$ ist derselbe[16] wie jener von A bezüglich $\Phi = \left(x^0, x^1\right)^T$. Dies zeigt man so: Für alle $p \in \mathbb{R}^2$ gilt

$$A(p) = \left(A \circ \Lambda^{-1}\right)(\Lambda p)$$

und $\Psi(\Lambda p) = M\left(\Lambda^{-1}, \underline{e}\right) \Phi(\Lambda p) = M\left(\Lambda^{-1}, \underline{e}\right) \cdot M\left(\Lambda, \underline{e}\right) \cdot \Phi(p) = \Phi(p)$. Der Kartenausdruck A^Φ ist implizit durch $A = A^\Phi \circ \Phi$ definiert. Analog gilt $A \circ \Lambda^{-1} = \left(A \circ \Lambda^{-1}\right)^\Psi \circ \Psi$. Somit folgt für alle p

$$A^\Phi \circ \Phi(p) = A(p) = \left(A \circ \Lambda^{-1}\right)(\Lambda p)$$

$$= \left(A \circ \Lambda^{-1}\right)^\Psi \circ \Psi(\Lambda p) = \left(A \circ \Lambda^{-1}\right)^\Psi \circ \Phi(p).$$

Dies ist äquivalent zu $A^\Phi = \left(A \circ \Lambda^{-1}\right)^\Psi$.

Zeitdilatation

Ein (ausdehnungsloser) Gegenstand entstehe im Raumzeitpunkt 0, belege die Raumzeitpunkte $[0, T] \cdot e_0$ und vergehe im Raumzeitpunkt $T e_0$. Er besteht also während der Zeit $0 < x^0 < T$ und ruht relativ zur Basis $\underline{e}$. Die Strecke $[0, T] \cdot e_0$ werde nun der Lorentztransformation $\Lambda \in SO_+(1,1)$ mit

$$M(\Lambda, \underline{e}) = \frac{1}{\sqrt{1-\beta^2}} \begin{pmatrix} 1 & \beta \\ \beta & 1 \end{pmatrix} \quad \text{mit } \beta \in (-1, 1) \qquad (3.10)$$

---

[16]Die internen Relationen von A und $A \circ \Lambda^{-1}$ sind also gleich.

unterworfen. Sie ist durch $[0, T] \cdot \Lambda e_0$ gegeben. Wegen $\Lambda e_0 = (e_0 + \beta e_1)/\sqrt{1 - \beta^2}$ gilt $x^1 (\Lambda e_0) = \beta x^0 (\Lambda e_0) = \beta ct (\Lambda e_0)$ und somit $x^1 = \beta x^0 = c\beta t$ auf der Strecke $[0, T] \cdot \Lambda e_0$. Der Lorentz-transformierte Gegenstand bewegt sich daher mit der Geschwindigkeit $v = c\beta$.[17] Sein Geburtsraumzeitpunkt 0 wird von Λ auf 0 abgebildet, der seines Todes auf

$$T \Lambda e_0 = \frac{T (e_0 + \beta e_1)}{\sqrt{1 - \beta^2}}.$$

Die Lebensspanne des mit der Geschwindigkeit $c\beta$ bewegten Gegenstandes der Lebensdauer T hat sich daher auf das Zeitintervall $0 < x^0 < T/\sqrt{1 - \beta^2}$ gedehnt.

Lorentzkontraktion

Ein ausgedehnter Gegenstand belege zu allen Zeiten x^0 das Intervall $0 < x^1 < L$, das heißt, er besetzt die Raumzeitpunkte $S = \mathbb{R} \cdot e_0 + (0, L) \cdot e_1$. Der Gegenstand ruht also bezüglich der Karte (x^0, x^1) und hat in ihr die Länge L. Die Menge S wird von einem Lorentzboost (3.10) auf den Streifen ΛS abgebildet. Wo befindet sich der rechte Rand von ΛS zur Zeit $x^0 = 0$? Der rechte Rand von ΛS ist die Menge $\Lambda (Le_1 + \mathbb{R} \cdot e_0)$. Es gilt für $\xi \in \mathbb{R}$

$$\Lambda (Le_1 + \xi \cdot e_0) = \frac{(e_0, e_1)}{\sqrt{1 - \beta^2}} \cdot \begin{pmatrix} 1 & \beta \\ \beta & 1 \end{pmatrix} \cdot \begin{pmatrix} \xi \\ L \end{pmatrix}$$

$$= \frac{(e_0, e_1)}{\sqrt{1 - \beta^2}} \cdot \begin{pmatrix} \xi + \beta L \\ \beta \xi + L \end{pmatrix}.$$

$x^0 [\Lambda (Le_1 + \xi \cdot e_0)] = 0$ gilt genau dann, wenn $\xi = -\beta L$. Daher ist der Punkt

$$\Lambda (Le_1 - \beta L \cdot e_0) = L \frac{1 - \beta^2}{\sqrt{1 - \beta^2}} e_1 = L\sqrt{1 - \beta^2} e_1$$

der rechte Randpunkt von ΛS mit $x^0 = 0$. Die Länge des mit der Geschwindigkeit $c\beta$ bewegten Gegenstands der Länge L ist also $L\sqrt{1 - \beta^2}$. Der Lorentz-transformierte Gegenstand ist gestaucht!

Geschwindigkeitsaddition

Welche Geschwindigkeit $c\beta$ hat die Hintereinandersetzung von zwei Lorentzboosts mit den Geschwindigkeiten $c\beta_1$ und $c\beta_2$? Es gilt das relativistische Additionsgesetz für (kollineare) Geschwindigkeiten in der folgenden Form:

$$\beta = \frac{\beta_1 + \beta_2}{1 + \beta_1 \beta_2}.$$

---

[17] Man sagt daher, dass Λ von Gl. 3.10 den ruhenden Gegenstand auf Geschwindigkeit $c\beta$ transformiert.

Zum Beweis rechnet man nach:

$$
\frac{1}{\sqrt{1 - \beta_2^2}} \cdot \begin{pmatrix} 1 & \beta_2 \\ \beta_2 & 1 \end{pmatrix} \cdot \frac{1}{\sqrt{1 - \beta_1^2}} \cdot \begin{pmatrix} 1 & \beta_1 \\ \beta_1 & 1 \end{pmatrix}
$$

$$
= \frac{1}{\sqrt{1 - \beta_2^2}\sqrt{1 - \beta_1^2}} \begin{pmatrix} 1 + \beta_1\beta_2 & \beta_1 + \beta_2 \\ \beta_1 + \beta_2 & 1 + \beta_1\beta_2 \end{pmatrix}
$$

$$
= \frac{1 + \beta_1\beta_2}{\sqrt{1 - \beta_2^2}\sqrt{1 - \beta_1^2}} \begin{pmatrix} 1 & \frac{\beta_1+\beta_2}{1+\beta_1\beta_2} \\ \frac{\beta_1+\beta_2}{1+\beta_1\beta_2} & 1 \end{pmatrix} = \frac{1}{\sqrt{1 - \beta^2}} \cdot \begin{pmatrix} 1 & \beta \\ \beta & 1 \end{pmatrix}.
$$

Die letzte Gleichheit folgt dabei so:

$$
1 - \beta^2 = 1 - \left(\frac{\beta_1 + \beta_2}{1 + \beta_1\beta_2}\right)^2 = \frac{(1 + \beta_1\beta_2)^2 - (\beta_1 + \beta_2)^2}{(1 + \beta_1\beta_2)^2}
$$

$$
= \frac{1 + \beta_1^2\beta_2^2 - \beta_1^2 - \beta_2^2}{(1 + \beta_1\beta_2)^2} = \frac{\left(1 - \beta_1^2\right)\left(1 - \beta_2^2\right)}{(1 + \beta_1\beta_2)^2}.
$$

Anmerkung: Dieses Geschwindigkeitsadditionsgesetz sorgt dafür, dass ein Körper, der sich bezüglich der Karte (t, x) mit einer Geschwindigkeit kleiner als c bewegt, dies auch bezüglich jeder anderen Lorentz-geboosteten Karte tut.

Relativistischer Dopplereffekt

Sei $A_{f,g} = f\left(x^1 - x^0\right) + g\left(x^1 + x^0\right)$ mit $f, g \in C^2\left(\mathbb{R} : \mathbb{R}\right)$. Es gilt somit $\Box A = 0$. Wir bestimmen nun $A_{f,g} \circ \Lambda^{-1}$ für die Lorentztransformation Λ aus Gl. 3.10. Aus

$$
\begin{pmatrix} x^0 \\ x^1 \end{pmatrix} \circ \Lambda = M\left(\Lambda, \underline{e}\right) \cdot \begin{pmatrix} x^0 \\ x^1 \end{pmatrix}
$$

folgt

$$
\left(x^1 - x^0\right) \circ \Lambda^{-1} = \sqrt{\frac{1 + \beta}{1 - \beta}} \cdot \left(x^1 - x^0\right) \quad \text{und} \quad \left(x^1 + x^0\right) \circ \Lambda^{-1} = \sqrt{\frac{1 - \beta}{1 + \beta}} \cdot \left(x^1 + x^0\right).
$$

Daher gilt

$$
A_{f,g} \circ \Lambda^{-1} = f\left(\sqrt{\frac{1 + \beta}{1 - \beta}}\left(x^1 - x^0\right)\right) + g\left(\sqrt{\frac{1 - \beta}{1 + \beta}} \cdot \left(x^1 + x^0\right)\right).
$$

Abb. 3.8
Dopplerverschiebung der
Frequenz: $y = \omega_+(x)/\omega$

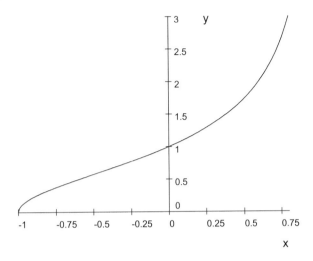

Für $\beta > 0$ wird also der rechtsläufige Lösungsteil komprimiert und der linksläufige gedehnt.

Speziell für $f(x) = \sin kx = g(x)$ folgt etwa

$$A_{f,g} \circ \Lambda^{-1} = \sin\left(k\sqrt{\frac{1+\beta}{1-\beta}} \cdot \left(x^1 - x^0\right)\right) + \sin\left(k\sqrt{\frac{1-\beta}{1+\beta}} \cdot \left(x^1 + x^0\right)\right).$$

Für die Frequenz $\omega_+(\beta)$ des rechtsläufigen Anteils gilt $\omega_+(\beta) = \omega\sqrt{\frac{1+\beta}{1-\beta}}$ und für jene des linksläufigen Anteils $\omega_-(\beta) = \omega\sqrt{\frac{1-\beta}{1+\beta}} = \omega_+(-\beta)$, wobei $\omega = ck$. Abb. 3.8 zeigt den Graphen der Funktion $\beta \mapsto \omega_+(\beta)/\omega$ über dem Intervall $-1 < \beta < 0{,}9$.

3.3.8 *Lorentz-invariante lokale Lösungen

In diesem Abschnitt wird statt der physikalischen Zeitkoordinate t_{phys} die Größe $t = ct_{phys}$ benutzt, was eine Parameterreduktion auf $c = 1$ bewirkt. Gesucht sind nun alle Lorentz-invarianten $A \in C^2\left(\mathbb{R}^2 : \mathbb{R}\right)$ mit $\Box A = 0$. Eine Funktion $A : \mathbb{R}^2 \to \mathbb{R}$ ist genau dann Lorentz-invariant, wenn sie auf den Gruppenorbits[18] der Lorentzgruppe konstant ist. Für eine stetige Funktion A ist dies genau dann der Fall,

---

[18]Für einen Punkt $p \in \mathbb{R}^2$ heißt die Punktmenge $\{\Lambda p : \Lambda \in O(1, 1)\}$ Gruppenorbit durch p. Die Gruppenorbits von $O(1, 1)$ auf $\mathbb{R}^2$ bilden eine Zerlegung von $\mathbb{R}^2$ in Äquivalenzklassen. Es sind dies die Niveaumengen der Funktion $t^2 - x^2$. Ihr euklidisches Gegenstück sind die Kreise um 0.

wenn eine stetige[19] Funktion $f : \mathbb{R} \to \mathbb{R}$ existiert, sodass $A(t, x) = f\left(t^2 - x^2\right)$ für alle $(t, x) \in \mathbb{R}^2$. Eine solche Funktion A ist genau dann in $C^2\left(\mathbb{R}^2 : \mathbb{R}\right)$, wenn $f \in C^2(\mathbb{R} : \mathbb{R})$.

Für $A(t, x) = f\left(t^2 - x^2\right)$ folgt $\Box A(t, x) = 4f'\left(t^2 - x^2\right) + 4\left(t^2 - x^2\right)f''$ $\left(t^2 - x^2\right)$. Daher gilt $\Box A = 0$ auf ganz $\mathbb{R}^2$ genau dann, wenn die Funktion $g = f' : \mathbb{R} \to \mathbb{R}$ die gewöhnliche Differentialgleichung $xg'(x) + g(x) = 0$ auf ganz $\mathbb{R}$ erfüllt. Diese Differentialgleichung ist auf den Bereichen $x > 0$ bzw. $x < 0$ vom Typ der separierten Variablen. Ihre maximalen Lösungen sind die Funktionen $g^\pm : \pm\mathbb{R}_{>0} \to \mathbb{R}$ mit $g^\pm(x) = a^\pm/x$ für Konstante $a^\pm \in \mathbb{R}$. Daraus folgt weiter, dass f auf den Halbachsen $\pm\mathbb{R}_{>0}$ durch

$$f(x) = \begin{cases} a^+ \ln x + b^+ & \text{für } x > 0 \\ a^- \ln |x| + b^- & \text{für } x < 0 \end{cases}$$

gegeben ist. Aus der Stetigkeit von f folgt nun, dass $a^+ = a^- = 0$ und $b^+ = b^-$ und somit A konstant ist. Die einzigen Lorentz-invarianten C^2-Lösungen von $\Box A = 0$ auf ganz $\mathbb{R}^2$ sind also die konstanten Funktionen.

Die Überlegung zeigt jedoch, dass es auf den vier boostinvarianten Teilbereichen

$$T_\pm = \left\{(t, x) : t^2 - x^2 > 0, \pm t > 0\right\} \quad \text{und} \quad R_\pm = \left\{(t, x) : t^2 - x^2 < 0, \pm x > 0\right\}$$

nichttriviale C^2-Lösungen von $\Box A = 0$ gibt, die unter allen Lorentzboosts invariant sind. Es sind dies die Funktionen A, die auf einem der vier Bereiche $T_\pm, R_\pm$ die Gleichung $A(t, x) = a \ln\left|t^2 - x^2\right| + b$ mit $a, b \in \mathbb{R}$ erfüllen. Eine solche Lösung ist für $a \neq 0$ keinesfalls die Einschränkung einer C^2-Lösung auf ganz $\mathbb{R}^2$ und wird als lokale Lösung von $\Box A = 0$ bezeichnet.

Feynmans Propagatorfunktion Δ_F der quantisierten d'Alembertgleichung auf $\mathbb{R}^2$ ist beispielsweise eine Lorentz-invariante $\mathbb{C}$-wertige stückweise C^2-Lösung von $\Box A = 0$ auf dem Komplement $L' = \mathbb{R}^2 \smallsetminus L$ des Lichtkegels $L = \left\{(t, x) : t^2 = x^2\right\}$. Für $(t, x) \in L'$ gilt

$$\Delta_\text{F}(t, x) := -\frac{i}{4\pi} \lim_{\varepsilon \to 0} \ln\left(-t^2 + x^2 + i\varepsilon^2\right) = -\frac{i}{4\pi} \ln\left|t^2 - x^2\right| + \frac{1}{4}\Theta\left(t^2 - x^2\right).$$

Dabei ist $\Theta(x) = 1$ für $x > 0$ und $\Theta(x) = 0$ für $x \leq 0$. Für $(t, x) \in L$ kann $\Delta_\text{F}(t, x) := 0$ gewählt werden.

Die unbeschränkte, aber lokalintegrable Funktion $\Delta_\text{F} : \mathbb{R}^2 \to \mathbb{R}$ hat einen hohen Grad an Symmetrie. Es gilt $\Delta_\text{F} \circ \Lambda = \Delta_\text{F}$ für alle Lorentztransformationen Λ, insbesondere auch Raum- und Zeitspiegelung. Im Kapitel über Distributionen wird klar werden, dass die zu Δ_F gehörige reguläre Distribution $\widetilde{\Delta}_F$ die formal notierte distributionelle Differentialgleichung $\Box\widetilde{\Delta}_F(t, x) = \delta(t)\delta(x)$ erfüllt. Die zum Realteil

---

[19]Die Stetigkeit spielt eine Rolle, da der Orbit des Nullpunktes nur der Nullpunkt selbst und nicht der gesamte Lichtkegel ist. Eine stetige Lorentz-invariante Funktion ist aber konstant am gesamten Lichtkegel und damit auf allen Niveaumengen der Funktion $(t, x) \mapsto c^2 t^2 - x^2$.

$\Theta\left(t^2 - x^2\right)/4$ von Δ_F gehörige Distribution ist wegen

$$\frac{1}{4}\Theta\left(t^2 - x^2\right) = \frac{1}{2}\left(\frac{\Theta\left(t\right)}{2}\Theta\left(c^2t^2 - x^2\right) + \frac{\Theta\left(-t\right)}{2}\Theta\left(t^2 - x^2\right)\right)$$

das arithmetische Mittel aus retardierter und avancierter Fundamentallösung von $\Box$. Für sie gilt $\Box\widetilde{\Delta}_\mathrm{ret}/2 + \Box\widetilde{\Delta}_\mathrm{av}/2 = \delta^2$, sodass die zum Imaginärteil $(-i/4\pi)\ln\left|t^2 - x^2\right|$ gehörige reguläre Distribution zwangsläufig eine (distributionelle) Lösung der homogenen d'Alembertgleichung ist. Real- und Imaginärteil sind natürlich jeweils für sich unter der vollen Lorentzgruppe invariant.

Tatsächlich zerfällt der Imaginärteil von Δ_F auf L' in einen rechts- und einen linksläufigen Teil, denn es gilt für $(t, x) \in L'$

$$\Im\Delta_\mathrm{F}\left(t, x\right) = -\frac{1}{4\pi}\ln\left|t^2 - x^2\right| = -\frac{1}{4\pi}\ln\left|\left(t - x\right)\left(t + x\right)\right|$$

$$= -\frac{1}{4\pi}\left(\ln\left|t - x\right| + \ln\left|t + x\right|\right).$$

Die stückweise konstante Funktion $\Delta : \mathbb{R}^2 \to \mathbb{R}$ mit $\Delta\left(t, x\right) = -\Delta\left(-t, -x\right) = 1/2$ für $t > |x|$ und $\Delta\left(t, x\right) = 0$ für $t^2 - x^2 \leq 0$ ist invariant unter Lorentzboosts und Raumspiegelungen. Sie ist ungerade unter Zeitspiegelungen. Δ ist natürlich eine stückweise C^2-Lösung von $\Box A = 0$ auf den Bereichen $T_\pm$ und $R_\pm$. Die zugehörige reguläre Distribution erfüllt $\widetilde{\Delta} = \widetilde{\Delta}_\mathrm{ret} - \widetilde{\Delta}_\mathrm{av}$, ist also die Differenz zwischen retardierter und avancierter Fundamentallösung. Daraus folgt $\Box\widetilde{\Delta} = 0$. Auch Δ zerfällt in einen links- und einen rechtsläufigen Teil. Gebietsweises Nachrechnen ergibt nämlich $\Delta = \left(\Theta\left(t - x\right) - \Theta\left(-\left(t + x\right)\right)\right)/2$. Die Distribution $\widetilde{\Delta}$ wird im klassischen Kontext als Hammerschlaglösung bezeichnet. Im quantenfeldtheoretischen Kontext tritt sie als Paulis Kommutatorfunktion in Erscheinung.

3.3.9   Kontinuitätsgleichung und lokale Energieerhaltung

Satz 3.8 macht klar, dass das dort formulierte Anfangswertproblem der dAWG genau eine Lösung hat. Der angeführte Beweis des Satzes besteht aus zwei Schritten: Erst wird gezeigt, dass jede Lösung von $\Box A = 0$ vom Typ $A_{f,g}$ ist, und dann wird gezeigt, dass die Anfangsvorgabe (u, v) die Funktionen f, g bis auf eine einzige Konstante festlegt. Diese Konstante hat allerdings auf $A_{f,g}$ keinen Einfluss.

Die Eindeutigkeit der Lösung des Anfangswertproblems zu $\Box A = 0$ kann jedoch auch ohne Kenntnis einer Lösungsformel bewiesen werden. Diese in den folgenden beiden Abschnitten vorgestellte Überlegung funktioniert für beliebige räumliche Dimension und auch für allgemeinere Wellengleichungen wie etwa $\left(\Box + \kappa^2\right)A = 0$. Das wesentliche Instrument ist dabei die Ausnutzung des lokalen Energieerhaltungssatzes im Verbund mit einer oberen Schranke für die Norm der Energiestromdichte.

Definition 3.4 Für $A \in C^2\left(\mathbb{R}^{n+1}\right)$ gelte $\square A = 0$. Dann heißt die nichtnegative Funktion $\varepsilon_A : \mathbb{R}^{n+1} \to \mathbb{R}$ mit $\varepsilon_A = \frac{1}{2}\left(\frac{1}{c^2}\left(\partial_t A\right)^2 + \sum_{i=1}^n \left(\partial_{x^i} A\right)^2\right)$ Energiedichte von A. Das Vektorfeld $T_A\left(t, \cdot\right) : \mathbb{R}^n \to \mathbb{R}^n$ mit[20]

$$T_A\left(t, x\right) = -\partial_t A\left(t, x\right) \sum_{i=1}^n \left(\partial_{x^i} A\right)\left(t, x\right) e_i = -\partial_t A\left(t, x\right) \operatorname{grad}_x A\left(t, \cdot\right)$$

heißt Energiestromdichte von A zur Zeit t. Hier bezeichnet e_i das i-te Element der Standardbasis.

Satz 3.11 *Sei* $t \in \mathbb{R}$ *und* $A \in C^2\left(\mathbb{R}^{n+1} : \mathbb{R}\right)$ *mit* $\square A = 0$. *Dann gilt* [21] $|T_A\left(t, \cdot\right)| \leq c \cdot \varepsilon_A\left(t, \cdot\right)$ *und*

$$\partial_t \varepsilon_A\left(t, \cdot\right) = -\operatorname{div} T_A\left(t, \cdot\right). \tag{3.11}$$

Beweis Die Schranke für die Energiestromdichte ergibt sich aus

$$c^2 \varepsilon_A^2 - |T_A|^2 = \frac{c^2}{4}\left[\frac{1}{c^2}\left(\partial_t A\right)^2 + \sum_{i=1}^n \left(\partial_{x^i} A\right)^2\right]^2 - \sum_{i=1}^n \left(\partial_{x^i} A\right)^2 \left(\partial_t A\right)^2$$

$$= \frac{c^2}{4}\left[\frac{1}{c^2}\left(\partial_t A\right)^2 - \sum_{i=1}^n \left(\partial_{x^i} A\right)^2\right]^2 \geq 0.$$

Durch partielles Ableiten der Energiedichte ε_A der Lösung A nach t erhält man

$$\partial_t \varepsilon_A\left(t, x\right) = \left(\partial_t A\right)\left(t, x\right) \frac{1}{c^2} \partial_t^2 A\left(t, x\right) + \sum_{i=1}^n \left(\partial_{x^i} A\right)\left(t, x\right) \partial_t \partial_{x^i} A\left(t, x\right)$$

$$= \left(\partial_t A\right)\left(t, x\right) \square A\left(t, x\right) + \sum_{i=1}^n \partial_{x^i}\left[\left(\partial_{x^i} A\right)\left(t, x\right) \partial_t A\left(t, x\right)\right]$$

$$= \sum_{i=1}^n \partial_{x^i}\left[\left(\partial_{x^i} A\right)\left(t, x\right) \partial_t A\left(t, x\right)\right].$$

$\square$

Warum wird $T_A\left(t, \cdot\right)$ als Energiestromdichte bezeichnet? Das liegt im folgenden Satz über die Kontinuitätsgleichung begründet.

---

[20]Der Gradient der Funktion $A\left(t, \cdot\right) : \mathbb{R}^n \to \mathbb{R}$ wird also mit dem Standardskalarprodukt von $\mathbb{R}^n$ gebildet.

[21]In der Sprache von Minkowkis Raumzeit bedeutet dies, dass der Energiestrom ein zukunftsgerichtetes zeit- oder lichtartiges Vektorfeld ist.

Satz 3.12 *Sei* $\Delta \subset \mathbb{R}^n$ *offen, beschränkt und stückweise glatt berandet. Für die Funktionen* $\rho \in C^1\left(\mathbb{R}^{n+1} : \mathbb{R}\right)$ *und* $j \in C^1\left(\mathbb{R}^{n+1} : \mathbb{R}^n\right)$ *gelte* $\partial_t \rho\,(t,x) = -\mathrm{div}_x j$ $(t, \cdot)$ *für alle* $t \in \mathbb{R}$ *(Kontinuitätsgleichung). Dann gilt für alle* $t \in \mathbb{R}$

$$\frac{d}{dt} \int_\Delta \rho\,(t,x)\,d^n x = -\int_{\partial\Delta} \langle n_x, j\,(t,x) \rangle\,d_x\sigma.$$

Hier ist n_x *die nach außen gerichtete, auf 1 normierte Flächennormale im Punkt x des Randes* $\partial\Delta$ *von* Δ. *Das (skalare) Flächenelement von* $\partial\Delta$ *im Punkt x wird mit* $d_x\sigma$ *bezeichnet.*

Beweis Integration der linken Seite der Kontinuitätsgleichung über das Gebiet Δ ergibt

$$\int_\Delta \partial_t \rho\,(t,x)\,d^n x = \frac{d}{dt} \int_\Delta \rho\,(t,x)\,d^n x.$$

Integration der rechten Seite ergibt mit dem Gaußschen Integralsatz

$$-\int_\Delta \mathrm{div}_x\, j\,(t,\cdot)\,d^n x = -\int_{\partial\Delta} \langle n_x, j\,(t,x) \rangle\,d_x\sigma.$$

Das Oberflächenintegral

$$F\,(t) = \int_{\partial\Delta} \langle n_x, j\,(t,x) \rangle\,d_x\sigma$$

ist der Fluss von $j\,(t,\cdot)$ durch die Oberfläche $\partial\Delta$. Es gilt also

$$\frac{d}{dt} \int_\Delta \rho\,(t,x)\,d^n x = -F\,(t).$$

$\square$

Dieser Satz zeigt also, dass das Integral von $\rho\,(t,\cdot)$ über ein Raumgebiet Δ sich zur Zeit t nur dann ändern kann, wenn das Vektorfeld $j\,(t,\cdot)$ auf der Oberfläche von Δ nicht überall 0 ist. Es ist wie mit der Zahl der Personen in einem Zimmer: Sie ändert sich für gewöhnlich[22] nur, wenn jemand den Raum durch eine Tür betritt oder verlässt.

Gl. 3.11 wird als Kontinuitätsgleichung der Energiedichte bezeichnet. Sie sagt, dass die Feldenergie einer Lösung A von $\square A = 0$ nicht entsteht oder vergeht, sondern sich lediglich von hier nach dort verlagert. Die Ungleichung $|T_A\,(t,\cdot)| \le c \cdot \varepsilon_A\,(t,\cdot)$ schließlich sagt, dass Energie nur dort strömen kann, wo eine vorhanden ist, da aus $\varepsilon_A\,(t,x) = 0$ ja $T_A(t,x) = 0$ folgt. Die Kontinuitätsgleichung alleine würde dies

---

[22]Todesfälle und Geburten bleiben also außer Betracht.

noch nicht sicherstellen. Wird also $E_{A,\Delta}(t) = \int_\Delta \varepsilon_A(t,x)\,d^n x$ als die im Gebiet Δ enthaltene Energie einer Lösung A der dAWG aufgefasst, dann ist

$$E_{A,\Delta}(t_1) - E_{A,\Delta}(t_2) = \int_{t_1}^{t_2} F_{A,\partial\Delta}(t)\,dt = \int_{t_1}^{t_2} \left[\int_{\partial\Delta} \langle n_x, T_A(t,x)\rangle \, d_x\sigma \right] dt$$

jene Energie, die während des Zeitintervalls $[t_1, t_2]$ das Gebiet Δ durch dessen Rand verlässt. Daher wird $T_A(t, \cdot)$ als Energiestromdichte bezeichnet. Gilt $\partial_t A(t,x) = 0$ auf $\partial\Delta$, dann gilt auch $T_A(t,x) = 0$ auf $\partial\Delta$ und folglich weiter $\dot{E}_{A,\Delta}(t) = 0$.

In Punkten (t,x), wo $\varepsilon_A(t,x) \neq 0$ gilt, ist durch $T_A(t,x) = \varepsilon_A(t,x)\,v(t,x)$ eine Strömungsgeschwindigkeit $v(t,x)$ der Energiedichte gegeben. Kann die Energiedichte einer Lösung A mit beliebig großer Geschwindigkeit strömen? Nein, denn es gilt ja $c \cdot \varepsilon_A \geq |T_A|$. Die Strömungsgeschwindigkeit der Energiedichte kann also höchstens den Betrag c haben. Dies zieht den folgenden Satz über die Grenzgeschwindigkeit der Energieausbreitung nach sich.

Satz 3.13 *Sei $A \in C^2\left(\mathbb{R}^{n+1} : \mathbb{R}\right)$ mit$\Box A = 0$. Sei $E_{A,R}(t,x) = \int_{|y-x|<R} \varepsilon_A(t,y)$ $d^n y$ (Energie von A, die zur Zeit t in einer Kugel vom Radius R um x enthalten ist). Dann gilt $E_{A,R}(t,x) \leq E_{A,R+c|\tau|}(t+\tau,x)$ für alle $\tau \in \mathbb{R}$.*

Beweis Wegen der Translationsinvarianz von $\Box$ genügt es, den Fall $t = 0$ und $x = 0$ zu betrachten. Sei $\tau > 0$ und sei K der Kegelstumpf mit der Bodenfläche $B = \{(0,y) \in \mathbb{R}^{n+1} : |y| < R\}$ und der Deckfläche $D = \{(\tau,y) \in \mathbb{R}^{n+1} : |y| < R + c\tau\}$. Die Mantelfläche des Kegelstumpfes ist die Menge

$$M = \left\{ (t, (R+ct)k) : 0 < t < \tau, k \in \mathbb{R}^n, |k| = 1 \right\}.$$

Die Tangentialvektoren der Mantelfläche im Punkt $(t, (R+ct)k)$ mit $0 < t < \tau, k \in \mathbb{R}^n, |k| = 1$ bilden den Vektorraum $\mathbb{R} \cdot (1, ck) \oplus \{(0,q) : q \in \mathbb{R}^n \text{ und } \langle q, k\rangle = 0\}$.

Sei $J_A = (\varepsilon_A, T_A)$ auf $\mathbb{R}^{n+1}$. Aus $\partial_t \varepsilon_A(t,x) = -\mathrm{div}_x T_A(t,\cdot)$ folgt $\mathrm{div}\,J_A = 0$. Eine aus K heraus gerichtete, euklidisch auf 1 normierte Flächennormale im Punkt $(t, (R+ct)k)$ des Mantels von K ist der Vektor $\frac{1}{\sqrt{1+c^2}}(-c,k)$. Integration von $\mathrm{div}\,J_A = 0$ über K ergibt mit dem Gaußschen Satz

$$\begin{aligned}
0 &= \int_K \mathrm{div}\,J_A\,d^{n+1}x = \int_{\partial K} \langle J_A, df\rangle \\
&= \int_D \varepsilon_A(\tau,x)\,d^n x - \int_B \varepsilon_A(0,x)\,d^n x + \int_M \langle J_A, df\rangle \\
&= E_{A,R+c\tau}(\tau,0) - E_{A,R}(0,0) \\
&\quad - \int_0^\tau \left(\int_{S^n} \frac{1}{\sqrt{1+c^2}} \left[c\varepsilon_A(t,(R+ct)k) - \langle T_A(t,(R+ct)k),k\rangle \right] d_k\Omega \right) dt.
\end{aligned}$$

Hier bezeichnet S^n die Einheitssphäre im $\mathbb{R}^n$ und $d_k\Omega$ das skalare Flächenelement von S^n an der Stelle $k \in S^n$. Mit der Ungleichung von Cauchy-Schwarz folgt

$$|\langle T_A(t,x),k\rangle| \leq |T_A(t,x)|\,|k| = |T_A(t,x)|.$$

Wegen $|T_A| \leq c\varepsilon_A$ gilt $c\varepsilon_A - \langle T_A, k \rangle \geq 0$ und es folgt

$$0 \leq E_{A,R+c\tau}(\tau, 0) - E_{A,R}(0,0).$$

Der Beweis im Fall $\tau < 0$ geht analog. $\qquad\square$

Energiedichte einer ebenen Welle

Sei $f \in C^2(\mathbb{R})$ und $k \in \mathbb{R}^n$. Dann gilt $\square A = 0$ für $A : \mathbb{R}^{n+1} \to \mathbb{R}$ mit $A(t, x) = f(c|k|t - \langle k, x \rangle)$. Eine solche Lösung wird als skalare ebene Wellenlösung von d'Alemberts Wellengleichung bezeichnet. Für die Energiedichte und die Energiestromdichte von A folgt $\varepsilon_A = |k|^2 (f')^2$ und $T_A = c|k|k(f')^2 = c\varepsilon_A k/|k|$. Die Energiedichte strömt mit der Grenzgeschwindigkeit c in die Richtung von k.

Sei nun auch $g \in C^2(\mathbb{R})$. Dann gilt $\square A = 0$ für $A : \mathbb{R}^{n+1} \to \mathbb{R}$ mit $A(t, x) = f(c|k|t - \langle k, x \rangle) + g(c|k|t + \langle k, x \rangle)$. Für die Energiedichte von A folgt

$$\varepsilon_A(t, x) = |k|^2 \left[\left(f'(c|k|t - \langle k, x \rangle) \right)^2 + \left(g'(c|k|t + \langle k, x \rangle) \right)^2 \right].$$

Für die Energiestromdichte gilt

$$T_A(t, x) = c|k|k \left[\left(f'(c|k|t - \langle k, x \rangle) \right)^2 - \left(g'(c|k|t + \langle k, x \rangle) \right)^2 \right].$$

Die Energiedichte strömt dort, wo sie ungleich 0 ist, mit der Geschwindigkeit

$$c \cdot \frac{\left(f'(c|k|t - \langle k, x \rangle) \right)^2 - \left(g'(c|k|t + \langle k, x \rangle) \right)^2}{\left(f'(c|k|t - \langle k, x \rangle) \right)^2 + \left(g'(c|k|t + \langle k, x \rangle) \right)^2} \cdot \frac{k}{|k|}.$$

Energiedichte einer Stehwellenlösung

Für ein $k > 0$ gelte $A(t, x) = 2\cos(ckt)\sin(kx)$ für alle $(t, x) \in \mathbb{R}^2$. Es ist dies eine Lösung von d'Alemberts Wellengleichung mit $d = 2$. Es gilt mit $f(x) = g(x) = \sin(kx)$

$$A(t, x) = f[k(x - ct)] + g[k(x + ct)].$$

Für die Energiedichte von A ergibt sich daraus

$$\begin{aligned}
\varepsilon_A(t, x) &= k^2 \left\{ \cos^2[k(x - ct)] + \cos^2[k(x + ct)] \right\} \\
&= k^2 \left\{ 1 + \frac{1}{2} (\cos[2k(x - ct)] + \cos[2k(x + ct)]) \right\} \\
&= k^2 [1 + \cos(2ckt)\cos(2kx)].
\end{aligned}$$

Für die Energiestromdichte von A folgt

$$T_A^1(t, x) = ck^2 \left\{ \cos^2 [k(x - ct)] - \cos^2 [k(x + ct)] \right\}$$

$$= \frac{ck^2}{2} \left\{ \cos [2k(x - ct)] - \cos [2k(x + ct)] \right\}$$

$$= ck^2 \sin(2ckt) \sin(2kx) .$$

Abb. 3.9 zeigt Momentaufnahmen der stehenden Welle $2 \cos(ckt) \sin(kx)$ für $k = 2\pi/L > 0$ im Bereich einer halben Wellenlänge, also für $0 < x/L < 1/2$ zu den Zeiten $ckt \in \frac{\pi}{8} \cdot \{0, 1, 2, 3, 4\}$ in den Farben Schwarz, Rot, Grün, Blau, Magenta nach wachsender Zeit geordnet. Die Zeiten decken die Viertelperiode $ckt \in [0, \pi/2]$ ab.

Abb. 3.10 zeigt Momentaufnahmen der Energiedichte im Bereich einer halben Wellenlänge zu den Zeiten $ckt \in \frac{\pi}{8} \cdot \{0, 1, 2, 3, 4\}$ in den Farben Schwarz, Rot, Grün, Blau, Magenta nach wachsender Zeit geordnet. Zu Zeiten großer Auslenkung der Welle (schwarze Linie) konzentriert sich die Energiedichte als potentielle Energie bei den Schwingungsknoten; zu den Zeiten großer Geschwindigkeit (Linie in Magenta) konzentriert sie sich auf halbem Weg zwischen benachbarten Knoten als kinetische Energie. Die Energiedichte schwingt als stehende Welle um ihren (räumlich konstanten) Mittelwert (grün) mit der doppelten Frequenz, mit der die Lösung A oszilliert. Durch die Knoten fließt keine Energie; sie verlagert sich nur innerhalb des Intervalls zwischen zwei benachbarten Knoten.

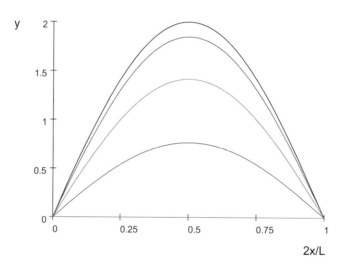

Abb. 3.9 Halbe Stehwelle während einer zeitlichen Viertelperiode (Farbcode im Text)

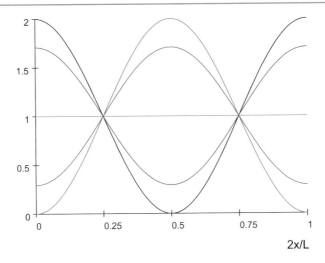

Abb. 3.10 $y = \varepsilon_A(ckt, x)/k^2$ für die Stehwelle $2\cos(ckt)\sin(kx)$ während der zeitlichen Viertelperiode $ckt \in \frac{\pi}{8}\{0, 1, 2, 3, 4\}$ über der Halbperiode $0 < x < L/2$ (Farbcode im Text)

Energiedichte für allgemeine Lösung

Erfüllt $A \in C^2(\mathbb{R}^2 : \mathbb{R})$ die Wellengleichung $\Box A = 0$, dann existieren Funktionen $f, g \in C^2(\mathbb{R} : \mathbb{R})$ mit $A(t, x) = A_{f,g}(t, x) := f(x - ct) + g(x + ct)$. Die Energiedichte von $A_{f,g}$ erfüllt dann

$$\varepsilon_A(t, x) = \frac{1}{2}\left[\left(\frac{1}{c}\partial_t A_{f,g}(t, x)\right)^2 + \left(\partial_x A_{f,g}(t, x)\right)^2\right]$$
$$= \frac{1}{2}\left[\left(-g'(x + ct)\right)^2 + \left(f'(x - ct) + g'(x + ct)\right)^2\right]$$
$$= f'(x - ct)^2 + g'(x + ct)^2.$$

Die Energiedichte der Überlagerung $A_{f,g}$ ist die Summe der Energiedichten der Teilwellen $A_{f,0}$ und $A_{0,g}$. Es gibt also keine Interferenzterme in der gesamten Energiedichte einer Überlagerung zweier gegenläufiger Wellen.

Sind die Funktionen f'^2, g'^2 über ganz $\mathbb{R}$ integrierbar, dann folgt die Konstanz der Abbildung $\mathbb{R} \ni t \mapsto E_A(t) = \int_{-\infty}^{\infty} \varepsilon_A(t, x)\, dx$, d. h. die Erhaltung der Gesamtenergie

$$E_A(t) = \int_{-\infty}^{\infty}\left[f'(x - ct)^2 + g'(x + ct)^2\right] dx = \int_{-\infty}^{\infty}\left[f'(x)^2 + g'(x)^2\right] dx = E_A(0).$$

Die Energien beider Teilwellen $A_{f,0}$ und $A_{0,g}$ von $A_{f,g} = A_{f,0} + A_{0,g}$ sind jeweils einzeln Erhaltungsgrößen und addieren sich zur Gesamtenergie von $A_{f,g}$.

Für die Energiestromdichte folgt

$$T_A(t, x) = -(\partial_t A \cdot \partial_x A)(t, x) = c\left(f'(x - ct)^2 - g'(x + ct)^2\right).$$

Also: Energiedichte und Energiestromdichte setzen sich additiv aus den jeweiligen Dichten der links- und rechtsläufigen Teilwellen zusammen.

Die Raumzeitenergiestromdichte

Energiedichte ε_A und Energiestromdichte T_A einer Lösung A von d'Alemberts Wellengleichung können zu einem Tangentenvektorfeld auf der Raumzeit $\mathbb{R} \times \mathbb{R}^n$ zusammengefasst werden:

$$j_A = c\varepsilon_A \cdot \delta_{ct} + \sum_{i=1}^{n} T_A^i \cdot \delta_{x^i}.$$

Dabei bezeichnet $\left(\delta_{ct}, \delta_{x^1}, \ldots \delta_{x^n}\right)$ die Tangentenbasis zur Karte $\left(ct, x^1, \ldots x^n\right)$ der Raumzeit. Es ist üblich, j_A für $n = 3$ als „Viererenergiestromdichte" zu bezeichnen. Sprechender ist der Name Raumzeitenergiestromdichte. Die Kontinuitätsgleichung der lokalen Energieerhaltung vereinfacht sich mittels j_A zu

$$\operatorname{div}(j_A) = 0.$$

Abb. 3.11 zeigt j_A im Fall der Stehwelle $\cos(ckt)\sin(kx)$ mit $k = 2\pi$ im Raumzeitbereich einer räumlichen und einer zeitlichen Periode. Hier wird die Kontraktion der Energie auf einen Knotenpunkt und ihr anschließendes Zerfließen geradezu greifbar gemacht.

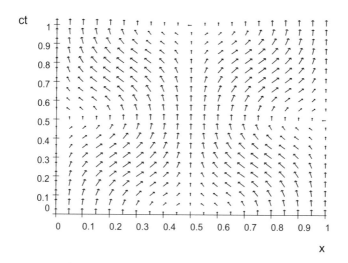

Abb. 3.11 Raumzeitenergiestromdichte der Stehwelle $\cos(ckt)\sin(kx)$ mit $k = 2\pi$

Lokale ohne globale Erhaltung

Hier ein Beispiel dafür, dass eine Kontinuitätsgleichung auch dann nicht notwendig eine Erhaltungsgröße ergibt, wenn die Dichte $\rho\,(t, \cdot)$ für alle t über ganz $\mathbb{R}^n$ absolut integrierbar ist. Sei $\rho : \mathbb{R}^2 \to \mathbb{R}$ mit $\rho\,(t, x) = e^{-t} e^{-x^2} / \sqrt{\pi}$. Dann gilt $\partial_t \rho\,(t, x) = -e^{-t} e^{-x^2} / \sqrt{\pi} = -\partial_x j\,(t, x)$ mit $j\,(t, x) = e^{-t} \int_{-\infty}^{x} \frac{e^{-\xi^2}}{\sqrt{\pi}} d\xi$. Es konvergiert $\rho\,(t, x)$ für $x \to \infty$ zwar gegen 0, nicht aber $j\,(t, x)$. Der Fluss von j aus dem Intervall $[-L, L]$ beträgt zur Zeit t

$$-\frac{d}{dt} \int_{-L}^{L} \rho\,(t, x)\,dx = [j\,(t, L) - j\,(t, -L)] = e^{-t} \int_{-L}^{L} \frac{e^{-\xi^2}}{\sqrt{\pi}} d\xi = e^{-t} \mathrm{erf}\,(L)\,.$$

Dieser Fluss ist streng monoton wachsend in L. Für $L \to \infty$ konvergiert er gegen e^{-t}. Die Dichte ρ strömt nach $+\infty$ ab und $\int_{-\infty}^{\infty} \rho\,(t, x)\,dx$ ist keine Erhaltungsgröße. Dies passt zum Befund, dass die Strömungsgeschwindigkeit im Punkt (t, x)

$$\frac{j\,(t, x)}{\rho\,(t, x)} = e^{x^2} \int_{-\infty}^{x} e^{-\xi^2} d\xi = \frac{\sqrt{\pi}}{2} e^{x^2} [1 + \mathrm{erf}\,(x)]$$

für $x \to \infty$ unbeschränkt anwächst. Derartiges ist jedoch im Fall der Feldenergie einer Lösung von $\Box A = 0$ nicht möglich.

Strömung durch dichtelosen Raum

Hier noch ein Beispiel dafür, dass die Kontinuitätsgleichung durchaus die Möglichkeit zulässt, dass Masse, Energie, Aufenthaltswahrscheinlichkeit oder elektrische Ladung in Berlin verschwindet und gleichzeitig in Rom auftaucht. Um solchen Spuk zu unterbinden, bedarf es weiter gehender Gesetze, die für die Gültigkeit der Implikation $\rho\,(t, x) = 0 \Rightarrow j\,(t, x) = 0$ sorgen.[23]

Sei $f : \mathbb{R} \to \mathbb{R}_{\geq 0}$ stetig und nicht die Nullfunktion. Es gelte $f\,(x) = 0$ für alle $x \in \mathbb{R}$ mit $|x| > L$ für ein hinreichend großes $L > 0$. Die Funktion F sei jene Stammfunktion von f, für die $F\,(x) = 0$ für $x < -L$ ist. Sie steigt im Intervall $I = [-L, L]$ monoton von 0 auf den Wert $m = \int_{-L}^{L} f\,(\xi)\,dx > 0$ an. Sei für $t \geq 0$

$$\rho\,(t, x) = e^{-t} f\,(x + x_0) + \left(1 - e^{-t}\right) f\,(x - x_0)\,.$$

Für $x_0 > L$ verschwindet also zu positiven Zeiten Masse aus dem Intervall

$$I - x_0 = [-x_0 - L, -x_0 + L]$$

---

[23]Bei der phänomenologischen Beschreibung makroskopischer Ladungs- und Stromdichten wird diese Regel auch vielfach (mit gutem Grund) ignoriert. Ein Beispiel liefert der Kreisstrom, der in einer Leiterschleife induziert wird, wenn ein Stabmagnet durch die Schleife geschoben wird. Die makroskopisch gemittelte Ladungsdichte ist immer und überall null, nicht jedoch die Stromdichte.

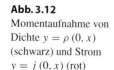

Abb. 3.12
Momentaufnahme von
Dichte $y = \rho\,(0, x)$
(schwarz) und Strom
$y = j\,(0, x)$ (rot)

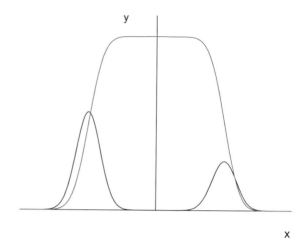

und taucht ohne Verzögerung im selben Ausmaß im dazu disjunkten Intervall $I + x_0$ wieder auf. Für die Gesamtmasse gilt zu allen Zeiten $t \geq 0$

$$\int_{-\infty}^{\infty} \rho\,(t, x)\,dx = m.$$

Eine Massenstromdichte j, für die $\partial_t \rho\,(t, x) = -\partial_x j\,(t, x)$ gilt, ist durch

$$j\,(t, x) = e^{-t}\,(F\,(x + x_0) - F\,(x - x_0))$$

gegeben. Die Stromdichte $j\,(t, \cdot)$ steigt im Intervall $I - x_0$ monoton auf $e^{-t}m$ an, ist dann konstant und sinkt im Intervall $I + x_0$ wieder auf 0 ab. Zwischen den beiden Intervallen gilt $\rho\,(t, x) = 0$ und $j\,(t, x) \neq 0$. Die Strömungsgeschwindigkeit ist dort unendlich groß. Abb. 3.12 illustriert eine solche Situation. Derartiges ist jedoch im Fall der Feldenergie einer Lösung von $\square A = 0$ nicht möglich.

3.3.10 Anfangswertproblem: Eindeutigkeit der Lösung

Legt eine Anfangsvorgabe (u, v) eine eindeutige Lösung von $\square A = 0$ fest? Der folgende sehr allgemeine Eindeutigkeitssatz für die Lösung des Anfangswertproblems der dAWG beantwortet diese Frage mit einem Ja. Ein recht einfacher Beweis ist mithilfe von Satz 3.13 über die Grenzgeschwindigkeit der Energieausbreitung möglich.

Satz 3.14 (Eindeutigkeit) *Für $A_1, A_2 \in C^2\,(\mathbb{R}^n)$ gelte $\square A_i = 0$ und Übereinstimmung der Anfangswerte, d. h. $A_1\,(0, \cdot) = A_2\,(0, \cdot)$ und $\partial_t A_1\,(0, \cdot) = \partial_t A_2\,(0, \cdot)$. Dann gilt $A_1 = A_2$.*

Beweis Die Funktion $A = A_1 - A_2$ ist offenbar eine Lösung von $\Box A = 0$ mit $A(0, x) = \partial_t A(0, x) = 0$ für alle $x \in \mathbb{R}^n$. Aus Satz 3.13 folgt mit $t = -\tau, x = 0$ und $R > 0$

$$0 \leq \int_{|x|<R} \left[\left(c^{-1}\partial_t A(t, x)\right)^2 + \sum_{i=1}^{n} \left(\partial_{x^i} A(t, x)\right)^2 \right] d^n x$$

$$\leq \int_{|x|<R+c|t|} \left[\left(c^{-1}\partial_t A(0, x)\right)^2 + \sum_{i=1}^{n} \left(\partial_{x^i} A(0, x)\right)^2 \right] d^n x = 0.$$

Also gilt

$$\int_{|x|<R} \left[\left(c^{-1}\partial_t A(t, x)\right)^2 + \sum_{i=1}^{n} \left(\partial_{x^i} A(t, x)\right)^2 \right] d^n x = 0.$$

Da der Integrand nichtnegativ und stetig ist, folgt $\partial_t A(t, x) = 0$ für alle $(t, x) \in \mathbb{R}^{1+n}$. Also gilt $A(t, x) = A(0, x) = 0$ für alle $(t, x) \in \mathbb{R}^{1+n}$. Somit gilt $A_1 = A_2$. □

3.3.11 *Gesamtenergieerhaltung

Was lässt sich über die im gesamten Raum enthaltene Energie $E_A(t)$ einer Lösung A aussagen? Sei $A \in C^2\left(\mathbb{R}^{n+1}\right)$ eine Lösung von $\Box A = 0$ zur Anfangsvorgabe $(u, v) \in C^2\left(\mathbb{R}^n\right) \times C^1\left(\mathbb{R}^n\right)$. Das Integral

$$I = \frac{1}{2} \int_{\mathbb{R}^n} \left[\frac{1}{c^2} v^2(x) + \sum_{i=1}^{n} \left(\partial_{x^i} u\right)^2(x) \right] d^n x \geq 0$$

existiere. Dies ist natürlich *nicht* für alle Lösungen der Fall. Das „Gesamtenergieintegral"

$$E_A(t) = \frac{1}{2} \int_{\mathbb{R}^n} \left[\frac{1}{c^2} \left(\partial_t A\right)^2(t, x) + \sum_{i=1}^{n} \left(\partial_{x^i} A\right)^2(t, x) \right] d^n x$$

existiere für alle $t \in \mathbb{R}$. Es gilt also $E_A(0) = I$. Ist die Ableitung von E_A nach t für alle $t \in \mathbb{R}$ mit dem Integral über $\mathbb{R}^n$ vertauschbar und gilt für alle x außerhalb eines Würfels $[-L, L]^n$, dass $\varepsilon_A(t, x) = 0$, dann folgt durch Differentiation von $\varepsilon_A(t, x)$

$$\frac{dE_A}{dt}(t) = \sum_{i=1}^{n} \int_{[-L,L]^n} \partial_{x^i} \left[\left(\partial_{x^i} A\right)(t, x)\, \partial_t A(t, x) \right] d^n x$$

$$= \sum_{i=1}^{n} \int_{[-L,L]^{n-1}} \left[\left(\partial_{x^i} A\right)(t, x)\, \partial_t A(t, x) \right]_{x^i=-L}^{x^i=L} d^{n-1} x = 0.$$

Es variiert also die Gesamtenergie der Lösung A nicht mit t.

Die Annahmen obiger Raterei lassen sich zum Beispiel für solche u, v tatsächlich rechtfertigen, für die ein $R > 0$ existiert, sodass $u(x) = v(x) = 0$ für alle x mit $|x| > R$. Man zeigt dazu für alle $t \in \mathbb{R}$, dass $A(t, x) = 0$ für alle $|x| > R + c|t|$ (Lokalitätseigenschaft). Unter diesen Voraussetzungen existiert ein $\delta > 0$, sodass $\varepsilon_A(t', \cdot)$ für alle t' mit $t - \delta < t' < t + \delta$ außerhalb eines Würfels $W = [-L, L]^n$ verschwindet. Weiters ist ε_A zusammen mit $\partial_t \varepsilon_A$ im Gebiet $(t - \delta, t + \delta) \times W$ stetig. Dann gilt nach [2, Satz 29, Kap. VI, § 7]

$$\frac{dE_A}{dt}(t) = \int_W \partial_t \varepsilon_A(t, x)\, d^n x$$

$$= \sum_{i=1}^{n} \int_{[-L,L]^{n-1}} \left[(\partial_{x^i} A)(t, x)\, \partial_t A(t, x) \right]_{x^i = -L}^{x^i = L} d^{n-1} x = 0,$$

also $E_A(t) = I$ für alle $t \in \mathbb{R}$. Zumindest für lokalisierte Lösungen von $\square A = 0$ ist somit die Gesamtenergie wohldefiniert und zeitlich konstant. Man bezeichnet deshalb die Gesamtenergie von solchen Lösungen als Erhaltungsgröße.

3.3.12 AWP: Kirchhoffs Lösungsformel (d = 4)

Im räumlich dreidimensionalen Fall des Anfangswertproblems der (homogenen) dAWG gibt der folgende Satz eine Formel zur Berechnung der eindeutig bestimmten Lösung:

Satz 3.15 (Kirchhoff) *Sei* $u \in C^3(\mathbb{R}^3)$ *und* $v \in C^2(\mathbb{R}^3)$. *Dann existiert genau eine Funktion* $A \in C^2(\mathbb{R}^4)$ *mit* $\square A = 0$ *und mit* $A(0, x) = u(x)$ *und* $\partial_t A(0, x) = v(x)$ *für alle* $x \in \mathbb{R}^3$. *Diese Funktion* A *erfüllt für alle* $(t, x) \in \mathbb{R}^4$

$$A(t, x) = \frac{t}{4\pi} \int_{\mathbb{S}^2} v(x + c|t|n)\, d\Omega_n + \partial_t \left\{ \frac{t}{4\pi} \int_{\mathbb{S}^2} u(x + c|t|n)\, d\Omega_n \right\}.$$

Anmerkung: Hier wird über $n \in \mathbb{S}^2 \subset \mathbb{R}^3$ (Kugeloberfläche um 0 mit Radius 1) mit dem euklidisch induzierten Flächenmaß $d\Omega_n$ integriert. In sphärischen Koordinaten (θ, ϕ) der $\mathbb{S}^2$ mit $n = (\sin\theta\cos\phi, \sin\theta\sin\phi, \cos\theta)$ gilt also $d\Omega_n = \sin\theta\, d\theta\, d\phi$.

Beweis Der folgende Beweis besteht aus zwei Schritten. Im ersten Schritt wird angenommen, dass eine Lösung A des AWP existiert. Für diese Lösung wird gezeigt, dass die vom Satz behauptete Lösungsformel gilt. Im zweiten Schritt ist zu zeigen, dass die durch die Lösungsformel definierte Funktion die vom Satz behaupteten Eigenschaften hat. Hier wird nur der erste Teil des Beweises skizziert, der die originelle Idee des sphärischen Mittels nutzt.

Sei also A eine Funktion in $C^2(\mathbb{R}^4)$ mit $\square A = 0$ und mit $A(0, x) = u(x)$ und $\partial_t A(0, x) = v(x)$ für alle $x \in \mathbb{R}^3$ bei einer Vorgabe $(u, v) \in C^3(\mathbb{R}^3) \times C^2(\mathbb{R}^3)$.

Wähle einen Punkt $y \in \mathbb{R}^3$. Drehe A um y mit einer räumlichen Drehung R gemäß $(R * A)(t, x) = A\left(t, y + R^{-1}(x - y)\right)$. Die Funktion $R * A$ ist wieder eine Lösung der Wellengleichung, da Δ translations- und drehinvariant ist. Mittle nun über alle so verdrehten Lösungen (mit dem drehinvarianten Maß der Drehgruppe). Das Ergebnis ist eine drehinvariante Lösung $\overline{A}_y$ der 4d-Wellengleichung mit

$$\overline{A}_y(t, x) = \frac{1}{4\pi} \int_{\mathbb{S}^2} A(t, y + |x| n) \, d\Omega_n.$$

Es gilt $\overline{A}_y(t, 0) = A(t, y)$ für alle $t \in \mathbb{R}$. Die 4d-Wellengleichung $\Box \overline{A}_y = 0$ ist mit der Substitution $\overline{A}_y(t, x) = a_y(t, |x|) / |x|$ der 2d-Wellengleichung für $a \equiv a_y$ über der positiven Halbachse mit der Randbedingung $\lim_{r \to 0} a(t, r) = 0$ äquivalent. Die Anfangsvorgaben für a sind

$$a(0, r) = \frac{r}{4\pi} \int_{\mathbb{S}^2} u(y + rn) \, d\Omega_n \text{ und } \partial_t a(0, r) = \frac{r}{4\pi} \int_{\mathbb{S}^2} v(y + rn) \, d\Omega_n.$$

Die ungerade Fortsetzung der Anfangsvorgaben von a nach $\mathbb{R}$ ist für alle $x \in \mathbb{R}$ durch (U, V) mit

$$U(x) = \frac{x}{4\pi} \int_{\mathbb{S}^2} u(y + |x| n) \, d\Omega_n,$$

$$V(x) = \frac{x}{4\pi} \int_{\mathbb{S}^2} v(y + |x| n) \, d\Omega_n$$

gegeben. Die Funktion $\widetilde{a} \in C^3\left(\mathbb{R}^2\right)$ mit $\Box \widetilde{a} = 0$ und $\widetilde{a}(0, x) = U(x)$ und $\partial_t \widetilde{a}(0, x) = V(x)$ folgt nun mit d'Alemberts Lösungsformel für alle $(t, x) \in \mathbb{R}^2$ zu

$$\widetilde{a}(t, x) = \frac{1}{2}\left[U(x + ct) + U(x - ct)\right] + \frac{1}{2c} \int_{x-ct}^{x+ct} V(\xi) \, d\xi.$$

$\widetilde{a}$ ist ungerade in x. Aus

$$A(t, y) = \overline{A}_y(t, 0) = \lim_{x \to 0} \frac{\widetilde{a}(t, x) - \widetilde{a}(t, 0)}{x} = \partial_x \widetilde{a}(t, 0)$$

ergibt sich schließlich die behauptete Lösungsformel

$$A(t, y) = \partial_x \widetilde{a}(t, 0) = \frac{1}{2}\left[U'(ct) + U'(-ct)\right] + \frac{1}{2c}\left[V(ct) - V(-ct)\right]$$

$$= U'(ct) + \frac{1}{c} V(ct)$$

$$= \frac{1}{c} \frac{\partial}{\partial t}\left[\frac{ct}{4\pi} \int_{\mathbb{S}^2} u(y + |ct| n) \, d\Omega_n\right] + \frac{1}{c} \frac{ct}{4\pi} \int_{\mathbb{S}^2} v(y + |ct| n) \, d\Omega_n. \quad \Box$$

Eine unbeschränkte Lösung

Sei $u = 0$ und $v(x) = c\,|x|^2$. Es gilt

$$\frac{1}{c}\int_{\mathbb{S}^2} v(x + c\,|t|\,n)\,d\Omega_n = \int_{\mathbb{S}^2} |x + c\,|t|\,n|^2\,d\Omega_n$$

$$= \int_{\mathbb{S}^2}\left\{|x|^2 + 2c\,|t|\,\langle x, n\rangle + c^2 t^2\right\}d\Omega_n$$

$$= 4\pi\left(|x|^2 + c^2 t^2\right) + 2c\,|t|\,|x|\int_0^\pi \cos(\theta)\sin(\theta)\,d\theta\int_0^{2\pi} d\phi$$

$$= 4\pi\left(|x|^2 + c^2 t^2\right) + 4\pi c\,|t|\,|x|\int_0^\pi \frac{1}{2}\frac{d}{d\theta}\sin^2(\theta)\,d\theta = 4\pi\left(|x|^2 + c^2 t^2\right).$$

Also gilt $A(t, x) = ct\left(|x|^2 + c^2 t^2\right)$. Die Lösung ist demnach drehinvariant.

Kontrolle der Lösung A. Es gilt $A(0, x) = 0$ und $\partial_t A(0, x) = c\,|x|^2$. Weiter folgt $\partial_t^2 A(t, x) = 6c^3 t$ und $\Delta A(t, x) = ct\left(\partial_x^2 + \partial_y^2 + \partial_z^2\right)\left(x^2 + y^2 + z^2\right) = 6ct$. Also gilt $\Box A = 0$.

Abb. 3.13 zeigt Momentaufnahmen von A zu den Zeiten $ct \in \left\{-\frac{3}{2}, -1, 0, 1, \frac{3}{2}\right\}$ (in den Farben Rot, Grün, Schwarz, Blau und Magenta nach wachsender Zeit geordnet) als Funktion von $r = |x|$.

Für die Energiedichte und den Energiestrom der Lösung $A = ct\left(r^2 + c^2 t^2\right)$ folgt:

$$\varepsilon_A(t, x) = \frac{1}{2c^2}\left\{|x|^4 + 10c^2 t^2\,|x|^2 + 9c^4 t^4\right\},$$

$$T_A(t, x) = -2t\left\{|x|^2 + 3c^2 t^2\right\}x.$$

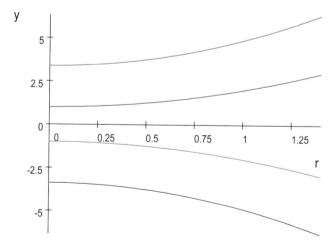

Abb. 3.13 $y = ct\left(r^2 + (ct)^2\right)$ für $ct \in \left\{-\frac{3}{2}, -1, 0, 1, \frac{3}{2}\right\}$ (Farbcode im Text)

Zu negativen Zeiten strömt Energie radial nach außen und zu positiven Zeiten radial nach innen. Eine kurze Rechnung verifiziert die Kontinuitätsgleichung für ε_A und T_A

$$\partial_t \varepsilon_A(t, x) = 2t \left\{ 5 |x|^2 + 9c^2 t^2 \right\} = -\text{div} T_A(t, x).$$

3.3.13   *AWP: Unzulässige Vorgabe (d = 4)

Wir betrachten nun eine Anfangsbedingung, bei der die schwingende Größe A zur Zeit $t = 0$ in einem kugelförmigen Gebiet einen 0-Durchgang macht und außerhalb davon bei 0 ruht. Man kann sich dabei eine Druckwelle vorstellen, die sich durch die Luft nach einer explosionsartigen Verbrennung ausbreitet. A beschreibt dann die Abweichung vom (statischen) Gleichgewichtsdruck.

Für die „Anfangsdruckabweichung" u gelte also $u(x) = 0$ für alle $x \in \mathbb{R}^3$. Die zeitliche Änderung der Druckabweichung sei jedoch ungleich 0: Für ein $R \in \mathbb{R}_{>0}$ und ein $a \in \mathbb{R}$ gelte $v(x) = a \in \mathbb{R}$ für alle $x \in \mathbb{R}^3$ mit $|x| \leq R$ und $v(x) = 0$ für alle $x \in \mathbb{R}^3$ mit $|x| > R$. Die Funktion v ist also auf einer Kugeloberfläche mit dem Radius R unstetig. Sie springt in einem Punkt x mit $|x| = R$ vom Wert a auf 0. Sie ist als Anfangsvorgabe daher unzulässig. Trotzdem kann sie in Kirchhoffs Formel eingesetzt werden und ergibt eine unstetige Funktion A.

A approximiert – in einem hier nicht geklärten Sinn – die Lösung $\widetilde{A}$ zu einer zulässigen Anfangsvorgabe $(0, \widetilde{v})$ mit einer C^2-Funktion $\widetilde{v}$, die sich nur in einer Kugelschale mit den Radien $R \pm \varepsilon$ von v unterscheidet, wo sie monoton von a auf 0 absinke. Es gilt somit $|v(x) - \widetilde{v}(x)| = 0$ für $||x| - R| \geq \varepsilon$ und

$$|v(x) - \widetilde{v}(x)| \leq \delta \ll 1 \text{für } ||x| - R| < \varepsilon \ll R.$$

Daraus lässt sich der Fehler $\left| A(t, x) - \widetilde{A}(t, x) \right|$ abschätzen. Wir tun dies nicht, sondern berechnen die Funktion A mit Kirchhoffs Lösungsformel:

$$A(t, x) = \frac{t}{4\pi} \int_{\mathbb{S}^2} v(x + c|t|n) \, d\Omega_n = \frac{at}{4\pi} \left| \left\{ n \in \mathbb{S}^2 : |x + c|t|n| < R \right\} \right|.$$

Dabei bezeichnet $|X|$ den Flächeninhalt einer (messbaren) Teilmenge X einer Kugeloberfläche. Für die hier benötigte Menge $X_t = \left\{ n \in \mathbb{S}^2 : |x + c|t|n| < R \right\}$ ist dies der Raumwinkel, den das Schnittgebilde der offenen Kugel um 0 vom Radius R mit der Oberfläche der Kugel um x mit dem Radius ct bezüglich x abdeckt.[24] Es folgt für $t > 0$

$$|X_t| = \frac{\left| \left\{ \xi \in \mathbb{R}^3 : |\xi| = ct \text{ und } |x + \xi| < R \right\} \right|}{(ct)^2}.$$

---

[24]Das Schnittgebilde wird als Kugelkalotte bezeichnet.

Durch Bestimmung des Flächeninhalts von X_t ergibt sich für $|x| > R$ und $t > 0$, also außerhalb des Gebietes nichtverschwindender Anfangsvorgabe v mit $A_0 = aR/c$,

$$A(t,x) = \begin{cases} \frac{A_0}{4} \frac{R}{|x|} \left[1 - \left(\frac{|x|-ct}{R} \right)^2 \right] & \text{für } |x| - R < ct < |x| + R \\ 0 & \text{sonst} \end{cases} .$$

Innerhalb des Gebietes, in dem v von 0 verschieden ist, also für $0 < |x| < R$, folgt für $t > 0$

$$A(t,x) = \begin{cases} A_0 \frac{ct}{R} & \text{für } 0 \leq ct \leq R - |x| \\ \frac{A_0}{4} \frac{R}{|x|} \left[1 - \left(\frac{|x|-ct}{R} \right)^2 \right] & \text{für } R - |x| < ct < R + |x| \\ 0 & R + |x| \leq ct \end{cases} .$$

Für $x = 0$ und $t > 0$ folgt $A(t, 0) = A_0 ct/R$ für $ct \leq R$ und $A(t, 0) = 0$ für $ct > R$. Die Funktion A ist also im Bereich $t \geq 0$ überall außer im Punkt mit $ct = R$ und $x = 0$ stetig. Wegen der Anfangsvorgabe $u = 0$ folgt aus der Kirchhoffschen Formel $A(t, x) = -A(-t, x)$. Daher braucht $A(t, x)$ für $t < 0$ nicht extra berechnet zu werden. Abb. 3.14 illustriert den Zeitverlauf dieser Funktion in den Raumpunkten x mit $|x| = 2R$, also außerhalb des Explosionsgebietes (schwarze Kurve). Die rote Kurve zeigt den Druckverlauf in den Raumpunkten x mit $|x| = R/2$, also im Inneren der Explosionszone.

Im Explosionsgebiet $|x| < R$ steigt der Überdruck nach der Explosion linear in t so lange an, bis das erste „Signal" von der Kugeloberfläche den Punkt x erreicht.

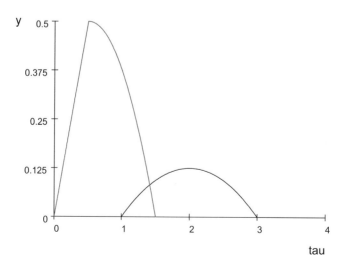

Abb. 3.14 $\tau = ct/R \mapsto y = A(t, x)/A_0$ für $|x| = 2R$ (schwarz) und $|x| = R/2$ (rot).

Anschließend geht für $|x| < R/2$ der Überdruck monoton auf 0 zurück. Dies dauert, bis das letzte Signal von der Kugeloberfläche den Punkt x erreicht hat. Der Maximalwert des Überdrucks am Ort x beträgt $A_0 \cdot (R - |x|)/R$. Je größer der Abstand vom Explosionszentrum $x = 0$, umso kleiner ist er. Für $|x| > R/2$ steigt der Überdruck bis zur Zeit t mit $ct = |x|$ weiter an und fällt dann bis zur Zeit $ct = |x| + R$ monoton auf 0 ab. Der Maximalwert ist $\frac{A_0}{4}\frac{R}{|x|}$. Bei Annäherung an die Kugeloberfläche von innen geht er gegen $A_0/4$.

Außerhalb des Explosionsgebietes erreicht eine Druckwelle einen Punkt x zur Zeit t mit $ct = |x| - R$. Der Druck steigt dann bis zur Zeit t mit $ct = |x|$ monoton an, um dann bis zur Zeit t mit $ct = |x| + R$ wieder auf den Normalwert zurückzugehen, bei dem er dann bleibt. Die Dauer der Druckwelle entspricht also genau der Signallaufzeit für eine Strecke der Länge $2R$, also des Kugeldurchmessers. Das Einsetzen der Druckwelle ist durch die Signallaufzeit für die kürzeste Strecke zwischen x und der Kugeloberfläche bestimmt. Der Maximalwert der Druckwelle am Ort x mit $|x| > R$ beträgt $\frac{A_0}{4}\frac{R}{|x|}$. Bei Annäherung an die Kugeloberfläche von außen geht er gegen $A_0/4$. Die Funktion A nimmt also ihr absolutes Maximum A_0 bei $x = 0$ zur Zeit $t = R/c$ an.

3.3.14 Einfluss- und Abhängigkeitsgebiete

Ähnlich wie im zweidimensionalen Fall sind an der Lösungsformel von Satz 3.15 Schranken an die Abhängigkeit der Lösung einer Anfangswertaufgabe von den Anfangsdaten abzulesen. In der modernen Physik sind solche Grenzen der mathematische Ausdruck von Einsteins Kausalitätsprinzip, das ja aus den Maxwellgleichungen abstrahiert wurde.

Die Begrenzung der Einfluss- und Abhängigkeitsgebiete ist im vierdimensionalen Fall sogar noch etwas stärker als für $d = 2$. Zur Erinnerung: Für $d = 2$ hängt $A(t, x)$ von der Vorgabe u über deren Werte in $x \pm ct$ ab, von der Anfangsvorgabe v aber über deren Werte im gesamten Intervall $[x - c|t|, x + c|t|]$. Für $d = 4$ hingegen hängt $A(t, x)$ nur von den Anfangsvorgaben auf der Oberfläche einer Kugel um x mit dem Radius $c|t|$ ab. Die Anfangsvorgaben im Inneren dieser Kugel beeinflussen $A(t, x)$ nicht. Sie breiten sich also mit genau der Geschwindigkeit c und nicht nur mit einer Geschwindigkeit $\leq c$ aus. Die Abhängigkeit von den Anfangsdaten ist linear; verschwinden u und v auf einer Kugel um x mit dem Radius $c|t|$, dann gilt $A(t, x) = 0$.

Verschwinden also die Anfangsvorgaben u und v außerhalb eines kompakten Gebietes $\Omega \subset \mathbb{R}^3$, so gilt für einen fest gewählten Punkt x außerhalb von Ω, dass $A(t, x) = 0$ für alle $t > 0$ mit $ct < \min_{y \in \Omega} |x - y|$ oder $ct > \max_{y \in \Omega} |x - y|$. Eine analoge Aussage gilt für $t < 0$.

Zusammenfassung: Die Anfangsvorgabe erreicht einen Punkt x zu keiner Zeit $t > 0$, für die $\{0\} \times \Omega$ zur Gänze außerhalb oder innerhalb des Rückwärtskegels mit der Spitze (t, x) liegt. Die Anfangsvorgabe in Ω erzeugt also im Punkt x ein „Signal", das außerhalb jener Zeiten verschwindet, zu denen x von Ω aus durch ein (fiktives) kräftefreies Teilchen der Geschwindigkeit c zu erreichen ist.

Diese Bedingung beschreibt das Einflussgebiet der Anfangsvorgabe auf die zugehörige Lösung der dAWG. Oder auch: Für $t > 0$ kann das Signal in x, nämlich die Abbildung $t \mapsto A(t, x)$, nur zu jenen Zeiten von 0 verschieden sein, zu denen der Rückwärtskegelmantel von (t, x) das Gebiet $\{0\} \times \Omega$ gerade schneidet. Diese Bedingung beschreibt das Abhängigkeitsgebiet einer Lösung der dAWG von ihrer Anfangsvorgabe.

3.3.15 *AWP: Lösungsformel (d = 3)

Hier soll noch eine Lösungsformel für das AWP der (homogenen) dAWG im räumlich zweidimensionalen Fall abgeleitet werden.

Satz 3.16 *Sei $(u, v) \in C^3\left(\mathbb{R}^2 : \mathbb{R}\right) \times C^2\left(\mathbb{R}^2 : \mathbb{R}\right)$. Dann existiert genau eine Funktion $A \in C^2\left(\mathbb{R} \times \mathbb{R}^2 : \mathbb{R}\right)$ mit $\Box A = 0$ und $A(0, \cdot) = u$ und $\partial_t A(0, \cdot) = v$ für alle $x \in \mathbb{R}^2$. Für diese Funktion gilt*

$$A(t, x) = \frac{t}{2\pi} \int_{|n|<1} \frac{v(x + ctn)}{\sqrt{1 - |n|^2}} d^2 n + \partial_t \left\{ \frac{t}{2\pi} \int_{|n|<1} \frac{u(x + ctn)}{\sqrt{1 - |n|^2}} d^2 n \right\}.$$

Beweis Die Eindeutigkeit von A folgt aus der lokalen Energieerhaltung. Die Lösungsformel folgt mit Hadamards Absteigemethode: Der Funktion $A : \mathbb{R} \times \mathbb{R}^2 \to \mathbb{R}$ ist genau eine Funktion $\widetilde{A} : \mathbb{R} \times \mathbb{R}^3 \to \mathbb{R}$ zugeordnet, für die

$$\widetilde{A}(t, x, z) = A(t, x)$$

für alle $(t, x, z) \in \mathbb{R} \times \mathbb{R}^2 \times \mathbb{R}$. Für sie gilt $\Box \widetilde{A} = 0$. Ihre Anfangsvorgaben $(\widetilde{u}, \widetilde{v})$ sind durch $\widetilde{u}(x, z) = u(x)$ und $\widetilde{v}(x, z) = v(x)$ gegeben. Daher gilt für $\left(\widetilde{A}, \widetilde{u}, \widetilde{v}\right)$ Kirchhoffs Formel für den räumlich 3d-Fall für alle $(t, x, z) \in \mathbb{R} \times \mathbb{R}^2 \times \mathbb{R}$

$$\widetilde{A}(t, x, z) = \frac{t}{4\pi} \int_{(n, \zeta) \in \mathbb{S}^2} \widetilde{v}(x + c|t|n, z + c|t|\zeta) d\Omega$$

$$+ \partial_t \left\{ \frac{t}{4\pi} \int_{(n, \zeta) \in \mathbb{S}^2} \widetilde{u}(x + c|t|n, z + c|t|\zeta) d\Omega \right\}.$$

Dies ist äquivalent zu

$$A(t, x) = \frac{t}{4\pi} \int_{|n|^2 + \zeta^2 = 1} v(x + c|t|n) d\Omega + \partial_t \left\{ \frac{t}{4\pi} \int_{|n|^2 + \zeta^2 = 1} u(x + c|t|n) d\Omega \right\}.$$

Forme nun das Integral

$$I_v(t, x) := \int_{|n|^2 + \zeta^2 = 1} v(x + c|t|n) d\Omega = 2 \int_{|n|^2 + \zeta^2 = 1, \zeta > 0} v(x + c|t|n) d\Omega$$

weiter um. Parametrisiere dazu die Halbkugel aller Punkte $(n, \zeta) \in \mathbb{S}^2$ mit $\zeta > 0$. Es gilt dort $\zeta = \sqrt{1 - |n|^2}$, wobei $n \in \mathbb{R}^2$ mit $|n| < 1$. Wir wählen als Parametrisierung die Abbildung Φ der offenen Einheitskreisscheibe in den $\mathbb{R}^3$ mit

$$\Phi : (a, b) \mapsto \left(a, b, \sqrt{1 - a^2 - b^2} \right).$$

Es gilt $\partial_1 \Phi (a, b) = \left(1, 0, \frac{-a}{\sqrt{1-a^2-b^2}} \right)$ und $\partial_2 \Phi (a, b) = \left(0, 1, \frac{-b}{\sqrt{1-a^2-b^2}} \right)$. Daraus folgt für das Integral

$$I_v (t, x) = 2 \int_{a^2+b^2<1} v (x + c |t| (a, b)) |\partial_1 \Phi (a, b) \times \partial_2 \Phi (a, b)| \, dadb$$

$$= 2 \int_{a^2+b^2<1} \frac{v (x + c |t| (a, b))}{\sqrt{1 - a^2 - b^2}} dadb = 2 \int_{|n|<1} \frac{v (x + ctn)}{\sqrt{1 - |n|^2}} d^2n.$$

Analoges gilt für I_u. $\square$

Für Lösungen $A \in C^2 \left(\mathbb{R}^3 \right)$ gilt Einsteins Kausalität. Aber Achtung: Der Wert $A (t, x)$ braucht nicht 0 zu sein, wenn die Anfangsvorgaben u und v in einer Kugelschale um x mit den Radien $c |t| \pm \varepsilon$ verschwinden. D'Alemberts Wellen breiten sich in der Ebene mit allen Geschwindigkeiten $\leq c$ aus. Hadamards Absteigemethode liefert auch ein eingängiges physikalisches Bild dafür, warum dies so ist: Ein Signal $A (t, 0)$, das den Punkt $0 \in \mathbb{R}^2$ zu einer Zeit $t > 0$ erreicht, kann, als Signal $\widetilde{A} (t, 0, 0)$ aufgefasst, aus einem Punkt $(x, z) \in \mathbb{R}^2 \times \mathbb{R}$ mit $|x|^2 + z^2 = (ct)^2$ kommen. In der 2d-Projektion scheint das Signal für die Strecke $|x|$ die scheinbar zu lange Zeit t mit $(ct)^2 = |x|^2 + z^2 > |x|^2$ zu benötigen.

3.4   D'Alemberts inhomogene Wellengleichung

Wie können Schwingungen angeregt werden, wenn anfänglich alles ruht? Das einfachste Modell für derartige Vorgänge ergibt sich durch Einführung einer Inhomogenität in die dAWG. Sie beschreibt eine zeit- und ortsabhängige Kraft, die auf das schwingungsfähige Medium wirkt. Im Fall des elektromagnetischen Feldes modelliert die Inhomogenität Ladungs- oder Stromdichtekomponenten.

Definition 3.5 Sei $(u, v, j) \in C^2 (\mathbb{R}^n) \times C^1 (\mathbb{R}^n) \times C \left(\mathbb{R}^{n+1} \right)$. Eine Funktion $A \in C^2 \left(\mathbb{R}^{n+1} \right)$ mit $\square A = j$ und $A (0, x) = u (x)$, $\partial_t A (0, x) = v (x)$ für alle $x \in \mathbb{R}^n$ heißt Lösung der dAWG mit Inhomogenität j und Anfangsvorgabe (u, v).

Sind A_1, A_2 Lösungen von $\square A = j$, dann gilt $\square (A_1 - A_2) = 0$ und daher für jedes A_p mit $\square A_p = j$:

$$\left\{ A \in C^2 \left(\mathbb{R}^{n+1} \right) \text{ mit } \square A = j \right\} = A_p + \ker \square.$$

Für spezielle Quellen j ist eine Funktion A mit $\Box A = j$ durch ratenden Ansatz zu bestimmen. Hier ein Beispiel: Sei für eine Funktion $h \in C(\mathbb{R} : \mathbb{R})$ und $\omega > 0$ die Quelle $j \in C(\mathbb{R}^2)$ gegeben durch $j(t, x) = \cos(\omega t) h(x)$. Der Lösungsansatz mit $g \in C^2(\mathbb{R} : \mathbb{R})$ und $A(t, x) = \cos(\omega t) g(x)$ erfüllt $\Box A = j$ genau dann, wenn $g'' + k^2 g = -h$ auf ganz $\mathbb{R}$ mit $k = \omega/c$. Ist $g_p \in C^2(\mathbb{R} : \mathbb{R})$ eine maximale Lösung von $g'' + k^2 g = -h$, dann ist $C_p : \mathbb{R}^2 \to \mathbb{R}$ mit $C_p(t, x) = \cos(\omega t) g_p(x)$ eine Lösung von $\Box A = j$. Ganz analog erfüllt $S_p(t, x) = \sin(\omega t) g_p(x)$ die Gleichung $\Box S_p(t, x) = \sin(\omega t) h(x)$.

Ähnlich geht man im Fall $j(t, x) = e^{-\lambda t} h(x)$ mit $\lambda \in \mathbb{R}$ vor. Löst g_p die Differentialgleichung $g'' - \kappa^2 g = -h$ mit $\kappa = \lambda/c$, dann ist $A_p : \mathbb{R}^2 \to \mathbb{R}$ mit $A_p(t, x) = e^{-\lambda t} g_p(x)$ eine Lösung von $\Box A = j$.

3.4.1 AWP: Lösungsformel (d = 2)

Unter einer etwas weiter gehenden Annahme über die Quelle j gilt der folgende Existenz- und Eindeutigkeitssatz für die Lösung des Anfangswertproblems der inhomogenen dAWG (siehe [14, § 12.4]).

Satz 3.17 (Duhamel) *Sei $(u, v, j) \in C^2(\mathbb{R}) \times C^1(\mathbb{R}) \times C^1(\mathbb{R}^2)$. Dann existiert genau eine Lösung von dAWG mit Inhomogenität j und Anfangsdaten (u, v). Für diese Lösung A gilt für alle $(t, x) \in \mathbb{R}^2$*

$$A(t, x) = \frac{u(x + ct) + u(x - ct)}{2} + \int_{x-ct}^{x+ct} \frac{v(\xi)}{2c} d\xi$$
$$+ \frac{c}{2} \int_0^t \left(\int_{x-c(t-s)}^{x+c(t-s)} j(s, \xi) d\xi \right) ds.$$

Anmerkung: Der erste Teil der Lösung, der von den Anfangsdaten bestimmt wird, nämlich

$$A_0(t, x) = \frac{1}{2}(u(x + ct) + u(x - ct)) + \frac{1}{2c} \int_{x-ct}^{x+ct} v(\xi) d\xi,$$

ist die eindeutige Lösung von $\Box A_0 = 0$ zu den Anfangsvorgaben (u, v). Der durch das Doppelintegral bestimmte zweite Teil,

$$A_p(t, x) = \frac{c}{2} \int_0^t \left(\int_{x-c(t-s)}^{x+c(t-s)} j(s, \xi) d\xi \right) ds,$$

ist die Lösung von $\Box A_p = j$ zu verschwindenden („homogenen") Anfangsdaten. Der Wert $A(t, x)$ wird für $t > 0$ von den Daten im Intervall $[x - ct, x + ct]$ und der Inhomogenität im Kegel

$$\cup_{0 < s < t} \{(s, \xi) : x - c(t - s) < \xi < x + c(t - s)\}$$

bestimmt. Der Einfluss der Inhomogenität breitet sich also nicht schneller als mit c aus. Der Einfluss, den $j (s, \cdot)$ für $s < 0$ auf $A (t, \cdot)$ im Bereich $t > 0$ nimmt, steckt in (u, v).

Beweis Sei $f : [a, b] \times [a, b] \to \mathbb{R}$ eine C^1-Funktion und sei $a \leq x \leq b$. Dann gilt nach Lemma 3.1

$$\partial_x \int_a^x f (x, y) \, dy = f (x, x) + \int_a^x \partial_x f (x, y) \, dy.$$

Daraus folgt[25]

$$\partial_t A_p (t, x) = \frac{c}{2} \int_{x-c(t-t)}^{x+c(t-t)} j (t, \xi) \, d\xi + \frac{c}{2} \int_0^t \partial_t \left(\int_{x-c(t-s)}^{x+c(t-s)} j (s, \xi) \, d\xi \right) ds$$

$$= 0 + \frac{c^2}{2} \int_0^t [j (s, x + c (t - s)) + j (s, x - c (t - s))] \, ds.$$

Weiter gilt

$$\frac{\partial_t^2 A_p (t, x)}{c^2} = j (t, x) + \frac{c}{2} \int_0^t [\partial_x j (s, x + c (t - s)) - \partial_x j (s, x - c (t - s))] \, ds,$$

$$\partial_x A_p (t, x) = \frac{c}{2} \int_0^t (j (s, x + c (t - s)) - j (s, x - c (t - s))) \, ds,$$

$$\partial_x^2 A_p (t, x) = \frac{c}{2} \int_0^t [\partial_x j (s, x + c (t - s)) - \partial_x j (s, x - c (t - s))] \, ds.$$

Somit gilt $\Box A_p = j$. Weiters trägt A_p zu den Anfangsvorgaben nicht bei, denn $A_p (0, x) = \partial_t A_p (0, x) = 0$. Die Funktion A_p ist also eine Lösung der inhomogenen Gleichung zu homogenen Anfangsvorgaben. Addition der durch d'Alemberts Lösungsformel bestimmten Funktion A_0 mit $\Box A_0 = 0$ zu den Anfangsdaten (u, v) ergibt schließlich eine Lösung von $\Box A = j$ zu den Anfangsvorgaben (u, v). Gibt es noch andere Lösungen von $\Box A = j$ zu den Anfangsvorgaben (u, v)?

Nein, denn wären A_1 und A_2 zwei verschiedene Lösungen von $\Box A = j$ zu denselben Anfangsbedingungen, dann wäre $A_1 - A_2$ eine nichttriviale Lösung von $\Box A = 0$ mit verschwindenden Anfangsvorgaben. Eine solche gibt es nach Satz 3.8 jedoch nicht. $\Box$

Der hier angeführte Beweis von Duhamels Lösungsformel macht klar, dass die partiellen Ableitungen $\partial_t A_p (t, x)$ und $\partial_x A_p (t, x)$ ausschließlich von den Werten der Quelle j am Rand des Lichtkegels mit der Spitze in (t, x) zu Zeiten zwischen 0 und t abhängt. Die Ableitungen der Lösung breiten sich also mit genau der Geschwindigkeit c aus.

---

[25]Diese Formel belegt, dass $\partial_t A_p (t, x) = 0$, wenn $j (s, x + c (t - s)) = 0 = j (s, x - c (t - s))$ für alle Zeiten s zwischen 0 und t.

Lemma 3.1 *Sei* $f : [a, b] \times [a, b] \to \mathbb{R}$ *eine* C^1-*Funktion und sei* $a \le x \le b$. *Dann gilt*

$$\partial_x \int_a^x f(x, y)\, dy = f(x, x) + \int_a^x \partial_x f(x, y)\, dy.$$

Beweis Sei $F(x) = \int_a^x f(x, y)\, dy$. Dann gilt

$$F'(x) = \lim_{\varepsilon \to 0} \frac{1}{\varepsilon} \left\{ \int_a^{x+\varepsilon} f(x+\varepsilon, y)\, dy - \int_a^x f(x, y)\, dy \right\}$$

$$= \lim_{\varepsilon \to 0} \frac{1}{\varepsilon} \left\{ \int_x^{x+\varepsilon} f(x+\varepsilon, y)\, dy + \int_a^x [f(x+\varepsilon, y) - f(x, y)]\, dy \right\}.$$

Nach dem Mittelwertsatz der Integralrechnung existiert ein $\eta \in (x, x + \varepsilon)$, mit

$$\int_x^{x+\varepsilon} f(x+\varepsilon, y)\, dy = \varepsilon f(x+\varepsilon, \eta),$$

sodass $\lim_{\varepsilon \to 0} \frac{1}{\varepsilon} \int_x^{x+\varepsilon} f(x+\varepsilon, y)\, dy = f(x, x)$ folgt.

Für das verbleibende zweite Integral folgt nach einem Satz[26] über die Ableitung von Parameterintegralen mit C^1-Integrand, dass für alle $s \in [a, b]$

$$\lim_{\varepsilon \to 0} \frac{1}{\varepsilon} \int_a^s [f(x+\varepsilon, y) - f(x, y)]\, dy = \int_a^s \partial_x f(x, y)\, dy.$$

Für $s = x$ ergibt sich somit die Behauptung des Satzes. $\square$

Beispiel 3.1 Bestimme die Lösung der dAWG mit der Inhomogenität j, für die $j(t, x) = ctx$, zu den Anfangsvorgaben $u = 0 = v$. Duhamels Lösungsformel ergibt

$$A(t, x) = \frac{c^2}{2} \int_0^t \left(\int_{x-c(t-s)}^{x+c(t-s)} s\xi\, d\xi \right) ds$$

$$= \frac{c^2}{4} \int_0^t s \left[(x + c(t-s))^2 - (x - c(t-s))^2 \right] ds$$

$$= \frac{c^2}{4} \int_0^t s 4xc(t-s)\, ds$$

$$= c^3 x \int_0^t s(t-s)\, ds$$

$$= c^3 x \left[t\frac{s^2}{2} - \frac{s^3}{3} \right]_{s=0}^{s=t} = (ct)^3 x/6.$$

---

[26] Siehe etwa [3, Kap. V, § 23.2.3].

3.4.2 Retardierte und avancierte Lösung (d = 2)

Wie ist Duhamels Lösungsformel zu modifizieren, wenn die Anfangsvorgaben nicht zur Zeit 0, sondern zu irgendeiner Zeit τ vorliegen? Für welche Lösung A_τ der inhomogenen dAWG gilt also $A_\tau(\tau, \cdot) = u$ und $\partial_t A_\tau(\tau, \cdot) = v$?

Für A gelte $\Box A = j$ und $A(0, \cdot) = u$ und $\partial_t A(0, \cdot) = v$. Sei A_τ die Funktion mit $A_\tau(t, x) = A(t - \tau, x)$. Für sie gilt $\Box A_\tau = j_\tau$ mit $A_\tau(\tau, \cdot) = u$ und $\partial_t A_\tau(\tau, \cdot) = v$. Die Funktion A_τ erfüllt zwar die gewünschten Anfangsvorgaben, ist aber Lösung zur zeitverschobenen Inhomogenität. Das kann in der Lösungsformel durch Ersetzung von j durch $j_{-\tau}$ kompensiert werden. Somit lautet die Lösungsformel für $\Box A = j$ bei Anfangsvorgaben (u, v) zur Zeit τ

$$
A_\tau(t, x) = \frac{1}{2}\left(u(x + c(t - \tau)) + u(x - c(t - \tau))\right) + \frac{1}{2c}\int_{x-c(t-\tau)}^{x+c(t-\tau)} v(\xi)\, d\xi
$$
$$
+ \frac{c}{2}\int_0^{(t-\tau)}\left(\int_{x-c((t-\tau)-s)}^{x+c((t-\tau)-s)} j_{-\tau}(s, \xi)\, d\xi\right) ds
$$
$$
= \frac{1}{2}\left(u(x + c(t - \tau)) + u(x - c(t - \tau))\right) + \frac{1}{2c}\int_{x-c(t-\tau)}^{x+c(t-\tau)} v(\xi)\, d\xi
$$
$$
+ \frac{c}{2}\int_\tau^t\left(\int_{x-c(t-s)}^{x+c(t-s)} j(s, \xi)\, d\xi\right) ds.
$$

Existiert eine Zeit τ, sodass $j(t, \cdot) = 0$ für alle $t < \tau$, dann gilt

$$
\frac{c}{2}\int_\tau^t\left(\int_{x-c(t-s)}^{x+c(t-s)} j(s, \xi)\, d\xi\right) ds = \frac{c}{2}\int_{-\infty}^t\left(\int_{x-c(t-s)}^{x+c(t-s)} j(s, \xi)\, d\xi\right) ds.
$$

Die partikuläre Lösung

$$
A_{\mathrm{ret}}(t, x) = \frac{c}{2}\int_{-\infty}^t\left(\int_{x-c(t-s)}^{x+c(t-s)} j(s, \xi)\, d\xi\right) ds \tag{3.12}
$$

heißt retardierte Lösung von d'Alemberts inhomogener Wellengleichung. Es ist dies jene Lösung, die von einer Quelle in einem anfänglich ruhenden Medium erzeugt wird. Die zeitgespiegelte Funktion $T A_{\mathrm{ret}}$ mit $T A_{\mathrm{ret}}(t, x) = A_{\mathrm{ret}}(-t, x)$ ist eine Lösung der inhomogenen Wellengleichung mit zeitgespiegelter Quelle. Es ist dies jene Lösung, die von der zeitgespiegelten Quelle vollständig ausgelöscht wird.

Für die Funktion $g_{\mathrm{ret}} : \mathbb{R} \times \mathbb{R} \to \mathbb{R}$ mit

$$
g_{\mathrm{ret}}(t, x) = \left\{\begin{array}{l} \frac{c}{2} \text{ für } ct > |x| \\ 0 \text{ sonst} \end{array}\right\} = \frac{c}{2}\Theta\left(ct - |x|\right)
$$

gilt somit unter Verwendung des 2d-Faltungsintegrals

$$A_{\mathrm{ret}}(t,x) = (g_{\mathrm{ret}} * j)(t,x) = \int_{\mathbb{R}^2} g_{\mathrm{ret}}(t-s, x-y)\, j(s,y)\, dy\, ds.$$

A_{ret} ist also die Faltung der sogenannten retardierten Greenschen Funktion von $\Box_2$ mit der Quelle j. In allen Stetigkeitspunkten (t,x) gilt übrigens $\Box g_{\mathrm{ret}}(t,x) = 0$.

Existiert zu einer Quelle j eine Zeit τ, sodass $j(t,\cdot) = 0$ für alle $t > \tau$, dann hat $\Box A = j$ eine Lösung A_{av}, die für alle $t > \tau$ verschwindet, d. h., es gilt $A_{\mathrm{av}}(t > \tau, \cdot) = 0$. Für diese Lösung gilt daher

$$A_{\mathrm{av}}(t,x) = \frac{c}{2} \int_{\infty}^{t} \left(\int_{x-c(t-s)}^{x+c(t-s)} j(s,\xi)\, d\xi \right) ds = (g_{\mathrm{av}} * j)(t,x)$$

mit der sogenannten avancierten Greenschen Funktion

$$g_{\mathrm{av}}(t,x) = \frac{c}{2} \Theta(-ct - |x|) = T g_{\mathrm{ret}}(t,x).$$

Verschwindet eine Quelle j außerhalb eines endlichen Zeitintervalls, dann existieren sowohl die retardierte als auch die avancierte Lösung von $\Box A = j$. In diesem Fall ist die Funktion $A_{rad} := A_{\mathrm{ret}} - A_{\mathrm{av}}$ eine Lösung der homogenen Gleichung $\Box A = 0$. Für alle hinreichend großen Zeiten gilt $A_{rad} = A_{\mathrm{ret}}$, sodass an A_{rad} die von der Quelle j insgesamt an ein anfänglich ruhendes Medium abgegebene Energie (oder auch Impuls) abzulesen ist. Das elektrodynamische Analogon zu A_{rad} wird daher als das „Strahlungsfeld" einer Quelle bezeichnet.

Nachbemerkung: Die Funktion g_{ret} mit $g_{\mathrm{ret}}(t,x) = \frac{c}{2}\Theta(ct - |x|)$ ist die distributionelle Lösung von $\Box A(t,x) = \delta(t)\,\delta(x)$ zur Anfangsvorgabe $A(t,x) = 0$ für alle $t < 0$. Das lässt sich mit Gl. 3.12 plausibel machen, und zwar so:

$$A_{\mathrm{ret}}(t,x) = \frac{c}{2} \int_{-\infty}^{t} \left(\int_{x-c(t-s)}^{x+c(t-s)} \delta(s)\,\delta(r)\, dr \right) ds$$

$$= \begin{cases} 0 & \text{für } |x| > ct \\ \frac{c}{2} & \text{für } |x| < ct \end{cases} = g_{\mathrm{ret}}(t,x).$$

Für $|x| = ct$ ist $A_{\mathrm{ret}}(t,x)$ nicht formuliert.

3.4.3 *Retardierte Greensche Funktion von $\Box_2^2$

Lässt sich g_{ret} mit $g_{\mathrm{ret}}(t,x) = \frac{c}{2}\Theta(ct - |x|)$ selbst als (eigentlich unzulässige) Quelle in Duhamels Lösungsformel sinnvoll einsetzen? Ist so die retardierte Greensche Funktion G_{ret} der iterierten Wellengleichung bzw. die retardierte Fundamentallösung von $\Box_2^2$ zu erraten?

Abb. 3.15 Iterierte
Wellengleichung:
$z = G_{ret}(t, x)$

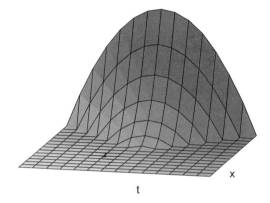

Es gilt formal für die Lösung von $\Box A(t, x) = g_{ret}$ mit homogener Anfangsvorgabe

$$G_{\text{ret}}(t, x) = (g_{\text{ret}} * g_{\text{ret}})(t, x) = \frac{c}{2} \int_0^t \left(\int_{x-c(t-s)}^{x+c(t-s)} \frac{c}{2} \Theta(cs - |r|)\, dr \right) ds.$$

Das Integral

$$c \int_0^t \left(\int_{x-c(t-s)}^{x+c(t-s)} \Theta(cs - |r|)\, dr \right) ds$$

ist der Flächeninhalt des Schnittes des kausalen Rückwärtskegels zur Spitze (ct, x) mit dem kausalen Vorwärtskegel zur Spitze $(0, 0)$. Eine Skizze zeigt, dass der Schnitt ein Rechteck mit den Seitenlängen $|ct - x|/\sqrt{2}$ und $|ct + x|/\sqrt{2}$ ist, wenn die beiden Kegel überlappen. Der Flächeninhalt ist somit durch $(ct - x)(ct + x)/2 = \left(c^2 t^2 - x^2 \right)/2$ gegeben. Damit folgt

$$G_{\text{ret}}(t, x) = \Theta(ct - |x|) \frac{c}{8} \left(c^2 t^2 - x^2 \right).$$

Für $ct = |x|$ wird beispielsweise $G_{\text{ret}}(t, x) = 0$ gesetzt. Die so auf $\mathbb{R}^2$ definierte Funktion G_{ret} ist invariant unter allen orthochronen Lorentztransformationen[27] und hat ihren Träger im Bereich $ct \geq |x|$ (siehe Abb. 3.15). Im Bereich $ct > |x|$ gilt $\Box G_{\text{ret}}(t, x) = c/2$ und daher $\Box^2 G_{\text{ret}}(t, x) = 0$. Im Kapitel über Distributionentheorie wird klar werden, dass die zu G_{ret} gehörige reguläre Distribution $\hat{G}_{\text{ret}}$ die Gleichungen $\Box \hat{G}_{\text{ret}} = \hat{g}_{\text{ret}}$ und (formal notiert) $\Box^2 \hat{G}_{\text{ret}}(t, x) = \delta(t)\delta(x)$ erfüllt. G_{ret} erzeugt also tatsächlich eine Fundamentallösung von $\Box_2^2$.

---

[27]Eine Lorentztransformation Λ heißt orthochron, falls $\langle e_0, \Lambda e_0 \rangle > 0$ gilt.

3.4.4 *Gleichförmig bewegte Punktquelle (d = 2)

Die Punktquelle bewege sich auf der Geraden $\Gamma_v = \{(t, vt) : t \in \mathbb{R}\} \subset \mathbb{R}^2$ durch die Raumzeit $\mathbb{R}^2$. Dabei sei $v \in (-c, c)$. Die Gerade Γ_v berandet die beiden offenen disjunkten Gebiete $\Omega_+ = \{(t, x) \in \mathbb{R}^2 : x > vt\}$ und $\Omega_- = \{(t, x) \in \mathbb{R}^2 : x < vt\}$.

Die Wirkung der Quelle auf die schwingungsfähige Größe A komme dadurch zum Ausdruck, dass die Werte von A auf Γ_v vorgeschrieben werden. Die Quelle formuliert also eine Zwangsbedingung an A. Gesucht sind dann alle stetigen Funktionen $A : \mathbb{R}^2 \to \mathbb{R}$ mit den folgenden Eigenschaften:

1. $A(t, vt) = h(t)$ für eine gegebene Funktion $h \in C(\mathbb{R} : \mathbb{R})$.
2. $A \in C^2(\Omega_+ \cup \Omega_-)$ und $\Box A = 0$ auf $\Omega_+ \cup \Omega_-$.
3. Auf Ω_+ ist A rechts- und auf Ω_- ist A linksläufig.

Die Bedingungen 2. und 3. sind genau dann erfüllt, wenn Funktionen $f, g \in C^2(\mathbb{R} : \mathbb{R})$ existieren, sodass

$$A(t, x) = \begin{cases} f(t - x/c) & \text{für } (t, x) \in \Omega_+ \\ g(t + x/c) & \text{für } (t, x) \in \Omega_- \end{cases}.$$

Die Bedingung 1. ist für eine solche Funktion äquivalent zu

$$f(t(1 - v/c)) = h(t) = g(t(1 + v/c)) \text{ für alle } t \in \mathbb{R}.$$

Äquivalent dazu ist $f(x) = h(x/(1 - v/c))$ und $g(x) = h(x/(1 + v/c))$ für alle $x \in \mathbb{R}$. Damit ist die Lösung A unserer Aufgabe eindeutig bestimmt und sie erfüllt

$$A(t, x) = \begin{cases} h\left(\frac{t - x/c}{1 - v/c}\right) & \text{für } x \geq vt \\ h\left(\frac{t + x/c}{1 + v/c}\right) & \text{für } x \leq vt \end{cases}. \tag{3.13}$$

An der Stelle (t, x) hat A den Wert, den h im Schnittpunkt des „Rückwärtslichtkegels" der Spitze (t, x) mit Γ_v annimmt. Diese Beobachtung macht auch schon klar, wie das Modell auf den Fall einer beschleunigt bewegten Punktquelle auszuweiten ist.

Der Spezialfall $h(t) = h_0 \cdot \sin(\omega t + \delta)$ einer harmonisch oszillierenden Quelle eröffnet Einblick in den „aktiven Dopplereffekt". Die Lösung A schwingt nämlich längs einer ruhenden Weltlinie in $\Omega_\pm$ mit der gegenüber ω veränderten Frequenz $\omega_\pm = \omega/(1 \mp v/c)$. Es gilt $\omega_+ > \omega$ und $\omega_- < \omega$, falls sich die Quelle nach rechts bewegt, also für $0 < v < c$.

Zuletzt noch ein Ergebnis, welches das hier beschriebene Quellenmodell mit d'Alemberts inhomogener Wellengleichung in Zusammenhang bringt.

Satz 3.18 *Sei $h \in C^2(\mathbb{R} : \mathbb{R})$. Dann gilt für die Funktion A von* Gl. 3.13 *mit Diracs Delta (formal notiert)*

$$\Box A(t, x) = \frac{2}{c} h'(t) \delta(x - vt). \tag{3.14}$$

Präzise Bedeutung von Gl. 3.14: *Für alle* $\varphi \in C_0^\infty \left(\mathbb{R}^2 : \mathbb{R} \right)$ *gilt*[28]

$$\int_{\mathbb{R}^2} A\left(t, x\right) \Box \varphi\left(t, x\right) dt dx = \frac{2}{c} \int_{-\infty}^{\infty} h'\left(t\right) \varphi\left(t, vt\right) dt.$$

Beweis Es gilt

$$A\left(t, x\right) = \Theta\left(x - vt\right) h\left(\frac{t - x/c}{1 - v/c}\right) + \Theta\left(vt - x\right) h\left(\frac{t + x/c}{1 + v/c}\right).$$

Unter Beachtung von $\Theta'\left(x\right) = \delta\left(x\right)$ und $\delta\left(x - vt\right) h\left(\frac{t \pm x/c}{1 \pm v/c}\right) = \delta\left(x - vt\right) h\left(t\right)$
folgt

$$\partial_t A\left(t, x\right) = \frac{\Theta\left(x - vt\right)}{1 - v/c} h'\left(\frac{t - x/c}{1 - v/c}\right) + \frac{\Theta\left(vt - x\right)}{1 + v/c} h'\left(\frac{t + x/c}{1 + v/c}\right),$$

$$\partial_x A\left(t, x\right) = -\frac{\Theta\left(x - vt\right)}{c\left(1 - v/c\right)} h'\left(\frac{t - x/c}{1 - v/c}\right) + \frac{\Theta\left(vt - x\right)}{c\left(1 + v/c\right)} h'\left(\frac{t + x/c}{1 + v/c}\right).$$

Die δ enthaltenden Ableitungsterme in $\partial_i A$ heben sich weg. Weiter folgt

$$\partial_t^2 A\left(t, x\right) = \delta\left(x - vt\right) h'\left(t\right) \left[\frac{-v}{1 - v/c} + \frac{v}{1 + v/c}\right] + \text{Terme mit } h''$$

$$= \delta\left(x - vt\right) h'\left(t\right) \frac{-2cv^2}{c^2 - v^2} + \text{Terme mit } h''.$$

$$\partial_x^2 A\left(t, x\right) = -\delta\left(x - vt\right) h'\left(t\right) \left[\frac{1}{c\left(1 - v/c\right)} + \frac{1}{c\left(1 + v/c\right)}\right] + \text{Terme mit } h''$$

$$= -\delta\left(x - vt\right) h'\left(t\right) \frac{2c}{c^2 - v^2} + \text{Terme mit } h''.$$

Damit ergibt sich bei Beachtung der Tatsache, dass die Terme mit h'' aufgrund von $\Box A_\pm = 0$ für $A_\pm\left(t, x\right) = h\left(\frac{t \mp x/c}{1 \mp v/c}\right)$ in Summe 0 ergeben, dass

$$\Box A\left(t, x\right) = \frac{2}{c} \delta\left(x - vt\right) h'\left(t\right) \left(\frac{-v^2}{c^2 - v^2} + \frac{c^2}{c^2 - v^2}\right) = \frac{2}{c} \delta\left(x - vt\right) h'\left(t\right).$$

$\square$

---

[28]Hier bezeichnet $C_0^\infty\left(\mathbb{R}^n : \mathbb{R}\right)$ den Vektorraum aller Funktionen $f \in C^\infty\left(\mathbb{R}^n : \mathbb{R}\right)$, die außerhalb einer endlichen Kugel um 0 verschwinden.

Die Faltung von $g_{\text{ret}}(t, x) = c\Theta(ct - |x|)/2$ mit der Quelle liefert

$$A_{\text{ret}}(t, x) = \int_{-\infty}^{\infty} \left(\int_{-\infty}^{\infty} \Theta(c(t-s) - |x-y|) h'(s) \delta(y - vs) \, dy \right) ds$$

$$= \int_{-\infty}^{\infty} \Theta(c(t-s) - |x - vs|) h'(s) \, ds.$$

Existiert das Integral $\int_{-\infty}^{0} h'(s) \, ds$, dann folgt für $x > vs$ mit $h(x) := \int_{-\infty}^{x} h'(s) \, ds$

$$A_{\text{ret}}(t, x) = \int_{-\infty}^{\infty} \Theta(c(t-s) - (x - vs)) h'(s) \, ds = \int_{-\infty}^{\frac{t-x/c}{1-v/c}} h'(s) \, ds = h\left(\frac{t - x/c}{1 - v/c} \right).$$

Für $x < vs$ folgt hingegen

$$A_{\text{ret}}(t, x) = \int_{-\infty}^{\infty} \Theta(c(t-s) + (x - vs)) h'(s) \, ds = \int_{-\infty}^{\frac{t+x/c}{1+v/c}} h'(s) \, ds = h\left(\frac{t + x/c}{1 + v/c} \right).$$

Für $\left| \int_{-\infty}^{0} h'(s) \, ds \right| < \infty$ existiert also die retardierte Lösung A_{ret} von Gl. 3.14 und stimmt dann mit A aus Gl. 3.13 überein.

3.4.5 *Iterierte Wellengleichung (d = 2)

Sind die Anfangsvorgaben einer Funktion mit $\Box_2 A = 0$ beschränkt, dann ist dies die Funktion A selbst auch. Für die Lösungen der iterierten Wellengleichungen $\Box_2^2 A = 0$ gilt dies i. A. nicht. Sie wachsen vielmehr für $\Box A \neq 0$ unbeschränkt an. Es liegt eine Situation vor, die analog zum resonant getriebenen, ungedämpften, harmonischen Oszillator ist.[29] Sehen wir uns das etwas genauer an.

Für $j \in L_0 := \left\{ j \in C^2\left(\mathbb{R}^2 : \mathbb{R}\right) \mid \Box j = 0 \right\}$ sei $L_j := \left\{ A \in C^2\left(\mathbb{R}^2 : \mathbb{R}\right) \mid \Box A = j \right\}$. (Jedes $A \in L_j$ hat als Quelle die d'Alembertsche Welle $j \in L_0 = \ker\Box$.) Jede Funktion $A \in L_j$ erfüllt auch $\Box(\Box A) = 0$, ohne unbedingt in der Differenzierbarkeitsklasse $C^4\left(\mathbb{R}^2 : \mathbb{R}\right)$ zu sein. Der Vektorraum $\ker\Box^2 = \cup_{j \in L_0} L_j$ aller Funktionen $A \in C^2\left(\mathbb{R}^2 : \mathbb{R}\right)$ mit $\Box(\Box A) = 0$ lässt sich auf folgende Weise bestimmen.

Lemma 3.2 *Sei $j \in L_0$. Dann existieren Funktionen $F, G \in C^3\left(\mathbb{R} : \mathbb{R}\right)$ mit*

$$j(t, x) = F'(x - ct) + G'(x + ct)$$

---

[29]Die iterierte Wellengleichung spielt in manchen Eichtheorien der Elementarteilchen eine Rolle.

für alle $t, x \in \mathbb{R}$. Die Funktionen $A_p, \hat{A}_p, \tilde{A}_p : \mathbb{R}^2 \to \mathbb{R}$ mit

$$A_p(t, x) = -\frac{1}{4}\left((x + ct)\, F(x - ct) + (x - ct)\, G(x + ct)\right),$$

$$\hat{A}_p(t, x) = -\frac{ct}{2}\left(F(x - ct) - G(x + ct)\right),$$

$$\tilde{A}_p(t, x) = -\frac{x}{2}\left(F(x - ct) + G(x + ct)\right)$$

sind in $C^3\left(\mathbb{R}^2 : \mathbb{R}\right) \cap L_j$. Es gilt $2A_p = \hat{A}_p + \tilde{A}_p$.

Beweis Vorbemerkung: Es gilt $A_p - \hat{A}_p \in \ker \square$ und $A_p - \tilde{A}_p \in \ker \square$, da

$$\left(A_p - \hat{A}_p\right)(t, x) = -\frac{1}{4}\left((x - ct)\, F(x - ct) + (x + ct)\, G(x + ct)\right),$$

$$\left(A_p - \tilde{A}_p\right)(t, x) = \frac{1}{4}\left((x - ct)\, F(x - ct) + (x + ct)\, G(x + ct)\right).$$

Es genügt daher $\square A_p = j$ nachzuweisen, da ja damit auch

$$\square \hat{A}_p = \square\left(A_p + \hat{A}_p - A_p\right) = j + \square\left(\hat{A}_p - A_p\right) = j$$

und analog $\square \tilde{A}_p = j$ sichergestellt ist.

Nun zu $\square A_p = j$: Sei zunächst $j(t, x) = f(x - ct)$. Wegen $j \in C^2\left(\mathbb{R}^2 : \mathbb{R}\right)$ gilt $f \in C^2\left(\mathbb{R} : \mathbb{R}\right)$. Versuche den Lösungsansatz $A(t, x) = (x + ct) \cdot \varphi(x - ct)$. Dann folgt

$$\partial_t A(t, x) = c\varphi(x - ct) - c(x + ct) \cdot \varphi'(x - ct),$$

$$\partial_t^2 A(t, x) = -2c^2\varphi'(x - ct) + c^2(x + ct) \cdot \varphi''(x - ct),$$

$$\partial_x A(t, x) = \varphi(x - ct) + (x + ct) \cdot \varphi'(x - ct),$$

$$\partial_x^2 A(t, x) = 2\varphi'(x - ct) + (x + ct) \cdot \varphi''(x - ct).$$

Somit gilt $\square A(t, x) = -4\varphi'(x - ct)$. Daraus folgt: Ist F eine Stammfunktion von f, dann erfüllt die Funktion $A : \mathbb{R}^2 \to \mathbb{R}$ mit $A(t, x) = -(x + ct)\, F(x - ct)\,/4$ die Gleichung $\square A(t, x) = f(x - ct)$ für alle $(t, x) \in \mathbb{R}^2$ und es gilt $A \in C^3\left(\mathbb{R}^2 : \mathbb{R}\right)$.

Sei nun $j(t, x) = g(x + ct)$. Versuche den Ansatz $A(t, x) = (x - ct) \cdot \gamma(x + ct)$. Dann folgt

$$\partial_t A(t, x) = -c \cdot \gamma(x + ct) + c(x - ct) \cdot \gamma'(x + ct),$$

$$\partial_t^2 A(t, x) = -2c^2 \cdot \gamma'(x + ct) + c^2(x - ct) \cdot \gamma''(x + ct),$$

$$\partial_x A(t, x) = \gamma(x + ct) + (x - ct) \cdot \gamma'(x + ct),$$

$$\partial_x^2 A(t, x) = 2\gamma'(x + ct) + (x - ct) \cdot \gamma''(x + ct).$$

Somit gilt $\Box A\,(t,x) = -4\gamma'\,(x+ct)$. Daraus folgt: Ist G eine Stammfunktion von g, dann erfüllt die Funktion $A : \mathbb{R}^2 \to \mathbb{R}$ mit $A\,(t,x) = -(x-ct)\,G\,(x+ct)\,/4$ die Gleichung $\Box A\,(t,x) = g\,(x+ct)$ für alle $(t,x) \in \mathbb{R}^2$ und es gilt $A \in C^3\left(\mathbb{R}^2 : \mathbb{R}\right)$.

Da für $j \in C^2\left(\mathbb{R}^2 : \mathbb{R}\right)$ nach Voraussetzung $\Box j = 0$ gilt, existieren Funktionen $f,g \in C^2\left(\mathbb{R} : \mathbb{R}\right)$ mit $j\,(t,x) = f\,(x-ct) + g\,(x+ct)$. Für die Funktionen F, G gelte $F' = f$ und $G' = g$. Dann folgt $\Box A_p = j$ für $A_p \in C^3\left(\mathbb{R}^2 : \mathbb{R}\right)$ mit

$$A_p\,(t,x) = -\frac{1}{4}\,((x+ct)\,F\,(x-ct) + (x-ct)\,G\,(x+ct)).\qquad\Box$$

Korollar 3.3 *Für* $A \in \left\{A_p, \hat{A}_p, \tilde{A}_p\right\}$ *gilt* $L_j = A + \ker\Box$ *und* $A \in C^3\left(\mathbb{R}^2 : \mathbb{R}\right)$.

Korollar 3.4 *Für* $A = \hat{A}_p + A_0 \in L_j$ *mit* $A\,(0,\cdot) = 0 = \partial_t A\,(0,\cdot)$ *gilt*

$$A_0\,(t,x) = \frac{1}{4}\int_{x-ct}^{x+ct} (F\,(\xi) - G\,(\xi))\,d\xi\ \textit{für alle}\ (t,x) \in \mathbb{R}^2.$$

Korollar 3.5 *Ist* l *eine nichtverschwindende Linearform auf* $\mathbb{R}^2$, *dann gilt* $\ker\Box^2 = l \cdot \left(C^3\left(\mathbb{R}^2 : \mathbb{R}\right) \cap \ker\Box\right) + \ker\Box$.

Zu jeder Funktion A mit $\Box\,(\Box A) = 0$ existieren also Funktionen $\varphi \in C^3\left(\mathbb{R}^2 : \mathbb{R}\right)$ und $\psi \in C^2\left(\mathbb{R}^2 : \mathbb{R}\right)$, sodass $A = l \cdot \varphi + \psi$, wenn $0 \neq l : \mathbb{R}^2 \to \mathbb{R}$ linear ist. Rechnen wir der Übung halber nochmals basisfrei nach, dass jede derartige Funktion A die Gleichung $\Box\,(\Box A) = 0$ erfüllt. Dazu stellen wir l durch Minkowskis inneres Produkt als $l = \langle k, \cdot\rangle$ dar und bilden den zugehörigen „Laplaceausdruck" von A

$$\mathrm{grad}\,A = k\varphi + \langle k, \cdot\rangle\ \mathrm{grad}\,\varphi + \mathrm{grad}\,\psi,$$
$$\Box A = \mathrm{div\ grad}\,A = 2\,\langle\mathrm{grad}\,\varphi, k\rangle + l \cdot \Box\varphi + \Box\psi = 2\,\langle\mathrm{grad}\varphi, k\rangle.$$

Weiter folgt wegen $\varphi \in C^3$, dass $\Box\,(\Box A) = 2\,\langle\mathrm{grad}\,\Box\varphi, k\rangle = 0$.

Welche Anfangsvorgabe eignet sich dazu, genau eine Lösung A von $\Box^2 A = 0$ auszuzeichnen?

Satz 3.19 *Seien* $u, r \in C^2\,(\mathbb{R} : \mathbb{R})$ *und* $v, s \in C^1\,(\mathbb{R} : \mathbb{R})$. *Dann existiert genau ein* $A \in \ker\Box^2$ *mit* $A\,(0,\cdot) = u$, $\partial_t A\,(0,\cdot) = v$, $\Box A\,(0,\cdot) = r$ *und* $\partial_t\Box A\,(0,\cdot) = s$.

Beweis Durch die Daten $(r,s) \in C^2\,(\mathbb{R} : \mathbb{R}) \times C^1\,(\mathbb{R} : \mathbb{R})$ ist die Funktion $j \in L_0$ mit $j\,(0,\cdot) = r$ und $\partial_t j\,(0,\cdot) = s$ eindeutig festgelegt. Nach Duhamels Lösungsformel ist dann aber die Funktion $A \in L_j$ mit $A\,(0,\cdot) = u$ und $\partial_t A\,(0,\cdot) = v$ ebenfalls eindeutig bestimmt. $\Box$

Beispiel 3.2 Sei $j(t, x) = 1$ für alle $(t, x) \in \mathbb{R}^2$. Bei Wahl der Zerlegung $f(x) = 1$ und $g(x) = 0$ können als Stammfunktionen $F(x) = x$ und $G(x) = 0$ gewählt werden. Dann ergibt sich die Lorentz-invariante (unbeschränkte) Lösung

$$A_p(t, x) = -\frac{1}{4}(x + ct) F(x - ct) = -\frac{1}{4}(x + ct)(x - ct) = \frac{1}{4}\left((ct)^2 - x^2\right).$$

Bei Wahl der Zerlegung $f(x) = 0$ und $g(x) = 1$ ergibt A_p dieselbe Funktion. Verwendung von Duhamels Lösungsformel mit homogenen Anfangsdaten produziert hingegen, wie man sich leicht vergewissert, die Lösung $A(t, x) = \frac{1}{2}(ct)^2$. Da die konstanten Funktionen j die einzigen Lorentz-invariante Funktionen mit $\Box j = 0$ sind, sind die einzigen Lorentz-invarianten Lösungen von $\Box^2 A = 0$ die Funktionen $A(t, x) = \alpha\left((ct)^2 - x^2\right) + \beta$ mit $\alpha, \beta \in \mathbb{R}$.

Beispiel 3.3 Sei $j(t, x) = \sin(cqt)\sin(qx)$ für alle $(t, x) \in \mathbb{R}^2$ und ein $q > 0$. Dann ergibt sich als Zerlegung der Quelle j in einen rechts- und einen linksläufigen Teil

$$j(t, x) = \sin(cqt)\sin(qx) = \frac{1}{2}\left(\cos(q(x - ct)) - \cos(q(x + ct))\right).$$

Damit gilt $j(t, x) = f(x - ct) + g(x + ct)$ mit $f(x) = \cos(qx)/2 = -g(x)$ und es können als Stammfunktionen von f bzw. g die Funktionen F bzw. G mit $F(x) = \sin(qx)/(2q) = -G(x)$ gewählt werden. Mit dieser Wahl folgt für die Lösung $\widetilde{A}_p$

$$\widetilde{A}_p(t, x) = -\frac{x}{2}[F(x - ct) + G(x + ct)]$$
$$= -\frac{x}{4q}[\sin(q(x - ct)) - \sin(q(x + ct))].$$

Durch Nutzung der Zerlegungen

$$\sin(q(x - ct)) = \sin(qx)\cos(cqt) - \cos(qx)\sin(cqt),$$
$$\sin(q(x + ct)) = \sin(qx)\cos(cqt) + \cos(qx)\sin(cqt)$$

ergibt sich schließlich $\widetilde{A}_p(t, x) = \frac{x}{2q}\sin(cqt)\cos(qx)$ für alle $(t, x) \in \mathbb{R}^2$. Die Lösung $\widetilde{A}_p \in L_j$ ist, anders als ihre Quelle j, unbeschränkt. Die Welle als Quelle löst eine Resonanz aus.

Beispiel 3.4 Sei $f : \mathbb{R} \to \mathbb{R}$ mit $f(x) = -2xe^{-x^2}$ und $j(t, x) = f(x - ct)$ für alle $(t, x) \in \mathbb{R}^2$. Als Stammfunktion von f wird $F(x) = e^{-x^2}$ gewählt. Damit folgt für alle $(t, x) \in \mathbb{R}^2$

$$\hat{A}_p(t, x) = -\frac{ct}{2}F(x - ct) = -\frac{ct}{2}e^{-(x-ct)^2}.$$

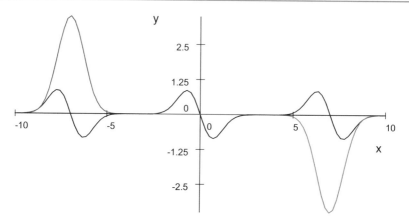

Abb. 3.16 $y = j\,(t, x)$ und $y = \hat{A}_p\,(t, x)$ für $ct = -7$ (rot), 0 (blau) 7 (grün) aus Beispiel 3.4

Es gilt $u := \hat{A}_p\,(0, \cdot) = 0$ und $v := \partial_t \hat{A}_p\,(0, x) = -ce^{-x^2}/2$. Momentaufnahmen der rechtsläufigen Funktion $j \in \ker \Box$ zu den Zeiten $ct \in \{-7, 0, 7\}$ sind in Abb. 3.16 in Schwarz zu sehen. Die zugehörigen Momentaufnahmen $x \mapsto \hat{A}_p\,(t, x)$ sind nach steigender Zeit in den Farben Rot, Blau und Grün wiedergegeben.

Die Lösung A_0 von $\Box A = 0$ mit Anfangsvorgabe (u, v) erfüllt somit

$$A_0\,(t, x) = \frac{1}{2c} \int_{x-ct}^{x+ct} v\,(\xi)\,d\xi = -\frac{1}{4} \int_{x-ct}^{x+ct} e^{-\xi^2} d\xi$$

$$= \frac{\sqrt{\pi}}{8} \cdot (\operatorname{erf}(x - ct) - \operatorname{erf}(x + ct)).$$

Die Funktion $A = \hat{A}_p - A_0$ ist dann die Lösung von $\Box A = j$ mit homogener Anfangsvorgabe zur Zeit 0. Abb. 3.17 zeigt die $ct = 5$-Momentaufnahmen $x \mapsto A\,(t, x)$ (rot) und $x \mapsto j\,(t, x)$ (schwarz). Die Einschränkung von A auf $t > 0$ beschreibt das Verhalten eines langen Seils, das bis zur Zeit $t = 0$ unausgelenkt ist und dann ab der Zeit $t = 0$ der Kraftdichte j ausgesetzt ist. Beide Funktionen $\hat{A}_p$ und A, nicht aber A_0 sind unbeschränkt.

Beispiel 3.5 Sei $j\,(t, x) = f\,(x - ct)$ für alle $(t, x) \in \mathbb{R}^2$ mit $f\,(x) = 1/\left(1 + x^2\right)$. Eine Stammfunktion von f ist $F\,(x) = \arctan x$. Damit folgt für $(t, x) \in \mathbb{R}^2$

$$\tilde{A}_p\,(t, x) = -\frac{x}{2} F\,(x - ct) = -\frac{x}{2} \arctan(x - ct).$$

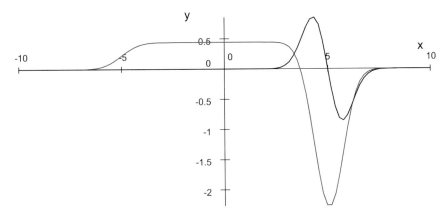

Abb. 3.17 $y = j(t, x)$ (schwarz) und $y = A(t, x)$ (rot) für $ct = 5$ aus Beispiel 3.4

3.4.6   AWP: Lösungsformel (d = 4)

Es folgt nun eine Lösungsformel für eine hinreichend präzise formulierte Anfangs-wertaufgabe zur inhomogenen Wellengleichung $\Box A = j$ im Fall $j : \mathbb{R}^4 \to \mathbb{R}$.

Satz 3.20 *Zu* $(u, v, j) \in C^3(\mathbb{R}^3) \times C^2(\mathbb{R}^3) \times C^2(\mathbb{R}^4)$ *existiert genau ein* $A \in C^2(\mathbb{R}^4)$ *mit* $\Box A = j$ *und* $A(0, \cdot) = u$, $\partial_t A(0, \cdot) = v$. *Es gilt für alle* $(t, x) \in \mathbb{R}^4$

$$A(t, x) = \frac{t}{4\pi} \int_{\mathbb{S}^2} v(x + c|t|n) \, d\Omega_n + \partial_t \left\{ \frac{t}{4\pi} \int_{\mathbb{S}^2} u(x + c|t|n) \, d\Omega_n \right\}$$
$$+ c^2 \int_0^t \frac{t-s}{4\pi} \left[\int_{\mathbb{S}^2} j(s, x + c|t-s|n) \, d\Omega_n \right] ds.$$

Beweis Der Beweis dieser Verallgemeinerung von Kirchhoffs Lösungsformel wird im später folgenden Abschnitt über Duhamels Prinzip ausgeführt.   □

Der Wert $A(t, x)$ wird für $t > 0$ von den Daten auf der Oberfläche einer Kugel um x mit dem Radius ct und von der Inhomogenität am Kegelmantel

$$\cup_{0 < s < t} \{(s, \xi) : |x - \xi| = c(t - s)\}$$

bestimmt. Der Einfluss der Inhomogenität breitet sich also mit genau der Geschwin digkeit c aus. Ist eine Quelle nur im Inneren des von (t, x) ausgehenden Rückwärts-kegels von 0 verschieden, dann trägt sie zum Signal $A(t > 0, x)$ nichts bei und es gilt $A(t, x) = 0$.

3.4.7 Retardierte Lösung (d = 4)

Welche Lösung A von d'Alemberts inhomogener Wellengleichung ergibt sich bei homogenen Anfangsvorgaben zu einer Zeit τ, für die gilt, dass $j(t, \cdot) = 0$ für alle $t < \tau$? Es gilt dann für alle $t \in \mathbb{R}$

$$A(t, x) = c^2 \int_0^{t-\tau} \frac{t - \tau - s}{4\pi} \left[\int_{\mathbb{S}^2} j_{-\tau}(s, x + c |t - \tau - s| n) \, d\Omega_n \right] ds$$

$$= c^2 \int_0^{t-\tau} \frac{t - \tau - s}{4\pi} \left[\int_{\mathbb{S}^2} j(s + \tau, x + c |t - \tau - s| n) \, d\Omega_n \right] ds$$

$$= c^2 \int_\tau^t \frac{t - s'}{4\pi} \left[\int_{\mathbb{S}^2} j(s', x + c |t - s'| n) \, d\Omega_n \right] ds'.$$

Wegen $j(s', \cdot) = 0$ für alle $s' < \tau$, ist klar, dass $A(t, \cdot) = 0$ für alle $t < \tau$. Für $t > \tau$ kann die untere Integrationsgrenze τ ohne Änderung des Integrals durch $-\infty$ ersetzt werden. Es gilt dann wegen $t > s'$

$$A(t, x) = c^2 \int_{-\infty}^t \frac{(t - s')^2}{4\pi} \left[\int_{\mathbb{S}^2} \frac{j(s', x + c(t - s') n)}{t - s'} d\Omega_n \right] ds'.$$

Mit der Substitution $c(t - s') n = \xi$ folgt mit $\lambda = |\xi| = c(t - s')$

$$A(t, x) = \frac{c^2}{4\pi} \int_0^\infty \frac{d\lambda}{c} \frac{\lambda^2}{c^2} \int_{\mathbb{S}^2} \frac{j\left(t - \frac{\lambda}{c}, x + \lambda n\right)}{\lambda/c} d\Omega_n = \frac{1}{4\pi} \int_{\mathbb{R}^3} \frac{j\left(t - \frac{|\xi|}{c}, x + \xi\right)}{|\xi|} d^3\xi.$$

Mit der Substitution $y = x + \xi$ ergibt sich daraus

$$A(t, x) = \int_{\mathbb{R}^3} \frac{j\left(t - \frac{|x - y|}{c}, y\right)}{4\pi |x - y|} d^3 y.$$

Damit ist das folgende Korollar gezeigt.

Korollar 3.6 *Sei* $j \in C^2(\mathbb{R}^4)$. *Es existiere ein* $T \in \mathbb{R}$ *mit* $j(t, \cdot) = 0$ *für alle* $t < T$. *Dann existiert genau ein* $A_{\text{ret}} \in C^2(\mathbb{R}^4)$ *mit* $\square A_{\text{ret}} = j$ *und* $A_{\text{ret}}(T, \cdot) = \partial_t A_{\text{ret}}(T, \cdot) = 0$. *Für diese sogenannte retardierte Lösung gilt für alle* $(t, x) \in \mathbb{R}^4$

$$A_{\text{ret}}(t, x) = \int_{\mathbb{R}^3} \frac{j\left(t - \frac{|x - y|}{c}, y\right)}{4\pi |x - y|} d^3 y.$$

Insbesondere gilt $A_{\text{ret}}(t, \cdot) = 0$ *für alle* $t < T$.

Es existiert *keine* Greensche Funktion g_{ret}, sodass $A_{\text{ret}} = g_{\text{ret}} * j$. Im Kapitel über Distributionen werden wir jedoch eine *Distribution* G_{ret} bilden, für die $A_{\text{ret}} = G_{\text{ret}} * j$ gilt. Diverse Greensche Funktionen werden dort zu sogenannten Fundamentallösungen verallgemeinert.

3.4.8 *Duhamels Prinzip

Die Lösungsformel für die inhomogene dAWG in den Fällen $n = 1$ oder auch $n = 3$ zeigt eine merkwürdige Parallelität zur Lösungsformel für das Anfangswertproblem der homogenen Gleichung mit Anfangsvorgabe des Typs $u = 0$. Diese Parallelität gilt für beliebige Raumdimension und ermöglicht es, die Lösung des Anfangswertproblems der inhomogenen Gleichung auf jene der homogenen Gleichung zurückzuführen.

Satz 3.21 *Sei* $j \in C^2 (\mathbb{R} \times \mathbb{R}^n)$ *und es sei eine Funktion* $\Phi \in C (\mathbb{R} \times \mathbb{R}^n \times \mathbb{R})$ *gegeben, sodass* $\Phi (\cdot, \cdot, \tau) \in C^2 (\mathbb{R} \times \mathbb{R}^n)$ *für jedes* $\tau \in \mathbb{R}$ *und*

$$\left(\frac{1}{c^2} \partial_t^2 - \Delta_x \right) \Phi (t, x; \tau) = 0$$

für alle $(t, x, \tau) \in \mathbb{R} \times \mathbb{R}^n \times \mathbb{R}$ *gilt. Weiter seien die Anfangsbedingungen* $\Phi (\tau, x; \tau) = 0$ *und* $\partial_t \Phi (\tau, x; \tau) = j (\tau, x)$ *für alle* $(x, \tau) \in \mathbb{R}^n \times \mathbb{R}$ *erfüllt. Dann gilt für die Funktion* $A : \mathbb{R} \times \mathbb{R}^n \to \mathbb{R}$ *mit*

$$A (t, x) = c^2 \int_0^t \Phi (t, x, \tau) \, d\tau,$$

erstens $\Box A = j$ *und zweitens* $A (0, \cdot) = \partial_t A (0, \cdot) = 0$.

Beweis Erstens gilt für alle $x \in \mathbb{R}^n$

$$A (0, x) = c^2 \int_0^0 \Phi (0, x, \tau) \, d\tau = 0.$$

Zweitens gilt wegen $\Phi (t, x, t) = 0$

$$\partial_t A (t, x) = c^2 \left[\Phi (t, x, t) + \int_0^t \partial_t \Phi (t, x, \tau) \, d\tau \right]$$

$$= c^2 \int_0^t \partial_t \Phi (t, x, \tau) \, d\tau.$$

Offenbar gilt also auch $\partial_t A (0, x) = 0$ für alle $x \in \mathbb{R}^n$.

Nun ist nachzuweisen, dass A die Wellengleichung löst. Dazu benötigen wir $\partial_t^2 A$. Es gilt

$$\partial_t^2 A (t, x) = c^2 \left[\partial_t \Phi (t, x, \tau)|_{\tau = t} + \int_0^t \partial_t^2 \Phi (t, x, \tau) \, d\tau \right]$$

$$= c^2 \left[j (t, x) + \int_0^t \partial_t^2 \Phi (t, x, \tau) \, d\tau \right].$$

Daraus folgt

$$\Box A\,(t,x) = j\,(t,x) + c^2 \int_0^t \Box \Phi\,(t,x,\tau)\,d\tau = j\,(t,x)\,. \qquad \Box$$

Anwendung dieses Satzes auf die inhomogene Wellengleichung mit $n = 3$: Die Funktion Φ ist aus Kirchhoffs Lösungsformel abzulesen. Für die Lösung des Anfangswertproblems der homogenen Gleichung mit Anfangsvorgabe zur Zeit $t = \tau$ mit $u = 0$ und $v\,(x) = j\,(\tau, x)$ gilt

$$\Phi\,(t,x,\tau) = \frac{t-\tau}{4\pi} \int_{\mathbb{S}^2} j\,(\tau, x + c\,|t-\tau|\,n)\,d\Omega_n\,.$$

Sie ist tatsächlich in der vom Satz vorausgesetzten Stetigkeits- und Differenzierbarkeitsklasse, da der Integrand $j\,(\tau, x + c\,|t-\tau|\,n)$ auch durch $j\,(\tau, x + c\,(t-\tau)\,n)$ ersetzt werden kann. (Substituiere dazu $n' = -n$ für $t < \tau$.) Daraus folgt nun für die Lösung der inhomogenen Gleichung mit homogener Anfangsvorgabe zur Zeit $t = 0$

$$A\,(t,x) = c^2 \int_0^t \frac{t-\tau}{4\pi} \left[\int_{\mathbb{S}^2} j\,(\tau, x + c\,|t-\tau|\,n)\,d\Omega_n \right] d\tau\,.$$

3.4.9 *AWP: Lösungsformel (d = 3)

Duhamels Prinzip verwandelt die Lösungsformel der homogenen Gleichung für $n = 2$ in eine Lösungsformel der inhomogenen Gleichung und liefert den folgenden Satz.

Satz 3.22 *Ist $j \in C^2\left(\mathbb{R}^3 : \mathbb{R}\right)$, dann gilt für die eindeutige C^2-Lösung von $\Box A = j$ zur homogenen Anfangsvorgabe $A\,(0,\cdot) = \partial_t A\,(0,\cdot) = 0$ für alle $(t,x) \in \mathbb{R} \times \mathbb{R}^2$*

$$A\,(t,x) = c^2 \int_0^t \frac{t-s}{2\pi} \left(\int_{|n|<1} \frac{j\,(s, x + c\,(t-s)\,n)}{\sqrt{1 - |n|^2}}\,d^2 n \right) ds\,.$$

Gilt überdies für ein $T \in \mathbb{R}$, dass $j\,(t,\cdot) = 0$ für alle $t < T$, dann sei A_{ret} die eindeutige C^2-Lösung von $\Box A = j$ zur homogenen Anfangsvorgabe $A\,(T,\cdot) = \partial_t A\,(T,\cdot) = 0$ (retardierte Lösung). Dann gilt für alle $(t,x) \in \mathbb{R} \times \mathbb{R}^2$

$$A_{\mathrm{ret}}\,(t,x) = c^2 \int_{-\infty}^t \frac{t-s}{2\pi} \left(\int_{|n|<1} \frac{j\,(s, x + c\,(t-s)\,n)}{\sqrt{1 - |n|^2}}\,d^2 n \right) ds\,.$$

Insbesondere gilt $A_{\mathrm{ret}}\,(t,\cdot) = 0$ für alle $t < T$.

Wir zeigen nun, dass – ähnlich wie für $n = 1$ – die Funktion A_{ret} die Faltung einer lokalintegrablen Funktion $g_{\text{ret}} : \mathbb{R} \times \mathbb{R}^2 \to \mathbb{R}$ mit der Quelle j ist. Das folgt aus dem Satz durch Erweitern des Integranden mit $c(t - s)$

$$A_{\text{ret}}(t, x) = c \int_{-\infty}^{t} \frac{c^2(t-s)^2}{2\pi} \left(\int_{|n|<1} \frac{j(s, x + c(t-s)n)}{c(t-s)\sqrt{1-|n|^2}} d^2n \right) ds,$$

und einigen anschließenden Substitutionen der räumlichen Integrationsvariablen

$$A_{\text{ret}}(t, x) = c \int_{-\infty}^{t} \frac{c^2(t-s)^2}{2\pi} \left(\int_{|\xi|<c(t-s)} \frac{j(s, x+\xi)}{\sqrt{c^2(t-s)^2-|\xi|^2}} \frac{d^2\xi}{c^2(t-s)^2} \right) ds$$

$$= \frac{c}{2\pi} \int_{-\infty}^{t} \left(\int_{|y-x|<c(t-s)} \frac{j(s, y)}{\sqrt{c^2(t-s)^2-|x-y|^2}} d^2y \right) ds$$

$$= \frac{c}{2\pi} \int_{\mathbb{R}} \int_{\mathbb{R}^2} \frac{\Theta(t-s)\,\Theta\left(c^2(t-s)^2-|x-y|^2\right)}{\sqrt{c^2(t-s)^2-|x-y|^2}} j(s, y) \, d^2y \, ds$$

$$= \int_{\mathbb{R}} \int_{\mathbb{R}^2} g_{\text{ret}}(t-s, x-y) j(s, y) \, d^2y \, ds = (g_{\text{ret}} * j)(t, x).$$

Dabei gilt für alle $(t, x) \in \mathbb{R} \times \mathbb{R}^2$

$$g_{\text{ret}}(t, x) = \left\{ \begin{array}{ll} \frac{c}{2\pi} \frac{1}{\sqrt{c^2t^2-|x|^2}} & \text{für } t > 0 \text{ und } ct > |x| \\ 0 & \text{sonst} \end{array} \right\} = \frac{c}{2\pi} \frac{\Theta(ct-|x|)}{\sqrt{c^2t^2-|x|^2}}.$$

Die retardierte Greensche Funktion g_{ret} ist nur im Inneren des Vorwärtslichtkegels mit Spitze in 0 von 0 verschieden. Bei Annäherung an den Kegelmantel aus dem Kegelinneren wächst die Funktion unbeschränkt an. Sie ist aber lokalintegrabel, denn für alle $T > 0$ gilt (Integration in Polarkoordinaten!)

$$\int_0^T \left(\int_{x^2+y^2<z^2} \frac{dx\,dy}{\sqrt{z^2-(x^2+y^2)}} \right) dz = 2\pi \int_0^T \left(\int_{r<z} \frac{r\,dr}{\sqrt{z^2-r^2}} \right) dz$$

$$= 2\pi \int_0^T \left(-\int_{r<z} \partial_r \sqrt{z^2-r^2}\,dr \right) dz$$

$$= 2\pi \int_0^T z\,dz = \pi T^2.$$

Eine kleine Nebenrechnung zeigt übrigens, dass in jedem Punkt (t, x), der nicht am Vorwärtslichtkegelmantel liegt, $\Box g_{\text{ret}}(t, x) = 0$ gilt.

3.4.10 *Maxwellgleichungen und Potentiale

Dieser Exkurs in die Elektrodynamik zeigt, wie aus Lösungen von d'Alemberts Gleichung Lösungen von Maxwells Gleichungen zu gewinnen sind. Die weitreichende Bedeutung von d'Alemberts Gleichung für die heutige Physik ist zu einem guten Teil in jenem Zusammenhang begründet, der nun ausgebreitet wird.

Die grundlegenden Kenngrößen eines elektrodynamischen Systems sind die elektrische Feldstärke E und die magnetische Flussdichte B. Beide sind (zeitabhängige) Vektorfelder am Ortsraum einer inertialen Blätterung der Raumzeit, also Abbildungen $E, B : \mathbb{R} \times \mathbb{R}^3 \to \mathbb{R}^3$. Zu jeder Zeit t liegen also zwei Vektorfelder $E(t), B(t) : \mathbb{R}^3 \to \mathbb{R}^3$ vor. Ihre Wirkung auf elektrisch geladene Materie drückt sich in der Lorentz-Newtonschen Bewegungsgleichung eines geladenen Massenpunktes aus. Ist $\gamma : \mathbb{R} \to \mathbb{R}^3$ die C^2-Raumkurve des Massenpunktes der Masse $m > 0$ und der elektrischen Ladung q, dann gilt

$$m\ddot{\gamma}(t) = q \left[E(t, \gamma(t)) + \dot{\gamma}(t) \times B(t, \gamma(t)) \right].$$

Die physikalische Dimension von E stimmt also mit jener von $B\dot{\gamma}$ überein. Es gilt also $[E] = [cB]$. Wodurch sind E und B selbst weiter eingeschränkt?

Bezüglich einer inertialen Blätterung der Raumzeit gelten für die beiden zeitabhängigen C^1-Vektorfelder $E, B : \mathbb{R} \times \mathbb{R}^3 \to \mathbb{R}^3$ die Maxwellgleichungen. Zunächst sind das die homogenen Gleichungen, die nicht von den vorhandenen Ladungen und Strömen abhängen, nämlich[30]

$$\operatorname{div} B = 0, \quad \operatorname{rot} E = -\partial_t B. \tag{3.15}$$

Die erste Gleichung besagt, dass der magnetische Fluss durch jede geschlossene Oberfläche gleich 0 ist. Man sagt daher, dass es keine magnetischen Monopole gebe, oder auch, dass der magnetische Fluss quellenfrei sei. Die zweite drückt Faradays Induktionsgesetz aus, dass eine lokale zeitliche Änderung des magnetischen Flusses dem E-Feld einen lokalen Wirbel im Linksschraubensinn um $\dot{B} := \partial_t B$ aufzwingt.

Sind $\rho : \mathbb{R} \times \mathbb{R}^3 \to \mathbb{R}$ und $j : \mathbb{R} \times \mathbb{R}^3 \to \mathbb{R}^3$ die elektrische Ladungs- und Stromdichte, es gilt also $[c\rho] = [j]$, dann erfüllen E, B überdies die inhomogenen Maxwellgleichungen

$$\operatorname{div} E = \frac{\rho}{\varepsilon_0}, \quad \operatorname{rot} B = \mu_0 j + \varepsilon_0 \mu_0 \partial_t E, \tag{3.16}$$

wobei ε_0 und μ_0 die elektrischen und magnetischen Feldkonstanten sind, die $\varepsilon_0 \mu_0 = 1/c^2$ erfüllen. Die erste Gleichung ist das Gesetz von Gauß, dass der elektrische Fluss durch eine geschlossene Oberfläche (bis auf den Faktor $1/\varepsilon_0$) mit der umhüllten Gesamtladung übereinstimmt. Die zweite Gleichung ist Maxwells Verallgemeinerung von Ampères Einsicht, dass Ströme von magnetischen Wirbeln

---

[30]Dabei ist etwa rot E das Vektorfeld, das im Raumzeitpunkt (t, p) den Wert $\operatorname{rot}_p E(t, \cdot)$ hat. Analoges gilt für div E.

umgeben sind. Die von Maxwell hinzugefügte Verschiebungsstromdichte $\varepsilon_0 \dot{E}$ ermöglicht es erst, Stromdichtefelder j mit $\operatorname{div} j \neq 0$ zu betrachten, denn Ableiten der ersten inhomogenen Maxwellgleichung nach t und Bildung der Divergenz der zweiten inhomogenen Maxwellgleichung ergibt im Fall von C^2-Vektorfeldern E, B wegen $\operatorname{div}(\operatorname{rot}) = 0$

$$\partial_t \operatorname{div} E = \frac{\partial_t \rho}{\varepsilon_0} \quad \text{und} \quad \operatorname{div} j + \varepsilon_0 \partial_t \operatorname{div} E = 0$$

und somit die Kontinuitätsgleichung

$$0 = \partial_t \rho + \operatorname{div} j.$$

Sie formuliert die lokale Erhaltung der elektrischen Ladung. Wie die Stromdichte j zwingt der Verschiebungsstrom $\varepsilon_0 \dot{E}$ der magnetischen Flussdichte einen lokalen Wirbel im Rechtsschraubensinn um $\dot{E}$ auf.

Eine parameterreduzierte Form der Maxwellgleichungen erfüllen die Vektorfelder $\widehat{E}(ct) = E(t)$, $\widehat{B}(ct) = cB(t)$, $\widehat{j}(ct) = j(t)$ und die Funktion $\widehat{j}^0(ct) = c\rho(t)$. Für sie gilt

$$\operatorname{div} \widehat{B} = 0, \quad \partial_0 \widehat{B} = -\operatorname{rot} \widehat{E},$$
$$\operatorname{div} \widehat{E} = c\mu_0 \widehat{j}^0, \quad \partial_0 \widehat{E} = \operatorname{rot} \widehat{B} - c\mu_0 \widehat{j}.$$

Die „skalaren" Gleichungen für $\operatorname{div} \widehat{B}$ und $\operatorname{div} \widehat{E}$ sind Nebenbedingungen, die durch die vektoriellen Evolutionsgleichungen

$$\partial_0 \begin{pmatrix} \widehat{E} \\ \widehat{B} \end{pmatrix} = \begin{pmatrix} 0 & \operatorname{rot} \\ -\operatorname{rot} & 0 \end{pmatrix} \begin{pmatrix} \widehat{E} \\ \widehat{B} \end{pmatrix} - \begin{pmatrix} c\mu_0 \widehat{j} \\ 0 \end{pmatrix}$$

aufgrund der Kontinuitätsgleichung $\partial_0 \widehat{j}^0 + \operatorname{div} \widehat{j} = 0$ zeitlich stabilisiert werden, denn wegen

$$\partial_0 \begin{pmatrix} \operatorname{div} & 0 \\ 0 & \operatorname{div} \end{pmatrix} \begin{pmatrix} \widehat{E} \\ \widehat{B} \end{pmatrix} = -\begin{pmatrix} \operatorname{div} & 0 \\ 0 & \operatorname{div} \end{pmatrix} \begin{pmatrix} c\mu_0 \widehat{j} \\ 0 \end{pmatrix} = \partial_0 \begin{pmatrix} c\mu_0 \widehat{j}^0 \\ 0 \end{pmatrix}$$

sind die Abbildungen $t \mapsto \left(\operatorname{div} \widehat{E} - c\mu_0 \widehat{j}^0\right)(t, x)$ und $t \mapsto \operatorname{div} \widehat{B}(t, x)$ für jedes feste $x \in \mathbb{R}^3$ und für $\widehat{E}, \widehat{B} \in C^2\left(\mathbb{R} \times \mathbb{R}^3 : \mathbb{R}^3\right)$ konstant.

Iteration der Evolutionsgleichungen ergibt für $\widehat{E}, \widehat{B} \in C^2\left(\mathbb{R} \times \mathbb{R}^3 : \mathbb{R}^3\right)$ und für $\widehat{j}^0 = 0, \widehat{j} = 0$

$$\partial_0^2 \begin{pmatrix} \widehat{E} \\ \widehat{B} \end{pmatrix} = \partial_0 \begin{pmatrix} 0 & \operatorname{rot} \\ -\operatorname{rot} & 0 \end{pmatrix} \begin{pmatrix} \widehat{E} \\ \widehat{B} \end{pmatrix}$$
$$= -\begin{pmatrix} \operatorname{rot}\operatorname{rot} & 0 \\ 0 & \operatorname{rot}\operatorname{rot} \end{pmatrix} \begin{pmatrix} \widehat{E} \\ \widehat{B} \end{pmatrix}.$$

Hier bedeutet rot rot $X := $ rot (rot X) für ein C^2-Vektorfeld X. Bei Zerlegung von X bezüglich einer positiv orientierten ONB (e_1, e_2, e_3) von $\mathbb{R}^3$ gemäß $X = \sum_i X^i e_i$ ergibt eine kleine Nebenrechnung

$$\text{rot}(\text{rot}X) = -\sum_i \left(\Delta X^i\right) e_i + \text{grad}(\text{div}X).$$

Wegen $\text{div}\widehat{E} = \text{div}\widehat{B} = 0$ gilt somit für die Komponentenfunktionen[31] $\widehat{E}^i$ und $\widehat{B}^i$ von $\widehat{E}$ und $\widehat{B}$ d'Alemberts Wellengleichung $\Box\widehat{E}^i = \Box\widehat{B}^i = 0$.

Seien also im Weiteren E und B vom C^2-Typ. Die Divergenzfreiheit von B, die in der ersten homogenen Maxwellgleichung festgestellt wird, impliziert, dass B ein Vektorpotential hat, dass also ein C^3-Vektorfeld $A : \mathbb{R} \times \mathbb{R}^3 \to \mathbb{R}^3$ mit

$$cB(t, \cdot) = \text{rot } A(t, \cdot) \text{ für alle } t \in \mathbb{R} \tag{3.17}$$

existiert. Die zweite homogene Maxwellgleichung bewirkt dann, dass für alle t

$$\text{rot}\left(E(t, \cdot) + \frac{1}{c}\partial_t A(t, \cdot)\right) = 0.$$

Somit hat $E(t, \cdot) + \frac{1}{c}\partial_t A(t, \cdot)$ für alle t ein skalares Potential. Es existiert also eine C^2-Funktion $\Phi : \mathbb{R} \times \mathbb{R}^3 \to \mathbb{R}$ mit $E(t, \cdot) + \frac{1}{c}\partial_t A(t, \cdot) = -\text{grad}\Phi(t, \cdot)$. Äquivalent dazu ist

$$E(t, \cdot) = -\text{grad } \Phi(t, \cdot) - \frac{1}{c}\partial_t A(t, \cdot). \tag{3.18}$$

Funktionen E und B mit derartigen Potentialdarstellungen sind natürlich konstruktionsbedingt Lösungen der homogenen Maxwellgleichungen.

Einsetzen der Potentialdarstellungen in 3.16 ergibt erstens

$$\frac{\rho}{\varepsilon_0} = -\Delta\Phi - \frac{1}{c}\partial_t \text{div } A = \Box\Phi - \frac{1}{c}\partial_t\left(\frac{1}{c}\partial_t\Phi + \text{div}A\right)$$

und zweitens

$$c\mu_0 j = \text{rot rot}A - \frac{1}{c}\partial_t\left(-\text{grad}\Phi - \frac{1}{c}\partial_t A\right)$$

$$= \left(\frac{1}{c^2}\partial_t^2 A + \text{rot rot}A\right) + c\varepsilon_0\mu_0 \text{ grad } \partial_t\Phi.$$

---

[31]Bezüglich einer beliebig orientierten ONB.

Wird nun A nach einer (festen!) Basis (e_1, e_2, e_3) des $\mathbb{R}^3$ zerlegt, dann gilt mit $A(t, x) = \sum_{i=1}^{3} A^i(t, x) e_i$

$$\operatorname{rot rot} A = \operatorname{grad} \sum_{i=1}^{3} \partial_i A^i - \sum_{i=1}^{3} \left(\Delta A^i \right) e_i.$$

Daher folgt mit der analogen Zerlegung der Stromdichte

$$c \mu_0 j^i = \Box A^i + \partial_i \left(\frac{1}{c} \partial_t \, \Phi + \operatorname{div} A \right) \text{ für alle } i = 1, 2, 3.$$

Mit den Definitionen $A_0 = A^0 = \Phi$, $\quad A_i := -A^i$, $j_i := -j^i$ und $c\rho = j^0$ sowie bei Verwendung der Karte $\left(x^0, x^1, x^2, x^3 \right)$ mit $x^0 = ct$ gilt für die zugehörigen Kartenausdrücke $\widehat{A^i}(x) = A^i \left(ct, x^1, x^2, x^3 \right)$ etc.

$$\Box \widehat{A}_\mu - \partial_\mu \sum_{\nu=0}^{3} \partial_\nu \widehat{A}^\nu = c \mu_0 \widehat{j}_\mu \text{ für alle } \mu = 0, \dots 3.$$

Bis auf den Zusatzterm $\partial_\mu \sum_{\nu=0}^{3} \partial_\nu \widehat{A}^\nu$ ist dies d'Alemberts Wellengleichung. Der Zusatzterm kann aber durch geschickte Wahl der vier (elektromagnetischen) Potentialfunktionen $\widehat{A}_\mu$ zum Verschwinden gebracht werden. Es gilt nämlich bei einer Umeichung $\widehat{A}'_\mu = \widehat{A}_\mu + \partial_\mu \Lambda$, die ja die Felder E und B unverändert lässt, mit einer C^3-Funktion $\Lambda : \mathbb{R} \times \mathbb{R}^3 \to \mathbb{R}$

$$\sum_{\nu=0}^{3} \partial_\nu \widehat{A}'^\nu = \sum_{\nu=0}^{3} \partial_\nu \widehat{A}^\nu + \Box \Lambda.$$

Wird für Λ eine Funktion mit $\Box \Lambda = -\sum_{\nu=0}^{3} \partial_\nu \widehat{A}^\nu$ gewählt – und eine solche existiert ja –, dann erfüllen die umgeeichten Potentialfunktionen $\widehat{A}'_\mu$ die Lorenz-eich(beding)ung $\sum_{\nu=0}^{3} \partial_\nu \widehat{A}'^\nu = 0$ und damit auch d'Alemberts inhomogene Wellengleichung.[32] Es gilt also der folgende Satz:

Satz 3.23 *Zu jeder C^2-Lösung (E, B) der Maxwellgleichungen* (3.15) *und* (3.16) *mit C^1-Quellfunktionen $\rho, j = \sum_{i=1}^{3} j^i e_i$ auf $\mathbb{R} \times \mathbb{R}^3$ existieren C^3-Funktionen $A_\mu : \mathbb{R} \times \mathbb{R}^3 \to \mathbb{R}$ für $\mu = 0, \dots 3$, sodass*

$$E^i(t, x) = \partial_0 A_i(ct, x) - \partial_i A_0(ct, x),$$

$$c B^3(t, x) = \partial_1 A^2(ct, x) - \partial_2 A^1(ct, x) \quad (zyklisch)$$

$$\Box A_\mu = c \mu_0 j_\mu \; und \; \sum_{\nu=0}^{3} \partial_\nu A^\nu = 0.$$

Dabei gilt $c \mu_0 j_0 = \rho / \varepsilon_0$ und $j_i = -j^i$ für $i = 1, 2, 3$.

---

[32] Die Eichung geht auf Ludvig Lorenz und nicht auf Hendrik Antoon Lorentz zurück.

3.4.11 *Ebene elektromagnetische Wellen

Sind Ladungs- und Stromdichte für alle[33] $(t, x) \in \mathbb{R} \times \mathbb{R}^3$ gleich 0, dann lassen sich spezielle globale Lösungen der Maxwellgleichungen recht einfach über einen Ansatz konstruieren. Da die Komponenten der Vektorfelder $\widehat{E}, \widehat{B}$ Lösungen von d'Alemberts Gleichung sind, drängt sich der Ansatz einer ebenen Welle geradezu auf:

$$\begin{pmatrix} \widehat{E} \\ \widehat{B} \end{pmatrix}(t, x) = \begin{pmatrix} \alpha \cos(\omega t - k \cdot x) \\ \beta \cos(\omega t - k \cdot x + \delta) \end{pmatrix}. \tag{3.19}$$

Dabei seien $\alpha, \beta \in \mathbb{R}^3, k \in \mathbb{R}^3 \smallsetminus \{0\}, \omega = |k|$ und $\delta \in [0, \pi)$.

Die skalare Gleichung $\operatorname{div}\widehat{E} = 0$ ist von diesem Ansatz offenbar genau dann erfüllt, wenn für alle t, x

$$0 = \alpha \cdot k \sin(\omega t - k \cdot x).$$

Dies gilt genau dann, wenn $\alpha \cdot k = 0$, wenn also der Amplitudenvektor α des elektrischen Feldes senkrecht zum Wellenzahlvektor k steht. Analog folgt, dass $\beta \cdot k = 0$ genau dann, wenn $\operatorname{div}\widehat{B} = 0$.

Nun zu den Evolutionsgleichungen. Es gilt

$$\partial_t \begin{pmatrix} \widehat{E} \\ \widehat{B} \end{pmatrix}(t, x) = -\omega \begin{pmatrix} \alpha \sin(\omega t - k \cdot x) \\ \beta \sin(\omega t - k \cdot x + \delta) \end{pmatrix}.$$

Für einen konstanten Vektor $\alpha \in \mathbb{R}^3$ und eine differenzierbare Funktion $f : \mathbb{R}^3 \to \mathbb{R}$ gilt $\operatorname{rot}(f\alpha) = \operatorname{grad}(f) \times \alpha$. Daraus folgt

$$\operatorname{rot}\widehat{E}(t, x) = \sin(\omega t - k \cdot x)(k \times \alpha) \text{ und } \operatorname{rot}\widehat{B}(t, x) = \sin(\omega t - k \cdot x + \delta)(k \times \beta).$$

Somit gilt

$$\begin{pmatrix} 0 & \operatorname{rot} \\ -\operatorname{rot} & 0 \end{pmatrix} \begin{pmatrix} \widehat{E} \\ \widehat{B} \end{pmatrix}(t, x) = \begin{pmatrix} \sin(\omega t - k \cdot x + \delta)(k \times \beta) \\ -\sin(\omega t - k \cdot x)(k \times \alpha) \end{pmatrix}.$$

Die Evolutionsgleichung ist daher äquivalent zu $\delta = 0$ und

$$\begin{pmatrix} \alpha \\ \beta \end{pmatrix} = \frac{1}{|k|} \begin{pmatrix} -k \times \beta \\ k \times \alpha \end{pmatrix} = \frac{1}{|k|} \begin{pmatrix} \beta \times k \\ -\alpha \times k \end{pmatrix}.$$

Damit ist gezeigt, dass der Ansatz aus Gl. 3.19 mit $k \neq 0$ genau dann eine Lösung von Maxwells Gleichungen mit verschwindenden Quellen liefert, wenn (α, β, k) eine positiv orientierte Basis ist und wenn $|\alpha| = |\beta|$ gilt. Diese ebenen Wellenlösungen

$$\begin{pmatrix} \widehat{E} \\ \widehat{B} \end{pmatrix}_{k,\alpha}(t, x) = \cos(\omega t - k \cdot x) \begin{pmatrix} \alpha \\ \frac{k}{|k|} \times \alpha \end{pmatrix}$$

---

[33] t bezeichnet hier die mit c multiplizierte Zeitkoordinate. t hat die physikalische Dimension einer Länge.

und ihre zeitlichen Translate werden als linear polarisiert bezeichnet, da $\widehat{E}(t, x)$ wie $\widehat{B}(t, x)$ jeweils Elemente einer festen Gerade des $\mathbb{R}^3$ sind. Beide Geraden stehen aufeinander und zum Ausbreitungs- bzw. Wellenzahlvektor k senkrecht.

Durch Überlagerung zweier gegeneinander zeitversetzter Lösungen mit demselben Ausbreitungsvektor k, aber mit zwei linear unabhängigen Amplitudenvektoren entstehen ebene Wellen, deren Auslenkung $\widehat{E}(t, x)$ im Allgemeinen nicht für alle (t, x) auf ein und derselben Gerade liegt. Für sie nimmt die Funktion $t \mapsto \widehat{E}(t, x)$ bei festem x nur Werte auf einer Ellipse in einer Ebene senkrecht zu k um den Mittelpunkt 0 an. Analoges gilt für $t \mapsto \widehat{B}(t, x)$. Die Ellipse, auf der $\widehat{B}(t, x)$ liegt, geht aus jener von $\widehat{E}(t, x)$ durch eine Drehung um 90° um die Richtung k (im Rechtsschraubensinn) hervor.

Eine spezielle Form der elliptisch polarisierten Lösungen sind die zirkular polarisierten. Im Hinblick auf die Quantentheorie des Lichtes wählen wir zu ihrer Konstruktion einen aufschlussreichen Umweg über komplexwertige Lösungen. Sei also mit $\alpha, \beta \in C^1\left(\mathbb{R} : \mathbb{C}^3\right)$ für alle $x \in \mathbb{R}^3$ und für ein $k \in \mathbb{R}^3 \smallsetminus \{0\}$

$$\begin{pmatrix} \widehat{E} \\ \widehat{B} \end{pmatrix}(t, x) = \begin{pmatrix} \alpha(t) \\ \beta(t) \end{pmatrix} e^{ik \cdot x}.$$

Durch Einsetzen in die parameterreduzierten skalaren Maxwellgleichungen folgt

$$\begin{pmatrix} 0 \\ 0 \end{pmatrix} = \begin{pmatrix} \text{div} & 0 \\ 0 & \text{div} \end{pmatrix} \begin{pmatrix} \widehat{E} \\ \widehat{B} \end{pmatrix}(t, x) = i \begin{pmatrix} k \cdot \alpha(t) \\ k \cdot \beta(t) \end{pmatrix} e^{ik \cdot x}.$$

Somit ist die Transversalitätsbedingung

$$k \cdot \alpha(t) = k \cdot \beta(t) = 0$$

für alle $t \in \mathbb{R}$ äquivalent zu den skalaren Maxwellgleichungen.

Analog ergeben sich die vektoriellen Maxwellgleichungen

$$\partial_t \begin{pmatrix} \widehat{E} \\ \widehat{B} \end{pmatrix} = \begin{pmatrix} 0 & \text{rot} \\ -\text{rot} & 0 \end{pmatrix} \begin{pmatrix} \widehat{E} \\ \widehat{B} \end{pmatrix}$$

als äquivalent zu

$$\begin{pmatrix} \dot{\alpha}(t) \\ \dot{\beta}(t) \end{pmatrix} = i \begin{pmatrix} 0 & 1 \\ -1 & 0 \end{pmatrix} \begin{pmatrix} k \times \alpha(t) \\ k \times \beta(t) \end{pmatrix}.$$

Dies ist ein homogen $\mathbb{C}$-lineares System gewöhnlicher Differentialgleichungen erster Ordnung auf dem Vektorraum $\mathbb{C}^2 \otimes \mathbb{C}^3$ mit dem autonomen Tangentenvektorfeld

$$X = i \begin{pmatrix} 0 & 1 \\ -1 & 0 \end{pmatrix} \otimes L_k =: \sigma \otimes L_k,$$

wobei $L_k : \mathbb{C}^3 \to \mathbb{C}^3$ die lineare Abbildung mit $L_k(v) = k \times v$ ist.

Zur Bestimmung eines Fundamentalsystems von maximalen Integralkurven des Vektorfeldes X bietet sich der Weg über die Diagonalisierung von X an. Dazu sind die Eigenräume und Eigenwerte der beiden linearen Abbildungen σ und L_k zu ermitteln.

Die lineare Abbildung σ hat die beiden Eigenvektoren $\phi_\pm = (1, \mp i)^t \in \mathbb{C}^2$ mit den zugehörigen Eigenwerten ± 1, da

$$i \begin{pmatrix} 0 & 1 \\ -1 & 0 \end{pmatrix} \begin{pmatrix} 1 \\ \mp i \end{pmatrix} = i \begin{pmatrix} \mp i \\ -1 \end{pmatrix} = \begin{pmatrix} \pm 1 \\ -i \end{pmatrix} = \pm \begin{pmatrix} 1 \\ \mp i \end{pmatrix}.$$

Es gilt also $\sigma \phi_\pm = \pm \phi_\pm$.

Die lineare Abbildung L_k hat wegen $k \times k = 0$ den Eigenvektor k zum Eigenwert 0. Ist weiters $(e_1(k), e_2(k), k)$ eine (von k abhängige!) positiv orientierte orthogonale Basis von $\mathbb{R}^3$, dann gilt

$$L_k e_1(k) = |k| e_2(k) \text{ und } L_k e_2(k) = -|k| e_1(k).$$

Daraus ergibt sich für die beiden (komplexen!) Polarisationsvektoren

$$\varepsilon_\pm(k) = \frac{1}{\sqrt{2}} (e_1(k) \pm i e_2(k))$$

die Eigenwertgleichung

$$L_k \varepsilon_\pm(k) = \frac{|k|}{\sqrt{2}} (e_2(k) \mp i e_1(k)) = \mp i \frac{|k|}{\sqrt{2}} (\pm i e_2(k) + e_1(k)) = \mp i |k| \varepsilon_\pm(k).$$

Somit sind die vier Vektoren $\phi_\lambda \otimes \varepsilon_\tau(k)$ mit $\lambda, \tau \in \{1, -1\}$ Eigenvektoren von X mit

$$X(\phi_\lambda \otimes \varepsilon_\tau(k)) = -i \lambda \tau |k| (\phi_\lambda \otimes \varepsilon_\tau(k)).$$

Sie erfüllen gemäß Konstruktion die Transversalitätsbedingung $k \cdot \varepsilon_\tau = 0$. Die beiden weiteren Eigenvektoren $\phi_\lambda \otimes k$ zum Eigenwert 0 erfüllen die Transversalitätsbedingung nicht.

Daher bilden die vier Integralkurven von X

$$\Phi_{\lambda, \tau}(t) = e^{-i \lambda \tau |k| t} (\phi_\lambda \otimes \varepsilon_\tau(k))$$

ein Fundamentalsystem im Raum der maximalen Integralkurven von X, welche die Transversalitätsbedingung erfüllen.

Die zwei zu $\lambda = \tau$ gehörigen Lösungen der Maxwellgleichungen erfüllen für alle $(t, x) \in \mathbb{R} \times \mathbb{R}^3$ und mit $\tau \in \{1, -1\}, k \in \mathbb{R}^3 \setminus \{0\}$

$$\begin{pmatrix} \widehat{E} \\ \widehat{B} \end{pmatrix}_{k, \tau} (t, x) = (\phi_\tau \otimes \varepsilon_\tau(k)) e^{-i(|k|t - k \cdot x)}$$

$$= \frac{e^{-i(|k|t - k \cdot x)}}{\sqrt{2}} \begin{pmatrix} 1 \\ i\tau \end{pmatrix} \otimes (e_1(k) + i\tau e_2(k)).$$

Physikalisch interpretierte Lösungen ergeben[34] sich daraus durch die Bildung von Real- oder auch Imaginärteil:

$$U_{k,\tau}(t,x) := \Re\left(\widehat{\genfrac{}{}{0pt}{}{E}{B}}\right)_{k,\tau}(t,x) = \begin{pmatrix} \frac{\cos(|k|t - k \cdot x)}{\sqrt{2}} e_1(k) + \tau \frac{\sin(|k|t - k \cdot x)}{\sqrt{2}} e_2(k) \\ \tau \frac{\sin(|k|t - k \cdot x)}{\sqrt{2}} e_1(k) - \frac{\cos(|k|t - k \cdot x)}{\sqrt{2}} e_2(k) \end{pmatrix}.$$

Für jeden beliebigen festen Punkt $x \in \mathbb{R}^3$ ist die Abbildung $t \mapsto \Re\widehat{E}_{k,\tau=1}(t,x) \in \mathbb{R}^3$ eine Überlagerung des reellen Einheitskreises um 0 in der Ebene senkrecht zu k. Der Kreis wird bei Betrachtung in Richtung k im Gegenuhrzeigersinn durchlaufen. Dasselbe gilt für die Funktion $t \mapsto \Re\widehat{B}_{k,\tau=1}(t,x)$. Diese geht jedoch der Abbildung $t \mapsto \Re\widehat{E}_{k,\tau=1}(t,x)$ um 90° voraus. Die elektromagnetische Welle $U_{k,\tau=1}$ wird als rechtszirkular polarisiert bezeichnet, da bei festen Werten t, k die Kurve

$$\mathbb{R} \ni \xi \mapsto \xi \frac{k}{|k|} + \Re\widehat{E}_{k,\tau=1}\left(t, x = \xi \frac{k}{|k|}\right) \in \mathbb{R}^3$$

eine Rechtsschraubenlinie ist. Aus analogem Grund wird $\Re\widehat{E}_{k,\tau=-1}$ und $\Re\widehat{B}_{k,\tau=-1}$ als linkszirkular bezeichnet. Hier geht jedoch das elektrische dem magnetischen Feld um 90° voraus. In beiden Fällen $\tau = \pm 1$ ist für alle t, x das Vektorsystem $\left(\Re\widehat{E}_{k,\tau}(t,x), \Re\widehat{B}_{k,\tau}(t,x), k\right)$ eine positiv orientierte, also rechtshändige Orthogonalbasis.

3.4.12 *Harmonisch oszillierende Quelle (d = 4)

Die Formel von Korollar 3.6 zur Bildung von A_{ret} ergibt auch bei bestimmten Typen von Quellen, für die *kein* $T \in \mathbb{R}$ existiert, sodass $j(t, \cdot) = 0$ für alle $t < T$, eine Lösung der dAWG. Es reicht z. B. aus, dass die Funktion $x \mapsto j(t,x)$ zu allen Zeiten t außerhalb einer Kugel mit einem von t unabhängigen Radius verschwindet. Der y-Integrationsbereich ist dann auf eine endliche Kugel beschränkt. Es gibt dann aber auch kein T, für das $A_{\text{ret}}(t, \cdot) = 0$ für alle $t < T$.

Hier ein Beispiel einer harmonisch mit der Frequenz $\omega \geq 0$ oszillierenden Quelle. Es sei $h \in C^2\left(\mathbb{R}^3 : \mathbb{R}\right)$ und es gebe ein $R > 0$, sodass $h(x) = 0$ für alle $x \in \mathbb{R}^3$ mit $|x| > R$. Weiter gelte $j(t,x) = \cos(\omega t) h(x)$ für alle $(t,x) \in \mathbb{R} \times \mathbb{R}^3$. Dann ergibt die Formel des Korollars zur Berechnung von A_{ret} die Funktion $C_{\text{ret}} : \mathbb{R} \times \mathbb{R}^3 \to \mathbb{R}$ mit

$$C_{\text{ret}}(t,x) = \int_{\mathbb{R}^3} \frac{\cos\left[\omega\left(t - \frac{|x-y|}{c}\right)\right] h(y)}{4\pi |x-y|} d^3 y = \Re\left(e^{i\omega t} \int_{\mathbb{R}^3} \frac{e^{-ik|x-y|} h(y)}{4\pi |x-y|} d^3 y\right),$$

---

[34]Da die Maxwellgleichungen reell sind.

wobei $k = \omega/c$ gesetzt wurde. Analog ergibt sich

$$S_{\text{ret}}(t, x) = \int_{\mathbb{R}^3} \frac{\sin\left[\omega\left(t - \frac{|x-y|}{c}\right)\right] h(y)}{4\pi |x - y|} d^3 y = \Im\left(e^{i\omega t} \int_{\mathbb{R}^3} \frac{e^{-ik|x-y|} h(y)}{4\pi |x - y|} d^3 y\right)$$

aus der Inhomogenität $j(t, x) = \sin(\omega t) h(x)$. Die $\mathbb{C}$-wertige Hilfsfunktion $\mathscr{A}_{\text{ret}}$ mit

$$\mathscr{A}_{\text{ret}}(t, x) = e^{i\omega t} g(x) \quad \text{und} \quad g(x) = \int_{\mathbb{R}^3} \frac{e^{-ik|x-y|} h(y)}{4\pi |x - y|} d^3 y$$

vereinigt die beiden reellen Funktionen C_{ret} und S_{ret} zu einer komplexen Lösung der inhomogenen dAWG

$$\Box \mathscr{A}_{\text{ret}}(t, x) = e^{i\omega t} h(x),$$

gemäß $\mathscr{A}_{\text{ret}} = C_{\text{ret}} + i S_{\text{ret}}$. Für C_{ret} und S_{ret} gilt

$$\Box C_{\text{ret}}(t, x) = \cos(\omega t) h(x) \quad \text{und} \quad \Box S_{\text{ret}}(t, x) = \sin(\omega t) h(x).$$

Die Funktion S_{ret} kann aus C_{ret} durch Zeittranslation um $\pi/2$ erzeugt werden und eröffnet daher keine wesentlichen neuen Einsichten. C_{ret} schwingt wie die Quelle j harmonisch, und zwar mit derselben Frequenz wie die Quelle j. Es existiert daher außer für $g = 0$ keine Zeit T, sodass $C_{\text{ret}}(t, .) = \cos \omega t \Re g - \sin \omega t \Im g = 0$ für alle $t < T$.

Für die $\mathbb{C}$-wertige Funktion g gilt wegen $\Box \mathscr{A}_{\text{ret}}(t, x) = e^{i\omega t} h(x)$, dass

$$e^{i\omega t} \left(-\frac{\omega^2}{c^2} - \Delta\right) g = e^{i\omega t} h.$$

Also ist g eine (komplexe) Lösung der inhomogenen Helmholtzgleichung

$$\left(\Delta + k^2\right) g = -h.$$

Wegen $\Im h = 0$ gilt weiter $\left(\Delta + k^2\right) \Re g = -h$ und $\left(\Delta + k^2\right) \Im g = 0$.

Wir haben mit

$$\Re g(x) = \int_{\mathbb{R}^3} \frac{\cos(k |x - y|) h(y)}{4\pi |x - y|} d^3 y$$

somit eine Lösungsformel für die inhomogene Helmholtzgleichung mit C^2-Inhomogenität $-h$ in der Hand. Die Funktion $G : \mathbb{R}^3 \smallsetminus \{0\} \to \mathbb{R}$ mit

$$G(x) = -\frac{\cos(k |x|)}{4\pi |x|}$$

ist somit eine Greensche Funktion der 3d-Helmholtzgleichung mit Parameter k.

Die Funktion $\Im g$, für die ja

$$\Im g\,(x) = \int_{\mathbb{R}^3} \frac{\sin\left(k\,|x-y|\right) h\,(y)}{4\pi\,|x-y|} d^3 y$$

gilt, ist hingegen für $k > 0$ eine nichttriviale reelle Lösung der homogenen Helmholtzgleichung, d. h., $\Im g$ ist ein Eigenvektor von $-\Delta$ zum Eigenwert $k^2 > 0$.

Im statischen Grenzfall $\omega = 0$ ergibt sich g zu

$$g\,(x) = \int_{\mathbb{R}^3} \frac{h\,(y)}{4\pi\,|x-y|} d^3 y. \tag{3.20}$$

Für diese Funktion gilt die folgende, gegenüber Satz 3.5 etwas vereinfachte Existenz- und Eindeutigkeitsaussage über die Lösungen der Poissongleichung.

Satz 3.24 *Sei* $h \in C^2\left(\mathbb{R}^3 : \mathbb{R}\right)$ *und es existiere ein* $R > 0$, *sodass* $h\,(x) = 0$ *für alle* $x \in \mathbb{R}^3$ *mit* $|x| > R$. *Die Funktion* $g : \mathbb{R}^3 \to \mathbb{R}$ *aus Gl. 3.20 ist dann die einzige (reelle)* C^2*Funktion mit* $\Delta g = -h$, *welche die (verallgemeinerte) Randbedingung* $\lim_{|x|\to\infty} g\,(x) = 0$ *erfüllt.*

Beweis Siehe etwa [6, § 16, Korollar 2 zu Satz 4]. $\qquad\qquad\square$

Für $h = 0$ gilt offenbar $g = 0$. Die Randbedingung $\lim_{|x|\to\infty} g\,(x) = 0$ ersetzt die homogene Dirichletsche Randbedingung im Fall eines beschränkten Gebietes. Sie legt eine eindeutige Lösung der 3d-Poissongleichung $\Delta g = -h$ auf $\mathbb{R}^3$ fest. Ein analoger Satz gilt auch für die Poissongleichung in $n > 3$ Dimensionen, nicht jedoch für $n = 1$ oder $n = 2$.

Für $R/\,|x| \to 0$, also in großer Entfernung von der Quelle, hat die Funktion $\mathscr{A}_{\text{ret}}$ das Verhalten einer auslaufenden Kugelwelle. Es gilt nämlich für $|y|/\,|x| \to 0$

$$|x-y| = \sqrt{|x|^2 - 2\,\langle x, y\rangle + |y|^2} = |x|\sqrt{1 - 2\frac{\langle x, y\rangle}{|x|^2} + \frac{|y|^2}{|x|^2}}$$

$$= |x|\left(1 - \left\langle \frac{x}{|x|}, \frac{y}{|x|}\right\rangle + \frac{|y|^2}{2\,|x|^2} + \ldots\right)$$

$$= |x| - \left\langle \frac{x}{|x|}, y\right\rangle + \mathscr{O}\left(\frac{|y|}{|x|}\right).$$

Deshalb gilt für $|y|/\,|x| \to 0$

$$\frac{e^{-ik|x-y|}}{|x-y|} = \frac{e^{-ik|x|}e^{-ik\left\langle \frac{x}{|x|}, y\right\rangle}\left(1 + \mathscr{O}\left(\frac{|y|}{|x|}\right)\right)}{|x|\left(1 + \mathscr{O}\left(\frac{|y|}{|x|}\right)\right)}$$

$$= \frac{e^{-ik|x|}e^{ik\left\langle \frac{x}{|x|}, y\right\rangle}}{|x|}\left(1 + \mathscr{O}\left(\frac{|y|}{|x|}\right)\right).$$

Daraus folgt mit $r = |x|$ und $n = x/|x| \in \mathbb{R}^3$ für $R/r \to 0$

$$\mathscr{A}_{\text{ret}}(t, x) = \frac{e^{i(\omega t - kr)}}{4\pi r} \int_{\mathbb{R}^3} e^{ik\langle n, y\rangle} h(y)\, d^3 y \left(1 + \mathscr{O}\left(\frac{R}{r}\right)\right).$$

Die Richtungsabhängigkeit der auslaufenden Kugelwelle, der sich die Lösung $\mathscr{A}_{\text{ret}}$ in großer Entfernung von der Quelle anschmiegt, wird also von der (invers) Fouriertransformierten $\mathscr{F}^{-1}h$ des räumlichen Anteils der Quelle bestimmt. Relevant ist dabei jedoch lediglich die Einschränkung der Fouriertransformierten $\mathscr{F}^{-1}h$ auf eine Sphäre vom Radius $k = \omega/c$.[35]

3.5 Lösung durch Separationsansatz

Bisher wurden einige explizite Lösungsformeln für das Anfangswertproblem der dAWG vorgestellt. Für nur wenige Anfangsdaten und Inhomogenitäten können jedoch die in den Lösungsformeln vorkommenden Integrale tatsächlich berechnet werden. Daher kommt weiteren Lösungsmethoden große Bedeutung zu. Außerdem ist man gelegentlich an besonders einfach strukturierten Lösungen interessiert. In diesem Abschnitt wird gezeigt, wie sich solche speziellen Lösungen einer partiellen Differentialgleichung unter bestimmten Umständen durch das Lösen gewöhnlicher Differentialgleichungen gewinnen lassen. Der entscheidende Trick dabei ist, eine Lösung der partiellen Differentialgleichung als Produkt von Funktionen anzusetzen, deren Definitionsbereiche kleinere Dimensionen haben. Als Beispiel zur Darstellung dieses Tricks wählen wir die bereits vertraute dAWG auf $\mathbb{R}^{1+n}$. Die gewöhnlichen Differentialgleichungen, auf die wir dabei geführt werden, eröffnen den Blick auf das weite Feld der „speziellen Funktionen der mathematischen Physik" [9,11].

3.5.1 dAWG: Abseparation der Zeit

Satz 3.25 *Die Funktion* $A : \mathbb{R}^{1+n} \to \mathbb{R}$ *mit* $A(t, x) = f(t)\,g(x)$ *für* $f \in C^2(\mathbb{R}) \setminus \{0\}$ *und* $g \in C^2(\mathbb{R}^n) \setminus \{0\}$ *erfüllt genau dann* $\Box A = 0$, *wenn ein* $\lambda \in \mathbb{R}$ *existiert, sodass*

$$f'' + c^2\lambda f = 0, \tag{3.21}$$
$$\Delta g + \lambda g = 0. \tag{3.22}$$

---

[35]Hat die Quellfunktion h keine Fourierkomponenten mit der Wellenzahl k, so kann sie mit der Frequenz $\omega = ck$ auch nicht abstrahlen. Die räumliche Quellfunktion eines (monofrequenten) Senders muss also mit der Betriebsfrequenz verträglich sein.

Beweis Sei $A(t, x) = f(t) g(x)$. Dann gilt

$$c^2 \Box A(t, x) = f''(t) g(x) - c^2 f(t) \Delta g(x).$$

Da $A \neq 0$ vorausgesetzt ist, existiert ein $t_0 \in \mathbb{R}$ mit $f(t_0) \neq 0$. Daher folgt aus $\Box A(t, x) = 0$, dass für alle $x \in \mathbb{R}^n$

$$\frac{f''(t_0)}{f(t_0)} g(x) - c^2 \Delta g(x) = 0.$$

Mit $\lambda = -\frac{f''(t_0)}{c^2 f(t_0)}$ folgt, dass $\Delta g + \lambda g = 0$. Da $A \neq 0$, existiert ein $x_0 \in \mathbb{R}^n$ mit $g(x_0) \neq 0$. Daher gilt für alle $t \in \mathbb{R}$

$$f''(t) - c^2 \frac{\Delta g(x_0)}{g(x_0)} f(t) = 0.$$

Es folgt also mit $\mu = -\frac{\Delta g(x_0)}{g(x_0)}$, dass

$$f'' + c^2 \mu f = 0.$$

Durch Spezialisierung auf $t = t_0$ ergibt sich daraus $\lambda = -\frac{f''(t_0)}{c^2 f(t_0)} = \mu$. Damit ist gezeigt, dass $\Box A = 0$ die Gl. 3.21 und 3.22 nach sich zieht. Die Umkehrung des Schlusses zeigt man durch direktes Nachrechnen. $\qquad\square$

Der Satz zeigt also, wie die Lösungen der $n + 1$-dimensionalen dAWG vom Typ $f(t) g(x)$ aus Lösungen einer sehr einfachen gewöhnlichen Differentialgleichung und aus Lösungen einer n-dimensionalen partiellen Differentialgleichung erhalten werden können. Sie heißen (zumindest in der Physik) stationäre Lösungen.

Satz 3.26 *Die Funktion $A : \mathbb{R}^{1+n} \to \mathbb{R}$ mit $A(t, x) = f(t) g(x)$ für $f \in C^2(\mathbb{R}) \setminus \{0\}$ und $g \in C^2(\mathbb{R}^n) \setminus \{0\}$ ist genau dann eine beschränkte Lösung von $\Box A = 0$, wenn ein Tripel $(\alpha, \beta, k) \in \mathbb{R} \times \mathbb{R} \times \mathbb{R}_{\geq 0}$ existiert, sodass $f(t) = \alpha \cos(ckt) + \beta \sin(ckt)$ und $\Delta g + k^2 g = 0$.*

Beweis Der Raum der maximalen Lösungen von Gl. 3.21 ist bereits bekannt. Für $c^2 \lambda = -\kappa^2 < 0$ bilden die beiden Funktionen $(\sinh(\kappa t), \cosh(\kappa t))$ eine Basis dieses Raumes. Für $c^2 \lambda = c^2 k^2 > 0$ ist $(\sin(ckt), \cos(ckt))$ eine Basis. Für $\lambda = 0$ schließlich, ist $(1, t)$ eine Basis. Aus der Beschränktheit von A folgt jene von f. Aus der Beschränktheit von f folgt $\lambda \geq 0$. Die unbeschränkte Lösungskomponente im Fall $\lambda = 0$ wird durch die Kombination von sin und cos wegen $\sin(0 \cdot t) = 0$ ausgeschlossen. $\qquad\square$

Definition 3.6 Eine Funktion $g \in C^2(\mathbb{R}^n)$ mit $\Delta g + k^2 g = 0$ für ein $k \in \mathbb{R}_{>0}$ heißt Lösung der (homogenen) n-dimensionalen Helmholtzgleichung.

Beschränkte stationäre Lösungen von $\Box A = 0$ heißen Eigenschwingungen von $\Box$. Der räumliche Anteil g einer Eigenschwingung A heißt Eigenmode. Diese gibt wegen $A(t, x) = f(t) g(x)$ bis auf den Faktor $f(t)$ die Momentaufnahme des Schwingungsprofils zur jeder Zeit t.

3.5.2 dAWG: Monofrequente ebene Wellenlösungen

Sei $k \in \mathbb{R}^n$ und $\langle \cdot, \cdot \rangle$ das Standardskalarprodukt von $\mathbb{R}^n$. Dann sind die $C^2(\mathbb{R}^n)$-Funktionen $x \mapsto \cos \langle k, x \rangle$ und $x \mapsto \sin \langle k, x \rangle$ Lösungen der Helmholtzgleichung $\Delta g + \lambda g = 0$ mit $\lambda = \langle k, k \rangle = |k|^2$. Seien $\delta, \alpha, \beta \in \mathbb{R}$ und $\omega = c|k|$. Die C^2 $(\mathbb{R}^{n+1})$-Funktion

$$A(t, x) = \cos(\omega t - \delta) [\alpha \cos \langle k, x \rangle + \beta \sin \langle k, x \rangle]$$

ist eine beschränkte, stationäre Lösung der dAWG. In der Physik wird sie als stehende (monofrequente, ebene) Welle bezeichnet.

Wandernde Wellenlösungen ergeben sich durch lineares Kombinieren bestimmter stehender Wellen:

$$C_k(t, x) = \cos(\omega t - \langle k, x \rangle) = \cos(\omega t) \cos \langle k, x \rangle + \sin(\omega t) \sin \langle k, x \rangle,$$
$$S_k(t, x) = \sin(\omega t - \langle k, x \rangle) = \sin(\omega t) \cos \langle k, x \rangle - \cos(\omega t) \sin \langle k, x \rangle.$$

Die Niveauflächen der Funktionen $C_k(t, \cdot)$ und $S_k(t, \cdot)$ sind die Ebenen

$$\left\{ x \in \mathbb{R}^n : \omega t - \langle k, x \rangle = d \right\}.$$

Sie stehen senkrecht auf k und verschieben sich unter $t \to t + \tau$ um $\tau \omega / |k| = \tau c$ in Richtung von k. Ihre Verschiebungsgeschwindigkeit („Phasengeschwindigkeit") ist also gleich c. Die Funktionen $C_k(t, \cdot)$ und $S_k(t, \cdot)$ gehen bei einer Translation um $2\pi / |k|$ in Richtung von k jeweils in sich über. Die Zahl $2\pi / |k|$ wird daher als die Wellenlänge der Lösungen C_k und S_k bezeichnet und der Vektor k als ihr Wellenzahlvektor . C_k und S_k heißen monofrequente[36] ebene Wellenlösungen von $\Box A = 0$.

Umgekehrt sind stehende Wellen Überlagerungen gegenläufiger harmonischer ebener Wellen:

$$(C_k + C_{-k})(t, x) = 2 \cos(\omega t) \cos \langle k, x \rangle.$$

---

[36]Allgemeinere Lösungen des Typs $A(t, x) = f(\omega t \pm \langle k, x \rangle)$ besitzen natürlich auch Ebenen als Niveauflächen von $A(t, \cdot)$, jedoch sind die Abbildungen $A(\cdot, x)$ bei festem x keine harmonischen Schwingungen, d. h. Lösungen einer Schwingungsgleichung.

Auch die Überlagerung zweier nicht exakt gegenläufiger Wellen führt zu einer interessanten Lösung. Sei $k = (p, q, 0)$ und $k' = (p, -q, 0)$. Dann gilt

$$A(t, x, y, z) = (C_k + C_{k'})(t, x, y, z) = \cos(\omega t - px - qy) + \cos(\omega t - px + qy)$$
$$= 2\cos(\omega t - px)\cos(qy).$$

Die Funktion $X : (t, x) \mapsto \cos(\omega t - px)$ erfüllt wegen $\Box X = -\left(\frac{\omega^2}{c^2} - p^2\right) X = -q^2 X$ die Wellengleichung $(\Box + q^2) X = 0$. Die Einschränkung von $C_k + C_{k'}$ auf $x = 0$ ergibt die Funktion $Y(t, y, z) = 2\cos(\omega t)\cos(qy)$. Es gilt $(\Box + p^2) Y = 0$ und Y ist eine stehende Wellenlösung. Wird der Ausrichtungsfehler q der beiden fast gegenläufigen Wellen kleiner gemacht, vergrößert sich die Wellenlänge der Stehwelle Y. Diese Stehwelle moduliert auch den zeitgemittelten Energiestrom durch die Punkte der Ebene $x = 0$ und sorgt so auch bei rasch oszillierenden Lösungen für beobachtbare Interferenzerscheinungen.[37] Dies sieht man wie folgt:

Die Flächendichte des Energiestroms durch die Fläche $x = 0$ im Punkt $(0, y, z)$ ist in positive x-Richtung durch

$$\langle T_A(t, 0, y, z), e_x \rangle = -\partial_t A(t, 0, y, z)\, \partial_x A(t, 0, y, z) = 4p\omega \sin^2(\omega t) \cos^2(qy)$$

gegeben. Die Mittelung von $t \mapsto \langle T_A(t, 0, y, z), e_x \rangle$ über eine zeitliche Periode der Dauer $T = 2\pi/\omega$ ergibt mit $\int_0^{2\pi} \sin^2(u)\, du = \pi$

$$\frac{\omega}{2\pi} \int_0^{2\pi/\omega} \langle T_A(t, 0, y, z), e_x \rangle\, dt = \frac{2p\omega}{\pi} \cos^2(qy) \int_0^{2\pi} \sin^2(u)\, du = 2p\omega \cos^2(qy).$$

3.5.3 *Kirchhoffs Beugungsnäherung

D'Alemberts Wellengleichung beschreibt eine von Hindernissen ungestörte Wellenausbreitung. Ist der Raum von Hindernissen durchsetzt, dann ist d'Alemberts Gleichung zu modifizieren. Dies kann auf viele verschiedene Weisen geschehen. So kann der Parameter c von einer Konstante zu einer raum- und zeitabhängigen Funktion gemacht werden, Randbedingungen an den Grenzen der Hindernisse können eingeführt oder eine dynamische Inhomogenität j kann als eventuell nichtlineare Funktion der Lösungsfunktion hinzugenommen werden. Kirchhoffs Modell der Beugung von Wellen soll als Beispiel für ein derartiges Vorgehen geschildert werden.

Fällt eine d'Alembertsche Welle A auf einen Schirm mit einigen Löchern, dann gilt im hindernisfreien Bereich Ω hinter dem Schirm zu allen Zeiten die ungestörte

---

[37] Auch für Licht kann so die Variation, die sich über Längen von ca. 0,5 μm abspielt, auf Distanzen von einigen Millimetern gebracht werden (Fresnel'scher Doppelspiegel; siehe etwa http://leifi. physik.uni-muenchen.de/web_ph12/versuche/06fresnel/doppelspiegel.htm).

Gleichung $\Box A = 0$. Wir nehmen $\Omega \subset \mathbb{R}^3$ als offen, beschränkt und wegzusammen-hängend an. Den Schirm wählen wir mit etwas Willkür[38] als Rand von Ω. Um den Fall einer laufenden monofrequenten Welle zu erhalten, wird angenommen, dass $A(t, x) = \Re e^{-i\omega t} u(x)$ mit $\omega > 0$ gilt. Die komplexwertige Funktion u erfüllt dann im Bereich Ω die Gleichung

$$\left(\Delta + k^2\right) u = 0$$

mit $k = \omega/c$. Analog zu Satz 3.6 gilt dann mit

$$G_y^{\pm}(x) = -\frac{e^{\pm ik|x-y|}}{4\pi |x - y|} \text{ für alle } x \in \mathbb{R}^3 \smallsetminus \{y\}$$

für alle $y \in \Omega$ die Integralgleichung

$$u(y) = \int_{\partial\Omega} \left(u(x) \cdot n_x \left[G_y^{\pm} \right] - G_y^{\pm}(x) \cdot n_x [u] \right) d_x \sigma.$$

Die entscheidende Annahme besteht nun darin, in der Integralgleichung die Werte $u(x)$ und $n_x[u]$ für alle $x \in \partial\Omega$, die innerhalb einer Schirmöffnung liegen, durch die Werte einer ungestörten (komplexen) Ganzraumlösung zu ersetzen. In allen anderen Punkten von $\partial\Omega$ werden die Funktionen $u(x)$ und $n_x[u]$ durch 0 ersetzt. Das Integral erstreckt sich daher nur über die Öffnungen in $\partial\Omega$. Die gewählte Ganzraumlösung kann dabei von einer Quelle außerhalb von Ω ausgehen oder auch als ebene Welle den ganzen Raum erfüllen.

Bei Verwendung der singulären Lösungen G_y^+ der Helmholtzgleichung ergibt diese Prozedur zumindest eine Welle $\Re e^{-i\omega t} u_+(x)$, die sich von den Öffnungen des Schirms her durch Ω ausbreitet. Bei Verwendung von G_y^- laufen die Wellen auf die Öffnungen zu. Es sind zeitgespiegelte Versionen der mit G_y^+ konstruierten Funktionen. Im Allgemeinen werden diese so gewonnenen Wellen in Ω zwar Lösungen der d'Alembertgleichung sein, die Randvorgaben aber nicht reproduzieren. Trotzdem geben sie ein auch quantitativ brauchbares Bild der Beugungserscheinungen von Wellen, wie es schon von Huygens erdacht war. Beispiele dazu sind in Texten über Optik oder Elektrodynamik zu finden (siehe etwa [7]).

Den Ausgangspunkt derartiger Erklärungen von Beugung bildet jedenfalls „Kirchhoffs Beugungsformel"

$$u(x) = \int_B \left(u_0(y) \cdot n_y \left[G_x^+ \right] - G_x^+(y) \cdot n_y [u_0] \right) d_y \sigma, \tag{3.23}$$

---

[38]Die Angabe „hinter" dem Schirm ist natürlich zu ungenau, denn wo verläuft in einem Loch des Schirmes die Grenze zwischen dem Bereich hinter bzw. vor dem Schirm? Hier sind also willkürliche Festsetzungen zu treffen.

in der B die Blendenöffnung, also ein Flächenstück im $\mathbb{R}^3$ bezeichnet, auf dem eine (einigermaßen plausibel begründete!) Vorgabe $u_0, n\,[u_0]$ gewählt ist.

3.5.4 Wärmeleitungsgleichung auf $\mathbb{R}^2$

In manchen Fällen erweist es sich als nützlich, komplexwertige Produktlösungen einer linearen, reellen, partiellen Differentialgleichung zu suchen. Real- und Imaginärteil solcher Lösungen ergeben dann reelle Lösungen, die i. A. jedoch keine Produktlösungen mehr sind.

Als Beispiel betrachten wir die Wärmeleitungsgleichung (WLG) $\partial_t u = \kappa \partial_x^2 u$ auf $\mathbb{R}^2$. Hier bezeichnet (t, x) die Standardkarte und u bezeichnet den Kartenausdruck der Temperatur (in Kelvin oder Celsius) in dieser räumlich eindimensionalen Welt. Die Gleichung beschreibt, wie sich in einem unendlich langen isolierten Draht mit anfänglich nichtkonstanter Temperaturverteilung diese im Lauf der Zeit ausgleicht.

Satz 3.27 *Seien* $f \in C^1\,(\mathbb{R} : \mathbb{C}) \smallsetminus \{0\}$, $g \in C^2\,(\mathbb{R} : \mathbb{C}) \smallsetminus \{0\}$ *und sei* $u\,(t, x) =$ $f\,(t)\,g\,(x)$ *für alle* $(t, x) \in \mathbb{R}^2$. *Sei* $\kappa \in \mathbb{R}_{>0}$. *Dann sind (1) und (2) äquivalent.*
(1) $\left(\partial_t - \kappa \partial_x^2\right) u = 0$
(2) Es existiert ein $\lambda \in \mathbb{C}$ *mit* $f' = \lambda f$ *und* $g'' = \frac{\lambda}{\kappa} g$.

Beweis Aus $\partial_t u\,(t, x) = f'\,(t)\,g\,(x)$ und $\kappa \partial_x^2 u\,(t, x) = \kappa f\,(t)\,g''\,(x)$ folgt durch Spezialisierung auf ein t_0 mit $f\,(t_0) \neq 0$, dass für alle $x \in \mathbb{R}$

$$\frac{f'\,(t_0)}{f\,(t_0)}\,g\,(x) = \kappa g''\,(x)\,.$$

Setze $\frac{f'(t_0)}{f(t_0)} = \lambda$. Spezialisierung auf ein x_0 mit $g\,(x_0) \neq 0$ ergibt für alle $t \in \mathbb{R}$

$$f'\,(t) = \kappa\,\frac{g''\,(x_0)}{g\,(x_0)}\,f\,(t)\,.$$

Der Spezialfall $t = t_0$ dieser Gleichung ergibt schließlich, dass

$$\kappa\,\frac{g''\,(x_0)}{g\,(x_0)} = \lambda\,. \qquad \square$$

Daher ergeben sich für beliebige $A, B, z \in \mathbb{C}$ die Produktlösungen $u\,(t, x) = f\,(t)$ $g\,(x)$ der Wärmeleitungsgleichung mit

$$u\,(t, x) = e^{\kappa z^2 t}\left(Ae^{zx} + Be^{-zx}\right)\,.$$

Durch Spezialisierung von z ergibt sich für $z = q \in \mathbb{R}_{>0}$

$$u\,(t, x) = e^{\kappa q^2 t}\left(Ae^{qx} + Be^{-qx}\right)\,.$$

Für $A, B \in \mathbb{R}$ ist u also eine reelle, zeitlich exponentiell anwachsende Lösung der Wärmeleitungsgleichung. Die unendlich fernen „Enden" der reellen Achse „heizen ein" oder „kühlen".

Die Wahl $z = iq$ ergibt (mit neuen Koeffizienten A, B)

$$u(t, x) = e^{-\kappa q^2 t} \left(A \cos qx + B \sin qx \right).$$

Für reelle A, B ist dies eine zeitlich abklingende Lösung mit stehendem räumlichem Profil. Die anfänglichen Temperaturunterschiede zwischen verschiedenen Orten gleichen sich aus. Abb. 3.18 zeigt die Funktion u mit $u(t, x) = e^{-t} \cos x$, welche die Wärmeleitungsgleichung für $\kappa = 1$ löst, auf dem Bereich $-2\pi < x < 2\pi$ und $0 < t < 2$.

Für $z = a + ib$ mit $a, b \in \mathbb{R}$ ergibt sich wegen $z^2 = a^2 - b^2 + 2iab$

$$\begin{aligned}
u(t, x) &= e^{\kappa z^2 t} \left(A e^{zx} + B e^{-zx} \right) \\
&= e^{\kappa(a^2 - b^2)t + 2i\kappa abt} \left(A e^{ax} e^{ibx} + B e^{-ax} e^{-ibx} \right).
\end{aligned}$$

Durch die Wahl $A = 0$ und $B = 1$ sowie Bildung des Realteils ergibt sich mit $\omega = 2\kappa ab$ die reelle Lösung $\Re u(t, x) = e^{-ax} e^{\kappa(a^2 - b^2)t} \cos(\omega t - bx)$. Für $a = b > 0$ kann die Einschränkung dieser Lösung auf $\mathbb{R}_{>0} \times \mathbb{R}_{>0}$ als die Temperaturverteilung im Halbraum $x > 0$ interpretiert werden, dessen Grenzfläche bei $x = 0$ eine periodische Temperaturschwankung aufgezwungen bekommt. Das Temperaturfeld ist dann eine nach rechts laufende, räumlich ausdämpfende ebene Welle. Anwendung findet diese Lösung bei der Beschreibung der tages- und jahreszeitlichen Schwankungen der Bodentemperatur (siehe [8, Kap. 7]). Eine höherfrequente Temperaturvorgabe dringt weniger tief ein. An einem Ort der Entfernung x von der Grenzfläche hinkt die Temperaturoszillation der angelegten Temperatur um eine Zeit $\delta t = bx/\omega = x/\sqrt{2\kappa\omega}$ hinterher. So können es Murmeltiere im Winter wärmer haben als im Sommer.

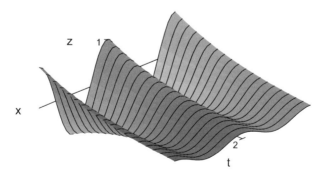

Abb. 3.18 Die Funktion $z = e^{-t} \cos x$

3.5.5 *Galileiinvarianz der Wärmeleitungsgleichung

Der folgende Satz beschreibt eine Symmetrieoperation der Galileigruppe auf der Lösungsmenge der WLG über dem Definitionsbereich $I \times \mathbb{R}$. Er kann daher genützt werden, um aus einer Lösung der WLG eine neue zu gewinnen.

Satz 3.28 *Sei $\kappa \in \mathbb{R}_{>0}$ und sei $I \subset \mathbb{R}$ ein offenes (eventuell uneigentliches) Intervall. Für $u : I \times \mathbb{R} \to \mathbb{C}$ gelte $\left(\partial_t - \kappa \partial_x^2\right) u = 0$. Für ein $v \in \mathbb{R}$ sei die Funktion $\widetilde{u} : I \times \mathbb{R} \to \mathbb{C}$ durch*

$$\widetilde{u}(t, x) = e^{\frac{v^2}{4\kappa}t} e^{-\frac{v}{2\kappa}x} u(t, x - vt)$$

definiert. Dann gilt $\left(\partial_t - \kappa \partial_x^2\right)\widetilde{u} = 0$.

Beweis Es gilt

$$(\partial_t \widetilde{u})(t, x) = e^{\frac{v^2}{4\kappa}t} e^{-\frac{v}{2\kappa}x}\left(\frac{v^2}{4\kappa} u(t, x - vt) - v(\partial_x u)(t, x - vt) + (\partial_t u)(t, x - vt)\right).$$

Die räumlichen Ableitungen ergeben

$$(\partial_x \widetilde{u})(t, x) = e^{\frac{v^2}{4\kappa}t} e^{-\frac{v}{2\kappa}x}\left(-\frac{v}{2\kappa} u(t, x - vt) + (\partial_x u)(t, x - vt)\right)$$

und

$$\left(\partial_x^2 \widetilde{u}\right)(t, x) = e^{\frac{v^2}{4\kappa}t} e^{-\frac{v}{2\kappa}x}\left[\begin{array}{l}\left(-\frac{v}{2\kappa}\right)\left(-\frac{v}{2\kappa} u(t, x - vt) + (\partial_x u)(t, x - vt)\right) \\ -\frac{v}{2\kappa}(\partial_x u)(t, x - vt) + \left(\partial_x^2 u\right)(t, x - vt)\end{array}\right]$$

$$= e^{\frac{v^2}{4\kappa}t} e^{-\frac{v}{2\kappa}x}\left[\left(\frac{v}{2\kappa}\right)^2 u(t, x - vt) - \frac{v}{\kappa}(\partial_x u)(t, x - vt) + \left(\partial_x^2 u\right)(t, x - vt)\right].$$

Daraus folgt $\left(\partial_t - \kappa \partial_x^2\right)\widetilde{u}(t, x) = e^{\frac{v^2}{4\kappa}t} e^{-\frac{v}{2\kappa}x}\left(\partial_t - \kappa \partial_x^2\right)u(t, x) = 0.$ □

Die Anwendung der Galileitransformation $u \mapsto \widetilde{u}$ auf die Lösung $u_z(t, x) = e^{\kappa z^2 t + zx}$ mit $z \in \mathbb{C}$ ergibt

$$\widetilde{u_z}(t, x) = e^{\frac{v^2}{4\kappa}t} e^{-\frac{v}{2\kappa}x} u(t, x - vt) = e^{\frac{v^2}{4\kappa}t} e^{-\frac{v}{2\kappa}x} e^{\kappa z^2 t + z(x - vt)}$$

$$= e^{\left(\frac{v^2}{4\kappa} - zv + \kappa z^2\right)t} e^{\left(z - \frac{v}{2\kappa}\right)x} = e^{\kappa\left(z - \frac{v}{2\kappa}\right)^2 t} e^{\left(z - \frac{v}{2\kappa}\right)x}$$

$$= u_{z - \frac{v}{2\kappa}}(t, x).$$

Tatsächlich ist $\widetilde{u_z}$ eine Lösung der WLG, wenngleich eine vom bereits bekannten Typ. Interessantere Lösungen sind durch Galileitransformation der räumlich und zeitlich abklingenden Lösungen zu erhalten, die (über q integrierte) Überlagerungen von Lösungen des Typs

$$u_{iq}(t, x) = e^{-\kappa q^2 t} e^{iqx}$$

sind. Solchen werden wir in Abschn. 5.5.1 begegnen.

3.5.6 Helmholtzgleichung: Kartesische Separation

Satz 3.29 *Seien* $g_1, \ldots g_n \in C^2(\mathbb{R})$ *und* $g : \mathbb{R}^n \to \mathbb{R}$, $x \mapsto g_1(x^1) g_2(x^2) \ldots$
$g_n(x^n)$ *sei nicht die Nullfunktion. Zu g existiert genau dann ein* $\lambda \in \mathbb{R}$ *mit* $\Delta g +$
$\lambda g = 0$, *wenn Zahlen* $\lambda_1, \ldots \lambda_n \in \mathbb{R}$ *mit* $\lambda_1 + \ldots + \lambda_n = \lambda$ *existieren, für die*
$g_i'' + \lambda_i g_i = 0$.

Korollar 3.7 *Die Funktion g ist genau dann beschränkt, wenn für alle* $i \in \{1, \ldots n\}$
gilt, dass $\lambda_i =: k_i^2 \geq 0$ *und* g_i *eine Linearkombination von* $\cos(k_i x^i)$ *und* $\sin(k_i x^i)$
ist. Es gilt dann $k^2 := \lambda = \sum_{i=1}^n k_i^2$.

Beweis Sei zunächst $g(x) = g_1(x^1) g_2(x^2) \ldots g_n(x^n)$ mit $g_i'' + \lambda_i g_i = 0$. Daraus
folgt durch einfaches Nachrechnen, dass $\Delta g + \lambda g = 0$ für $\lambda = \lambda_1 + \ldots + \lambda_n$. Damit
ist die eine Richtung der Behauptung des Satzes gezeigt.

Die Umkehrung folgt so: Für $g(x) = g_1(x^1) f(x^2, \ldots x^n)$ mit $f(x^2, \ldots x^n) =$
$g_2(x^2) \ldots g_n(x^n)$ folgt aus $\Delta g + \lambda g = 0$, dass

$$g_1''(x^1) f(x^2, \ldots x^n) + g_1(x^1) \Delta f(x^2, \ldots x^n) + \lambda g_1(x^1) f(x^2, \ldots x^n) = 0.$$

Es gelte $f(x_0^2, \ldots x_0^n) \neq 0$. Dann gilt mit $\lambda_1 = \lambda + \frac{\Delta f(x_0^2, \ldots x_0^n)}{f(x_0^2, \ldots x_0^n)}$ auf $\mathbb{R}$

$$g_1'' + \lambda_1 g_1 = 0.$$

Sei nun $g_1(x_0^1) \neq 0$. Dann folgt auf $\mathbb{R}^{n-1}$

$$\Delta f + \left(\lambda + \frac{g_1''(x_0^1)}{g_1(x_0^1)} \right) f = \Delta f + (\lambda - \lambda_1) f = 0.$$

Die n-fache Anwendung dieses Schlusses ergibt nun die Behauptung, denn die Be-
schränktheit von g liegt genau dann vor, wenn alle Funktionen g_i beschränkt sind.
Dies wiederum ist genau dann der Fall, wenn $\lambda_i \geq 0$ und wenn im Fall $\lambda_i = 0$ die
Lösung von $g_i'' = 0$ keine Komponente zur Basisfunktion x^i hat. Damit folgt das
Korollar.   □

3.5.7 Saite: Fouriers Lösungsformel

Die Summe von zwei Lösungen einer linearen Gleichung ist bekanntlich wiederum Lösung dieser Gleichung. So ergeben die endlichen Summen faktorisierender
Lösungen einer linearen partiellen Differentialgleichung (DG) schon eine recht
reichhaltige Teilmenge ihrer gesamten Lösungsmenge, aber eben nicht die ganze!

Fourier verfiel zur Überwindung dieses Hindernisses auf die Idee, die Lösung
eines Anfangsrandwertproblems der Wärmeleitungsgleichung als Linearkombination von *unendlich vielen* Produktlösungen des zugehörigen Randwertproblems

anzusetzen. Bei der Ausformulierung dieser Idee entdeckte Fourier die heute nach ihm benannten Funktionenreihen. Wir lernen sein Verfahren am Beispiel eines Randwertproblems der 2d-dAWG kennen. In diesem und vielen weiteren, ähnlich gelagerten Fällen ergibt Fouriers Verfahren tatsächlich zu jeder zulässigen Anfangsvorgabe eines Randwertproblems eine Lösung, und zwar die einzige Lösung des Anfangsrandwertproblems.

Welche nichttrivialen stationären Lösungen von $\Box A = 0$ auf $\mathbb{R} \times (0, L)$ erfüllen für alle $t \in \mathbb{R}$ die Randbedingungen $\lim_{x \to 0} A(t, x) = \lim_{x \to L} A(t, x) = 0$? Solche Randbedingungen heißen homogene Dirichletsche Randbedingungen. Sei also $A(t, x) = f(t) g(x)$ mit $f \in C^2(\mathbb{R})$ und $g \in C^2((0, L))$. Dann gilt $\Box A = 0$ genau dann, wenn $f'' + c^2 \lambda f = 0$ und $g'' + \lambda g = 0$ für ein $\lambda \in \mathbb{R}$. Die Randbedingung $\lim_{x \to 0} g(x) = \lim_{x \to L} g(x) = 0$ gilt, wie aus Band 1 dieses Werkes bekannt ist, genau dann, wenn ein $n \in \mathbb{N}$ existiert, sodass $\lambda = \left(\frac{n\pi}{L}\right)^2$ und $g(x) = A \cdot g_n(x) :=$ $A \sin\left(\frac{n\pi}{L} x\right)$ für ein $A \in \mathbb{R}$. Somit besteht die Menge der faktorisierenden Lösungen des obigen Randwertproblems aus genau den Stehwellenlösungen

$$A(t, x) = (\alpha \cos(\omega_n t) + \beta \sin(\omega_n t)) \sin\left(\frac{n\pi}{L} x\right), \qquad (3.24)$$

wobei $\omega_n = cn\pi/L$, $n \in \mathbb{N}$ und $\alpha, \beta \in \mathbb{R}$. Unbeschränkte Lösungen werden hier von den Randbedingungen unmöglich gemacht!

Die Stehwellenlösungen aus Gl. 3.24 sind also die Eigenschwingungen der am Rand eingespannten Saite. Ihre zugehörigen Eigenmoden sind die Funktionen g_n : $(0, L) \to \mathbb{R}$ mit $g_n(x) = \sin(n\pi x/L)$. Die Frequenzen ω_n heißen Eigenfrequenzen der eingespannten Saite. Die Frequenz ω_1 heißt Grundfrequenz. Die Menge $(c\pi/L) \cdot \mathbb{N}$ aller Eigenfrequenzen wird als das Spektrum der Eigenfrequenzen bezeichnet. Es besteht (im Fall der eingespannten Saite!) aus allen positiv ganzzahligen Vielfachen der Grundfrequenz.

Endliche Summen von Eigenschwingungen sind natürlich weitere Lösungen der dAWG auf $\mathbb{R} \times (0, L)$ und erfüllen die Einspannbedingung am Rand. Sie faktorisieren nicht und sind daher keine stehenden Wellen. Sie sind jedoch in t periodisch mit der Periode $2\pi/\omega_1 = 2L/c$.

Welche Anfangsdaten $u, v : (0, L) \to \mathbb{R}$ sind mit endlichen Summen von Eigenschwingungen realisierbar? Für eine solche Summe existiert ein $N \in \mathbb{N}$ und Zahlen $A_n, B_n \in \mathbb{R}$ für $n = 1, \ldots N$, sodass

$$A(t, x) = \sum_{n=1}^{N} (A_n \cos(\omega_n t) + B_n \sin(\omega_n t)) \sin\left(\frac{n\pi}{L} x\right)$$

für alle $(t, x) \in \mathbb{R} \times (0, L)$. Sei nun $\widetilde{A} : \mathbb{R}^2 \to \mathbb{R}$ mit

$$\widetilde{A}(t, x) = \sum_{n=1}^{N} (A_n \cos(\omega_n t) + B_n \sin(\omega_n t)) \sin\left(\frac{n\pi}{L} x\right)$$

für alle $(t, x) \in \mathbb{R}^2$. Offenbar gilt $\widetilde{A} \in C^2 (\mathbb{R}^2)$, $\widetilde{A}|_{\mathbb{R} \times (0, L)} = A$ und $\Box \widetilde{A} = 0$ auf ganz $\mathbb{R}^2$. Die Anfangsdaten $(\widetilde{u}, \widetilde{v})$ von $\widetilde{A}$ ergeben sich zu

$$\widetilde{u}(x) = \widetilde{A}(0, x) = \sum_{n=1}^{N} A_n \sin \left(\frac{n\pi}{L} x \right) \text{ für } x \in \mathbb{R},$$

$$\widetilde{v}(x) = \partial_t \widetilde{A}(0, x) = \sum_{n=1}^{N} B_n \omega_n \sin \left(\frac{n\pi}{L} x \right) \text{ für } x \in \mathbb{R}.$$

Die so erreichbaren Anfangsdaten $\widetilde{u}$ und $\widetilde{v}$ sind also alle ungeraden trigono metrischen Polynome der Periode $2L$. (Summanden mit cos-Funktionen fehlen!) Dementsprechend werden durch die endlichen Summen von Eigenschwingungen alle Anfangsdaten (u, v) realisiert, die Einschränkungen ungerader trigonometrischer Polynome der Periode $2L$ auf das Intervall $(0, L)$ sind. Die Koeffizienten A_n und B_n ergeben sich für derartige Daten (u, v) wegen[39] $\int_0^L g_n g_m (x) \, dx = \frac{L}{2} \delta_{nm}$ für alle $n \in \mathbb{N}$ mit $n \leq N$ durch

$$A_n = \frac{2}{L} \int_0^L u(x) \sin \left(\frac{n\pi}{L} x \right) dx, \tag{3.25a}$$

$$B_n = \frac{2}{L\omega_n} \int_0^L v(x) \sin \left(\frac{n\pi}{L} x \right) dx = \frac{2}{cn\pi} \int_0^L v(x) \sin \left(\frac{n\pi}{L} x \right) dx. \tag{3.25b}$$

Für welche Anfangsdaten $\widetilde{u}, \widetilde{v}$ existieren Zahlen $A_n, B_n \in \mathbb{R}$, sodass punktweise

$$\widetilde{u}(x) = \sum_{n=1}^{\infty} A_n \sin \left(\frac{n\pi}{L} x \right), \quad \widetilde{v}(x) = \sum_{n=1}^{\infty} B_n \omega_n \sin \left(\frac{n\pi}{L} x \right)$$

gilt? Sicherlich für alle ungeraden $2L$-periodischen Funktionen $\widetilde{u} \in C^2 (\mathbb{R})$ und $\widetilde{v} \in C^1 (\mathbb{R})$. Dabei sind die A_n, B_n für alle $n \in \mathbb{N}$ durch die Gl. (3.25a, 3.25b) mit $u = \widetilde{u}$ und $v = \widetilde{v}$ auf $(0, L)$ bestimmt. Es gilt die Abschätzung $|A_n| + |B_n| \leq C/n^2$

---

[39] Dies sind natürlich genau die Orthogonalitätsrelationen, welche die Koeffizienten der Sinusreihe einer ungeraden L-periodischen Funktion regeln (siehe Bd. 1). Ohne Rückgriff auf die komplexe Version der Fourierreihe kann man sie so zeigen: $\int_0^L g_n g_m (x) \, dx =$

$$= \int_0^L \sin \left(\frac{n\pi}{L} x \right) \sin \left(\frac{m\pi}{L} x \right) dx = L \int_0^1 \sin (n\pi x) \sin (m\pi x) \, dx$$

$$= \frac{L}{2} \int_0^1 [\cos ((n - m) \pi x) - \cos ((n + m) \pi x)] \, dx$$

$$= \frac{L}{2} \begin{cases} \left(\frac{\sin((n-m)\pi x)}{(n-m)\pi} - \frac{\sin((n+m)\pi x)}{(n+m)\pi} \right) \Big|_0^1 & \text{für } n, m \in \mathbb{N} \text{ mit } n \neq m \\ 1 - \left(\frac{\sin((n+m)\pi x)}{(n+m)\pi} \right) \Big|_0^1 & \text{für } n = m \in \mathbb{N} \end{cases} = \frac{L}{2} \delta_{nm}.$$

für alle $n \in \mathbb{N}$ (siehe z. B. Satz 82 in Bd. 1 dieses Werkes). Daher konvergiert die Funktionenreihe

$$\widetilde{A}(t, x) = \sum_{n=1}^{\infty} \left(A_n \cos(\omega_n t) + B_n \sin(\omega_n t)\right) \sin\left(\frac{n\pi}{L} x\right) \text{ für alle } t, x \in \mathbb{R}. \quad (3.26)$$

gleichmäßig auf $\mathbb{R}^2$ und definiert eine stetige Grenzfunktion $\widetilde{A} : \mathbb{R}^2 \to \mathbb{R}$. Für diese lässt sich (nicht ganz einfach!) zeigen, dass

$$\widetilde{A} \in C^2\left(\mathbb{R}^2\right), \quad \Box\widetilde{A} = 0, \quad \widetilde{u} = \widetilde{A}(0, \cdot), \quad \widetilde{v} = \partial_t \widetilde{A}(0, \cdot).$$

Details sind in [4, Kap. III, §6, sect. 3] ausgeführt.

Zu *jedem* Paar $(\widetilde{u}, \widetilde{v})$ von ungeraden $2L$-periodischen Funktionen $\widetilde{u} \in C^2(\mathbb{R})$, $\widetilde{v} \in C^1(\mathbb{R})$ existiert somit eine Lösung $\widetilde{A}$ von d'Alemberts Wellengleichung auf $\mathbb{R}^2$, die das Paar $(\widetilde{u}, \widetilde{v})$ als Anfangsvorgabe besitzt. Dementsprechend ist die Einschränkung A von $\widetilde{A}$ auf $\mathbb{R} \times (0, L)$ eine Lösung des ursprünglichen Saitenproblems, wenn die Anfangsdaten (u, v) die Einschränkungen von ungeraden $2L$-periodischen Funktionen $\widetilde{u} \in C^2(\mathbb{R})$, $\widetilde{v} \in C^1(\mathbb{R})$ auf $(0, L)$ sind.

Ist $(u, v) \in C^2((0, L)) \times C^1((0, L))$ mit

$$\lim_{x \to 0} u(x) = \lim_{x \to L} u(x) = 0 \quad \textit{und} \quad \lim_{x \to 0} v(x) = \lim_{x \to L} v(x) = 0$$

die Anfangsvorgabe, dann müssen u und v zuerst ungerade auf $[-L, L]$ und dann $2L$-periodisch auf $\mathbb{R}$ fortgesetzt werden. Diese Fortsetzungen $\widetilde{u}$ und $\widetilde{v}$ existieren aufgrund der Randbedingung. Zudem sind sie eindeutig bestimmt. Falls $(\widetilde{u}, \widetilde{v})$ Element von $C^2(\mathbb{R}) \times C^1(\mathbb{R})$ ist, dann ist (u, v) eine *zulässige* Vorgabe, die sich dem hier eingeschlagenen Lösungsverfahren erschließt. Man beachte, dass für eine zulässige Vorgabe (u, v) jedenfalls $\lim_{x \to 0} u''(x) = \widetilde{u}''(0) = 0 = \widetilde{u}''(L) = \lim_{x \to L} u''(x)$ gilt.[40]

Damit ist eine Funktion $A \in C^2(\mathbb{R} \times (0, L))$ mit $\Box A = 0$ und $\lim_{x \to 0} A(t, x) = \lim_{x \to L} A(t, x) = 0$ für alle $t \in \mathbb{R}$ zu einer beliebigen zulässigen Anfangsvorgabe (u, v) konstruiert. Sie wird als Lösung des Anfangsrandwertproblems der eingespannten Saite mit den Vorgaben (u, v) bezeichnet. Existiert eine weitere davon verschiedene Lösung $\widehat{A} \in C^2(\mathbb{R} \times (0, L))$ des Problems? Wie im Fall der Ganzraumlösung kann die Energieerhaltung zum Beweis von $A = \widehat{A}$ herangezogen werden. Das Energieintegral ist dabei auf das Intervall $(0, L)$ zu beschränken. Die Randterme bei der partiellen Integration verschwinden aufgrund der Einspannbedingung. Somit gilt:

Satz 3.30 (Fouriers Lösungsformel) *Besitzen die Funktionen $u, v : (0, L) \to \mathbb{R}$ ungerade und $2L$-periodische Fortsetzungen $\widetilde{u} \in C^2(\mathbb{R})$ und $\widetilde{v} \in C^1(\mathbb{R})$, dann existiert genau eine Funktion $A \in C^2(\mathbb{R} \times (0, L))$ mit $\Box A = 0$, der Randbedingung $\lim_{x \to 0} A(t, x) = \lim_{x \to L} A(t, x) = 0$ für alle $t \in \mathbb{R}$ und den Anfangsvorgaben*

---

[40]Eine Funktion $\widetilde{u} \in \mathscr{C}^2(\mathbb{R})$, die ungerade und $2L$-periodisch ist, erfüllt ja $\widetilde{u}''(0) = \widetilde{u}''(L) = 0$.

$A(0, x) = u(x)$ *und* $\partial_t A(0, x) = v(x)$ *für alle* $x \in (0, L)$. *Für die Funktion A gilt für alle* $(t, x) \in \mathbb{R} \times (0, L)$ *mit* $\omega_n := cn\pi/L$

$$A(t, x) = \lim_{N \to \infty} \sum_{n=1}^{N} (A_n \cos(\omega_n t) + B_n \sin(\omega_n t)) \sin\left(\frac{n\pi}{L}x\right),$$

$$A_n = \frac{2}{L} \int_0^L u(x) \sin\left(\frac{n\pi}{L}x\right) dx \text{ und } B_n = \frac{2}{cn\pi} \int_0^L v(x) \sin\left(\frac{n\pi}{L}x\right) dx.$$

Im Rest dieses Abschnitts werden zwei erste, ganz einfache Beispiele zu Fouriers Lösungsformel ausgebreitet. Sie überlagern jeweils zwar nur zwei Eigenschwingungen, beschreiben aber dennoch schon ein recht ungewohntes Schwingungsverhalten.

Beispiel 3.6 Bereits die Überlagerung von nur zwei Stehwellenlösungen kann zu einer recht unübersichtlichen Saitenschwingung führen. Abb. 3.19 zeigt ein paar Momentaufnahmen der Überlagerung $A(t, x) = \cos(\omega_1 t) g_1(x) + \cos(\omega_2 t) g_2(x)$ während der ersten halben Periode. Sie zeigt die Funktion $A(t, \cdot)$ zu den Zeiten $\omega_1 t \in \frac{\pi}{4} \cdot \{0, 1, 2, 3, 4\}$. Die zeitliche Reihenfolge ist rot, grün, blau, magenta, braun. Während der zweiten Halbperiode werden die Momentaufnahmen von Abb. 3.19 zu den Zeiten $\omega_1 t \in \frac{\pi}{4} \cdot \{4, 5, 6, 7, 8\}$ in umgekehrter Reihenfolge durchlaufen.

Beispiel 3.7 Für $0 < x < L$ gelte $u(x) = \sin^3(x\pi/L)$ und $v(x) = 0$. Offenbar sind u und v Einschränkungen ungerader C^2-Funktionen. Wegen $\sin^3(x) = (3 \sin x - \sin 3x)/4$ sind die Koeffizienten A_k ohne Integration einfach abzulesen: $A_1 = 3/4$, $A_3 = -1/4$ und $A_k = 0$ sonst. Es folgt unter Beachtung von $B_k = 0$ für

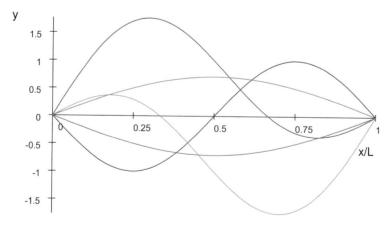

Abb. 3.19 $y = A(t, x)$ für $\omega_1 t \in \frac{\pi}{4} \cdot \{0, 1, 2, 3, 4\}$ aus Bsp. 3.6 in der Reihenfolge rot, grün, blau, magenta, braun

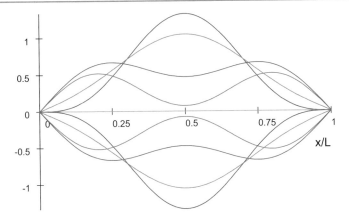

Abb. 3.20 $y = A(t, x)$ von Bsp. 3.7 für $\omega t = k\pi/8$ mit $k \in \{0, 1, \ldots 8\}$ (Farbcode im Text)

alle $k \in \mathbb{N}$

$$A(t, x) = \frac{3}{4} \left(\cos(\omega t) \sin\left(\pi \frac{x}{L}\right) - \frac{1}{3} \cos(3\omega t) \sin\left(3\pi \frac{x}{L}\right) \right).$$

Abb. 3.20 zeigt die Saitenauslenkung $A(t, \cdot)$ während einer Halbperiode zu den Zeiten $\omega t \in (\pi/8)\{1, 2, \ldots 8\}$. Die Momentaufnahmen werden in der Reihenfolge rot, grün, blau, magenta, braun, blau, grün, rot von oben nach unten durchlaufen. Die anfangs zentral fokussierte Saitenauslenkung verbreitert sich, schwingt durch die Ruhelage der Saite durch und baut sich in Gegenrichtung wieder zu einer zentral fokussierten Auslenkung auf. In der darauffolgenden Halbperiode werden die Momentaufnahmen in umgekehrter Reihenfolge durchlaufen.

3.5.8 *Schrödingerevolution am Intervall

Ist ein nichtrelativistisches Quantenteilchen durch starke Kräfte in einen endlichen Raumbereich gesperrt, dann wird dies vielfach durch die Randvorgabe beschrieben, dass die Wellenfunktion des Teilchens außerhalb des Raumgebietes zu allen Zeiten verschwindet. Im Folgenden wird ein räumlich eindimensionales Beispiel für ein derartiges Vorgehen beschrieben. Das Teilchen ist dabei in dem ihm zugänglichen Raumgebiet keinen weiteren Kräften ausgesetzt.

Gesucht ist eine Funktion $\psi : \mathbb{R} \times [0, L] \to \mathbb{C}$ mit

- Evolutionsgleichung: $i\hbar\partial_t \psi(t, x) = -\left(\hbar^2/2m\right) \partial_x^2 \psi(t, x)$,
- Randvorgabe: $\psi(t, 0) = 0 = \psi(t, L)$ für alle $t \in \mathbb{R}$,
- Anfangsvorgabe: $\psi(0, x) = u(x)$ für alle $x \in [0, L]$.

Dabei sei $u \in C^2\,(\mathbb{R} : \mathbb{C})$ ungerade und $2L$-periodisch. Ganz ähnlich wie im Fall der schwingenden Saite folgt, dass es genau eine solche Funktion ψ gibt und dass für alle $(t, x) \in \mathbb{R} \times [0, L]$

$$\psi\,(t, x) = \sum_{k=1}^{\infty} A_k e^{-i\omega_k t} \sin\,(k\pi x/L) \text{ mit } A_k = \frac{2}{L} \int_0^L u\,(x) \sin\left(\frac{n\pi}{L}x\right) dx$$

bei gleichmäßiger Konvergenz gilt. Dabei sind hier die Eigenfrequenzen ω_k durch $\omega_k = \omega \cdot k^2$ mit der Grundfrequenz $\omega = (\pi\hbar/L)^2 / (2m\hbar)$ gegeben. Sie bilden also anders als bei der schwingenden Saite keine Folge von äquidistanten Werten. Vielmehr wächst die Differenz zweier aufeinander folgender Frequenzen unbeschränkt an: $\omega_{k+1} - \omega_k = (2k + 1)\,\omega$.

Beispiel: $u\,(x) = \sin^3\,(x\pi/L)$. Wegen $\sin^3\,(x) = (3\sin x - \sin 3x)\,/4$ sind die Fourierkoeffizienten A_k der Lösung ψ des Anfangsrandwertproblems durch Koeffizientenvergleich abzulesen. Es gilt $A_1 = 3/4$, $A_3 = -1/4$ und alle weiteren A_k sind gleich 0. Es gilt also

$$\frac{4}{3}\psi\,(t, x) = e^{-i\omega t} \sin\,(\pi x/L) - \frac{e^{-9i\omega t}}{3} \sin\,(3\pi x/L)$$

$$= e^{-i\omega t} \left(\sin\,(\pi x/L) - \frac{e^{-8i\omega t}}{3} \sin\,(3\pi x/L) \right).$$

Daraus folgt

$$\left| \frac{4}{3}\psi\,(t, x) \right|^2 = \left(\sin\,(\pi x/L) - \frac{\cos\,(8\omega t)}{3} \sin\,(3\pi x/L) \right)^2$$

$$+ \left(\frac{\sin\,(8\omega t)}{3} \sin\,(3\pi x/L) \right)^2.$$

Abb. 3.21 zeigt Momentaufnahmen von $|\psi\,(t, \cdot)|^2$ während einer Halbperiode in der zeitlichen Abfolge rot, grün, blau, magenta und schwarz. In der darauffolgenden Halbperiode werden dieselben Momentaufnahmen in umgekehrter Reihenfolge durchlaufen. Diese (nicht normierte) Ortsdichte erinnert an eine pulsierende Qualle. Periodisch verbreitert sie sich und zieht sich anschließend wieder zusammen. Die Flächen unter den Kurven sind alle gleich. Es gilt

$$\|\psi\,(t, \cdot)\|^2 = \int_0^L |\psi\,(t, x)|^2\,dx = \int_0^L \sin^6\left(\pi\frac{x}{L}\right) dx = \frac{5}{16}L.$$

Man beachte auch, dass $5L/16 = \left(\left|A_1^2\right| + \left|A_3^2\right|\right) L/2 = \|\psi\,(t, \cdot)\|^2$.

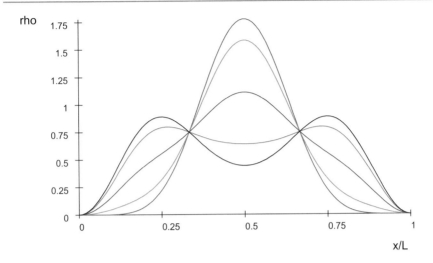

rho

Abb. 3.21 $\rho = |4\psi(t, \cdot)/3|^2$ für $8\omega t = k\pi/4$ für $k \in \{0, 1, 2, 3, 4\}$ in der Reihung rot, grün, blau, magenta und schwarz

3.5.9 *Energie einer schwingenden Saite

Wie kann die Gesamtenergie einer Lösung A der am Rand eingespannten schwingenden Saite durch die Koeffizienten A_n, B_n der Sinusreihen ihrer Anfangsvorgaben u, v ausgedrückt werden?

Satz 3.31 *Die Funktion* $A : \mathbb{R} \times (0, L) \to \mathbb{R}$ *erfülle mit* $k_n := n\pi/L$

$$A(t, x) = \sum_{n=1}^{N} (A_n \cos(\omega_n t) + B_n \sin(\omega_n t)) \sin(k_n x)$$

für alle $(t, x) \in \mathbb{R} \times (0, L)$. *Dann gilt für die Gesamtenergie von* A, *nämlich*

$$E_A(t) := \frac{1}{2} \int_0^L \left\{ \left(\frac{1}{c} \partial_t A(t, x) \right)^2 + (\partial_x A(t, x))^2 \right\} dx,$$

dass $E_A(t) = E_A(0) = \frac{L}{4} \sum_{n=1}^{N} (A_n^2 + B_n^2) \cdot k_n^2$ *für alle* $t \in \mathbb{R}$.

Beweis Die Berechnung von $E_A(t)$ vereinfacht sich etwas durch die Beachtung der Tatsache, dass ein $\delta_n \in \mathbb{R}$ existiert, sodass mit $C_n = \sqrt{A_n^2 + B_n^2}$ für alle $t \in \mathbb{R}$

$$(A_n \cos(\omega_n t) + B_n \sin(\omega_n t)) = C_n \cos(\omega_n t - \delta_n)$$

gilt. Die Zahl δ_n ist so zu wählen, dass $\cos(\delta_n) = A_n/C_n$ und $\sin(\delta_n) = A_n/C_n$ gilt. (Das spielt hier aber gar keine Rolle.) Damit gilt

$$A(t,x) = \sum_{n=1}^{N} C_n \cos(\omega_n t - \delta_n) \sin(k_n x). \tag{3.27}$$

Für die kinetische Energie folgt mit $g_n(x) = \sin(k_n x)$ daher

$$E_A^{\text{kin}}(t) = \frac{1}{2} \int_0^L \left(\frac{1}{c}\partial_t A(t,x)\right)^2 dx$$

$$= \frac{1}{2} \sum_{n,m=1}^{N} C_n C_m k_n k_m \sin(\omega_n t - \delta_n) \sin(\omega_m t - \delta_m) \int_0^L g_n(x) g_m(x)\, dx$$

$$= \frac{1}{2} \sum_{n,m=1}^{N} C_n C_m k_n k_m \sin(\omega_n t - \delta_n) \sin(\omega_m t - \delta_m) \cdot \frac{L}{2}\delta_{n,m}$$

$$= \frac{L}{4c^2} \sum_{n=1}^{N} \omega_n^2 C_n^2 \sin^2(\omega_n t - \delta_n).$$

Die potentielle Energie ergibt sich wie folgt: Zunächst gilt

$$E_A^{\text{pot}}(t) = \frac{1}{2} \int_0^L (\partial_x A(t,x))^2\, dx$$

$$= \frac{1}{2} \sum_{n,m=1}^{N} C_n C_m \cos(\omega_n t - \delta_n) \cos(\omega_m t - \delta_m) \int_0^L g_n'(x) g_m'(x)\, dx.$$

Das Integral kann mittels partieller Integration weiterverarbeitet werden. Es gilt

$$\int_0^L g_n'(x) g_m'(x)\, dx = g_n(x) g_m'(x)\Big|_0^L - \int_0^L g_n(x) g_m''(x)\, dx.$$

Wegen $g_n(0) = 0 = g_n(L)$ und $g_n''(x) = -k_n^2 g_n(x)$ ergibt sich somit

$$\int_0^L g_n'(x) g_m'(x)\, dx = k_n^2 \int_0^L g_n(x) g_m(x)\, dx = k_n^2 \cdot \frac{L}{2}\delta_{n,m}.$$

Daraus folgt nun

$$E_A^{\text{pot}}(t) = \frac{L}{4c^2} \sum_{n=1}^{N} \omega_n^2 C_n^2 \cos^2(\omega_n t - \delta_n)$$

und weiter die Modenzerlegung der zeitlich konstanten Gesamtenergie der Lösung A zu

$$E_A(t) = \frac{L}{4}\sum_{n=1}^{N} C_n^2 k_n^2 = \frac{L}{4c^2}\sum_{n=1}^{N} C_n^2 \omega_n^2 = \frac{\pi^2}{4L}\sum_{n=1}^{N} C_n^2 n^2. \tag{3.28}$$

$\square$

3.5.10 *Saite als mechanisches Oszillatorsystem

Die Gesamtenergie einer Saitenschwingung ist nach Gl. 3.28 die Summe der Energien aller beteiligten Eigenschwingungen. Die Energie einer einzelnen Eigenschwingung ist proportional ihrem Amplitudenquadrat und auch zum Quadrat ihrer Frequenzkonstante ω_n. Die (ortsabhängige) Auslenkung $C_n \cos(\omega_n t - \delta_n) \cdot g_n(x)$ einer Eigenschwingung oszilliert mit der Eigenfrequenz ω_n. Ihre Energie setzt sich aus einem (mit der Frequenz $2\omega_n$) harmonisch oszillierenden kinetischen und potentiellen Anteil zusammen. All dies erinnert uns an die Verhältnisse bei einem System aus mehreren voneinander entkoppelten, eindimensionalen harmonischen Oszillatoren.

Im Detail stellt sich die Analogie zwischen einer der Eigenmoden einer Saite und der Bewegung eines harmonischen Oszillators wie folgt dar: Für jede Lösung $q : \mathbb{R} \to \mathbb{R}$ der Bewegungsgleichung eines mechanischen harmonischen Oszillators der Frequenz ω und der Masse m existieren zwei Konstanten C und δ mit $C \geq 0$ und $\delta \in [0, 2\pi)$, sodass $q(t) = C\cos(\omega t - \delta)$ für alle $t \in \mathbb{R}$ erfüllt ist. Die kinetische und die potentielle Energie einer solchen Bewegung erfüllt dann zur Zeit t

$$E^{\mathrm{kin}}(t) = \frac{m}{2}\dot{q}^2(t) = \frac{m}{2}\omega^2 C^2 \sin^2(\omega t - \delta),$$
$$E^{\mathrm{pot}}(t) = \frac{m}{2}\omega^2 q^2(t) = \frac{m}{2}\omega^2 C^2 \cos^2(\omega t - \delta).$$

Weiter folgt unter Verwendung der Funktion $a : \mathbb{R} \to \mathbb{C}$ mit

$$a(t) = \sqrt{\frac{m\omega}{2\hbar}}\left(q(t) + i\frac{\dot{q}(t)}{\omega}\right) = \sqrt{\frac{m\omega}{2\hbar}}Ce^{-i(\omega t - \delta)}$$

für die (zeitlich konstante) Gesamtenergie der Bewegung q

$$E = E^{\mathrm{kin}}(t) + E^{\mathrm{pot}}(t) = \frac{m}{2}\omega^2 C^2 = \hbar\omega \cdot |a(0)|^2.$$

Die Konstante $\hbar \in \mathbb{R}_{>0}$ ist von der Dimension einer Wirkung. Sie dient dazu, die komplexe Auslenkung a der Oszillatorbewegung dimensionslos zu machen. Es gilt $|a(0)| = |a(t)|$ für alle $t \in \mathbb{R}$. Man beachte, dass E *jeden* nichtnegativen Wert annehmen kann.

Wird nun die Oszillatormasse m durch den Saitenparameter $L/2c^2$ und die Auslenkung des Oszillators $q(t)$ durch die Zeitfunktion der n-ten Eigenmode

$q_n(t) = C_n \cos(\omega_n t - \delta_n)$ einer Saite der Länge L und der Geschwindigkeitskonstante c ersetzt, dann stimmt Gesamtenergie von Gl. 3.28 der Saitenschwingung A aus Gl. 3.27 mit der eines Systems aus N voneinander entkoppelten harmonischen Oszillatoren überein. Hat der n-te Oszillator die Auslenkungsamplitude C_n, dann erfüllt die Gesamtenergie des Oszillatorsystems ja für alle $t \in \mathbb{R}$

$$E_A = \frac{L}{4c^2} \sum_{n=1}^{N} C_n^2 \omega_n^2 = \sum_{n=1}^{N} \hbar \omega_n \cdot \overline{a_n(0)} \cdot a_n(0). \tag{3.29}$$

Die modellfremde Konstante $\hbar$ erscheint hier natürlich nur, weil sie mit der Definition von a_n eingeschleppt wurde.

Wie drückt sich die Modenzerlegung (3.27) in den Größen $a_n(0)$ aus? Mit $k_n = n\pi/L$ folgt unter Beachtung der Ersetzung von m durch $L/2c^2$ in der Beziehung $\sqrt{2\hbar/(m\omega_n)}a_n(0) = C_n e^{i\delta_n}$, dass

$$A(t,x) = \sum_{n=1}^{N} C_n \cos(\omega_n t - \delta_n) \sin(k_n x)$$

$$= \sum_{n=1}^{N} C_n \frac{e^{-i(\omega_n t - \delta_n)} + e^{i(\omega_n t - \delta_n)}}{2} \sin(k_n x)$$

$$= \sum_{n=1}^{N} \sqrt{\frac{2\hbar}{(L/2c^2)\omega_n}} \cdot \frac{a_n(0) e^{-i\omega_n t} + \overline{a_n}(0) e^{i\omega_n t}}{2} \sin(k_n x).$$

Wegen $\sqrt{\frac{c^2 \hbar}{L\omega_n}} = \sqrt{\frac{c^2 \hbar}{Lcn\pi/L}} = \sqrt{\frac{\hbar c}{n\pi}}$ folgt daraus

$$A(t,x) = \sum_{n=1}^{N} \sqrt{\frac{\hbar c}{n\pi}} \cdot \left[a_n(0) e^{-i\omega_n t} + \overline{a_n}(0) e^{i\omega_n t}\right] \cdot \sin(k_n x). \tag{3.30}$$

Ausgehend von den Gl. (3.29, 3.30) lässt sich, wie schon 1926 von Born, Heisenberg und Jordan in ihrer berühmten „Dreimännerarbeit" vorgeschlagen, ein Quantenanalogon der schwingenden Saite formulieren. Dabei werden in den Gl. (3.29) und (3.30) die komplexen Amplituden $a_n(0)$ und deren komplex konjugierte Größen $\overline{a_n}(0)$ durch lineare Abbildungen $\widehat{a_n} : V \to V$, sogenannte Operatoren, und deren adjungierte Abbildungen $\widehat{a_n^*}$ eines (unendlichdimensionalen) Vektorraumes V (mit Skalarprodukt) ersetzt. Die Abbildungen $\widehat{a_n}$ erfüllen dabei für alle $n, m \in \{1, \ldots N\}$ die Vertauschungsrelationen

$$\widehat{a_n} \circ \widehat{a_m} - \widehat{a_m} \circ \widehat{a_n} = 0 \text{ und } \widehat{a_n} \circ \widehat{a_m^*} - \widehat{a_m^*} \circ \widehat{a_n} = \delta_{nm} \cdot \text{id}_V.$$

Die nach diese Vorschrift erzeugte operatorwertige Funktion

$$\mathbb{R} \times (0, L) \ni (t, x) \mapsto \widehat{A}(t, x) = \sum_{n=1}^{N} \sqrt{\frac{\hbar c}{n\pi}} \cdot \left[\widehat{a_n} e^{-i\omega_n t} + \widehat{a_n^*} e^{i\omega_n t}\right] \cdot \sin(k_n x)$$

wird als ein (ultraviolettregularisiertes) Quantenfeld bezeichnet.

Während vor der Ersetzung von $a_n(0)$ und $\overline{a_n}(0)$ durch $\widehat{a}_n$ und $\widehat{a}_n^*$ die Konstante $\hbar$ völlig bedeutungslos ist, hat sie im quantisierten Modell eine wichtige Funktion: Sie setzt die Skala für das Eigenwertspektrum der quantisierten Energie $\widehat{E}_n = \hbar\omega_n \cdot \widehat{a}_n^* \circ \widehat{a}_n$ der n-ten Oszillatormode. Ohne Beweis sei hier mitgeteilt: $\widehat{E}_n$ hat die diskreten Energieeigenwerte $\hbar\omega_n \cdot \mathbb{N}_0 = \left\{\hbar c \frac{n\pi}{L} k : k \in \mathbb{N}_0\right\}$. Im Zuge der Quantisierungsersetzung wird die Energiefunktion E_A von Gl. 3.29 zum Energieoperator $H = \sum_{n=1}^{N} \widehat{E}_n$ des quantisierten Feldsystems. Er hat das Eigenwertspektrum $\hbar\omega_1 \cdot \mathbb{N}_0$. Die (maximalen) Integralkurven des Vektorfeldes $-iH/\hbar$ definieren eine Zeitevolution in V durch den Evolutionsoperator $U(t) = \exp(-itH/\hbar)$. Für diesen gilt dann

$$\widehat{A}(t,x) = U(t)^* \widehat{A}(0,x) U(t).$$

Als beträchtliche Hürde bei der Konstruktion einer vollständig quantisierten Saitendynamik stellt sich der nötige Grenzübergang $N \to \infty$ zu unendlich vielen Freiheitsgraden heraus. Er ist durchzuführen, wenn *jeder* Mode $g_m \in \{g_n\}_{n\in\mathbb{N}}$ ein Quantenoszillator $\widehat{a}_m$ gegenüberstehen soll.

3.5.11 *AWP der Saite: Unzulässige Vorgabe

In Fouriers Lösungsformel für die am Rand eingespannte Saite der Länge L können Funktionen u, v eingesetzt werden, die *keine* zulässigen Anfangsvorgaben im Sinne des Fourierschen Lösungssatzes sind. Die Funktion $A : \mathbb{R} \times (0,L) \to \mathbb{R}$, die sich dabei ergibt, ist dann nicht notwendig eine C^2-Funktion und in einem solchen Fall auch keine Lösung von d'Alemberts Wellengleichung. Dazu zwei Beispiele. Sie verletzen die C^2-Voraussetzung an $\widetilde{u}$ lediglich in den Punkten $L \cdot \mathbb{Z}$, insbesondere also in den Randpunkten $x = 0$ und $x = L$ der Saite. Ansonsten, insbesondere im Bereich $(0,L)$, ist $\widetilde{u}$ in beiden Beispielen sogar eine C^∞-Funktion. Dieser scheinbar unbedeutende Defekt macht sich jedoch zu einer späteren Zeit im Bereich $(0,L)$ bemerkbar: Die Funktion A ist in einigen Punkten im inneren Bereich $x \in (0,L)$ nicht zweimal stetig differenzierbar.

Anfangsauslenkung: Sinusquadrat

Sei für ein $L > 0$ die Anfangsauslenkung der Saite durch $u(x) = \sin^2\left(\frac{\pi}{L}x\right)$ für $0 < x < L$ gegeben. Für die Anfangsgeschwindigkeit gelte $v(x) = 0$ für $x \in (0,L)$. Wegen $\lim_{x\downarrow 0} u''(x) = 2(\pi/L)^2$ ist die ungerade $2L$-periodische Funktion $\widetilde{u}$, die auf $(0,L)$ mit u übereinstimmt, keine C^2-Funktion. Die Sinusreihe

$$\widetilde{u}(x) = \sum_{n=1}^{\infty} A_n \sin\left(\frac{n\pi}{L}x\right)$$

von $\widetilde{u}$ hat die Koeffizienten

$$A_n = \frac{2}{L} \int_0^L u(x) \sin\left(\frac{n\pi}{L}x\right) dx = \frac{2}{\pi} \int_0^\pi u\left(\frac{L}{\pi}y\right) \sin(ny)\, dy$$

$$= \frac{2}{\pi} \int_0^\pi \sin^2(x) \sin(nx)\, dx.$$

Die Funktion $\sin^2 : [0, \pi] \to \mathbb{R}$ ist um den Punkt $x = \pi/2$ gerade und die Funktion $x \mapsto \sin(nx)$ ist für gerades n und $0 < x < L$ um $x = \pi/2$ ungerade. Daher gilt $A_{2n} = 0$ für alle $n \in \mathbb{N}$. Für ungerade n gilt wegen $2\sin^2 x = 1 - \cos 2x$

$$\pi A_n = 2 \int_0^\pi \sin^2(x) \sin(nx)\, dx = \int_0^\pi [1 - \cos(2x)] \sin(nx)\, dx$$

$$= -\left.\frac{\cos(nx)}{n}\right|_0^\pi - \int_0^\pi \sin(nx) \cos(2x)\, dx.$$

Da n ungerade vorausgesetzt ist, gilt $-\cos(nx)|_{x=0}^{x=\pi} = 1 - (-1)^n = 2$ und somit

$$\pi A_n = \frac{2}{n} - \frac{1}{2} \int_0^\pi [\sin((n-2)x) + \sin((n+2)x)]\, dx$$

$$= \frac{2}{n} + \frac{1}{2}\left[\frac{\cos((n-2)x)}{n-2} + \frac{\cos((n+2)x)}{n+2}\right]_0^\pi$$

$$= \frac{2}{n} - \left[\frac{1}{n-2} + \frac{1}{n+2}\right] = \frac{2}{n} - \frac{2n}{n^2-4} = \frac{2}{n}\left(1 - \frac{n^2}{n^2-4}\right)$$

$$= \frac{2}{n}\left(\frac{n^2-4-n^2}{n^2-4}\right) = -\frac{8}{n(n^2-4)}.$$

Für die Funktion A aus Fouriers Lösungsformel gilt also mit $\omega = c\pi/L$ und $k = \pi/L$

$$A(t, x) = -\frac{8}{\pi} \sum_{n=0}^\infty \frac{\cos((2n+1)\omega t)}{2n+1} \frac{\sin((2n+1)kx)}{(2n+1)^2 - 4}.$$

Mit $2\cos\beta \sin\alpha = \sin(\alpha - \beta) + \sin(\alpha + \beta)$ folgt daraus, dass für $(t, x) \in \mathbb{R} \times (0, L)$

$$A(t, x) = \frac{1}{2}\left(\widetilde{u}(x - ct) + \widetilde{u}(x + ct)\right).$$

A stimmt also mit der Einschränkung jener Funktion auf $\mathbb{R} \times (0, L)$ überein, die von d'Alemberts Lösungsformel aus den Anfangsvorgaben

$$\widetilde{u}(x) = \operatorname{sgn}(\sin(\pi x/L)) \cdot \sin^2(\pi x/L) \text{ und } \widetilde{v}(x) = 0 \text{ für alle } x \in \mathbb{R}$$

mit $\operatorname{sgn}(x) = x/|x|$ für $x \in \mathbb{R} \setminus \{0\}$ und $\operatorname{sgn}(0) = 0$ erzeugt wird. Dabei ist aber die Vorgabe $\widetilde{u}$ im Sinn von d'Alemberts Lösungssatz unzulässig, da ja $\widetilde{u} \notin C^2(\mathbb{R})$.

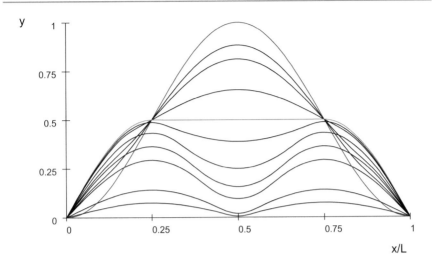

Abb. 3.22 $y = A(t, x)$ zu den von oben nach unten anwachsenden Zeiten $\omega t \in \left\{ 0, \frac{\pi}{9}, \frac{\pi}{7}, \frac{\pi}{5}, \frac{\pi}{4}, \frac{\pi}{3,5}, \frac{\pi}{3}, \frac{\pi}{2,7}, \frac{\pi}{2,5}, \frac{\pi}{2,2}, \frac{\pi}{2,1} \right\}$

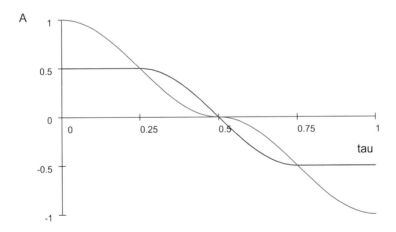

Abb. 3.23 $\tau = \omega t / \pi \mapsto A(t, x)$ für $kx = \pi/2$ in Rot und $kx = \pi/4$ in Schwarz

Abb. 3.22 zeigt Schnappschüsse von A als Funktion von x/L zu den Zeiten $ct\pi/L = \omega t \in \left\{ 0, \frac{\pi}{9}, \frac{\pi}{7}, \frac{\pi}{5}, \frac{\pi}{4}, \frac{\pi}{3,5}, \frac{\pi}{3}, \frac{\pi}{2,7}, \frac{\pi}{2,5}, \frac{\pi}{2,2}, \frac{\pi}{2,1} \right\}$, welche die Viertelperiode von $t = 0$ bis $\omega t = \pi/2$ veranschaulichen. Es gilt $A(t, x) = 0$ für $\omega t = \pi/2$. Die Auslenkung zu $t = 0$ ist in Rot und jene für $\omega t = \pi/4$ ist in Grün gezeigt. Abb. 3.23 zeigt den zeitlichen Verlauf der Auslenkung A an den Stellen x mit $kx = \pi/2$ bzw. $kx = \pi/4$ während der ersten Viertelperiode.

Übertragung auf Wärmeleitungs- und Schrödingergleichung

Die Lösung $u : \mathbb{R}_{>0} \times (0, L) \to \mathbb{R}$ des analogen Anfangsrandwertproblems zur Wärmeleitungsgleichung $\partial_t u\,(t, x) = \partial_x^2 u\,(t, x)$ zur Anfangsvorgabe $\lim_{t \downarrow 0} u\,(t, x) = \sin^2(kx)$ erfüllt mit $k = \pi / L$ für $(t, x) \in \mathbb{R}_{>0} \times (0, L)$

$$u\,(t, x) = -\frac{8}{\pi} \sum_{n=0}^{\infty} \frac{e^{-(2n+1)^2 k^2 t}}{2n + 1} \frac{\sin\left((2n + 1)\,kx\right)}{(2n + 1)^2 - 4}. \tag{3.31}$$

Die nichtverschwindenden Koeffizienten

$$C_{2n+1} = -\frac{8}{\pi} \frac{e^{-(2n+1)^2 k^2 t}}{(2n + 1)\left((2n + 1)^2 - 4\right)}$$

der Sinusreihe von $u\,(t, \cdot)$ erfüllen $\lim_{n \to \infty} (2n + 1)^k\, C_{2n+1} = 0$ für alle $t > 0$ und für alle $k \in \mathbb{N}$. Dies lässt vermuten, dass u weitaus glatter als die Lösung A zur schwingenden Saite ist. Dies ist tatsächlich der Fall: u ist unendlich oft stetig differenzierbar (siehe [8, Theorem 55.3]; Lösungsformel von Laplace). Abb. 3.24 zeigt die Partialsumme der Funktion u für $L = 1$ bis $n = 10$ am Bereich $0 < t < 0, 3$ und $0 < x < 1$.

Quantenmechanische Bedeutung hat die Funktion $\psi : \mathbb{R} \times (0, L) \to \mathbb{C}$ mit

$$\psi\,(t, x) = -\frac{8}{\pi} \sum_{n=0}^{\infty} \frac{e^{-i(2n+1)^2 \left(\frac{\pi}{L}\right)^2 t}}{2n + 1} \frac{\sin\left((2n + 1)\,\pi \frac{x}{L}\right)}{(2n + 1)^2 - 4}.$$

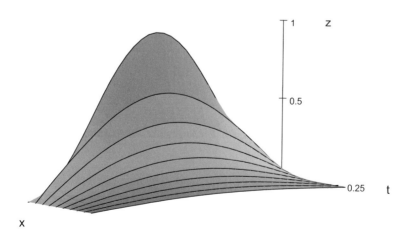

Abb. 3.24 Partialsumme $z = -\frac{8}{\pi} \sum_{n=0}^{10} \frac{e^{-(2n+1)^2 \pi^2 t}}{2n+1} \frac{\sin((2n+1)\pi x)}{(2n+1)^2 - 4}$ von u aus Gl. 3.31 für $0 < x < 1$ und $0 < t < 0,3$

In ψ könnte eine Lösung der Schrödingergleichung $i\partial_t \psi(t, x) = -\partial_x^2 \psi(t, x)$ zum Anfangsrandwertproblem $\psi(t, 0) = \psi(t, L) = 0$ und $\psi(0, x) = \sin^2(x\pi/L)$ vermutet werden, da jeder Summand der Reihe die Schrödingergleichung löst. Die Koeffizienten der Sinusreihe von $\psi(t, \cdot)$ konvergieren zudem für $t \to 0$ gegen die Koeffizienten der Sinusreihe von $\sin^2(\pi x/L)$, sodass $\lim_{t\to 0} \psi(t, x) = \sin^2(\pi x/L)$ für alle $x \in (0, L)$ plausibel erscheint.

Dass die Dinge jedoch etwas vorsichtiger anzugehen sind, zeigt schon die Sinusreihe der ungeraden $2L$-periodischen Funktion $\tilde{u}$ mit $\tilde{u}(x) = \sin^2(\pi x/L)$ für $0 \leq x \leq L$, denn es gilt

$$2\left(\frac{\pi}{L}\right)^2 = \lim_{x\downarrow 0}\tilde{u}''(x) \neq \sum_{n=0}^{\infty} A_{2n+1} \cdot \left(\frac{d}{dx}\right)^2\bigg|_{x=0} \sin\left(\frac{(2n+1)\pi}{L}x\right) = 0.$$

Es ist also erst zu untersuchen, wo im Intervall $(0, L)$ die Ableitung $\partial_x^2 \psi(t, \cdot)$ mit der gliedweisen zweiten Ableitung der Sinusreihe von $\psi(t, \cdot)$ übereinstimmt. Die Quantenmechanik benötigt solche Untersuchungen in der Regel jedoch nicht, weil sie für die Schrödingergleichung einen allgemeineren Lösungsbegriff als den hier diskutierten „klassischen" zugrunde legt.

Saite: Parabolische Anfangsauslenkung

Sei $L > 0$. Für die Anfangsauslenkung u gelte $u(x) = \frac{x}{L}\left(1 - \frac{x}{L}\right)$ für alle x mit $0 < x < L$. Für die Anfangsgeschwindigkeit v gelte $v = 0$. Daraus folgt $B_n = 0$ für alle $n \in \mathbb{N}$ und

$$A_n = 2\int_0^1 x(1-x)\sin(n\pi x)\,dx = \frac{4}{(n\pi)^3}\left(1 - (-1)^n\right)$$

$$= \begin{cases} \frac{8}{(n\pi)^3} & \text{für } n \text{ ungerade} \\ 0 & \text{für } n \text{ gerade} \end{cases}.$$

Wie ergibt sich das? So: $(n\pi)^2 \int_0^1 x(1-x)\sin(n\pi x)\,dx =$

$$= -\int_0^1 x(1-x)\frac{d^2}{dx^2}\sin(n\pi x)\,dx = \int_0^1 \left\{\frac{d}{dx}[x(1-x)]\right\}\frac{d}{dx}\sin(n\pi x)\,dx$$

$$= \int_0^1 (1-2x)\frac{d}{dx}\sin(n\pi x)\,dx = -\int_0^1 \left[\frac{d}{dx}(1-2x)\right]\sin(n\pi x)\,dx$$

$$= 2\int_0^1 \sin(n\pi x)\,dx = \frac{2}{n\pi}(1 - \cos(n\pi)) = \frac{2}{n\pi}\left(1 - (-1)^n\right).$$

Fouriers Formel ergibt somit die Funktion A mit

$$A(t, x) = \left(\frac{2}{\pi}\right)^3 \sum_{n=0}^{\infty} \frac{\cos\left((2n+1)\pi\frac{ct}{L}\right)}{(2n+1)^3}\sin\left((2n+1)\pi\frac{x}{L}\right).$$

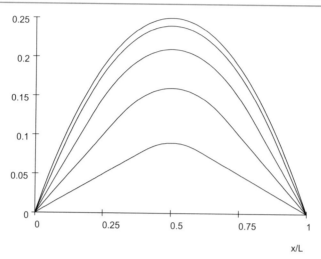

Abb. 3.25 $y = A(t, x)$ für $ct/L = k/10$ für $k = 0, \ldots 5$

A enthält nur Terme mit den ungeradzahligen Vielfachen der Grundfrequenz $\omega_1 = c\pi/L$. Jede der beitragenden Eigenmoden $\sin\left((2n + 1)\pi \frac{x}{L}\right)$ ist gerade unter Spiegelung am Punkt $x = L/2$. Daher genügt es, die Funktion A im Bereich $0 < x < L/2$, also im Bereich einer halben Saitenlänge, zu untersuchen. Jede der Funktionen $\cos\left((2n + 1)\pi \frac{ct}{L}\right)$ ist gerade unter Spiegelung am Punkt t mit $ct = L$ und ungerade unter Spiegelung am Punkt t mit $ct = L/2$. Daher genügt es, die Funktion A im Zeitbereich $0 < ct < L/2$, also im Bereich der ersten Viertelperiode, zu untersuchen. Überall sonst ergibt sich die Funktion aus ihrer Symmetrie.

Abb. 3.25 zeigt Momentaufnahmen der Saite während der ersten Viertelperiode nach der Anfangszeit 0. Die Graphen lassen erahnen, dass $A(t, \cdot)$ aus zwei Geradenstücken besteht, zwischen denen ein Parabelstück stetig differenzierbar einen Übergang herstellt. Dies ist tatsächlich so, denn es gilt $A(t, x) = p(t, x)$ für alle $(t, x) \in \left(0, \frac{L}{2c}\right) \times \left(0, \frac{L}{2}\right)$ mit

$$p(t, x) = \begin{cases} \left(1 - 2\frac{ct}{L}\right)\frac{x}{L} & \text{für } 0 < x < ct < \frac{L}{2} \\ \frac{1}{4} - \left(\left(\frac{ct}{L}\right)^2 + \left(\frac{x}{L} - \frac{1}{2}\right)^2\right) & \text{für } 0 < ct < x < \frac{L}{2} \end{cases}.$$

Der Beweis dafür wird gleich gegeben. Zuerst eine kurze Diskussion der Funktion A.

Für eine Zeit t während der ersten Viertelperiode, also für $0 < ct < L/2$, ist die Funktion $A(t, \cdot)$ im Intervall $(0, L)$ zwar eine C^1-Funktion, in den beiden Punkten $x_1 = ct$ und $x_2 = L - ct$, dort wo der Übergang zwischen Gerade und Parabel liegt, ist sie jedoch nicht zweimal differenzierbar. Abseits der Nahtlinien $x = ct$ bzw. $x = L - ct$ ist die Funktion A Lösung von d'Alemberts Wellengleichung.

Den Zonen linearer Ortsabhängigkeit von A entsprechen lineare Phasen der Schwingung $t \mapsto A(t, x)$ an einem fest gewählten Ort x (siehe Abb. 3.26).

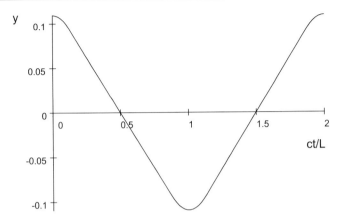

Abb. 3.26 Auslenkung bei festem Ort: $y = A(t, x = L/8)$

Die stetige Funktion $\partial_t A$ wird später in einem Kapitel über distributionelle Lösungen der Wellengleichung diskutiert. Sie erfüllt wie A die Randbedingungen der eingespannten Saite. Es gilt

$$\partial_t A(t, x) = \frac{-8c}{L} \sum_{n=0}^{\infty} \frac{\sin\left((2n+1)\pi \frac{ct}{L}\right)}{[(2n+1)\pi]^2} \sin\left((2n+1)\pi \frac{x}{L}\right).$$

Mit $\sin\left(\alpha - (2n+1)\frac{\pi}{2}\right) = -(-1)^n \cos\alpha$ folgt daraus für die um eine Viertelperiode zeitverschobene Funktion A' mit $A'(t, x) = \partial_t A\left(t - \frac{L}{2c}, x\right)$

$$A'(t, x) = \frac{8c}{L} \sum_{n=0}^{\infty} \frac{(-1)^n \cos\left((2n+1)\pi \frac{ct}{L}\right)}{[(2n+1)\pi]^2} \sin\left((2n+1)\pi \frac{x}{L}\right).$$

A' wird als die Lösung der „gezupften" Saite bezeichnet. Sie wird in Abschn. 5.6 als „distributionelle" Lösung der dAWG identifiziert.

Nun zum Beweis von $A(t, x) = p(t, x)$ für alle $(t, x) \in \left(0, \frac{L}{2c}\right) \times \left(0, \frac{L}{2}\right)$. Für $0 < \tau < 1/2$ sei $f_\tau : \mathbb{R} \to \mathbb{R}$ ungerade und periodisch mit der Periode 2 und es gelte

$$f_\tau(x) = \begin{cases} (1 - 2\tau)x & \text{für } 0 < x < \tau \\ \frac{1}{4} - \left(\tau^2 + \left(x - \frac{1}{2}\right)^2\right) & \text{für } \tau < x < \frac{1}{2} \end{cases}.$$

Somit gilt $p(t, x) = f_\tau(\xi)$ für t mit $ct/L = \tau \in (0, 1/2)$ und $\xi = x/L \in (0, 1/2)$. Die Funktion f_τ hat eine Fourierreihendarstellung der Art

$$f_\tau(x) = \sum_{n=1}^{\infty} c_n \sin(n\pi x) \text{ mit } c_n = 2 \int_0^1 f_\tau(x) \sin(n\pi x) \, dx.$$

Zum Beweis von $A(t, x) = p(t, x)$ ist daher nachzurechnen, dass

$$
c_n = \begin{cases} 0 & \text{für gerades } n \in \mathbb{N} \\ \dfrac{8}{(n\pi)^3} \cos(n\pi\tau) & \text{für ungerades } n \in \mathbb{N} \end{cases} .
$$

Für gerades n ist der Integrand $f_\tau(x) \sin(n\pi x)$ ungerade unter Spiegelung am Mittelpunkt $1/2$ des Integrationsbereiches $(0, 1)$. Daher gilt $c_n = 0$ für gerades n. Für ungerades n ist der Integrand gerade unter Spiegelung bei $1/2$. Daher gilt für ungerades $n \in \mathbb{N}$

$$
\begin{aligned}
\frac{c_n}{4} &= \int_0^{1/2} f_\tau(x) \sin(n\pi x)\, dx = -\frac{1}{n\pi} \int_0^{1/2} f_\tau(x) \frac{d}{dx} \cos(n\pi x)\, dx \\
&= \frac{1}{n\pi} \left\{ -f_\tau(x) \cos(n\pi x)\big|_0^{1/2} + \int_0^{1/2} f_\tau'(x) \cos(n\pi x)\, dx \right\} .
\end{aligned}
$$

Wegen $f_\tau(0) = 0 = \cos\left(n\pi \frac{1}{2}\right)$ verschwindet der Randterm und es gilt

$$
\begin{aligned}
\frac{n\pi}{4} c_n &= \int_0^{1/2} f_\tau'(x) \cos(n\pi x)\, dx \\
&= \int_0^{\tau} f_\tau'(x) \cos(n\pi x)\, dx + \int_\tau^{1/2} f_\tau'(x) \cos(n\pi x)\, dx \\
&= \int_0^{\tau} (1 - 2\tau) \cos(n\pi x)\, dx + \frac{1}{n\pi} \int_\tau^{1/2} f_\tau'(x) \frac{d}{dx} \sin(n\pi x)\, dx \\
&= \frac{1 - 2\tau}{n\pi} \sin(n\pi\tau) + \frac{1}{n\pi} \left[f_\tau'(x) \sin(n\pi x)\big|_\tau^{1/2} - \int_\tau^{1/2} f_\tau''(x) \sin(n\pi x)\, dx \right] .
\end{aligned}
$$

Wegen $f_\tau'\left(\frac{1}{2}\right) = 0$ und $f_\tau'(\tau) = 1 - 2\tau$ gilt für den Randterm

$$
f_\tau'(x) \sin(n\pi x)\big|_\tau^{1/2} = -(1 - 2\tau) \sin(n\pi\tau) .
$$

Somit folgt unter Verwendung von $f_\tau''(x) = -2$ für $x \in (\tau, 1/2)$

$$
\begin{aligned}
c_n &= \frac{8}{(n\pi)^2} \int_\tau^{1/2} \sin(n\pi x)\, dx = -\frac{8 \cos(n\pi x)}{(n\pi)^3} \bigg|_\tau^{1/2} \\
&= \frac{8}{(n\pi)^3} \left(\cos(n\pi\tau) - \cos\left(n\pi \frac{1}{2}\right) \right) .
\end{aligned}
$$

Da n ungerade ist, folgt $\cos\left(n\pi \frac{1}{2}\right) = 0$. Also gilt $c_n = 8 \cos(n\pi\tau) / (n\pi)^3$.

3.5.12   Saite: d'Alemberts Lösungsformel

Wie hängt Fouriers Lösungsformel von Satz 3.30 mit d'Alemberts Lösungsformel zusammen? Aus dem Beweis von Satz 3.30 ist klar, dass jede Fourierreihenlösung des Problems der eingespannten Saite die Einschränkung einer Funktion $\widetilde{A} \in C^2 \left(\mathbb{R}^2 \right)$ auf $\mathbb{R} \times (0, L)$ ist, für die $\Box \widetilde{A} = 0$ gilt[41]. Es muss also Funktionen $f, g \in C^2 (\mathbb{R})$ geben, sodass $\widetilde{A} = A_{f,g}$ gilt. Wie bestimmen sich f und g aus den Fourierkoeffizienten A_n, B_n? Bis auf eine additive Konstante sind ja f und g durch die Anfangsdaten (u, v) und somit auch durch die Fourierkoeffizienten eindeutig bestimmt.

Sei also für alle $(t, x) \in \mathbb{R}^2$

$$\widetilde{A}(t, x) = \sum_{n=1}^{\infty} \left(A_n \cos \left(c \frac{n\pi}{L} t \right) + B_n \sin \left(c \frac{n\pi}{L} t \right) \right) \sin \left(\frac{n\pi}{L} x \right).$$

Daraus folgt

$$\widetilde{A}(t, x) = \frac{1}{2} \sum_{n=1}^{\infty} A_n \sin \left(\frac{n\pi}{L} (x - ct) \right) + B_n \cos \left(\frac{n\pi}{L} (x - ct) \right)$$

$$+ \frac{1}{2} \sum_{n=1}^{\infty} A_n \sin \left(\frac{n\pi}{L} (x + ct) \right) - B_n \cos \left(\frac{n\pi}{L} (x + ct) \right).$$

Somit gilt $\widetilde{A}(t, x) = f(x - ct) + g(x + ct)$ genau dann, wenn für ein $B_0 \in \mathbb{R}$

$$f(x) = \frac{1}{2} \sum_{n=1}^{\infty} \left[A_n \sin \left(n \frac{\pi}{L} x \right) + B_n \cos \left(n \frac{\pi}{L} x \right) \right] + B_0,$$

$$g(x) = \frac{1}{2} \sum_{n=1}^{\infty} \left[A_n \sin \left(n \frac{\pi}{L} x \right) - B_n \cos \left(n \frac{\pi}{L} x \right) \right] - B_0.$$

Die Funktionen $f, g \in C^2 (\mathbb{R})$ sind also $2L$-periodisch. Es gilt $g(x) = -f(-x)$ für alle $x \in \mathbb{R}$.

Sei umgekehrt $f \in C^2 (\mathbb{R})$ $2L$-periodisch und $g(x) = -f(-x)$. Dann erfüllt $A_{f,g}$ für alle $t \in \mathbb{R}$ die Einspannbedingung $A_{f,g}(t, 0) = A_{f,g}(t, L) = 0$. Weiters sind $A_{f,g}(0, \cdot) \in C^2 (\mathbb{R})$ und $\partial_t A_{f,g}(0, \cdot) \in C^1 (\mathbb{R})$ ungerade und $2L$-periodisch. (Das ist ganz einfach nachzurechnen.) Somit ist die Einschränkung von $A_{f,g}$ auf $\mathbb{R} \times (0, L)$ die Lösung eines Anfangswertproblems der eingespannten Saite.

---

[41]Überdies ist $\widetilde{A}(t, \cdot)$ für alle $t \in \mathbb{R}$ ungerade und $2L$-periodisch.

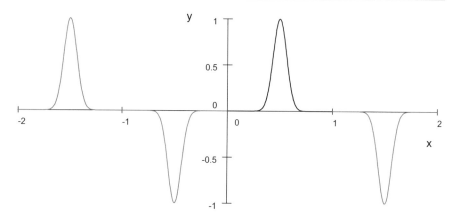

Abb. 3.27 Signal $y = P(t, x)$ für $ct = -1/2$ in der Mitte der Saite bei $x = 0,5$ (schwarz); Fortsetzung des Signals in Grau

Reflexion eines Kurzzeitpulses

Mit d'Alemberts Lösungsformel ist die Reflexion eines scharf lokalisierten Pulses an einem Intervallende zu sehen. Wie wird ein Berg, der auf das Ende zuläuft, reflektiert? Bleibt es ein Berg?

Sei $f \in C^2(\mathbb{R})$ $2L$-periodisch und $g(x) = -f(-x)$ für alle $x \in \mathbb{R}$. Für $f \geq 0$ gilt $g \leq 0$ und die Lösung $A_{f,g}$ ist ein $2L$-periodischer Kamm von Bergen, der nach rechts wandert, und ein $2L$-periodischer Kamm von Tälern, der nach links wandert.

Bei scharfer Lokalisierung von $f \geq 0$ innerhalb des physikalisch interpretierten Intervalls $[0, L]$ befindet sich in diesem Intervall dann jeweils nur eine Spitze oder eine Senke. Wenn eine Spitze von f das Intervall $[0, L]$ nach rechts verlässt, betritt (nach einem Moment der Auslöschung) eine Senke von $-f$ das Intervall von rechts. Dies erweckt den Eindruck als würde die Spitze am rechten Ende reflektiert und ihr dabei ein Vorzeichenwechsel aufgeprägt.[42]

Die Abb. 3.27, 3.28 und 3.29 zeigen Momentaufnahmen der Funktion $P = A_{f,-f}$ für das Beispiel $f(x) = \sin^{100}\left(\frac{\pi}{2}x\right)$ mit $L = 1$ für $ct \in \{-1/2, -1/14, 1/14\}$. Physikalisch interpretiert wird also nur die schwarz gezeichnete Einschränkung der Funktion $x \mapsto P(t, x)$ auf den Bereich $0 < x < 1$; im unphysikalischen Bereich $x \notin (0, 1)$ ist das fiktive Signal, also ein unphysikalisches, aber hilfreiches Artefakt der Lösungskonstruktion, grau dargestellt.

---

[42]Es ist, als würde die Lösung bei der Reflexion mit $e^{i\pi}$ multipliziert. Daher die Rede vom Phasensprung um π bei der Reflexion einer Welle an einem „festen" Ende. Physikalisch ist der Vorgang ja recht plausibel, da die Halterung des Seiles, die das Ende fixiert, auf den Berg mit nach unten gerichteten Kräften reagiert und einwirkt; mit Kräften, die letztlich das nach oben ausgelenkte Seil nach unten holen.

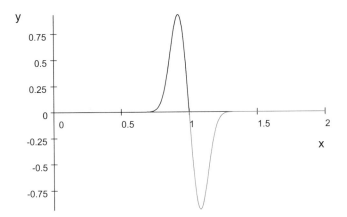

Abb. 3.28 Signal erreicht rechten Saitenrand : $y = P(t, x)$ für $ct = -1/14$

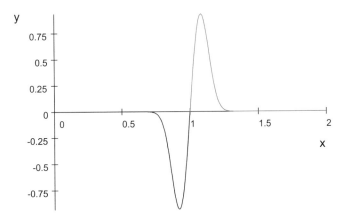

Abb. 3.29 Reflektiertes Signal löst sich vom rechten Saitenrand nach links: $y = P(t, x)$ für $ct = 1/14$

3.5.13   Wärmeleitung: Anfangsrandwertproblem

Fourier wurde beim Lösen der Wärmeleitungsgleichung am endlichen Intervall auf die nach ihm benannte Reihenentwicklung aufmerksam. Daher seien auch einige Anfangsrandwertprobleme der WLG kurz behandelt. Physikalisch wird durch die Fragestellung der Temperaturausgleich in einem isolierten Draht beschrieben, dessen Stirnflächen auf gleicher Temperatur gehalten werden. OEdA kann diese gleich 0 gewählt werden, denn mit u ist auch $u + const$ eine Lösung der WLG.

Für die auf dem Streifen $\mathbb{R}_{>0} \times (0, L)$ beschränkten reellen Produktlösungen $u(t, x) = f(t) g(x)$ der Wärmeleitungsgleichung $\partial_t u = \kappa \partial_x^2 u$ mit $\kappa \in \mathbb{R}_{>0}$ gilt für alle $(t, x) \in \mathbb{R}_{>0} \times (0, L)$

$$u(t, x) = e^{-\kappa q^2 t} (A \cos qx + B \sin qx)$$

mit beliebigen Konstanten A, B, $q \in \mathbb{R}$. Welche dieser Lösungen erfüllen die Rand-vorgabe

$$\lim_{x \to 0} u\,(t, x) = \lim_{x \to L} u\,(t, x) = 0$$

für alle $t > 0$? Es sind jene mit $A = 0$ und $q \in \frac{\pi}{L}\mathbb{N}$. Durch Überlagern solcher Lösun-gen ergibt sich eine Lösung mit allgemeinerer Anfangsvorgabe und verschwindenden Randwerten. Was genau soll unter einer Lösung dieses Anfangsrandwertproblems verstanden werden?

Definition 3.7 Sei $u : \mathbb{R}_{\geq 0} \times [0, 1] \to \mathbb{R}$ stetig und auf $\Omega = \mathbb{R}_{>0} \times (0, 1)$ einmal nach dem ersten und zweimal nach dem zweiten Argument partiell differenzierbar. Sei $f : [0, L] \to \mathbb{R}$ stetig und stückweise C^1. Es gelte $f\,(0) = f\,(L) = 0$. Die Funk-tion u heißt Lösung des Anfangsrandwertproblems der Wärmeleitungsgleichung zur Anfangsvorgabe f und zur homogenen Dirichletschen Randvorgabe, falls

- $u\,(0, x) = f\,(x)$ für alle $x \in [0, L]$,
- $u\,(t, 0) = u\,(t, L) = 0$ für alle $t > 0$,
- $\partial_t u\,(t, x) = \kappa \partial_x^2 u\,(t, x)$ für alle $(t, x) \in \Omega$.

Der folgende Satz klärt, dass zu jedem zulässigen f genau eine Lösung u existiert, und er gibt auch gleich noch eine Lösungsformel an.

Satz 3.32 *Sei $f : [0, L] \to \mathbb{R}$ stetig und stückweise C^1 mit $f\,(0) = f\,(L) = 0$. Dann existiert genau eine Lösung u der Wärmeleitungsgleichung zur Anfangsvorga-be f und homogener Dirichletscher Randvorgabe. Es gilt $u|_\Omega \in C^\infty\,(\Omega : \mathbb{R})$ und für alle $(t, x) \in \Omega$*

$$u\,(t, x) = \sum_{k=1}^{\infty} c_k e^{-\kappa\left(\frac{k\pi}{L}\right)^2 t} \sin\left(k\pi \frac{x}{L}\right) \quad mit\ c_k = \frac{2}{L} \int_0^L f\,(x) \sin\left(k\pi \frac{x}{L}\right) dx.$$

Beweis Siehe [4, Kap. III, §6.4.3–6.4.7]. Die Eindeutigkeit der Lösung kann wie bei der Laplacegleichung über ein Maximumsprinzip gezeigt werden. □

Für $t < 0$ wächst die Zahlenfolge $e^{-\kappa\left(\frac{k\pi}{L}\right)^2 t}$ für $k \to \infty$ exponentiell an, sodass in vielen Fällen die Reihendarstellung von $u\,(t, \cdot)$ für $t < 0$ divergiert. Dies deutet darauf hin, dass viele Lösungen der WLG nicht zu Ganzraumlösungen fortgesetzt werden können.

Beispiel: Für die Anfangsvorgabe $f\,(x) = \frac{x}{L}\left(1 - \frac{x}{L}\right)$ auf $[0, L]$ folgt wie beim analogen Beispiel zur schwingenden Saite

$$u\,(t, x) = \left(\frac{2}{\pi}\right)^3 \sum_{n=0}^{\infty} \frac{e^{-((2n+1)\pi)^2 \frac{\kappa t}{L^2}}}{(2n+1)^3} \sin\left((2n+1)\,\pi \frac{x}{L}\right).$$

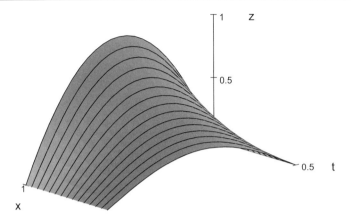

Abb. 3.30 $z = 4\left(\frac{2}{\pi}\right)^3 \sum_{n=0}^{5} \frac{e^{-((2n+1)\pi)^2 \frac{t}{4}}}{(2n+1)^3} \sin\left((2n+1)\pi x\right)$ für $0 < t <0,5$ und $0 < x < 1$

Für jedes $t < 0$ divergiert diese Fourierreihe. Abb. 3.30 zeigt die Partialsumme dieser Fourierreihenlösung bis zu $n = 5$.

3.5.14 *Periodischer Wärmeleitungskern

Wie gleichen sich Temperaturunterschiede in einem zu einem Kreis gebogenen isolierten Draht aus? Die homogene Randvorgabe ist plausiblerweise durch eine Periodizitätsbedingung zu ersetzen.

Für $q \in \mathbb{R}$ sei $u_q(t,x) = e^{-\kappa q^2 t} e^{iqx}$ auf $\mathbb{R}_{>0} \times \mathbb{R}$. Für welche dieser komplexen, beschränkten Produktlösungen von $\partial_t u(t,x) = \kappa \partial_x^2 u(t,x)$ gilt

$$u_q(t,0) = u_q(t,L), \quad \partial_x u_q(t,0) = \partial_x u_q(t,L)$$

für alle $t > 0$, die sogenannte periodische Randbedingung? Dies ist genau dann der Fall, wenn $q \in \frac{2\pi}{L} \cdot \mathbb{Z}$.

Eine Lösung $u : \mathbb{R}_{>0} \times \mathbb{R} \to \mathbb{R}$ der Wärmeleitungsgleichung $\partial_t u = \kappa \partial_x^2 u$ zu L-periodischen Randbedingung und L-periodischer Anfangsvorgabe[43] $f \in C^1(\mathbb{R} : \mathbb{R})$ ergibt sich analog zum Fall der Dirichletschen Randbedingung durch Überlagerung jener u_q, die L-periodisch sind.

Satz 3.33 *Sei $f \in C^1(\mathbb{R} : \mathbb{R})$ eine L-periodische Funktion und $u : \mathbb{R}_{>0} \times \mathbb{R} \to \mathbb{R}$ erfülle*

$$u(t,x) = \sum_{k \in \mathbb{Z}} c_k e^{-\kappa \left(k \frac{2\pi}{L}\right)^2 t} e^{ik\frac{2\pi}{L}x} \; mit \; c_k = \frac{1}{L} \int_0^L e^{-ik\frac{2\pi}{L}y} f(y)\, dy. \qquad (3.32)$$

---

[43]Es genügt auch f stetig und stückweise $\mathscr{C}^1$ vorauszusetzen.

Dann gilt $u \in C^\infty\ (\mathbb{R}_{>0} \times \mathbb{R} : \mathbb{R})$ und

- $\partial_t u = \kappa \partial_x^2 u$,
- $u\ (t, \cdot)$ *ist L-periodisch für alle $t > 0$,*
- $\lim_{t \downarrow 0} u\ (t, x) = f\ (x)$ *für alle $x \in \mathbb{R}$.*

Beweis Da nach dem Beweis von Satz 3 in [5, § 23] die Fourierreihe von $f \in C^1\ (\mathbb{R} : \mathbb{R})$ in jedem Punkt $x \in \mathbb{R}$ absolut konvergent ist, insbesondere also

$$\sum_{k \in \mathbb{Z}} |c_k| < \infty$$

gilt, folgt die (t, x)-unabhängige Majorisierung der Fourierreihe von $u\ (t, x)$

$$\left| \sum_{k \in \mathbb{Z}} c_k e^{-\kappa \left(k \frac{2\pi}{L}\right)^2 t} e^{ik \frac{2\pi}{L} x} \right| \le \sum_{k \in \mathbb{Z}} |c_k| < \infty.$$

Daher konvergiert die Fourierreihe auf $\mathbb{R}_{>0} \times \mathbb{R}$ gleichmäßig gegen eine stetige Grenzfunktion u (siehe [1, Abschn. II.4.2, Satz 23]). Zudem ist sie in jedem Punkt (t, x) absolut konvergent.

Die Reihen, die durch gliedweises mehrmaliges Differenzieren der Fourierreihe (3.32) entstehen, konvergieren auch gleichmäßig. Daher ([1, Abschn. II.7.1, Satz 35]) stimmen die (mehrmaligen) Ableitungen von u nach x und t mit den Grenzfunktionen der entsprechend gliedweise abgeleiteten Reihen überein. Somit kann u beliebig oft stetig differenziert werden. Jeder Summand der Fourierreihe (3.32) erfüllt aber die Wärmeleitungsgleichung. Somit gilt $\partial_t u = \kappa \partial_x^2 u$. Die L-Periodizität von $u\ (t, \cdot)$ folgt aus der Periodizität der einzelnen Summanden.

Nun zur Erfüllung der Anfangsvorgabe. Diese folgt [1, Abschn. II.4.3, Satz 24] für alle $x \in \mathbb{R}$ aus der gleichmäßigen Konvergenz der Fourierreihe von u durch gliedweise Ausführung des Grenzübergangs $\lim_{t \downarrow 0}$:

$$\lim_{t \downarrow 0} u\ (t, x) = \sum_{k \in \mathbb{Z}} \lim_{t \downarrow 0} c_k e^{-\kappa \left(k \frac{2\pi}{L}\right)^2 t} e^{ik \frac{2\pi}{L} x} = \sum_{k \in \mathbb{Z}} c_k e^{ik \frac{2\pi}{L} x} = f\ (x). \qquad \square$$

Die auf $[0, L]$ gleichmäßig-absolute Konvergenz der Funktionenreihe

$$y \mapsto \sum_{k \in \mathbb{Z}} e^{-\kappa \left(k \frac{2\pi}{L}\right)^2 t} e^{ik \frac{2\pi}{L} (x-y)} f\ (y)$$

ermöglicht die folgende Vertauschung von Summe und Integration (siehe [2, Abschn. VI.3.1, Satz 27]) für alle $(t, x) \in \mathbb{R}_{>0} \times \mathbb{R}$:

$$u(t, x) = \sum_{k \in \mathbb{Z}} e^{-\kappa \left(k \frac{2\pi}{L} \right)^2 t} \frac{1}{L} \int_0^L e^{ik \frac{2\pi}{L}(x-y)} f(y) \, dy$$

$$= \frac{1}{L} \int_0^L \sum_{k \in \mathbb{Z}} e^{-\kappa \left(k \frac{2\pi}{L} \right)^2 t} e^{ik \frac{2\pi}{L}(x-y)} f(y) \, dy = \int_0^L K(t, x - y) f(y) \, dy.$$

Die durch die Fourierreihe unter dem Integral definierte Funktion $K : \mathbb{R}_{>0} \times \mathbb{R} \to \mathbb{R}$ heißt periodischer Wärmeleitungskern. Sie ist eine C^∞-Funktion. Bei festem t ist $K(t, \cdot)$ eine L-periodische Funktion. K hängt mit Jacobis Thetafunktion $\Theta : \mathbb{C} \times \mathbb{H}_{>0} \to \mathbb{C}$ folgendermaßen zusammen:

$$L \cdot K(t, x) = \sum_{k \in \mathbb{Z}} e^{-\kappa \left(k \frac{2\pi}{L} \right)^2 t} e^{ik \frac{2\pi}{L} x} = \sum_{k \in \mathbb{Z}} e^{i\pi k^2 \frac{4\pi \kappa i t}{L^2}} e^{2\pi i k \frac{x}{L}} = \Theta \left(\frac{x}{L}, i \frac{4\pi \kappa}{L^2} t \right),$$

wobei für alle $z \in \mathbb{C}$ und für alle $\tau \in \mathbb{H}_{>0} = \{z \in \mathbb{C} : \Im z > 0\}$ gilt:

$$\Theta(z, \tau) = \sum_{k \in \mathbb{Z}} e^{i\pi k^2 \tau} e^{2\pi i k z} = 1 + 2 \sum_{k=1}^{\infty} e^{i\pi k^2 \tau} \cos(2\pi k z).$$

Bei festem $\tau \in \mathbb{H}_{>0}$ ist $\Theta(\cdot, \tau)$ auf ganz $\mathbb{C}$ holomorph und bei festem $z \in \mathbb{C}$ ist $\Theta(z, \cdot)$ auf ganz $\mathbb{H}_{>0}$ holomorph.

Abb. 3.31 zeigt $\mathbb{R}^2 \ni (x, t) \mapsto \Theta(x, it) = 1 + 2 \sum_{k=1}^{\infty} e^{-\pi k^2 t} \cos(2\pi k x)$. Es gilt

$$\lim_{t \downarrow 0} \Theta(x, it) = \begin{cases} \infty & \text{für } x \in \mathbb{Z} \\ 0 & \text{sonst} \end{cases}$$

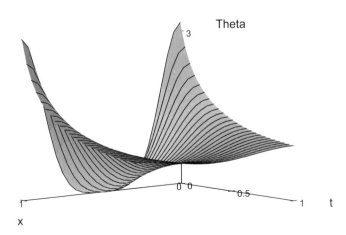

Abb. 3.31 $\Theta(x, it)$ für $0 < x < 1$ und $0,1 < t < 1$

und $\lim_{t \to \infty} \Theta\left(x, it\right) = 1$ für alle $x \in \mathbb{R}$. Die anfängliche Temperaturverteilung ist ein δ-Kamm, lokalisiert auf $\mathbb{Z}$. Er gleicht sich zu einer konstanten Temperaturverteilung aus. Dabei gilt für alle $t > 0$

$$\int_0^1 \Theta\left(x, it\right) dx = 1 + 2 \sum_{k=1}^{\infty} e^{-\pi k^2 t} \int_0^1 \cos\left(2\pi k x\right) dx = 1.$$

Ungerade Anfangsvorgaben

Sei $f \in C^1\left(\mathbb{R} : \mathbb{R}\right)$ eine ungerade L-periodische Funktion. Für die von Formel (3.32) gegebene Lösung u der Wärmeleitungsgleichung gilt für alle $(t, x) \in \mathbb{R}_{>0} \times \mathbb{R}$

$$u\left(t, x\right) = \int_0^L K\left(t, x - y\right) f\left(y\right) dy.$$

Da $K\left(t, \cdot\right)$ und f beide L-periodisch sind, ist dies auch $y \mapsto K\left(t, x - y\right) f\left(y\right)$. Daraus folgt für $(t, x) \in \mathbb{R}_{>0} \times \mathbb{R}$

$$
\begin{aligned}
u\left(t, x\right) &= \int_{-L/2}^{L/2} K\left(t, x - y\right) f\left(y\right) dy \\
&= \int_{-L/2}^{0} K\left(t, x - y\right) f\left(y\right) dy + \int_0^{L/2} K\left(t, x - y\right) f\left(y\right) dy \\
&= -\int_{L/2}^{0} K\left(t, x + z\right) f\left(-z\right) dz + \int_0^{L/2} K\left(t, x - y\right) f\left(y\right) dy \\
&= \int_0^{L/2} K\left(t, x + y\right) f\left(-y\right) dy + \int_0^{L/2} K\left(t, x - y\right) f\left(y\right) dy \\
&= -\int_0^{L/2} K\left(t, x + y\right) f\left(y\right) dy + \int_0^{L/2} K\left(t, x - y\right) f\left(y\right) dy \\
&= \int_0^{L/2} \left(K\left(t, x - y\right) - K\left(t, x + y\right)\right) f\left(y\right) dy.
\end{aligned}
$$

Da $K\left(t, \cdot\right)$ gerade ist, folgt

$$u\left(t, -x\right) = \int_0^{L/2} \left(K\left(t, -x - y\right) - K\left(t, -x + y\right)\right) f\left(y\right) dy = -u\left(t, x\right),$$

insbesondere also $u\left(t, 0\right) = 0$ und wegen $u\left(t, \frac{L}{2}\right) = -u\left(t, -\frac{L}{2}\right) = -u\left(t, \frac{L}{2}\right)$ auch $u\left(t, \frac{L}{2}\right) = 0$. Die Funktion u löst somit auf $[0, L/2]$ das Anfangswertproblem mit homogenen Dirichletrandvorgaben und Anfangsvorgabe f. Der Wärmeleitungskern des homogenen Dirichletproblems ist also die Funktion $D : \mathbb{R}_{>0} \times \mathbb{R} \times \mathbb{R} \to \mathbb{R}$ mit

$$D(t; x, y) = K(t, x - y) - K(t, x + y).$$

Für alle $(t, x) \in \mathbb{R}_{>0} \times \mathbb{R}$ gilt daher

$$u(t, x) = \int_0^{L/2} D(t; x, y) f(y) \, dy.$$

Es folgt somit für $L = 2\pi$ und $\kappa = 1$

$$D(t; x, y) = \frac{1}{2\pi} \left[\Theta \left(\frac{x - y}{2\pi}, i\frac{t}{\pi} \right) - \Theta \left(\frac{x + y}{2\pi}, i\frac{t}{\pi} \right) \right]$$

$$= \frac{1}{\pi} \sum_{k=1}^{\infty} e^{-k^2 t} \left[\cos(k(x - y)) - \cos(k(x + y)) \right]$$

$$= \frac{2}{\pi} \sum_{k=1}^{\infty} e^{-k^2 t} \sin(kx) \sin(ky).$$

Abb. 3.32 zeigt die Funktion $x \mapsto D(t, x\pi, y\pi)$ für $y = 1/2$ und $0 < x < 1$ zu den Zeiten $t = \pi/1000$ (rot), $t = \pi/100$ (grün) und $t = \pi/10$ (schwarz). Sie illustriert das Zerfließen des Wärmeleitungskerns im Laufe der Zeit. Physikalisch bedeutet dies, dass eine lokale Überhitzung eines Stabes sich im Laufe der Zeit ausbreitet und abkühlt; die überschüssige Energie wird dabei an den Stabenden an ein Temperaturreservoir abgeführt.

3.5.15 Wärmeleitung: Unstetige Anfangsvorgabe

Welche Funktion liefert Fouriers Lösungssatz 3.32 für das Anfangsrandwertproblem bei einer Anfangsvorgabe $f : \mathbb{R} \to \mathbb{R}$, die nicht vom C^1-Typ ist? Was passiert, wenn f gar unstetig ist? Erkunden wir an einem Beispiel, welche Probleme entstehen. Sei f die 2π-periodische ungerade Funktion mit $f(x) = 1$ für $x \in (0, \pi)$. Ergibt Lösungsformel von Satz 3.32 eine periodische Lösung der Wärmeleitungsgleichung auf $\mathbb{R}_{>0} \times \mathbb{R}$?

Von den Fourierreihen her ist uns bekannt, dass für alle $x \in \mathbb{R}$ gilt:

$$f(x) = \frac{4}{\pi} \sum_{k=0}^{\infty} \frac{\sin((2k + 1)x)}{2k + 1}.$$

Dass diese Reihe für alle x konvergiert, verdankt sie den Vorzeichenwechseln der Zahlen $\sin((2k + 1)x)$, denn $\sum_{k=0}^{n} \frac{1}{2k+1} \to \infty$ für $n \to \infty$. Sie ist also nicht absolut konvergent. Sie konvergiert auch nicht gleichmäßig auf einem Intervall, das eine Sprungstelle von f enthält.

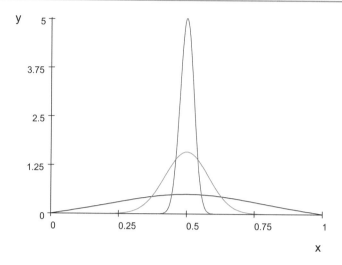

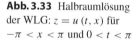

Abb. 3.32 Zerfall des Wärmeleitungskerns D aus Abschn. 3.5.14: $y = D\,(t, x, y = \pi/2)$ für $t = \pi/1000$ (rot), $t = \pi/100$ (grün), $t = \pi/10$ (schwarz)

Abb. 3.33 Halbraumlösung der WLG: $z = u\,(t, x)$ für $-\pi < x < \pi$ und $0 < t < \pi$

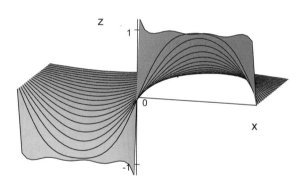

Satz 3.32 mit $L = 2\pi$ und $\kappa = 1$ ergibt für alle $(t, x) \in \mathbb{R}_{>0} \times \mathbb{R}$

$$u\,(t, x) = \frac{4}{\pi} \sum_{k=0}^{\infty} \frac{e^{-(2k+1)^2 t}}{2k + 1} \sin\left((2k + 1)\,x\right). \tag{3.33}$$

Tatsächlich sorgt das exponentielle Abklingen der Fourierkoeffizienten dafür, dass die Reihe von $u\,(t, x)$ in jedem Streifen $\{(t, x) : t \geq \varepsilon > 0,\ x \in \mathbb{R}\}$ gleichmäßig-absolut konvergiert, und dass $u \in C^\infty\,(\mathbb{R}_{>0} \times \mathbb{R} : \mathbb{R})$. Durch gliedweises Differenzieren folgt weiter, dass $\partial_t u = \partial_x^2 u$ auf dem Halbraum $\mathbb{R}_{>0} \times \mathbb{R}$. Abb. 3.33 zeigt die Partialsumme von u bis $k = 40$. Die Evolution der Wärmeleitungsgleichung wirkt also glättend.

Unbeantwortet bleibt hier die Frage, ob $\lim_{t \downarrow 0} u\,(t, x) = f\,(x)$ für alle $x \in \mathbb{R}$ gilt. Da die Reihe (3.33) für festes $x \in (0, 1)$ für kein $\varepsilon > 0$ im Intervall $0 < t < \varepsilon$

gleichmäßig konvergiert, ist der Grenzübergang $t \to 0$ nicht so ohne Weiteres glied-weise auszuführen.

Problem 3.1 Ergibt in ähnlicher Weise Fouriers Lösungsformel für die freie Schrödingergleichung $i\partial_t \psi (t, x) = -\partial_x^2 \psi (t, x)$ am Streifen $\mathbb{R}_{>0} \times [0, \pi]$ zur Anfangsvorgabe $\lim_{t \to 0} \psi (t, x) = 1$ für $0 < x < \pi$ zusammen mit der Randvorgabe $\psi (t, 0) = 0 = \psi (t, \pi)$ für alle $t \in \mathbb{R}_{>0}$ eine C^2-Lösung? Es gilt

$$\psi (t, x) = \frac{4}{\pi} \lim_{N \to \infty} \sum_{k=0}^{N} \frac{e^{-i(2k+1)^2 t}}{2k + 1} \sin ((2k + 1) x).$$

Für welche Punkte $(t, x) \in \mathbb{R}_{>0} \times [0, \pi]$ konvergiert die Reihe? Gibt es ein offenes Gebiet in $(0, 2\pi) \times [0, \pi]$, in dem eine C^2-Grenzfunktion existiert und die Schrödingergleichung löst?

Eine vergleichsweise einfache, weil stückweise konstante Funktion liefert Fouriers Lösungsformel für die unstetige Anfangsrandvorgabe zur Wellengleichung $\Box A = 0$ auf $\mathbb{R} \times [0, \pi]$, die durch $\lim_{t \to 0} A (t, x) = 1$ und $\lim_{t \to 0} \partial_t A (t, x) = 0$ für $0 < x < \pi$ und $A (t, 0) = 0 = A (t, \pi)$ für alle $t \in \mathbb{R}$ gegeben ist. Ungerade 2π-periodische Fortsetzung der Anfangsvorgabe ergibt für $(t, x) \in \mathbb{R}^2$

$$A (t, x) = \frac{4}{\pi} \sum_{k=0}^{\infty} \frac{\cos ((2k + 1) t)}{2k + 1} \sin ((2k + 1) x)$$

$$= \frac{4}{\pi} \sum_{k=0}^{\infty} \frac{\sin (2k + 1) (x - t) + \sin (2k + 1) (x + t)}{2k + 1}$$

$$= \frac{1}{2} (A (0, x - t) + A (0, x + t)).$$

Diese Funktion ist aufgrund ihrer Sprungpunkte auf keinem der Rechtecke $(t, x) \in (0, T) \times (0, \pi)$ vom C^2-Typ.

3.5.16 Rechteckmembran: Eigenschwingungen

Für welche stationären Lösungen von $\Box A = 0$ auf $\mathbb{R} \times (0, a) \times (0, b)$ gilt, dass die Ortsfunktion g in kartesischen Koordinaten faktorisiert und die homogenen Randbedingungen

$$\lim_{x \to 0} g (x, y) = \lim_{x \to a} g (x, y) = 0 \text{ für alle } y \in (0, b)$$

$$\lim_{y \to 0} g (x, y) = \lim_{y \to b} g (x, y) = 0 \text{ für alle } x \in (0, a)$$

erfüllt? Sei also $A(t, x, y) = f(t) g_1(x) g_2(y)$ mit $(g_1, g_2) \in C^2((0, a)) \times C^2((0, b))$. Wir wissen, dass A die Wellengleichung genau dann löst, wenn Zahlen $\lambda, \lambda_1, \lambda_2 \in \mathbb{R}$ mit $\lambda = \lambda_1 + \lambda_2$ existieren, sodass

$$f'' + c^2 \lambda f = 0, \quad g_1'' + \lambda_1 g_1 = 0, \quad g_2'' + \lambda_2 g_2 = 0.$$

Die Randbedingungen an g_1 und g_2 sind genau dann erfüllt, wenn $A, B \in \mathbb{R}$ und $n, m \in \mathbb{N}$ existieren, sodass

$$\lambda_1 = (n\pi/a)^2, \quad g_1(x) = A \sin\left(n\frac{\pi}{a}x\right),$$
$$\lambda_2 = (m\pi/b)^2, \quad g_2(y) = B \sin\left(m\frac{\pi}{b}y\right).$$

Damit sind die gesuchten, kartesisch faktorisierenden stationären Lösungen, die Eigenschwingungen der am Rand eingespannten Rechteckmembran, genau die Funktionen $A : \mathbb{R} \times (0, a) \times (0, b) \to \mathbb{R}$ mit

$$A(t, x, y) = \left[A_{n,m} \cos\left(\omega_{n,m} t\right) + B_{n,m} \sin\left(\omega_{n,m} t\right)\right] \sin\left(n\frac{\pi}{a}x\right) \sin\left(m\frac{\pi}{b}y\right).$$

Dabei gilt $n, m \in \mathbb{N}$ und für die Eigenfrequenzen

$$\omega_{n,m} = c\pi \sqrt{\left(\frac{n}{a}\right)^2 + \left(\frac{m}{b}\right)^2}.$$

Die Abb. 3.34 und 3.35 zeigen die „Eigenmoden"

$$g_{n,m}(x, y) = \sin\left(n\frac{\pi}{a}x\right) \sin\left(m\frac{\pi}{b}y\right)$$

für $n = 1 = m$ und für $n = 1, m = 2$ als Funktion von x/a und y/b. Die Nullstellenmengen oder Knotenlinien der Eigenmoden $g_{n,m}$ sind Geradenstücke. Sie trennen jeweils Gebiete voneinander, auf denen $g_{n,m}$ unterschiedliches Vorzeichen hat.

Falls zwei Eigenmoden dieselbe Eigenfrequenz besitzen, sind ihre Linearkombinationen auch Eigenmoden. Diese besitzen dann kompliziertere Knotenlinien. Abb. 3.36 zeigt für $a = b = 1$ die Eigenmode $g_{1,3} + g_{3,1}$. Abb. 3.37 zeigt die Mode $g_{1,3} - \frac{2}{3} g_{3,1}$ und Abb. 3.38 zeigt ihre Knotenlinien. Weitere Beispiele für Knotenlinien, die alle auf ein Buch von Pockels über partielle Differentialgleichungen aus dem Jahr 1891 zurückgehen, sind in [10, Abschn. 10.4] zu finden. Sehr interessant ist auch das Übungsbeispiel 3 in [10, Abschn. 10.4].

Die Nullstellenmengen der Eigenmoden von transversal schwingenden Platten, für deren Auslenkung die Gleichung vierter Ordnung $\left(\kappa^2 \partial_t^2 - c^2 \Delta^2\right) A = 0$ gilt, sind als Chladnische Klangfiguren[44] zu beobachten. Aufgeweckte Zeitgenossen Chladnis, darunter etwa Napoleon, waren fasziniert von seinem Experiment, das

---

[44]http://de.wikipedia.org/wiki/Chladnische_Klangfigur.

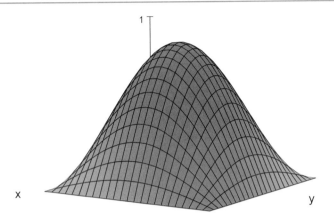

Abb. 3.34 Die Eigenmode $z = g_{1,1}(x, y)$ für $a = b = 1$

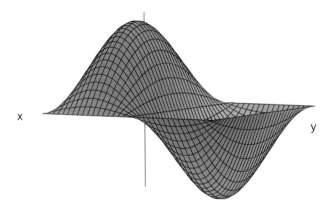

Abb. 3.35 Die Eigenmode $z = g_{1,2}(x, y)$ für $a = b = 1$

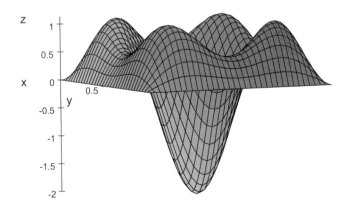

Abb. 3.36 Die Eigenmode $z = g_{1,3}(x, y) + g_{3,1}(x, y)$

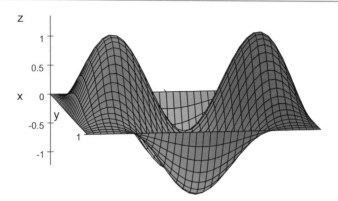

Abb. 3.37 Die Eigenmode $z = g_{1,3}(x, y) - \frac{2}{3}g_{3,1}(x, y)$

Abb. 3.38 Die Knotenlinien
von $g_{1,3} - \frac{2}{3}g_{3,1}$

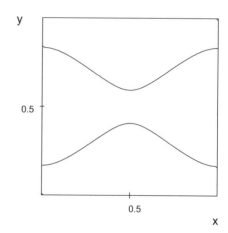

Töne *sichtbar* macht. Der gelernte Jurist Chladni tingelte mit seinen Demonstrationen durch die Lande und konnte davon leben. Napoleon, der sich aus seiner Jugend ein Faible für Mathematik und Physik bewahrt hatte, setzte ein Preisgeld auf die Berechnung von Klangfiguren aus. Das Problem war jedoch stabiler als Napoleons eroberungsfinanzierte Diktatur. Erst 1815 – Napoleon war mittlerweile auf die Insel St. Helena im Südatlantik ruhiggestellt – wurde der französischen Mathematikerin Sophie Germain[45] der Preis zuerkannt.

Ähnlich wie bei der eingespannten Saite können Eigenschwingungen linear kombiniert werden. Damit lassen sich sehr allgemeine Anfangsvorgaben für $A(0, \cdot)$, $\partial_t A(0, \cdot)$ auf $(0, a) \times (0, b)$ erfüllen, sofern sie sich mit den Randbedingungen vertragen. Die Konstanten $A_{n,m}$ und $B_{n,m}$ bestimmen sich dabei aus den Fourierreihen der Anfangsvorgaben. Falls Frequenzen $\omega_{n,m}$, die zur Fourierreihe allgemeiner

---

[45]http://de.wikipedia.org/wiki/Sophie_Germain.

Anfangsvorgaben beitragen, zueinander in einem irrationalen Verhältnis stehen, ist die zugehörige Lösung A in t nicht periodisch.

Mit welchen Frequenzen schwingt eine Membran, die am Rand zeitunabhängige, aber inhomogene Randvorgaben erfüllt? Die folgenden Lösungen entsprechen der physikalischen Vorstellung, dass die Membran um eine statische Ruhelage schwingt. Sei $g : \overline{R} = [0, a] \times [0, b] \to \mathbb{R}$ die Lösung des DRWP $\Delta g = 0$ auf R mit Randvorgabe $g|_{\partial R} = h$, wobei $h : \partial R \to \mathbb{R}$ stetig sei. Dann sind die Funktionen $A : \mathbb{R} \times R \to \mathbb{R}$ mit

$$A (t, x) = \left[A \cos \left(\omega_{n,m} t \right) + B \sin \left(\omega_{n,m} t \right) \right] g_{n,m} (x, y) + g (x, y)$$

Lösungen von $\Box A = 0$ mit $A (t, \cdot)|_{\partial R} = h$. Eine inhomogene statische Vorspannung der Rechteckmembran ändert also nichts an ihren Eigenfrequenzen. Im folgenden Abschn. 3.5.17 wird die Konstruktion der Lösungsabbildung $h \mapsto g [h]$ für das DRWP zu $\Delta g = 0$ auf Rechtecken beschrieben.

3.5.17 Laplacegleichung: Vorgabe am Rechteck

Sei $\Omega \subset \mathbb{R}^n$ offen und wegzusammenhängend. Eine Funktion $g \in C^2 (\Omega : \mathbb{R})$ mit $\Delta g = 0$ heißt harmonisch. Seien $g_1, g_2 \in C^2 (\mathbb{R})$. Dann ist die Funktion g mit $g (x, y) = g_1 (x) g_2 (y)$ genau dann harmonisch, wenn ein $\lambda \in \mathbb{R}$ existiert, sodass $g_1'' + \lambda g_1 = 0$ und $g_2'' - \lambda g_2 = 0$. Für $\lambda > 0$ ist g_1 eine trigonometrische Funktion und g_2 eine Hyperbelfunktion. Für $\lambda < 0$ ist g_1 hyperbolisch und g_2 trigonometrisch. Für $\lambda = 0$ sind g_1, g_2 inhomogen linear.

Seien nun $a, b \in \mathbb{R}_{>0}$. Welche der kartesisch faktorisierenden harmonischen Funktionen $g \neq 0$ erfüllen die folgenden Vorgaben auf dem Rand des Rechtecks $R = (0, a) \times (0, b)$?

- $g (0, y) = 0 = g (a, y)$ für alle $y \in (0, b)$,
- $g (x, 0) = 0$ für alle $x \in (0, a)$,
- $g (x, b) = f (x)$ für alle $x \in (0, a)$, wobei $f \in C^2 (\mathbb{R})$ ungerade und $2a$-periodisch ist.[46]

Die erste Randbedingung gilt genau dann, wenn $\lambda = \left(\frac{k\pi}{a} \right)^2$ und

$$g_1 (x) = B \sin \left(\frac{k \pi x}{a} \right)$$

für ein $k \in \mathbb{N}$ und ein $B \in \mathbb{R}$. Die zweite Randbedingung gilt genau dann, wenn

$$g_2 (y) = A \sinh \left(\frac{k \pi y}{a} \right)$$

---

[46]Daraus folgt $f (0) = f (a) = 0$.

für ein $k > 0$ und ein $A \in \mathbb{R}$. Für alle endlichen Linearkombinationen der Funktionen $u_k : \mathbb{R}^2 \to \mathbb{R}$ mit

$$u_k(x, y) = \sin\left(\frac{k\pi x}{a}\right) \sinh\left(\frac{k\pi y}{a}\right)$$

gelten somit die ersten beiden Randvorgaben. Die dritte Randvorgabe ergibt sich aus der Sinusreihenentwicklung der ungeraden, $2a$-periodischen Funktion f. Und zwar so: Sei $(b_k)_{k \in \mathbb{N}}$ eine reelle Folge und sei

$$g(x, y) = \sum_{k=1}^{\infty} b_k \frac{\sin\left(\frac{k\pi x}{a}\right) \sinh\left(\frac{k\pi y}{a}\right)}{\sinh\left(\frac{k\pi b}{a}\right)}.$$

Die dritte Randvorgabe gilt genau dann, wenn

$$b_k = \frac{2}{a} \int_0^a \sin\left(\frac{k\pi x}{a}\right) f(x)\, dx.$$

Mitteilung ohne Beweis: Die Folge der Partialsummen von g konvergiert auf dem Abschluss des Rechtecks R gegen eine stetige Funktion, die auf R harmonisch ist. Außerhalb des Rechtecks konvergiert die Funktionenfolge g nicht unbedingt.

Unstetige Randvorgabe

Lässt sich auch eine harmonische Funktion auf R zu einer unstetigen Randvorgabe finden? Hier ein Beispiel: Für $g : R \to \mathbb{R}$ gelte $\Delta g = 0$ in R. Die Randvorgaben brauchen nur im Sinne von Limiten zu gelten. Die dritte Randvorgabe etwa wird zu

$$\lim_{y \uparrow b} g(x, y) = 1 \text{ für alle } x \in (0, a)$$

modifiziert. Man wird also die unstetige $2a$-periodische ungerade Funktion mit $f(x) = 1$ für $0 < x < a$ in eine Sinusreihe entwickeln. Es ergibt sich $b_k = 0$ für gerades k und $b_k = 4/k\pi$ für ungerades k. Also folgt

$$g(x, y) = \frac{4}{\pi} \sum_{k=0}^{\infty} \frac{1}{2k+1} \frac{\sin\left(\frac{k\pi x}{a}\right) \sinh\left(\frac{k\pi y}{a}\right)}{\sinh\left(\frac{k\pi b}{a}\right)}. \tag{3.34}$$

Tatsächlich ist die Reihe in jedem abgeschlossenen Rechteck, das in R enthalten ist, gleichmäßig absolut konvergent. Daher ist g in R harmonisch. Abb. 3.39 zeigt die Partialsumme dieser Lösung bis $k = 20$.

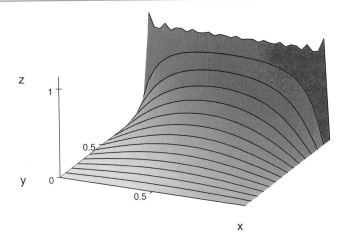

Abb. 3.39 Partialsumme für g von Gl. (3.34) bis $k = 40$

3.5.18 Eigenwerte von Δ bei homogener Randvorgabe

Bei der Berechnung der stationären Lösungen von Saite und Rechtecksmembran wurde klar, dass die Helmholtzsche Schwingungsgleichung $\Delta g + \lambda g = 0$ auf einem Intervall oder Rechteck zusammen mit der homogenen Dirichletschen Randvorgabe nur für bestimmte Werte λ nichttriviale Lösungen g hat. Alle diese Werte λ sind positiv. Dies ist kein seltsamer Zufall, wie nun klargemacht werden soll.

Definition 3.8 Sei $\Omega \subset \mathbb{R}^n$ offen, beschränkt und stückweise glatt berandet. Sei $V = C^0\left(\overline{\Omega}\right)$ und $V_0 \subset V$ sei die Teilmenge aller stetigen Funktionen $f : \overline{\Omega} \to \mathbb{R}$ mit

1. $f = 0$ auf $\partial\Omega$,
2. $f|_\Omega \in C^2(\Omega)$,
3. die Ableitungen $\partial_i f, \partial_i \partial_j f$ sind für alle i, j stetig nach $\overline{\Omega}$ fortsetzbar.

Satz 3.34 *Erfüllt eine Funktion $g \in V_0 \smallsetminus \{0\}$ für ein $\lambda \in \mathbb{R}$ die Gleichung $-\Delta g = \lambda g$ auf Ω, dann folgt $\lambda > 0$.*

Beweis Es gilt $\operatorname{div}\left[g \cdot \operatorname{grad}(g)\right] = |\operatorname{grad}(g)|^2 + g \cdot \Delta g = |\operatorname{grad}(g)|^2 - \lambda g^2$. Integration über Ω mit dem Satz von Gauß ergibt wegen $g = 0$ auf $\partial\Omega$

$$0 = \int_\Omega |\operatorname{grad}(g)|^2 \, d^n x - \lambda \int_\Omega g^2 d^n x.$$

Daraus folgt wegen $g \neq 0$, dass $\lambda = \int_\Omega |\operatorname{grad}(g)|^2 \, d^n x / \int_\Omega g^2 d^n x$. Da g am Rand verschwindet, aber nicht die 0-Funktion ist, gilt $\operatorname{grad}(g) \neq 0$ und somit $\lambda > 0$. $\quad\square$

Die Zahlen λ, für die ein $g \in V_0 \setminus \{0\}$ existiert, sodass $-\Delta g = \lambda g$ auf Ω gilt, heißen Eigenwerte von $-\Delta_\Omega$ mit homogenen Dirichletschen Randbedingungen. Eine Funktion $g \in V_0 \setminus \{0\}$ mit $-\Delta g = \lambda g$ auf Ω heißt Eigenfunktion von Δ auf Ω zur homogenen Dirichletschen Randvorgabe. Warnung: Es gibt andere Arten von Randwertproblemen für $-\Delta_\Omega$, die nicht zu ausschließlich positiven Eigenwerten führen.

Die sich abzeichnende Analogie zu Eigenwertproblemen der linearen Algebra reicht weiter. Setze für $u, v \in V$

$$\langle u, v \rangle = \int_\Omega u \cdot v d^n x.$$

Die Abbildung $\langle \cdot, \cdot \rangle : V \times V \to \mathbb{R}$ ist ein Skalarprodukt von V (bilinear, symmetrisch, $\langle u, u \rangle \geq 0$ und $\langle u, u \rangle = 0$ genau dann, wenn $u = 0$). Es gilt $\Delta(V_0) \subset V$ und Δ ist symmetrisch im folgenden Sinn:

Satz 3.35 *Für alle $u, v \in V_0$ gilt $\langle u, \Delta v \rangle = \langle \Delta u, v \rangle$ oder explizit*

$$\int_\Omega u \, (\Delta v) \, d^n x = \int_\Omega (\Delta u) \, v d^n x.$$

Beweis Für $u, v \in V$ gilt $\mathrm{div} \left[u \cdot \mathrm{grad}\,(v) - v \cdot \mathrm{grad}\,(u) \right] = u \Delta v - v \Delta u$ auf Ω. Integration mit dem Satz von Gauß ergibt wegen $u = v = 0$ auf $\partial\Omega$ die Behauptung.$\Box$

Eigenvektoren einer symmetrischen linearen Abbildung zu verschiedenen Eigenwerten sind orthogonal. Überträgt sich das auf den Laplaceoperator mit homogenen Dirichletschen Randbedingungen?

Satz 3.36 *Sind f und g Eigenfunktionen von $-\Delta$ auf Ω zu verschiedenen Eigenwerten, dann gilt $\langle f, g \rangle = 0$.*

Beweis Es gilt nach Voraussetzung $-\Delta f = \lambda f$ und $-\Delta g = \mu g$ auf Ω für ein Paar $(\lambda, \mu) \in \mathbb{R}^2$ mit $\lambda \neq \mu$. Daraus folgt $f \Delta g - g \Delta f = (\lambda - \mu) f \cdot g$. Integration über Ω ergibt $(\lambda - \mu) \langle f, g \rangle = \langle f, \Delta g \rangle - \langle \Delta f, g \rangle = 0$. Aus $\lambda - \mu \neq 0$ folgt die Behauptung. $\Box$

Aus der Orthogonalität von zwei Eigenmoden f, g zu verschiedenen Eigenwerten folgt, dass die Funktion fg nicht auf ganz Ω die Ungleichung $fg \geq 0$ erfüllen kann. Genauso ist $fg \leq 0$ ausgeschlossen.

Die Analogie zu den Eigenwertproblemen der linearen Algebra geht noch viel weiter, als dies hier ausgebreitet ist. Aus den Eigenvektoren von $-\Delta_\Omega$ mit homogener Dirichletscher Randvorgabe lässt sich eine Orthonormalbasis des Raumes aller Funktionen $f : \Omega \to \mathbb{R}$ bilden, für die $|f|^2$ über Ω integrierbar ist. Damit lässt sich die Fouriersche Lösungsmethode der eingespannten Saite auf offene, beschränkte und stückweise glatt berandete Definitionsbereiche $\Omega \subset \mathbb{R}^n$ von Lösungen der dAWG verallgemeinern (siehe etwa [4, Kap. V, § 15]).

3.5.19 Helmholtzgleichung: Radiale Separation

Parameterreduktion: Für $g \in C^2 (\mathbb{R}^n \setminus \{0\})$ und $\lambda \in \mathbb{R} \setminus \{0\}$ gilt $(\Delta + \lambda) g = 0$ genau dann, wenn für die gestreckte Funktion $h : \mathbb{R}^n \setminus \{0\} \to \mathbb{R}$ mit $g(x) = h\left(\sqrt{|\lambda|}x\right)$ die Gleichung $(\Delta + \lambda/|\lambda|) h = 0$ gilt. Es genügt also, die drei Fälle $\lambda \in \{-1, 0, 1\}$ der Helmholtzgleichung zu studieren. Im Folgenden wird der Fall $n = 3$ im Detail betrachtet.

Sei $0 \neq g \in C^2 \left(\mathbb{R}^3 \setminus \{0\}\right)$ und $\lambda \in \mathbb{R}$. Es existiere eine Funktion $f \in C^2 (\mathbb{R}_{>0})$ und eine dehnungsinvariante[47] Funktion $\widetilde{Y} \in C^2 \left(\mathbb{R}^3 \setminus \{0\}\right)$, sodass

$$g(x) = f(|x|) \widetilde{Y}(x)$$

für alle $x \in \mathbb{R}^3 \setminus \{0\}$ gilt. Eine solche Funktion wird als (3d-)radial separiert bezeichnet.

Ist $\Phi = (r, \theta, \varphi)$ die Karte der Kugelkoordinaten (sphärische Karte), dann existiert eine Funktion $Y : (0, \pi) \times (0, 2\pi) \to \mathbb{R}$, sodass auf dem Definitionsbereich U der sphärischen Karte $\widetilde{Y} = Y(\theta, \varphi)$ gilt. Auf U gilt somit

$$g = f(r) Y(\theta, \varphi).$$

Daraus ergibt sich mit der Kurznotation $\left(\partial_r, \partial_\theta, \partial_\varphi\right) = \left(\partial_1^\Phi, \partial_2^\Phi, \partial_3^\Phi\right)$ auf U

$$\Delta g + \lambda g = \left\{\partial_r^2 + \frac{2}{r}\partial_r + \frac{1}{r^2}\left[\frac{1}{\sin(\theta)}\partial_\theta \sin(\theta)\partial_\theta + \frac{1}{\sin^2(\theta)}\partial_\varphi^2\right] + \lambda\right\} g$$
$$= \left[f''(r) + \frac{2}{r}f'(r)\right] Y(\theta, \varphi) + \frac{f(r)}{r^2}\Delta_{\mathbb{S}^2} Y(\theta, \varphi) + \lambda f(r) Y(\theta, \varphi).$$

Hier wird abgekürzt:[48]

$$\Delta_{\mathbb{S}^2} = \left[\frac{1}{\sin(\theta)}\partial_\theta \sin(\theta)\partial_\theta + \frac{1}{\sin^2(\theta)}\partial_\varphi^2\right].$$

Multiplikation mit r^2 und Division mit $Y(\theta_0, \varphi_0) \neq 0$ zeigt dann, dass $\Delta g + \lambda g = 0$ auf U die Gleichung

$$r^2 \left[f''(r) + \frac{2}{r}f'(r) + \lambda f(r)\right] + \mu f(r) = 0 \tag{3.35}$$

---

[47]Es gilt also $\widetilde{Y}(\alpha x) = \widetilde{Y}(x)$ für alle $\alpha > 0$.

[48]Das ist der sphärische Kartenausdruck des Laplace-Beltrami-Operators zur Riemannschen Geometrie der 2-Sphäre. In der Quantenmechanik tritt $-\hbar^2 \Delta_{S^2}$ als „Operator des Drehimpulsquadrats" auf.

auf $\mathbb{R}_{>0}$ mit

$$\mu = \frac{\left(\Delta_{\mathbb{S}^2} Y\right)(\theta_0, \varphi_0)}{Y(\theta_0, \varphi_0)}$$

impliziert. Weiters folgt

$$\Delta_{\mathbb{S}^2} Y(\theta, \varphi) + \frac{r_0^2 \left[f''(r_0) + \frac{2}{r_0} f'(r_0) + \lambda f(r_0) \right]}{f(r_0)} Y(\theta, \varphi) = 0.$$

Spezialisierung auf (θ_0, φ_0) ergibt dann

$$\Delta_{\mathbb{S}^2} Y(\theta, \varphi) - \mu Y(\theta, \varphi) = 0.$$

Sei nun $h : \mathbb{R}_{>0} \to \mathbb{R}$ so, dass $f(r) = h(r)/\sqrt{r}$ für alle $r > 0$. Dann folgt

$$f'(r) = \frac{1}{r} \left[h'(r) \sqrt{r} - \frac{1}{2\sqrt{r}} h(r) \right].$$

Daher gilt

$$\begin{aligned}
\left(r^2 f'\right)'(r) &= \left[r^{3/2} h'(r) - \frac{r^{1/2}}{2} h(r) \right]' \\
&= \left[\frac{3}{2} r^{1/2} h'(r) + r^{3/2} h''(r) - \frac{h(r)}{4r^{1/2}} - \frac{r^{1/2}}{2} h'(r) \right] \\
&= r^{3/2} \left[h''(r) + \frac{h'(r)}{r} - \frac{h(r)}{4r^2} \right].
\end{aligned}$$

Wegen $r^2 f''(r) + 2r f'(r) = \partial_r \left(r^2 \partial_r f\right)(r)$ ist somit Gl. 3.35 äquivalent zu

$$h''(r) + \frac{1}{r} h'(r) + \left(\lambda + \frac{\mu - \frac{1}{4}}{r^2} \right) h(r) = 0 \qquad (3.36)$$

auf $\mathbb{R}_{>0}$. Der folgende Satz hält dieses Zwischenergebnis fest.

Satz 3.37 *Sei $g \in C^2\left(\mathbb{R}^3 \setminus \{0\}\right)$ nicht die 0-Funktion und sei $\lambda \in \mathbb{R}$. Es gebe Funktionen $h : \mathbb{R}_{>0} \to \mathbb{R}$ und $Y : (0, \pi) \times (0, 2\pi) \to \mathbb{R}$, sodass $g = Y(\theta, \varphi) h(r)/\sqrt{r}$ auf dem Definitionsbereich U der sphärischen Koordinaten. Dann sind die beiden folgenden Aussagen äquivalent:*

1. Es gilt $\Delta g + \lambda g = 0$ auf U.
2. Es existiert ein $\mu \in \mathbb{R}$, sodass

$$h''(x) + \frac{1}{x} h'(x) + \left(\lambda + \frac{\mu - \frac{1}{4}}{x^2} \right) h(x) = 0 \text{ für alle } x > 0 \text{ und}$$

$$\Delta_{\mathbb{S}^2} Y - \mu Y = 0 \text{ auf } (0, \pi) \times (0, 2\pi).$$

3.5.20 Helmholtzgleichung auf 2-Sphäre: Winkelseparation

$\widetilde{Y} \in C^2 \left(\mathbb{R}^3 \setminus \{0\} \right)$ und $\widetilde{Y} = Y(\theta, \varphi)$ am Kartenbereich U der sphärischen Karte implizieren, dass die Limiten von $Y(\theta, \varphi)$ für $\theta \to 0$ und für $\theta \to \pi$ existieren und unabhängig von φ sind. Zudem folgt aus der stetigen Fortsetzbarkeit des Vektorfeldes $\delta_\varphi \simeq \partial_\varphi$ in den Nullmeridian von $\mathbb{S}^2$, dass für $n \in \{0, 1\}$

$$\lim_{\varphi \to 0} \partial_\varphi^n Y(\theta, \varphi) = \lim_{\varphi \to 2\pi} \partial_\varphi^n Y(\theta, \varphi).$$

Was folgt daraus für winkelseparierte Funktionen $\widetilde{Y}$, d. h. Funktionen des Typs $\widetilde{Y} = A(\theta) B(\varphi)$? Zunächst eine Vorüberlegung zu einem Randwertproblem der eindimensionalen Schwingungsgleichung.

Lemma 3.3 *Sei $c \in \mathbb{R}$ und sei $0 \neq y \in C^2((0, 2\pi))$ mit $y'' + cy = 0$. Dann sind die folgenden Bedingungen 1) und 2) äquivalent:*

1. $\lim_{x \to 0} y(x) = \lim_{x \to 2\pi} y(x)$ *und* $\lim_{x \to 0} y'(x) = \lim_{x \to 2\pi} y'(x)$
   (periodische Randbedingung).
2. *Es gilt $c = n^2$ für ein $n \in \mathbb{N}_0$ und für $c = 0$ ist y konstant.*

Beweis Der Schluss von 2. auf 1. ist einfach zu prüfen. Wir zeigen den Schluss von 1. auf 2. Aus der Differentialgleichung für y folgt, dass $A, B \in \mathbb{R}$ existieren, sodass

$$y(x) = \begin{cases} Ax + B, & \text{für } c = 0 \\ A\cos\left(\sqrt{c}x\right) + B\sin\left(\sqrt{c}x\right) & \text{für } c > 0 \\ A\cosh\left(\sqrt{-c}x\right) + B\sinh\left(\sqrt{-c}x\right) & \text{für } c < 0 \end{cases}.$$

Für $c = 0$ ergeben sich die Randwerte $y(0) := \lim_{x \to 0} y(0)$ etc. zu

$$\begin{pmatrix} y(0) \\ y'(0) \end{pmatrix} = \begin{pmatrix} B \\ A \end{pmatrix}, \begin{pmatrix} y(2\pi) \\ y'(2\pi) \end{pmatrix} = \begin{pmatrix} 2\pi A + B \\ A \end{pmatrix}.$$

Bedingung 1) impliziert daher $A = 0$, dass also y konstant ist.

Für $c > 0$ ergeben sich mit $\alpha = 2\pi\sqrt{c}$ die Randwerte zu

$$\begin{pmatrix} y(0) \\ y'(0) \end{pmatrix} = \begin{pmatrix} A \\ \sqrt{c}B \end{pmatrix},$$

$$\begin{pmatrix} y(2\pi) \\ y'(2\pi) \end{pmatrix} = \begin{pmatrix} A\cos\alpha + B\sin\alpha \\ \sqrt{c}\left[-A\sin\alpha + B\cos\alpha\right] \end{pmatrix}.$$

Bedingung 1) sagt also, dass $(A, B)^t$ ein Eigenvektor der Matrix

$$\begin{pmatrix} \cos\alpha & \sin\alpha \\ -\sin\alpha & \cos\alpha \end{pmatrix} \tag{3.37}$$

zum Eigenwert 1 ist. Ein solcher existiert genau dann, wenn

$$\det \begin{pmatrix} \cos \alpha - 1 & \sin \alpha \\ -\sin \alpha & \cos \alpha - 1 \end{pmatrix} = 0.$$

Dies ist äquivalent zu $0 = (\cos \alpha - 1)^2 + \sin^2 \alpha = 2(1 - \cos \alpha)$, was genau dann der Fall ist, wenn $\alpha = 2\pi \sqrt{c} \in 2\pi \mathbb{N}$. Für $c > 0$ impliziert 1) also $\sqrt{c} \in \mathbb{N}$. Die Matrix (3.37) ist für $\sqrt{c} \in \mathbb{N}$ die Einheitsmatrix. Daher erfüllt dann jede Funktion $y : (0, 2\pi) \to \mathbb{R}$ mit $y'' + cy = 0$ die periodische Randbedingung.

Für $c < 0$ folgt aus Bedingung 1) mit $\alpha = 2\pi \sqrt{-c}$, dass

$$0 = \det \begin{pmatrix} \cosh \alpha - 1 & \sinh \alpha \\ \sinh \alpha & \cosh \alpha - 1 \end{pmatrix} = (\cosh \alpha - 1)^2 - \sinh^2 \alpha = 2(1 - \cosh \alpha),$$

also $\alpha = 0$. Das steht im Widerspruch zu $c < 0$. Für $c < 0$ gilt also 1) keinesfalls. $\square$

Lemma 3.4 *Sei* $0 \neq \widetilde{Y} \in C^2 \left(\mathbb{R}^3 \setminus \{0\} \right)$ *dehnungsinvariant. Seien* $A : (0, \pi) \to \mathbb{R}$ *und* $B : (0, 2\pi) \to \mathbb{R}$ *so, dass am Definitionsbereich der sphärischen Karte* $\widetilde{Y} = A(\theta) B(\varphi) = Y(\theta, \varphi)$ *gilt. Für ein* $\mu \in \mathbb{R}$ *gelte* $\Delta_{\mathbb{S}^2} Y - \mu Y = 0$ *auf* $(0, \pi) \times (0, 2\pi)$. *Dann gilt: 1) Es existiert ein* $m \in \mathbb{N}_0$, *sodass* $B'' + m^2 B = 0$ *auf* $(0, 2\pi)$. *2) Für* $m = 0$ *ist* B *konstant. 3) Für alle* $\theta \in (0, \pi)$

$$\sin(\theta) \left[\sin(\theta) A'(\theta) \right]' - \left[\mu \sin^2(\theta) + m^2 \right] A(\theta) = 0. \tag{3.38}$$

Beweis Einsetzen von $Y(\theta, \varphi) = A(\theta) B(\varphi)$ in $\Delta_{\mathbb{S}^2} Y = \mu Y$ ergibt

$$\begin{aligned} \mu A(\theta) B(\varphi) &= \left[\frac{1}{\sin(\theta)} \partial_\theta \sin(\theta) \partial_\theta + \frac{1}{\sin^2(\theta)} \partial_\varphi^2 \right] A(\theta) B(\varphi) \\ &= \frac{B(\varphi)}{\sin(\theta)} \partial_\theta \left[\sin(\theta) A'(\theta) \right] + \frac{A(\theta)}{\sin^2(\theta)} B''(\varphi). \end{aligned}$$

Für θ_0 so, dass $A(\theta_0) \neq 0$, folgt daraus durch Einschränkung auf $\theta = \theta_0$ und Multiplikation mit $\sin^2(\theta_0) / A(\theta_0)$ die gewöhnliche Differentialgleichung

$$B''(\varphi) + \alpha B(\varphi) = 0$$

mit der Separationskonstante

$$\alpha = \left[\frac{\sin(\theta_0)}{A(\theta_0)} \left[\sin(\theta_0) A'(\theta_0) \right]' - \mu \sin^2(\theta_0) \right].$$

Für φ_0 so, dass $B(\varphi_0) \neq 0$, folgt daraus durch Einschränkung auf $\varphi = \varphi_0$ und Multiplikation mit $\sin^2(\theta) / B(\varphi_0)$ die gewöhnliche Differentialgleichung

$$\sin(\theta) \partial_\theta \left[\sin(\theta) A'(\theta) \right] - \left[\alpha + \mu \sin^2(\theta) \right] A(\theta) = 0.$$

Die Bedingung $\widetilde{Y} \in C^2\left(\mathbb{R}^3 \smallsetminus \{0\}\right)$ impliziert

$$\lim_{\varphi \to 0} B\left(\varphi\right) = \lim_{\varphi \to 2\pi} B\left(\varphi\right) \text{ und } \lim_{\varphi \to 0} B'\left(\varphi\right) = \lim_{\varphi \to 2\pi} B'\left(\varphi\right).$$

Die Differentialgleichung $B''\left(\varphi\right) + \alpha B\left(\varphi\right) = 0$ hat nach Lemma 3.3 genau dann maximale Lösungen, für die diese Randbedingung gilt, wenn $\alpha = m^2$ für ein $m \in \mathbb{N}_0$. Im Fall $m = 0$ genügt nur die konstante Lösung der Randbedingung; für $m \in \mathbb{N}$ gilt die Randbedingung für jedes Element des Lösungsraumes. $\square$

3.5.21 Laplacegleichung: Vorgabe am Kreis

Ähnlich wie bei der schwingenden Saite ermöglicht die Separationstechnik im Fall der Laplacegleichung auf der Kreisscheibe eine geschlossene Lösungsformel für Dirichlets Randwertproblem. Diese wird in den beiden folgenden Abschnitten abgeleitet.

Separation in Polarkoordinaten
Eine Funktion $g \in C^2\left(\mathbb{R}^2 \smallsetminus \{0\}\right)$, für die $g = h\left(r\right) P\left(\varphi\right)$ auf dem Definitionsbereich U der Polarkoordinaten (r, φ) gilt, wird als (2d-)radial separiert bezeichnet. Eine solche Funktion ist genau dann Lösung von $\Delta g = 0$, wenn $P'' + m^2 P = 0$ für ein $m \in \mathbb{N}_0$ gilt und h eine maximale Lösung der Eulerschen Differentialgleichung auf $\mathbb{R}_{>0}$

$$x^2 h''\left(x\right) + x h'\left(x\right) = m^2 h\left(x\right) \tag{3.39}$$

ist. Für $m > 0$ sind die Funktionen $h_{\pm}\left(x\right) = x^{\pm m}$ eine Basis des Raumes der maximalen Lösungen von Gl. 3.39. Für $m = 0$ sind die Funktionen $\ln\left(x\right)$ und 1 eine Basis. Somit gilt

Satz 3.38 $g \in C^2\left(\mathbb{R}^2 \smallsetminus \{0\}\right)$ *ist genau dann eine radial separierte Lösung von* $\Delta g = 0$, *wenn ein* $m \in \mathbb{N}_0$ *und* $A, B, C, D \in \mathbb{R}$ *existieren, sodass auf* U

$$g = \begin{cases} \left(Cr^m + Dr^{-m}\right)\left(A\cos\left(m\varphi\right) + B\sin\left(m\varphi\right)\right) & \text{für } m \in \mathbb{N} \\ \left(C + D\ln r\right) & \text{für } m = 0 \end{cases}.$$

g hat genau dann eine harmonische Fortsetzung auf $\mathbb{R}^2$, *wenn* $D = 0$.

Die kartesischen Kartenausdrücke der Funktionen $r^m \cos m\varphi$ und $r^m \sin m\varphi$ sind homogene Polynome vom Grad m in x und y. Das wurde im Kapitel über die holomorphen Funktionen $z \mapsto z^m$ schon klar. Direkt und ohne Beachtung ihrer komplexen Herkunft lassen sich diese Polynome auch folgendermaßen bestimmen: Für

Abb. 3.40 Harmonische
Funktion $r^3 \cos 3\varphi$ für $r < 1$

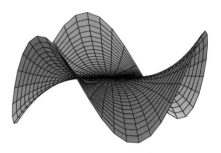

$m = 1$ folgt $r \cos \varphi = x, \ r \sin \varphi = y$. Für $m = 2$ und $m = 3$ wird es schon etwas
interessanter:

$$r^2 \cos (2\varphi) = r^2 \left(\cos^2 (\varphi) - \sin^2 (\varphi)\right) = x^2 - y^2,$$
$$r^2 \sin (2\varphi) = 2r^2 \sin (\varphi) \cos (\varphi) = 2xy,$$
$$r^3 \cos (3\varphi) = r^3 \left(4 \cos^3 (\varphi) - 3 \cos (\varphi)\right) = 4x^3 - 3r^2 x = x^3 - 3xy^2,$$
$$r^3 \sin (3\varphi) = r^3 \left(-4 \sin^3 (\varphi) + 3 \sin (\varphi)\right) = -4y^3 + 3r^2 y = 3x^2 y - y^3$$

Abb. 3.40 zeigt die harmonische Funktion $r^3 \cos (3\varphi)$ über der Einheitskreisscheibe.

Mithilfe der Chebyshev-Polynome T_m, die für alle $m \in \mathbb{N}_0$ durch die Bedin-
gung $T_m (\cos \varphi) = \cos (m\varphi)$ für alle $\varphi \in \mathbb{R}$ eindeutig festgelegt sind, lässt sich der
allgemeine Fall $r^m \cos m\varphi$ umformen. Dabei erweist sich die Rekursionsformel

$$T_m (s) = 2s T_{m-1} (s) - T_{m-2} (s) \text{ für alle } s \in \mathbb{R} \text{ und für alle } m \in \mathbb{N}_0 \text{ mit } m \geq 2$$

der Chebyshev-Polynome als hilfreich. Aus ihr folgt nämlich zusammen mit dem
Rekursionsbeginn $T_0 = 1$ und $T_1 (s) = s$, dass T_m von genau dem Grad m ist und
$T_m (-s) = (-1)^m T_m (s)$ für alle $s \in \mathbb{R}$ erfüllt. Damit folgt

$$r^m \cos (m\varphi) = r^m T_m (\cos \varphi)$$
$$= r^m \left[a_m \cos^m (\varphi) + a_{m-2} \cos^{m-2} (\varphi) + a_{m-4} \cos^{m-4} (\varphi) + \ldots\right]$$
$$= a_m x^m + a_{m-2} x^{m-2} \left(x^2 + y^2\right) + a_{m-4} x^{m-4} \left(x^2 + y^2\right)^2 + \ldots$$

Der kartesische Kartenausdruck von $r^m \cos (m\varphi)$ ist also ein Polynom P_m in x und
y und erfüllt $P_m (-x, -y) = (-1)^m P_m (x, y)$. Man sagt dazu: P_m hat die Parität
$(-1)^m$. Überdies gilt für $\lambda > 0$ natürlich $P_m (\lambda x, \lambda y) = \lambda^m P_m (x, y)$. Das Polynom
ist also homogen vom Grad m. Das ist natürlich auch wegen $(-\lambda z)^m = \lambda^m (-1)^m z^m$
mit $z = x + iy$ klar.

Die Funktion $r^m \sin (m\varphi)$ geht durch eine Drehung aus $r^m \cos (m\varphi)$ hervor. Damit
ist auch ihr kartesischer Kartenausdruck ein homogenes Polynom vom Grad m mit

der Parität $(-1)^m$. Etwas genauer ausgeführt: Für ungerades m gilt

$$\sin(m\varphi) = (-1)^{\frac{m-1}{2}} \cos\left(m\left(\varphi - \frac{\pi}{2}\right)\right) = (-1)^{\frac{m-1}{2}} T_m\left(\cos\left(\varphi - \frac{\pi}{2}\right)\right)$$
$$= (-1)^{\frac{m-1}{2}} T_m(\sin\varphi).$$

Für gerades m gilt

$$\sin(m\varphi) = \sin((m-1)\varphi + \varphi) = \sin((m-1)\varphi)\cos\varphi - \cos((m-1)\varphi)\sin\varphi.$$

Daraus ergibt sich

$$r^m \sin(m\varphi) = xr^{m-1}\sin((m-1)\varphi) - yr^{m-1}\cos((m-1)\varphi).$$

Für $r^{m-1}\sin((m-1)\varphi)$ und $r^{m-1}\cos((m-1)\varphi)$ ist nun die weitere Umformung mittels der Chebyshev-Polynome wie gehabt möglich.

Die Funktionen $r^{-m}\cos m\varphi$ und $r^{-m}\sin m\varphi$ gehen aus $r^m\cos m\varphi$ und $r^m\sin m\varphi$ durch Multiplikation mit r^{-2m} hervor. Damit sind die kartesischen Kartenausdrücke von $r^{-m}\cos m\varphi$ und $r^{-m}\sin m\varphi$ rationale Funktionen, homogen vom Grad $-m$ und der Parität $(-1)^m$.

Allgemeinere harmonische Funktionen auf $\mathbb{R}^2 \setminus \{0\}$ ergeben sich durch Überlagerung

$$g = A + B\ln r + \sum_{m=1}^{N}\left(A_m r^m + \frac{B_m}{r^m}\right)\cos(m\varphi) + \left(C_m r^m + \frac{D_m}{r^m}\right)\sin(m\varphi). \tag{3.40}$$

Gl. 3.40 kann durch Fourierentwicklung der Randvorgaben zur Lösung von Dirichletschen Randwertproblemen auf einem Kreisring, auf einer Kreisscheibe oder deren Komplement benutzt werden. In manchen Fällen lassen sich die Konstanten $A, B, A_m \ldots \in \mathbb{R}$ explizit angeben. Zum Beispiel folgt für die auf dem Kreisring $\rho < r < R$ harmonische Funktion g mit den Randvorgaben $g|_{r=R} = 0$ und $g|_{r=\rho} = \cos\varphi$ durch Koeffizientenvergleich

$$g = \frac{\rho}{R^2 - \rho^2}\frac{R^2 - r^2}{r}\cos\varphi = \frac{\rho x}{R^2 - \rho^2}\left(\frac{R^2}{x^2 + y^2} - 1\right). \tag{3.41}$$

Abb. 3.41 zeigt g über dem Kreisring $\rho = 1 < r < 2 = R$.

Abb. 3.41 Die Funktion g
von Gl. 3.41 für $\rho = 1$ und
$R = 2$

Poissons Lösungsformel

Eine Funktion g des Typs von Gl. 3.40 hat genau dann eine harmonische Fortsetzung nach 0, wenn $B = 0$ und $B_m = D_m = 0$ für alle m. Dann gilt mit $h \circ \varphi = g|_{r=R}$

$$g = \sum_{k=-N}^{N} C_k \left(\frac{r}{R}\right)^{|k|} e^{ik\varphi} \text{ mit } C_k = \frac{1}{2\pi} \int_0^{2\pi} e^{-ik\xi} h(\xi) \, d\xi.$$

Dies ergibt bei fest gewähltem trigonometrischem Polynom h vom Grad N für $r < R$

$$g = \frac{1}{2\pi} \int_0^{2\pi} \sum_{k=-N}^{N} \left(\frac{r}{R}\right)^{|k|} e^{ik(\varphi-\xi)} h(\xi) \, d\xi$$

$$= \frac{1}{2\pi} \int_0^{2\pi} \left\{ \sum_{k=0}^{N} \left(\frac{r}{R} e^{i(\varphi-\xi)}\right)^k + \sum_{k=1}^{N} \left(\frac{r}{R} e^{-i(\varphi-\xi)}\right)^k \right\} h(\xi) \, d\xi$$

$$= \frac{1}{2\pi} \int_0^{2\pi} \left\{ \sum_{k=0}^{\infty} \left(\frac{r}{R} e^{i(\varphi-\xi)}\right)^k + \sum_{k=1}^{\infty} \left(\frac{r}{R} e^{-i(\varphi-\xi)}\right)^k \right\} h(\xi) \, d\xi.$$

Die geometrischen Reihen ergeben mit $\lambda = \frac{r}{R} e^{i(\varphi-\xi)}$

$$\sum_{k=0}^{\infty} \lambda^k + \sum_{k=1}^{\infty} \bar{\lambda}^k = \frac{1}{1-\lambda} + \frac{\bar{\lambda}}{1-\bar{\lambda}}$$

$$= \frac{1 - |\lambda|^2}{1 - 2\Re\lambda + |\lambda|^2}$$

$$= \frac{R^2 - r^2}{R^2 - 2Rr \cos(\varphi-\xi) + r^2}.$$

Also gilt

$$g = \frac{R^2 - r^2}{2\pi} \int_0^{2\pi} \frac{h(\xi)}{R^2 - 2Rr \cos(\varphi-\xi) + r^2} d\xi. \tag{3.42}$$

Wegen $R^2 - 2Rr \cos(\varphi-\xi) + r^2 = |(r \cos \varphi - R \cos \xi, r \sin \varphi - R \sin \xi)|^2$ hat Gl. 3.42 eine einfache geometrische Bedeutung: Der Wert $g(x)$ ist das Kurvenintegral des Vektorfeldes $V = \frac{R^2 - r^2}{2\pi} \frac{h \cdot \text{grad}(\varphi)}{|\text{id} - x|^2}$ längs $\gamma : (0, 2\pi) \to \mathbb{R}^2, t \mapsto R(\cos t, \sin t)$.

Gilt die Integraldarstellung (3.42) auch für harmonische Funktionen in der Kreisscheibe, wenn die Randvorgabe kein trigonometrisches Polynom ist?

Satz 3.39 (Poissons Lösungsformel) *Das DRWP zu $\Delta g = 0$ auf der offenen Kreisscheibe um 0 mit Radius $R > 0$ hat zu jeder stetigen Randvorgabe h eine Lösung*

Abb. 3.42 Poissonkern
$P_r(\varphi)$ für $0 < r < 0{,}8$

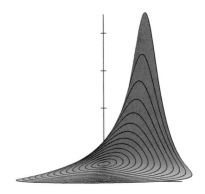

g_h. *Es gilt für alle* $(x, y) \in \mathbb{R}^2$ *mit* $r = \sqrt{x^2 + y^2} < R$ *und mit* $\theta \in [0, 2\pi)$ *so, dass*
$x = r \cos \theta$ *und* $y = r \sin \theta$

$$g_h(x, y) = \frac{R^2 - r^2}{2\pi} \int_0^{2\pi} \frac{h(\xi)}{R^2 - 2Rr \cos(\theta - \xi) + r^2} d\xi.$$

Beweis Siehe [4, Kap. III, § 6.5.4 bis § 6.5.5]. □

Das höherdimensionale Analogon zu Poissons Lösungsformel ist in [4, Kap. V, § 14.2.6] zu finden. Abb. 3.42 zeigt den „Poissonkern"

$$P_r(\varphi) = \frac{1 - r^2}{1 + r^2 - 2r \cos \varphi} = 1 + 2\left(r \cos \varphi + r^2 \cos 2\varphi + \ldots\right),$$

dessen Faltung mit h die Lösung g_h bestimmt. Seine Singularität bei $r = 1$ und $\varphi = 0$ deutet sich an. Weitere seiner Eigenschaften gibt [8, Lemma 27.3].

3.6 Symmetrische Lösungsansätze

Viele physikalisch wichtige partielle Differentialgleichungen besitzen eine Symmetriegruppe. Dies ist etwa die Symmetriegruppe der euklidischen Geometrie (Translationen und Drehungen) im Fall von Laplace- oder Helmholtzgleichung. Bei den Gleichungen, die auf einer Raumzeit formuliert sind, geht die euklidische Symmetriegruppe oft in einer größeren Gruppe als Untergruppe auf. Die gesamte Symmetriegruppe der Gleichung umfasst dann auch eine Gruppe von „gleichförmigen" Relativbewegungen. Im Fall der Wärmeleitungsgleichung sind das die Galileitransformationen, im Fall von d'Alemberts Gleichung sind es die Lorentztransformationen. Auch wenn die Details variieren, ein Muster bleibt immer dasselbe: Eine Gruppe G von Abbildungen der Lösungsmenge der jeweiligen partiellen Differentialgleichungen auf sich selbst lässt sich relativ durchsichtig aus der Symmetriegruppe der zugrunde gelegten Raumzeitgeometrie bilden.

Ein bereits vertrautes Beispiel ist das Drehen von Lösungen u der Laplacegleichung $\Delta u = 0$ um einen Punkt p. Mit u ist für jede Drehung $R : \mathbb{R}^n \to \mathbb{R}^n$ auch die Funktion

$$R * u : \mathbb{R}^n \to \mathbb{R} \text{ mit } R * u : x \mapsto u\left(p + R^{-1}\left(x - p\right)\right)$$

eine Lösung der Laplacegleichung. Dies wird als Drehinvarianz der Laplacegleichung bezeichnet.

Interessant sind nun jene Lösungen, die von einer Untergruppe G' der gesamten Symmetriegruppe stabilisiert werden. So sind etwa die rein radialen Lösungen $u = f(r)$ der Laplacegleichung invariant unter allen Drehungen um 0. Was ist der entscheidende Sachverhalt? u ist konstant auf den Orbits von G' auf $\mathbb{R}^n$. Der Orbit eines Punktes $p \neq 0$ unter allen Drehungen um 0 ist die Kugeloberfläche mit Zentrum 0, auf der p liegt. Daher ist der Kartenausdruck von u in Kugelkoordinaten unabhängig von den Winkeln. Derartige rein radiale Lösungen sind aber mit dem Ansatz $u = f(r)$ recht einfach zu finden, da die partielle Differentialgleichung sich zu einer gewöhnlichen reduziert.

3.6.1 *KGG: Lorentz-invariante Lösungen

Es soll nun am Beispiel einer partiellen Differentialgleichung, welche die Lorentzgruppe als Symmetriegruppe besitzt, versucht werden, Lösungen zu finden, die invariant unter der orthochronen Lorentzgruppe sind. Wir wählen als Beispiel die Klein-Gordon-Gleichung (KGG)

$$\left(\Box + \kappa^2\right) A\left(x\right) = 0.$$

Dabei sei $\kappa \in \mathbb{R}_{>0}$. Wir suchen nach einer C^2-Lösung A, die zumindest am offenen Vorwärtskegel[49] C_0^+ von 0 definiert und zudem konstant auf den Gruppenorbits der orthochronen Lorentzgruppe ist. Da dies die Hyperboloide

$$\left\{x \in R^{n+1} : x^0 > 0 \text{ und } \langle x, x \rangle = \left(x^0\right)^2 - \sum_{i=1}^{n}\left(x^i\right)^2 = \mu^2\right\}$$

für $\mu^2 > 0$ sind, existiert eine C^2-Funktion $f : \mathbb{R}_{>0} \to \mathbb{R}$ mit

$$A\left(x^0, x\right) = f\left(\left(x^0\right)^2 - |x|^2\right),$$

wobei $|x|^2 = \sum_{i=1}^{n}\left(x^i\right)^2$. Wir schränken uns weiter auf den Fall $n = 3$ ein und notieren die Zeitkoordinatenfunktion als t und die radiale Koordinate als r. Somit gilt $A = f\left(t^2 - r^2\right)$.

---

[49] $C_0^+ := \left\{x \in \mathbb{R}^{n+1} : x^0 > 0 \text{ und } \langle x, x \rangle > 0\right\}$.

Die Wellengleichung für A auf C_0^+ gilt genau dann, wenn

$$\left(\partial_t^2 - \partial_r^2 - \frac{2}{r}\partial_r\right) f\left(t^2 - r^2\right) + \kappa^2 f\left(t^2 - r^2\right) = 0$$

im Bereich $0 < r < t$. Dies ist, nach kurzer Nebenrechnung, äquivalent zur gewöhnlichen Differentialgleichung

$$4xf''(x) + 8f'(x) + \kappa^2 f(x) = 0$$

für alle $x > 0$. Mit der Substitution $f(x) = g\left(\sqrt{x}\right)$ ist diese Gleichung äquivalent zu

$$g''(x) + \frac{3}{x}g'(x) + \kappa^2 g(x) = 0$$

für alle $x > 0$. Als letzte Substitution wird $g(x) = h(x)/x$ durchgeführt. Damit gilt für alle $x > 0$

$$h''(x) + \frac{h'(x)}{x} + \left(\kappa^2 - \frac{1}{x^2}\right) h(x) = 0.$$

Für $\kappa = 1$ ist dies gerade die Besselsche Differentialgleichung zum Parameter $\nu^2 = 1$. Deren Lösungen sind somit Linearkombinationen von J_1 und N_1. Daraus ergeben sich (mit dem Dehnungsargument) die orthochron Lorentz-invarianten Lösungen $A_{\alpha,\beta}$ der Klein-Gordon-Gleichung mit $\alpha, \beta \in \mathbb{R}$ und

$$A_{\alpha,\beta}(x) = \alpha \frac{J_1\left(\kappa\sqrt{\langle x, x\rangle}\right)}{\kappa\sqrt{\langle x, x\rangle}} + \beta \frac{N_1\left(\kappa\sqrt{\langle x, x\rangle}\right)}{\kappa\sqrt{\langle x, x\rangle}}$$

für alle $x \in C_0^+$. Nur die Lösungen $A_{\alpha,0}$ sind beschränkt.

Im Grenzfall $\kappa = 0$ ergeben sich die in C_0^+ lokalisierten, orthochron Lorentz-invarianten Lösungen von d'Alemberts Wellengleichung wegen $h(x) = \alpha x + \beta/x$ zu

$$A_{\alpha,\beta}(x) = \alpha + \frac{\beta}{\langle x, x\rangle}.$$

Nur die konstanten Lösungen $A_{\alpha,0}$ sind beschränkt. Eine kleine Nebenrechnung bestätigt übrigens, dass auf C_0^+ tatsächlich $\Box A_{\alpha,\beta} = 0$ gilt. $A_{\alpha,\beta}$ löst d'Alemberts Wellengleichung sogar überall auf $\mathbb{R}^4 \smallsetminus \{x : \langle x, x\rangle = 0\}$.

3.6.2 *Elektrostatik auf 2-Sphäre

Das Potential $\Gamma = C/r + D$ auf $\mathbb{R}^3 \smallsetminus \{0\}$ ist bis auf die reellen Konstanten C, D dadurch bestimmt, dass Γ harmonisch auf $\mathbb{R}^3 \smallsetminus \{0\}$ und drehinvariant um 0 ist. Existieren analoge Potentiale auf der 2-Sphäre? Einer harmonischen Funktion auf der $\mathbb{S}^2$ entspricht genau eine dehnungsinvariante harmonische Funktion auf $\mathbb{R}^3 \smallsetminus \{0\}$.

Daher stellt sich die Frage nach dem Potential einer Punktladung auf $\mathbb{S}^2$ wie folgt: Sei $0 \neq n \in \mathbb{R}^3$. Gibt es nichtkonstante, dehnungsinvariante harmonische Funktionen u auf $\mathbb{R}^3 \setminus \mathbb{R} \cdot n$, die unter den Drehungen um $\mathbb{R} \cdot n$ invariant sind?

Wir wählen oEdA $n = e_3$ und setzen auf dem Kartenbereich U der Kugelkoordinaten (r, θ, φ) daher $u : U \to \mathbb{R}$ mit $u = f \circ \theta$ für ein $f \in C^2 ((0, \pi) : \mathbb{R})$. Die Funktion u ist genau dann harmonisch, wenn $\left(\partial_\theta^2 + \cot \theta \partial_\theta\right) u = 0$ und somit $f'' (x) + \cot (x) f' (x) = 0$ für alle $x \in (0, \pi)$ gilt.

Die Funktion f' ist also eine maximale Lösung der linearen gewöhnlichen Differentialgleichung $y' = -a (x) y$ mit $a : (0, \pi) \to \mathbb{R}$ und $a (x) = \cot (x)$. Eine Stammfunktion von a ist die Funktion $1/\sin$ auf $(0, \pi)$. Der Raum der maximalen Lösungen von $y' = -a (x) y$ ist somit die Menge $\{C \cdot \alpha \mid C \in \mathbb{R}\}$ mit $\alpha : (0, \pi) \to \mathbb{R}$ und $\alpha (x) = 1/ \sin x$. Eine Stammfunktion von α wiederum ist $\beta : (0, \pi) \to \mathbb{R}$ mit $\beta (x) = \ln \tan \frac{x}{2}$. Bis auf eine Umskalierung ist sie in Abb. 3.43 wiedergegeben.

Die Funktion $\beta \circ \theta$ hat eine stetige Fortsetzung nach $\mathbb{R}^3 \setminus \mathbb{R} \cdot e_3$. Diese ist harmonisch. Ihr kartesischer Kartenausdruck ergibt sich mit $2 \sin^2 (\theta/2) = 1 - \cos \theta$ und $2 \cos^2 (\theta/2) = 1 + \cos \theta$ zu

$$\beta \circ \theta = \ln \tan \frac{\theta}{2} = \frac{1}{2} \ln \frac{\sin^2 \frac{\theta}{2}}{\cos^2 \frac{\theta}{2}} = \frac{1}{2} \ln \frac{1 - \cos \theta}{1 + \cos \theta} = \frac{1}{2} \ln \frac{r - z}{r + z}.$$

Es gilt also für die stetige Fortsetzung $\overline{u}$ von $u = \beta \circ \theta$ auf $\mathbb{R}^3 \setminus \mathbb{R} \cdot e_3$

$$\overline{u} = \frac{1}{2} \ln \frac{r - z}{r + z}$$

mit $r = \sqrt{x^2 + y^2 + z^2}$ auf $\mathbb{R}^3$. Wir fassen zusammen:

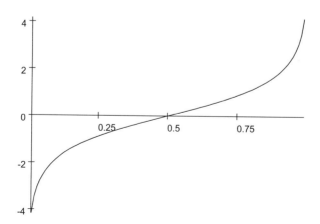

Abb. 3.43 Die Funktion $x \mapsto \ln \tan \frac{\pi}{2} x$

Satz 3.40 *Die Menge L aller dehnungsinvarianten und harmonischen Funktionen u auf $\mathbb{R}^3 \setminus \mathbb{R} \cdot e_3$, die unter den Drehungen um $\mathbb{R} \cdot e_3$ invariant sind, erfüllt*

$$L = \left\{ C \cdot \ln \frac{r-z}{r+z} + D \,|\, C, D \in \mathbb{R} \right\}.$$

Nur die konstanten Funktionen in L besitzen eine stetige Fortsetzung auf $\mathbb{R}^3$.

Das Gradientenfeld von $\beta \circ \theta$ erfüllt auf U

$$\operatorname{grad}(\beta \circ \theta) = \frac{1}{r^2} \left(\beta' \circ \theta\right) \cdot \delta_\theta = \frac{1}{r^2 \sin\theta} \cdot \delta_\theta.$$

Mit $r \sin\theta = \sqrt{x^2 + y^2} =: \rho$ und $\delta_\theta = r\,(\cos\theta \cos\varphi \cdot e_1 + \cos\theta \sin\varphi \cdot e_2 - \sin\theta \cdot e_3)$ folgt für das Gradientenfeld der stetigen Fortsetzung $\overline{u}$ von $u = \beta \circ \theta$ auf $\mathbb{R}^3 \setminus \mathbb{R} \cdot e_3$

$$\operatorname{grad}(\overline{u}) = \frac{1}{\rho^2 \sqrt{\rho^2 + z^2}} \left(zx \cdot e_1 + zy \cdot e_2 - \rho^2 \cdot e_3\right).$$

Die Einschränkung von $\beta \circ \theta$ auf $\mathbb{S}^2 \setminus \{e_3, -e_3\}$ ist aufgrund der Dehnungsinvarianz von $\beta \circ \theta$ ebenfalls harmonisch, denn es gilt ja $\Delta_{\mathbb{S}^2}(\beta \circ \theta) = 0$ auf $\mathbb{S}^2 \setminus \{e_3, -e_3\}$. Sie beschreibt das elektrostatische Potential zweier entgegengesetzter Ladungen in den Punkten $\pm e_3$ in einer zweidimensionalen Welt mit sphärischer (Riemannscher) Geometrie. Hier bietet es sich an, die Einschränkung der Funktion $\overline{u}$ auf eine Sphäre vom Radius R als Funktion des sphärischen Abstand $\delta(p) = R\theta(p)$ eines Punktes $p \in R \cdot \mathbb{S}^2$ vom Nordpol $R \cdot e_3$ darzustellen. Es folgt auf $R \cdot \left(\mathbb{S}^2 \setminus \{e_3, -e_3\}\right)$

$$\overline{u} = \frac{1}{2} \ln \frac{r-z}{r+z} = \frac{1}{2} \ln \frac{1 - \cos\theta}{1 + \cos\theta} = \frac{1}{2} \ln \frac{1 - \cos(\delta/R)}{1 + \cos(\delta/R)}.$$

Welchen Wert hat das Flussintegral des Vektorfeldes $-\operatorname{grad}(\overline{u})$ durch einen Breitenkreis um den Pol $R \cdot e_3$ in der geografischen Höhe $\theta_0 \in (0, \pi)$? Es gilt für die Kurve $\gamma : (0, 2\pi) \to R \cdot \mathbb{S}^2$ mit $\gamma(t) = R(\sin\theta_0 \cos t \cdot e_1 + \sin\theta_0 \cos t \cdot e_2 + \cos\theta_0 \cdot e_3)$

$$\int_0^{2\pi} \left\langle -\operatorname{grad}_{\gamma(t)}(\overline{u}), \left(\frac{\delta_\theta}{|\delta_\theta|}\right)_{\gamma(t)} \right\rangle |\dot{\gamma}(t)|\, dt = -\int_0^{2\pi} dt = -2\pi.$$

Die Quellstärke der Singularität im Nordpol der Lösung $\overline{u}$ beträgt somit -2π.

Eine kurze Rechnung zeigt: Die Funktion $\ln(r-z)$ auf $\mathbb{R}^3 \setminus \mathbb{R}_{\geq 0} \cdot e_3$ ist harmonisch. Ihr raumgespiegeltes Gegenstück $\ln(r+z)$ auf $\mathbb{R}^3 \setminus \mathbb{R}_{\leq 0} \cdot e_3$ ist natürlich ebenso harmonisch. (Es sind dies die Potentiale homogen geladener Halbachsen).

Nun kann aber der Vektor e_3 in jeden beliebigen Einheitsvektor $n \in \mathbb{S}^2$ gedreht werden. Und damit ist die gedrehte Funktion

$$\ln (r - \langle n, \cdot \rangle) : \mathbb{R}^3 \setminus \mathbb{R}_{\geq 0} \cdot n \to \mathbb{R} \text{ mit } p \mapsto \ln (r(p) - \langle n, p \rangle)$$

für jedes $n \in \mathbb{R}^3$ mit $|n| = 1$ wiederum harmonisch. Sie ist jedoch *nicht* dehnungsinvariant. Die Differenz zweier solcher Potentiale aber, also

$$\ln (r - \langle n, \cdot \rangle) - \ln (r - \langle m, \cdot \rangle) = \ln \frac{r - \langle n, \cdot \rangle}{r - \langle m, \cdot \rangle},$$

ist für beliebige $n, m \in \mathbb{R}^3$ mit $|n| = |m| = 1$ harmonisch und dehnungsinvariant.

Zusammenfassung: Das elektrostatische Potential eines Paares von zwei entgegengesetzt gleich großen Ladungen auf einer 2-Sphäre vom Radius R, die sich in den Punkten $R \cdot n$ und $R \cdot m$ befinden, ist vom Typ $\Phi : R \cdot \left(\mathbb{S}^2 \setminus \{n, m\} \right) \to \mathbb{R}$ mit

$$\Phi = C \cdot \ln \frac{1 - \cos (\delta_n / R)}{1 - \cos (\delta_m / R)} + D \text{ und } \delta_n (p) = R \cdot \arccos \langle n, p/R \rangle.$$

Dabei sind $C, D \in \mathbb{R}$, wobei die Quellstärke oder „Ladung" der Singularität von Φ in $R \cdot n$ den Wert $-4\pi C$ hat. Ferner bezeichnet $\delta_n (p)$ den sphärischen Abstand zwischen p und $R \cdot n$.

Es zeichnet sich ab: Die elektrische Gesamtladung, die in einer kompakten Riemannschen Mannigfaltigkeit M untergebracht werden kann, ist gleich 0. Punktladungen treten auf M nur als Paare der Gesamtladung 0 auf. Oder weniger dramatisch formuliert: Die Poissongleichung $\Delta_M \Phi = \rho$ hat auf einer kompakten Riemannschen Mannigfaltigkeit M nur dann eine Lösung, wenn $\int_M \rho d\tau = 0$.[50]

3.7 Lösung mittels Fouriertransformation

Die Bestimmung einer Lösung eines Anfangswertproblems mithilfe der Fouriertransformation soll am Beispiel der Klein-Gordon-Gleichung ausgebreitet werden. Wir müssen dabei die Anfangsvorgaben etwas stärker einschränken, um sie einer Fouriertransformation unterziehen zu können. Dazu verwenden wir den Raum der schnell fallenden C^∞-Funktionen mit Werten in $\mathbb{K} = \mathbb{C}$ oder $\mathbb{K} = \mathbb{R}$:

$$\mathscr{S} \left(\mathbb{R}^n : \mathbb{K} \right) = \left\{ f : \mathbb{R}^n \to \mathbb{K} \,\middle|\, f \in C^\infty \text{ und } |f|_{k,l} \text{ endlich für alle } k, l \in \mathbb{N}_0 \right\}$$

mit $|f|_{k,l} = \sup_{x \in \mathbb{R}^n} \left(1 + |x|^k \right) \sum_{|\alpha| \leq l} |\partial^\alpha f(x)|$.

---

[50]Für eine Funktion Φ mit $\Delta_M \Phi = \rho$ auf einer Mannigfaltigkeit M, die zugleich offen und abgeschlossen ist, folgt $\int_M \rho d\tau = \int_M div \, grad (\Phi) \, d\tau = \int_{\partial M} \langle grad (\Phi), df \rangle$. Die Menge ∂M der Randpunkte von M ist aber leer und somit gilt $\int_M \rho d\tau = \int_{\partial M} \langle grad (\Phi), df \rangle = 0$.

Es seien also $u, v \in \mathscr{S}(\mathbb{R}^n : \mathbb{R})$ gegeben. Eine C^2-Funktion $A : \mathbb{R} \times \mathbb{R}^n \to \mathbb{R}$ mit $A(0, x) = u(x)$ und $\partial_0 A(0, x) = v(x)$ und

$$\left(\Box + \kappa^2\right) A = 0$$

für ein $\kappa^2 > 0$ heißt Lösung der Klein-Gordon-Gleichung mit Parameter κ^2 zur Anfangsvorgabe (u, v), ist also Lösung eines Anfangswertproblems zur Klein-Gordon-Gleichung.

Zur Bestimmung einer solchen Lösung ist der Ansatz

$$A\left(x^0, x\right) = \frac{1}{(2\pi)^{n/2}} \int_{\mathbb{R}^n} \left[a(k) e^{-i\omega(k)x^0 + ik \cdot x} + c.c.\right] \frac{d^n k}{2\omega(k)}$$

mit einer noch unbestimmten (absolut integrablen) Funktion $a : \mathbb{R}^n \to \mathbb{C}$ und mit $\omega(k) = \sqrt{\kappa^2 + |k|^2}$ geeignet. Falls der Wellenoperator nämlich mit dem Integral vertauschbar ist, ist A offenbar eine reellwertige Lösung der Klein-Gordon-Gleichung. Die Funktion a lässt sich nun aus den Anfangsvorgaben u, v ermitteln, da für alle $x \in \mathbb{R}^n$

$$u(x) = \frac{1}{(2\pi)^{n/2}} \int_{\mathbb{R}^n} \left[a(k) e^{ik \cdot x} + c.c.\right] \frac{d^n k}{2\omega(k)}$$

$$= \int_{\mathbb{R}^n} \frac{a(k) + \overline{a}(-k)}{2\omega(k)} \frac{e^{ik \cdot x}}{(2\pi)^{n/2}} d^n k$$

und weiter, wieder unter Vertauschung der Zeitableitung mit dem Integral,

$$v(x) = \frac{1}{(2\pi)^{n/2}} \int_{\mathbb{R}^n} (-i\omega(k)) \left[a(k) e^{ik \cdot x} - c.c.\right] \frac{d^n k}{2\omega(k)}$$

$$= -i \int_{\mathbb{R}^n} \frac{a(k) - \overline{a}(-k)}{2} \frac{e^{ik \cdot x}}{(2\pi)^{n/2}} d^n k.$$

Somit gilt nach dem Satz von der Fourierumkehr, dass für alle $k \in \mathbb{R}^n$

$$\frac{a(k) + \overline{a}(-k)}{2} = \omega(k) \int_{\mathbb{R}^n} u(y) \frac{e^{-ik \cdot y}}{(2\pi)^{n/2}} d^n y,$$

$$\frac{a(k) - \overline{a}(-k)}{2} = i \int_{\mathbb{R}^n} v(y) \frac{e^{-ik \cdot y}}{(2\pi)^{n/2}} d^n y.$$

Daraus folgt für alle $k \in \mathbb{R}^n$

$$a(k) = \int_{\mathbb{R}^n} [\omega(k) u(y) + iv(y)] \frac{e^{-ik \cdot y}}{(2\pi)^{n/2}} d^n y.$$

Tatsächlich ist also die Funktion a durch u und v vollständig bestimmt.

Ohne Beweis sei mitgeteilt: Für $u, v \in \mathscr{S}\left(\mathbb{R}^n : \mathbb{R}\right)$ folgt $a \in \mathscr{S}\left(\mathbb{R}^n : \mathbb{C}\right)$, so-dass A auch wirklich eine Lösung der Klein-Gordon-Gleichung ist. Die mit dem Fourieransatz gewonnene Lösung des Anfangswertproblems ist die einzige Lösung zur Anfangsvorgabe u, v. Letzteres lässt sich ähnlich wie bei d'Alemberts Gleichung mit der Energieintegralmethode zeigen, aus der auch die Lokalität folgt.

Für diese eindeutige Lösung des Anfangswertproblems zur Klein-Gordon-Gleichung mit den Vorgaben $u, v \in \mathscr{S}\left(\mathbb{R}^n : \mathbb{R}\right)$ gilt die Lösungsformel

$$A\left(x^0, x\right) = \partial_0 A_u\left(x^0, x\right) + A_v\left(x^0, x\right)$$

mit der Abkürzung

$$A_u\left(x^0, x\right) = \int_{\mathbb{R}^n} \left(\int_{\mathbb{R}^n} \frac{\sin\left(\omega(k)\, x^0 - k \cdot (x - y)\right)}{(2\pi)^n\, \omega(k)}\, u\,(y)\, d^n y \right) d^n k.$$

3.8 Übungsbeispiele

1. Lösen durch Ansatz: Seien $c, k \in \mathbb{R}_{>0}$ und $A : \mathbb{R}^2 \to \mathbb{R}$, $(t, x) \mapsto f(t) \sin(kx)$ mit $f \in C^2(\mathbb{R})$. Sei L_k die Menge aller solchen Funktionen A, für die

$$\left(\frac{1}{c^2}\, (\partial_t)^2 - (\partial_x)^2 \right) A = 0.$$

a) Bestimmen Sie L_k. *Lösung:* Seien $a, b \in \mathbb{R}$ und $A_{a,b} : \mathbb{R}^2 \to \mathbb{R}$ mit

$$A_{a,b}(t, x) := (a \cos(ckt) + b \sin(ckt)) \sin(kx)$$

für alle $(t, x) \in \mathbb{R}^2$. Dann gilt $L_k = \left\{ A_{a,b} \mid a, b \in \mathbb{R} \right\}$. Abb. 3.44 zeigt die Funktion $x \mapsto A_{1,0}(t, x) = \cos(t) \sin(x)$ für $k = 1 = c$ zu den Zeiten $t \in \left\{ 0, \frac{2\pi}{8}, \frac{3\pi}{8}, \frac{4\pi}{8}, \frac{5\pi}{8}, \frac{6\pi}{8}, \pi \right\}$.

b) Für welche $A \in L_k$ gilt $A(0, x) = \sin(kx)$ und $\partial_t A\,(0, x) = 0$ für alle $x \in \mathbb{R}$? *Lösung:* $A(t, x) = \cos(ckt) \sin(kx)$.

c) Für welche $A \in L_k$ gilt $A(0, x) = 0$ und $\partial_t A\,(0, x) = \frac{1}{\tau} \sin(kx)$ für alle $x \in \mathbb{R}$? Hier ist $0 \neq \tau \in \mathbb{R}$. *Lösung:* $A(t, x) = \frac{1}{ck\tau} \sin(ckt) \sin(kx)$.

d) Wie muss f gewählt werden, wenn in der Problemstellung $\sin(kx)$ durch $(kx)^3$ ersetzt wird? *Lösung:* $f = 0$. Moral: Nicht jeder Ansatz liefert also eine nichttriviale Lösung.

e) Wie lautet L_k, wenn in der Problemstellung $\sin(kx)$ durch $\exp(kx)$ ersetzt wird? *Lösung:* Seien $a, b \in \mathbb{R}$ und $A_{a,b} : \mathbb{R}^2 \to \mathbb{R}$ mit

$$A_{a,b}(t, x) := (a \exp(ckt) + b \exp(-ckt)) \exp(kx)$$

für alle $(t, x) \in \mathbb{R}^2$. Dann gilt $L_k = \left\{ A_{a,b} \mid a, b \in \mathbb{R} \right\}$. Moral: Nicht jede Lösung von $\Box A = 0$ entspricht der intuitiven Vorstellung von einer Welle.

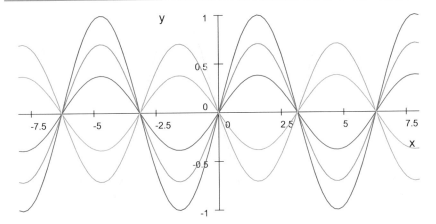

Abb. 3.44 Stehenden Welle $y = A_{1,0}(t, x)$ für $t \in \left\{0, \frac{2\pi}{8}, \frac{3\pi}{8}, \frac{4\pi}{8}, \frac{5\pi}{8}, \frac{6\pi}{8}, \pi\right\}$ nach steigender Zeit: rot, grün, blau, schwarz, braun, grau, cyan

2. D'Alemberts Lösungsformel: Kontrollieren Sie für $A \in L_k$ aus den Teilen a) oder e) von Übungsbeispiele 1 die Formel von d'Alembert

$$A(t, x) = \frac{1}{2}\{u(x + ct) + u(x - ct)\} + \frac{1}{2c}\int_{x-ct}^{x+ct} v(\xi)d\xi.$$

Diese Formel drückt *jede* C^2-Lösung der Wellengleichung auf $\mathbb{R}^2$ durch ihre Anfangswerte $A(0, x) = u(x)$ und $\partial_t A(0, x) = v(x)$ aus. Es gilt dabei $u \in C^2(\mathbb{R} : \mathbb{R})$ und $v \in C^1(\mathbb{R} : \mathbb{R})$. Geben Sie die Zerlegung von $A \in L_k$ in einen links- und einen rechtsläufigen Anteil an.

3. Ein Wellenpaket: Bestimmen Sie die Lösung $A \in C^2\left(\mathbb{R}^2 : \mathbb{R}\right)$ der Wellengleichung $\Box A = 0$ mit den Anfangsbedingungen

$$A(0, x) = u(x) := \cos(k_0 x) \exp\left(-x^2/\left(2a^2\right)\right)$$

und $\partial_t A(0, x) = 0$. Dabei seien $a^2 \in \mathbb{R}_{>0}$ und $k_0 \in \mathbb{R}_{\geq 0}$. *Lösung:*

$$A(t, x) = \frac{1}{2}\left\{\cos(k_0(x - ct)) e^{-\frac{(x-ct)^2}{2a^2}} + \cos(k_0(x + ct)) e^{-\frac{(x+ct)^2}{2a^2}}\right\}.$$

Warum gilt $A(t, -x) = A(t, x)$? Warum gilt $A(-t, x) = A(t, x)$? Zeigen Sie weiter, dass

$$A(t, x) = \frac{a}{\sqrt{2\pi}}\int_0^\infty \cos(ckt)\cos(kx)\left(e^{-\frac{a^2}{2}(k-k_0)^2} + e^{-\frac{a^2}{2}(k+k_0)^2}\right)dk.$$

Welche Fouriertransformierte hat die Abbildung $A(\cdot, x) : t \mapsto A(t, x)$? Welche Anfangsdaten hat die Lösung $(t, x) \mapsto u(x - ct)$ bei $t = 0$? Abb. 3.45 zeigt den

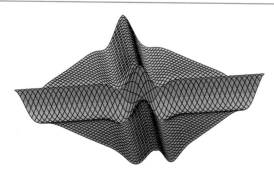

Abb. 3.45 Zwei einander ungestört durchdringende Paketlösungen der Wellengleichung: $z = A(t, x)$ für $c = 1, k_0 = 2$ und $a = 1$ für $t, x \in (-4, 4)$ (Details siehe Übungsbeispiele 3)

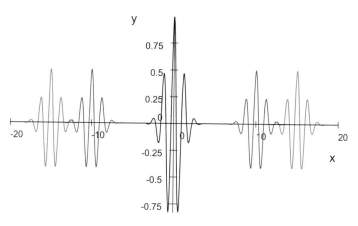

Abb. 3.46 Momentaufnahmen einer Interferenz $y = A(t, x)$ für $t = \pm 15$ (grün), $t = \pm 10$ (rot) und $t = 0$ (schwarz) (Details siehe Übungsbeispiele 3)

Graphen von A für $c = 1, k_0 = 2$ und $a = 1$ im Bereich $t, x \in (-4, 4)$. Abb. 3.46 zeigt als Momentaufnahmen für $c = 1, k_0 = 5$ und $a = 1$ die Graphen von $A(\pm 15, \cdot)$ in Grün, $A(\pm 10, \cdot)$ in Rot und $A(0, \cdot)$ in Schwarz.

4. Hammerschlaglösung: Bestimmen Sie die Lösung von d'Alemberts Wellengleichung in $C^2\left(\mathbb{R}^2 : \mathbb{R}\right)$ mit den Anfangsbedingungen $A(0, x) = 0$ und $\partial_t A(0, x) = \exp\left(-x^2/\left(a^2\right)\right)/\tau$. Es seien $a^2, \tau \in \mathbb{R}_{>0}$. Diese Lösung heißt (geglättete) Hammerschlaglösung. Warum gilt $A(t, -x) = A(t, x)$? Warum gilt $A(-t, x) = -A(t, x)$? Abb. 3.47 zeigt die Graphen von $A(t, \cdot)$ für $t = \pm 1/2, \pm 2, \pm 5$ und für $a = c = 1$ und $\tau = \sqrt{\pi}/2$. Die Momentaufnahmen zu den Zeiten $t = 1/2, 2$ und 5 sind in Rot, Grün und Blau sowie zu den Zeiten $-1/2, -2, -5$ in Braun, Grau und Schwarz ausgeführt. Wo konzentriert sich die Energiedichte von A zur Zeit t?

5. Vorüberlegung zu radialen Wellen: Sei $f \in C^2\left(\mathbb{R}_{>0} : \mathbb{R}\right)$ und $\phi : \mathbb{R}^3 \smallsetminus \{0\} \to \mathbb{R}, x \mapsto f(|x|)/|x|$. Zeigen Sie $(\Delta\phi)(x) = f''(|x|)/|x|$ für alle $x \in \mathbb{R}^3 \smallsetminus \{0\}$.

Abb. 3.47 $y = A(t, x)$ für
$t = \pm 1/2, \pm 2, \pm 5$ und für
$a = c = 1$ und $\tau = \sqrt{\pi}/2$
(Hammerschlaglösung von
Übungsbeispiele 4; Farbcode
im Text)

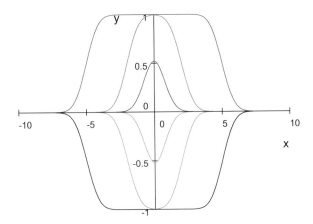

6. Radiale Wellen: Für $\psi \in C^2 \left(\mathbb{R} \times \mathbb{R}_{>0} : \mathbb{R} \right)$ sei $A : \mathbb{R} \times \left(\mathbb{R}^3 \smallsetminus \{0\} \right) \to \mathbb{R}$ die
   Funktion mit $A(t, x) = \psi(t, |x|) / |x|$. Zeigen Sie, dass $\Box A = 0$ genau dann
   auf $\mathbb{R} \times \left(\mathbb{R}^3 \smallsetminus \{0\} \right)$ gilt, wenn $\left(\frac{1}{c^2} \partial_t^2 - \partial_r^2 \right) \psi = 0$ auf $\mathbb{R} \times \mathbb{R}_{>0}$. Zur lokalen
   Lösung A existieren also zwei Funktionen $f, g \in C^2 (\mathbb{R} : \mathbb{R})$, sodass $A = A_{f,g}$
   mit

   $$A_{f,g}(t, x) := \frac{1}{|x|} \left[f\left(|x| - ct \right) + g\left(|x| + ct \right) \right]$$

   für alle $(t, x) \in \mathbb{R} \times \left(\mathbb{R}^3 \smallsetminus \{0\} \right)$. Lokale Lösungen $A_{f,0}$ (resp. $A_{0,g}$) heißen
   auslaufend (resp. einlaufend). Warum? Im Allgemeinen hat $A_{f,g}$ keine steti-
   ge Fortsetzung nach $x = 0$ und ergibt daher keine globale Lösung von $\Box A = 0$. Warum? Abb. 3.48 zeigt $x \mapsto A_{f,0}(t, x, 0, 0)$ mit $f(x) = 1/\left(1 + x^2 \right)$ für
   $ct \in \{-2, 0, 2, 4, 6, 8\}$ (rot, grün, blau, braun, magenta, schwarz) im Bereich
   $1 < x < 15$.

7. Radiale Wellen mit stetiger Fortsetzung nach $r = 0$: Für die Funktionen f und
   g in Beispiel 2 gelte nun $f(x) = -g(-x)$ für alle $x \in \mathbb{R}$. Zeigen Sie, dass dann
   die Funktion $A_{f,g}$ eine (eindeutige) stetige Fortsetzung $\widetilde{A}_g : \mathbb{R}^4 \to \mathbb{R}$ hat. Es
   gilt sogar (ohne Beweis) $\widetilde{A}_g \in C^2 \left(\mathbb{R}^4 : \mathbb{R} \right)$ und $\Box \widetilde{A}_g = 0$ auf $\mathbb{R}^4$. Bestimmen
   Sie g so, dass $\widetilde{A}_g(0, x) = 0$ und $\partial_1 \widetilde{A}_g(0, x) = \frac{1}{\tau L^2} |x|^2$ für alle $x \in \mathbb{R}^3$ gilt, und
   leiten Sie daraus für alle $(t, x) \in \mathbb{R} \times \mathbb{R}^3$ ab, dass

   $$\widetilde{A}_g(t, x) = \frac{1}{L^2} \left(\frac{t}{\tau} \right) \left(c^2 t^2 + |x|^2 \right)$$

   gilt. Dabei sei $\tau L^2 \in \mathbb{R}_{>0}$. Kontrollieren Sie, dass $\Box \widetilde{A}_g = 0$ gilt.
   Bemerkung: Abb. 3.49 zeigt eine physikalisch realistischere Lösung als die
   eben berechnete. Sie zeigt die Graphen von $x \mapsto \widetilde{A}_g(t, (x, 0, 0))$ für $g(x) = \exp\left(-\frac{x^2}{2} \right)$ zu den Zeiten $ct = -5, -2, -1$ in den Farben Rot, Grün und
   Schwarz. Zwei höher werdende Hügel laufen aufeinander zu und überlagern

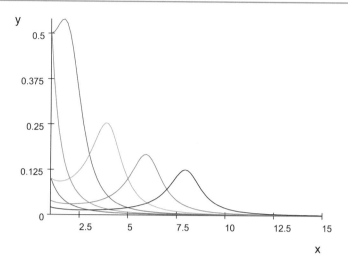

Abb. 3.48 Momentaufnahmen einer auslaufenden lokalen Lösung von $\Box A = 0$ (Details im Text zu Übungsbeispiele 6)

Abb. 3.49 Kugelwelle von Übungsbeispiele 7 mit $g(x) = \exp\left(-\frac{x^2}{2}\right)$ zu den Zeiten $ct = -5, -2, -1$ (rot, grün, schwarz)

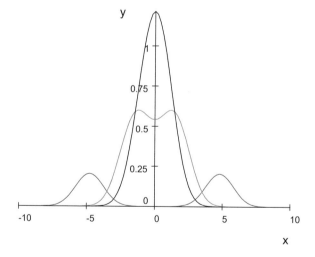

zu einem hohen Berg. Abb. 3.50 zeigt die analogen Graphen zu den Zeiten $ct = -\frac{1}{2}, -\frac{1}{5}, -\frac{1}{10}$ in Rot, Grün und Schwarz. Ein Durchschwingen durch die Nullfunktion findet bei $t = 0$ statt. Bilder für $t > 0$ erübrigen sich wegen $\widetilde{A}_f(t, \cdot) = -\widetilde{A}_f(-t, \cdot)$. Ein tiefer Graben um 0 zerfällt in zwei auseinanderlaufende und seichter werdende Mulden. (Es ist dies ein Beispiel einer Kugelwelle endlicher Energie.)

Abb. 3.50 Kugelwelle von Übungsbeispiele 7 mit $g(x) = \exp\left(-\frac{x^2}{2}\right)$ zu den Zeiten $ct = -1/2, -1/5, -1/10$ (rot, grün, schwarz)

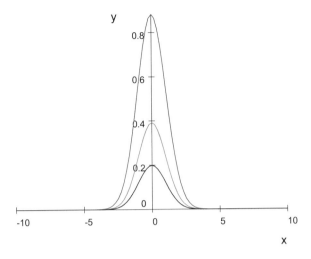

8. Symmetrien von Lösungen: Sei $j \in C\left(\mathbb{R}^2 : \mathbb{R}\right)$ und $\Box A = j$ mit $A(0, x) = 0 = \partial_t A(0, x)$ für alle $x \in \mathbb{R}$. Dann gilt

$$A(t, x) = \frac{c}{2} \int_0^t \left(\int_{x-c(t-s)}^{x+c(t-s)} j(s, \xi)\, d\xi \right) ds$$

(Duhamels Lösungsformel) für alle $(t, x) \in \mathbb{R}^2$.

  a) Zeigen Sie: Falls $j(t, -x) = \varepsilon j(t, x)$ für ein $\varepsilon \in \{1, -1\}$ für alle $(t, x) \in \mathbb{R}^2$, gilt auch $A(t, -x) = \varepsilon A(t, x)$ für alle $(t, x) \in \mathbb{R}^2$.
  b) Zeigen Sie: Falls $j(-t, x) = \varepsilon j(t, x)$ für ein $\varepsilon \in \{1, -1\}$ für alle $(t, x) \in \mathbb{R}^2$, gilt auch $A(-t, x) = \varepsilon A(t, x)$ für alle $(t, x) \in \mathbb{R}^2$.

  Moral: Eine Spiegelungssymmetrie der Quelle überträgt sich auf die Lösung mit homogener Anfangsbedingung.

9. Duhamels Lösungsformel: Zeigen Sie für die durch Duhamels Formel gegebene Funktion A, dass $\Box A = j$ gilt.

10. Abstrahlung einer kleinen Quelle (qualitativ): Sei nun $j(t, x) = g(t)\delta(x)/cT$ mit $T > 0$ und mit $g, \delta \in C(\mathbb{R} : \mathbb{R})$. Die Funktion δ sei gerade, sei nur in einer „kleinen" Umgebung von Null ungleich 0 und es gelte

$$\int_{-\infty}^{\infty} \delta(\xi)\, d\xi = 1.$$

Approximieren Sie (unqualifiziert) für $t > s > 0$ und für $x > 0$ so:

$$\int_{x-c(t-s)}^{x+c(t-s)} \delta(\xi)\, d\xi \simeq \begin{cases} 1 & \text{für } x + c(t-s) > 0 \text{ und } x - c(t-s) < 0 \\ 0 & \text{sonst} \end{cases}.$$

a) Schließen Sie daraus, dass für alle $t, x \in \mathbb{R}$ mit $t > 0$

$$A(t, x) \simeq A_p(t, x) := \frac{1}{2T} G\left(t - \frac{|x|}{c}\right) \Theta\left(t - \frac{|x|}{c}\right),$$

wobei $G(t) := \int_0^t g(s)\,ds$ für $t \in \mathbb{R}$, und Heavisides Stufenfunktion durch

$$\Theta : \mathbb{R} \to \mathbb{R} \text{ mit } \Theta(x) = \begin{cases} 1 \text{ für } x > 0 \\ 0 \text{ sonst} \end{cases}$$

gegeben ist.

b) Analog zeigen Sie für alle $t, x \in \mathbb{R}$ mit $t < 0$

$$A(t, x) \simeq A_p(t, x) := -\frac{1}{2T} G\left(t + \frac{|x|}{c}\right) \Theta\left(-\left(t + \frac{|x|}{c}\right)\right).$$

c) Zeigen Sie, dass $A_p(t, x) = 0$ für alle $t, x \in \mathbb{R}$ mit $c^2 t^2 < x^2$. Zeigen Sie weiter: Im Rückwärtskegel von $(0, 0)$ ist A_p einlaufend und im Vorwärtskegel von $(0, 0)$ auslaufend.

d) Physikalisch besonders wichtig ist der Fall, dass die Quelle j vor dem Zeitpunkt, zu dem die homogene Anfangsbedingung gilt, nur den Wert 0 annimmt. Es gilt also $g(t) = 0$ für alle $t < 0$. Dann heißt g/cT Sendersignal (einer räumlich begrenzten Quelle) und die Abbildung $t \mapsto A(t, x)$ heißt Empfängersignal am Ort x. Zeigen Sie, dass dann für alle $t, x \in \mathbb{R}$

$$A_p(t, x) = \frac{1}{2T} G\left(t - \frac{|x|}{c}\right)$$

gilt. Das Empfängersignal ist also (annähernd) zu einer um die Laufzeit $|x|/c$ in positive Richtung verschobenen Stammfunktion des Sendersignals proportional. Und zwar jener Stammfunktion, die bei $t = 0$ gleich 0 ist. Die Stärke des Empfängersignals nimmt mit der Entfernung zwischen Sender und Empfänger nicht ab! Hier ein Beispiel:

$$g(t) = \begin{cases} \sin\left(\frac{2\pi}{T} t\right) \text{ für } 0 < t < T/2 \\ 0 \hspace{1.5cm} \text{sonst} \end{cases}.$$

Dann gilt

$$\frac{G(t)}{2T} = \begin{cases} 0 & \text{für } t < 0 \\ \frac{1}{4\pi}\left(1 - \cos\left(\frac{2\pi}{T} t\right)\right) & \text{für } 0 < t < T/2 \\ \frac{1}{2\pi} & \text{für } T/2 < t \end{cases}.$$

Die Abb. 3.51 zeigt g (schwarz) und $t \mapsto G(t - |x|/c)$ (rot) für $T = 2$ und $|x|/c = 3/2$.

Abb. 3.51
Laufzeitverzögerung
zwischen Sender und
Empfänger: $y = g(t)$
(schwarz) und
$y = G(t - |x|/c)$ (rot) für
$T = 2$ und $|x|/c = 3/2$
(Details in
Übungsbeispiele 10)

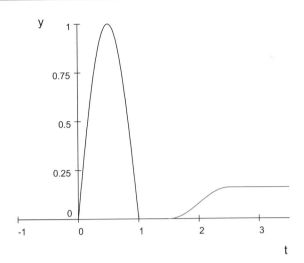

Bemerkung: Später wird klar werden, dass A_p mehr als eine unkontrollierte Approximation der exakten Lösung ist. A_p ist eine „distributionelle" Lösung der inhomogenen Wellengleichung zu einer zeitabhängigen Diracschen Punktquelle. Für $t < 0$ liegt die avancierte Lösung zur Quelle $\Theta(-t) j(t, x)$ und für $t > 0$ liegt die retardierte Lösung zur Quelle $\Theta(t) j(t, x)$ vor.

11. Statisch belastete Kreismembran: Sei $j(t, x) = 1$ für alle $(t, x) \in \mathbb{R}^3$. Ansatz: Sei $A \in C^2(\mathbb{R}^3 : \mathbb{R})$ so, dass eine Funktion $g : \mathbb{R}_{>0} \to \mathbb{R}$ existiert, dass $A(t, x) = g(|x|)$ für alle $(t, x) \in \mathbb{R} \times (\mathbb{R}^2 \setminus \{0\})$. Zeigen Sie, dass $\Box A = j$ auf $\mathbb{R}^3$ mit der Randbedingung $A(t, x) = 0$ für alle $t \in \mathbb{R}$ und für alle $x \in \mathbb{R}^2$ mit $|x| = R \in \mathbb{R}_{>0}$ genau dann gilt, wenn $g(r) = (R^2 - r^2)/4$.
Moral: Es ist dies ein Beispiel für ein statisches Randwertproblem. Es sagt im Rahmen der Elastomechanik, dass eine homogen belastete Kreismembran die Form eines Rotationsparaboloids annimmt. Spannen Sie eine Frischhaltefolie straff über ein mit etwas Wasser gefülltes Glas und erhitzen Sie es kurz im Mikrowellenofen. Warten Sie danach die Abkühlung ab.

12. Harmonisch erzwungene Schwingung eines langen Seils: Für $\omega, \kappa \in \mathbb{R}_{>0}$ sei $j : \mathbb{R}^2 \to \mathbb{R}$ mit $j(t, x) = \sin(\omega t) \exp(-\kappa |x|)$. Kontrollieren Sie, dass mit $k := \omega/c$

$$A_p : \mathbb{R}^2 \to \mathbb{R}, \text{ mit } A_p(t, x) = -\frac{1}{k^2 + \kappa^2} \sin(\omega t) \left\{ \exp(-\kappa |x|) + \frac{\kappa}{k} \sin(k |x|) \right\}$$

trotz des Auftretens von $|\cdot|$ eine C^2-Lösung von $\Box A = j$ auf ganz $\mathbb{R}^2$ ist. Bestimmen Sie alle $A \in C^2(\mathbb{R}^2 : \mathbb{R})$ des Ansatztyps $A(t, x) = \sin(\omega t) f(x)$ mit $\Box A = j$.[51] Geben Sie alle $A \in C^2(\mathbb{R}^2 : \mathbb{R})$ mit $\Box A = j$ an.

---

[51]Hinweis: Nutzen Sie die Variation der Konstantenformel für die Schwingungsgleichung.

Abb. 3.52
Momentaufnahmen zur Zeit
$t = \pi/(2\omega)$ von $y = j\,(t, x)$
(rot) und $y = A_p\,(t, x)$
(schwarz) aus
Übungsbeispiele 12 für
$k = 2, \kappa = 1$

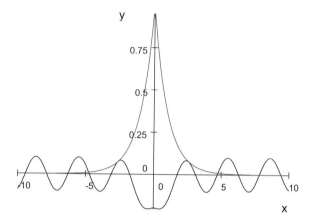

Abb. 3.53
Momentaufnahmen zur Zeit
$t = \pi/(2\omega)$ von $y = j\,(t, x)$
(rot) und $y = A_p\,(t, x)$
(schwarz) aus
Übungsbeispiele 12 für
$k = 1/2$ und $\kappa = 1$

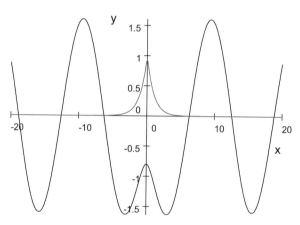

Anmerkung: A_p ist für große $|x|$ annähernd eine Sinus-Stehwelle mit der Wellenzahl k und der Amplitude $\kappa^{-2}\frac{\kappa}{k}\left(1 + \left(\frac{k}{\kappa}\right)^2\right)^{-1}$. Abb. 3.52 zeigt $\kappa^2 A_p(t, \cdot)$ (in Schwarz) und $j\,(t, \cdot)$ (in Rot) für $k = 2\kappa$ zur Zeit t mit $\omega t = \pi/2$ als Funktion von κx. Abb. 3.53 zeigt $\kappa^2 A_p(t, \cdot)$ (in Schwarz) und $j\,(t, \cdot)$ (in Rot) für $k = \kappa/2$ zur Zeit t mit $\omega t = \pi/2$ als Funktion von κx.
Es gilt

$$A_p(t, x) = -\frac{\sin(\omega t)\, e^{-\kappa|x|} + \frac{\kappa}{k}\left[\cos\left(k\,|x| - \omega t\right) - \cos(\omega t)\cos(kx)\right]}{k^2 + \kappa^2}.$$

Der letzte Teil ist eine Stehwellenlösung der homogenen Gleichung, sodass die beiden ersten Terme

$$\widetilde{A}_p(t, x) := -\frac{\sin(\omega t)\exp\left(-\kappa\,|x|\right) + \frac{\kappa}{k}\cos\left(k\,|x| - \omega t\right)}{k^2 + \kappa^2}$$

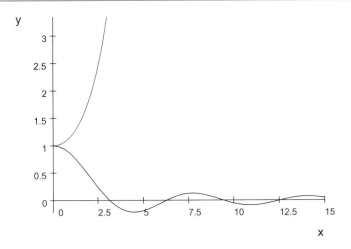

Abb. 3.54 $y = \sinh(x)/x$ (rot) und $y = \sin(x)/x$ (zu Übungsbeispiele 13)

eine Lösung von $\Box A = j$ auf ganz $\mathbb{R}^2$ bilden. Diese „Ausstrahlungslösung" $\widetilde{A}_p$ enthält eine von der Quelle in beide Richtungen ausgehende Welle.

13. Radiale Lösungen der Helmholtzgleichung: Sei $g \in C^2\left(\mathbb{R}^3 : \mathbb{R}\right)$ so, dass ein $h : \mathbb{R}_{\geq 0} \to \mathbb{R}$ mit

$$g(x) = h\left(|x|\right) \text{ für alle } x \in \mathbb{R}^3$$

existiert. Bestimmen Sie die Menge aller solchen Funktionen g mit $\Delta g = \lambda g$ für ein $\lambda \in \mathbb{R}$. *Lösung:*

a) Für $\lambda > 0$ gilt $\Delta g = \lambda g$ auf $\mathbb{R}^3$ genau dann, wenn ein $A \in \mathbb{R}$ existiert, sodass $g(x) = A \sinh\left(\sqrt{\lambda}\,|x|\right) / |x|$ für alle $x \in \mathbb{R}^3 \smallsetminus \{0\}$ (siehe Abb. 3.54).

b) $\lambda = 0$: Es gilt $\Delta g = 0$ auf $\mathbb{R}^3$ genau dann, wenn ein $A \in \mathbb{R}$ existiert, sodass $g(x) = A$ für alle $x \in \mathbb{R}^3$.

c) Für $\lambda < 0$ gilt $\Delta g = \lambda g$ auf $\mathbb{R}^3$ genau dann, wenn ein $A \in \mathbb{R}$ existiert, sodass $g(x) = A \sin\left(\sqrt{-\lambda}\,|x|\right) / |x|$ für alle $x \in \mathbb{R}^3 \smallsetminus \{0\}$ (siehe Abb. 3.54).

14. Drehinvariante stationäre Lösungen der dAWG: Benutzen Sie die Funktionen g aus dem vorangehenden Beispiel, um Funktionen $A \in C^2\left(\mathbb{R} \times \mathbb{R}^3 : \mathbb{R}\right)$ des Typs $A(t, x) = f(t)g(x)$ mit $\Box A = 0$ zu konstruieren. Welche davon sind periodisch in t? *Lösung:* Es gilt eine der folgenden Aussagen:

a) $A(t, x) = \left[\alpha \exp\left(ckt\right) + \beta \exp\left(-ckt\right)\right] \sinh\left(k\,|x|\right) / |x|$ für alle $(t, x) \in \mathbb{R} \times \mathbb{R}^3 \smallsetminus \{0\}$ mit $k \in \mathbb{R}_{>0}$ und $\alpha, \beta \in \mathbb{R}$. (Aperiodisch in t)

b) $A(t, x) = \alpha + \beta t$ für alle $(t, x) \in \mathbb{R} \times \mathbb{R}^3$ mit $\alpha, \beta \in \mathbb{R}$. (Aperiodisch in t)

c) $A(t, x) = \left[\alpha \cos\left(ckt\right) + \beta \sin\left(ckt\right)\right] \sin\left(k\,|x|\right) / |x|$ für alle $(t, x) \in \mathbb{R} \times \mathbb{R}^3 \smallsetminus \{0\}$ mit $k \in \mathbb{R}_{>0}$ und $\alpha, \beta \in \mathbb{R}$. (Periodisch in t)

15. Welche Funktionen f und g in Übungsbeispiele 8 ergeben die drei Lösungstypen a), b) und c) des vorangehenden Beispiels?

16. Radiale Schwingungen einer Kugel: Sei $R \in \mathbb{R}_{>0}$. Für welche der Funktionen $A \neq 0$ aus Beispiel 13 gilt die (homogene) Dirichletsche Randbedingung $A(t, x) = 0$ für alle $x \in \mathbb{R}^3$ mit $|x| = R$? *Lösung:* Nur für Funktionen des Typs c) mit $kR \in \pi \cdot \mathbb{N}$ mit $(\alpha, \beta) \neq (0, 0)$. Mit welchen „Eigenfrequenzen" schwingen diese Funktionen?

17. Separation der freien 1d-Schrödingergleichung: Sei $\psi : \mathbb{R}^2 \to \mathbb{C}$ mit $\psi(t, x) = f(t)g(x)$ und $f \in C^1(\mathbb{R} : \mathbb{C})$, $g \in C^2(\mathbb{R} : \mathbb{C})$. Es gelte die freie, parameterreduzierte[52], eindimensionale Schrödingergleichung

$$\left(i \partial_t + \frac{1}{2} \partial_x^2 \right) \psi(t, x) = 0.$$

a) Zeigen Sie: ψ ist genau dann beschränkt, wenn Zahlen $k \in \mathbb{R}_{\geq 0}$ und $A, B \in \mathbb{C}$ existieren, sodass

$$\psi(t, x) = e^{-i\frac{k^2}{2}t} \left[A e^{ikx} + B e^{-ikx} \right]. \tag{3.43}$$

Abb. 3.55 zeigt den Graphen der Funktion $x \mapsto e^{ikx} = \cos(kx) + i \sin(kx)$ für $k = \pi$ und $x \in (0, 6)$.
Eine Lösung mit $B = 0$ ist somit eine „Linksschraube", die sich mit wachsender Zeit t mit der Phasengeschwindigkeit[53] $k/2$ in positive x-Richtung verschiebt. Eine Lösung mit $A = 0$ hingegen ist eine „Rechtsschraube", die mit der Geschwindigkeit $k/2$ in negative x-Richtung wandert. Anders als bei den Lösungen von d'Alemberts Wellengleichung hängt diese Phasengeschwindigkeit von der Wellenzahl k ab!

b) Sei ψ wie in Gl. 3.43. Zeigen Sie $\Im\left[\overline{\psi} \partial_x \psi\right](t, x) = k\left(|A|^2 - |B|^2\right)$ und

$$|\psi(t, x)|^2 = |A|^2 + |B|^2 + 2\left[\Re\left(A\overline{B}\right)\cos(2kx) - \Im\left(A\overline{B}\right)\sin(2kx)\right].$$

18. Freie Schrödingergleichung mit periodischer Randbedingung: Sei $I = (0, L)$ und seien $f \in C^1(\mathbb{R} : \mathbb{C})$ und $g \in C^2(I : \mathbb{C})$. Zeigen Sie, dass die Funktion $\psi : \mathbb{R} \times I \to \mathbb{C}$ mit $\psi(t, x) = f(t)g(x)$ genau dann *beschränkt* ist und die Schrödingergleichung (zu einem $\gamma > 0$)

$$i \partial_t \psi(t, x) = -\gamma \partial_x^2 \psi(t, x) \text{ auf } \mathbb{R} \times I$$

---

[52]Für die Funktion $\Psi(t, x) = \psi\left(\frac{\hbar t}{m}, x\right)$ gilt dann die physikalisch dimensionierte Schrödingergleichung $\left(i\hbar\partial_t - \frac{\hbar^2}{2m}\partial_x^2\right)\Psi(t, x) = 0$. Hier ist $m > 0$ die Masse des Teilchens und $\hbar$ die Plancksche Konstante.

[53]In physikalischen Einheiten ist die Phasengeschwindigkeit $\hbar k/2m$.

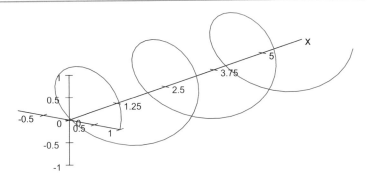

Abb. 3.55 $x \mapsto \exp(i\pi x)$

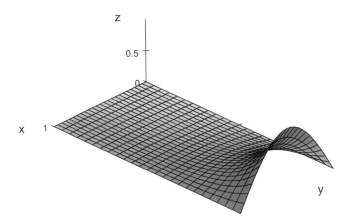

Abb. 3.56 $z = u(x, y)$ für $L_1 = 1$ und $L_2 = 2$ aus Übungsbeispiele 19

mit $\lim_{x \to 0} \psi(t, x) = \lim_{x \to L} \psi(t, x)$ und $\lim_{x \to 0} \partial_x \psi(t, x) = \lim_{x \to L} \partial_x \psi$
(t, x) für alle $t \in \mathbb{R}$ erfüllt, wenn Zahlen $n \in \mathbb{N}_0$ und $\alpha, \beta \in \mathbb{C}$ existieren, sodass
für alle $(t, x) \in \mathbb{R} \times I$

$$\psi(t, x) = e^{-i\gamma\left(n\frac{2\pi}{L}\right)^2 t} \left(\alpha e^{in\frac{2\pi}{L}x} + \beta e^{-in\frac{2\pi}{L}x}\right).$$

19. Harmonische Funktionen im Rechteck mit inhomogener Randvorgabe: Sei

$$R := \left\{(x, y) \in \mathbb{R}^2 \mid 0 < x < L_1 \text{ und } 0 < y < L_2\right\}.$$

Sei $u : \overline{R} \to \mathbb{R}$ stetig und $u \mid_R \in C^2(R : \mathbb{R})$. Auf R gelte $\Delta u = 0$ und auf ∂R
die Randvorgabe: $u(x, L_2) = \sin\left(\pi \frac{x}{L_1}\right)$, $u(x, 0) = u(0, y) = u(L_1, y) = 0$.

a) Zeigen Sie $u(x, y) = \frac{\sin(\pi x / L_1) \sinh(\pi y / L_1)}{\sinh(\pi L_2 / L_1)}$ für alle $(x, y) \in \overline{R}$. Abb. 3.56
zeigt den Graphen von u und Abb. 3.57 einige Niveaulinien von u.

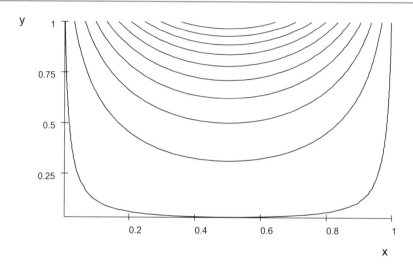

Abb. 3.57 Niveaulinien von u aus Übungsbeispiele 19

b) Sei n das nach außen gerichtete Einheitsnormalenvektorfeld von ∂R. Zeigen Sie[54] $\int_{\partial R} n\,[u] = 0$.
c) Zeigen Sie für die Energie von u

$$\frac{1}{2} \int_0^{L_1} \left(\int_0^{L_2} \left| \mathrm{grad}_{(x,y)}\,(u) \right|^2 dy \right) dx = \frac{\pi}{4 \tanh\left(\pi \frac{L_2}{L_1} \right)}.$$

20. Harmonische Funktionen im Rechteck mit inhomogener Randvorgabe: Sei

$$R := \left\{ (x, y) \in \mathbb{R}^2 \mid 0 < x < L \text{ und } 0 < y < L \right\}.$$

Sei $u : \overline{R} \to \mathbb{R}$ stetig und $u \mid_R \in C^2\,(R : \mathbb{R})$. Auf R gelte $\Delta u = 0$. Am Rand von R gelte:

$$u\,(x, L) = \sin\left(\pi \frac{x}{L} \right),\, u(x, 0) = 0,\, u(L, y) = \sin\left(\pi \frac{y}{L} \right),\, u(0, y) = 0.$$

Zeigen Sie unter Verwendung des „Superpositionsprinzips" und der Invarianz von Δ unter der Vertauschung $x \leftrightarrow y$, dass aus dem Ergebnis von

---

[54]Ausführlicher notiert ist zu zeigen, dass

$$\int_0^{L_1} \partial_y u\,(x, L_2)\,dx - \int_0^{L_1} \partial_y u\,(x, 0)\,dx + \int_0^{L_2} \partial_x u\,(L_1, y)\,dy - \int_0^{L_2} \partial_x u\,(0, y)\,dy = 0.$$

In der Elektrostatik drückt das die Tatsache aus, dass die Gesamtladung des Randes 0 ist.

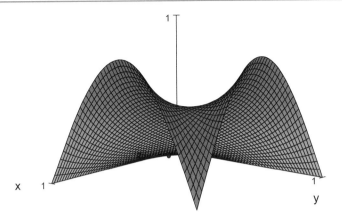

Abb. 3.58 $z = u(x, y)$ von Übungsbeispiele 20

Übungsbeispiele 19 für die in Abb. 3.58 veranschaulichte Lösung u folgt:

$$u(x, y) = \frac{1}{\sinh(\pi)} \left[\sin\left(\frac{\pi x}{L}\right) \sinh\left(\frac{\pi y}{L}\right) + \sin\left(\frac{\pi y}{L}\right) \sinh\left(\frac{\pi x}{L}\right) \right].$$

21. Harmonische Funktionen im Rechteck mit inhomogener Randvorgabe: Sei

$$R := \left\{ (x, y) \in \mathbb{R}^2 \mid 0 < x < L_1 \text{ und } 0 < y < L_2 \right\}.$$

Sei $u : \overline{R} \to \mathbb{R}$ stetig und $u \mid_R \in C^2 (R : \mathbb{R})$. Auf R gelte $\Delta u = 0$. Am Rand von R gelte:

$$u(x, L_2) = \sin\left(\pi \frac{x}{L_1}\right), u(x, 0) = -\sin\left(\pi \frac{x}{L_1}\right), u(0, y) = 0, u(L_1, y) = 0.$$

Leiten Sie aus dem Ergebnis von Übungsbeispiele 19 unter Verwendung des Superpositionsprinzips und der Invarianz von Δ und R bei der Spiegelung $(x, y) \mapsto (x, L_2 - y)$ ab, dass für alle $(x, y) \in \overline{R}$

$$u(x, y) = \frac{\sin(\pi x / L_1) \left[\sinh(\pi y / L_1) - \sinh(\pi (L_2 - y) / L_1)\right]}{\sinh(\pi L_2 / L_1)}.$$

Abb. 3.59 zeigt diese Lösung u für $L_1 = 1$ und $L_2 = 2$.

22. Das Randwertproblem der Schwingungsgleichung, das beim Lösen der zweidimensionalen Laplacegleichung durch Separationsansatz in Polarkoordinaten entsteht: Für $y : (0, 2\pi) \to \mathbb{R}$ gelte $y'' + \lambda y = 0$ für ein $\lambda \in \mathbb{R}$, wobei y nicht die Nullfunktion sei. Zeigen Sie, dass $\lim_{x \to 0} y(x) = \lim_{x \to 2\pi} y(x)$ und $\lim_{x \to 0} y'(x) = \lim_{x \to 2\pi} y'(x)$ genau dann gilt, wenn $\lambda = n^2$ für ein $n \in \mathbb{N}_0$ und im Fall $n = 0$ die Funktion y überdies konstant ist. Die Randvorgabe erzwingt also die 2π-Periodizität aller Lösungen.

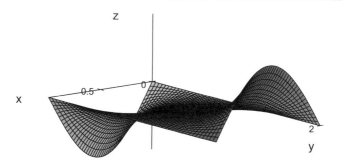

Abb. 3.59 $z = u(x, y)$ für $L_1 = 1$ und $L_2 = 2$ mit u von Übungsbeispiele 21

Abb. 3.60 $u(x, y) = \frac{1}{2} \left[1 + \left(x^2 - y^2\right)/R^2\right]$ aus Übungsbeispiele 23 für $R = 1$ über Einheitskreisscheibe

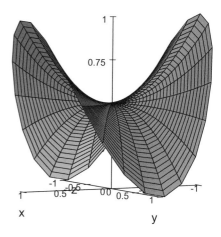

23. **Harmonische Funktionen im Kreis mit inhomogener Randvorgabe:** Sei $K_R = \left\{(x, y) \in \mathbb{R}^2 : x^2 + y^2 < R^2\right\}$ für ein $R > 0$ und sei $u \in C\left(\overline{K_R} : \mathbb{R}\right)$. Es gelte $u \mid_{K_R} \in C^2(K_R : \mathbb{R})$ und $\Delta u = 0$ (auf K_R). Für den Kartenausdruck u^ψ von u in Polarkoordinaten $\psi = (r, \phi)$ gelte die Randbedingung $u^\psi(R, \phi) = \cos^2 \phi$. Zeigen Sie über den Separationsansatz $u = f(r)g(\phi)$ (auf dem Durchschnitt von K_R mit dem Definitionsbereich U der Polarkoordinaten), dass auf $K_R \cap U$

$$u = \frac{1}{2}\left(1 + \left(\frac{r}{R}\right)^2 \cos(2\phi)\right).$$

Abb. 3.60 veranschaulicht diese Funktion u. Zeigen Sie weiter, dass $u(x, y) = \frac{1}{2}\left[1 + \left(x^2 - y^2\right)/R^2\right]$ für alle $(x, y) \in K_R$ gilt.

Literatur

1. Erwe, F.: Differential- und Integralrechnung, Bd. 1. BI, Mannheim (1962, revidierter Nachdruck 1973)
2. Erwe, F.: Differential- und Integralrechnung, Bd. 2. BI, Mannheim (1962)
3. Fischer, H., Kaul, H.: Mathematik für Physiker, Bd. 1. Teubner, Stuttgart (2005)
4. Fischer, H., Kaul, H.: Mathematik für Physiker, Bd. 2. Teubner, Stuttgart (2005)
5. Forster, O.: Analysis 1. Vieweg, Braunschweig (1983)
6. Forster, O.: Analysis 3. Vieweg, Braunschweig (1984)
7. Hänsel, H., Neumann, W.: Physik (Elektrizität, Optik, Raum und Zeit). Spektrum, Heidelberg (1993)
8. Koerner, T.W.: Fourier Analysis. Cambridge UP, Cambridge (1988)
9. Schäfke, F.W.: Einführung in die Theorie der speziellen Funktionen der mathematischen Physik. Springer, Berlin (1963)
10. Strauss, W.A.: Partielle Differentialgleichungen. Vieweg, Braunschweig (1995)
11. Wang, Z.X., Guo, D.R.: Special Functions. World Scientific, Singapore (1989)
12. Whitehouse, D.: Galileo. Evergreen, Köln (2009)
13. Wienholtz, E., Kalf, H., Kriecherbauer, T.: Elliptische Differentialgleichungen zweiter Ordnung. Springer, Berlin (2009)
14. Wladimirow, W.: Gleichungen der mathematischen Physik. Deutscher Verlag der Wissenschaften, Berlin (1972)

Spezielle Funktionen

4

Der Separationsansatz $u = h(r) A(\theta) B(\varphi)$ am Kartenbereich U der Kugelkoordinaten führte uns für Lösungen der Helmholtzgleichung $(\Delta + \lambda) u = 0$ mit Satz 3.37
und Lemma 3.4 auf gewöhnliche lineare Differentialgleichungen für A, B und h. Die
Differentialgleichung für B ist eine vergleichsweise einfach zu verstehende, da sie
konstante Koeffizienten hat. Die Differentialgleichungen für A und h hingegen haben
nichtkonstante Koeffizienten und es braucht noch etwas Arbeit, um Fragen wie die
folgenden klären zu können. Welche Lösungen besitzen diese nichttrivialen Differentialgleichungen und für welche Werte der in ihnen als Parameter vorkommenden
Separationskonstanten existieren Lösungen h und A, sodass $h(r) A(\theta) B(\varphi)$ eine
zweimal stetig differenzierbare Fortsetzung auf $\mathbb{R}^3 \smallsetminus \{0\}$ oder gar $\mathbb{R}^3$ hat?

4.1 Tesserale Kugelflächenfunktionen

In einem ersten Schritt wird die Differentialgleichung 3.38 für A durch die Komposition $A = P \circ \cos$ in eine andere, aber äquivalente Differentialgleichung für die
unbekannte Funktion P umgeformt.

Lemma 4.1 *Für $A : (0, \pi) \to \mathbb{R}$ und $P : (-1, 1) \to \mathbb{R}$ gelte $P(\cos\theta) = A(\theta)$.
Dann ist A eine maximale Lösung von Gl. 3.38 mit $\mu \in \mathbb{R}$ und $m \in \mathbb{N}_0$ auf $(0, \pi)$
genau dann, wenn für P auf $(-1, 1)$ die (allgemeine) Legendresche Differentialgleichung (4.1) gilt.*

$$\left(1 - x^2\right) P''(x) - 2x P'(x) - \left(\mu + \frac{m^2}{1 - x^2}\right) P(x) = 0 \qquad (4.1)$$

G. Grübl, *Mathematische Methoden der Theoretischen Physik | 2*,
https://doi.org/10.1007/978-3-662-58075-2_4

Beweis Es gilt $P(x) = A(\theta)$ mit $x = \cos\theta$ und daher

$$\sin(\theta)\, A'(\theta) = -\sin^2(\theta)\, P'(\cos(\theta)) = (x^2 - 1)\, P'(x),$$
$$\sin(\theta)\, \big(\sin(\theta)\, A'(\theta)\big)' = (x^2 - 1)\,\big[(x^2 - 1)\, P'(x)\big]'.$$

Damit gilt

$$\sin(\theta)\, \big(\sin(\theta)\, A'(\theta)\big)' - \big(\mu\sin^2(\theta) + m^2\big)\, A(\theta)$$
$$= (x^2 - 1)\,\big[(x^2 - 1)\, P'(x)\big]' - \big(\mu(1 - x^2) + m^2\big)\, P(x)$$
$$= (1 - x^2)\left\{\big[(1 - x^2)\, P'(x)\big]' - \left(\mu + \frac{m^2}{1 - x^2}\right) P(x)\right\}.$$

$\square$

In Band 1 dieses Werkes wurde der Spezialfall $m = 0$ und $\mu \in \mathbb{R}$ der Differentialgleichung 4.1 behandelt. Dort wurde gezeigt, dass diese Differentialgleichung genau dann eine von 0 verschiedene Lösung mit stetiger Fortsetzung nach $[-1, 1]$ besitzt, wenn $\mu = -l(l + 1)$ für ein $l \in \mathbb{N}_0$. Für einen solchen Parameterwert μ besitzt der Raum der maximalen Lösungen genau einen 1d-Unterraum von stetig nach $[-1, 1]$ fortsetzbaren Lösungen. Es ist dies der Raum $\mathbb{R} \cdot P_l$, wobei P_l das l-te Legendrepolynom bezeichnet.

Die Einschränkung $\mu = -l(l + 1)$ mit $l \in \mathbb{N}_0$ ergibt sich nun in ähnlicher Weise auch für $m \in \mathbb{N}$ aus dem Faktum, dass eine Lösung P in die Randpunkte des Intervalls $(-1, 1)$ stetig fortsetzbar sein muss, wenn die Funktion $Y = A(\theta)\, B(\varphi)$ sphärischer Kartenausdruck einer dehnungsinvarianten Funktion $\widetilde{Y} \in C^2\left(\mathbb{R}^3 \smallsetminus \{0\}\right)$ ist. Genaueres sagt der folgende erstaunliche Satz.

Satz 4.1 *Die Legendresche Differentialgleichung* (4.1) *mit* $(\mu, m) \in \mathbb{R} \times \mathbb{N}_0$ *hat nichttriviale maximale Lösungen mit stetiger Fortsetzung nach* $[-1, 1]$ *genau dann, wenn ein* $l \in \mathbb{N}_0$ *mit* $l \geq m$ *existiert, sodass* $-\mu = l(l + 1)$. *Jede solche Lösung von*

$$(1 - x^2)\, P''(x) - 2x\, P'(x) + \left(l(l + 1) - \frac{m^2}{1 - x^2}\right) P(x) = 0$$

ist ein Vielfaches der zugeordneten Legendrefunktion $P_l^m : (-1, 1) \to \mathbb{R}$, *mit*

$$P_l^m(x) = \sqrt{\left(1 - x^2\right)^m}\, \left(\frac{d}{dx}\right)^m P_l(x),$$
$$P_l(x) = \frac{1}{2^l l!}\, \left(\frac{d}{dx}\right)^l (x^2 - 1)^l.$$

Beweis Das entscheidende Werkzeug zum Beweis dieses Satzes ist die lineare Abbildung

$$D^m : C^\infty \left((-1, 1) : \mathbb{R}\right) \to C^\infty \left((-1, 1) : \mathbb{R}\right),$$

$$\left(D^m f\right)(x) = \left(1 - x^2\right)^{m/2} f^{(m)}(x) \text{ mit } f^{(m)}(x) = \partial_x^m f(x).$$

Ihr Kern ist die Menge aller Polynome vom Grad kleiner als m. Sei L_μ^m der zweidimensionale Raum der maximalen Lösungen von Gl. 4.1. Eine kleine Rechnung wird uns zeigen, dass $D^m \left(L_\mu^0\right) \subset L_\mu^m$ für alle $\mu \in \mathbb{R}$ und für alle $m \in \mathbb{N}_0$ gilt. Die Einschränkung D_μ^m von D^m auf den Raum L_μ^0 ist für $\mu \neq -l(l+1)$ (für alle $l \in \mathbb{N}_0$) aber injektiv, da L_μ^0 keine Polynome außer der 0-Funktion enthält. Im Fall $\mu \neq -l(l+1)$ für alle $l \in \mathbb{N}_0$ gilt somit $D^m \left(L_\mu^0\right) = L_\mu^m$. Die Abbildung D^m erzeugt also in diesem Fall L_μ^m aus L_μ^0 und es lässt sich (mit etwas mehr Theorie) einsehen, dass keine der Funktionen in L_μ^m stetig auf $[-1, 1]$ fortsetzbar ist (siehe [2, Kap. XIII, § 1]).

Für $l \in \mathbb{N}_0$ und $\mathbb{N}_0 \ni m \leq l$ enthält der Raum $L_{-l(l+1)}^m = D^m \left(L_{-l(l+1)}^0\right)$ genau einen eindimensionalen Unterraum von Funktionen, die nach $[-1, 1]$ fortsetzbar sind. Es ist dies der Raum $\mathbb{R} \cdot D^m P_l$.

Für $\mathbb{N}_0 \ni m > l$ und $l \in \mathbb{N}_0$ hingegen ist $D^m \left(L_{-l(l+1)}^0\right)$ nur ein 1d-Unterraum von $L_{-l(l+1)}^m$. Dieser enthält außer der 0 keine Funktion mit stetiger Fortsetzung nach $[-1, 1]$. Dass $L_{-l(l+1)}^m$ für $m > l$ keine stetig nach $[-1, 1]$ fortsetzbaren Funktionen enthält, bleibt hier unbewiesen, folgt aber mit etwas mehr allgemeiner Theorie (siehe [2, Kap. XIII, § 1]). Wenden wir uns nun dem Nachweis zu, dass $D^m \left(L_\mu^0\right) \subset L_\mu^m$:

Sei y eine Lösung der Legendreschen Gl. 4.1 zum Parameter $m = 0$. Wir rechnen zunächst nach, dass dann für beliebiges $m \in \mathbb{N}$ die Funktion[1]

$$w(x) = \left(D^m y\right)(x) = \left(1 - x^2\right)^{m/2} y^{(m)}(x) \text{ für alle } x \in (-1, 1)$$

eine Lösung von Gl. 4.1 ist. Es gelte also für alle $x \in (-1, 1)$

$$\left(1 - x^2\right) y''(x) - 2xy'(x) - \mu y(x) = 0. \tag{4.2}$$

Wir leiten Gl. 4.2 m-mal mithilfe der Leibnitzregel ab. Es gilt

$$\left[\left(1 - x^2\right) y''(x)\right]^{(m)} = \left(1 - x^2\right) y^{(m+2)}(x) - 2mxy^{(m+1)}(x) - m(m-1) y^{(m)}(x),$$

$$\left[-2xy'(x)\right]^{(m)} = -2xy^{(m+1)}(x) - 2my^{(m)}(x).$$

Damit ergibt sich für $v(x) = y^{(m)}(x)$

$$\left(1 - x^2\right) v''(x) - 2(m+1) xv'(x) - (\mu + m(m+1)) v(x) = 0. \tag{4.3}$$

---

[1] $y^{(m)}$ bezeichnet die m-fache Ableitung von y.

Setze nun in die Differentialgleichung (4.3) den Ansatz $v(x) = \left(1 - x^2\right)^{-m/2} w(x)$ ein. Es gilt

$$\frac{d}{dx} v(x) = \left(1 - x^2\right)^{-m/2} \left[\frac{mx}{1 - x^2} + \frac{d}{dx}\right] w(x),$$

$$\frac{d^2}{dx^2} v(x) = \left(1 - x^2\right)^{-m/2} \left[\frac{mx}{1 - x^2} + \frac{d}{dx}\right]\left[\frac{mx}{1 - x^2} + \frac{d}{dx}\right] w(x)$$

$$= \left(1 - x^2\right)^{-m/2} \left[\left(\frac{mx}{1 - x^2}\right)^2 + \frac{2mx}{1 - x^2}\frac{d}{dx} + \left(\frac{mx}{1 - x^2}\right)' + \frac{d^2}{dx^2}\right] w(x).$$

Mit

$$\left(\frac{mx}{1 - x^2}\right)^2 + \left(\frac{mx}{1 - x^2}\right)' = \frac{m^2 x^2 + m\left(1 + x^2\right)}{\left(1 - x^2\right)^2}$$

folgt daraus mit einigen Nebenrechnungen

$$\left(1 - x^2\right) w''(x) - 2x w'(x) - \left(\mu + \frac{m^2}{1 - x^2}\right) w(x) = 0.$$

Der Lösungsraum von Gl. 4.1 hat für $m = 0$ genau dann nichttriviale, stetig nach ± 1 fortsetzbare Lösungen, wenn $\mu = -l(l + 1)$ für ein $l \in \mathbb{N}_0$. Diese sind Vielfache der Legendrepolynome P_l, Polynome vom Grad l. Ihre Ableitungen bis zum Grad l führen daher mit

$$w(x) = \left(1 - x^2\right)^{m/2} P_l^{(m)}(x) \quad \text{für alle } x \in (-1, 1)$$

auf nichttriviale Lösungen von Gl. 4.1, die nach $[-1, 1]$ stetig fortsetzbar sind. Eine m-fache Ableitung von P_l mit $m > l$ führt auf die 0-Lösung. □

Es gilt zunächst: $P_l^0 = P_l$ mit $\lim_{x \to \pm 1} P_l(x) = (\pm 1)^l$. Für $0 < m$ hingegen gilt $\lim_{x \to \pm 1} P_l^m(x) = 0$. Daher haben die (reellen) tesseralen Kugelflächenfunktionen[2]

$$P_l^m(\cos\theta)\cos(m\varphi) \quad \text{und} \quad P_l^m(\cos\theta)\sin(m\varphi) \quad \text{mit } m, l \in \mathbb{N}_0 \text{ und } m \leq l$$

φ-unabhängige Limiten für $\theta \to 0$ und $\theta \to \pi$. Die zugehörigen Funktionen $\widetilde{Y}_l^m$ sind in $C^2\left(\mathbb{R}^3 \setminus \{0\}\right)$. Für P_l^m gilt $P_l^m(-x) = (-1)^{l+m} P_l^m(x)$, da P_l^m aus der geraden Funktion $const \cdot \left(x^2 - 1\right)^l$ durch $l + m$-maliges Ableiten und anschließendes Multiplizieren mit der geraden Funktion $\left(1 - x^2\right)^{m/2}$ entsteht.

---

[2]Der Name geht auf das altgriechische $\tau\acute{\epsilon}\tau\tau\alpha\rho\epsilon\varsigma$ und jüngere abgeschliffene $\tau\acute{\epsilon}\sigma\sigma\epsilon\rho\epsilon\iota\varsigma$ (Vier) zurück. Aus diesem Wort wurde das lateinische Wort „tessera" für das (viereckige) Mosaiksteinchen gebildet. Die Vorzeichen der tesseralen Kugel(flächen)funktionen bilden auf $\mathbb{S}^2$ ja tatsächlich ein schachbrettartiges Muster.

Korollar 4.1 *Zu einer Funktion* $Y : (0, \pi) \times (0, 2\pi) \to \mathbb{R}$ *mit* $\Delta_{\mathbb{S}^2} Y - \mu Y = 0$ *und* $Y \neq 0$ *existiert genau dann eine dehnungsinvariante Funktion* $\widetilde{Y} \in C^2$ $(\mathbb{R}^3 \smallsetminus \{0\})$ *mit* $Y(\theta, \varphi) = \widetilde{Y}$ *am Definitionsbereich von* θ *und* φ, *wenn* $-\mu = l(l+1)$ *für ein* $l \in \mathbb{N}_0$ *gilt. Für jede solche Funktion* Y *existieren Zahlen* $A_m, B_m \in \mathbb{R}$, *sodass*

$$Y(\theta, \varphi) = \sum_{m=0}^{l} P_l^m (\cos\theta) \left[A_m \cos(m\varphi) + B_m \sin(m\varphi) \right], \qquad (4.4)$$

d. h., der Eigenraum von $-\Delta_{\mathbb{S}^2}$ *zum Eigenwert* $l(l+1)$ *hat die Dimension* $2l + 1$.

Die Invarianz von Δ unter Drehspiegelungen hat nun die folgende Konsequenz: Ist eine dehnungsinvariante Funktion $\widetilde{Y}_l \in C^2(\mathbb{R}^3 \smallsetminus \{0\})$ Eigenvektor von $-\Delta$, d. h. es gilt $-\Delta\widetilde{Y}_l = l(l+1)\widetilde{Y}_l$ für ein $l \in \mathbb{N}_0$, dann ist auch für jede Drehspiegelung $R : \mathbb{R}^3 \to \mathbb{R}^3$ die Funktion $\widetilde{Y}_l \circ R$ ein dehnungsinvarianter Eigenvektor von $-\Delta$ zum selben Eigenwert $l(l+1)$, denn $-\Delta\left(\widetilde{Y}_l \circ R\right) = \left(-\Delta\widetilde{Y}_l\right) \circ R = l(l+1)\left(\widetilde{Y}_l \circ R\right)$. Daher entspricht auch der Funktion $\widetilde{Y}_l \circ R$ eine Linearkombination wie in Gl. 4.4. Speziell für die Spiegelung $-\mathrm{id}_{\mathbb{R}^3}$ gilt[3] $\widetilde{Y}_l(-x) = (-1)^l \widetilde{Y}_l(x)$ für alle $x \in \mathbb{R}^3 \smallsetminus \{0\}$. Warum? Aus

$$(\cos\theta, \cos\varphi, \sin\varphi)(-x) = (-\cos\theta, \cos(\varphi + \pi), \sin(\varphi + \pi))(x)$$

und $P_l^m(-x) = (-1)^{l+m} P_l^m(x)$ folgt

$$\left[P_l^m(\cos\theta)(\cos(m\varphi), \sin(m\varphi)) \right](-x)$$
$$= \left\{ P_l^m(-\cos\theta) \left[\cos(m\varphi + m\pi), \sin(m\varphi + m\pi) \right] \right\}(x)$$
$$= (-1)^{l+m} \left\{ P_l^m(\cos\theta) \left[(-1)^m \cos(m\varphi), (-1)^m \sin(m\varphi) \right] \right\}(x)$$
$$= (-1)^l \left\{ P_l^m(\cos\theta) \left[\cos(m\varphi), \sin(m\varphi) \right] \right\}(x).$$

Abb. 4.1 zeigt einige der zugeordneten Legendrefunktionen P_l^m, und zwar

$$P_1^1(x) = \sqrt{1 - x^2},$$
$$P_2^1(x) = \sqrt{1 - x^2}\,\frac{1}{8}\frac{d^3}{dx^3}\left(x^2 - 1\right)^2 = 3x\sqrt{1 - x^2},$$
$$P_2^2(x) = \left(1 - x^2\right)\frac{1}{8}\frac{d^4}{dx^4}\left(x^2 - 1\right)^2 = 3\left(1 - x^2\right).$$

---

[3]Die Physik sagt dazu: Der Eigenraum von $-\Delta_{\mathbb{S}^2}$ zum Eigenwert $l(l+1)$ hat die Parität $(-1)^l$.

Abb. 4.1 $y = P_1^1(x)$, $y = P_2^1(x)$, $y = P_2^2(x)$ in Schwarz, Rot, Grün

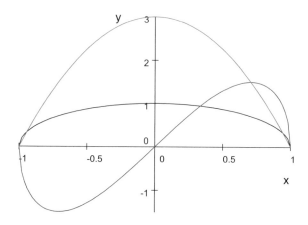

4.2 Besselsche Differentialgleichung

In Satz 3.37 ist die radiale Gleichung für eine radial separierte Lösung der Helmholtzgleichung angegeben. Diese Gleichung enthält einen reellen Parameter μ, der nach Korollar 4.1 nur einen der Werte $-l(l+1)$ für $l \in \mathbb{N}_0$ annehmen kann. Wegen

$$\mu - \frac{1}{4} = -l(l+1) - \frac{1}{4} = -\left(l + \frac{1}{2}\right)^2$$

spezialisiert sich die radiale Gleichung damit zu

$$h''(x) + \frac{1}{x}h'(x) + \left(\lambda - \frac{\left(l + \frac{1}{2}\right)^2}{x^2}\right)h(x) = 0 \text{ für alle } x > 0.$$

Für λ genügt es, die drei Werte $\lambda \in \{-1, 0, 1\}$ zu studieren. Die Fälle $\lambda = \pm 1$ führen auf Differentialgleichungen des Besselschen Typs. Der Fall $\lambda = 0$ ist vom Eulerschen Typ und somit über den Potenzansatz x^α elementar zu lösen.

Definition 4.1 Sei $\nu^2 \in \mathbb{R}_{\geq 0}$. Eine Funktion $h : \mathbb{R}_{>0} \to \mathbb{R}$, für die

$$h''(x) + \frac{1}{x}h'(x) + \left(1 - \frac{\nu^2}{x^2}\right)h(x) = 0 \text{ für alle } x > 0 \tag{4.5}$$

gilt, heißt maximale Lösung der Besselschen Differentialgleichung (Besselsche DG) zum Parameter ν^2.

Eine Funktion $h : \mathbb{R}_{>0} \to \mathbb{R}$, für die

$$h''(x) + \frac{1}{x}h'(x) - \left(1 + \frac{\nu^2}{x^2}\right)h(x) = 0 \text{ für alle } x > 0 \tag{4.6}$$

gilt, heißt maximale Lösung der modifizierten Besselschen DG zum Parameter ν^2.

Für die Besselsche DG zu $v^2 = m^2$ mit $m \in \mathbb{N}_0$ kann mit der Methode des Potenz-reihenansatzes eine maximale Lösung, die „ganzzahlige Besselfunktion" J_m, relativ einfach bestimmt werden (siehe Übungsbeispiele 1). Im Fall mit $v^2 \neq m^2$ funktio-niert ein verallgemeinerter Potenzreihenansatz zwar auch, doch wird dann für die Auflösung der Rekursion als Hilfsmittel die Eulersche Gammafunktion benötigt. Daher wenden wir uns zunächst der Gammafunktion zu, bevor der Lösungsraum der Besselschen DG zu allgemeinem Parameter $v^2 \in \mathbb{R}_{\geq 0}$ ein wenig untersucht wird.

4.3 Gammafunktion

Leonhard Euler erfand die Gammafunktion als stetige reelle Interpolation der Abbil-dung $n \mapsto n!$ für $n \in \mathbb{N}_0$. Für die Gammafunktion $\Gamma : \mathbb{R} \setminus (\mathbb{N}_0) \to \mathbb{R}$ gelte für alle $x > 0$

$$\Gamma(x) = \int_0^\infty t^{x-1} e^{-t} dt.$$

Warum existiert das uneigentliche Integral? Der Integrand ist positiv und durch t^{x-1} majorisiert. Wegen

$$\int_0^{t_0} t^{x-1} dt = \frac{1}{x} t^x \Big|_0^{t_0} = \frac{t_0^x}{x}$$

ist der Beitrag vom Intervall $(0, t_0)$ endlich. Wegen $\lim_{t\to\infty} \left(t^{x+1} e^{-t} \right) = 0$ existiert ein t_0 sodass $t^{x+1} e^{-t} < 1$ für alle $t > t_0$. Daraus folgt $t^{x-1} e^{-t} < t^{-2}$ für alle $t > t_0$ und weiter

$$\int_{t_0}^\infty t^{x-1} e^{-t} dt < \int_{t_0}^\infty t^{-2} dt = t_0^{-1}.$$

Damit ist $\Gamma(x)$ für alle $x > 0$ eine positive reelle Zahl. Dass die Abbildung Γ auf $\mathbb{R}_{>0}$ die Faktoriellen interpoliert, zeigt das folgende Lemma.

Lemma 4.2 *Für $x > 0$ gilt die Rekursionsformel $\Gamma(x+1) = x\Gamma(x)$. Für $n \in \mathbb{N}$ gilt $\Gamma(n+1) = n!$. Weiter gilt $\Gamma\left(\frac{1}{2}\right) = \sqrt{\pi}$.*

Beweis Für $x > 0$ folgt durch partielles Integrieren

$$\Gamma(x+1) = \int_0^\infty t^x e^{-t} dt = -\int_0^\infty t^x \left(e^{-t} \right)' dt$$

$$= -t^x e^{-t} \Big|_0^\infty + x \int_0^\infty t^{x-1} e^{-t} dt = x\Gamma(x).$$

Daraus folgt

$$\Gamma(n+1) = n\Gamma(n) = n(n-1)\Gamma(n-1) = n(n-1)\ldots 2 \cdot 1 \cdot \Gamma(1) = n!\Gamma(1).$$

Mit

$$\Gamma(1) = \int_0^\infty t^0 e^{-t} dt = 1$$

folgt $\Gamma(n+1) = n!$. Der Wert $\Gamma\left(\frac{1}{2}\right)$ ergibt sich mithilfe eines Gaußschen Integrals
zu

$$\Gamma\left(\frac{1}{2}\right) = \int_0^\infty t^{-1/2} e^{-t} dt = \int_0^\infty \frac{1}{u} e^{-u^2} 2u\,du = \int_{-\infty}^\infty e^{-u^2} du = \sqrt{\pi}.$$

$\square$

Definition 4.2 Die Funktion $\Gamma : \mathbb{R} \setminus (-\mathbb{N}_0) \to \mathbb{R}$ mit

$$\Gamma(x) = \int_0^\infty t^{x-1} e^{-t} dt$$

für $x > 0$ und $\Gamma(x+1) = x\Gamma(x)$ für alle $x \in \mathbb{R} \setminus (-\mathbb{N}_0)$ heißt Gammafunktion.

Für $x = -1/2$ gilt etwa $-\frac{1}{2}\Gamma\left(-\frac{1}{2}\right) = \Gamma\left(\frac{1}{2}\right) = \sqrt{\pi}$. Also gilt $\Gamma(-1/2) = -2\sqrt{\pi}$. Für $-n < x < -n+1$ folgt

$$\Gamma(x) = \frac{1}{x} \cdot \frac{1}{x+1} \cdots \frac{1}{x+n-1} \cdot \Gamma(x+n).$$

In Punkte x mit $-x \in \mathbb{N}_0$ hat Γ keine stetige Fortsetzung, da $\lim_{x \downarrow 0} \Gamma(x) = \infty$.
Offensichtlich hat Γ keine Nullstelle. Abb. 4.2 zeigt die Gammafunktion.

Lemma 4.3 *Für $n \in \mathbb{N}_0$ gilt* $\Gamma\left(n+\frac{1}{2}\right) = \frac{(2n)!}{n!4^n}\sqrt{\pi}$.

Abb. 4.2 Die
Gammafunktion $y = \Gamma(x)$

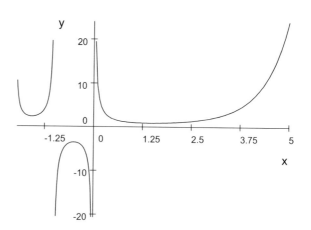

Beweis

$$
\Gamma\left(n+\frac{1}{2}\right) = \Gamma\left(n-\frac{1}{2}+1\right) = \left(n-\frac{1}{2}\right)\Gamma\left(n-\frac{1}{2}\right)
$$

$$
= \left(n-\frac{1}{2}\right)\left(n-1-\frac{1}{2}\right)\ldots\left(1-\frac{1}{2}\right)\Gamma\left(1-\frac{1}{2}\right)
$$

$$
= \frac{1}{2^n}(2n-1)(2n-3)\ldots(3)(1)\sqrt{\pi}
$$

$$
= \frac{1}{2^n}\frac{2n}{2n}(2n-1)\frac{(2n-2)}{2n-2}(2n-3)\ldots\frac{4}{4}3\frac{2}{2}1\sqrt{\pi}
$$

$$
= \frac{1}{2^n}\frac{(2n)!}{2n\cdot 2(n-1)\cdot 2(n-2)\ldots\cdot 2(2)\cdot 2(1)}\sqrt{\pi}
$$

$$
= \left(\frac{1}{2^n}\right)^2\frac{(2n)!}{n!}\sqrt{\pi}.
$$

$\square$

4.4 Besselfunktionen

Für die Funktion $g \in C^2\left(\mathbb{R}^3 \setminus \{0\}\right)$ gelte auf dem Kartenbereich U der sphärischen Karte $g = h(r)Y(\theta, \phi)/\sqrt{r}$. Wir wissen: g ist genau dann eine Lösung der Helmholtzgleichung $\Delta g + g = 0$ auf $\mathbb{R}^3 \setminus \{0\}$, wenn h eine maximale Lösung der Besselschen Differentialgleichung (4.5) zum Parameter $\nu^2 = \left(l+\frac{1}{2}\right)^2$ ist und wenn $\Delta_{\mathbb{S}^2}Y + l(l+1)Y = 0$ für ein $l \in \mathbb{N}_0$. Können wir uns eine Basis im Raum der maximalen Lösungen dieser Besselschen Differentialgleichung verschaffen?

Satz 4.2 *Für $\nu \in \mathbb{R}$ und $\nu \notin -\mathbb{N}$ ist durch*

$$
J_\nu(x) = \left(\frac{x}{2}\right)^\nu \sum_{k=0}^{\infty} \frac{(-1)^k}{k!\,\Gamma(k+1+\nu)}\left(\frac{x}{2}\right)^{2k} \tag{4.7}
$$

eine Funktion $J_\nu : \mathbb{R}_{>0} \to \mathbb{R}$, die Besselfunktion der Ordnung ν, wohldefiniert. J_ν ist eine maximale Lösung der Besselschen DG mit Parameter ν^2, d. h., es gilt

$$
x^2 J_\nu''(x) + x J_\nu'(x) + \left(x^2 - \nu^2\right)J_\nu(x) = 0
$$

für alle $x > 0$. Für $\nu \in \mathbb{R} \setminus \mathbb{Z}$ ist das Paar $(J_\nu, J_{-\nu})$ ein Fundamentalsystem dieser Differentialgleichung.

Anmerkung 4.1 Für $v = l + \frac{1}{2}$ mit $l \in \mathbb{N}_0$ hat die auf $\mathbb{R}_{>0}$ definierte Funktion $J_v/\sqrt{\cdot}$ eine stetige Fortsetzung nach $x = 0$, die Funktion $J_{-v}/\sqrt{\cdot}$ jedoch nicht. Es kommt also nur (ein Vielfaches von) $J_{l+1/2}$ als Radialfunktion h einer Lösung $g = h(r) Y(\theta, \phi)/\sqrt{r}$ der Helmholtzgleichung $\Delta g + g = 0$ mit stetiger Fortsetzung auf $\mathbb{R}^3$ in Frage. Die Funktionen $J_{(l+1/2)}/\sqrt{\cdot}$ heißen sphärische Besselfunktionen der ersten Art. Sie sind in $C^\infty(\mathbb{R}_{>0})$ und sind beschränkt.

Beweis Es würde genügen, Folgendes zu verifizieren:

1. Die im Satz angeführten Besselfunktionen J_v mit $v \in \mathbb{R} \setminus (-\mathbb{N})$ sind auf ganz $\mathbb{R}_{>0}$ definiert und zweimal stetig differenzierbar.
2. J_v löst die Besselsche Differentialgleichung zum Parameter v^2.
3. Für $v \notin \mathbb{Z}$ sind die beiden Funktionen $J_{\pm v}$ linear unabhängig.

Im Folgenden soll aber auch gezeigt werden, *wie* man auf die Funktionen J_v geführt wird. Zunächst eine Bemerkung zur allgemeinen Orientierung: Sei $I \subset \mathbb{R}_{>0}$ ein offenes Intervall. Dann heißt eine Funktion $h : I \to \mathbb{R}$ mit

$$h''(x) + \frac{1}{x} h'(x) + \left(1 - \frac{v^2}{x^2}\right) h(x) = 0 \quad \text{für alle } x \in I \qquad (4.8)$$

eine Lösung der Besselschen Differentialgleichung zum Parameter $v^2 \geq 0$. Die Differentialgleichung (4.5) ist gewöhnlich, zweiter Ordnung, homogen linear und hat nichtkonstante Koeffizienten. Nach der allgemeinen Theorie hat jede maximale Lösung den Definitionsbereich $I = \mathbb{R}_{>0}$. Der Raum der maximalen Lösungen hat die Dimension 2.

Versuche nun für h den Frobeniusansatz

$$h(x) = x^\alpha \sum_{k=0}^{\infty} c_k x^k = \sum_{k=0}^{\infty} c_k x^{\alpha+k}$$

mit Konstanten $c_k \in \mathbb{R}$ und $\alpha \in \mathbb{R}$. Ohne Einschränkung der Allgemeinheit kann $c_0 \neq 0$ vorausgesetzt werden.[4]

Es gilt für $0 < x < \rho$, wobei ρ der vorläufig noch unbekannten Konvergenzradius ρ der Potenzreihe ist,

---

[4]Denn für $c_0 = 0$ gilt $y(x) = x^{\alpha+1} \sum_{k=0}^{\infty} c_{k+1} x^k = x^{\alpha+1} \sum_{k=0}^{\infty} \widehat{c}_k x^k$. Dieser Prozess der Vergrößerung von α wird so lange fortgesetzt, bis die Reihe mit einem von 0 verschiedenen konstanten Term beginnt.

$$h'(x) = \sum_{k=0}^{\infty} (\alpha + k) c_k x^{\alpha+k-1} = x^{\alpha} \sum_{k=0}^{\infty} (\alpha + k) c_k x^{k-1},$$

$$h''(x) = \sum_{k=0}^{\infty} (\alpha + k)(\alpha + k - 1) c_k x^{\alpha+k-2}$$

$$= x^{\alpha} \sum_{k=0}^{\infty} (\alpha + k)(\alpha + k - 1) c_k x^{k-2}.$$

Einsetzen der Reihen h, h' und h'' in Gl. 4.5 ergibt

$$0 = x^{\alpha} \left\{ \sum_{k=0}^{\infty} \left[(\alpha + k)(\alpha + k - 1) + (\alpha + k) - v^2 \right] c_k x^{k-2} + \sum_{k=0}^{\infty} c_k x^k \right\}$$

$$= x^{\alpha} \left\{ \sum_{k=0}^{\infty} \left[(\alpha + k)^2 - v^2 \right] c_k x^{k-2} + \sum_{k=0}^{\infty} c_k x^k \right\}.$$

Mit der Substitution $k = j + 2$ in der ersten Summe folgt für diese

$$\sum_{k=0}^{\infty} \left[(\alpha + k)^2 - v^2 \right] c_k x^{k-2} = \left(\alpha^2 - v^2 \right) c_0 x^{-2} + \left[(\alpha + 1)^2 - v^2 \right] c_1 x^{-1}$$

$$+ \sum_{j=0}^{\infty} \left[(\alpha + j + 2)^2 - v^2 \right] c_{j+2} x^j.$$

Damit ist h genau dann Lösung von Gl. 4.5, wenn

$$\left(\alpha^2 - v^2 \right) c_0 x^{-2} + \left[(\alpha + 1)^2 - v^2 \right] c_1 x^{-1}$$

$$+ \sum_{k=0}^{\infty} \left\{ \left[(\alpha + k + 2)^2 - v^2 \right] c_{k+2} + c_k \right\} x^k = 0$$

für alle $x \in \mathbb{R}$ mit $|x| < \rho$. Dies ist genau dann der Fall, wenn

$$\left(\alpha^2 - v^2 \right) c_0 = 0,$$

$$\left[(\alpha + 1)^2 - v^2 \right] c_1 = 0,$$

$$\left[(\alpha + k + 2)^2 - v^2 \right] c_{k+2} + c_k = 0 \text{ für alle } k \in \mathbb{N}_0.$$

Diese drei Bedingungen sind wegen $c_0 \neq 0$ äquivalent zu

$$\left(\alpha^2 - v^2 \right) = 0, \tag{4.9a}$$

$$(2\alpha + 1) c_1 = 0, \tag{4.9b}$$

$$(k + 2) \left[2\alpha + (k + 2) \right] c_{k+2} + c_k = 0 \text{ für alle } k \in \mathbb{N}_0. \tag{4.9c}$$

Abb. 4.3 Rekursion der c_{2j}

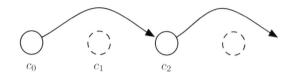

$$c_0 \qquad c_1 \qquad c_2$$

Die erste Bedingung (4.9a) ist äquivalent zu $\alpha = \pm\sqrt{\nu^2}$. Die zweite Bedingung (4.9b) ist für $\alpha \neq -1/2$ äquivalent zu $c_1 = 0$. Im Fall $\alpha = -1/2$ kann der Schluss auf $c_1 = 0$ *nicht* gezogen werden. Die dritte Bedingung (4.9c) gibt eine Rekursion der Koeffizienten an. Dabei entkoppelt die Teilfolge der c_{2j} von jener der c_{2j+1}. Daher liefern beide Teilfolgen für sich Lösungen der Besselschen Differentialgleichung. Wir ermitteln die Lösungen, die sich aus der Teilfolge $\left(c_{2j}\right)_{j\in\mathbb{N}_0}$ ergeben, denn die Lösungen, die sich aus der Teilfolge $\left(c_{2j+1}\right)_{j\in\mathbb{N}_0}$ ergeben, widersprechen der Voraussetzung $c_0 \neq 0$. Daher genügt es, die Folge $\left(c_{2j}\right)_{j\in\mathbb{N}_0}$ in den beiden Fällen $\alpha = \pm\sqrt{\nu^2}$ zu bestimmen (siehe Abb. 4.3).

Falls für ein $k \in 2\mathbb{N}_0$ der Faktor in Gl. 4.9c bei c_{k+2} null ist, folgt daraus, dass $c_k = c_{k-2} = \ldots = c_0 = 0$. Dies steht im Widerspruch zur Annahme $c_0 \neq 0$. Deshalb funktioniert der Ansatz nur, wenn $[2\alpha + (k+2)] \neq 0$ für alle $k \in 2\mathbb{N}_0$. Dies ist äquivalent zu $\alpha + j + 1 \neq 0$ für alle $j \in \mathbb{N}_0$ und weiter zu $\alpha \notin -\mathbb{N}$.

Für $\alpha \notin -\mathbb{N}$ gilt also $[2\alpha + (k+2)] \neq 0$ für alle $k \in 2\mathbb{N}_0$. Damit legt die Rekursion alle Koeffizienten c_{2j} durch c_0 fest. Für die Koeffizienten c_{2j} mit $j \in \mathbb{N}_0$ gilt

$$c_{2j+2} = -\frac{c_{2j}}{4(j+1)\,[\nu + (j+1)]},$$

wobei $\alpha = \nu$ gesetzt wurde. Hier ist ν eine der beiden Wurzeln von ν^2 und es gilt $\nu \in \mathbb{R} \setminus (-\mathbb{N})$.

Mit der Bezeichnung $\widetilde{c}_j = c_{2j}$ ist die Rekursion äquivalent zu

$$\widetilde{c}_j = -\frac{\widetilde{c}_{j-1}}{4j\,(\nu + j)} \text{ für alle } j \in \mathbb{N}.$$

Die Auflösung der Rekursion von $\widetilde{c}_j$ in j Schritten auf $\widetilde{c}_0 = c_0$ ergibt daher

$$\widetilde{c}_j = \left(-\frac{1}{4}\right)^j \cdot \frac{1}{j\cdot(j-1)\cdot\ldots\cdot 2\cdot 1} \cdot \frac{1}{(\nu+j)\cdot(\nu+j-1)\cdot\ldots\cdot(\nu+1)} \cdot c_0.$$

Für die Gammafunktion gilt für $\nu + j + 1 \in \mathbb{R} \setminus (-\mathbb{N}_0)$

$$\Gamma(\nu+j+1) = (\nu+j)\,\Gamma(\nu+j) = \ldots$$
$$= (\nu+j)\cdot(\nu+j-1)\cdot\ldots\cdot(\nu+1)\cdot\Gamma(\nu+1).$$

Damit gilt

$$\frac{1}{(\nu+j)\cdot(\nu+j-1)\cdot\ldots\cdot(\nu+1)} = \frac{\Gamma(\nu+1)}{\Gamma(\nu+j+1)}$$

und somit

$$\widetilde{c}_j = \left(-\frac{1}{4}\right)^j \cdot \frac{1}{j!} \cdot \frac{\Gamma(\nu+1)}{\Gamma(\nu+j+1)} \cdot c_0.$$

Mit der Wahl $c_0 := \frac{1}{2^\nu \Gamma(\nu+1)}$ ergibt sich somit

$$h(x) = \left(\frac{x}{2}\right)^\nu \sum_{j=0}^\infty \frac{(-1)^j}{j!\Gamma(\nu+j+1)} \left(\frac{x}{2}\right)^{2j}$$

$$= \left(\frac{x}{2}\right)^\nu \sum_{j=0}^\infty \frac{(-1)^j}{\Gamma(j+1)\Gamma(j+1+\nu)} \left(\frac{x}{2}\right)^{2j} =: J_\nu(x).$$

Die Konvergenz der Potenzreihe wird mit dem Quotientenkriterium geprüft. Dieses besagt: Sind alle Glieder einer Folge $(a_k)_{k\in\mathbb{N}}$ für alle k, die größer als ein N sind, von 0 verschieden, und existiert ein $\theta < 1$, sodass $\left|\frac{a_{k+1}}{a_k}\right| \leq \theta$ für alle $k > N$, dann ist die Reihe $\sum_{k\in\mathbb{N}} a_k$ absolut konvergent.

Es folgt mit

$$a_k := \frac{(-1)^k}{\Gamma(k+1)\Gamma(k+1+\nu)} \left(\frac{x}{2}\right)^{2k}$$

für $x > 0$ mit $\Gamma(z+1) = z\Gamma(z)$

$$\left|\frac{a_{k+1}}{a_k}\right| = \frac{\Gamma(k+1)\Gamma(k+1+\nu)}{\Gamma(k+2)\Gamma(k+2+\nu)} \left(\frac{x}{2}\right)^2$$

$$= \frac{x^2}{4(k+1)(k+1+\nu)}.$$

Es gilt also sogar für jedes $x > 0$, dass $\lim_{k\to\infty}\left|\frac{a_{k+1}}{a_k}\right| = 0$. Somit konvergiert die Potenzreihe für alle $x \in \mathbb{R}$.

Für $\nu \in \mathbb{R} \setminus (-\mathbb{N})$ gilt also

$$J_\nu(x) = x^\nu \frac{1}{2^\nu \Gamma(\nu+1)} (1+\varphi_\nu(x))$$

mit einer Funktion $\varphi_\nu : \mathbb{R}_{>0} \to \mathbb{R}$, für die $\lim_{x\to 0}\varphi_\nu(x) = 0$. Annahme: Für $\nu \in \mathbb{R} \setminus \mathbb{Z}$ sind die Funktionen J_ν und $J_{-\nu}$ linear abhängig. Dann gibt es eine reelle Zahl $\lambda \neq 0$, für die $J_\nu = \lambda J_{-\nu}$. Daraus folgt für $x > 0$

$$x^\nu \frac{1}{2^\nu \Gamma(\nu+1)} (1+\varphi_\nu(x)) = \lambda x^{-\nu} \frac{1}{2^{-\nu}\Gamma(-\nu+1)} (1+\varphi_{-\nu}(x)).$$

Für hinreichen kleine $x > 0$ folgt weiter

$$x^{2\nu} = \lambda \frac{4^\nu \Gamma(\nu+1)}{\Gamma(-\nu+1)} \frac{(1+\varphi_{-\nu}(x))}{(1+\varphi_\nu(x))}.$$

Für $v > 0$ ergibt der Grenzübergang $x \to 0$

$$0 = \lambda \frac{4^v \Gamma (v + 1)}{\Gamma (-v + 1)},$$

also $\Gamma (v + 1) = 0$. Dies ist im Widerspruch zur Nullstellenfreiheit der Gammafunktion. Damit sind für $v \in \mathbb{R} \setminus \mathbb{Z}$ die Funktionen J_v und J_{-v} linear unabhängige Lösungen der Besselschen Differentialgleichung mit Parameter v^2. $\square$

Der Fall $v = 1/2$, der ja mit $l = 0$ korreliert, kann auch direkt mit dem Ansatz $h(x) = q(x)/\sqrt{x}$ gelöst werden. Es ergibt sich nämlich $q'' + q = 0$.

Für $n \in \mathbb{N}_0$ fehlt uns also noch eine von der ganzzahligen Besselfunktion J_n linear unabhängige zweite Lösung der Besselgleichung zum Parameter n^2. Gl. 4.7 ist ja sinnlos für $v = -n$ und $n \in \mathbb{N}$, da die Gammafunktion $\Gamma (k + 1 + v)$ im Nenner für $k + 1 - n \leq 0$ undefiniert ist. Da $|\Gamma (x)|$ für $x \to -n \in -\mathbb{N}_0$ unbeschränkt anwächst, gilt aber

$$\lim_{v \to n} J_{-v} (x) = \left(\frac{x}{2} \right)^{-n} \sum_{k=n}^{\infty} \frac{(-1)^k}{k! \Gamma (k + 1 - n)} \left(\frac{x}{2} \right)^{2k}$$

$$= \left(\frac{x}{2} \right)^n \sum_{k=n}^{\infty} \frac{(-1)^{k-n+n}}{k! (k - n)!} \left(\frac{x}{2} \right)^{2(k-n)}$$

$$= (-1)^n \left(\frac{x}{2} \right)^n \sum_{k=0}^{\infty} \frac{(-1)^k}{(k + n)! k!} \left(\frac{x}{2} \right)^{2k} = (-1)^n J_n (x).$$

Daher wird J_{-n} für $n \in \mathbb{N}$ durch $J_{-n} = (-1)^n J_n$ definiert. Zur Konstruktion einer von J_n linear unabhängigen Lösung der Besselgleichung (4.5) mit Parameter $v^2 = n^2$ für ein $n \in \mathbb{N}_0$ sind weiter gehende Überlegungen nötig. Ohne Beweis seien einige Sachverhalte aufgelistet.

Satz 4.3 *Sei $v \in \mathbb{R} \setminus \mathbb{Z}$. Die Funktion*

$$N_v = \frac{\cos (v\pi) J_v - J_{-v}}{\sin (v\pi)} : \mathbb{R}_{>0} \to \mathbb{R}$$

heißt Neumannfunktion mit Index v. Der Limes $\lim_{v \to n \in \mathbb{Z}} N_v$ existiert, ist eine Lösung der Besselgleichung mit Parameter n^2 und linear unabhängig von J_n. Sei nun $v \in \mathbb{R}$. Die zueinander komplex konjugierten Funktionen $H_v^{(1)} = J_v + i N_v$ bzw. $H_v^{(2)} = J_v - i N_v$ heißen Hankelfunktionen der ersten bzw. zweiten Art. Sie bilden ein Fundamentalsystem der Besselgleichung mit Parameter v^2. Es gilt

$$H_v^{(1)} (x) = \sqrt{\frac{2}{\pi x}} e^{i \left(x - v \frac{\pi}{2} - \frac{\pi}{4} \right)} + \mathcal{O} \left(x^{-3/2} \right) \text{ für } x \to \infty. \tag{4.10}$$

Für große x streben also die Lösungen der Besselschen DG gegen harmonische Schwingungen der Frequenz 1, deren Amplitude wie $1/\sqrt{x}$ abnimmt. Im nächsten Abschnitt soll das klarer werden.

4.4.1 Eigenschaften der Besselfunktionen

Für $y : \mathbb{R}_{>0} \to \mathbb{R}$ gelte die Bessel'schen Differentialgleichung

$$y''(x) + \frac{1}{x}y'(x) + \left(1 - \frac{v^2}{x^2}\right) y(x) = 0 \text{ auf } \mathbb{R}_{>0}.$$

Fasst man x als Zeit und y als Ort eines Massenpunktes auf, so ist diese Gleichung für $x^2 > v^2$ die Bewegungsgleichung eines harmonischen Oszillators mit zeitabhängiger Federkonstante und zeitabhängigem Reibungskoeffizienten. Mit wachsender Zeit x strebt der Reibungskoeffizient gegen 0 und die „Frequenzkonstante" strebt gegen 1. Bei großem Argument sollte y daher einer ungedämpften Schwingung der Frequenz 1 ähneln. Lässt sich die Amplitude dieser asymptotischen Schwingung berechnen? Merkwürdigerweise ist die abklingende Dämpfung stark genug, die Schwingung langsam, aber doch vollständig auszubremsen, d. h., es gilt $y(x) \to 0$ für $x \to \infty$.

Satz 4.4 $y \in C^2 (\mathbb{R}_{>0} : \mathbb{R})$ *erfülle die Besselsche Differentialgleichung mit dem Parameter* $v^2 \geq 0$

$$y''(x) + \frac{1}{x}y'(x) + \left(1 - \frac{v^2}{x^2}\right) y(x) = 0$$

für alle $x \in \mathbb{R}_{>0}$. *Dann gilt* $\lim_{x\to\infty} y(x) = 0$.

Beweis Einsetzen von $y(x) = u(x)/\sqrt{x}$ in die Besselsche Differentialgleichung ergibt $y''(x) + \frac{1}{x}y'(x)$

$$= \frac{1}{x}\partial_x (x\partial_x y)(x) = \frac{1}{x}\partial_x \left(x\frac{\sqrt{x}u'(x) - \frac{u(x)}{2\sqrt{x}}}{x}\right)$$

$$= \frac{1}{x}\partial_x \left(\sqrt{x}u'(x) - \frac{u(x)}{2\sqrt{x}}\right) = \frac{1}{x}\left(\sqrt{x}u''(x) + \frac{u(x)}{4x\sqrt{x}}\right)$$

$$= \frac{1}{\sqrt{x}}\left(u''(x) + \frac{u(x)}{4x^2}\right).$$

Somit folgt für u die Differentialgleichung auf $\mathbb{R}_{>0}$

$$u''(x) + \left(1 + \frac{\frac{1}{4} - v^2}{x^2}\right) u(x) = 0.$$

Für $x^2 > \nu^2 - \frac{1}{4}$ ist diese Gleichung zweiter Ordnung vom Typ einer ungedämpften Schwingungsgleichung $u'' + \omega^2 u = 0$ mit zeitabhängiger „Frequenz" ω, die durch

$$\omega(x) = \sqrt{1 + \frac{\frac{1}{4} - \nu^2}{x^2}} > 0$$

gegeben ist. Für $\nu^2 > 1/4$ gilt $\omega < 1$ und ω ist streng monoton wachsend. Für $\nu^2 < 1/4$ ist ω streng monoton fallend. In beiden Fällen gilt $\lim_{x \to \infty} \omega(x) = 1$.

Die Gleichung $u'' + \omega^2 u = 0$ ist zum nichtautonomen System erster Ordnung

$$\frac{d}{dx}\begin{pmatrix} \gamma^1(x) \\ \gamma^2(x) \end{pmatrix} = \begin{pmatrix} 0 & \omega(x) \\ -\omega(x) & -\frac{\omega'(x)}{\omega(x)} \end{pmatrix} \begin{pmatrix} \gamma^1(x) \\ \gamma^2(x) \end{pmatrix}$$

äquivalent: Setze $u = \gamma^1$ und $u' = \omega\gamma^2$. Das zeitabhängige Vektorfeld $X(x)$ dieses Systems $\dot\gamma(x) = X(x) \cdot \gamma(x)$ ist für $\nu^2 > 1/4$ im folgenden Sinn „nach innen" gerichtet:

$$\langle \gamma, X \cdot \gamma \rangle = \begin{pmatrix} \gamma^1 \\ \gamma^2 \end{pmatrix}^t \cdot \begin{pmatrix} 0 & \omega \\ -\omega & -\frac{\omega'}{\omega} \end{pmatrix} \cdot \begin{pmatrix} \gamma^1 \\ \gamma^2 \end{pmatrix}$$

$$= -\frac{\omega'}{\omega}\left(\gamma^2\right)^2 < 0.$$

Längs einer Kreislinie um 0 zeigt das Vektorfeld $X(x)$ zu jeder Zeit $x > \sqrt{\nu^2 - \frac{1}{4}}$ in das Kreisinnere. Eine Lösung γ, die zur Zeit x_0 durch einen Punkt der Kreislinie geht, kann diesen Kreis also später nie mehr verlassen. In Formeln ausgedrückt:

$$\frac{d}{dx}|\gamma(x)|^2 = 2\left\langle \gamma(x), \frac{d}{dx}\gamma(x) \right\rangle = 2\langle \gamma(x), X(x) \cdot \gamma(x) \rangle < 0.$$

Dementsprechend ist die Funktion $\gamma^1 = u$ für $\nu^2 > 1/4$ im Bereich $x > \sqrt{\nu^2 - \frac{1}{4}}$ gleichmäßig beschränkt, d.h., es existiert ein $C > 0$, sodass $|u(x)| < C$ für alle $x > \sqrt{\nu^2 - \frac{1}{4}}$. Als Folge davon gilt $\lim_{x \to \infty} y(x) = \lim_{x \to \infty}\frac{u(x)}{\sqrt{x}} = 0$.

Für $\nu^2 < 1/4$ gilt $\omega' < 0$ und das Vektorfeld $X(x)$ ist nach außen gerichtet. Daher ist nun eine andere Überlegung anzustellen, die klarmacht, dass u auf jedem Intervall $[\varepsilon, \infty)$ mit $\varepsilon > 0$ gleichmäßig beschränkt ist, und dass daher $\lim_{x \to \infty} y(x) = 0$. Dazu beachten wir, dass

$$\frac{d}{dx}|\gamma|^2 = -\frac{2\omega'}{\omega}\left(\gamma^2\right)^2 = \frac{2|\omega'|}{\omega}\left(\gamma^2\right)^2 \le \frac{2|\omega'|}{\omega}|\gamma|^2.$$

Die Funktion $|\gamma|^2$ ist somit durch die Lösung von $w' = \frac{2|\omega'|}{\omega}w$ mit $w(\varepsilon) = |\gamma(\varepsilon)|^2$ für ein $\varepsilon > 0$ nach oben beschränkt: $|\gamma(x)|^2 \le w(x)$. Die Differentialgleichung für

w ist mit $a = \sqrt{\frac{1}{4} - \nu^2} > 0$ homogen linear

$$w'(x) = \frac{2\left|\omega'(x)\right|}{\omega(x)} w(x) = \frac{2}{x\left(1 + \left(\frac{x}{a}\right)^2\right)} w(x).$$

Es folgt somit

$$w(x) = w(\varepsilon)\, e^{\int_\varepsilon^x \frac{2}{\xi}\left(1 + \left(\frac{\xi}{a}\right)^2\right)^{-1} d\xi} \leq w(\varepsilon)\, e^{\frac{2}{\varepsilon}\int_\varepsilon^x \left(1 + \left(\frac{\xi}{a}\right)^2\right)^{-1} d\xi}$$

$$= w(\varepsilon)\, e^{2\frac{a}{\varepsilon}\left(\arctan\frac{x}{a} - \arctan\frac{\varepsilon}{a}\right)} \to C^2 \text{ für } x \to \infty.$$

Somit existiert eine Konstante C, für die $u(x) \leq |\gamma(x)| \leq w(x) \leq C$ für alle $x > \varepsilon$. Da $\varepsilon > 0$ beliebig gewählt werden kann, ist u auf jedem Intervall $[\varepsilon, \infty)$ mit $\varepsilon > 0$ gleichmäßig beschränkt. $\qquad\square$

Durch diesen Beweis ist nun überdies klar: Im Grenzfall $\nu^2 = 1/4$ existieren zu jeder maximalen Lösung der Besselschen DG Zahlen $\alpha, \beta \in \mathbb{R}$ mit

$$y(x) = \frac{1}{\sqrt{x}}\left(\alpha \cos(x) + \beta \sin(x)\right).$$

Daher sind auch die beiden Besselfunktionen $J_{1/2}$ und $J_{-1/2}$ von diesem Typ. Es gilt $J_{1/2}(x) = \sqrt{\frac{2}{\pi}} \frac{\sin x}{\sqrt{x}}$, denn

$$J_{1/2}(x) = \left(\frac{x}{2}\right)^{1/2} \sum_{k=0}^{\infty} \frac{(-1)^k}{k!\,\Gamma\left(k + 1 + \frac{1}{2}\right)} \left(\frac{x}{2}\right)^{2k}$$

$$= \sqrt{\frac{2}{x}} \sum_{k=0}^{\infty} \frac{(-1)^k}{k!\,\Gamma\left(k + 1 + \frac{1}{2}\right)} \left(\frac{x}{2}\right)^{2k+1}.$$

Wegen $\Gamma\left(n + \frac{1}{2}\right) = \frac{(2n)!}{n!\,4^n}\sqrt{\pi}$ folgt daraus

$$J_{1/2}(x) = \sqrt{\frac{2}{x}} \sum_{k=0}^{\infty} \frac{(-1)^k}{k!\,\frac{(2(k+1))!}{(k+1)!\,4^{k+1}}\sqrt{\pi}} \left(\frac{x}{2}\right)^{2k+1}$$

$$= \sqrt{\frac{2}{\pi x}} \sum_{k=0}^{\infty} \frac{(k+1)\,(-1)^k\,2^{2k+2}}{(2k+2)\,(2k+1)!} \left(\frac{x}{2}\right)^{2k+1}$$

$$= \sqrt{\frac{2}{\pi x}} \sum_{k=0}^{\infty} \frac{(k+1)\,(-1)^k\,2}{(2k+2)\,(2k+1)!} x^{2k+1} = \sqrt{\frac{2}{\pi}} \frac{\sin x}{\sqrt{x}}.$$

Analog folgt $J_{-1/2}(x) = \sqrt{\frac{2}{\pi}}\frac{\cos x}{\sqrt{x}}$, denn

$$J_{-1/2}(x) = \left(\frac{x}{2}\right)^{-1/2}\sum_{k=0}^{\infty}\frac{(-1)^k}{k!\,\Gamma\left(k+1-\frac{1}{2}\right)}\left(\frac{x}{2}\right)^{2k}$$

$$= \sqrt{\frac{2}{x}}\sum_{k=0}^{\infty}\frac{(-1)^k}{k!\,\Gamma\left(k+\frac{1}{2}\right)}\left(\frac{x}{2}\right)^{2k}$$

$$= \sqrt{\frac{2}{x}}\sum_{k=0}^{\infty}\frac{(-1)^k}{k!\frac{(2k)!}{k!4^k}\sqrt{\pi}}\left(\frac{x}{2}\right)^{2k}$$

$$= \sqrt{\frac{2}{\pi x}}\sum_{k=0}^{\infty}\frac{(-1)^k\,2^{2k}}{(2k)!}\left(\frac{x}{2}\right)^{2k} = \sqrt{\frac{2}{\pi}}\frac{\cos x}{\sqrt{x}}.$$

Ist über die Nullstellenmenge einer Lösung y der Bessel'schen Differentialgleichung etwas bekannt? Da der Reibungsterm $y'(x)/x$ mit wachsendem x immer kleiner wird und die Frequenz $\omega(x)$ gegen 1 konvergiert, ist zu erwarten, dass jede Lösung y unendlich viele Nulldurchgänge macht und damit auch unendlich viele lokale Extrema hat. Genauere Aussagen über die Nullstellen von y ergeben sich aus den Sturmschen Vergleichssätzen, etwa die folgende:

Satz 4.5 *Sei $\omega^2 : I \to \mathbb{R}_{>0}$ stetig mit $\omega^2(x) > \left(\frac{\pi}{L}\right)^2$ für alle $x \in I$ und ein $L > 0$. Für $u \in C^2(I)$ gelte $u''(x) + \omega^2(x)u(x) = 0$ auf $I = (a, a + L)$. Dann hat u in I mindestens eine Nullstelle.*

Beweis Ist in [1, Kap. II, § 4.2.6] zu finden.   □

Dieser Satz macht klar, dass jede maximale Lösung der Besselschen Differentialgleichung unendlich viele Nullstellen hat. Tatsächlich sind es abzählbar unendlich viele. Werden sie nach steigender Größe nummeriert und mit x_n bezeichnet, so gilt $\lim_{n\to\infty}(x_{n+1} - x_n) = \pi$ (siehe [1, Kap. II, § 4.4.7] und dort zitierte Literatur).

4.4.2 Rekursionsrelationen

Aus der Reihenentwicklung von J_ν ist direkt nachzurechnen, dass für alle $x > 0$

$$J_{\nu\pm1}(x) = \nu\frac{J_\nu(x)}{x} \mp J_\nu'(x)\,.$$

Damit gehen die Funktionen $J_{k+1/2}$ für alle $k \in \mathbb{Z}$ aus $J_{1/2}(x) = \sqrt{\frac{2}{\pi}}\frac{\sin x}{\sqrt{x}}$ durch elementare Prozeduren hervor. So ergibt sich z. B. $J_{3/2}$ aus $J_{1/2}$ oder auch $J_{-3/2}$ aus

$J_{-1/2}$ wie folgt:

$$J_{3/2}(x) = \sqrt{\frac{2}{\pi}}\left(\frac{1}{2}\frac{\sin x}{x^{3/2}} + \frac{\sin x}{2x^{3/2}} - \frac{\cos x}{x^{1/2}}\right) = \sqrt{\frac{2}{x\pi}}\left(\frac{\sin x}{x} - \cos x\right),$$

$$J_{-3/2}(x) = -\sqrt{\frac{2}{\pi}}\left(\frac{1}{2}\frac{\cos x}{x^{3/2}} + \frac{\cos x}{2x^{3/2}} + \frac{\sin x}{x^{1/2}}\right) = -\sqrt{\frac{2}{x\pi}}\left(\sin x + \frac{\cos x}{x}\right).$$

Die radial faktorisierenden Lösungen der Helmholtzgleichung auf $\mathbb{R}^3$ enthalten die Funktionen $J_{l+1/2}(x)/\sqrt{x}$ mit $l \in \mathbb{N}_0$. Daher werden die Funktionen

$$j_l(x) = \sqrt{\frac{\pi}{2x}}J_{l+\frac{1}{2}}(x) \text{ mit } l \in \mathbb{N}_0$$

eigens benannt als die sphärischen Besselfunktionen. Es gilt etwa

$$j_0(x) = \sqrt{\frac{\pi}{2x}}J_{\frac{1}{2}}(x) = \frac{\sin(x)}{x}.$$

Lemma 4.4 *Für die Funktionen j_l gilt die Rekursion $j_{l+1}(x) = \frac{l}{x}j_l(x) - j_l'(x)$.*

Beweis Die Besselrekursion $J_{\nu+1}(x) = \nu\frac{J_\nu(x)}{x} - J_\nu'(x)$ impliziert mit $\nu = l + 1/2$

$$\sqrt{\frac{2}{\pi}}j_{l+1}(x) = \frac{J_{l+\frac{1}{2}+1}(x)}{\sqrt{x}} = \left(l + \frac{1}{2}\right)\frac{J_{l+\frac{1}{2}}(x)}{x\sqrt{x}} - \frac{J_{l+\frac{1}{2}}'(x)}{\sqrt{x}}$$

$$= \left(l + \frac{1}{2}\right)\sqrt{\frac{2}{\pi}}\frac{j_l(x)}{x} - \frac{J_{l+\frac{1}{2}}'(x)}{\sqrt{x}}.$$

Wie drückt sich $J_{l+\frac{1}{2}}'(x)/\sqrt{x}$ durch j_l' aus? Wegen

$$\sqrt{\frac{2}{\pi}}j_l'(x) = \left(\frac{J_{l+\frac{1}{2}}(x)}{\sqrt{x}}\right)' = \frac{J_{l+\frac{1}{2}}'(x)}{\sqrt{x}} - \frac{1}{2}\frac{J_{l+\frac{1}{2}}(x)}{x\sqrt{x}}$$

gilt

$$\frac{J_{l+\frac{1}{2}}'(x)}{\sqrt{x}} = \sqrt{\frac{2}{\pi}}\left(j_l'(x) + \frac{1}{2}\frac{j_l(x)}{x}\right).$$

Somit folgt

$$\sqrt{\frac{2}{\pi}}j_{l+1}(x) = \sqrt{\frac{2}{\pi}}\left[\left(l + \frac{1}{2}\right)\frac{j_l(x)}{x} - \left(j_l'(x) + \frac{1}{2}\frac{j_l(x)}{x}\right)\right]$$

$$= \sqrt{\frac{2}{\pi}}\left(l\frac{j_l(x)}{x} - j_l'(x)\right).$$

$\square$

Die Rekursion der j_l legt die Funktionen j_l für $l \in \mathbb{N}$ durch die Funktion j_0 fest. Gibt es eine Formel, die j_l direkt durch j_0 ausdrückt?

Lemma 4.5 *Sei* $u_0 \in C^\infty (\mathbb{R}_{>0} : \mathbb{R})$ *und für alle* $x > 0$ *sei*

$$u_l (x) = x^l \left(-\frac{1}{x} \partial_x \right)^l u_0 (x).$$

Dann gilt die Rekursion $u_{l+1} (x) = \frac{l}{x} u_l (x) - u'_l (x)$.

Beweis Aus der Definition der u_l ergibt sich $\frac{l}{x} u_l (x) - u'_l (x)$

$$= l x^{l-1} \left(-\frac{1}{x} \partial_x \right)^l u_0 (x) - \partial_x \left[x^l \left(-\frac{1}{x} \partial_x \right)^l u_0 (x) \right]$$

$$= -x^l \partial_x \left(-\frac{1}{x} \partial_x \right)^l u_0 (x) = x^{l+1} \left(-\frac{1}{x} \partial_x \right)^{l+1} u_0 (x) = u_{l+1}.$$

$\square$

Damit ist nun der folgende Sachverhalt klar:

Satz 4.6 (Rayleigh) *Für alle* $l \in \mathbb{N}_0$ *und für alle* $x > 0$ *gilt*

$$j_l (x) = x^l \left(-\frac{1}{x} \partial_x \right)^l \frac{\sin (x)}{x}. \qquad (4.11)$$

4.5 Anwendungsbeispiele

Die bisher ausgebreiteten Eigenschaften spezieller Funktionen führen zu einem unglaublich detaillierten Verständnis zahlreicher physikalischer Sachverhalte. Das soll durch einige Beispiele ein wenig untermauert werden.

4.5.1 Eigenmoden: Separation in Kugelkoordinaten

Die bisher dargestellten Ergebnisse über radial separierte stationäre Lösungen der dAWG für $n = 3$ lassen sich zu folgendem Satz zusammenfassen. P_l^m bezeichnet die zugeordnete Legendrefunktion.

Satz 4.7 *Eine Funktion* $A \in C^2 (\mathbb{R} \times \mathbb{R}^3)$ *ist eine beschränkte Lösung von* $\square A = 0$ *mit* $A = f (t) Y (\theta, \varphi) h (r) / \sqrt{r}$ *auf dem Definitionsbereich der sphärischen Karte*

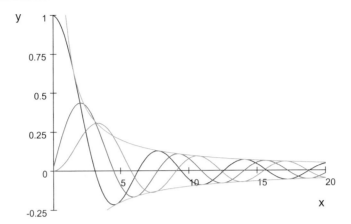

Abb. 4.4 Sphärische Besselfunktionen $y = j_l(x)$ für $l = 0, 1, 2$ (schwarz, rot, grün) und $y = \pm 1/x$ (braun)

(r, θ, φ) genau dann, wenn ein $k \in \mathbb{R}_{>0}$, ein $\delta \in [0, 2\pi)$, ein $l \in \mathbb{N}_0$ und A_m, $B_m \in \mathbb{R}$ für jedes $m \in \{0, 1, \ldots l\}$ existieren, sodass gilt:

$$f(t) = \cos(ckt - \delta),$$

$$h(r) = \sqrt{r} \cdot j_l(kr),$$

$$Y(\theta, \varphi) = \sum_{m=0}^{l} P_l^m(\cos\theta)\,[A_m \cos(m\varphi) + B_m \sin(m\varphi)].$$

Abb. 4.4 zeigt die sphärischen Besselfunktionen $j_l(x) = \sqrt{\frac{\pi}{2x}} \cdot J_{l+\frac{1}{2}}(x)$ für $l = 0, 1, 2$. Für $l = 0, 1, 2$ ergibt Rayleighs Formel (4.11)

$$j_0(x) = \frac{\sin(x)}{x},$$

$$j_1(x) = \frac{\sin(x) - x\cos(x)}{x^2},$$

$$j_2(x) = \frac{(3 - x^2)\sin(x) - 3x\cos(x)}{x^3}.$$

4.5.2 Eingespannte Kugel

Die radial separierten Schwingungsmoden $g_{k,l}$ mit $k > 0$ und $l \in \mathbb{N}_0$, für die auf U

$$g_{k,l} = j_l(kr) \cdot Y_l(\theta, \phi) = \sqrt{\frac{\pi}{2}} \cdot \frac{J_{l+\frac{1}{2}}(kr)}{\sqrt{kr}} \cdot Y_l(\theta, \phi)$$

mit $\left(\Delta_{\mathbb{S}^2} + l\,(l+1)\right) Y_l = 0$ gilt, lösen also

$$\left(\Delta_3 + k^2\right) g_{k,l} = 0$$

auf ganz $\mathbb{R}^3$. Wegen Gl. 4.10 gilt $\lim_{\lambda \to \infty} g_{k,l}\,(\lambda x) = 0$ für alle $x \neq 0$.

Welche der Moden $g_{k,l}$ erfüllen homogene Dirichletsche Randbedingungen auf der Oberfläche der Kugel um 0 mit Radius R? Es gilt $j_l\,(kR) = 0$ für genau jene $k \in \mathbb{R}_{>0}$, für die kR eine Nullstelle der Besselfunktion $J_{l+1/2}$ ist. Jede Besselfunktion $J_{l+1/2}$ hat abzählbar unendlich viele Nullstellen. Die Nullstellen von $J_{l+1/2}$ seien nach steigendem Wert als $z_{l,1} < z_{l,2} < \ldots$ notiert. Dann gilt für die Mode $g_{k,l}$ mit $k = z_{l,n}/R$

$$g_{k,l} = \widetilde{g}_{n,l} = j_l\left(z_{l,n}\frac{r}{R}\right) \cdot Y_l\,(\theta, \phi)\,.$$

Die zu $\widetilde{g}_{n,l}$ gehörige stehende Welle hat die Eigenfrequenz $\omega_{l,n} = c z_{l,n}/R$. Je größer R, umso dichter liegen diese Eigenfrequenzen beisammen. Die beiden kleinsten Nullstellen von $J_{3/2}$ sind $z_{1,1} = 4{,}4934$ und $z_{1,2} = 7{,}7253$. (Die niedrigen Nullstellen sind tabelliert oder auch mit einem Mathematik-Softwarepaket zu berechnen, für die hohen gibt es einfache Näherungsformeln.) Für $c = 10^3$ m/s schwingen somit die beiden Moden $\widetilde{g}_{1,1}$ und $\widetilde{g}_{1,2}$ einer Kugel vom Radius $R = 1$m mit den Frequenzen

$$\nu_{1,1} = \frac{\omega_{1,1}}{2\pi} \approx 715\,\mathrm{Hz} \quad \text{und} \quad \nu_{1,2} = \frac{\omega_{1,2}}{2\pi} \approx 1230\,\mathrm{Hz}\,.$$

4.5.3 * Ebene Welle: Partialwellenzerlegung

Für $q \in \mathbb{R}^n$ erfüllt die Funktion $A : \mathbb{R} \times \mathbb{R}^n \to \mathbb{C}$ mit $A\,(t, p) = e^{-i(c|q|t - \langle q, p \rangle)}$ die Wellengleichung $\Box A = 0$ und faktorisiert gemäß $A\,(t, x) = e^{-ic|q|t} e^{i\langle q, p \rangle}$. Der ortsabhängige Faktor $g\,(p) = e^{i\langle q, p \rangle}$ erfüllt $\left(\Delta + q^2\right) g = 0$. Spezialisierung auf $n = 2$ und $q = e_2$ ergibt somit in der Standardkarte (x, y) von $\mathbb{R}^2$ die Funktion $g = e^{iy}$. Am Kartenbereich U der Polarkoordinaten (r, φ) gilt dann $g = e^{ir\sin\varphi}$.

Die Einschränkung von g auf die Niveaumenge von r mit $r = \rho > 0$ lässt sich stetig zur 2π-periodischen Funktion $f_\rho : \mathbb{R} \to \mathbb{C}$ mit $f_\rho\,(x) = e^{i\rho\sin x}$ fortsetzen. Diese ist beliebig oft stetig differenzierbar und besitzt somit die gleichmäßig gegen f_ρ konvergente Fourierreihenentwicklung

$$e^{i\rho\sin x} = \sum_{k=-\infty}^{\infty} c_k\,(\rho) \cdot e^{ikx} \quad \text{mit } c_k\,(\rho) = \frac{1}{2\pi}\int_0^{2\pi} e^{i(\rho\sin x - kx)} dx. \qquad (4.12)$$

Lemma 4.6 *Für alle $\rho \in \mathbb{R}_{>0}$ sind die Koeffizienten $c_k\,(\rho)$ aus Gl. 4.12 reell und erfüllen $c_{-k}\,(\rho) = (-1)^k c_k\,(\rho)$.*

Beweis Es gilt

$$\overline{c_k\,(\rho)} = \frac{1}{2\pi} \int_0^{2\pi} e^{-i(\rho \sin x - kx)} dx = \frac{1}{2\pi} \int_0^{2\pi} e^{i(\rho \sin(-x) - k(-x))} dx.$$

Mit der Substitution $u = -x$ folgt

$$\overline{c_k\,(\rho)} = -\frac{1}{2\pi} \int_0^{-2\pi} e^{i(\rho \sin y - ky)} dy = \frac{1}{2\pi} \int_{-2\pi}^0 e^{i(\rho \sin y - ky)} dy = c_k\,(\rho).$$

Damit ist gezeigt, dass $c_k\,(\rho) \in \mathbb{R}$. Die zweite Behauptung folgt so:

$$c_{-k}\,(\rho) = \frac{1}{2\pi} \int_0^{2\pi} e^{-i(-\rho \sin x - kx)} dx = \frac{1}{2\pi} \int_0^{2\pi} e^{-i(\rho \sin(x-\pi) - k(x-\pi+\pi))} dx.$$

Mit der Substitution $y = x - \pi$ folgt wegen $e^{ik\pi} = (-1)^k$

$$c_{-k}\,(\rho) = \frac{1}{2\pi} \int_{-\pi}^{\pi} e^{-i(\rho \sin y - ky)} (-1)^k\, dy = (-1)^k\, \overline{c_k\,(\rho)} = (-1)^k\, c_k\,(\rho).$$

$\square$

Es gilt also $g = \sum_{k=-\infty}^{\infty} c_k\,(r) \cdot e^{ik\varphi}$ auf U. Aus $(\Delta + 1)\,g = 0$ folgt nun in Polarkoordinaten

$$0 = \left(\partial_r^2 + \frac{1}{r}\partial_r + \frac{1}{r^2}\partial_\varphi^2 + 1\right) \sum_{k=-\infty}^{\infty} c_k\,(r) \cdot e^{ik\varphi}$$

$$= \sum_{k=-\infty}^{\infty} \left(c_k''\,(r) + \frac{1}{r}c_k'\,(r) + \left(1 - \frac{k^2}{r^2}\right) c_k\,(r)\right) \cdot e^{ik\varphi}.$$

Die Funktion $c_k : \mathbb{R}_{>0} \to \mathbb{R}$ erfüllt also die Besselsche Differentialgleichung mit Parameter $\nu^2 = k^2$. Da die C^∞-Funktion g in 0 den Wert 1 hat, gilt für alle $x \in \mathbb{R}$

$$1 = \lim_{\rho \to 0} \sum_{k=-\infty}^{\infty} c_k\,(\rho) \cdot e^{ikx}.$$

Daraus folgt $\lim_{\rho \to 0} c_0\,(\rho) = 1$ und $\lim_{\rho \to 0} c_k\,(\rho) = 0$ für $k \in \mathbb{Z} \setminus \{0\}$. Damit ist c_k ein reelles Vielfaches der (ganzzahligen) Besselfunktion J_k. Bestimmen wir noch den konstanten Faktor, der c_k mit J_k verknüpft.

Sei f_ρ die auf $\mathbb{C} \setminus \{0\}$ holomorphe Funktion mit

$$f_\rho\,(z) = e^{\frac{\rho}{2}\left(z - \frac{1}{z}\right)}.$$

Sie erfüllt am Einheitskreis, also für Punkte $z(x) = e^{ix}$ mit $x \in \mathbb{R}$, wegen

$$f_\rho(z(x)) = e^{\frac{\rho}{2}\left(z(x) - \frac{1}{z(x)}\right)} = e^{i\rho \frac{e^{ix} - e^{-ix}}{2i}} = e^{i\rho \sin x}$$

aufgrund der Fourierreihe (4.12) die Beziehung

$$f_\rho(z(x)) = \sum_{k=-\infty}^{\infty} c_k(\rho) \cdot z(x)^k.$$

Nach dem Identitätssatz holomorpher Funktionen gilt somit für alle $z \in \mathbb{C} \setminus \{0\}$

$$f_\rho(z) = \sum_{k=-\infty}^{\infty} c_k(\rho) \cdot z^k.$$

Die Zahl $c_k(\rho)$ ist also der k-te Laurentreihenkoeffizient von f_ρ. Dieser ist aber für alle $k \in \mathbb{Z}$ auch durch

$$c_k(\rho) = \frac{1}{2\pi i} \int_\gamma \frac{f_\rho(z)}{z^{k+1}} dz = \frac{1}{2\pi i} \int_\gamma \frac{e^{\frac{\rho}{2}\left(z - \frac{1}{z}\right)}}{z^{k+1}} dz.$$

gegeben, wenn $\gamma : [0, 2\pi] \to \mathbb{C}$ mit $\gamma(x) = e^{ix}$ gewählt wird.

Lässt sich diese Integraldarstellung von $c_n(\rho)$ mit dem Wert der Besselfunktion J_n im Punkt ρ verknüpfen? Nach Gl. 4.7 gilt für $n \in \mathbb{N}_0$

$$J_n(\rho) = \left(\frac{\rho}{2}\right)^n \sum_{k=0}^{\infty} \frac{(-1)^k}{k!\,(k+n)!} \left(\frac{\rho}{2}\right)^{2k}.$$

Ersetzung von $1/(k+n)!$ in der Summe durch

$$\frac{1}{(k+n)!} = \frac{1}{2\pi i} \int_\gamma \frac{e^z}{z^{k+n+1}} dz$$

mit der oben eingeführten Kurve γ ergibt

$$J_n(\rho) = \left(\frac{\rho}{2}\right)^n \sum_{k=0}^{\infty} \frac{(-1)^k}{k!} \frac{1}{2\pi i} \int_\gamma \frac{e^z}{z^{k+n+1}} dz \left(\frac{\rho}{2}\right)^{2k}$$

$$= \frac{1}{2\pi i} \left(\frac{\rho}{2}\right)^n \int_\gamma \frac{e^z}{z^{n+1}} \sum_{k=0}^{\infty} \frac{(-1)^k}{k!} \left[\frac{1}{z}\left(\frac{\rho}{2}\right)^2\right]^k dz$$

$$= \frac{1}{2\pi i} \left(\frac{\rho}{2}\right)^n \int_\gamma \frac{e^z}{z^{n+1}} e^{-\frac{1}{z}\left(\frac{\rho}{2}\right)^2} dz.$$

Mit der Substitution $z = \rho w/2$ folgt daraus

$$J_n(\rho) = \frac{1}{2\pi i} \left(\frac{\rho}{2}\right)^n \int_{\frac{\rho}{2}\gamma} \frac{e^{\frac{\rho}{2}w}}{\left(\frac{\rho}{2}\right)^{n+1} w^{n+1}} e^{-\frac{1}{w}\left(\frac{\rho}{2}\right)} \left(\frac{\rho}{2}\right) dw$$

$$= \frac{1}{2\pi i} \int_{\frac{\rho}{2}\gamma} \frac{e^{\frac{\rho}{2}w}}{w^{n+1}} e^{-\frac{1}{w}\left(\frac{\rho}{2}\right)} dw.$$

Dabei ist $(\rho/2)\,\gamma$ die Kurve mit $\left[(\rho/2)\,\gamma\right](x) = (\rho/2)\,e^{ix}$. Sie kann, ohne das Integral zu ändern, durch γ ersetzt werden. Somit gilt für alle $n \in \mathbb{N}_0$

$$J_n(\rho) = \frac{1}{2\pi i} \int_\gamma \frac{e^{\frac{\rho}{2}z}}{z^{n+1}} e^{-\frac{1}{z}\left(\frac{\rho}{2}\right)} dz = \frac{1}{2\pi i} \int_\gamma \frac{e^{\frac{\rho}{2}\left(z-\frac{1}{z}\right)}}{z^{n+1}} dz = c_n(\rho).$$

Wegen $J_{-n} = (-1)^n J_n$ und $c_{-n}(\rho) = (-1)^n c_n(\rho)$ ist damit $J_n(\rho) = c_n(\rho)$ für alle $n \in \mathbb{Z}$ und für alle $\rho > 0$ gezeigt. Wir fassen zusammen:

Satz 4.8 *Sei $\rho \in \mathbb{R}_{>0}$ und $\varphi \in \mathbb{R}$. Dann gilt mit den ganzzahligen Besselfunktionen J_k die „Partialwellenzerlegung"*

$$e^{i\rho \sin\varphi} = \sum_{k=-\infty}^{\infty} J_k(\rho)\, e^{ik\varphi}.$$

Die Besselfunktion hat zudem die Integraldarstellung

$$J_k(\rho) = \frac{1}{2\pi} \int_0^{2\pi} e^{i(\rho \sin x - kx)} dx = (-1)^k J_{-k}(\rho).$$

Anmerkung: Die Partialwellen $\Phi_k(\rho, \varphi) = J_k(\rho)\, e^{ik\varphi}$ sind 2d-Kreiswellen. Sie haben unter den Drehungen um 0 ein besonders einfaches Verhalten, denn es gilt ja $\Phi_k(\rho, \varphi - \alpha) = e^{-i\alpha k}\Phi_k(\rho, \varphi)$. Sie sind Eigenfunktionen der Drehungen um 0. Eine ähnliche Zerlegung einer ebenen 3d-Welle nach Kugelwellen spielt in der Streutheorie diverser Wellengleichungen eine Rolle. Aus diesem Bereich kommt die Bezeichnung Partialwellenzerlegung.

Folgerung: Wegen $\cos(x) = \sin(x + \pi/2)$ hat die Funktion $e^{i\rho \cos x}$ die Fourierkoeffizienten

$$\frac{1}{2\pi} \int_0^{2\pi} e^{i\rho \cos x} e^{-ikx} dx = \frac{1}{2\pi} \int_0^{2\pi} e^{i\rho \sin(x+\frac{\pi}{2})} e^{-ik(x+\frac{\pi}{2}-\frac{\pi}{2})} dx = i^k J_k(\rho).$$

Somit gilt für die eingangs betrachtete ebene Welle mit $\langle q, p \rangle = |q|\,|p|\cos\varphi(p)$ und $\rho(p) = |p|$ die Zerlegung

$$A(t, p) = e^{-ic|q|t} \sum_{k=-\infty}^{\infty} i^k J_k(|q|\,|p|)\, e^{ik\varphi(p)}.$$

Die Fourierreihen der komplexen Funktionen $e^{i\rho \sin x}$ und $e^{i\rho \cos x}$ lassen sich natürlich in reelle Sinus- und Cosinusreihen übersetzen. Es folgt

$$\cos (\rho \sin x) = J_0 (\rho) + 2 \sum_{k=1}^{\infty} J_{2k} (\rho) \cos (2kx),$$

$$\sin (\rho \sin x) = 2 \sum_{k=1}^{\infty} J_{2k+1} (\rho) \sin ((2k + 1) x),$$

$$\cos (\rho \cos x) = J_0 (\rho) + 2 \sum_{k=1}^{\infty} (-1)^k J_{2k} (\rho) \cos (2kx),$$

$$\sin (\rho \cos x) = 2 \sum_{k=1}^{\infty} (-1)^k J_{2k+1} (\rho) \cos ((2k + 1) x).$$

4.5.4 *Auslaufende, winkelseparierte Kugelwelle

Stehwellenlösungen wie $\cos (ckt) \cos (kx)$ von $\Box A = 0$ auf $\mathbb{R}^2$ sind die Überlagerung zweier gegenläufiger monofrequenter Wellen. Gilt etwas Ähnliches für die radial separierte Stehwellenlösung $A : \mathbb{R} \times \mathbb{R}^3 \to \mathbb{R}$ mit

$$A = \cos (ckt) \frac{J_{l+\frac{1}{2}} (kr)}{\sqrt{kr}} Y_l (\theta, \varphi)$$

auf U? Dabei sind die Konstanten $k \in \mathbb{R}_{>0}$ und $l \in \mathbb{N}_0$ beliebig gewählt und für $Y_l (\theta, \varphi)$ gilt mit reellen Konstanten A_m, B_m

$$Y_l (\theta, \varphi) = \sum_{m=0}^{l} P_l^m (\cos \theta) [A_m \cos (m\varphi) + B_m \sin (m\varphi)].$$

Aus $J_{l+\frac{1}{2}} = \Re H_{l+\frac{1}{2}}^{(1)}$ und $H_{l+\frac{1}{2}}^{(2)} = \overline{H_{l+\frac{1}{2}}^{(1)}}$ folgt

$$A = \frac{1}{4} \left(e^{ickt} + e^{-ickt}\right) \frac{H_{l+\frac{1}{2}}^{(1)} (kr) + H_{l+\frac{1}{2}}^{(2)} (kr)}{\sqrt{kr}} Y_l (\theta, \varphi).$$

Jede der vier Funktionen $e^{\pm ickt} H_{l+\frac{1}{2}}^{(1)} (kr) Y_l (\theta, \varphi)$ und $e^{\pm ickt} H_{l+\frac{1}{2}}^{(2)} (kr) Y_l (\theta, \varphi)$ ist die Einschränkung einer C^2-Funktion $A : \mathbb{R} \times (\mathbb{R}^3 \setminus \{0\}) \to \mathbb{C}$ mit $\Box A = 0$ auf das Gebiet U. Die jeweilige Funktion A besitzt jedoch keine stetige Fortsetzung nach $x = 0$, denn $\left| H_{l+\frac{1}{2}}^{(1)} (x) \right|$ wächst für $x \downarrow 0$ unbeschränkt an.

Es gilt nun wegen Gl. 4.10, dass für $kr \to \infty$

$$e^{\pm ickt} \frac{H^{(1)}_{l+\frac{1}{2}}(kr)}{\sqrt{kr}} = \sqrt{\frac{2}{\pi}} \frac{e^{i(kr \pm ckt - (l+1)\frac{\pi}{2})}}{kr} + \mathcal{O}\left((kr)^{-2}\right).$$

Sei $A_{ein} \in C^2\left(\mathbb{R} \times \left(\mathbb{R}^3 \smallsetminus \{0\}\right) : \mathbb{C}\right)$ mit $A_{ein} = e^{ickt} H^{(1)}_{l+\frac{1}{2}}(kr) Y_l(\theta, \varphi)$ auf U. Es gilt $\square A_{ein} = 0$ und A_{ein} läuft in großer Entfernung, d. h. für $kr \gg 1$, auf den Ursprung $x = 0$ zu. Analog läuft die Lösung A_{aus} mit $A_{aus}|_U = e^{-ickt} H^{(1)}_{l+\frac{1}{2}}(kr)$ $Y_l(\theta, \varphi)$ nach außen weg.[5] Es gilt somit auf U die Zerlegung

$$\cos(ckt) \frac{J_{l+\frac{1}{2}}(kr)}{\sqrt{kr}} Y_l(\theta, \varphi) = \Re A_{ein} + \Re A_{aus},$$

wobei für $kr \to \infty$ die folgende ein- bzw. auslaufende Asymptotik vorliegt:

$$\Re A_{ein} = \sqrt{\frac{2}{\pi}} \frac{\cos\left(kr + ckt - (l+1)\frac{\pi}{2}\right)}{kr} Y_l(\theta, \varphi) + \mathcal{O}\left((kr)^{-2}\right),$$

$$\Re A_{aus} = \sqrt{\frac{2}{\pi}} \frac{\cos\left(kr - ckt - (l+1)\frac{\pi}{2}\right)}{kr} Y_l(\theta, \varphi) + \mathcal{O}\left((kr)^{-2}\right).$$

Die Lösung $\Re A_{aus}$ beschreibt die Strahlung einer monofrequent modulierten Punktquelle mit einem Multipolmoment der Ordnung l.

4.5.5 Laplacegleichung: Separation in Kugelkoordinaten

Sei $g \in C^2\left(\mathbb{R}^3 \smallsetminus 0\right)$ mit $\Delta g = 0$ auf $\mathbb{R}^3 \smallsetminus 0$. Auf dem Kartenbereich U der Kugelkoordinaten (r, θ, φ) gilt $g = \frac{h(r)}{r} Y(\theta, \varphi)$ genau dann, wenn dort

$$\left[\frac{1}{r^2} \partial_r \left(r^2 \partial_r\right) + \frac{1}{r^2} \Delta_{\mathbb{S}^2}\right] \frac{h(r)}{r} Y(\theta, \varphi) = 0 \qquad (4.13)$$

erfüllt ist. Es gilt

$$\frac{1}{r^2} \partial_r \left(r^2 \partial_r\right) \frac{h(r)}{r} = \frac{1}{r^2} \partial_r \left[r^2 \left(\frac{h'(r)}{r} - \frac{h(r)}{r^2}\right)\right] = \frac{1}{r^2} \partial_r \left[rh'(r) - h(r)\right]$$

$$= \frac{1}{r^2} \left[h'(r) + rh''(r) - h'(r)\right] = \frac{1}{r} h''(r).$$

---

[5] Man beachte, dass $A_{aus}(t, x) = A_{ein}(-t, x)$.

Somit ist Gl. 4.13 äquivalent zu

$$h''(r) \, Y(\theta, \varphi) + \frac{1}{r^2} h(r) \, \Delta_{\mathbb{S}^2} Y(\theta, \varphi) = 0.$$

Es existiert also ein $l \in \mathbb{N}_0$ mit $\Delta_{\mathbb{S}^2} Y(\theta, \varphi) = -l(l+1) Y(\theta, \varphi)$ und

$$h''(x) - \frac{l(l+1)}{x^2} h(x) = 0 \text{ für alle } x > 0. \tag{4.14}$$

Mit dem Ansatz $h(x) = x^\alpha$ ergibt sich als Raum der maximalen Lösungen von Gl. 4.14 die Menge aller Funktionen $h : \mathbb{R}_{>0} \to \mathbb{R}$ mit $h(x) = Ax^{l+1} + Bx^{-l}$ für $A, B \in \mathbb{R}$. Es gilt $g \in C^2(\mathbb{R}^3)$ genau dann, wenn $B = 0$, da $h(x)/x$ genau dann eine stetige Fortsetzung nach $x = 0$ hat, wenn $B = 0$. Dass diese Fortsetzung tatsächlich zu einer Funktion $g \in C^2(\mathbb{R}^3)$ gehört, ist für ungerades l überraschend, ergibt sich aber aus der Beobachtung, dass $r^l P_l^m (\cos \theta) [A \cos(m\varphi) + B \sin(m\varphi)]$ mit $A, B \in \mathbb{R}$ ein homogenes Polynom vom Grad l in (x, y, z) ist.[6] Es gilt also der folgende Satz.

Satz 4.9 *Eine Funktion $g : \mathbb{R}^3 \setminus \{0\} \to \mathbb{R}$ mit $g = f(r) \, Y(\theta, \varphi)$ auf dem Definitionsbereich der sphärischen Karte (r, θ, φ) ist genau dann harmonisch, wenn ein $l \in \mathbb{N}_0$ und $C, D, A_m, B_m, \in \mathbb{R}$ für alle $m \in \{0, 1, \dots l\}$ existieren, sodass $f(r) = Cr^l + \frac{D}{r^{l+1}}$ und*

$$Y(\theta, \varphi) = \sum_{m=0}^{l} P_l^m (\cos \theta) [A_m \cos(m\varphi) + B_m \sin(m\varphi)].$$

g ist genau dann zu einer auf $\mathbb{R}^3$ harmonischen Funktion fortsetzbar, wenn $D = 0$.

Allgemeinere harmonische Funktionen können wieder durch Überlagerung von radial separierten harmonischen Funktionen erhalten werden. Als ein Beispiel dafür wird im Abschn. 4.5.6 die Zerlegung der im Gebiet $x \neq y$ harmonischen Funktion $g_y(x) = 1/|x - y|$ in radial separierte harmonische Funktionen abgeleitet.

4.5.6 Punktladungspotential: Multipolentwicklung

Befindet sich eine elektrische Punktladung nicht im Nullpunkt des $\mathbb{R}^3$, sondern in $y \neq 0$, dann ist ihre Potentialfunktion g_y sowohl außerhalb als auch innerhalb der Sphäre um 0 vom Radius $|y|$ harmonisch. Der folgende Satz zeigt, wie g_y in diesen beiden Bereichen (Außenraum bzw. Innenraum) als unendliche Summe radial separierter harmonischer Funktionen darzustellen ist.

---

[6]Das folgt aus der Definition von P_l^m und mit Moivres Formel für $\cos(m\phi)$ und $\sin(m\phi)$.

Satz 4.10 *Seien* $x, y \in \mathbb{R}^3$ *mit* $|x| > |y| > 0$. *Dann gilt mit* $\langle x, y \rangle = |x| \, |y| \cos \theta$

$$\frac{1}{|x - y|} = \frac{1}{|x|} \sum_{l=0}^{\infty} \left(\frac{|y|}{|x|} \right)^l P_l (\cos \theta).$$

Die Reihe ist bei festem x *als Funktion von* y *auf* $\left\{ y \in \mathbb{R}^3 : |y| / |x| \leq \varepsilon \right\}$ *für jedes* $\varepsilon < 1$ *gleichmäßig konvergent.*

Anmerkung: Zunächst einmal gibt der Satz eine Zerlegung des Coulombpotentials g_y einer in y befindlichen Punktladung im Außenraum $\left\{ x \in \mathbb{R}^3 : |x| > |y| \right\}$ an. Es ist dies eine Zerlegung in radial separierte harmonische Summanden des Typs $r^{-l-1} \cdot P_l (\cos \theta)$. Es gilt die Funktionsgleichung

$$g_y = \sum_{l=0}^{\infty} \frac{|y|^l}{r^{l+1}} \cdot P_l (\cos \theta).$$

Diese unendliche Reihe konvergiert im Bereich $r > |y|$ („Außenraumentwicklung"). Beim Grenzübergang $y \to 0$ für festes $x \neq 0$ konvergiert $\cos \theta$ zwar nicht, die Reihe konvergiert aber wegen $|P_l (x)| \leq 1$ für $x \in [-1, 1]$ dennoch gegen die Funktion $1/r$. Satz 4.10 liefert für $|y| > |x| > 0$ wegen

$$\frac{1}{|x - y|} = \frac{1}{|y - x|} = \frac{1}{|y|} \sum_{l=0}^{\infty} \left(\frac{|x|}{|y|} \right)^l P_l (\cos \theta)$$

aber auch eine Potenzreihendarstellung von g_y auf $\left\{ x \in \mathbb{R}^3 : 0 < |x| < |y| \right\}$ mit Summanden des Typs $r^l P_l (\cos \theta)$ („Innenraumentwicklung")[7]. Es gilt die Funktionsgleichung

$$g_y = \sum_{l=0}^{\infty} \frac{1}{|y|^{l+1}} \cdot r^l \cdot P_l (\cos \theta).$$

Diese Reihe kann dazu genutzt werden, die Potentialfunktion g_y einer in $y \neq 0$ positionierten Punktladung innerhalb der Kugel um 0 vom Radius $|y|$ durch ein Polynom in r und $\cos \theta$ zu approximieren. Wird beispielsweise die Partialsumme der Reihe bis $l = 2$ gebildet und $|y| = R$ gesetzt, dann ergibt sich die Näherung durch die harmonische Funktion

$$g_y \approx \frac{1}{R} \sum_{l=0}^{2} \left(\frac{r}{R} \right)^l P_l (\cos \theta) = \frac{1}{R} \left[1 - \frac{1}{2} \left(\frac{r}{R} \right)^2 + \frac{r}{R} \cos \theta + \frac{3}{2} \left(\frac{r}{R} \right)^2 \cos^2 \theta \right].$$

---

[7]Aus demselben Grund, der es erlaubt, die Außenraumentwicklung auf $y = 0$ auszuweiten, kann die Innenraumentwicklung in den Punkt $x = 0$ fortgesetzt werden.

Eine weitere Folge von Satz 4.10 ist die Potenzreihenentwicklung des Potentials

$$g_0 : x \mapsto \frac{1}{|x|} = \frac{1}{|y + (x - y)|} = \frac{1}{|y + z|}$$

um einen Entwicklungspunkt $y \neq 0$, wenn $x - y = z$ gesetzt wird. Die Reihe

$$\frac{1}{|x|} = \frac{1}{|y - (-z)|} = \frac{1}{|y|} \sum_{l=0}^{\infty} \left(\frac{|z|}{|y|} \right)^l P_l(\cos \theta)$$

konvergiert in der offenen z-Kugel vom Radius $|y|$. Hier ist θ natürlich der Winkel zwischen y und $-z$.

Beweis Mit $z = |y|/|x|$ folgt

$$|x - y|^2 = |x|^2 - 2|x||y| \cos \theta + |y|^2 = |x|^2 \left(1 - 2z \cos \theta + z^2 \right).$$

Das komplexe Polynom $p_\xi : \mathbb{C} \to \mathbb{C}$ mit $\cos \theta = \xi$ und $p_\xi(z) = 1 - 2\xi z + z^2$ hat die Nullstellen $z_\pm = \xi \pm i\sqrt{1 - \xi^2}$. Sie liegen wegen $\xi \in [-1, 1]$ auf dem Einheitskreis in der komplexen Ebene.

Sei nun $z = a + ib$ mit $a, b \in \mathbb{R}$ und $a^2 + b^2 < 1$. Dann folgt

$$p_\xi(a + ib) = 1 - 2\xi a + a^2 - b^2 + 2ib(a - \xi).$$

$p_\xi(a + ib)$ ist reell, genau dann, wenn $b(a - \xi) = 0$. Dies ist genau dann der Fall, wenn $b = 0$ oder $a = \xi$. Aus $b = 0$ folgt

$$p_\xi(a + i0) = 1 - 2\xi a + a^2 = (a - \xi)^2 + 1 - \xi^2 > 0,$$

da $1 > a^2 + b^2 = a^2$ und $1 \geq \xi^2$. Aus $a = \xi$ folgt $p_\xi(\xi + ib) = 1 - (\xi^2 + b^2) > 0$, da $1 > a^2 + b^2 = \xi^2 + b^2$. Also nimmt das Polynom p_ξ auf der offenen Einheitskreisscheibe in $\mathbb{C}$ nur Werte in der geschlitzten Ebene $\{z \in \mathbb{C} : \Im z = 0 \Rightarrow \Re z > 0\}$ an. Damit ist die Funktion $1/\sqrt{p_\xi}$ auf der offenen Einheitskreisscheibe holomorph und hat eine Potenzreihenentwicklung um 0 mit dem Konvergenzradius 1 (Entwicklungssatz).

Es gibt also Koeffizienten $C_l(\xi)$, sodass die Reihe

$$\frac{1}{\sqrt{p_\xi(z)}} = \sum_{l=0}^{\infty} C_l(\xi) z^l$$

für alle $z \in \mathbb{C}$ mit $|z| < 1$ konvergiert. Wegen $k! C_k(\xi) = \left(p_\xi^{-1/2} \right)^{(k)}(0)$ ist die Abbildung $\xi \mapsto C_k(\xi)$ ein Polynom. Zum Beispiel ergibt sich $C_0(\xi) = p_\xi(0) = 1$ und

$$C_1(\xi) = p_\xi'(0) = -\frac{1}{2} p_\xi^{-3/2}(0) \cdot (-2\xi) = \xi$$

sowie

$$2C_2(\xi) = p_\xi''(0) = -\frac{1}{2}\left[p_\xi^{-3/2}(z) \cdot (-2\xi + 2z)\right]'(z = 0)$$

$$= \left[p_\xi^{-3/2}(z) \cdot (\xi - z)\right]'(z = 0)$$

$$= \left[-\frac{3}{2}p_\xi^{-5/2}(z) \cdot (\xi - z)(-2\xi + 2z) - p_\xi^{-3/2}(z)\right](z = 0)$$

$$= 3(\xi - 0)^2 - 1 = 3\xi^2 - 1.$$

Durch Spezialisierung auf $z = |y|/|x|$ folgt für $|x| > |y| > 0$

$$g_y(x) = \frac{1}{|x - y|} = \frac{1}{|x|}\sum_{l=0}^{\infty}\left(\frac{|y|}{|x|}\right)^l C_l(\cos\theta).$$

Die Funktion $g_y : \mathbb{R}^3 \setminus \{y\} \to \mathbb{R}^3$ ist harmonisch. Nochmalige Spezialisierung auf $y = e_3 = (0,0,1)$ ergibt mit $r = |x| > 1$

$$\frac{1}{|x - e_3|} = \sum_{l=0}^{\infty}\frac{1}{r^{l+1}}C_l(\cos\theta).$$

Auf dem Kartenbereich der Kugelkoordinaten folgt

$$0 = \Delta g_{e_3} = \sum_{l=0}^{\infty}\left(\partial_r^2 + \frac{2}{r}\partial_r + \Delta_{\mathbb{S}^2}\right)\left(\frac{C_l(\cos\theta)}{r^{l+1}}\right)$$

$$= \sum_{l=0}^{\infty}\frac{1}{r^{l+3}}\left(l(l+1) + \Delta_{\mathbb{S}^2}\right)C_l(\cos\theta).$$

Also gilt für jedes $l \in \mathbb{N}_0$

$$\left[\frac{1}{\sin\theta}\partial_\theta(\sin\theta\,\partial_\theta) + l(l+1)\right]C_l(\cos\theta) = 0.$$

Mit $x = \cos\theta$ gilt somit auf $(-1, 1)$ die Legendresche Differentialgleichung

$$\left[(1 - x^2)C_l'(x)\right]' + l(l+1)C_l(x) = 0.$$

Da die Funktionen C_l stetig nach $[-1, 1]$ fortsetzbar sind, existieren $c_l \in \mathbb{R}$ mit $C_l = c_l P_l$. Hierbei ist P_l das Legendrepolynom vom Grad l. Es bleiben noch die Konstanten c_l zu bestimmen.

Spezialisiere dazu auf $\cos\theta = 1$. Für solche x folgt

$$g_{e_3}(x) = \frac{1}{\sqrt{1 - 2r + r^2}} = \frac{1}{r - 1} = \frac{1}{r}\frac{1}{1 - 1/r} = \sum_{l=0}^{\infty} \frac{1}{r^{l+1}}$$

$$= \sum_{l=0}^{\infty} \frac{1}{r^{l+1}} c_l P_l(1) = \sum_{l=0}^{\infty} \frac{1}{r^{l+1}} c_l.$$

Also gilt $c_l = 1$ für alle $l \in \mathbb{N}_0$. (In den Fällen $l = 0, 1, 2$ kann $c_l = 1$ durch einen Vergleich obiger Ergebnisse für $C_l(\xi)$ mit den expliziten Formeln für P_l unmittelbar überprüft werden.) Wir fassen zusammen: Für alle $z \in \mathbb{C}$ mit $|z| < 1$ und für alle $\xi \in [-1, 1]$ gilt

$$\frac{1}{\sqrt{p_\xi(z)}} = \frac{1}{\sqrt{1 - 2\xi z + z^2}} = \sum_{l=0}^{\infty} P_l(\xi) z^l.$$

Ohne Verwendung des Entwicklungssatzes folgt die gleichmäßige Konvergenz der Funktionenreihe

$$g_x : y \longmapsto \frac{1}{|x|} \sum_{l=0}^{\infty} \left(\frac{|y|}{|x|}\right)^l P_l(\cos\theta)$$

auf $\left\{y \in \mathbb{R}^3 : |y| / |x| \leq \varepsilon\right\}$ für $\varepsilon < 1$ aus $|P_l(x)| \leq 1$ für alle $x \in [-1, 1]$ mit der y-unabhängigen Majorisierung durch die geometrische Reihe so:

$$|g_x(y)| \leq \frac{1}{|x|} \sum_{l=0}^{\infty} \left(\frac{|y|}{|x|}\right)^l |P_l(\cos\theta)| \leq \frac{1}{|x|} \sum_{l=0}^{\infty} \left(\frac{|y|}{|x|}\right)^l \leq \frac{1}{|x|} \sum_{l=0}^{\infty} \varepsilon^l = \frac{1}{|x|}\frac{1}{1 - \varepsilon}.$$

Der Beweis der Abschätzung $|P_l(x)| \leq 1$ für alle $x \in [-1, 1]$ ist in [3, Abschn. 5.34] ausgeführt. □

Im Bereich $r < |y|$ folgt wie oben durch Vertauschen von x mit y die „Innenraumentwicklung"

$$g_y = \frac{1}{|y|} \sum_{l=0}^{\infty} \frac{r^l P_l(\cos\theta)}{|y|^l}.$$

Die auf ganz $\mathbb{R}^3$ harmonischen Funktionen g_l mit $g_l = r^l P_l(\cos\theta)$ auf U, die in der Innenraumentwicklung vorkommen, haben für $l = 0, 1, 2, 3$ die folgenden kartesischen Kartenausdrücke:

$$g_0 = 1, \; g_1 = r\cos\theta = z,$$

$$g_2 = \frac{r^2}{2}\left(3\cos^2\theta - 1\right) = \frac{1}{2}\left(2z^2 - x^2 - y^2\right),$$

$$g_3 = \frac{r^3}{2}\cos\theta\left(5\cos^2\theta - 3\right) = \frac{z}{2}\left(2z^2 - 3x^2 - 3y^2\right).$$

Jede der Funktionen g_l ist um die z-Achse drehinvariant. Der kartesische Kartenausdruck von g_l ist ein homogenes Polynom vom Grad l. Die Funktionen g_l/r^{2l+1} der Außenraumentwicklung sind auf $\mathbb{R}^3 \setminus \{0\}$ harmonisch. Wer Beispiele für harmonische Funktionen sucht, kann hier aus dem Vollen schöpfen.

4.5.7   *C^2-Potentiale: Multipolentwicklung

Satz 4.10 gibt eine Reihenentwicklung der Funktion $1/r$ um $x \in \mathbb{R}^3 \setminus \{0\}$. Der Konvergenzbereich der Reihe ist eine offene Kugel um x mit Radius $|x|$. In der Elektrostatik ermöglicht diese Entwicklung die Approximation des Potentials einer Ladungsverteilung, die innerhalb einer Kugel von endlichem Radius R angesiedelt ist. Dabei hängt jede der Approximationen nur von endlich vielen pauschalen Kenngrößen der Ladungsdichte, ihren Multipolmomenten, ab.

Die Potentialfunktion einer Punktladung der Stärke q, die in y sitzt, ist $\Phi_y = \frac{q}{4\pi\varepsilon_0} g_y$. Nach Satz 4.10 gilt im Bereich $r > |y|$ die Außenraumentwicklung

$$g_y = \frac{1}{r} \sum_{l=0}^{\infty} |y|^l \frac{P_l(\cos\theta)}{r^l}$$

$$= \frac{1}{r}\left\{ 1 + \frac{|y|\cos\theta}{r} + \left(\frac{|y|}{r}\right)^2 \frac{3\cos^2\theta - 1}{2} + \left(\frac{|y|}{r}\right)^3 \frac{5\cos^3\theta - 3\cos\theta}{2} + \cdots \right\}.$$

Dies ist für alle x mit $|x| > |y|$ äquivalent zu

$$g_y(x) = \frac{1}{|x-y|}$$

$$= \frac{1}{|x|} + \frac{\langle y, x\rangle}{|x|^3} + \frac{3\langle x, y\rangle^2 - |y|^2 |x|^2}{2|x|^5} + \frac{5\langle x, y\rangle^3 - 3|y|^2 |x|^2 \langle x, y\rangle}{2|x|^7} + \cdots$$

Die Außenraumentwicklung von $y \mapsto g_y(x) = g_x(y)$ ist also gerade die Potenzreihe von g_x um den Entwicklungspunkt $0 \in \mathbb{R}^3$. Dies lässt sich für die ersten Terme über die iterierten Richtungsableitungen $[y]_0^n g_x$ auch direkt nachrechnen. Es gilt ja

$$g_x(y) = g_x(0) + \frac{1}{1!}[y]_0 g_x + \frac{1}{2!}[y]_0^2 g_x + \cdots$$

Sei $\rho : \mathbb{R}^3 \to \mathbb{R}$ eine C^∞-Funktion mit $\rho(x) = 0$ für alle x außerhalb einer Kugel vom Radius R. Nach Satz 3.5 gilt dann für die Potentialfunktion[8] Φ mit

$$\Phi(x) = \frac{1}{4\pi\varepsilon_0} \int \frac{\rho(y)}{|x-y|} d^3 y$$

---

[8]Ist ρ eine Massendichte und ersetzt man $1/4\pi\varepsilon_0$ durch $-G_N$, so ist Φ das Gravitationspotential der Massendichte.

die Poissongleichung $-\Delta\Phi = \rho/\varepsilon_0$ auf ganz $\mathbb{R}^3$. Für $|x| > R$ folgt aus der Außenraumentwicklung von g_y durch Vertauschen von Summe und Integral, das sich ja nur über die Kugel $|y| \leq R$ erstreckt, die Zerlegung in radial separierte harmonische Summanden

$$\Phi(x) = \frac{1}{4\pi\varepsilon_0} \sum_{l=0}^{\infty} \frac{M_l(x)}{l!\,|x|^{2l+1}} \quad \text{mit}$$

$$M_l(x) = l! \int \rho(y)\,|y|^l\,|x|^l\,P_l\left(\frac{\langle x, y\rangle}{|y|\,|x|}\right) d^3y.$$

Summe und Integral über die Kugel $|y| \leq R$ können aufgrund der gleichmäßigen Konvergenz des Integranden gegen die Grenzfunktion $y \longmapsto \rho(y)/|x - y|$, die wegen $|x| > R$ eine C^{∞}-Funktion ist, vertauscht werden (siehe etwa den „Kleinen Satz von Lebesgue" in [1, Kap. IV, § 8.1.6]).

Die Funktion $M_l : \mathbb{R}^3 \to \mathbb{R}$ ist homogen vom Grad l, d. h., es gilt $M_l(\lambda x) = \lambda^l M_l(x)$ für $\lambda > 0$. Explizit für $l = 0, \ldots 3$:

$$M_0(x) = \int \rho(y)\,d^3y, \quad M_1(x) = \int \langle y, x\rangle\,\rho(y)\,d^3y,$$

$$M_2(x) = \int \left\{3\langle x, y\rangle^2 - |y|^2\,|x|^2\right\} \rho(y)\,d^3y,$$

$$M_3(x) = \int \left\{15\langle x, y\rangle^3 - 9\,|y|^2\,|x|^2\,\langle x, y\rangle\right\} \rho(y)\,d^3y.$$

Da P_l ein Polynom vom Grad l mit der Parität $(-1)^l$ ist, ist die Funktion M_l ein *homogenes* Polynom vom Grad l in den Koordinaten von x. Zu jedem solchen Polynom existiert genau eine symmetrische l-Linearform

$$\mathcal{M}_l : \mathbb{R}^3 \times \mathbb{R}^3 \ldots \times \mathbb{R}^3 \to \mathbb{R},$$

für die $\mathcal{M}_l(x, \ldots x) = M_l(x)$ gilt. Eine l-Linearform $\mathcal{M}_l$ heißt symmetrisch, falls

$$\mathcal{M}_l\left(x_{\pi(1)}, \ldots x_{\pi(l)}\right) = \mathcal{M}_l(x_1, \ldots x_l)$$

für jede Permutation π und für alle $x_1, \ldots x_l \in \mathbb{R}^3$. Die symmetrische Linearform $\mathcal{M}_l$ ist durch die sogenannte Polarisierungsformel

$$\mathcal{M}_l(x_1, x_2, \ldots x_l) = \frac{1}{2^l l!} \sum_{\varepsilon_1 = \pm 1, \ldots \varepsilon_l = \pm 1} \varepsilon_1 \varepsilon_2 \ldots \varepsilon_l M_l\left(\sum_{i=1}^{l} \varepsilon_i x_i\right)$$

gegeben.

Somit gilt für alle x mit $|x| > R$ und mit der Abkürzung $x_0 = x/|x|$

$$\Phi(x) = \frac{1}{4\pi\varepsilon_0}\left\{\frac{\mathcal{M}_0}{0!\,|x|} + \frac{\mathcal{M}_1(x_0)}{1!\,|x|^2} + \frac{\mathcal{M}_2(x_0, x_0)}{2!\,|x|^3} + \frac{\mathcal{M}_3(x_0, x_0, x_0)}{3!\,|x|^4} + \dots\right\},$$

$$\mathcal{M}_0 = \int \rho(y)\,d^3y, \quad \mathcal{M}_1(x) = \langle D, x\rangle \quad \text{mit} \quad D = \int y\rho(y)\,d^3y,$$

$$\mathcal{M}_2(u, v) = \int\left\{3\langle y, u\rangle\langle y, v\rangle - |y|^2\langle u, v\rangle\right\}\rho(y)\,d^3y \quad \text{und}$$

$$\mathcal{M}_3(u, v, w) = 15\int \langle y, u\rangle\langle y, v\rangle\langle y, w\rangle\rho(y)\,d^3y$$
$$- 3\int |y|^2\left(\langle v, w\rangle\langle y, u\rangle + \langle u, w\rangle\langle y, v\rangle + \langle u, v\rangle\langle y, w\rangle\right)\rho(y)\,d^3y.$$

Die Zahl $\mathcal{M}_0 \in \mathbb{R}$ heißt Gesamtladung der Ladungsdichte ρ, die Linearform $\mathcal{M}_1$ heißt Dipolform und ist durch den Dipolmomentenvektor $D \in \mathbb{R}^3$ charakterisiert. $\mathcal{M}_2$ bzw. $\mathcal{M}_3$ heißt Quadrupol- bzw. Oktopolmomentenform. Der Beitrag des l-ten Multipolmoments zum Potential Φ ist homogen vom Grad $-(l+1)$ in x. Je höher das Multipolmoment, umso rascher fällt somit sein Beitrag zum Potential mit der Entfernung vom Ort der Quelle ab.

Wie ändert sich $\mathcal{M}_l$, wenn die Ladungsdichte ρ verschoben, gespiegelt und verdreht wird? Hier ein paar leicht zu beweisende Befunde: $\mathcal{M}_0$ ist invariant unter allen Operationen. Für $\mathcal{M}_0 = 0$ ist $\mathcal{M}_1$ invariant unter Verschiebungen von ρ und der Betrag des Dipolvektors D ist invariant unter Drehspiegelungen und Verschiebungen von ρ. Für $\mathcal{M}_0 = 0 = \mathcal{M}_1$ ist $\mathcal{M}_2$ translationsinvariant. Allgemeiner gilt: Ist l die kleinste Zahl mit $\mathcal{M}_l \neq 0$, dann ist $\mathcal{M}_l$ translationsinvariant. Für jedes beliebige l gilt: Wird ρ mit der Drehspiegelung $\mathscr{R} : \mathbb{R}^3 \to \mathbb{R}^3$ in $(\mathscr{R} * \rho)(x) = \rho\left(\mathscr{R}^{-1}x\right)$ „transformiert" und bezeichnet $\mathscr{R} * \mathcal{M}_l$ die Multipolform von $\mathscr{R} * \rho$, dann gilt

$$(\mathscr{R} * \mathcal{M}_l)(x_1, \dots x_l) = \mathcal{M}_l\left(\mathscr{R}^{-1}x_1, \dots \mathscr{R}^{-1}x_l\right).$$

Man sagt: $\mathcal{M}_l$ ist kovariant unter Drehungen.

Ist $\underline{e} = (e_1, e_2, e_3)$ eine (beliebige) Basis von $\mathbb{R}^3$, dann heißen die 3^n reellen Zahlen

$$\mathcal{M}_l\left(e_{i_1}, \dots e_{i_l}\right)$$

die kovarianten Komponenten des l-ten Multipolmoments zur Basis $\underline{e}$. Sie legen die Funktion $\mathcal{M}_l$ eindeutig fest, denn es gilt mit $x_\alpha = \sum_i x_\alpha^i e_i$

$$\mathcal{M}_l(x_1, \dots x_l) = \sum_{i_1, \dots i_l = 1}^{3} \mathcal{M}_l\left(e_{i_1}, \dots e_{i_n}\right)x_1^{i_1}\dots x_l^{i_l}.$$

Die Multipolkomponenten sind charakteristische Kenngrößen einer Ladungsverteilung. Falls der Lokalisierungsradius einer Ladungsdichte mikroskopisch ist, dann lassen sich nur ihre niedrigsten Multipolmomente vermessen. Der Rest an Details von ρ bleibt unerkannt.

Die kovarianten Komponenten von $\mathscr{M}_l$ sind, allein schon wegen der Symmetrie von $\mathscr{M}_l$, nicht alle unabhängig voneinander. Es gilt ja $\mathscr{M}_l\left(\ldots e_i \ldots e_j \ldots\right) = \mathscr{M}_l\left(\ldots e_j \ldots e_i \ldots\right)$. Weitere Zusammenhänge zwischen den Komponenten lassen sich aus $\Delta g_y = 0$ auf $\mathbb{R}^3 \setminus \{y\}$ folgern. So gilt etwa für $l \geq 2$ mit der inversen Matrix G^{-1} der Gramschen Matrix G zur Basis $\underline{e}$ mit den Einträgen $G_{ij} = \langle e_i, e_j \rangle$

$$\sum_{i,j=1}^{3} \left(G^{-1}\right)^{ij} \mathscr{M}_l\left(e_i, e_j, e_{i_3}, \ldots e_{i_l}\right) = 0.$$

Mit den Abkürzungen $y_i = \langle e_i, y \rangle$ ergibt sich für die kovarianten Komponenten von $\mathscr{M}_l$ für $l = 1, 2, 3$

$$\mathscr{M}_1\left(e_i\right) = \int y_i \rho\left(y\right) d^3 y,$$

$$\mathscr{M}_2\left(e_i, e_j\right) = \int \left\{3 y_i y_j - |y|^2 G_{ij}\right\} \rho\left(y\right) d^3 y,$$

$$\mathscr{M}_3\left(e_i, e_j, e_k\right) = 3 \int \left(5 y_i y_j y_k - |y|^2 \left(y_i G_{jk} + y_j G_{ki} + y_k G_{ij}\right)\right) \rho\left(y\right) d^3 y.$$

4.5.8 Komplexe Kugelflächenfunktionen

Die große Zahl an faktorisierenden Lösungen linearer partieller Differentialgleichungen, die uns bisher begegneten, sollte uns nicht vergessen lassen, dass faktorisierende Lösungen nur einen winzigen Ausschnitt der gesamten Lösungsmenge einer partiellen Differentialgleichung geben. Natürlich sind Summen von faktorisierenden Lösungen wieder Lösungen.

Bei der schwingenden Saite sahen wir, dass Lösungen zu recht allgemeinen Anfangsbedingungen durch Linearkombinieren von faktorisierenden Lösungen erhalten werden können. Das entscheidende Faktum ist dabei Entwickelbarkeit der Anfangsdaten in Fouriersche Sinusreihen. Etwas Analoges liegt in den räumlich höherdimensionalen Fällen vor. Hier treten Reihenentwicklungen der Anfangsdaten (oder auch der Randwerte) nach den (Randwerten der) Eigenmoden eines Problems an die Stelle der Sinusreihen. Zwei entscheidende Fakten im Gebiet der Fourierreihen sind die Vollständigkeit und die Orthogonalität des benutzten Funktionensystems. Orthogonalität und Vollständigkeit liegen auch in höherdimensionalen Fällen vor. Einen kleinen Einblick liefert dieser Abschnitt, wenngleich teilweise ohne Beweise.

Zu gegebenem $l \in \mathbb{N}_0$ spannen die Funktionen[9]

$$\left\{P_l^m\left(\cos\theta\right)\cos\left(m\varphi\right) : m = 0, \ldots l\right\} \cup \left\{P_l^m\left(\cos\theta\right)\sin\left(m\varphi\right) : m = 1, \ldots l\right\}$$

---

[9] P_l^m bezeichnet hier die zugeordnete Legendrefunktion.

einen $2l + 1$-dimensionalen Funktionenraum auf, dessen Elemente Kartenausdrücke von reellen, dehnungsinvarianten C^2-Funktionen auf $\mathbb{R}^3 \setminus \{0\}$ sind. Der Raum der komplexen Linearkombinationen dieser Basisfunktionen ist natürlich komplex $2l + 1$-dimensional. In ihm existiert nun eine weithin benutzte Basis mit besonders angenehmen Eigenschaften. Es ist die folgende:

Definition 4.3 Sei für $m \in \{-l, -l+1, \ldots -1\}$ die Funktion $P_l^m : (-1, 1) \to \mathbb{R}$ durch

$$P_l^m (x) = \frac{\left(1 - x^2\right)^{m/2}}{2^l l!} \frac{d^{l+m}}{dx^{l+m}} \left(x^2 - 1\right)^l$$

definiert.

Die Funktion P_l^m ist jedoch für $m < 0$ keine von $P_l^{|m|}$ gänzlich verschiedene Funktion, deren Eigenschaften wir erst mühsam ermitteln müssen. Auch sie ist Lösung der allgemeinen Legendreschen Differentialgleichung, denn sie ist ein Vielfaches der Funktion $P_l^{|m|}$, die ja eine Lösung von Legendres Differentialgleichung ist.

Lemma 4.7 *Für alle $(l, m) \in \mathbb{N}_0 \times \mathbb{Z}$ mit $|m| \leq l$ gilt $P_l^{-m} = (-1)^m \frac{(l-m)!}{(l+m)!} P_l^m$.*

Beweis In einer Vorüberlegung rechnet man mithilfe der Leibnizregel nach, dass für alle $x \in (-1, 1)$ und für alle $l \in \mathbb{N}_0$ und $m \in \mathbb{N}_0$ mit $m \leq l$

$$\frac{\partial_x^{l-m} \left\{(x + 1)^l (x - 1)^l\right\}}{(l - m)!} = \left(x^2 - 1\right)^m \frac{\partial_x^{l+m} \left\{(x + 1)^l (x - 1)^l\right\}}{(l + m)!}$$

gilt. Zunächst überlegt man, dass

$$\partial_x^k (x \pm 1)^l = \frac{l!}{(l - k)!} (x \pm 1)^{l-k} \text{ für } 0 \leq k \leq l \text{ und } \partial_x^k (x \pm 1)^l = 0 \text{ für } k > l.$$

Daraus ergibt sich mit der Leibnizregel

$$\frac{\partial_x^{l-m} \left\{(x + 1)^l (x - 1)^l\right\}}{(l - m)!}$$

$$= \sum_{k=0}^{l-m} \binom{l - m}{k} \frac{\left[\partial_x^k (x + 1)^l\right] \left[\partial_x^{l-m-k} (x - 1)^l\right]}{(l - m)!}$$

$$= \sum_{k=0}^{l-m} \frac{\left[\frac{l!}{(l-k)!} (x + 1)^{l-k}\right] \left[\frac{l!}{(m+k)!} (x - 1)^{m+k}\right]}{k! (l - m - k)!}$$

$$= \sum_{k=0}^{l-m} \frac{(l!)^2 (x + 1)^{l-k} (x - 1)^{m+k}}{k! (l - m - k)! (l - k)! (m + k)!}.$$

Für die rechte Seite folgt

$$\frac{\partial_x^{l+m}\left\{(x+1)^l(x-1)^l\right\}}{(l+m)!}$$

$$= \sum_{k=m}^{l}\binom{l+m}{k}\frac{\left[\partial_x^k(x+1)^l\right]\left[\partial_x^{l+m-k}(x-1)^l\right]}{(l+m)!}$$

$$= \sum_{k=m}^{l}\frac{\left[\frac{l!}{(l-k)!}(x+1)^{l-k}\right]\left[\frac{l!}{(k-m)!}(x-1)^{k-m}\right]}{k!\,(l+m-k)!}$$

$$= (l!)^2\sum_{k'=0}^{l-m}\frac{\left[\frac{(x+1)^{l-k'-m}}{(l-k'-m)!}\right]\left[\frac{(x-1)^{k'}}{(k')!}\right]}{(k'+m)!\,(l-k')!}$$

$$= (l!)^2\sum_{k=0}^{l-m}\frac{(x+1)^{l-k-m}(x-1)^k}{k!\,(l-k-m)!\,(l-k)!\,(k+m)!}.$$

Multiplikation mit $\left(x^2-1\right)^m$ schließlich ergibt die Behauptung der Vorüberlegung.
  Die Behauptung des Lemmas ist zu

$$(l+m)!\,P_l^{-m} = (-1)^m\,(l-m)!\,P_l^m$$

äquivalent. Einsetzen der Definition von P_l^m zeigt, dass diese Bedingung zu

$$(l+m)!\,\frac{\left(1-x^2\right)^{-m/2}}{2^l l!}\partial_x^{l-m}\left(x^2-1\right)^l = (-1)^m\,(l-m)!\,\frac{\left(1-x^2\right)^{m/2}}{2^l l!}\partial_x^{l+m}\left(x^2-1\right)^l$$

äquivalent ist. Dies wiederum ist äquivalent zu

$$\frac{\partial_x^{l-m}\left(x^2-1\right)^l}{(l-m)!} = \left(x^2-1\right)^m\frac{\partial_x^{l+m}\left(x^2-1\right)^l}{(l+m)!}.$$

Die Gültigkeit dieser Relation wurde für $m \geq 0$ in der Vorüberlegung gezeigt. Somit gilt

$$P_l^{-m} = (-1)^m\,\frac{(l-m)!}{(l+m)!}\,P_l^m$$

für alle $m \geq 0$.
  Für negative m folgt daraus mit $m = -|m|$

$$P_l^m = P_l^{-|m|} = (-1)^{|m|}\frac{(l-|m|)!}{(l+|m|)!}P_l^{|m|} = (-1)^{-m}\frac{(l+m)!}{(l-m)!}P_l^{-m}.$$

Somit gilt die Behauptung auch für negative m.   □

Definition 4.4 Sei $l \in \mathbb{N}_0$ und $m \in \{-l, -l+1, \ldots l-1, l\}$. Dann heißt die Funktion $Y_l^m : (0, \pi) \times (0, 2\pi) \to \mathbb{C}$ mit

$$Y_l^m (\theta, \varphi) = (-1)^m \sqrt{\frac{l + \frac{1}{2}}{2\pi} \cdot \frac{(l-m)!}{(l+m)!}} \, P_l^m (\cos \theta) \, e^{im\varphi}$$

(komplexe) Kugelflächenfunktion vom Typ (l, m).

Zwischen Y_l^{-m} und Y_l^m besteht der Zusammenhang[10] $Y_l^{-m} = (-1)^m \, \overline{Y_l^m}$. Die niedrigsten Kugelflächenfunktionen sind hier zusammengefasst. Sie ergeben sich direkt aus den expliziten Ausdrücken für P_l^m:

$$Y_0^0 (\theta, \varphi) = \frac{1}{\sqrt{4\pi}}, \quad Y_1^0 (\theta, \varphi) = \sqrt{\frac{3}{4\pi}} \cos (\theta),$$

$$Y_2^0 (\theta, \varphi) = \sqrt{\frac{5}{16\pi}} \left(3 \cos^2 (\theta) - 1\right),$$

$$Y_1^1 (\theta, \varphi) = -\sqrt{\frac{3}{8\pi}} \sin (\theta) \, e^{i\varphi}, \quad Y_2^1 (\theta, \varphi) = -\sqrt{\frac{15}{8\pi}} \cos (\theta) \sin (\theta) \, e^{i\varphi},$$

$$Y_2^2 (\theta, \varphi) = \sqrt{\frac{15}{32\pi}} \sin^2 (\theta) \, e^{2i\varphi}.$$

Der folgende Satz zeigt, dass die (nichtnegative) Funktion $\left|Y_l^m\right|^2$ die Dichte eines Wahrscheinlichkeitsmaßes auf der Oberfläche der Einheitskugel ist. Da diese Dichte konstant in φ ist, genügt es, ihren Verlauf entlang eines beliebigen Großkreises durch Nord- und Südpol der Kugelkoordinaten zu veranschaulichen. Dies wiederum kann mithilfe eines Polardiagramms gemacht werden. Abb. 4.5 zeigt ein Polardiagramm der Funktion $\theta \mapsto \left|Y_2^0 (\theta, \varphi_0)\right|^2$ bei konstantem Wert φ_0. Bilder wie diese ermöglichen eine (notdürftige) grafische Veranschaulichung von quantenmechanischen Atomorbitalen.

---

[10]Es gilt ja

$$Y_l^{-m} (\theta, \phi) = (-1)^{-m} \sqrt{\frac{l + \frac{1}{2}}{2\pi} \cdot \frac{(l+m)!}{(l-m)!}} \, P_l^{-m} (\cos \theta) \, e^{-im\phi}$$

$$= (-1)^m \sqrt{\frac{l + \frac{1}{2}}{2\pi} \cdot \frac{(l+m)!}{(l-m)!}} (-1)^m \frac{(l-m)!}{(l+m)!} P_l^m (\cos \theta) \, e^{-im\phi}$$

$$= (-1)^m (-1)^m \sqrt{\frac{l + \frac{1}{2}}{2\pi} \cdot \frac{(l-m)!}{(l+m)!}} \, P_l^m (\cos \theta) \, e^{-im\phi} = (-1)^m \, \overline{Y_l^m (\theta, \phi)}.$$

Abb. 4.5 Polardiagramm von $\left|Y_2^0\left(\theta,\varphi_0\right)\right|^2$ längs eines beliebigen Meridians $\varphi = \varphi_0$

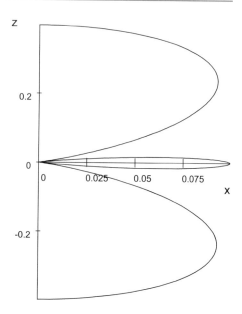

Satz 4.11 *Seien* (l, m), $\left(l', m'\right) \in \mathbb{N}_0 \times \mathbb{Z}$ *mit* $|m| \leq l$ *und* $\left|m'\right| \leq l'$. *Dann gilt die Orthonormierungsbedingung*

$$\int_0^\pi \left(\int_0^{2\pi} \overline{Y_{l'}^{m'}\left(\theta,\varphi\right)} Y_l^m\left(\theta,\varphi\right) d\varphi\right) \sin\theta d\theta = \delta_{l'l}\delta_{m'm}.$$

Sei $f\left(\theta,\varphi\right)$ *Kartenausdruck einer stetigen* $\mathbb{C}$-*wertigen Funktion auf der Einheitskugel und sei*

$$c_{l,m} := \int_0^\pi \left(\int_0^{2\pi} \overline{Y_l^m\left(\theta,\varphi\right)} f\left(\theta,\varphi\right) d\varphi\right) \sin\theta d\theta.$$

Dann konvergiert die Reihe (f_L)

$$f_L\left(\theta,\varphi\right) = \sum_{l=0}^L \sum_{m=-l}^l c_{l,m} Y_l^m\left(\theta,\varphi\right)$$

im quadratischen Mittel gegen f, *d. h., es gilt*

$$\lim_{L\to\infty} \int_0^\pi \left(\int_0^{2\pi} \left|f\left(\theta,\varphi\right) - f_L\left(\theta,\varphi\right)\right|^2 d\varphi\right) \sin\theta d\theta = 0.$$

4.5.9 Eigenmoden: Separation in Polarkoordinaten

Sei $A : \mathbb{R} \times \mathbb{R}^2 \to \mathbb{R}$ eine nichttriviale Lösung von $\square A = 0$ mit $A(t, x) = f(t)$ $g(x)$. Es existiert also ein $\lambda \in \mathbb{R}$ mit $f'' + c^2 \lambda f = 0$ und $\Delta g + \lambda g = 0$. Ist A beschränkt, dann folgt $\lambda \geq 0$. Es gelte überdies $g = h(r) P(\varphi)$ auf dem Definitionsbereich U der Polarkoodinatenfunktionen (r, φ). Daraus folgt auf U

$$\Delta g = \left(h''(r) + \frac{1}{r} h'(r) \right) P(\varphi) + \frac{h(r)}{r^2} P''(\varphi) = -\lambda h(r) P(\varphi). \qquad (4.15)$$

Für ein r_0 mit $h(r_0) \neq 0$ und ein φ_0 mit $P(\varphi_0) \neq 0$ ergibt sich aus Gl. 4.15 durch Einschränkung auf $r = r_0$ und Multiplikation mit $r_0^2 / h(r_0)$ bzw. durch Einschränkung auf φ_0 und Multiplikation mit $1/P(\varphi_0)$

$$0 = P''(\varphi) + \lambda_2 P''(\varphi)$$

$$0 = h''(r) + \frac{1}{r} h'(r) - \frac{\lambda_2}{r^2} h(r) = -\lambda h(r) \quad \text{mit}$$

$$\lambda_2 = \left[\lambda r_0^2 + \frac{r_0^2 h''(r_0) + r_0 h'(r_0)}{h(r_0)} \right] = -\frac{P''(\varphi_0)}{P(\varphi_0)}.$$

Die Gleichung für P hat genau dann maximale Lösungen, die zu einem $g \in C^2\left(\mathbb{R}^2\right)$ gehören, wenn $\lambda_2 = m^2$ für ein $m \in \mathbb{N}_0$. Es sind die Funktionen

$$P(\varphi) = A \cos(m\varphi) + B \sin(m\varphi)$$

mit $A, B \in \mathbb{R}$. (Im Fall $m = 0$ ist der zu einem $g \in C^2\left(\mathbb{R}^2\right)$ gehörige Lösungsraum der Gleichung für P tatsächlich nur eindimensional.)

Für nichtstatische beschränkte Lösungen, also für $\lambda > 0$, genügt es, den Fall $\lambda = 1$ zu behandeln. Die radiale Funktion h ist für $\lambda = 1$ somit eine maximale Lösung der Besselschen Differentialgleichung auf $\mathbb{R}_{>0}$

$$h''(r) + \frac{1}{r} h'(r) + \left(1 - \frac{m^2}{r^2} \right) h(r) = 0 \qquad (4.16)$$

zum Parameter m^2 für ein $m \in \mathbb{N}_0$. In Abschn. 4.4 ist gezeigt, dass im Raum der maximalen Lösungen von Gl. 4.16 die Vielfachen der ganzzahligen Besselfunktion J_m eine stetige Fortsetzung nach $r = 0$ haben. Jede davon linear unabhängige Lösung ist für $x \to 0$ hingegen unbeschränkt (siehe [1, §4.4.7e]). Also gilt der

Satz 4.12 *Für $g \in C^2\left(\mathbb{R}^2\right)$ gelte auf dem Definitionsbereich U der Polarkoordinaten $g = h(r) P(\varphi)$. Dann gilt $\left(\Delta + k^2 \right) g = 0$ für ein $k > 0$ genau dann, wenn Konstante $A, B \in \mathbb{R}$ und $m \in \mathbb{N}_0$ existieren, sodass $g = J_m(kr)\left(A \cos(m\varphi) + B \sin(m\varphi) \right)$ auf U gilt.*

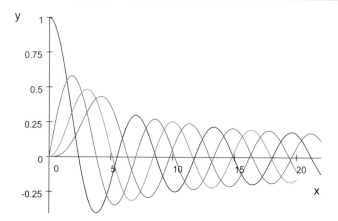

Abb. 4.6 Besselfunktionen: $y = J_m(x)$ für $m \in \{0, 1, 2, 3\}$ in Schwarz, Rot, Grün und Blau nach steigendem m

Korollar 4.2 $A \in C^2\left(\mathbb{R} \times \mathbb{R}^2\right)$ *ist eine beschränkte Lösung von* $\Box A = 0$ *mit* $A = f(t)\, h(r)\, P(\varphi)$ *auf dem Definitionsbereich der Polarkoordinaten* (r, φ) *genau dann, wenn ein* $k \in \mathbb{R}_{>0}$, *ein* $\delta \in [0, 2\pi)$, *ein* $m \in \mathbb{N}_0$ *und* $\alpha, \beta \in \mathbb{R}$ *existieren, sodass* $A = \cos(ckt - \delta)\, J_m(kr)\, (\alpha \cos(m\varphi) + \beta \sin(m\varphi))$.

Die Abb. 4.6 zeigt die ganzzahligen Besselfunktionen J_m für $m = 0, 1, 2, 3$ in Schwarz, Rot, Grün und Blau.

4.5.10 Eingespannte Kreismembran

Welche der Funktionen $J_m(kr)\,(A\cos(m\varphi) + B\sin(m\varphi))$ erfüllen homogene Dirichletsche Randbedingungen auf einem Kreis um 0 mit dem Radius R? Seien $z_{m,1} < z_{m,2} < \ldots$ die (abzählbar unendlich vielen) Nullstellen der Besselfunktion J_m. Dann gilt $J_m(kR) = 0$ genau dann, wenn $k = z_{m,i}/R$ für ein $i \in \mathbb{N}$. Sei $k_{m,i} = \frac{z_{m,i}}{R}$. Die zugehörigen Eigenmoden sind die Funktionen

$$\gamma_{m,i,1} = J_m\left(z_{m,i}\frac{r}{R}\right)\cos(m\varphi) \quad \text{und} \quad \gamma_{m,i,2} = J_m\left(z_{m,i}\frac{r}{R}\right)\sin(m\varphi).$$

Daher existieren für jede Eigenschwingung (der am Rand eingespannten Membran) Zahlen $A, B, \delta \in \mathbb{R}$, sodass

$$A_{m,i} = \cos\left(ck_{m,i}t - \delta\right)J_m\left(k_{m,i}r\right)[A\cos(m\varphi) + B\sin(m\varphi)].$$

Abb. 4.7 zeigt die Eigenmode $\gamma_{3,3,1} = J_3\left(k_{3,3} \cdot r\right)\cos(3\varphi)$ im Bereich $0 < k_{3,3} \cdot r < 13$. Die obere Grenze für $k_{3,3} \cdot r$ ist annähernd die dritte Nullstelle von J_3 (siehe Abb. 4.8 und 4.9).

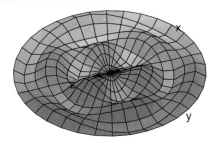

Abb. 4.7 Membraneigenmode $J_3\left(k_{3,}\cdot r\right)\cos 3\varphi$ im Bereich $0 < k_{3,}\cdot r < 13$

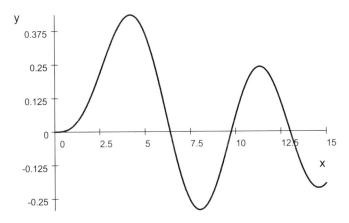

Abb. 4.8 Besselfunktionsgraph $y = J_3\left(x\right)$

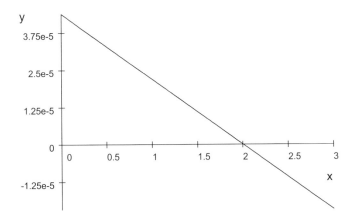

Abb. 4.9 Nullstelle von $y = J_3\left(13{,}015 + \frac{x}{10^4}\right)$ bei $x \approx 2$ (Abschn. 4.5.10)

Abb. 4.10 Kreiswelle
(Abschn. 4.5.10):
$A(t = 0, r, \varphi) =$
$J_1(3{,}832 \cdot r) \cdot \cos(\varphi)$

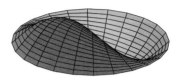

Hier noch ein paar realistische Eigenfrequenzen einer Trommelmembran: Es gilt $z_{0,1} \approx 2{,}405$ und $z_{3,3} \approx 13{,}015$. Für $c = 500\,\text{m/s}$ und $R = 1/2\,\text{m}$ folgen aus $2\pi\nu_{m,i} = z_{m,i}\frac{c}{R}$ die Werte $\nu_{0,1} \approx 382\,\text{Hz}$ und $\nu_{3,3} \approx 1990\,\text{Hz}$.

Durch Überlagerung verschiedener Eigenschwingungen können laufende Wellen gewonnen werden, zum Beispiel Wellen wie die folgende Funktion A, die im Kreis laufen. Für

$$A(t, r, \varphi) = J_m(k_{m,i}r)\left[\cos(ck_{m,i}t)\cos(m\varphi) + \sin(ck_{m,i}t)\sin(m\varphi)\right],$$

folgt $A(t, r, \varphi) = J_m(k_{m,i}r)\cos(ck_{m,i}t - m\varphi)$. Abb. 4.10 zeigt eine Momentaufnahme von A zur Zeit $t = 0$ für $m = 1$ und $i = 1$. Es gilt $z_{1,1} \approx 3{,}832$.

4.5.11 *Aharonov-Bohm-Effekt

Für ein Verständnis des Aharonov-Bohm-Effektes im Fall einer unendlich langen Linienspule ist die stationäre Schrödingergleichung mit einem Vektorpotential proportional zum Vortexvektorfeld $(-y, x) / (x^2 + y^2)$ relevant. Diese Schrödingergleichung lautet in ebenen Polarkoordinaten für $0 < r < \infty$ und $0 < \varphi < 2\pi$

$$\left[\partial_r^2 + \frac{1}{r}\partial_r + \frac{1}{r^2}\left(\partial_\varphi + i\alpha\right)^2 + k^2\right]\Psi(r, \varphi) = 0 \tag{4.17}$$

für ein $k^2 > 0$. Dabei kann wiederum oEdA $k^2 = 1$ gewählt werden. Wir suchen faktorisierende komplexwertige Lösungen $\Psi(r, \varphi) = A(r)B(\varphi)$, die Kartenausdruck einer auf $\mathbb{R}^2$ zweimal stetig differenzierbaren Funktion sind. Nötig dazu ist

$$\lim_{0 < \varepsilon \to 0}\left[B(0 + \varepsilon) - B(2\pi - \varepsilon)\right] = 0 = \lim_{0 < \varepsilon \to 0}\left[B'(0 + \varepsilon) - B'(2\pi - \varepsilon)\right].$$

Eine Funktion $A(r)B(\varphi)$ löst Gl. 4.17 genau dann für $k^2 = 1$, wenn

$$r^2\left[A''(r) + \frac{1}{r}A'(r) + A(r)\right]B(\varphi) + \left[B''(\varphi) + 2i\alpha B'(\varphi) - \alpha^2 B(\varphi)\right]A(r) = 0.$$

Dies ist genau dann der Fall, wenn eine Zahl $\lambda \in \mathbb{C}$ existiert, sodass

$$r^2 \left[A''(r) + \frac{1}{r} A'(r) + A(r) \right] = \lambda A(r) \text{ und}$$

$$\left[B''(\varphi) + 2i\alpha B'(\varphi) - \alpha^2 B(\varphi) \right] = -\lambda B(\varphi).$$

Äquivalent dazu sind die Besselsche Gleichung für die Radialfunktion A

$$r^2 A''(r) + r A'(r) + (r^2 - \lambda) A(r) = 0 \qquad (4.18)$$

und die Gleichung für den Winkelanteil B

$$B''(\varphi) + 2i\alpha B'(\varphi) + (\lambda - \alpha^2) B(\varphi) = 0. \qquad (4.19)$$

Der Ansatz $B(\varphi) = e^{i\mu\varphi}$ löst Gl. 4.19 genau dann, wenn

$$\mu^2 + 2\alpha\mu + \alpha^2 - \lambda = 0.$$

Dies ist der Fall, wenn $\mu = \mu_+$ oder $\mu = \mu_-$ mit $\mu_\pm := -\alpha \pm \sqrt{\lambda}$ gilt. Die Lösung $B_+(\varphi) = \exp(i\mu_+\varphi)$ bzw. $B_-(\varphi) = \exp(i\mu_-\varphi)$ erfüllt die periodische Randbedingung genau dann, wenn sie 2π-periodisch ist. (Das liegt daran, dass $B_\pm$ Lösung einer gewöhnlichen Differentialgleichung zweiter Ordnung mit konstanten Koeffizienten ist.) Nun ist aber $B_\pm$ genau dann 2π-periodisch, wenn $\mu_\pm \in \mathbb{Z}$.

Im Fall $\lambda = 0$ ist neben der Lösung $B(\varphi) = \exp(-i\alpha\varphi)$ die Funktion $C(\varphi) = \varphi \exp(-i\alpha\varphi)$ eine von B linear unabhängige Lösung. Sie ist jedoch nicht periodisch. In diesem Sonderfall ist für $\alpha = -m \in \mathbb{Z}$ nur die Funktion

$$e^{im\varphi} J_0(r)$$

und alle ihre Vielfachen eine faktorisierende C^2-Lösung von Gl. 4.17 für $k^2 = 1$.

Für $\mu_+ = m \in \mathbb{Z}$ folgt $\lambda = (m + \alpha)^2 \geq 0$. Aufgrund der Forderung nach stetiger Fortsetzbarkeit nach $r = 0$ folgt als faktorisierende Lösung jedes Vielfaches der Eigenmode

$$\Psi_m(r, \varphi) := e^{im\varphi} J_{|m+\alpha|}(r).$$

Eine von $J_{|m+\alpha|}(r)$ linear unabhängige Lösung von Gl. 4.18, die bei $r = 0$ beschränkt ist, existiert ja nicht. Für $\mu_- = m \in \mathbb{Z}$ folgt ebenfalls $\lambda = (m + \alpha)^2 \geq 0$ und aus der stetigen Fortsetzbarkeit nach $r = 0$ als faktorisierende Lösung wiederum ein Vielfaches von Ψ_m. Wir fassen dieses Ergebnis zusammen zu:

Satz 4.13 *Eine C^2-Funktion $\Psi : \mathbb{R}^2 \to \mathbb{C}$, die am Kartenbereich der Polarkoordinaten (r, φ) gemäß $\Psi(r, \varphi) = A(r) B(\varphi)$ faktorisiert und Gl. 4.17 für ein $k > 0$ und ein $\alpha \in \mathbb{R}$ erfüllt, ist ein Vielfaches einer der Funktionen $\{\Psi_m \mid m \in \mathbb{Z}\}$ mit $\Psi_m(r, \varphi) = e^{im\varphi} J_{|m+\alpha|}(kr)$.*

4.6 Übungsbeispiele

1. Ganzzahlige Besselfunktionen J_m: Sei $m \in \mathbb{N}_0$ und $\alpha \in \mathbb{R}$. Seien $c_k \in \mathbb{R}$ so, dass die Potenzreihe $\sum_{k=0}^{\infty} c_k x^k$ einen Konvergenzradius $\rho > 0$ habe. Es gelte $c_0 \neq 0$. Für die Funktion $y : (0, \rho) \to \mathbb{R}$ mit $y(x) = x^\alpha \sum_{k=0}^{\infty} c_k x^k$ gelte die Besselsche Differentialgleichung

$$y''(x) + \frac{1}{x} y'(x) + \left(1 - \frac{m^2}{x^2}\right) y(x) = 0. \tag{4.20}$$

a) Zeigen Sie, dass $\alpha = m$ und

$$\frac{y(x)}{c_0 x^m} = 1 - \frac{(x/2)^2}{(m+1)} + \frac{(x/2)^4}{2!\,(m+1)\,(m+2)} - \frac{(x/2)^6}{3!\,(m+1)\,(m+2)\,(m+3)} + \cdots$$

folgen und somit

$$y(x) = c_0 x^m \sum_{k=0}^{\infty} (-1)^k \left(\frac{x}{2}\right)^{2k} \frac{m!}{k!\,(m+k)!} = \left(c_0 2^m m!\right) J_m(x)$$

für alle $x \in (0, \rho)$. Abb. 4.11 zeigt J_m für $m = 0, 1, 2$ (rot, grün, blau) und die Cosinusfunktion. Für $v \in \mathbb{R} \setminus (-\mathbb{N})$ ist definiert:

$$J_v(x) = \sum_{k=0}^{\infty} \frac{(-1)^k}{k!\,\Gamma(k+v+1)} (x/2)^{2k+v}.$$

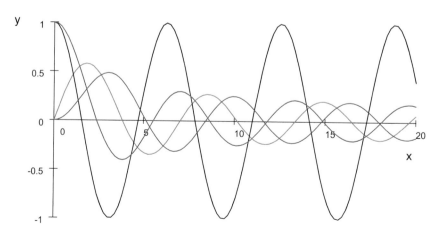

Abb. 4.11 Die Besselfunktionen $y = J_m(x)$ für $m = 0$ (rot), 1 (grün), 2 (blau) und $y = \cos(x)$ (schwarz)

b) Für $-\nu \in \mathbb{N}$ ist die Besselsche Reihenformel unsinnig, da $\Gamma(z)$ für $z \in -\mathbb{N}_0$ nicht definiert ist. Wegen $\lim_{z \to -n \in \mathbb{N}_0} 1/\Gamma(z) = 0$ definiert man dann

$$J_{-m}(x) = \sum_{k=m}^{\infty} \frac{(-1)^k}{k!\,\Gamma(k-m+1)} \left(\frac{x}{2}\right)^{2k-m}.$$

Zeigen Sie $J_{-m}(x) = (-1)^m J_m(x)$ mit der Substitution $j = k - m$.

Die Funktion J_{-m} ergänzt also J_m nicht zu einem Fundamentalsystem der Besselgleichung (4.20). Mitteilung ohne Beweis: Ist y eine von J_m linear unabhängige Lösung von Gl. 4.20 auf einem Intervall $(0, \rho)$, so hat y im Gegensatz zu J_m keine stetige Fortsetzung nach $x = 0$. Für $m \in \mathbb{N}$ gilt nämlich $\lim_{x \to 0} x^m y(x) \neq 0$ und für $m = 0$ gilt $\lim_{x \to 0} y(x)/\ln(x) \neq 0$ (siehe Neumannfunktion N_m).

2. Ableitung von Besselfunktionen: Sei $\nu \in \mathbb{R}$ und $x \in \mathbb{R}_{>0}$. Zeigen Sie, dass $J_{\nu \pm 1}(x) = \nu J_\nu(x)/x \mp J_\nu'(x)$.

3. Nullstellen von $J_{\pm \nu}$: Sei $y : \mathbb{R}_{>0} \to \mathbb{R}$ eine C^2-Funktion und $y(x) = u(x)/\sqrt{x}$ für alle $x \in \mathbb{R}_{>0}$. Zeigen Sie, dass y genau dann Lösung der Besselschen Differentialgleichung zum Parameter $\nu^2 \geq 0$ ist, wenn

$$u''(x) + q(x)u(x) = 0 \text{ mit } q(x) = 1 + \frac{\left(\frac{1}{4} - \nu^2\right)}{x^2}. \tag{4.21}$$

Bemerkung: Für jedes $\varepsilon \in (0, 1)$ existiert ein $\xi_\varepsilon > 0$, sodass $q(x) > (1 - \varepsilon)^2$ für alle $x > \xi_\varepsilon$. Damit ist ein Nullstellenvergleichssatz auf Lösungen u von Gl. 4.21 anwendbar, der nach sich zieht, dass zwischen je zwei benachbarten Nullstellen von $\cos((1 - \varepsilon)x)$ im Bereich $x > \xi_\varepsilon$ eine Nullstelle von u und somit auch eine von y liegt (siehe [1, Kap. II, § 4.2.6]). Für $\nu^2 = 0$ gilt insbesondere $q(x) > 1$ für alle $x > 0$. Daher liegt zwischen je zwei benachbarten Nullstellen von $\cos(x)$ im Bereich $x > 0$ eine Nullstelle von J_0.

4. Erzeugende Funktion der Legendrepolynome: Seien $x, y \in \mathbb{R}^3$ mit $|y| < |x|$ und mit $\langle x, y \rangle = |x| \cdot |y| \cdot \cos(\theta)$. Dann gilt[11]

$$\frac{1}{|x - y|} = \frac{1}{|x|} \sum_{l=0}^{\infty} \left(\frac{|y|}{|x|}\right)^l \cdot P_l(\cos(\theta)). \tag{4.22}$$

Beweisen Sie diese Behauptung in den folgenden drei Schritten:

a) Zeigen Sie zunächst, dass für die Funktion $g_y : \mathbb{R}^3 \setminus \{y\} \to \mathbb{R}$ mit $g_y(x) = |x - y|^{-1}$ im Gebiet $|x| > |y|$

$$g_y(x) = \frac{1}{|x|} \sum_{l=0}^{\infty} \left(\frac{|y|}{|x|}\right)^l \cdot C_l(\cos(\theta))$$

mit stetigen Funktionen $C_l : [-1, 1] \to \mathbb{R}$ gilt.

---

[11]Der Austausch von x mit y ergibt eine analoge Formel für den Fall $|x| < |y|$.

b) Wir wissen, dass g_y eine Lösung der Laplacegleichung auf $\mathbb{R}^3 \setminus \{y\}$ ist. Leiten Sie daraus ab, dass C_l eine Lösung der Legendreschen Differentialgleichung mit $\lambda = l(l+1)$ ist.

c) Verifizieren Sie durch Spezialisierung der Reihenentwicklung von $g_y(x)$ auf den Fall $x = \alpha y$ mit $\alpha > 1$, dass $C_l(1) = 1$. Damit gilt also $C_l = P_l$ auf $[-1, 1]$.

Bemerkung: g_y heißt daher die „erzeugende Funktion" der Legendrepolynome. Sie gibt bis auf einen konstanten Faktor das elektrische Potentialfeld, das eine in y ruhende Punktladung mit sich trägt. Gl. 4.22 gibt in der Elektrostatik die Multipolentwicklung dieser Potentialfunktion im Bereich $|x| > |y|$ (Außenraumentwicklung).

Literatur

1. Fischer, H., Kaul, H.: Mathematik für Physiker, Bd. 2. Teubner, Stuttgart (2005)
2. Jänich, K.: Analysis für Physiker und Ingenieure. Springer, Berlin (2001)
3. Schäfke, F.W.: Einführung in die Theorie der speziellen Funktionen der mathematischen Physik. Springer, Berlin (1963)

Distributionen

5

Die Funktionen $f = x^2 - y^2$ und $g = \log\left(x^2 + y^2\right)$ sind harmonisch auf $\mathbb{R}^2 \smallsetminus \{0\}$. Die Funktion f hat eine zweimal stetig differenzierbare Fortsetzung nach $\mathbb{R}^2$, die Funktion g jedoch nicht. Dies zeigt sich etwa darin, dass jede maximale Integralkurve von grad (g) dem singulären Punkt 0 beliebig nahe kommt, während für grad (f) dies nur vier der Integralkurven tun. Ähnliches gilt für die Funktionen $f = x^2 + y^2 - 2z^2$ und $g = \left(x^2 + y^2 + z^2\right)^{-1/2}$ auf $\mathbb{R}^3 \smallsetminus \{0\}$. Diese Beispiele erwecken den Eindruck, als wäre im Fall der Funktionen g eine „Punktquelle" von Integralkurven bei 0 lokalisiert. Distributionen geben dieser intuitiven Vorstellung mathematische Substanz. Sie verallgemeinern die Bedeutung von linearen Differentialgleichungen so, dass neue, sogenannte nichtklassische Lösungen möglich werden und Punktquellen eine präzise Bedeutung erhalten. Nicht differenzierbare „verallgemeinerte" Lösungen der Wellengleichung, wie etwa die gezupfte Saite, werden damit auch erschlossen. Zur mathematischen Verfestigung dieses sehr knapp gehaltenen Kapitels ist neben [2] die Darstellung in [7] zu empfehlen.

5.1 Distributionen als lineare Funktionale

Definition 5.1 Der Vektorraum der reellwertigen Funktionen $f \in C^\infty(\mathbb{R})$, für die eine Zahl L existiert, sodass $f(x) = 0$ für alle $x \in \mathbb{R}$ mit $|x| > L$, heißt Testfunktionenraum $\mathscr{D}(\mathbb{R})$. Analog ist $\mathscr{D}(\mathbb{R}^n)$ definiert.

Definition 5.2 Sei $(f_n)_{n \in \mathbb{N}}$ eine Folge in $\mathscr{D}(\mathbb{R})$, für die ein $L > 0$ existiert, sodass $f_n(x) = 0$ für alle $|x| > L$ und für alle $n \in \mathbb{N}$. Weiter existiere eine Funktion $f \in \mathscr{D}(\mathbb{R})$ mit $f(x) = 0$ für alle $|x| > L$, sodass $f_n^{(m)}$ für alle $m \in \mathbb{N}_0$ auf $[-L, L]$ punktweise und gleichmäßig gegen $f^{(m)}$ konvergiert. Eine lineare Abbildung $T : \mathscr{D}(\mathbb{R}) \to \mathbb{R}$, die für jede solche Folge

© Springer-Verlag GmbH Deutschland, ein Teil von Springer Nature 2019
G. Grübl, *Mathematische Methoden der Theoretischen Physik | 2*,
https://doi.org/10.1007/978-3-662-58075-2_5

$$\lim_{n \to \infty} T\left(f_n\right) = T\left(f\right)$$

erfüllt, wird als linear-stetiges Funktional auf $\mathscr{D}\left(\mathbb{R}\right)$ oder kurz als Distribution bezeichnet. Der reelle Vektorraum aller Distributionen wird als $\mathscr{D}'\left(\mathbb{R}\right)$ notiert.

Eine Funktion $g : \mathbb{R} \to \mathbb{R}$, für die $|g|$ über jedes endliche Intervall integrierbar[1] ist, heißt lokalintegrabel. Bei lokalintegrablem g existiert für jedes $f \in \mathscr{D}\left(\mathbb{R}\right)$ das Integral

$$\widetilde{g}\left(f\right) = \int_{-\infty}^{\infty} g\left(x\right) f\left(x\right) dx.$$

Die Abbildung $\widetilde{g} : \mathscr{D}\left(\mathbb{R}\right) \to \mathbb{R}$ ist eine Distribution [2, Kap. IV, § 13.2.3]. Distributionen dieses Typs werden als regulär bezeichnet. Unterscheiden sich zwei lokalintegrable Funktionen nur auf einer Punktmenge vom Maß 0, dann sind ihre zugehörigen regulären Distributionen gleich (siehe Fundamentallemma der Variationsrechnung in [2, Kap. IV, § 10.4.2]).

Die Abbildung $\delta_\xi : \mathscr{D}\left(\mathbb{R}\right) \to \mathbb{R}$ mit $\delta_\xi\left(f\right) = f\left(\xi\right)$ ist linear-stetig und heißt Diracsche Delta-Distribution im Punkt ξ. Ist sie regulär? Nein, denn angenommen es gibt eine lokalintegrable Funktion $x \mapsto D_\xi\left(x\right)$ mit $\delta_\xi\left(f\right) = \int_{-\infty}^{\infty} D_\xi\left(x\right) f\left(x\right) dx$ für alle $f \in \mathscr{D}\left(\mathbb{R}\right)$, dann gilt: Für $f \in \mathscr{D}\left(\mathbb{R}\right)$ ist auch g mit $g\left(x\right) = |x - \xi|^2 f\left(x\right)$ in $\mathscr{D}\left(\mathbb{R}\right)$ und es folgt wegen $g\left(\xi\right) = 0$, dass

$$\int_{-\infty}^{\infty} D_\xi\left(x\right) |x - \xi|^2 f\left(x\right) dx = \delta_\xi\left(g\right) = 0$$

für alle $f \in \mathscr{D}\left(\mathbb{R}\right)$. Nach dem Fundamentallemma der Variationsrechnung gilt dann $D_\xi\left(x\right) |x - \xi|^2 = 0$ und somit auch $D_\xi\left(x\right) = 0$ für alle $x \in \mathbb{R}$ außer jenen in einer Menge vom Maß 0. Dies aber zieht nach sich, dass $0 = \delta_\xi\left(f\right) = f\left(\xi\right)$ für alle $f \in \mathscr{D}\left(\mathbb{R}\right)$, also ein Widerspruch! Trotzdem wird oft mit einer fiktiven reellen Funktion δ wie folgt notiert:

$$\delta_\xi\left(f\right) = \int_{-\infty}^{\infty} \delta\left(x - \xi\right) f\left(x\right) dx.$$

Warum $\delta\left(x - \xi\right)$ und nicht $\delta_\xi\left(x\right)$? Das kommt so zustande:

Sei $T \in \mathscr{D}'\left(\mathbb{R}\right)$ und $\xi \in R$. Definiere die Verschiebung von T um ξ als die Distribution T_ξ, für die

$$T_\xi\left(f\right) = T\left(f_{-\xi}\right)$$

mit $f_{-\xi}\left(x\right) = f\left(x + \xi\right)$. Ist g lokal integrabel, dann folgt

$$\left(\widetilde{g}\right)_\xi\left(f\right) = \int_{-\infty}^{\infty} g\left(x\right) f\left(x + \xi\right) dx = \int_{-\infty}^{\infty} g\left(y - \xi\right) f\left(y\right) dy.$$

---

[1]Im Sinn von Lebesgue.

Die Distribution $(\widetilde{g})_\xi$ wird somit von der lokalintegrablen Funktion $(g)_\xi$ mit $(g)_\xi (x) = g (x - \xi)$ erzeugt.

Auch manche Funktionen $g : \mathbb{R} \to \mathbb{R}$, die *nicht* lokalintegrabel sind, lassen sich zur Bildung einer Distribution heranziehen. So ist etwa zu $g(x) = 1/x$ für $x \in \mathbb{R} \smallsetminus \{0\}$ und $g(0) = c \in \mathbb{R}$ die Distribution[2]

$$\left[vp \frac{1}{x} \right] (f) = \lim_{\varepsilon \downarrow 0} \left[\int_{-\infty}^{-\varepsilon} \frac{f(x)}{x} dx + \int_{\varepsilon}^{\infty} \frac{f(x)}{x} dx \right]$$

erklärt. Warum ist diese Definition sinnvoll? Es gilt

$$\left[vp \frac{1}{x} \right] (f) = \int_{|x|>1} \frac{f(x)}{x} dx + \lim_{\varepsilon \downarrow 0} \int_{\varepsilon < |x| < 1} \frac{f(x)}{x} dx$$

$$= \int_{|x|>1} \frac{f(x)}{x} dx + \lim_{\varepsilon \downarrow 0} \left(\int_{\varepsilon < |x| < 1} \frac{f(x) - f(0)}{x} dx + \int_{\varepsilon < |x| < 1} \frac{f(0)}{x} dx \right).$$

Das letzte Integral verschwindet für jedes $\varepsilon > 0$, da der Integrand ungerade ist. Der Integrand des zweiten Integrals hat eine stetige Fortsetzung nach 0, da f in 0 differenzierbar ist. Somit gilt

$$\left[vp \frac{1}{x} \right] (f) = \int_{|x|>1} \frac{f(x)}{x} dx + \int_{-1}^{1} \frac{f(x) - f(0)}{x} dx.$$

Die beiden Distributionen $S_\pm$, die ebenfalls aus nicht lokalintegrablen (komplexwertigen) Funktionen gebildet sind, ordnen der Testfunktion f die (komplexen) Zahlen

$$S_\pm (f) = \lim_{\varepsilon \downarrow 0} \int_{-\infty}^{\infty} \frac{f(x)}{x \pm i\varepsilon} dx$$

zu. Es gilt wegen der Holomorphie von $\ln$ auf der geschlitzten Ebene

$$S_\pm (f) = \int_{|x|>1} \frac{f(x)}{x} dx + \lim_{\varepsilon \downarrow 0} \left(\int_{-1}^{1} \frac{f(x) - f(0)}{x \pm i\varepsilon} dx + \int_{-1}^{1} \frac{f(0)}{x \pm i\varepsilon} dx \right)$$

$$= \left[vp \frac{1}{x} \right] (f) + f(0) \lim_{\varepsilon \downarrow 0} [\ln (x \pm i\varepsilon)]_{-1}^{1}$$

$$= \left[vp \frac{1}{x} \right] (f) + f(0) \lim_{\varepsilon \downarrow 0} [0 - \ln (-1 \pm i\varepsilon)]$$

$$= \left[vp \frac{1}{x} \right] (f) - f(0) [\pm i\pi].$$

Es gilt somit für alle Testfunktionen $f \in \mathscr{D}(\mathbb{R})$ die Formel von Sokhotski

$$\lim_{\varepsilon \downarrow 0} \int_{-\infty}^{\infty} \frac{f(x)}{x \pm i\varepsilon} dx = \left[vp \frac{1}{x} \right] (f) \mp i\pi \delta_0 (f).$$

---

[2]Die Bezeichnung $vp \frac{1}{x}$ leitet sich vom französischen „valeur principal" für Hauptwert(integral) ab.

Definition 5.3 Seien $T, T_n \in \mathscr{D}'(\mathbb{R})$ für alle $n \in \mathbb{N}$. Falls für alle $f \in \mathscr{D}(\mathbb{R})$

$$\lim_{n \to \infty} T_n(f) = T(f),$$

heißt die Folge (T_n) schwach gegen T konvergent.

Sei für $k \in \mathbb{N}$ die Funktion g_k durch eine der folgenden Formeln gegeben:

$$g_k(x) = \frac{1}{\pi} \frac{k}{1 + k^2 x^2}, \quad g_k(x) = k \exp\left(-\pi k^2 x^2\right), \quad g_k(x) = \frac{k}{\pi} \left(\frac{\sin(kx)}{kx}\right)^2.$$

Diese Folgen von regulären Distributionen $(\widetilde{g_k})_{k \in \mathbb{N}}$ konvergieren schwach gegen Diracs Delta-Distribution (siehe Übungsbeispiele 7). Man sagt dazu, $(\widetilde{g_k})_{k \in \mathbb{N}}$ ist eine Delta-Folge. Es gilt

$$\lim_{k \to \infty} g_k(0) = \infty, \quad \lim_{k \to \infty} g_k(x) = 0$$

für alle $x \neq 0$ und $\int_{-\infty}^{\infty} g_k(x)\, dx = 1$ für alle $k \in \mathbb{N}$.

Mittels einer inhomogen linearen Abbildung lässt sich aus einer Distribution $T \in \mathscr{D}'(\mathbb{R})$ eine weitere Distribution bilden. Den Hinweis darauf geben wieder die regulären Distributionen. Sei $g : \mathbb{R} \to \mathbb{R}$ lokalintegrabel. Dann gilt für $f \in \mathscr{D}(\mathbb{R})$, $a \in \mathbb{R} \smallsetminus \{0\}$ und $b \in \mathbb{R}$

$$\int_{-\infty}^{\infty} g(ax + b)\, f(x)\, dx = \frac{1}{|a|} \int_{-\infty}^{\infty} g(y)\, f\left(\frac{y - b}{a}\right) dy.$$

Allgemeiner gilt offenbar der folgende

Satz 5.1 *Sei* $\lambda : \mathbb{R} \to \mathbb{R}$ *mit* $\lambda(x) = ax + b$ *mit* $a, b \in \mathbb{R}$ *und* $a \neq 0$*. Sei* $T \in \mathscr{D}'(\mathbb{R})$*. Dann ist* $\lambda_* T : \mathscr{D}(\mathbb{R}) \to \mathbb{R}$ *mit* $(\lambda_* T)(f) = T\left(f \circ \lambda^{-1}\right) / |a|$ *eine Distribution. Sie heißt die Rückholung von* T *mit* λ*.*

Im Fall von Diracs Delta spezialisiert sich $\lambda_* T$ auf

$$\left(\lambda_* \delta_\xi\right)(f) = \frac{1}{|a|} \delta_\xi\left(f \circ \lambda^{-1}\right) = \frac{1}{|a|} \left(f \circ \lambda^{-1}\right)(\xi)$$

$$= \frac{1}{|a|} f\left(\frac{\xi - b}{a}\right) = \frac{1}{|a|} \delta_{\frac{\xi - b}{a}}(f).$$

Die formale Notation dafür ist

$$\delta(ax + b - \xi) = \frac{1}{|a|} \delta\left(x - \frac{\xi - b}{a}\right).$$

Hier noch ein höherdimensionales Beispiel: Für ein fest gewähltes $R \in \mathbb{R}_{>0}$ sei $S \in \mathscr{D}'\left(\mathbb{R}^2\right)$ mit

$$S(f) = \frac{1}{2} \int_0^{2\pi} f(R\cos\varphi, R\sin\varphi)\, d\varphi.$$

S wird auch als $\delta\left(x^2 + y^2 - R^2\right)$ notiert, denn die formale Manipulation

$$\delta\left(r^2 - R^2\right) = \delta\left((r-R)(r+R)\right) = \delta\left(2R(r-R)\right) = \delta\left((r-R)\right)/2R$$

„impliziert" ja

$$
\begin{aligned}
S(f) &= \int_{\mathbb{R}^2} \delta\left(x^2 + y^2 - R^2\right) f(x,y)\, dx dy \\
&= \int_0^{2\pi} \int_0^\infty r\delta\left(r^2 - R^2\right) f(r\cos\varphi, r\sin\varphi)\, dr d\varphi \\
&= \int_0^{2\pi} \int_0^\infty \frac{r}{2R}\delta(r-R) f(r\cos\varphi, r\sin\varphi)\, dr d\varphi \\
&= \frac{1}{2} \int_0^{2\pi} f(R\cos\varphi, R\sin\varphi)\, d\varphi.
\end{aligned}
$$

5.2 Differenzieren von Distributionen

Sei $g \in C^1(\mathbb{R})$ und sei $\widetilde{g}$ die zugehörige reguläre Distribution. Dann gilt

$$\widetilde{g}\left(f'\right) = \int_{-\infty}^\infty g(x) f'(x)\, dx = -\int_{-\infty}^\infty g'(x) f(x)\, dx = -\widetilde{g'}(f).$$

Dies motiviert die folgende Definition der Ableitung einer Distribution.

Definition 5.4 Sei $T \in \mathscr{D}'(\mathbb{R})$. Dann heißt die Abbildung $T' : \mathscr{D}(\mathbb{R}) \to \mathbb{R}$ mit $T'(f) = -T\left(f'\right)$ die Ableitung von T.

Satz 5.2 *Die Ableitung einer Distribution ist ebenfalls eine Distribution. Ist eine Folge (T_n) in $\mathscr{D}'(\mathbb{R})$ schwach gegen $T \in \mathscr{D}'(\mathbb{R})$ konvergent, dann konvergiert die Folge $\left(T_n'\right)$ schwach gegen T'.*

Ein einfaches Beispiel ergibt sich mit Diracs Delta-Distribution. Es gilt $\delta_x'(f) = -f'(x)$ oder allgemeiner für die n-fache Ableitung

$$\delta_x^{(n)}(f) = (-1)^n f^{(n)}(x).$$

Die Ableitung der regulären Distribution, die zu einer konstanten Funktion gehört, ist die Nulldistribution, denn für $f \in \mathscr{D}(\mathbb{R})$ und für $c \in \mathbb{R}$ gilt

$$\widetilde{c}'(f) = -\int_{-\infty}^{\infty} cf'(x)\,dx = -c\,f(x)\big|_{-\infty}^{\infty} = 0.$$

Gibt es eine Distribution, deren Ableitung Diracs Delta ergibt? Für $\Theta : \mathbb{R} \to \mathbb{R}$ gelte[3] $\Theta(x) = 0$ für $x < 0$ und $\Theta(x) = 1$ für $x > 0$. (Jede solche Funktion Θ heißt Heavisidefunktion.) Für die Ableitung der zu Θ gehörigen regulären Distribution gilt

$$\widetilde{\Theta}'(f) = -\int_{0}^{\infty} f'(x)\,dx = f(0) = \delta_0(f).$$

Ist die Distribution $\widetilde{\Theta}$ die Ableitung einer weiteren Distribution? Sei g die Betragsfunktion auf $\mathbb{R}$. Dann gilt

$$\begin{aligned}
\widetilde{g}'(f) &= -\int_{-\infty}^{\infty} |x|\,f'(x)\,dx = \int_{-\infty}^{0} xf'(x)\,dx - \int_{0}^{\infty} xf'(x)\,dx \\
&= xf'(x)\big|_{-\infty}^{0} - \int_{-\infty}^{0} f(x)\,dx - xf'(x)\big|_{0}^{\infty} + \int_{0}^{\infty} f(x)\,dx \\
&= \int_{-\infty}^{\infty} sgn(x)\,f(x)\,dx = 2\widetilde{\left(\Theta - \frac{1}{2}\right)}(f).
\end{aligned}$$

Also gilt $\widetilde{|\cdot|}'' = 2\delta_0$. Formal notiert sieht dies so aus: $d^2|x|/dx^2 = 2\delta(x)$. Die reelle Funktion $g(t) = \frac{1}{2}(|t|+t) = t\Theta(t)$ gibt die Bewegung eines anfangs ruhenden Massenpunktes, auf den nichts als ein δ_0-Kraftstoß einwirkt.

5.3 Fundamentallösungen

Wir sind mehrfach in diesem Text auf Greensche Funktionen einer (homogen) linearen (partiellen) Differentialgleichung gestoßen. Eine Greensche Funktion erzeugt durch Faltung mit einer Quellfunktion j eine Lösung der inhomogenen Differentialgleichung mit Quelle j, aber nicht irgendeine Lösung, sondern eine solche, die bestimmte Zusatzbedingungen erfüllt. So dient etwa die retardierte Greensche Funktion der 2d-dAWG dazu, jene Lösung zu bestimmen, die vor dem Einsetzen der Quellaktivität verschwindet. Manche der Lösungsformeln, wie z. B. jene zur Bestimmung der retardierten Lösung der 4d-dAWG, erinnern zumindest schemenhaft an eine Faltung der Quelle mit einer Funktion. Bei genauerem Hinsehen zeigt sich aber, dass der Faltungskern Dirac-Delta-Anteile enthält und somit gar keine Funktion ist.

---

[3]Der Wert von Θ bei 0 ist ohne Belang.

L. Schwartz hat den Begriff der Greenschen Funktion zu dem der (distributionellen) Fundamentallösung[4] so verallgemeinert, dass alle Lösungsformeln, die uns begegnet sind, in einem strengen Sinn zu Faltungsformeln werden. Er konnte dabei den aus der Physik heraus entstandenen Konzepten wie Punktquelle einen präzise mitteilbaren Sinn geben und schaffte dies, indem er sie als Begriffe in die Welt der Distributionen einordnete. Eine systematische Darstellung der Fundamentallösungen ist in [6] zu finden.

5.3.1 Gewöhnliche Differentialoperatoren

Ist $g : \mathbb{R} \to \mathbb{R}$ lokalintegrabel, dann ist für $f \in \mathscr{D}(\mathbb{R})$ die Faltung von g mit f durch

$$(g * f)(x) = \int_{-\infty}^{\infty} g(x - \xi) f(\xi) \, d\xi = \int_{-\infty}^{\infty} g(y) f(x - y) \, dy$$

definiert. Mit der Translation $(T_x f)(y) = f(y - x)$ und der Spiegelung $(\Pi f)(y) = f(-y)$ folgt $(T_x \Pi f)(y) = (\Pi f)(y - x) = f(x - y)$ und daher $(g * f)(x) = \widetilde{g}(T_x \Pi f)$. Dies motiviert die folgende allgemeinere Definition.

Definition 5.5 Sei $T \in \mathscr{D}'(\mathbb{R})$ und $f \in \mathscr{D}(\mathbb{R})$. Dann wird die Funktion

$$T * f : \mathbb{R} \to \mathbb{R} \text{ mit } (T * f)(x) = T(T_x \Pi f)$$

als die Faltung von T mit f bezeichnet.

Satz 5.3 *Sei $D : \mathscr{D}(\mathbb{R}) \to \mathscr{D}(\mathbb{R})$, $f \mapsto c_0 f^{(0)} + c_1 f^{(1)} + \ldots c_n f^{(n)}$ ein gewöhnlicher linearer Differentialoperator mit konstanten Koeffizienten $c_1, \ldots c_n \in \mathbb{R}$. Für ein $G \in \mathscr{D}'(\mathbb{R})$ gelte $DG = \delta_0$. Sei $f \in \mathscr{D}(\mathbb{R})$ und $u = G * f$. Dann gilt $Du = f$.*

Eine solche Distribution G wird als *eine* Fundamentallösung von D bezeichnet. Sie ist durch $DG = \delta_0$ *nicht* eindeutig festgelegt.

Beweis Die heuristische Begründung dieses Satzes ist sehr einfach, wenn man G als reguläre Distribution zu einer lokalintegrablen Funktion voraussetzt und dann formal notiert:

$$Du(x) = D \int_{-\infty}^{\infty} g(x - y) f(y) \, dy = \int_{-\infty}^{\infty} \delta(x - y) f(y) \, dy = f(x).$$

---

[4]Fundamentallösungen werden auch als Grundlösungen bezeichnet.

Ohne Bemühung des inexistenten Objekts $\delta\,(x - y)$ geht der Schluss so: Wegen der Linearität und der Stetigkeit von G gilt

$$u'\,(x) = \lim_{\varepsilon \to 0} \frac{u\,(x + \varepsilon) - u\,(x)}{\varepsilon} = \lim_{\varepsilon \to 0} \frac{1}{\varepsilon} \left[G\,(T_{x+\varepsilon} \Pi f) - G\,(T_x \Pi f) \right]$$

$$= G\left(\lim_{\varepsilon \to 0} \frac{T_{x+\varepsilon} \Pi f - T_x \Pi f}{\varepsilon} \right).$$

Weiters gilt

$$\lim_{\varepsilon \to 0} \frac{T_{x+\varepsilon} \Pi f - T_x \Pi f}{\varepsilon}\,(y) = \lim_{\varepsilon \to 0} \frac{f\,(x + \varepsilon - y) - f\,(x - y)}{\varepsilon}$$

$$= \lim_{\varepsilon \to 0} \frac{f\,(x - (y - \varepsilon)) - f\,(x - y)}{\varepsilon}$$

$$= \lim_{\varepsilon \to 0} \frac{\Pi f\,(y - \varepsilon - x) - \Pi f\,(y - x)}{\varepsilon}$$

$$= \lim_{\varepsilon \to 0} \frac{T_x \Pi f\,(y - \varepsilon) - T_x \Pi f\,(y)}{\varepsilon} = -\,(T_x \Pi f)'\,(y).$$

Daraus folgt $(G * f)'\,(x) = u'\,(x) = -G\left((T_x \Pi f)'\right) = G'\,(T_x \Pi f) = \left(G' * f\right)(x)$. Es gilt daher $Du = (DG) * f$. Damit folgt nun

$$[(DG) * f]\,(x) = [\delta_0 * f]\,(x) = \delta_0\,(T_x \Pi f) = (T_x \Pi f)\,(0) = f\,(x).$$

$\square$

Eine völlig analoge Konstruktion funktioniert für lineare partielle Differentialoperatoren mit konstanten Koeffizienten auf $\mathbb{R}^n$.

Fundamentallösung von ∂_x

Wegen $\widetilde{\Theta}' = \delta_0$ ist die reguläre Distribution zur Heavisidefunktion eine Fundamentallösung des Differentialoperators $D = \frac{d}{dx}$. Etwas allgemeiner ist der Fall $D = \frac{d}{dx} - a$ mit $a \in \mathbb{R}$. Es gilt mit $g\,(x) = \Theta\,(x)\exp ax$

$$D\widetilde{g}\,(f) = \widetilde{g}\left(-f' - af\right) = -\int_0^\infty e^{ax}\left(f'\,(x) + af\,(x)\right) dx$$

$$= -\left.e^{ax} f\,(x)\right|_0^\infty + \int_0^\infty ae^{ax} f\,(x)\,dx - \int_0^\infty ae^{ax} f\,(x)\,dx = f\,(0) = \delta_0\,(f).$$

Zwei Fundamentallösungen von $\partial_x^2 - \kappa^2$

Sei $\kappa \in \mathbb{R}_{>0}$ und $g : \mathbb{R} \to \mathbb{R}$ mit $g(x) = -\exp(-\kappa |x|)/2\kappa$. Dann gilt

$$-2\kappa \widetilde{g}''(f) = -2\kappa \widetilde{g}(f'') = \int_{-\infty}^{0} e^{\kappa x} f''(x)\, dx + \int_{0}^{\infty} e^{-\kappa x} f''(x)\, dx$$

$$= e^{\kappa x} f'(x)\big|_{-\infty}^{0} + e^{-\kappa x} f'(x)\big|_{0}^{\infty} - \kappa \int_{-\infty}^{0} e^{\kappa x} f'(x)\, dx + \kappa \int_{0}^{\infty} e^{-\kappa x} f'(x)\, dx.$$

Die Randterme der partiellen Integration ergeben keinen Beitrag. Mit einer partiellen Integration folgt weiter

$$2\widetilde{g}''(f) = e^{\kappa x} f(x)\big|_{-\infty}^{0} - e^{-\kappa x} f(x)\big|_{0}^{\infty} - \kappa \int_{-\infty}^{0} e^{\kappa x} f(x)\, dx - \kappa \int_{0}^{\infty} e^{-\kappa x} f(x)\, dx$$

$$\widetilde{g}''(f) = f(0) + \kappa^2 \widetilde{g}(f) = \delta_0(f) + \kappa^2 \widetilde{g}(f).$$

Die Distribution $\widetilde{g}$ ist also Fundamentallösung von $D = \frac{d^2}{dx^2} - \kappa^2$. Die Funktion g ist in jedem Punkt $x \neq 0$ unendlich oft differenzierbar. Für $x \to 0$ existieren die rechts- und linksseitigen Limiten von $g'(x)$. Es gilt

$$\lim_{x \downarrow 0} g'(x) - \lim_{x \uparrow 0} g'(x) = \frac{1}{2} - \left(-\frac{1}{2}\right) = 1.$$

Auch die Funktion $h(x) = \frac{\exp(\kappa |x|)}{2\kappa}$ ergibt eine Fundamentallösung $\widetilde{h}$ von $\frac{d^2}{dx^2} - \kappa^2$. Probe: Die Differenz $\Delta = h - g$ muss eine Lösung $\widetilde{\Delta}$ der homogenen Gleichung $\widetilde{\Delta}'' - \kappa^2 \widetilde{\Delta} = 0$ ergeben. Es gilt sogar $\Delta'' - \kappa^2 \Delta = 0$, denn

$$(h - g)(x) = \frac{1}{2\kappa}\left(e^{\kappa |x|} + e^{-\kappa |x|}\right) = \frac{\cosh(\kappa x)}{\kappa}.$$

Eine Fundamentallösung von ∂_x^2

Der punktweise Limes $g(x) := \lim_{\kappa \to 0} \left(e^{\kappa |x|} - 1\right)/2\kappa = |x|/2$ reproduziert die im Abschnitt über das Differenzieren von Distributionen schon behandelte (reguläre) Fundamentallösung von ∂_x^2. Es gilt also $\widetilde{g}'' = \delta$ für die Funktion $g : \mathbb{R} \to \mathbb{R}$ mit $g(x) = |x|/2$. Die Funktion $-g$ repräsentiert das elektrostatische Potential einer Einheitspunktladung auf der reellen Achse.

Zwei Fundamentallösungen von $\partial_x^2 + k^2$

Sei $k \in \mathbb{R}_{>0}$ und $g : \mathbb{R} \to \mathbb{R}$ mit $g(x) = \sin(k |x|)/2k$. Dann folgt $\widetilde{g}'' + k^2 \widetilde{g} = \delta_0$. Ein Beweis dafür geht wie im vorigen Beispiel über partielle Integration. Hier noch ein heuristisches formales Argument: Aus $g'(x) = \frac{1}{2} sgn(x) \cos(k |x|)$ folgt

$$g''(x) = \frac{1}{2} sgn'(x) \cos(k\,|x|) - \frac{k}{2} sgn^2(x) \sin(k\,|x|) = \delta(x) \cos(0) - k^2 g(x),$$

also die formale Version der Behauptung.

Eine weitere Fundamentallösung von $\frac{d^2}{dx^2} + k^2$ erhält man durch Addieren einer Lösung der homogenen Gleichung zu g wie etwa so:

$$h(x) := g(x) + \frac{\sin(kx)}{2k} = \Theta(x) \frac{\sin(kx)}{k}.$$

Die Funktion h beschreibt die Bewegung eines anfangs ruhenden Oszillators, auf den zur Zeit 0 ein δ-Kraftstoß wirkt.

5.3.2 3d-Laplaceoperator

Satz 5.4 *Die reguläre Distribution zur lokalintegrablen Funktion* $g : \mathbb{R}^3 \setminus \{0\} \to \mathbb{R}$ *mit* $g(x) = -\frac{1}{4\pi|x|}$ *ist eine Fundamentallösung von* Δ. *Es gilt also* $\Delta \widetilde{g} = \delta_0$.

Beweis Sei K_R die offene Kugel um 0 mit Radius R und sei $f \in \mathscr{D}\left(\mathbb{R}^3\right)$. Dann gilt für $0 < \varepsilon < R$ auf $K_R \setminus \overline{K_\varepsilon}$

$$\operatorname{div}\left(\frac{1}{r} \cdot \operatorname{grad}(f)\right) = \left\langle \operatorname{grad}\left(\frac{1}{r}\right), \operatorname{grad}(f)\right\rangle + \frac{1}{r}\Delta f,$$

$$\operatorname{div}\left(f \cdot \operatorname{grad}\left(\frac{1}{r}\right)\right) = \left\langle \operatorname{grad}(f), \operatorname{grad}\left(\frac{1}{r}\right)\right\rangle.$$

Subtrahiere dieser beiden Gleichungen und integriere mit dem Gaußschen Satz. Mit dem nach außen gerichteten Einheitsnormalenvektorfeld n von $\partial(K_R \setminus K_\varepsilon)$ ergibt sich

$$\int_{K_R \setminus K_\varepsilon} \left(\frac{1}{r}\Delta f\right) d^3x = \int_{\partial(K_R \setminus K_\varepsilon)} \left\langle \frac{1}{r} \cdot \operatorname{grad}(f) - f \cdot \operatorname{grad}\left(\frac{1}{r}\right), n\right\rangle dF.$$

Für R so groß, dass $f = 0$ im Bereich $r > R$, folgt $f = 0$ und $\operatorname{grad}(f) = 0$ auf ∂K_R. Daher gilt mit $dF = \varepsilon^2 d\Omega$

$$\int_{K_R \setminus K_\varepsilon} \left(\frac{1}{r}\Delta f\right) d^3x = \varepsilon^2 \int_{\partial K_\varepsilon} \left\langle \frac{1}{r} \cdot \operatorname{grad}(f) - f \cdot \operatorname{grad}\left(\frac{1}{r}\right), n\right\rangle d\Omega$$

$$= -\varepsilon^2 \int_{\partial K_\varepsilon} \left[\frac{1}{\varepsilon} \cdot \left\langle \operatorname{grad}(f), \frac{x}{\varepsilon}\right\rangle + f \cdot \frac{1}{\varepsilon^2}\right] d\Omega.$$

Dies gilt für alle ε mit $0 < \varepsilon < R$. Man beachte das Vorzeichen, das von $n(x) = -x/\varepsilon = -\operatorname{grad}_x(r)$ für $x \in \partial K_\varepsilon$ herrührt. Durch den Grenzübergang $\varepsilon \to 0$ folgt

$$\int_{\mathbb{R}^3} \left(\frac{1}{r}\Delta f\right) d^3x = \int_{K_R} \left(\frac{1}{r}\Delta f\right) d^3x = -4\pi f(0).$$

Also gilt $\Delta \widetilde{\frac{1}{r}} = -4\pi \delta_0$. $\qquad\qquad\qquad\qquad\qquad\qquad\qquad\qquad$ □

Anmerkungen: 1) Die symbolische Notation der Physik ist $-\Delta(1/r) = 4\pi\delta^3$. Die Hochzahl 3 steht hier nicht für eine Potenz, sondern sie deutet die Dimension des Raumes an, auf dem die Testfunktionen definiert sind. Die Verallgemeinerung dieses Satzes auf $\mathbb{R}^n$ ist in [2, Kap. IV, § 13.5.3, und Kap. V, § 14.2.4] angeführt und bewiesen. Im Fall $n = 2$ gilt $\Delta \ln r = 2\pi \cdot \delta_0$. Die zur Funktion $\ln r / (2\pi)$ gehörige reguläre Distribution ist eine Fundamentallösung von Δ auf $\mathbb{R}^2$.

2) Die eindimensionale Homogenität $\lambda > 0 \Rightarrow \delta_0(\lambda x) = \delta_0(x)/\lambda$ überträgt sich in höhere Dimension zu $\lambda > 0 \Rightarrow \delta_0^n(\lambda x) = \delta_0^n(x)/\lambda^n$. Damit wird eine Kontrolle von Fundamentallösungen mithilfe ihrer physikalischen Dimension möglich. Am Beispiel $1/r$ etwa haben beide Seiten der Gleichung $\Delta_3(1/r) = -4\pi\delta_0^3$ tatsächlich die physikalische Dimension von „Länge" hoch -3.

Korollar 5.1 *Sei* $f \in \mathscr{D}(\mathbb{R}^3)$. *Für die Funktion*[5] $u : \mathbb{R}^3 \to \mathbb{R}$ *mit*

$$u(x) = -\left(\frac{1}{4\pi r} * f\right)(x) = -\frac{1}{4\pi}\int_{\mathbb{R}^3}\frac{f(y)}{|x-y|}d^3y$$

gilt $\Delta u = f$ *auf* $\mathbb{R}^3$.

5.3.3 3d-Helmholtzoperator

Drehinvariante Fundamentallösungen des Operators $\Delta_n + \lambda$ ergeben sich aus drehinvarianten Funktionen $\phi_n : \mathbb{R}^n \setminus \{0\} \to \mathbb{R}$ mit $(\Delta_n + \lambda)\phi_n = 0$, die für $r \to 0$ unbeschränkt, aber lokalintegrabel sind. Dabei muss das Flussintegral von grad(ϕ_n) durch die Oberfläche einer Sphäre vom Radius ε für $\varepsilon \to 0$ gegen 1 konvergieren. Sei ω_n der Flächeninhalt der Einheitssphäre im $\mathbb{R}^n$. Daher sollte die „Randbedingung"

$$\phi_n = \begin{cases} \frac{-r^{2-n}}{(n-2)\omega_n}(1 + O(r)) \text{ für } n \in \{3,4,\ldots\} \\ \frac{\ln(r)}{2\pi}(1 + O(r)) \qquad \text{ für } n = 2 \end{cases} \text{ für } r \to 0$$

gelten.

Der Flächeninhalt ω_n kann folgendermaßen bestimmt werden: Wir wissen, dass

$$\int_{-\infty}^{\infty} e^{-x^2} dx = \sqrt{\pi}.$$

---

[5]Für $f \in \mathscr{D}(\mathbb{R}^3)$ ist u die einzige Lösung von $\Delta u = f$ mit $\lim_{\lambda \to \infty} u(\lambda x) = 0$ für alle $x \in \mathbb{R}^3 \setminus 0$, siehe [2, Kap. V, § 14.3.3]. Die Konstuktion einer Lösung von $\Delta u = f$ durch Faltung von $-1/4\pi r$ mit f ist auch für gewisse f möglich, die nicht in $\mathscr{D}(\mathbb{R}^3)$ sind. Zum Beispiel für $f \in C^2(\mathbb{R}^3)$ mit $f = 0$ außerhalb einer genügend großen Kugel.

Daraus folgt für $n \in \mathbb{N}$ mit der Substitution $t = r^2$

$$\pi^{n/2} = \left[\int_{-\infty}^{\infty} e^{-x^2} dx \right]^n = \int_{\mathbb{R}^n} e^{-|x|^2} d^n x = \omega_n \int_0^{\infty} r^{n-1} e^{-r^2} dr$$
$$= \frac{\omega_n}{2} \int_0^{\infty} t^{\frac{n}{2}-1} e^{-t} dt = \frac{\omega_n}{2} \Gamma \left(\frac{n}{2} \right).$$

Also gilt $\omega_n = 2\pi^{n/2} / \Gamma \left(\frac{n}{2} \right)$. Kontrolle für $n = 3$: Es gilt $\omega_3 = 2\pi^{3/2} / \Gamma \left(\frac{1}{2} + 1 \right) = 2\pi^{3/2} / \frac{1}{2} \Gamma \left(\frac{1}{2} \right) = 4\pi$.

Satz 5.5 *Sei $\kappa \geq 0$. Die regulären Distributionen zu den beiden Funktionen*

$$g_{\pm} : \mathbb{R}^3 \smallsetminus \{0\} \to \mathbb{R} \text{ mit } g_{\pm} = -\frac{\exp\left(\pm \kappa r\right)}{4\pi r}$$

sind Fundamentallösungen des dreidimensionalen Helmholtzoperators $\Delta_3 - \kappa^2$.

Beweis Sei $n = 3$ und $\kappa \in \mathbb{R}$. Dann gilt

$$\Delta f(r) = f''(r) + \frac{2}{r} f'(r) = \frac{1}{r^2} \partial_r \left(r^2 \partial_r f(r) \right).$$

Für $f(r) = \frac{e^{\kappa r}}{r}$ folgt $r^2 \partial_r f(r) = r\kappa e^{\kappa r} - e^{\kappa r}$ und $\partial_r \left(r^2 \partial_r f(r) \right) = \kappa e^{\kappa r} + r\kappa^2 e^{\kappa r} - \kappa e^{\kappa r} = r\kappa^2 e^{\kappa r}$. Somit gilt auf $\mathbb{R}^3 \smallsetminus \{0\}$

$$\Delta \frac{e^{\kappa r}}{r} = \kappa^2 \frac{e^{\kappa r}}{r}.$$

Da $\frac{e^{\kappa r}}{r} = \frac{1}{r}(1 + O(r))$ für $r \to 0$, erfüllt die Funktion $\frac{-e^{\kappa r}}{4\pi r}$ die Randbedingung einer Fundamentallösung von $\Delta_3 - \kappa^2$. $\qquad \square$

Satz 5.6 *Die regulären Distributionen zu den beiden Funktionen*

$$g_{\pm} : \mathbb{R}^3 \smallsetminus \{0\} \to \mathbb{C} \text{ mit } g_{\pm} = -\frac{\exp\left(\pm ikr\right)}{4\pi r}$$

sind (komplexe) Fundamentallösungen des 3d-Helmholtzoperators $\Delta_3 + k^2$. Eine reelle Fundamentallösung ist in diesem Fall die reguläre Distribution zu $g = \Re g_{\pm} = -\cos(kr) / (4\pi r)$.

Beweis Der Beweis geht vollkommen analog zu jenem der Fundamentallösung von $\Delta_3 - \kappa^2$. $\qquad \square$

5.3.4 2d-Helmholtzoperator

Im Fall $n = 2$ und $k \in \mathbb{R}$ wird für eine Fundamentallösung von $\Delta_2 + k^2$ eine unbeschränkte Lösung der Besselgleichung mit Parameter 0 benötigt, die sich für $r \to 0$ an $\ln(r)/2\pi$ „anschmiegt". Für die (reelle) Neumannfunktion N_0 gilt $N_0(kr) = \frac{2}{\pi} \ln(kr)(1 + O(r))$ für $r \to 0$, sodass die zur Funktion

$$g = \frac{N_0(kr)}{4} + \alpha J_0(kr) : \mathbb{R}^3 \smallsetminus \{0\} \to \mathbb{C}$$

mit beliebigem $\alpha \in \mathbb{C}$ gehörige Distribution eine Fundamentallösung von $\Delta_2 + \kappa^2$ ist. Die Hankelfunktionen sind durch $H_\nu^{(1)} = J_\nu + i N_\nu$ und $H_\nu^{(2)} = J_\nu - i N_\nu$ definiert. Daher gehört sowohl zu $g_+ = -i H_0^{(1)}(kr)/4$ als auch zu $g_- = i H_0^{(2)}(kr)/4$ eine (komplexe) Fundamentallösung.

Satz 5.7 *Für die Funktionen $g_\pm : \mathbb{R}^2 \smallsetminus \{0\} \to \mathbb{C}$ gelte*

$$g_+ = -\frac{i}{4} H_0^{(1)}(kr) \ und \ g_- = \frac{i}{4} H_0^{(2)}(kr).$$

Die zu den Funktionen $g_\pm$ gehörigen Distributionen sind (komplexe) Fundamentallösungen des 2d-Helmholtzoperators $\Delta_2 + k^2$.

Die Funktionen $g_\pm$ haben die folgende Fern-Asymptotik (siehe [4, Kap. 14, § 5]):

$$g_\pm = \mp \frac{i}{4} \sqrt{\frac{2}{\pi k r}} e^{\pm i \left(kr - \frac{\pi}{4}\right)} + O\left((kr)^{-3/2}\right) \text{ für } r \to \infty.$$

Die Fern-Asymptotik der Fundamentallösungen von $\Delta_n + k^2$ spielt bei der Analyse von stationärer Streuung und Beugung eine wichtige Rolle. Warum? Sei G_k eine Fundamentallösung von $\Delta + k^2$. Sei $\omega = ck > 0$. Dann gilt für die t-abhängige Distribution $S_k(t) = -e^{-i\omega t} G_k$

$$\left(\frac{1}{c^2}\partial_t^2 - \Delta\right) S_k(t) = e^{-i\omega t}\left(\frac{\omega^2}{c^2} + \Delta\right) G_k = e^{-i\omega t}\delta_0.$$

Für $G_k = \widetilde{g_\pm}$ sind die zu S_k gehörigen Kugelwellen daher aus- bzw. einlaufend.

Für $\lambda = -\kappa^2 < 0$ und $n = 2$ werden die Lösungen der modifizierten Besselgleichung zum Parameter 0 benötigt, ansonsten besteht weitgehende Analogie. Wir breiten das hier nicht weiter aus.

5.3.5 2d-Wellenoperator

Satz 5.8 *Sei Θ die Heavisidefunktion und $c > 0$. Die reguläre Distribution $\widetilde{g_{ret}}$ zu* $g_{ret} : \mathbb{R}^2 \to \mathbb{R}$ *mit* $g_{ret}(t, x) = \frac{c}{2}\Theta(ct - |x|)$ *ist eine Fundamentallösung von* $\Box$.

Beweis Ein formales Argument geht so:

$$\frac{1}{c}\partial_t g_{ret}(t, x) = \frac{c}{2}\delta(ct - |x|), \quad \left(\frac{1}{c}\partial_t\right)^2 g_{ret}(t, x) = \frac{c}{2}\delta'(ct - |x|),$$

$$\partial_x g_{ret}(t, x) = -\frac{c}{2}\delta(ct - |x|) \, sgn(x),$$

$$\partial_x^2 g_{ret}(t, x) = \frac{c}{2}\delta'(ct - |x|) \, sgn^2(x) - c\delta(ct - |x|)\delta(x)$$

$$= \frac{c}{2}\delta'(ct - |x|) - \delta\left(t - \frac{|x|}{c}\right)\delta(x)$$

$$= \frac{c}{2}\delta'(ct - |x|) - \delta(t)\delta(x).$$

Daraus ist plausibel, dass $\Box g_{ret}(t, x) = \delta(t)\delta(x)$.

Ein Beweis geht so: Für die Karte (u, v) mit $u = ct + x, v = ct - x$ gilt $\Theta(ct - |x|) = \Theta(u)\Theta(v)$, da der Vorwärtskegel der Karte (t, x) der erste Quadrant der Karte (u, v) ist. Weiters gilt für $f(t, x) = \widehat{f}(u, v)$

$$\left(\frac{1}{c^2}\partial_t^2 - \partial_x^2\right)f = 4\partial_u\partial_v\widehat{f}.$$

Für die Funktionaldeterminante des Kartenwechsels von (t, x) auf (u, v) gilt

$$\det\begin{pmatrix}\partial_u x & \partial_u t \\ \partial_v x & \partial_v t\end{pmatrix} = \det\frac{1}{2c}\begin{pmatrix}c & 1 \\ -c & 1\end{pmatrix} = \frac{1}{2c}.$$

Damit folgt für $f \in \mathscr{D}(\mathbb{R}^2)$

$$\widetilde{g_{ret}}(\Box f) = \frac{c}{2}\int_{\mathbb{R}}\left[\int_{\mathbb{R}}\Theta(ct - |x|)\Box f(t, x)\,dx\right]dt$$

$$= \frac{c}{2}\int_0^\infty\left[\int_0^\infty \frac{1}{2c}4\partial_u\partial_v\widehat{f}(u, v)\,du\right]dv = \int_0^\infty \partial_v\widehat{f}(u, v)\Big|_{u=0}^{u=\infty}\,dv$$

$$= -\int_0^\infty \partial_v\widehat{f}(0, v)\,dv = \widehat{f}(0, 0) = f(0, 0) = \delta_0(f).$$

$\Box$

Im Kapitel über Duhamels Lösungsformel wurde klargemacht, dass für $j \in \mathscr{D}\left(\mathbb{R}^2\right)$ die Funktion $u : \mathbb{R}^2 \to \mathbb{R}$ mit

$$u(t,x) = \frac{c}{2} \int_\tau^t \left(\int_{x-c(t-s)}^{x+c(t-s)} j(s,\xi)\, d\xi \right) ds$$

die Wellengleichung $\Box u = j$ mit den homogenen Anfangsbedingungen $u(\tau,\cdot) = \partial_t u(\tau,\cdot) = 0$ erfüllt. Wähle nun τ so, dass $j(t,\cdot) = 0$ für alle $t < \tau$. Dann folgt

$$\begin{aligned}
u(t,x) &= \frac{c}{2} \int_{-\infty}^t \left(\int_{x-c(t-s)}^{x+c(t-s)} j(s,\xi)\, d\xi \right) ds \\
&= \frac{c}{2} \int_{-\infty}^\infty \Theta(t-s) \left(\int_{-\infty}^\infty \Theta\left(c^2(t-s)^2 - (x-\xi)^2\right) j(s,\xi)\, d\xi \right) ds \\
&= (\widetilde{g_{\mathrm{ret}}} * j)(t,x),
\end{aligned}$$

wobei $g_{\mathrm{ret}}(x) = \frac{c}{2}\Theta(t)\,\Theta\left(c^2 t^2 - x^2\right) = \frac{c}{2}\Theta(ct - |x|)$ benutzt wurde. Also gilt $u = g_{\mathrm{ret}} * j$. In diesem Fall ergibt Duhamels Lösungsformel also gerade die Faltung der Fundamentallösung $\widetilde{g_{\mathrm{ret}}}$ mit der Quelle j.

Die Faltung von $\widetilde{g_{\mathrm{ret}}}$ mit einer Funktion $j \in \mathscr{D}\left(\mathbb{R}^2\right)$ ergibt jene Lösung u von $\Box u = j$, für die $u(t,\cdot) = 0$ für alle $t < \tau$, wenn $f(t,\cdot) = 0$ für alle $t < \tau$. Vor jeder Aktivität der Quelle j ist die Lösung 0. Die Distribution $\widetilde{g_{\mathrm{ret}}}$ heißt daher retardierte Fundamentallösung; in der Physik wird die Funktion g_{ret} als retardierter Propagator oder auch retardierte Greensche Funktion bezeichnet.

Die zeitgespiegelte Funktion $g_{\mathrm{av}}(t,x) = g_{\mathrm{ret}}(-t,x)$ ergibt auch eine Fundamentallösung von $\Box$. Sie heißt avancierter Propagator und ergibt über die Faltung jene Lösungen, die ab einer genügend großen Zeit gleich 0 sind. Durch Addieren einer Lösung u_0 von $\Box u = 0$ zu g_{ret} können weitere Propagatoren (und Fundamentallösungen) gewonnen werden.

Für die Differenz $g_{\mathrm{ret}} - g_{\mathrm{av}}$ folgt

$$\begin{aligned}
g_{\mathrm{ret}}(t,x) - g_{\mathrm{av}}(t,x) &= \frac{c}{2}\left[\Theta(t) - \Theta(-t)\right] \Theta\left(c^2 t^2 - x^2\right) \\
&= \frac{c}{2}\,\mathrm{sgn}(t)\,\Theta\left(c^2 t^2 - x^2\right) \\
&= \frac{c}{2}\left[\Theta(ct - x) - \Theta(x - ct)\right].
\end{aligned}$$

Diese Funktion hat im Rückwärtskegel den Wert $-c/2$, im Vorwärtskegel hat sie den Wert $c/2$ und außerhalb des Kegels ist sie gleich 0. Sie ist also ein nicht differenzierbarer Grenzfall der Hammerschlaglösung von d'Alemberts Wellengleichung. Für die zugehörige Distribution $\widetilde{g_{\mathrm{ret}}} - \widetilde{g_{\mathrm{av}}}$ gilt $\Box(\widetilde{g_{\mathrm{ret}}} - \widetilde{g_{\mathrm{av}}}) = \Box\widetilde{g_{\mathrm{ret}}} - \Box\widetilde{g_{\mathrm{av}}} = \delta_0 - \delta_0 = 0$.

5.3.6 4d-Wellenoperator

Sei $G_{\text{ret}} \in \mathscr{D}'\left(\mathbb{R}^4\right)$ mit $c > 0$ definiert durch

$$G_{\text{ret}}(f) = \int_{\mathbb{R}^3} \frac{f\left(\frac{|x|}{c}, x\right)}{4\pi\,|x|} d^3x.$$

G_{ret} ist keine reguläre Distribution. Formal ist sie mit der „Funktion"

$$g_{\text{ret}}(t, x) = \frac{\delta\left(t - |x|/c\right)}{4\pi\,|x|} = c\,\frac{\delta\left(ct - |x|\right)}{4\pi\,|x|}$$

assoziiert. Falls für alle Punkte $(t, x) \in \mathbb{R}^4$ mit $ct = |x|$ gilt, dass $f(t, x) = 0$, dann folgt $G_{\text{ret}}(f) = 0$. Man sagt, dass die Distribution G_{ret} auf dem Vorwärtslichtkegelmantel mit Spitze in 0 lokalisiert ist. Ein allgemeiner und präziser Begriff zur Formulierung dieses Sachverhaltes ist der Träger einer Distribution. Der Träger von $S \in \mathscr{D}'\left(\mathbb{R}^n\right)$ ist die größte abgeschlossene Menge $X_S \subset \mathbb{R}^n$ mit

$$S(f) = 0 \text{ für alle } f \in \mathscr{D}\left(\mathbb{R}^n\right) \text{ mit } \overline{\{x \in \mathbb{R}^n : f(x) \neq 0\}} \subset \mathbb{R}^n \smallsetminus X_S.$$

Der Träger von G_{ret} ist also die Menge $\left\{(t, x) \in \mathbb{R} \times \mathbb{R}^3 : t \geq 0 \text{ und } ct = |x|\right\}$.

Die formale Darstellung g_{ret} legt die folgende Definition einer zeitparametrisierten Schar von räumlichen Distributionen nahe. Für $f \in \mathscr{D}\left(\mathbb{R}^3\right)$ sei die parameterabhängige Distribution $G_{\text{ret}}[t, \cdot] \in \mathscr{D}'\left(\mathbb{R}^3\right)$ formal bzw. präzise definiert durch

$$G_{\text{ret}}[t, f] = \int_{\mathbb{R}^3} c\,\frac{\delta\left(ct - |x|\right)}{4\pi\,|x|} f(x)\,d^3x = \Theta(t)\,\frac{ct}{4\pi} \int_{\mathbb{S}^2} f(ctn)\,d_n\Omega.$$

Die Abbildung $f \mapsto G_{\text{ret}}[t, f]$ ist also für alle $t \in \mathbb{R}$ ein Element von $\mathscr{D}'\left(\mathbb{R}^3\right)$.

Wird der Testfunktion $f \in \mathscr{D}\left(\mathbb{R}^4\right)$ die Testfunktion $\widehat{f}$ mit $\widehat{f}(ct, x) = f(t, x)$ für alle $(t, x) \in \mathbb{R}^4$ zugeordnet, dann folgt für die Distribution $\widehat{G}_{\text{ret}} \in \mathscr{D}'\left(\mathbb{R}^4\right)$ mit $\widehat{G}_{\text{ret}}\left(\widehat{f}\right) = \int_{-\infty}^{\infty} G_{\text{ret}}[t, f(t, \cdot)]\,dt$

$$\widehat{G}_{\text{ret}}\left(\widehat{f}\right) = \int_{\mathbb{R}^3} \frac{\widehat{f}\left(|x|, x\right)}{4\pi\,|x|} d^3x.$$

Die Distribution $\widehat{G}_{\text{ret}}$ ist daher mit der „Funktion" $\Theta\left(x^0\right)\delta\left(\left(x^0\right)^2 - |x|^2\right)/2\pi$ assoziiert, denn

$$\int_{\mathbb{R}^3} \frac{\widehat{f}\left(|x|, x\right)}{4\pi\,|x|} d^3x = \int_{\mathbb{R}^3} \left(\int_{\mathbb{R}} \widehat{f}\left(x^0, x\right) \frac{\delta\left(x^0 - |x|\right)}{4\pi x^0} dx^0\right) d^3x$$

$$= \frac{1}{2\pi} \int_{\mathbb{R}^3} \left(\int_{\mathbb{R}} \widehat{f}\left(x^0, x\right) \Theta\left(x^0\right) \delta\left(\left(x^0\right)^2 - |x|^2\right) dx^0\right) d^3x.$$

Satz 5.9 $\Box\widehat{G}_{ret} = \delta_0$, d.h. formal $\left(\partial_0^2 - \Delta\right)\frac{\Theta(x^0)}{2\pi}\delta\left(\left(x^0\right)^2 - |x|^2\right) = \delta\left(x^0\right)\delta^3\left(x\right)$.

Beweis Sei $f \in \mathscr{D}\left(\mathbb{R}^4\right)$. Das Korollar zur Lösungsformel der inhomogenen Wellengleichung impliziert, dass für die Funktion $u : \mathbb{R}^4 \to \mathbb{R}$ mit

$$u(t,x) = \int_{\mathbb{R}^3} \frac{f\left(t - \frac{|\xi|}{c}, x + \xi\right)}{4\pi|\xi|} d^3\xi$$

$\Box u = f$ gilt. Offensichtlich gilt $u(t, \cdot) = 0$ für alle $t < T$, sofern $f(t, \cdot) = 0$ für alle $t < T$. Ein Vergleich mit $G_{ret} * f$ zeigt

$$(G_{ret} * f)(t,x) = G_{ret}\left(T_{(t,x)}\Pi f\right) = \int_{\mathbb{R}^3} \frac{f\left(t - \frac{|y|}{c}, x - y\right)}{4\pi|y|} d^3y = u(t,x).$$

Mit $\Box u = f$ folgt aus $\partial_i(G_{ret} * f) = G_{ret} * (\partial_i f)$, dass

$$f(x) = \Box\left(G_{ret} * f\right)(x) = \left(G_{ret} * \Box f\right)(x) = G_{ret}\left(T_x\Pi\Box f\right) = G_{ret}\left(T_x\Box\Pi f\right).$$

Für $x = 0$ ergibt sich wegen $\Pi f(0) = f(0)$ daraus für alle $f \in \mathscr{D}\left(\mathbb{R}^4\right)$

$$f(0) = G_{ret}\left(\Box f\right).$$

Damit ist G_{ret} als die retardierte Fundamentallösung identifiziert. $\square$

Analog zu G_{ret} ist die zeitgespiegelte Distribution $G_{av} = \tau G_{ret} : f \mapsto G_{ret}\left(\tau f\right)$ mit $(\tau f)(t,x) = f(-t,x)$ eine Fundamentallösung (avancierte Fundamentallösung). Sie hat die formale Darstellung

$$g_{av}(t,x) = \frac{\delta(t + |x|/c)}{4\pi|x|} = c\frac{\delta(ct + |x|)}{4\pi|x|}.$$

Die Differenz $\Delta = G_{av} - G_{ret}$ ist eine distributionelle Lösung der homogenen Wellengleichung: $\Box\Delta = 0$. Die formale Darstellung von Δ ist mit[6] $\sigma(t) = t/|t|$ für $t \neq 0$

$$\Delta(t,x) = \frac{\delta\left(t + \frac{|x|}{c}\right)}{4\pi|x|} - \frac{\delta\left(t - \frac{|x|}{c}\right)}{4\pi|x|} = -\frac{\sigma(t)}{2\pi c}\delta\left(t^2 - \frac{|x|^2}{c^2}\right)$$

$$= -\frac{\sigma(t)}{2\pi}c\delta\left(c^2t^2 - |x|^2\right).$$

---

[6]Der Wert von σ bei 0 ist belanglos, solange er endlich ist.

Mit den zeitparametrisierten Distributionen $G_{\text{ret}}[t, \cdot]$ und ihren zeitgespiegelten Analoga $G_{\text{av}}[t, \cdot]$ lässt sich Δ in eine zugehörige zeitparametrisierte Familie räumlicher Distributionen „umdeuten":

$$\Delta[t, f] = G_{\text{av}}[t, f] - G_{\text{ret}}[t, f] = G_{\text{ret}}[-t, f] - G_{\text{ret}}[t, f]$$
$$= -\Theta(-t)\frac{ct}{4\pi}\int_{\mathbb{S}^2} f(-ctn)\, d_n\Omega - \Theta(t)\frac{ct}{4\pi}\int_{\mathbb{S}^2} f(ctn)\, d_n\Omega$$
$$= -\frac{ct}{4\pi}\int_{\mathbb{S}^2} f(ctn)\, d_n\Omega.$$

Es gilt $\Delta[0, f] = 0$ und

$$\frac{1}{c}\partial_t \Delta[t, f]\Big|_{t=0} = -\frac{1}{4\pi}\int_{\mathbb{S}^2} f(0)\, d_n\Omega - 0 \cdot \int_{\mathbb{S}^2} n \cdot \text{grad}_0(f)\, d_n\Omega = -f(0).$$

Die „Lösung" $\Delta[t, \cdot]$ hat somit die Vorgabe $\Delta[0, \cdot] = 0$ und $\frac{1}{c}\partial_t \Delta[t, \cdot]\big|_{t=0} = -\delta$.

Mit der Familie $\Delta[t, \cdot]$ lässt sich Kirchhoffs Lösungsformel für das Anfangswertproblem von d'Alemberts Wellengleichung für Anfangsvorgaben $u, v \in \mathscr{D}(\mathbb{R}^3)$ nun in die folgende distributionelle Form bringen:

$$A(t, x) = \frac{t}{4\pi}\int_{\mathbb{S}^2} v(x + c|t|n)\, d\Omega_n + \partial_t\left\{\frac{t}{4\pi}\int_{\mathbb{S}^2} u(x + c|t|n)\, d\Omega_n\right\}$$
$$= -\left(\Delta(t, \cdot) * \frac{v}{c}\right)(x) - \partial_t\left(\Delta(t, \cdot) * \frac{u}{c}\right)(x).$$

5.3.7 3d-Wellenoperator

Aus dem Abschnitt über die Lösungsformel für die inhomogene Wellengleichung $\Box A = j$ in zwei Raumdimensionen wissen wir, dass für $j \in \mathscr{D}(\mathbb{R}^3)$ für die retardierte Lösung A_{ret}

$$A_{\text{ret}}(t, x) = (g_{\text{ret}} * j)(t, x) = \frac{c}{2\pi}\int_{\mathbb{R}}\int_{\mathbb{R}^2} g_{\text{ret}}(t - s, x - y)\, j(s, y)\, d^2y\, ds$$

gilt. Dabei ist $g_{\text{ret}} : \mathbb{R} \times \mathbb{R}^2 \to \mathbb{R}$ die lokalintegrable Funktion, für die

$$g_{\text{ret}}(t, x) = \frac{c}{2\pi}\frac{\Theta(ct - |x|)}{\sqrt{c^2t^2 - |x|^2}}.$$

Die zu g_{ret} gehörige reguläre Distribution $G_{\text{ret}} = \widetilde{g_{\text{ret}}}$ ist somit die retardierte Fundamentallösung von $\Box_3$.

5.3.8 *Klein-Gordon-Operator

Für ein $\kappa \in \mathbb{R}_{>0}$ und ein $j \in \mathscr{D}(\mathbb{R}^n : \mathbb{C})$ heißt eine C^2-Funktion $A : \mathbb{R}^n \to \mathbb{C}$ mit

$$\left(\Box_n + \kappa^2\right) A = j \tag{5.1}$$

Lösung der Klein-Gordon-Gleichung mit Quellfunktion oder auch Inhomogenität j. Der Grenzfall $\kappa = 0$ umfasst also genau die (komplexen) Lösungen von d'Alembert's inhomogener Gleichung. Sei im Weiteren stets $\kappa > 0$. Gilt überdies $A(0, \cdot) = u$ und $\partial_t A(0, \cdot) = v$ für zwei Funktionen $u \in C^2\left(\mathbb{R}^{n-1} : \mathbb{C}\right), v \in C^1\left(\mathbb{R}^{n-1} : \mathbb{C}\right)$, dann wird A als Lösung des Anfangswertproblems zur inhomogenen Klein-Gordon-Gleichung mit den Vorgaben (u, v) bezeichnet. Die Eindeutigkeit der Lösung eines solchen Anfangswertproblems kann wie im Fall von d'Alemberts Wellengleichung zunächst auf den Fall $j = 0$ zurückgeführt und für diesen Fall mit der Energieintegralmethode gezeigt werden. Gl. 5.1 spielt als relativistische Wellengleichung in der Theorie massiver Mesonen mit Spin 0 eine wichtige Rolle. Da die Masse m eines Mesons mit κ und der Lichtgeschwindigkeit c in der Beziehung $\kappa = \hbar/(mc)$ steht, wird Gl. 5.1 auch als massive Wellengleichung bezeichnet.

Zur Gewinnung irgendeiner Lösung von (5.1) kann der folgende (räumliche) Fourieransatz

$$A\left(x^0, x\right) = \int_{\mathbb{R}^{n-1}} c\left(x^0, k\right) e^{ik \cdot x} d^{n-1}k \text{ für alle } \left(x^0, x\right) \in \mathbb{R} \times \mathbb{R}^{n-1} \tag{5.2}$$

versucht werden. Hierbei bezeichnet $k \cdot x$ das Standardskalarprodukt der beiden Vektoren $k, x \in \mathbb{R}^{n-1}$. Mithilfe einer Darstellung der Quellfunktion $j\left(x^0, \cdot\right)$ zur Zeit x^0 als Fourierintegral

$$j\left(x^0, x\right) = \int_{\mathbb{R}^{n-1}} \widetilde{j}\left(x^0, k\right) e^{ik \cdot x} d^{n-1}k$$

ergibt sich dann für alle $k \in \mathbb{R}^{n-1}$ und für alle $x^0 \in \mathbb{R}$

$$\left(\partial_0^2 + |k|^2 + \kappa^2\right) c\left(x^0, k\right) = \widetilde{j}\left(x^0, k\right), \tag{5.3}$$

falls der Differentialoperator $\Box$ mit dem Integral in Gl. 5.2 vertauscht.

Die Bewegungsgleichung (5.3) entkoppelt die Auslenkungen $c(\cdot, k)$ aller Fouriermoden $\exp(ik \cdot x)$ voneinander. Die Lösung A ist also einem Kontinuum von getriebenen, entkoppelten, harmonischen Oszillatoren äquivalent. Eine maximale Lösung der Oszillatorgleichung (5.3) ist beispielsweise die Funktion

$$c_{\text{ret}}\left(x^0, k\right) = \int_{-\infty}^{\infty} g_{\text{ret}}\left(x^0 - y^0, k\right) \widetilde{j}\left(y^0, k\right) dy^0,$$

wobei mit $\omega(k) = \sqrt{|k|^2 + \kappa^2}$

$$g_{\text{ret}}\left(x^0, k\right) = \Theta\left(x^0\right) \frac{\sin\left(\omega(k) x^0\right)}{\omega(k)}$$

gilt. Die Funktion $g_{\text{ret}}(\cdot, k)$ ist also die retardierte Fundamentallösung der (ungedämpften) Schwingungsgleichung mit Eigenfrequenz $\omega(k)$.

Mit der Wahl der retardierten Lösungen c_{ret} bietet sich die Funktion A_{ret} mit

$$A_{\text{ret}}\left(x^0, x\right) = \int_{\mathbb{R}^{n-1}} \left[\int_{-\infty}^{\infty} g_{\text{ret}}\left(x^0 - y^0, k\right) \widetilde{j}\left(y^0, k\right) dy^0 \right] e^{ik \cdot x} d^{n-1}k$$

als eine der gesuchten Lösungen an.

Die Funktion $g_{\text{ret}}(\cdot, k)$ hat die folgende Fourierdarstellung:

$$g_{\text{ret}}\left(x^0, k\right) = -\frac{1}{2\pi} \lim_{\varepsilon \downarrow 0} \lim_{R \to \infty} \int_{-R}^{R} \frac{e^{-ik^0 x^0}}{\left(k^0\right)^2 - \omega^2(k) + i\varepsilon\sigma\left(k^0\right)} dk^0$$

mit $\sigma\left(k^0\right) = k^0 / \left|k^0\right|$ für $k^0 \neq 0$ und $\sigma(0) = 0$. Damit folgt

$$\int_{-\infty}^{\infty} g_{\text{ret}}\left(x^0 - y^0, k\right) \widetilde{j}\left(y^0, k\right) dy^0$$

$$= -\frac{1}{2\pi} \lim_{\varepsilon \downarrow 0} \lim_{R \to \infty} \int_{-\infty}^{\infty} \int_{-R}^{R} \frac{e^{-ik^0 x^0}}{\left(k^0\right)^2 - \omega^2(k) + i\varepsilon\sigma\left(k^0\right)} dk^0 \int_{-\infty}^{\infty} e^{ik^0 y^0} \widetilde{j}\left(y^0, k\right) dy^0.$$

Wegen

$$\widetilde{j}\left(y^0, k\right) = \int_{\mathbb{R}^{n-1}} j\left(y^0, y\right) \frac{e^{-ik \cdot y}}{(2\pi)^{n-1}} d^{n-1}k$$

folgt nach Vertauschung diverser Limiten

$$A_{\text{ret}}(x) = \lim_{\varepsilon \downarrow 0} \int_{\mathbb{R}^n} \frac{(\mathscr{F}j)(k)}{\kappa^2 - \langle k, k \rangle - i\varepsilon\sigma\left(k^0\right)} \cdot \frac{e^{-i\langle k, x \rangle}}{(2\pi)^{\frac{n}{2}}} d^n k.$$

Dabei bezeichnet $\mathscr{F}j$ die n-dimensionale Fouriertransformierte von j mit

$$(\mathscr{F}j)(k) = \int_{\mathbb{R}^n} \frac{e^{i\langle k, y \rangle}}{(2\pi)^{\frac{n}{2}}} j(y) d^n y$$

und $\langle k, y \rangle = k^0 y^0 - \sum_{i=1}^n k^i y^i$ das Minkowskische indefinite innere Produkt von $k = \left(k^0, k^1, \ldots k^n\right) \in \mathbb{R}^n$ mit $y = \left(y^0, y^1, \ldots y^n\right) \in \mathbb{R}^n$.

Für A_{ret} gilt $\left(\Box + \kappa^2\right) A_{\text{ret}} = j$. Es existiert ein $\tau \in \mathbb{R}$ mit $j\left(x^0, \cdot\right) = 0$ für alle $x^0 \leq \tau$. Für τ folgt dann $A_{\text{ret}}(\tau, \cdot) = 0 = \partial_t A_{\text{ret}}(\tau, \cdot)$. Da es genau eine Lösung der inhomogenen Klein-Gordon-Gleichung zu einer solchen Anfangsvorgabe gibt, heißt A_{ret} *die* retardierte Lösung. Sie erfüllt ferner $A_{\text{ret}}\left(x^0, \cdot\right) = 0$ für alle $x^0 \leq \tau$.

Für reellwertige Quelle j ist auch A_{ret} reellwertig, denn mit der Substitution $k' = -k$ folgt

$$\overline{A_{\text{ret}}}(x) = \lim_{\varepsilon \downarrow 0} \int_{\mathbb{R}^n} \frac{\overline{(\mathscr{F}j)(k)}}{\kappa^2 - \langle k, k \rangle + i\varepsilon\sigma\left(k^0\right)} \cdot \frac{e^{-i\langle -k, x \rangle}}{(2\pi)^{\frac{n}{2}}} d^n k$$

$$= \lim_{\varepsilon \downarrow 0} \int_{\mathbb{R}^n} \frac{\overline{(\mathscr{F}j)(-k')}}{\kappa^2 - \langle k', k' \rangle - i\varepsilon\sigma\left(k'^0\right)} \cdot \frac{e^{-i\langle k', x \rangle}}{(2\pi)^{\frac{n}{2}}} d^n k'$$

$$= \lim_{\varepsilon \downarrow 0} \int_{\mathbb{R}^n} \frac{(\mathscr{F}j)(k')}{\kappa^2 - \langle k', k' \rangle - i\varepsilon\sigma\left(k'^0\right)} \cdot \frac{e^{-i\langle k', x \rangle}}{(2\pi)^{\frac{n}{2}}} d^n k' = A_{\text{ret}}(x).$$

Weitere Lösungen A_{av}, A_{F} von $\left(\Box + \kappa^2\right) A = j$ ergeben sich analog mittels avancierter Fundamentallösung oder auch mittels Feynmans (komplexer) Fundamentallösung (Propagator) zu

$$A_{\text{av}}(x) = \lim_{\varepsilon \downarrow 0} \int_{\mathbb{R}^n} \frac{(\mathscr{F}j)(k)}{\kappa^2 - \langle k, k \rangle + i\varepsilon\sigma\left(k^0\right)} \cdot \frac{e^{-i\langle k, x \rangle}}{(2\pi)^{n/2}} d^n k,$$

$$A_{\text{F}}(x) = \lim_{\varepsilon \downarrow 0} \int_{\mathbb{R}^n} \frac{(\mathscr{F}j)(k)}{\kappa^2 - \langle k, k \rangle - i\varepsilon} \cdot \frac{e^{-i\langle k, x \rangle}}{(2\pi)^{n/2}} d^n k.$$

Für A_{av} existiert ein $\tau \in \mathbb{R}$ mit $A_{\text{av}}\left(x^0, \cdot\right) = 0$ für alle $x^0 > \tau$. Daher heißt A_{av} die avancierte Lösung. Für reelle Quelle j ist A_{av} reell. A_{F} hingegen erfüllt die „Randvorgabe", dass ein $\tau > 0$ existiert, sodass A_{F} für alle $x^0 > \tau$ eine Superposition von ebenen Wellenlösungen des Typs $e^{-i\omega(k)x^0 + ik \cdot x}$ und für $x^0 < \tau$ eine Superposition von ebenen Wellenlösungen des Typs $e^{i\omega(k)x^0 - ik \cdot x}$ ist.

Aus diesen Betrachtungen ergeben sich die folgenden drei Fundamentallösungen des Klein-Gordon-Operators $\Box_n + \kappa^2$ als Limiten für $\varepsilon \downarrow 0$ der Familien von regulären Distributionen, die mit den Funktionen

$$G_{\text{ret},\varepsilon}(x) = \frac{1}{(2\pi)^n} \int_{\mathbb{R}^n} \frac{e^{-i\langle k, x \rangle}}{\kappa^2 - \langle k, k \rangle - i\varepsilon\sigma\left(k^0\right)} d^n k,$$

$$G_{\text{av},\varepsilon}(x) = \frac{1}{(2\pi)^n} \int_{\mathbb{R}^n} \frac{e^{-i\langle k, x \rangle}}{\kappa^2 - \langle k, k \rangle + i\varepsilon\sigma\left(k^0\right)} d^n k,$$

$$G_{\text{F},\varepsilon}(x) = \frac{1}{(2\pi)^n} \int_{\mathbb{R}^n} \frac{e^{-i\langle k, x \rangle}}{\kappa^2 - \langle k, k \rangle - i\varepsilon} d^n k$$

assoziiert sind. Es sind dies die Distributionen $\widehat{G}_{\text{ret}}$, $\widehat{G}_{\text{av}}$, $\widehat{G}_{\text{F}} \in \mathscr{D}'(\mathbb{R}^n)$. Für sie gilt jeweils $\left(\Box_n + \kappa^2\right)\widehat{G} = \delta$ und sie werden als retardierte, avancierte und Feynmans kausale Fundamentallösung (Feynmanpropagator) bezeichnet.

Die Funktionen $G_{\text{ret},\varepsilon}$, $G_{\text{av},\varepsilon}$ (und auch $G_{\text{F},\varepsilon}$) sind invariant unter der orthochronen Lorentzgruppe. Da aber $G_{\text{ret},\varepsilon}(x) = 0$ für $x^0 < 0$ gilt, verschwindet $G_{\text{ret},\varepsilon}$ überall außerhalb des (abgeschlossenen) Vorwärtslichtkegels $\overline{C_+}(0)$ von 0. In der

Folge verschwindet auch A_r außerhalb der Vereinigung aller vom Träger von j ausgehenden abgeschlossenen Vorwärtslichtkegel. Damit ist die Einsteinkausalität auch für die retardierten Lösungen der inhomogenen Klein-Gordon-Gleichung gezeigt. Analog hat A_{av} seinen Träger in der Vereinigung der Rückwärtslichtkegel, die vom Träger von j ausgehen. $A_F(x)$ hingegen kann auch in einem Punkt x, der raumartig zum Träger von j liegt, ungleich 0 sein. Somit ist $\widehat{G}_{ret}$ auf $\overline{C_+}(0)$ und $\widehat{G}_{av}$ am Rückwärtslichtkegel $\overline{C_-}(0)$ „lokalisiert". Alle drei Fundamentallösungen sind invariant unter der orthochronen Lorentzgruppe.

Für die Differenz $\widehat{\Delta} := \widehat{G}_{av} - \widehat{G}_{ret}$ gilt offenbar $\left(\Box_n + \kappa^2\right)\widehat{\Delta} = 0$ im distributionellen Sinn. $\widehat{\Delta}$ ist eine (orthochron) Lorentz-invariante, distributionelle Lösung der homogenen Klein-Gordon-Gleichung, ungerade unter Zeitspiegelung. Ihr Träger ist im Kegel $\overline{C}(0) = \overline{C_+}(0) \cup \overline{C_-}(0)$ enthalten. Sie zieht sich also zur Zeit $x^0 = 0$ zu einer Singularität in 0 zusammen und läuft dann wieder auseinander.

Sehen wir uns diese Distribution $\widehat{\Delta}$ etwas genauer an. Wegen $A_{ret} = A_{av} - \widehat{\Delta} * j$ ist $-\widehat{\Delta}$ an der Differenz $A_{ret} - A_{av}$ abzulesen. Es gilt

$$g_{ret}\left(x^0, k\right) - g_{av}\left(x^0, k\right) = \Theta\left(x^0\right) \frac{\sin\left(\omega(k)\,x^0\right)}{\omega(k)} + \Theta\left(-x^0\right) \frac{\sin\left(\omega(k)\,x^0\right)}{\omega(k)}$$

$$= \frac{\sin\left(\omega(k)\,x^0\right)}{\omega(k)}$$

und daher

$$(A_{ret} - A_{av})\left(x^0, x\right) = \int_{\mathbb{R}^{n-1}} \left[\int_{-\infty}^{\infty} \frac{\sin\left(\omega(k)\left(x^0 - y^0\right)\right)}{\omega(k)} \widetilde{j}\left(y^0, k\right) dy^0\right] e^{ik\cdot x} d^{n-1}k.$$

Der Ausdruck in der eckigen Klammer ergibt

$$\int_{-\infty}^{\infty} \frac{\sin\left(\omega\left(x^0 - y^0\right)\right)}{\omega} \widetilde{j}\left(y^0, k\right) dy^0 = \int_{-\infty}^{\infty} \frac{e^{i\omega(x^0 - y^0)} - e^{-i\omega(x^0 - y^0)}}{2i\omega} \widetilde{j}\left(y^0, k\right) dy^0$$

$$= \frac{2\pi}{2i\omega(2\pi)^{\frac{n}{2}}} \left[e^{i\omega x^0}(\mathscr{F}j)(-\omega, k) - e^{-i\omega x^0}(\mathscr{F}j)(\omega, k)\right].$$

Somit folgt

$$\left(-\widehat{\Delta} * j\right)\left(x^0, x\right) = (A_{ret} - A_{av})\left(x^0, x\right)$$

$$= \int_{\mathbb{R}^{n-1}} \frac{2\pi}{2i\omega} \left[e^{i\omega x^0}(\mathscr{F}j)(-\omega, k) - e^{-i\omega x^0}(\mathscr{F}j)(\omega, k)\right] \frac{e^{ik\cdot x}}{(2\pi)^{\frac{n}{2}}} d^{n-1}k$$

$$= \frac{-i2\pi}{(2\pi)^{\frac{n}{2}}} \int_{\mathbb{R}^{n-1}} \left[e^{i\omega x^0}e^{-ik\cdot x}(\mathscr{F}j)(-\omega, -k) - e^{-i\omega x^0}e^{ik\cdot x}(\mathscr{F}j)(\omega, k)\right] \frac{d^{n-1}k}{2\omega}$$

$$= \frac{2\pi i}{(2\pi)^{\frac{n}{2}}} \int_{\mathbb{R}^{n-1}} \left[e^{-i\left(\omega x^0 - k\cdot x\right)}(\mathscr{F}j)(\omega, k) - e^{i\left(\omega x^0 - k\cdot x\right)}(\mathscr{F}j)(-\omega, -k)\right] \frac{d^{n-1}k}{2\omega}$$

$$= \frac{2\pi i}{(2\pi)^n} \int_{\mathbb{R}^n} \sigma\left(k^0\right)\delta\left(\langle k, k\rangle - \kappa^2\right) \left[\int_{\mathbb{R}^n} e^{-i\langle k, x-y\rangle} j(y)\, d^n y\right] d^n k.$$

Achtung: In diesen Formeln kürzt ω immer den Funktionswert $\omega(k)$ ab.

Die Distribution $\widehat{\Delta}$ hat somit die formale Fourierdarstellung[7]

$$\Delta(x) = -\frac{i}{(2\pi)^{n-1}} \int_{\mathbb{R}^n} \sigma\left(k^0\right) \delta\left(\langle k, k\rangle - \kappa^2\right) e^{-i\langle k, x\rangle} d^n k.$$

Eine weitere formale Darstellung ergibt sich bezüglich einer Zerlegung in räumliche und zeitliche Variablen

$$\Delta\left(x^0, x\right) = -\frac{i}{(2\pi)^{n-1}} \int_{\mathbb{R}^{n-1}} \left[\frac{e^{-i\omega(k)x^0+ik\cdot x}}{2\omega(k)} - \frac{e^{i\omega(k)x^0+ik\cdot x}}{2\omega(k)}\right] d^{n-1} k$$

$$= \frac{1}{(2\pi)^{n-1}} \int_{\mathbb{R}^{n-1}} \left[\frac{e^{-i\omega(k)x^0+ik\cdot x}}{2i\omega(k)} - \frac{e^{i\omega(k)x^0-ik\cdot x}}{2i\omega(k)}\right] d^{n-1} k$$

$$= -\int_{\mathbb{R}^{n-1}} \left[\frac{\sin\left(\omega(k)x^0 - k\cdot x\right)}{(2\pi)^{n-1}\omega(k)}\right] d^{n-1} k.$$

Für festes x^0 ist durch die Abbildung $\widehat{\Delta}_{x^0} : \mathscr{D}\left(\mathbb{R}^{n-1} : \mathbb{R}\right) \to \mathbb{R}$ mit

$$\widehat{\Delta}_{x^0}(u) = -\int_{\mathbb{R}^{n-1}} \left[\int_{\mathbb{R}^{n-1}} \frac{\sin\left(\omega(k)x^0 - k\cdot x\right)}{(2\pi)^{n-1}\omega(k)} u(x) d^{n-1} x\right] d^{n-1} k$$

eine Distribution definiert. Mit ihr lautet die Lösungsformel für das Anfangswertproblem der Klein-Gordon-Gleichung aus dem Kapitel über das Lösen partieller Differentialgleichungen mittels Fouriertransformation

$$A\left(x^0, x\right) = -\partial_0\left(\widehat{\Delta}_{x^0} * u\right)(x) - \left(\widehat{\Delta}_{x^0} * v\right)(x).$$

Die präzise Definition von $\widehat{\Delta}$ lautet für $f \in \mathscr{D}\left(\mathbb{R}^n : \mathbb{R}\right)$

$$\widehat{\Delta}(f) = \frac{2\pi i}{(2\pi)^{\frac{n}{2}}} \int_{\mathbb{R}^{n-1}} \left[(\mathscr{F}f)(\omega(k), k) - (\mathscr{F}f)(-\omega(k), -k)\right] \frac{d^{n-1} k}{2\omega(k)} \in \mathbb{R}.$$

Ohne Beweis sei mitgeteilt: Für $n = 4$ gilt mit der Besselfunktion J_1 und der Abkürzung $x^2 = \langle x, x\rangle$ die formale Darstellung

$$\Delta(x) = \sigma\left(x^0\right)\left(\Theta\left(x^2\right)\kappa^2 \frac{J_1\left(\sqrt{\kappa^2 x^2}\right)}{\sqrt{\kappa^2 x^2}} - \frac{\delta\left(x^2\right)}{2\pi}\right).$$

---

[7]Sie wird in der physikalischen Literatur als Paulis Kommutatorfunktion bezeichnet.

Der erste Anteil dieser Zerlegung von Δ ist regulär und sogar beschränkt, der zweite jedoch nicht und ist folgendermaßen gemeint:

$$\int_{\mathbb{R}^4} \frac{\sigma\left(x^0\right)}{2\pi} \delta\left(x^2\right) f(x)\, d^4x = \int_{\mathbb{R}^3} \left(\frac{f\left(|x|, x\right)}{|x|} - \frac{f\left(-|x|, -x\right)}{|x|} \right) \frac{d^3x}{4\pi}.$$

Dieser zweite Teil stimmt mit der Distribution Δ, die bei den Fundamentallösungen von $\Box_4$ behandelt wurde, überein.

Wegen $G_{\text{ret}}(f) = -\Delta(f)$ für alle Testfunktionen mit Träger im Halbraum $x^0 > 0$, zeigt der erste Teil, dass eine Quelle j auch in einem Raumzeitpunkt p ein Signal erzeugen kann, wenn p in der zeitartigen Zukunft eines jeden Punktes im Träger der Quelle liegt. Dieser „Nachhall", der von einer verlangsamten Signalausbreitung herrührt, klingt aber an einem festen Ort zeitlich für große t wie $t^{-3/2}$ ab. Abb. 5.1 zeigt die Graphen von

$$x = \kappa r \mapsto \frac{J_1\left(\sqrt{\kappa^2\left(c^2t^2 - r^2\right)}\right)}{\sqrt{\kappa^2\left(c^2t^2 - r^2\right)}} = \frac{J_1\left(\sqrt{s^2 - x^2}\right)}{\sqrt{s^2 - x^2}}$$

für $s = \kappa ct = 5$ (rot), $s = \kappa ct = 8$ (grün) und für $s = \kappa ct = 10$ (schwarz) jeweils für $0 < x = \kappa r < \kappa ct = s$. Abb. 5.2 zeigt die Funktion $s = \kappa ct \mapsto J_1(s)/s$ für $0 < s < 30$. Sie zeigt den Nachhall am Ort 0.

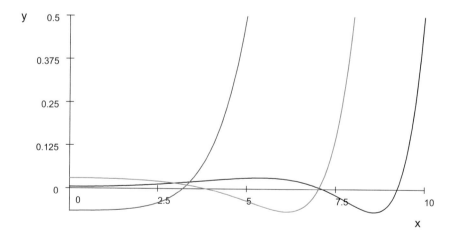

Abb. 5.1 $y = \dfrac{J_1\left(\sqrt{s^2 - x^2}\right)}{\sqrt{s^2 - x^2}}$ für $s \in \{5, 8, 10\}$ in Rot, Grün und Schwarz (nach steigendem s)

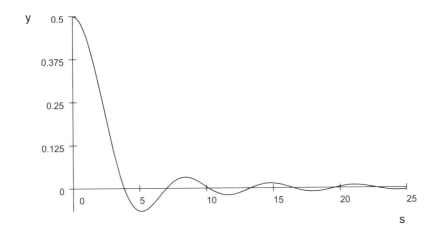

Abb. 5.2 $y = J_1(s)/s$

5.4 dAWG: Distributionelle Quelle

Ist G eine Fundamentallösung eines linearen Differentialoperators D auf $\mathbb{R}^n$ mit konstanten Koeffizienten, dann ist also $G * j$ mit $j \in \mathscr{D}(\mathbb{R}^n)$ eine Lösung von $Du = j$. Die Einschränkung $j \in \mathscr{D}(\mathbb{R}^n)$ ist oftmals für physikalische Situationen zu stark und man sucht Lösungen u der Gleichung $Du = j$ für Quellen j, für die es keine Kugel im $\mathbb{R}^n$ gibt, außerhalb derer $j = 0$ gilt. Manchmal wird auch j zu einer nicht regulären Distribution idealisiert. Falls der dann zunächst formale Ausdruck $G * j$ mit Sinn erfüllt werden kann, besteht die Chance, dass $G * j$ eine – möglicherweise distributionelle – Lösung von $Du = j$ ist. Dieses Vorgehen führt manchmal, aber nicht immer zum Ziel.

5.4.1 Faltung von Distributionen

Bevor wir uns physikalische Beispiele ansehen, hier noch einige allgemeine Überlegungen. Seien $u, v : \mathbb{R}^n \to \mathbb{R}$ stetig und von beschränktem Träger. Dann existiert die Faltung

$$(u * v)(x) = \int_{\mathbb{R}^n} u(x - y)\, v(y)\, d^n y$$

in jedem Punkt x und ist selbst eine stetige Funktion. Die zur Faltung $u * v$ gehörige reguläre Distribution $T \in \mathscr{D}'(\mathbb{R}^n)$ erfüllt dann für jedes $f \in \mathscr{D}(\mathbb{R}^n)$

$$T(f) = \int_{\mathbb{R}^n} f(x) \left(\int_{\mathbb{R}^n} u(x - y)\, v(y)\, d^n y \right) d^n x$$

$$= \int_{\mathbb{R}^n} \int_{\mathbb{R}^n} f(x + y)\, u(x)\, v(y)\, d^n x\, d^n y.$$

Für jedes fest gewählte $f \in \mathscr{D}(\mathbb{R}^n)$ hat die stetige Funktion auf $\mathbb{R}^n \times \mathbb{R}^n$ mit

$$(x, y) \mapsto f(x + y) u(x) v(y)$$

beschränkten Träger und definiert eine Linearform auf $C^\infty(\mathbb{R}^n \times \mathbb{R}^n : \mathbb{R})$, nämlich

$$\psi \mapsto \int_{\mathbb{R}^n \times \mathbb{R}^n} \psi(x, y) f(x + y) u(x) v(y) \, d^n x \, d^n y.$$

Dieser Sachverhalt motiviert nun eine Faltungsdefinition für beliebige Distributionen $S, T \in \mathscr{D}'(\mathbb{R}^n)$ mit beschränktem Träger. Sei $S \otimes T$ jene Distribution in $\mathscr{D}'(\mathbb{R}^n \times \mathbb{R}^n)$, für die[8]

$$(S \otimes T)(f \otimes g) = S(f) T(g)$$

für alle $f, g \in \mathscr{D}(\mathbb{R}^n)$. Weiter sei für jedes $f \in \mathscr{D}(\mathbb{R}^n)$ die Distribution $f_+ \cdot (S \otimes T) \in \mathscr{D}'(\mathbb{R}^n \times \mathbb{R}^n)$ so, dass mit $f_+(x, y) = f(x + y)$

$$f_+ \cdot (S \otimes T) : \psi \mapsto (S \otimes T)(f_+ \cdot \psi), \text{ wobei } (f_+ \cdot \psi)(x, y) = f(x + y) \psi(x, y).$$

Da die Distribution $f_+ \cdot (S \otimes T)$ beschränkten Träger hat, ist sie zu einer Linearform auf $C^\infty(\mathbb{R}^n \times \mathbb{R}^n : \mathbb{R})$ fortsetzbar. Sie ist somit auf die konstante Funktion, die auf ganz $\mathbb{R}^n \times \mathbb{R}^n$ den Wert 1 annimmt, anwendbar. Diese Funktion sei mit e bezeichnet. Dann ist die Abbildung

$$\mathscr{D}(\mathbb{R}^n) \ni f \mapsto \left[f_+ \cdot (S \otimes T) \right](e)$$

ein Element von $\mathscr{D}'(\mathbb{R}^n)$. Sie wird als die Faltung von S mit T bezeichnet. Da sie invariant unter Vertauschung von S mit T ist, gilt $S * T = T * S$.

Diese distributionelle Faltung kann noch ein wenig verallgemeinert werden. Die beiden Distributionen S, T brauchen selbst nicht beschränkten Träger zu haben, sondern es genügt, wenn für alle $f \in \mathscr{D}(\mathbb{R}^n)$ die Distribution $f_+ \cdot (S \otimes T)$ beschränkten Träger hat. Wir fassen zusammen:

Definition 5.6 Seien $S, T \in \mathscr{D}'(\mathbb{R}^n)$ so, dass für alle $f \in \mathscr{D}(\mathbb{R}^n)$ die Distribution $f_+ \cdot (S \otimes T)$ beschränkten Träger hat. Dann ist $S * T \in \mathscr{D}'(\mathbb{R}^n)$ jene Distribution, für die $(S * T)(f) = \left[f_+ \cdot (S \otimes T) \right](e)$ für alle $f \in \mathscr{D}(\mathbb{R}^n)$.

Als Illustration berechnen wir die Faltung von $\delta \in \mathscr{D}'(\mathbb{R})$ mit sich. Das muss möglich sein, da δ beschränkten Träger hat. Es gilt für $f \in \mathscr{D}(\mathbb{R})$

$$\left[f_+ \cdot (\delta \otimes \delta) \right](e) = (\delta \otimes \delta)(f_+ \cdot e) = (f_+ \cdot e)(0, 0) = f(0 + 0) = f(0).$$

Somit gilt $\delta * \delta = \delta$.

---

[8]Dabei ist $(f \otimes g)(x, y) = f(x) g(y)$ für alle $x, y \in \mathbb{R}^n$.

Als zweites Beispiel berechnen wir $\delta * \delta'$ für $\delta \in \mathscr{D}'(\mathbb{R})$. Es gilt für $f \in \mathscr{D}(\mathbb{R})$

$$\left[f_+ \cdot (\delta \otimes \delta')\right](e) = (\delta \otimes \delta')(f_+ \cdot e) = \partial_y (f_+ \cdot e)(x, y)\big|_{x=y=0} = f'(0+0) = f'(0).$$

Somit gilt $\delta * \delta' = \delta'$. Dies lässt sich nun verallgemeinern auf $\delta * S = S$ für beliebiges $S \in \mathscr{D}'(\mathbb{R})$, da $f_+ \cdot (\delta \otimes S)$ für jedes $f \in \mathscr{D}(\mathbb{R})$ beschränkten Träger hat. Es gilt

$$\left[f_+ \cdot (\delta \otimes S)\right](e) = (\delta \otimes S)(f_+ \cdot e) = S\left[(f_+ \cdot e)(0, \cdot)\right] = S(f).$$

Offenbar gilt $\delta * S = S$ auch für alle $S \in \mathscr{D}'(\mathbb{R}^n)$ und $\delta \in \mathscr{D}'(\mathbb{R}^n)$.

Sei nun $G \in \mathscr{D}'(\mathbb{R}^n)$ eine Fundamentallösung von $\square$. Es gilt also $G(\square f) = f(0)$ für alle $f \in \mathscr{D}(\mathbb{R}^n)$. Falls nun für ein $j \in \mathscr{D}'(\mathbb{R}^n)$ die Faltung $G * j \in \mathscr{D}'(\mathbb{R}^n)$ existiert, dann folgt für alle $f \in \mathscr{D}(\mathbb{R}^n)$

$$(\square(G * j))(f) = (G * j)(\square f) = (G \otimes j)\left((\square f)_+ \cdot e\right)$$
$$= (G \otimes j)\left((\square \otimes \mathrm{id})(f_+ \cdot e)\right) = (\delta \otimes j)(f_+ \cdot e) = j(f).$$

Somit gilt im distributionellen Sinn $\square(G * j) = j$.

5.4.2 Einschalten einer Punktquelle (d = 2)

Hier ein Beispiel für die Lösung von d'Alemberts Wellengleichung mit distributioneller Quelle auf $\mathbb{R}^2$. Sei G_{ret} die reguläre Distribution zur Funktion $\Theta(t - |x|)/2$ und sei j die Distribution mit der formalen Darstellung $\Theta(t)\delta(x)$. Es gilt also

$$j(f) = \int_0^\infty f(t, 0)\, dt.$$

Formal gilt

$$\int_{\mathbb{R}} \int_{\mathbb{R}} \frac{\Theta(t - s - |x - y|)}{2} \Theta(s)\delta(y)\, dy\, ds$$
$$= \int_0^\infty \frac{\Theta(t - s - |x|)}{2}\, ds = \Theta(t - |x|) \int_0^{t-|x|} \frac{ds}{2} = \Theta(t - |x|) \frac{t - |x|}{2}.$$

Die Faltung $G_{\mathrm{ret}} * j$ erfüllt nach der exakten Definition

$$(G_{\mathrm{ret}} * j)(f) = (G_{\mathrm{ret}} \otimes j)(f_+ \cdot e) = \int_{\mathbb{R}^3} \frac{\Theta(t - |x|)}{2} \Theta(s) f(t + s, x)\, ds\, dx\, dt$$

$$= \int_{\mathbb{R}^3} \frac{\Theta(t' - s - |x|)}{2} \Theta(s) f(t', x)\, ds\, dx\, dt'$$

$$= \int_{\mathbb{R}^2} \left(\int_{\mathbb{R}} \frac{\Theta(t' - s - |x|)}{2} \Theta(s)\, ds\right) f(t', x)\, dx\, dt'$$

$$= \int_{\mathbb{R}^2} \Theta(t - |x|) \frac{t - |x|}{2} f(t, x)\, dx\, dt.$$

Abb. 5.3 $z = u_{\text{ret}}(t, x) = \Theta(t - |x|) \frac{t - |x|}{2}$

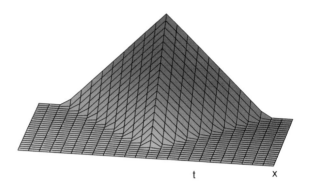

t   x

$G_{\text{ret}} * j$ ist also tatsächlich, wie aufgrund des heuristischen Arguments vermutet, die reguläre Distribution zur stetigen Funktion

$$u_{\text{ret}} : \mathbb{R}^2 \ni (t, x) \mapsto \Theta(t - |x|) \frac{t - |x|}{2}.$$

Wegen $\left(\partial_t^2 - \partial_x^2\right) G_{\text{ret}} = \delta$ gilt $\left(\partial_t^2 - \partial_x^2\right) (G_{\text{ret}} * j) = j$, sodass $G_{\text{ret}} * j$ eine distributionelle Lösung der Wellengleichung zur Quelle $\Theta(t) \delta(x)$ ist.

Die Funktion u_{ret} gibt (in parameterreduzierter Form) die Auslenkung eines unendlich langen Seils an, an dem ab der Zeit $t = 0$ im Ort $x = 0$ eine konstante Einheitskraft angreift. Das Seil wird um 0 herum zunehmend ausgelenkt, wobei sich die Störung mit Geschwindigkeit 1 von 0 weg ausbreitet: im Bereich $x > 0$ rechtsläufig und im Bereich $x < 0$ linksläufig (siehe Abb. 5.3).

Bemerkenswert ist an diesem Beispiel die entscheidende Bedeutung, die dem Faktor $\Theta(t)$ in der Definition von j zukommt. Lässt man ihn weg, dann ist die Faltung von G_{ret} mit j undefiniert, da sich das s-Integral dann über einen unbeschränkten Halbstrahl erstreckt und der Integrand konstant in s ist.

5.4.3 Statische Punktquelle (d = 2)

Eine distributionelle Lösung A zur statischen Punktquelle $j(t, x) = \delta(x)$ ergibt sich mit einem statischen Lösungsansatz, der formal $A(t, x) = u(x)$ lautet und exakt als Distribution $A \in \mathscr{D}'\left(\mathbb{R}^2\right)$ mit

$$A(f) = \int_{-\infty}^{\infty} U(f(t, \cdot)) \, dt$$

für ein $U \in \mathscr{D}'(\mathbb{R})$ aufzufassen ist. U soll dermaßen gewählt sein, dass für alle $f \in \mathscr{D}\left(\mathbb{R}^2\right)$ gilt:

$$\int_{-\infty}^{\infty} f(t, 0) \, dt = A(\Box f).$$

Daraus folgt wegen

$$A\left(\Box f\right) = \int_{-\infty}^{\infty} U\left[\partial_t^2 f\left(t, \cdot\right) - \partial_x^2 f\left(t, \cdot\right)\right] dt$$

$$= \int_{-\infty}^{\infty} \partial_t U\left[\partial_t f\left(t, \cdot\right)\right] dt - \int_{-\infty}^{\infty} U\left[\partial_x^2 f\left(t, \cdot\right)\right] dt$$

$$= -\int_{-\infty}^{\infty} U\left[\partial_x^2 f\left(t, \cdot\right)\right] dt,$$

dass

$$f\left(t, 0\right) = -U\left[\partial_x^2 f\left(t, \cdot\right)\right],$$

also $U'' = -\delta \in \mathscr{D}'\left(\mathbb{R}\right)$. Somit erfüllt die reguläre Distribution $\widehat{u}$ zur Funktion $u\left(t, x\right) = -\left|x\right|/2$ die distributionelle Wellengleichung $\Box\widehat{u} = \widehat{j}$ mit

$$\widehat{j}\left(f\right) = \int_{-\infty}^{\infty} f\left(t, 0\right) dt.$$

Welche Funktion wird von Duhamels Lösungsformel im (für sie unzulässigen!) Fall einer statischen Punktquelle bei homogener Anfangsvorgabe zur Zeit $t = 0$ nahegelegt? Versuchen wir formal vorzugehen, dann besagt Duhamels Formel, dass

$$A\left(t, x\right) = \frac{1}{2} \int_0^t ds \int_{x-(t-s)}^{x+(t-s)} \delta\left(\xi\right) d\xi.$$

Da die Quelle ebenso wie die Anfangsvorgabe invariant unter Raum- und Zeitspiegelungen ist, sollte A invariant unter diesen Symmetrien von $\Box$ sein. Es genügt daher, die Funktion A im Bereich $(t, x) \in \mathbb{R}_{>0}^2$ festzulegen.

Für Punkte (t, x) mit $0 < t < x$ enthält das Integrationsgebiet in Duhamels Formel keinen Punkt der Gerade $\{(s, 0) : s \in \mathbb{R}\}$, auf der die Quelle lokalisiert ist, sodass $A(t, x) = 0$ folgt. Für $0 < x < t$ liegen die Punkte $(s, 0)$ für $0 \leq s \leq t - x$

Abb. 5.4 $z = A\left(t, x\right) = \frac{|t| - |x|}{2} \Theta\left(t^2 - x^2\right)$ für $x, t \in (-5, 5)$

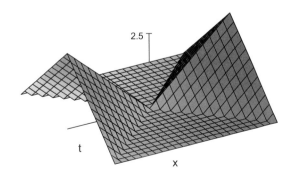

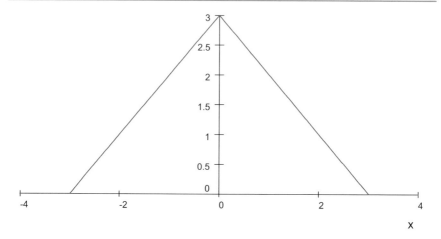

Abb. 5.5 Die Funktion $y = 2 \cdot A\,(t = 3, x)$

im Integrationsgebiet, sodass $A\,(t, x) = (t - x)\,/2$ „folgt". Undefiniert ist das Integral, wenn ein Randpunkt des ξ-Integrationsintervalls auf 0 fällt. Duhamels Formel suggeriert also die Funktion $A : \mathbb{R}^2 \to \mathbb{R}$ mit

$$A\,(t, x) = \frac{|t| - |x|}{2}\,\varTheta\left(t^2 - x^2\right).$$

Sie ist stetig und ihr Graph ist in Abb. 5.4 zu sehen.

Tatsächlich erfüllt, wie man sich leicht überzeugt, die reguläre Distribution $\widehat{A}$ die distributionelle Wellengleichung $\Box\widehat{A} = \widehat{j}$. Den Graphen von $A\,(t, \cdot)$ zu einer Zeit $t \neq 0$ zeigt Abb. 5.5. Das Maximum von $A\,(t, \cdot)$ hat den Wert $|t|\,/2$. Es sinkt von der Kraft gebremst zu negativen Zeiten in t linear auf 0 ab und steigt dann wieder linear an.

Zu negativen Zeiten läuft im Bereich $x > 0$ eine linksläufige Welle und im Bereich $x < 0$ eine rechtsläufige Welle auf die Quelle zu. Zu positiven Zeiten läuft im Bereich $x > 0$ eine rechtsläufige Welle und im Bereich $x < 0$ eine linksläufige Welle von der Quelle weg. Zur Zeit 0 gilt $A\,(0, x) = 0$ für alle $x \in \mathbb{R}$ und $\partial_t A\,(0, x) = 0$ für alle $x \in \mathbb{R} \smallsetminus \{0\}$. In $(0, 0)$ ist A nicht partiell nach t differenzierbar.

Die Distribution $\widehat{A} - \widehat{u}$ erfüllt folglich $\Box\left(\widehat{A} - \widehat{u}\right) = 0$. Sie ist die reguläre Distribution zur Funktion $A_0 : \mathbb{R}^2 \to \mathbb{R}$ mit

$$A_0\,(t, x) = \frac{|t| - |x|}{2}\,\varTheta\left(t^2 - x^2\right) + \frac{|x|}{2}.$$

Sie erfüllt $A_0\,(t, x) = |t|\,/2$ im Bereich $|t| \geq |x|$ und $A_0\,(t, x) = |x|\,/2$ im Bereich $|t| \leq |x|$. Ihre Niveaulinien bilden achsenparallele Quadrate um den Mittelpunkt $(0, 0)$ und ihr Graph zeigt eine auf dem Kopf stehende quadratische Pyramide (siehe Abb. 5.6).

Abb. 5.6 $z = A_0(t, x) = \frac{|t|-|x|}{2} \Theta\left(t^2 - x^2\right) + \frac{|x|}{2}$

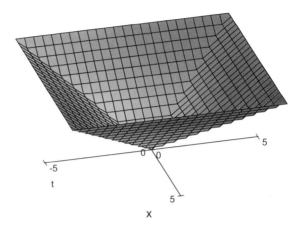

5.4.4 *Kraft zwischen statischen Punktquellen (d = 2)

Die zur Funktion $u : \mathbb{R}^2 \to \mathbb{R}$ mit $2u(t, x) = -q_1|x| - q_2|x - a|$ gehörige Distribution $\widehat{u}$ erfüllt (formal) $\Box u(t, x) = q_1\delta(x) + q_2\delta(x - a)$. Sie beschreibt die statische Auslenkung eines Seiles, an dem nur in den beiden Punkten $x = 0$ und $x = a$ statische Punktkräfte mit den „Gewichten" $q_1 \in \mathbb{R}$ bzw. $q_2 \in \mathbb{R}$ angreifen (siehe Abb. 5.7). Bewirkt das Seil zwischen den beiden Punktkraftzentren eine Kraft?

Sei oEdA $a > 0$. Dann gilt

$$2u(t, x) = \begin{cases} (q_1 + q_2)x - q_2a & \text{für } x < 0 \\ (q_2 - q_1)x - q_2a & \text{für } 0 < x < a \\ -(q_1 + q_2)x + q_2a & \text{für } a < x \end{cases}$$

Abb. 5.7 $y = u(0, x)$ für $q_1 = 2$ und $q_2 = 1$ (schwarz); $y = u(0, x)$ für $-q_1 = 2 = q_2$ (rot)

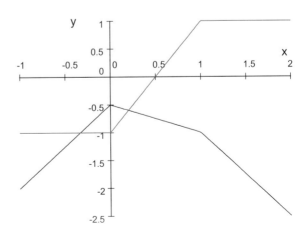

und daher

$$2\partial_x u\,(t,x) = \begin{cases} q_1 + q_2 \ \text{für} \ x < 0 \\ q_2 - q_1 \ \text{für} \ 0 < x < a \\ -(q_1 + q_2) \ \text{für} \ a < x \end{cases}.$$

Sei $L > a > 0$. Die elastische Energie der Seilauslenkung u im Bereich $|x| < L$ ist durch

$$E_L\,(a) := \frac{1}{2}\int_{-L}^{L}(\partial_x u\,(t,x))^2\,dx = \frac{(q_1+q_2)^2}{8}L + \frac{(q_2-q_1)^2}{8}a + \frac{(q_1+q_2)^2}{8}(L-a)$$

$$= -\frac{q_1 q_2}{2}a + \frac{(q_1+q_2)^2}{4}L > 0$$

gegeben. Wie ändert sich diese Energie bei einer kleinen Vergrößerung von a auf $a + \varepsilon < L$? Es gilt[9] $E_L\,(a + \varepsilon) - E_L\,(a) = -q_1 q_2 \varepsilon/2$. Die im Intervall $[-L, L]$ gespeicherte Energie wächst also für $q_1 q_2 < 0$ linear in ε und die zum Vergrößern von a aufzubringende Kraft $E_L'\,(a) = -q_1 q_2/2$ ist positiv. Damit bewirkt das Seil zwischen den beiden Kraftzentren eine anziehende Kraft, die unabhängig vom Abstand a ist. Für $q_1 q_2 > 0$ ist hingegen die Kraft zwischen den Kraftzentren abstoßend.

Maxwell deutete Ergebnisse dieser Art im Zusammenhang seiner Gleichungen als Begründung der Fernwirkungsgesetze von Coulomb oder Oerstedt. Angestachelt von Faradays Buch *Experimental Researches in Electricity* hatte er nach einem verborgenen Mechanismus der elektrischen bzw. magnetischen Kraftübertragung gesucht. Er übernahm dabei Faradays Glauben an ein Vorhandensein von elektrischen und magnetischen Feldern im scheinbar leeren Raum zwischen den geladenen oder stromführenden Körpern und fand schließlich jene Gleichungen, die heute seinen Namen tragen. Eine Überzeugung Newtons, der gewarnt hatte, dass sein Gravitationsgesetz wohl nur ein vorläufiger Teil der Wahrheit sei – denn kein vernunftbegabter Mensch könne ernstlich annehmen, dass zwei Körper, durch tatsächlich leeren Raum voneinander getrennt, aufeinander einwirken würden –, fand damit eine (vorläufige) Bestätigung.[10] Hier noch Newton im Originalton (Brief an Richard Bentley, 1692, zitiert nach [3, S. 46]):

That gravity should be innate, inherent, and essential to matter, so that one body can act on another at a distance, through the vacuum, without the mediation of anything else, by and through which their action and force may be conveyed from one to another, is to me so great an absurdity that I believe no man who has in philosophical matters a competent faculty of thinking, can ever fall into it.

Maxwell ließ in seinem Alleingang seine Zeitgenossen weit hinter sich. Kelvin etwa qualifizierte Maxwells bahnbrechende Leistung als ein Abgleiten in Mystik.

---

[9]Man beachte, dass die Energiedichte von $\widehat{u}$ im Bereich $|x| > L > a$ in x und a konstant ist. Dies führt für $q_1 + q_2 \neq 0$ zu einer unendlich großen Gesamtenergie von $\widehat{u}$.

[10]Ein wesentlicher Zug von Geniestreichen wie z.B. Newtons Gravitationsgesetz liegt darin, das gegenwärtig Durchschaubare vom vorläufig Undurchschaubaren zu trennen und Teilprobleme zu lösen. Erst Einsteins allgemeine Realtivitätstheorie füllte das Vakuum zwischen zwei Himmelskörpern durch einen „Stoff" mit eigener Dynamik. Es ist das metrische Feld, welches die Kräfte zwischen den Himmelskörpern vermittelt.

Erst eine nachfolgende Generation (Lodge, Heaviside, Fitzgerald, Hertz) konnte Maxwells Denken begreifen und eine strukturelle Umwälzung der Physik in Gang bringen. Von der technologischen Revolution, die Maxwell ermöglichte, zeugt heute unser tägliches Umfeld mehr als deutlich.

5.4.5 Gleichförmig bewegte Punktquelle (d = 2)

Unterwerfen wir noch die Lösung $u(t, x) = -|x|/2$ zur statischen Punktquelle einer Lorentztransformation Λ. Dabei erhalten wir eine Lösung zu einer gleichförmig bewegten Quelle. Sei also für alle $t, x \in \mathbb{R}$ und für ein $\beta \in (-1, 1)$

$$(\Lambda u)(t, x) = u\left(\Lambda^{-1}(t, x)\right) = u\left(\frac{t - \beta x}{\sqrt{1 - \beta^2}}, \frac{x - \beta t}{\sqrt{1 - \beta^2}}\right) = -\frac{|x - \beta t|}{2\sqrt{1 - \beta^2}}.$$

Das Bild der Quelle $j(t, x) = \delta(x)$ unter derselben Lorentztransformation ergibt sich formal zu

$$(\Lambda j)(t, x) = j\left(\Lambda^{-1}(t, x)\right) = \delta\left(\frac{x - \beta t}{\sqrt{1 - \beta^2}}\right) = \sqrt{1 - \beta^2}\,\delta(x - \beta t).$$

Somit gilt für die reguläre Distribution $\widetilde{u_\beta}$ mit dem Repräsentanten

$$u_\beta(t, x) = \frac{-|x - \beta t|}{2(1 - \beta^2)}$$

die distributionelle Differentialgleichung $\Box\widetilde{u_\beta} = j$ mit $j(t, x) = \delta(x - \beta t)$. Abb. 5.8 zeigt den Graphen von u_β für $\beta = 1/2$.

Abb. 5.8 $z = u_\beta(t, x)$ $= \frac{-|x - \beta t|}{2(1 - \beta^2)}$ für $\beta = 1/2$ und $t, x \in (-1, 1)$

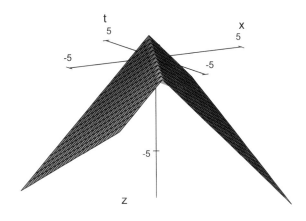

5.4.6 Ruhende, gepulste Punktquelle (d = 2)

Eine Verallgemeinerung des Beispiels mit der für $t > 0$ konstant aktiven, ruhenden Punktquelle ergibt sich, wenn in der Definition von j die Heavisidefunktion noch mit einer lokalintegrablen reellwertigen Funktion $q : \mathbb{R} \to \mathbb{R}$ multipliziert wird. Die Quelle erfüllt dann formal

$$j\,(t, x) = \Theta\,(t)\,q\,(t)\,\delta\,(x)\,.$$

Die retardierte Lösung $G_{\mathrm{ret}} * j$ ergibt sich ganz analog als die reguläre Distribution mit dem Repräsentanten

$$u_{\mathrm{ret}}\,(t, x) = \Theta\,(t - |x|)\,\frac{\int_0^{t-|x|} q\,(s)\,ds}{2}\,.$$

Die Punktquelle am Ort 0 macht sich am Ort x erst ab der Zeit $t = |x|$ bemerkbar. Sie produziert am Ort x zu einer Zeit $t > |x|$ eine Auslenkung, die bis auf den Faktor $1/2$ durch das bestimmte Integral der Quellfunktion q von 0 bis zur retardierten Zeit $t - |x|$ gegeben ist. Das Seil wirkt demnach als „Integrator". Aus der Ableitung des im Zeitintervall $[0, t]$ bei x aufgezeichneten Signals lässt sich aber die Quellfunktion q im Intervall $[0, t - |x|]$ rekonstruieren.

Als eine Lösung zur Quelle $j\,(t, x) = \Theta\,(-t)\,\delta\,(x)$ ergibt sich durch Zeitspiegelung von

$$u_{\mathrm{ret}} : \mathbb{R}^2 \ni (t, x) \mapsto \Theta\,(t - |x|)\,\frac{t - |x|}{2}$$

die (avancierte) Lösung mit dem Repräsentanten

$$u_{\mathrm{av}} : \mathbb{R}^2 \ni (t, x) \mapsto -\Theta\,(-\,(t + |x|))\,\frac{t + |x|}{2}\,.$$

Ihr Träger ist der Rückwärtskegel von 0.

Welche Lösung u zur Quelle $j\,(t, x) = \Theta\,(-t)\,\delta\,(x)$ gehört zur Anfangsbedingung

$$u\,(f) = -\int_{\mathbb{R}^2} \frac{|x|}{2}\,f\,(t, x)\,dt dx$$

für alle $f \in \mathscr{D}\left(\mathbb{R}^2\right)$ mit Träger im Gebiet $t < 0$?

Hier hilft ein schöner Trick: Subtrahiere von der statischen Lösung $\widetilde{u}_{stat}$ zu einer statischen Einheitspunktquelle mit $u_{stat}\,(t, x) = -\,|x|\,/2$ die retardierte Lösung $\widetilde{u}_-$ einer zur Zeit 0 eingeschalteten Einheitspunktquelle. Es folgt, dass

$$\Box\,(\widetilde{u}_{stat} - \widetilde{u}_-) = j,$$

wobei formal $j(t, x) = \Theta(-t)\delta(x)$. Die Distribution $\widetilde{u}_{stat} - \widetilde{u}_-$ ist regulär und hat den stetigen Repräsentanten

$$(u_{stat} - u_{\mathrm{ret}})(t, x) = -\frac{|x|}{2} - \Theta(t - |x|)\frac{t - |x|}{2}$$

$$= \begin{cases} -\frac{t}{2} & \text{für } t > 0 \text{ und } |x| < t \\ -\frac{|x|}{2} & \text{sonst} \end{cases}.$$

Der Funktionsgraph dieser Lösung hat die Gestalt eines Walmdaches.

5.4.7   Unterkritisch bewegte, pulsierende Punktquelle (d = 2)

Sei formal $j(t, x) = \Theta(t)\delta(x - vt)$ mit $0 < v < c$. Gemeint ist damit die Distribution $j \in \mathscr{D}'(\mathbb{R}^2)$ mit

$$j(f) = \int_0^\infty f(t, vt)\, dt.$$

Die retardierte Fundamentallösung von $\square_2$ ist die reguläre Distribution $\widetilde{g}_{\mathrm{ret}}$ zu g_{ret} : $\mathbb{R}^2 \to \mathbb{R}$ mit $g_{\mathrm{ret}}(t, x) = \frac{c}{2}\Theta(ct - |x|)$.

Es genügt nach unseren eben gemachten Erfahrungen, $\widetilde{g}_{\mathrm{ret}} * j$ formal zu berechnen:

$$\begin{aligned}
(\widetilde{g}_{\mathrm{ret}} * j)(t, x) &= \frac{c}{2}\int_{\mathbb{R}^2}\Theta(c(t - s) - |x - y|)\,\Theta(s)\,\delta(y - vs)\,ds\,dy \\
&= \frac{c}{2}\Theta(ct - |x|)\int_0^\infty \Theta(c(t - s) - |x - vs|)\,ds \\
&= \frac{c}{2}\Theta(ct - |x|)\int_0^{s_+} ds = \frac{c}{2}\Theta(ct - |x|)\,s_+,
\end{aligned}$$

wobei $s_+ \equiv s_+(t, x)$ jene Zeit ist, zu der die Weltlinie der Quelle den Rückwärtskegel des Punktes (t, x) verlässt.

Für Punkte (t, x) im Vorwärtskegel von 0 mit $x > vt$ gilt $(t - s_+)c = x - vs_+$. (Man fertige sich eine Skizze an.) Daraus ergibt sich

$$s_+ = \frac{ct - x}{c - v}.$$

Für Punkte (t, x) im Vorwärtskegel von 0 mit $x < vt$ gilt $c(t - s_+) = vs_+ - x$. Daraus ergibt sich

$$s_+ = \frac{ct + x}{c + v}$$

und somit insgesamt

$$(\widetilde{g}_{\mathrm{ret}} * j)(t, x) = \frac{\Theta(ct - |x|)}{2}\begin{cases} \frac{ct - x}{1 - \frac{v}{c}} & \text{für } x > vt \\ \frac{ct + x}{1 + \frac{v}{c}} & \text{für } x < vt \end{cases}.$$

Man beachte, dass für $t > 0$

$$\lim_{x \to vt} (\widetilde{g_{\text{ret}}} * j)(t, x) = \frac{c}{2} t,$$

dass also $(\widetilde{g_{\text{ret}}} * j)$ einen überall stetigen Repräsentanten besitzt. Dieser beschreibt im Bereich $x > vt$ eine rechtsläufige und im Bereich $x < vt$ eine linksläufige Lösung der homogenen Wellengleichung. Die Lösung verschwindet außerhalb des Vorwärtskegels von 0.

Weiteren Aufschluss ergibt die oszillierende Quelle mit $\omega > 0$ und $0 < v < c$ mit der formalen Darstellung

$$j(t, x) = \frac{\omega}{c} \Theta(t) \sin(\omega t) \, \delta(x - vt).$$

Hier ergibt eine völlig analoge Überlegung, dass $\widetilde{g_{\text{ret}}} * j$ die reguläre Distribution zur (stetigen!) Funktion mit $k = \omega/c$

$$u_{\text{ret}}(t, x) = \begin{cases} \frac{1}{2}\left(1 - \cos\left(k\frac{x+ct}{1+\frac{v}{c}}\right)\right) & \text{für } 0 < t \text{ und } -ct < x < vt \\ \frac{1}{2}\left(1 - \cos\left(k\frac{x-ct}{1-\frac{v}{c}}\right)\right) & \text{für } 0 < t \text{ und } vt < x < ct \\ 0 & \text{sonst} \end{cases} \cdot$$

Vor der Quelle, die mit der Frequenz ω pulsiert, läuft eine Welle der angehobenen Frequenz $\omega_+ = \frac{\omega}{1-\frac{v}{c}}$ nach rechts, und hinter der Quelle läuft eine Welle der abgesenkten Frequenz $\omega_- = \frac{\omega}{1+\frac{v}{c}}$ nach links. Dies ist der aktive (Galileische) Dopplereffekt. Der relativistische ergibt sich daraus, indem die Frequenz ω der mit der Geschwindigkeit v bewegten Quelle durch ihre Frequenz ω_0 bezüglich ihres Ruhesystems ausgedrückt wird. Es gilt $\omega = \sqrt{1 - \left(\frac{v}{c}\right)^2}\, \omega_0$ und daher

$$\omega_+ = \omega_0 \sqrt{\frac{1 + \frac{v}{c}}{1 - \frac{v}{c}}} \quad \text{und} \quad \omega_- = \omega_0 \sqrt{\frac{1 - \frac{v}{c}}{1 + \frac{v}{c}}}.$$

Abb. 5.9 zeigt den Graphen von $u_{\text{ret}}(t, \cdot)$ für $k = 2\pi$, $ct = 5$, $v/c = 1/2$ im Bereich $-5 < x < 5$.

5.4.8 Bremsstrahlung (d = 2)

Gesucht ist eine Lösung $\widetilde{u}$ zur Quelle $j(t, x) = \Theta(-t) \delta(x - vt) + \Theta(t) \delta(x + vt)$ mit $0 < v < c$. Die Quelle wechselt also zur Zeit $t = 0$ das Vorzeichen ihrer Geschwindigkeit. Zur Zeit $t < 0$ stimme die Lösung mit der regulären Distribution zur Funktion

$$u_v(t, x) = -\frac{1}{2} \cdot \frac{|x - vt|}{1 - \left(\frac{v}{c}\right)^2}$$

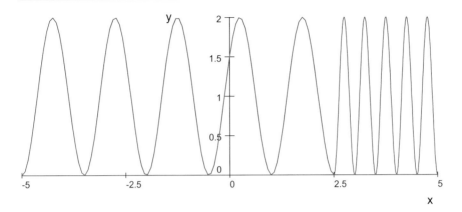

Abb. 5.9 $y = u_{\text{ret}}(t, x)$ für $k = 2\pi$, $ct = 5$, $v/c = 1/2$

überein. (Das ist jene Lösung zur Quelle $j(t, x) = \delta(x - vt)$, die durch eine Lorentztransformation statisch gemacht werden kann.)

Die gesuchte Lösung ergibt sich dann als die Summe von $\widetilde{u}_v$ und der retardierten Lösung $\widetilde{u_{\text{ret}}} = \widetilde{g_{\text{ret}}} * \rho$ zur Quelle mit

$$\rho(t, x) = \Theta(t)\left[\delta(x + vt) - \delta(x - vt)\right],$$

die zwei auseinanderlaufende Punktquellen entgegengesetzter Vorzeichen beschreibt. $\widetilde{u_{\text{ret}}}$ ist die reguläre Distribution zur Funktion $u_{\text{ret}}(t, x) = -u_v(t, x) + u_v(t, -x)$, wobei

$$u_v(t, x) = \frac{\Theta(ct - |x|)}{2} \begin{cases} \frac{ct - x}{1 - \frac{v}{c}} & \text{für } x > vt \\ \frac{ct + x}{1 + \frac{v}{c}} & \text{für } x < vt \end{cases}.$$

5.4.9 Überkritisch bewegte Punktquelle (d = 2)

Können wir eine distributionelle Lösung von $\Box A = j$ auf $\mathbb{R}^2$ finden, wenn $j(t, x) = \delta(x - vt)$ für ein $v > c$? Als ein physikalisches Bild stelle man sich ein unendlich langes Seil vor, an dem ein Schläger mit Überschallgeschwindigkeit entlangläuft und auf das Seil permanent mit einem scharf lokalisierten Einheitskraftstoß einwirkt. Versuchen wir es mit der Faltung der retardierten Fundamentallösung von $\Box_2$ mit der distributionellen Quelle, die entlang der (raumartigen) Weltlinie $x = vt$ lokalisiert ist. Dies ergibt die reguläre Distribution $\widetilde{u_{\text{ret}}}$ zur Funktion

$$u_{\text{ret}}(t, x) = (g_{\text{ret}} * j)(t, x) = \frac{c}{2} \int_{-\infty}^{t} \left(\int_{x - c(t - s)}^{x + c(t - s)} \delta(\xi - vs)\, d\xi \right) ds,$$

wobei wieder

$$\int_{x-c(t-s)}^{x+c(t-s)} \delta\left(\xi - vs\right) d\xi = \begin{cases} 1 \text{ für } x - c\left(t - s\right) < vs < x + c\left(t - s\right) \\ 0 \text{ sonst} \end{cases}.$$

Für Punkte (t, x) mit $vt \leq x$ ist der Durchschnitt des offenen Rückwärtskegels

$$\{(s, \xi) : s < t, x - c\left(t - s\right) < \xi < x + c\left(t - s\right)\}$$

mit der Gerade $\xi = vt$ leer. Dann gilt also $u_{\text{ret}}\left(t, x\right) = 0$. Für Punkte (t, x) mit $vt > x$ hingegen gilt

$$u_{\text{ret}}\left(t, x\right) = \frac{c}{2} \int_{s_-}^{s_+} ds = \frac{c}{2}\left(s_+ - s_-\right)$$

mit $x - vs_- = c\left(t - s_-\right)$ und $vs_+ - x = c\left(t - s_+\right)$. Daraus folgt

$$s_+ = \frac{x + ct}{v + c}, \quad s_- = \frac{x - ct}{v - c}$$

und somit

$$u_{\text{ret}}\left(t, x\right) = \frac{c}{2}\left(s_+ - s_-\right) = \frac{vt - x}{\left(\frac{v}{c}\right)^2 - 1}.$$

Es gilt also

$$u_{\text{ret}}\left(t, x\right) = \begin{cases} \dfrac{vt - x}{\left(\frac{v}{c}\right)^2 - 1} & \text{für } vt > x \\ 0 & \text{sonst} \end{cases}.$$

Abb. 5.10 zeigt Momentaufnahmen von u_{ret} zu den Zeiten $vt \in \{0, 1, 2\}$ für $v/c = 2$. Die Funktion u_{ret} ist auf den Geraden $x - vt = const$ konstant, läuft also mit der Geschwindigkeit v nach rechts, ist aber im Bereich $vt > x$ eine Überlagerung einer mit der Geschwindigkeit c nach rechts und einer mit c nach links laufenden Lösung von d'Alemberts homogener Gleichung. Abb. 5.11 zeigt, wie die Seilauslenkung hinter dem Angriffspunkt der Kraft nacheilt. Vor dem Angriffspunkt der Kraft bleibt das Seil ohne Auslenkung.

Bemerkenswert ist, dass für eine überkritisch bewegte Quelle die Faltung $\widetilde{g_{\text{ret}}} * j$ auch dann existiert, wenn die Quelle zu allen Zeiten aktiv ist. Sie befindet sich eben nur während einer endlichen Zeitspanne im Rückwärtskegel eines jeden beliebigen Raumzeitpunktes.

Zum besseren Vergleich mit der unterkritisch bewegten oszillierenden Quelle sei noch der Fall

$$j\left(t, x\right) = \frac{\omega}{c} \Theta\left(t\right) \sin\left(\omega t\right) \delta\left(x - vt\right)$$

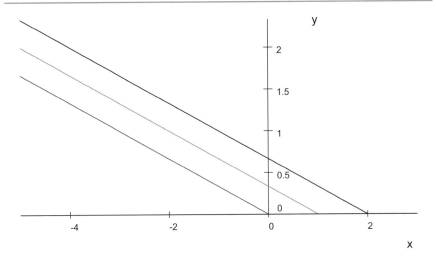

Abb. 5.10 $y = u_{\text{ret}}(t, x)$ für $v = 2c$ und $vt \in \{0, 1, 2\}$ (rot, grün, schwarz nach steigender Zeit)

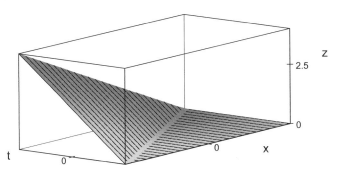

Abb. 5.11 $z = u_{\text{ret}}(t, x)$ für $v = 2c$ für $t \in (-3, 3)$ und $x \in (-6, 6)$

mit überkritisch bewegter Quelle, also mit $c < v$, angeführt. Achtung: Die Quelle ist jetzt nur zu Zeiten $t > 0$ aktiv. In diesem Fall ergibt sich $\widetilde{g_{\text{ret}}} * j$ als die reguläre Distribution zur (stetigen!) Funktion u_{ret} mit $k = \omega/c$

$$u_{\text{ret}}(t, x) = \begin{cases} \frac{1}{2}\left(1 - \cos\left(k\frac{x+ct}{1+\frac{v}{c}}\right)\right) \text{ für } 0 < t \text{ und } -ct < x < ct \\ \frac{1}{2}\left(\cos\left(k\frac{x-ct}{\frac{v}{c}-1}\right) - \cos\left(k\frac{x+ct}{1+\frac{v}{c}}\right)\right) \text{ für } 0 < t \text{ und } ct < x < vt \\ 0 \text{ sonst} \end{cases} .$$

Ein Beobachter in einem Punkt $x > 0$ wird also von der „tachyonischen" Quelle ohne Vorwarnung getroffen, denn die Lösung u_{ret} eilt der Quelle nicht voraus. Nachdem die Quelle den Ort x_0 zur Zeit $t_0 = x_0/v$ durchdrungen hat, sieht der Beobachter das Tachyon rot verschoben von hinten am Halbstrahl $x > x_0$. Blickt er jedoch nach links, also in den Halbstrahl $x < x_0$, dann sieht er das Tachyon blau verschoben.

Ab der Zeit $t = x_0/c$ empfängt er nur mehr ein rot verschobenes Signal aus dem Bereich $x > x_0$. Dass dieses Signal nicht schwächer wird, liegt daran, dass in einem eindimensionalen Raum sich das Signal nicht verlaufen kann.

Im Fall der überkritisch bewegten Quelle, die nur zu Zeiten $t > 0$, dann aber konstant aktiv ist, also für

$$j(t, x) = \Theta(t)\,\delta(x - vt),$$

folgt, dass $\widetilde{g}_{\text{ret}} * j$ die reguläre Distribution zur (stetigen!) Funktion u_{ret} mit

$$u_{\text{ret}}(t, x) = \begin{cases} \frac{1}{2}\frac{x+ct}{1+\frac{v}{c}} \text{ für } 0 < t \text{ und } -ct < x < ct \\ \frac{1}{2}\left[\frac{x+ct}{1+\frac{v}{c}} - \frac{x-ct}{\frac{v}{c}-1}\right] \text{ für } 0 < t \text{ und } ct < x < vt \\ 0 \text{ sonst} \end{cases}$$

ist. Die Funktion u_{ret} ist stetig.

5.4.10   Ruhende, pulsierende Punktquelle (d = 4)

Versuchen wir noch in einem anderen Fall die Faltung $G_{\text{ret}} * f$ mit einer „Funktion" f zu bilden, die gar keine ist. Sei (formal notiert) $f(t, x) = 4\pi h(t)\,\delta^3(x)$. Dann ergibt sich

$$u_{\text{ret}}(t, x) = (G_{\text{ret}} * f)(t, x) = \int_{\mathbb{R}^3} \frac{h\left(t - \frac{|y|}{c}\right)\delta^3(x - y)}{|y|}d^3y = \frac{h\left(t - \frac{|x|}{c}\right)}{|x|}$$

als regulär-distributionelle Lösung der formal notierten distributionellen Differentialgleichung $\Box A(t, x) = 4\pi h(t)\,\delta^3(x)$.

Analog ergibt sich $u_{\text{av}}(t, x) = (G_{\text{av}} * f)(t, x) = h(t + |x|/c)/|x|$ als eine weitere Lösung derselben inhomogenen Wellengleichung. Für $h(t) = \sin(\omega t)$ ergibt sich dann $u_{\text{ret}} = u_-$ und $u_{\text{av}} = u_+$ mit $u_{\pm}(t, x) = \sin(\omega(ct \pm |x|))/|x|$ als ein- bzw. auslaufende Kugelwellen einer sinusmodulierten Punktquelle. Abb. 5.12 zeigt die Einschränkung von u_- für $\omega = 2\pi$ auf $t = 0$, $0{,}3 < y < 3$, $-3 < x < 3$ und $z = 0$.

Abb. 5.12 Kugelwelle
$u_-(t = 0, x, y, z = 0)$

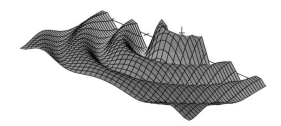

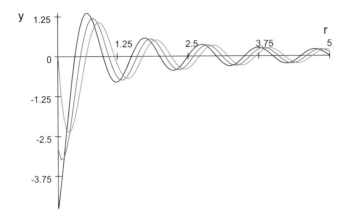

Abb. 5.13 Auslaufende Kugelwelle $y = \sin\left(2\pi\left(ct - r\right)\right)/r$ für $ct \in \{0, 1/10, 2/10\}$ (schwarz, rot, grün nach steigender Zeit)

Abb. 5.13 zeigt die Funktion $\frac{\sin(2\pi(ct-r))}{r}$ für $ct = 0$ (schwarz), $ct = 1/10$ (rot) und $ct = 2/10$ (grün) im Bereich $2/10 < r < 5$.

Berechnen wir noch den Energiestrom der Lösung u_{ret} zur Zeit t durch eine Kugeloberfläche mit dem Radius R um 0. Es gilt

$$T\left(t, x\right) = -\partial_t u_{\text{ret}}\left(t, x\right) \cdot \text{grad}_x u_{\text{ret}}\left(t, \cdot\right)$$

$$= -\frac{h'\left(t - \frac{|x|}{c}\right)}{|x|} \cdot \frac{-\frac{|x|}{c}h'\left(t - \frac{|x|}{c}\right) - h\left(t - \frac{|x|}{c}\right)}{|x|^2} \text{grad}_x |\cdot|$$

$$= \left[\frac{h'\left(t - \frac{|x|}{c}\right)^2}{c\,|x|^2} + \frac{h'\left(t - \frac{|x|}{c}\right)h\left(t - \frac{|x|}{c}\right)}{|x|^3}\right] \frac{x}{|x|}.$$

Der Energiestrom zur Zeit t durch die Kugel ist

$$P\left(t, R\right) = \int_{\mathbb{S}^2} \langle T\left(t, Rn\right), n\rangle R^2 d_n\Omega = 4\pi \left[\frac{h'\left(t - \frac{R}{c}\right)^2}{c} + \frac{h'\left(t - \frac{R}{c}\right)h\left(t - \frac{R}{c}\right)}{R}\right].$$

Für $h\left(t\right) = \frac{A}{4\pi}\sin\left(\omega t\right)$ mit $A, \omega \in \mathbb{R}$ spezialisiert sich $P\left(t, R\right)$ mit $k = \omega/c$ zu:

$$P\left(t, R\right) = \frac{A^2}{4\pi}\left[\frac{\omega^2 \cos^2\left(\omega t - kR\right)}{c} + \frac{\omega}{R}\cos\left(\omega t - kR\right)\sin\left(\omega t - kR\right)\right]$$

$$= \frac{\omega^2 A^2}{4\pi c}\left[\cos^2\left(\omega t - kR\right) + \frac{\sin\left(2\left(\omega t - kR\right)\right)}{2kR}\right].$$

Das Periodenmittel dieser „Strahlungsleistung" wird damit (natürlich!) unabhängig
von R und t

$$\overline{P} = \frac{\omega}{2\pi} \int_0^{2\pi/\omega} P\left(t + t', R\right) dt' = \frac{\omega^2 A^2}{8\pi c} \geq 0.$$

Es ist proportional zum Quadrat von Amplitude und Frequenz der Quelle. Diese
Energie muss im Mittel aufgebracht werden, um eine Sinusquelle mit Amplitude A
und Frequenz ω in Betrieb zu halten.

5.4.11 *Gleichförmig bewegte Punktquelle (d = 4)

Sei formal notiert $f(t, x) = \delta^3(x - \beta ct)$ mit $\beta = v/c \in \mathbb{R}^3$ und $|\beta| < 1$. Sei weiter
$x \notin \mathbb{R} \cdot \beta$. Dann ist die folgende Überlegung plausibel:

$$4\pi \left(G_{\text{ret}} * f\right)(t, x) = \int_{\mathbb{R}} \int_{\mathbb{R}^3} \frac{c\delta\left(c(t-s) - |x-y|\right)}{|x-y|} \delta^3(y - \beta cs) d^3 y ds$$

$$= \int_{-\infty}^{\infty} \frac{\delta\left(c(t-s) - |x - \beta cs|\right)}{|x - \beta cs|} c ds.$$

Mit der Abkürzung $\xi = x - \beta ct$ und der Substitution $c(t-s) = \lambda$ ergibt sich

$$4\pi \left(G_{\text{ret}} * f\right)(t, x) = \int_{-\infty}^{\infty} \frac{\delta\left(c(t-s) - |x - \beta ct + \beta c(t-s)|\right)}{|x - \beta ct + \beta c(t-s)|} c ds$$

$$= \int_{-\infty}^{\infty} \frac{\delta\left(\lambda - |\xi + \lambda\beta|\right)}{|\xi + \lambda\beta|} d\lambda = \int_{-\infty}^{\infty} \frac{\delta\left(f(\lambda)\right)}{|\xi + \lambda\beta|} d\lambda,$$

wobei $f : \mathbb{R} \to \mathbb{R}$ mit $f(\lambda) = \lambda - |\xi + \lambda\beta|$. Mit der Kettenregel folgt

$$f'(\lambda) = \frac{df}{d\lambda}(\lambda) = 1 - \left\langle \text{grad}_{\xi+\lambda\beta} |\cdot|, \beta \right\rangle = 1 - \frac{\langle \xi + \lambda\beta, \beta \rangle}{|\xi + \lambda\beta|}.$$

Nach der Ungleichung von Cauchy-Schwarz gilt

$$|\langle \xi + \lambda\beta, \beta \rangle| \leq |\xi + \lambda\beta| |\beta| < |\xi + \lambda\beta|$$

und daher $f'(\lambda) > 0$. Daraus folgt mit einer kleinen Nebenrechnung zuerst
$\delta(f(\lambda)) = \frac{1}{f'(\lambda_0)} \delta(\lambda - \lambda_0)$ und damit dann weiter

$$4\pi \left(G_{\text{ret}} * f\right)(t, x) = \frac{1}{f'(\lambda_0) |\xi + \lambda_0\beta|} = \frac{1}{|\xi + \lambda_0\beta| - \langle \xi + \lambda_0\beta, \beta \rangle},$$

wobei λ_0 die wegen $f' > 0$ eindeutige Nullstelle von f ist. Es gilt ja $f(\lambda_0) = 0$
genau dann, wenn $\lambda_0 = |\xi + \lambda_0\beta|$. Damit ist λ_0 eine positive Nullstelle des reellen

Polynoms $p(x) = x^2 - |\xi + x\beta|^2 = (1 - |\beta|^2) x^2 - 2 \langle \xi, \beta \rangle x - |\xi|^2$. Die Nullstellen von p sind

$$x_\pm = \frac{\langle \xi, \beta \rangle}{(1 - |\beta|^2)} \pm \sqrt{\left(\frac{\langle \xi, \beta \rangle}{(1 - |\beta|^2)} \right)^2 + \frac{|\xi|^2}{(1 - |\beta|^2)}}.$$

Wegen $x_- < 0$ gilt $\lambda_0 = x_+$. Daraus folgt nun

$$4\pi (G_{\text{ret}} * f)(t, x) = \frac{1}{|\xi + \lambda_0 \beta| - \langle \xi + \lambda_0 \beta, \beta \rangle} = \frac{1}{\lambda_0 - \langle \xi + \lambda_0 \beta, \beta \rangle}$$

$$= \frac{1}{\lambda_0 (1 - |\beta|^2) - \langle \xi, \beta \rangle} = \frac{1}{\sqrt{\langle \xi, \beta \rangle^2 + (1 - |\beta|^2) |\xi|^2}}.$$

Damit ist also für alle $(t, x) \in \mathbb{R}^4$ mit $x \neq \beta t$ plausibel gemacht, dass

$$(G_{\text{ret}} * f)(t, x) = \frac{1}{4\pi \sqrt{\langle x - ct\beta, \beta \rangle^2 + (1 - |\beta|^2) |x - ct\beta|^2}}. \tag{5.4}$$

Sei nun $\beta \neq 0$. Zerlege dann $\xi = x - ct\beta$ in einen Vektor ξ_p parallel zu β und einen Vektor $\xi_\perp$ senkrecht dazu: $\xi = \xi_p + \xi_\perp$. Es sei also $\xi_p = \beta \langle \beta, \xi \rangle |\beta|^2$ und $\xi_\perp = \xi - \frac{\beta \langle \beta, \xi \rangle}{|\beta|^2}$. Daraus folgt $\langle \beta, \xi \rangle^2 = |\beta|^2 |\xi_p|^2$ und $|\xi|^2 = |\xi_p|^2 + |\xi_\perp|^2$. Somit gilt

$$\langle \xi, \beta \rangle^2 + (1 - |\beta|^2) |\xi|^2 = |\beta|^2 |\xi_p|^2 + (1 - |\beta|^2) \left(|\xi_p|^2 + |\xi_\perp|^2 \right)$$

$$= |\xi_p|^2 + (1 - |\beta|^2) |\xi_\perp|^2 = |\xi|^2 - |\beta|^2 |\xi_\perp|^2.$$

Wegen $\xi_\perp = x_\perp$ ist Gl. 5.4 für $x \neq ct\beta$ äquivalent zu den folgenden alternativen Ausdrücken des Potentials einer gleichförmig bewegten Punktladung, nämlich

$$\Phi_\beta (t, x) := (G_{\text{ret}} * f)(t, x) = \frac{1}{4\pi \sqrt{|\xi_p|^2 + (1 - |\beta|^2) |\xi_\perp|^2}}$$

$$= \frac{1}{4\pi \sqrt{|(x - ct\beta)_p|^2 + (1 - |\beta|^2) |x_\perp|^2}}$$

$$= \frac{1}{4\pi \sqrt{\left(\frac{\langle x, \beta \rangle}{|\beta|} - ct |\beta| \right)^2 + (1 - |\beta|^2) |x_\perp|^2}}$$

$$= \frac{1}{4\pi \sqrt{|x - ct\beta|^2 - |\beta|^2 |x_\perp|^2}}.$$

Der erste Term unter der Wurzel in der letzten Zeile ist das Abstandsquadrat zwischen Quellpunkt und Aufpunkt zur Zeit t. Der zweite Term ist zeitunabhängig und nicht positiv. Die bei fest gewähltem x mit $|x_\perp| > 0$ auf ganz $\mathbb{R}$ definierte Abbildung $t \mapsto (G_{\text{ret}} * f)(t, x)$ nimmt ihren maximalen Wert gemäß der vorletzten Zeile genau dann an, wenn $x_p = ct\beta$, d.h. wenn die Quelle minimalen Abstand vom Aufpunkt hat. Dieser maximale Wert des Potentials ist

$$\frac{1}{4\pi \, |x_\perp| \, \sqrt{1 - |\beta|^2}}.$$

Er ist streng monoton steigend in $|\beta|$ und wächst für $|\beta| \to 1$ unbeschränkt an, auch wenn die Quelle nicht durch den Aufpunkt läuft.

Um das Potential etwas expliziter vor Augen zu haben, sei noch der Spezialfall $\langle x, \beta \rangle = 0$ betrachtet. Er kann durch eine Raumzeittranslation stets herbeigeführt werden. In diesem Fall gilt für $\rho^2 := |x_\perp|^2 > 0$

$$(G_{\text{ret}} * f)(t, x) = \frac{1}{4\pi \sqrt{(|\beta| \, ct)^2 + (1 - |\beta|^2) \, \rho^2}} = \frac{1}{4\pi\rho} \cdot \frac{1}{\sqrt{\left(\frac{|\beta| ct}{\rho}\right)^2 + (1 - |\beta|^2)}}.$$

Das Potential Φ_β in einem Ort x mit $\langle x, \beta \rangle = 0$ ist genau zu jenen Zeiten t gleich groß wie das Potential einer in 0 ruhenden Ladung, für die $\rho = c\,|t|$. Abb. 5.14 zeigt für $|\beta|^2 = 3/4$ die Funktion

$$\frac{ct}{\rho} \mapsto 4\pi\rho \, (G_{\text{ret}} * f)(t, (x, y, 0)) = \frac{2}{\sqrt{3\left(\frac{ct}{\rho}\right)^2 + 1}},$$

die das Verhältnis von Φ zum statischen Potential $1/4\pi\rho$ angibt.

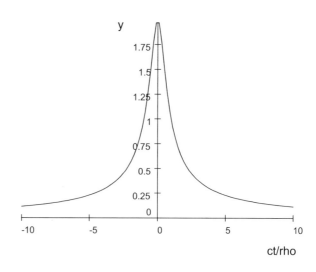

Abb. 5.14 Die Funktion $ct/\rho \mapsto y = \dfrac{2}{\sqrt{3\left(\frac{ct}{\rho}\right)^2 + 1}}$

Wie unterscheidet sich $G_{\mathrm{ret}} * f$ vom Galilei-transformierten Potential einer ruhenden Punktquelle? Es gilt mit $\rho_t = \sqrt{(|\beta|\, ct)^2 + \rho^2}$

$$(G_{\mathrm{ret}} * f)(t, x) = \frac{1}{4\pi \sqrt{\rho_t^2 - |\beta|^2 \, \rho^2}} = \frac{1}{4\pi \rho_t} \frac{1}{\sqrt{1 - \left(|\beta|\, \frac{\rho}{\rho_t}\right)^2}}.$$

Der Faktor $1/\sqrt{1 - \left(|\beta|\, \frac{\rho}{\rho_t}\right)^2} > 1$ ergibt also eine Überhöhung des Galilei-transformierten Potentials $1/(4\pi |x - vt|) = 1/4\pi \rho_t$, die für $t = 0$, also wenn $\rho_t = \rho$ gilt, am stärksten ist.

5.4.12 *Liénard-Wiechert-Potential (d = 4)

Jede Lösung der Maxwellgleichungen auf ganz $\mathbb{R}^4$ mit einem äußeren Strom- und Ladungsdichtefeld $\left(\rho, j^1, j^2, j^3\right) : \mathbb{R} \times \mathbb{R}^3 \to \mathbb{R}^4$, für das konsistenzbedingt $\partial_t \rho(t, x) = -\mathrm{div}_x j(t, \cdot)$ zu gelten hat, lässt sich aus einer Lösung des folgenden Systems partieller Differentialgleichungen auf $\mathbb{R}^4$, nämlich

$$\left(\frac{1}{c^2}\partial_t^2 - \Delta\right) A^\mu(t, x) = c\mu_0 j^\mu(t, x) \text{ für alle } (t, x) \in \mathbb{R}^4 \qquad (5.5)$$

für $\mu = 0, \ldots 3$ und

$$\frac{1}{c}\partial_t A^0(t, x) + \sum_{k=1}^{3} \partial_k A^k(t, x) = 0 \text{ für alle } (t, x) \in \mathbb{R}^4, \qquad (5.6)$$

gewinnen. Dabei gilt $c\rho = j^0$ (siehe Abschn. 3.4.10 über Maxwellgleichungen und Potentiale).

Eine Lösung des Systems (5.5) und (5.6) für gegebenes Vektorfeld $j = (j^\mu)_{\mu=0}^{3}$ mit Komponenten $j^\mu \in \mathscr{D}\left(\mathbb{R}^4\right)$ ist das Vektorfeld $\left(A_{\mathrm{ret}}^\mu\right)_{\mu=0}^{3}$ mit

$$\frac{A_{\mathrm{ret}}^\mu(t, x)}{c\mu_0} = (G_{\mathrm{ret}} * j^\mu)(t, x) = \int_{\mathbb{R}^4} \frac{\delta\left(t - \frac{|x-y|}{c} - t'\right)}{4\pi |x - y|} j^\mu(t', y)\, dt'\, d^3 y$$

$$= \int_{\mathbb{R}^4} \frac{\frac{1}{c}\delta\left(t - \frac{|x-y|}{c} - t'\right)}{4\pi |x - y|} j^\mu(t', y)\, d(ct')\, d^3 y$$

$$= \int_{\mathbb{R}^4} \frac{\delta\left(ct - |x - y| - ct'\right)}{4\pi |x - y|} j^\mu(t', y)\, d(ct')\, d^3 y.$$

Mit den Definitionen $A_{\mathrm{ret}}^\mu(t, x) = \widehat{A}_{\mathrm{ret}}^\mu(ct, x)$ etc. lässt sich der Parameter c vollständig „wegrationalisieren":

$$\frac{\widehat{A}_{\text{ret}}^{\mu}\left(x^0, x\right)}{c\mu_0} = \int_{\mathbb{R}^4} \frac{\delta\left(y^0 - \left(x^0 - |x - y|\right)\right)}{4\pi\,|x - y|} \widehat{j}^{\mu}\left(y^0, y\right) d^4 y =: \left(\widehat{G}_{\text{ret}} * \widehat{j}^{\mu}\right)\left(x^0, x\right).$$

Es gelten dann auf $\mathbb{R}^4$ Wellengleichung und Lorenzeichbedingung, nämlich

$$\left(\partial_0^2 - \Delta\right)\widehat{A}_{\text{ret}}^{\mu} = c\mu_0 j^{\mu} \quad \text{und} \quad \sum_{\mu=0}^{3} \partial_{\mu}\widehat{A}_{\text{ret}}^{\mu} = 0.$$

Wieder strapazieren wir diese Lösungsformel, indem wir sie auf eine distributionelle Quelle ausdehnen. Eine bewegte Punktladung wird durch eine Kurve $\Gamma : \mathbb{R} \to \mathbb{R}^4$ in der Raumzeit mit $\Gamma\left(x^0\right) = \left(x^0, \gamma\left(x^0\right)\right)$ beschrieben. Dabei erfülle die Ableitung $\dot{\gamma}\left(x^0\right) = \frac{d\gamma}{dx^0}\left(x^0\right)$ für alle $x^0 \in \mathbb{R}$ die Unterlichtgeschwindigkeitsbedingung $\left|\dot{\gamma}\left(x^0\right)\right| < 1$, um nicht in Konflikt mit der relativistischen Mechanik zu geraten. Die Funktion γ sei also C^1. Hat das Teilchen die Ladung q, dann gilt

$$\widehat{j}^{\mu}\left(x^0, x\right) = q\,\dot{\Gamma}^{\mu}\left(x^0\right)\delta^3\left(x - \gamma\left(x^0\right)\right) = \begin{cases} q\delta^3\left(x - \gamma\left(x^0\right)\right) & \text{für } \mu = 0 \\ q\dot{\gamma}^{\mu}\left(x^0\right)\delta^3\left(x - \gamma\left(x^0\right)\right) & \text{für } \mu \neq 0 \end{cases}.$$

Tatsächlich erfüllt $\widehat{j}$ die Kontinuitätsgleichung im distributionellen Sinn:

$$\partial_0\widehat{j}^0\left(x^0, x\right) = q\left(-\dot{\gamma}^k\left(x^0\right)\right)\partial_k\delta^3\left(x - \gamma\left(x^0\right)\right) = -\sum_{k=1}^{3}\partial_k\widehat{j}^0\left(x^0, x\right).$$

Für jeden Punkt $\left(x^0, x\right) \in \mathbb{R}^4$ existiert genau eine Zeit $\tau \in \mathbb{R}$, für die $x^0 = \tau + |x - \gamma(\tau)|$ gilt. Der Punkt $\Gamma(\tau) = (\tau, \gamma(\tau))$ ist also der Schnittpunkt des von $\left(x^0, x\right)$ ausgehenden Rückwärtslichtkegelmantels $C_-\left(x^0, x\right)$ mit der Weltlinie $\Gamma(\mathbb{R})$. Die Abbildung $(\tau_{\text{ret}}, \gamma_{\text{ret}}) : \mathbb{R} \times \mathbb{R}^3 \to \mathbb{R} \times \mathbb{R}^3$ ordne jedem Raumzeitpunkt den Schnittpunkt $\Gamma(\mathbb{R}) \cap C_-\left(x^0, x\right)$ zu. Damit gilt für $\left(x^0, x\right) \notin \Gamma(\mathbb{R})$ mit $\widehat{q} = c\mu_0 q$

$$\widehat{A}_{\text{ret}}^{\mu}\left(x^0, x\right) = \widehat{q}\int_{\mathbb{R}}\left(\int_{\mathbb{R}^3}\frac{\delta\left(y^0 - \left(x^0 - |x - y|\right)\right)}{4\pi\,|x - y|}\delta^3\left(y - \gamma\left(y^0\right)\right)d^3 y\right)\dot{\Gamma}^{\mu}\left(y^0\right)dy^0$$

$$= \widehat{q}\int_{\mathbb{R}}\frac{\delta\left(y^0 - \left(x^0 - \left|x - \gamma\left(y^0\right)\right|\right)\right)}{4\pi\,\left|x - \gamma\left(y^0\right)\right|}\dot{\Gamma}^{\mu}\left(y^0\right)dy^0$$

$$= \widehat{q}\frac{\dot{\Gamma}^{\mu}\left(\tau_{\text{ret}}\left(x^0, x\right)\right)}{4\pi\,\left|x - \gamma_{\text{ret}}\left(x^0, x\right)\right|}\int_{\mathbb{R}}\delta\left(y^0 - \left(x^0 - \left|x - \gamma\left(y^0\right)\right|\right)\right)dy^0$$

$$= \widehat{q}\frac{\dot{\Gamma}^{\mu}\left(\tau_{\text{ret}}\left(x^0, x\right)\right)}{4\pi\,\left|x - \gamma_{\text{ret}}\left(x^0, x\right)\right|}\int_{\mathbb{R}}\frac{\delta\left(y^0 - \tau_{\text{ret}}\left(x^0, x\right)\right)}{\left|\frac{d\left(y^0 - \left(x^0 - |x - \gamma(y^0)|\right)\right)}{dy^0}\right|}dy^0$$

$$= \widehat{q}\frac{\dot{\Gamma}^{\mu}\left(\tau_{\text{ret}}\left(x^0, x\right)\right)}{4\pi\,\left|x - \gamma_{\text{ret}}\left(x^0, x\right)\right|}\frac{1}{\left|\frac{d\left(y^0 - \left(x^0 - |x - \gamma(y^0)|\right)\right)}{dy^0}\right|_{y^0 = \tau_{\text{ret}}\left(x^0, x\right)}}.$$

Berechnung der Ableitung im Nenner:

$$\frac{d\left(y^0 - \left(x^0 - \left|x - \gamma\left(y^0\right)\right|\right)\right)}{dy^0} = 1 - \left\langle \frac{x - \gamma\left(y^0\right)}{\left|x - \gamma\left(y^0\right)\right|}, \dot{\gamma}\left(y^0\right)\right\rangle.$$

Wegen $|\dot{\gamma}| < 1$ gilt $\frac{d\left(y^0 - \left(x^0 - |x - \gamma(y^0)|\right)\right)}{dy^0} > 0$. Somit gilt für $\left(x^0, x\right) \in \mathbb{R}^4 \smallsetminus \Gamma\left(\mathbb{R}\right)$

$$\widehat{A}_{\text{ret}}^{\mu}\left(x^0, x\right) = \widehat{q} \frac{\dot{\Gamma}^{\mu}\left(\tau_{\text{ret}}\left(x^0, x\right)\right)}{4\pi \left|x - \gamma_{\text{ret}}\left(x^0, x\right)\right|} \cdot \frac{1}{1 - \left\langle \frac{x - \gamma\left(\tau_{\text{ret}}(x^0, x)\right)}{\left|x - \gamma\left(\tau_{\text{ret}}(x^0, x)\right)\right|}, \dot{\gamma}\left(\tau_{\text{ret}}\left(x^0, x\right)\right)\right\rangle}.$$
(5.7)

Liénard (1898) und zwei Jahre später Wiechert produzierten diese Formel natürlich, ohne im Besitz der Distributionentheorie zu sein. Für sie war δ^3 eine nichtnegative Funktion, die nur in einem winzigen Gebiet um 0 herum von 0 verschieden ist. Ihre Überlegung war vermutlich von (abgeschätzten?) Näherungen durchsetzt.

5.5 Wärmeleitungsgleichung auf $\mathbb{R} \times \mathbb{R}^n$

Als ein weiteres Beispiel für den Nutzen von Distributionen wird das Anfangswertproblem der Wämeleitungsgleichung (WLG) behandelt. In etwas modifizierter Form tritt dieses Beispiel auch bei der kräftefreien Schrödingergleichung in Erscheinung.

Definition 5.7 Sei $\kappa > 0$ und $f : \mathbb{R} \to \mathbb{R}$. Eine Funktion[11] $u : \mathbb{R}_{>0} \times \mathbb{R}^n \to \mathbb{R}$ mit

$$\partial_t u\left(t, x\right) = \kappa \Delta u\left(t, x\right) \text{ und } \lim_{t \to 0} u\left(t, x\right) = f\left(x\right) \text{ für alle } x \in \mathbb{R}$$

heißt Lösung der n-dimensionalen Wärmeleitungsgleichung zur Anfangsvorgabe f.

Es gibt zwar nichtkonstante Funktionen $u : \mathbb{R} \times \mathbb{R}^n \to \mathbb{R}$ mit $\partial_t u = \kappa \partial_x^2 u$ auf *ganz* $\mathbb{R} \times \mathbb{R}^n$, wie etwa

$$u\left(t, x\right) = e^{\frac{t}{\tau}} e^{\pm \sqrt{\frac{\kappa}{\tau}} x^1} \text{ für beliebiges } \tau \in \mathbb{R}_{>0}, \text{ oder } u\left(t, x\right) = 2\kappa t + \left(x^1\right)^2,$$

aber eben auch viele, die zu endlicher Zeit unbegrenzt anwachsen. Daher kann als Definitionsbereich einer Lösung der WLG im Allgemeinen lediglich ein Halbraum angenommen werden.

---

[11]Die Auszeichnung positiver Zeitrichtung kommt durch das Fehlen der Zeitumkehrinvarianz der Wärmeleitungsgleichung zustande. Die Auszeichnung der Anfangszeit 0 ist willkürlich.

In den physikalischen Anwendungen kann die Funktion u die Temperatur[12] im Punkt x zur Zeit t angeben. Eine weitere Bedeutung kann u als Massendichte ρ eines diffundierenden Stoffes annehmen. In diesem Zusammenhang wird die Differentialgleichung dann als Diffusionsgleichung bezeichnet und aus der Kontinuitätsgleichung für ρ, der Massenstromdichte j und dem Fickschen Gesetz heraus motiviert:

$$\partial_t \rho = -\operatorname{div} j \text{ und } j = -\kappa \operatorname{grad} \rho.$$

Die Dichte ändert sich nur durch Ab- oder Zufluss des betrachteten Stoffes.[13] Das Stromdichtefeld j zeigt überall in die Richtung der stärksten Dichteabnahme. Der Betrag von j ist überall zum Betrag des Dichtegradienten proportional.

Für welche Anfangsvorgaben zur Wärmeleitungsgleichung existiert eine Lösung u? Falls eine existiert, ist sie dann eindeutig? Die erste Frage wird im Folgenden wenigstens teilweise beantwortet. Die zweite Frage ist schwieriger als im Fall der Wellengleichung zu beantworten. Wir werden ihr nicht nachgehen und nur so viel sei gesagt: Die Eindeutigkeit der Lösung auf $\mathbb{R}_{>0} \times \mathbb{R}^n$ ist gegeben, wenn nur Lösungen mit gewissen Wachstumsschranken in der zweiten Variablen zugelassen werden. Ohne solche Wachstumsschranken liegt die Eindeutigkeit jedoch nicht vor (Gegenbeispiel von Tychonow; siehe [5, Kap. 67 und 68]).

5.5.1 Wärmeleitungskern

Heuristische Vorüberlegung: Suche eine Lösung K der Wärmeleitungsgleichung auf $\mathbb{R}_{>0} \times \mathbb{R}$, für die $K(t, x) \to \delta(x)$ für $t \to 0$. Wenn das gelingt, dann könnte

$$u(t, x) = \int_{-\infty}^{\infty} K(t, x - y) f(y) \, dy$$

eine Lösung der WLG zur Anfangsvorgabe f sein.

Probiere zur Bestimmung von K den folgenden Ansatz als zeitparametrisiertes Fourierintegral:

$$K(t, x) = \int_{-\infty}^{\infty} a(t, k) \frac{e^{ikx}}{2\pi} dk.$$

Einsetzen in die WLG „ergibt" $\partial_t a(t, k) = -\kappa k^2 a(t, k)$ und somit

$$a(t, k) = e^{-\kappa k^2 t} a(0, k).$$

---

[12]In einer Einheit, die mit der Kelvinskala inhomogen linear veknüpft ist. Negative Temperaturen sind also durchaus zulässig.

[13]Eine Änderung von ρ durch chemische Reaktionen muss also weitgehend ausgeschlossen sein.

Wegen $\delta(x) = \int_{-\infty}^{\infty} a(0, k) \frac{e^{ikx}}{2\pi} dk$, ist $a(0, k) = 1$ für alle $k \in \mathbb{R}$ zu erwarten. Mit der Substitution $q = \sqrt{2\kappa t}k$ folgt nun aus der Invarianz der Standard-Gaußfunktion $q \mapsto e^{-q^2/2}$ unter der Fouriertransformation

$$K(t, x) = \int_{-\infty}^{\infty} e^{-\kappa k^2 t} \frac{e^{ikx}}{2\pi} dk = \frac{1}{\sqrt{2\pi}} \int_{-\infty}^{\infty} e^{-\frac{q^2}{2}} \frac{e^{iq\frac{x}{\sqrt{2\kappa t}}}}{\sqrt{2\pi}} \frac{dq}{\sqrt{2\kappa t}}$$

$$= \frac{1}{\sqrt{4\pi\kappa t}} e^{-\frac{x^2}{4\kappa t}}.$$

Der folgende Satz bestätigt diese durch Raten gewonnene Formel für K.

Satz 5.10 *Sei* $K : \mathbb{R}_{>0} \times \mathbb{R} \to \mathbb{R}$ *mit* $K(t, x) = \frac{1}{\sqrt{4\pi\kappa t}} \exp\left(-\frac{x^2}{4\kappa t}\right)$. *Es gilt* $\partial_t K = \kappa \partial_x^2 K$ *und* $\int_{-\infty}^{\infty} K(t, x) \, dx = 1$ *für alle* $t > 0$.

Beweis Mit $C = 1/\sqrt{4\pi\kappa}$ gilt

$$\partial_t K(t, x) = C \left[-\frac{1}{2} t^{-3/2} + t^{-5/2} \left(\frac{x^2}{4\kappa}\right)\right] e^{-\frac{x^2}{4\kappa t}},$$

$$\partial_x K(t, x) = C \left[t^{-1/2} \left(-\frac{2x}{4\kappa t}\right) e^{-\frac{x^2}{4\kappa t}}\right],$$

$$\partial_x^2 K(t, x) = C \left[t^{-3/2} \left(-\frac{1}{2\kappa}\right) + t^{-1/2} \left(-\frac{x}{2\kappa t}\right)^2\right] e^{-\frac{x^2}{4\kappa t}}$$

$$= \frac{C}{\kappa} \left[-\frac{1}{2t^{3/2}} + t^{-5/2} \left(\frac{x^2}{4\kappa}\right)\right] e^{-\frac{x^2}{4\kappa t}} = \frac{1}{\kappa} \partial_t K(t, x).$$

Mit der Substitution $y = x/4\kappa t$ folgt $\int_{-\infty}^{\infty} K(t, x) \, dx = \frac{1}{\sqrt{\pi}} \int_{-\infty}^{\infty} e^{-y^2} dy = 1$. $\square$

Für $x \neq 0$ gilt $\lim_{t \to 0} K(t, x) = 0$, während $K(t, 0)$ für $t \to 0$ unbeschränkt wächst. Die Funktion K löst zwar die Wärmeleitungsgleichung, konvergiert jedoch für $t \to 0$ nicht punktweise gegen eine Funktion. Vielmehr ist die zu den Funktionen $K\left(\frac{t_0}{n}, \cdot\right)$ gehörige Folge regulärer Distributionen ein Delta-Folge. Für alle x gilt überdies $\lim_{t \to \infty} K(t, x) = 0$. Die Lösung K heißt aus einem später zu erläuternden Grund Evolutionskern der Wärmeleitungsgleichung oder kurz Wärmeleitungskern.

Abb. 5.15 zeigt $K(t, \cdot)$ für $\kappa t = \frac{1}{10}, \frac{1}{2}, 1$. Ein physikalisches Bild: Ein unendlich langer Stab ist anfangs bei $x = 0$ sehr heiß und sonst kalt. Er kühlt ab, indem Energie nach beiden Seiten ins Unendliche abströmt[14], was zu einer vorübergehenden Erwärmung des Stabes auch im Bereich $x \neq 0$ führt.

---

[14]Dazu stellt man sich den Stab mit Isoliermaterial umhüllt vor.

Abb. 5.15 $y = K(t, x)$ für $\kappa t \in \left\{ \frac{1}{10}, \frac{1}{2}, 1 \right\}$ in Rot, Grün und Schwarz nach steigender Zeit

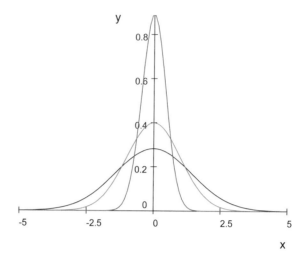

Den zeitlichen Temperaturverlauf am Ort $x > 0$ gibt die Funktion

$$S_x : t \mapsto K(t, x) = \frac{1}{\sqrt{4\pi\kappa t}} \exp\left(-\frac{x^2}{4\kappa t}\right) = \frac{1}{x\sqrt{\pi}} \sqrt{\frac{\tau}{t}} \exp\left(-\frac{\tau}{t}\right),$$

wobei die (ortsabhängige) Zeitkonstante τ durch $x^2 = 4\kappa\tau$ gewählt ist. Abb. 5.16 zeigt die Funktion $t/\tau \mapsto x\sqrt{\pi} S_x(t)$. Das Temperatursignal S_x nimmt sein Maximum zur Zeit $t = x^2/2\kappa$ an. Der Wert des Maximums ist $\dfrac{1}{|x|\sqrt{2\pi e}} \approx \dfrac{0{,}242}{|x|}$.

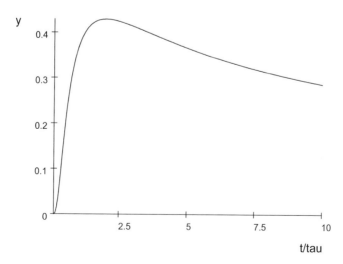

Abb. 5.16 $y = \sqrt{\frac{\tau}{t}} \exp\left(-\frac{\tau}{t}\right)$

Welche Lösung ergibt sich durch eine Galileitransformation von K? Leider nichts Neues, denn es gilt

$$\widetilde{K}(t, x) = e^{\frac{v^2}{4\kappa}t} e^{-\frac{v}{2\kappa}x} K(t, x - vt) = \frac{e^{\frac{v^2}{4\kappa}t} e^{-\frac{v}{2\kappa}x}}{\sqrt{4\pi\kappa t}} \exp\left(-\frac{(x - vt)^2}{4\kappa t}\right) = K(t, x).$$

5.5.2 Auskühlender Halbstrahl

Sei $u : \mathbb{R}_{>0} \times \mathbb{R} \to \mathbb{R}$ mit

$$u(t, x) = \int_{-\infty}^{x} K(t, \xi)\, d\xi = \frac{1}{\sqrt{\pi}} \int_{-\infty}^{\frac{x}{\sqrt{4\kappa t}}} \exp\left(-y^2\right) dy = \frac{1}{2}\left(1 + \mathrm{erf}\left(\frac{x}{\sqrt{4\kappa t}}\right)\right),$$

wobei K der Wärmeleitungskern ist. Zur Erinnerung:

$$\mathrm{erf}(x) = \frac{2}{\sqrt{\pi}} \int_{0}^{x} e^{-y^2}\, dy.$$

Für u gilt $\partial_t u(t, x) = \kappa \partial_x^2 u(t, x)$ für alle $(t, x) \in \mathbb{R}_{>0} \times \mathbb{R}$. Dies rechnet man durch Differenzieren unter Verwendung von $\mathrm{erf}'(x) = 2 \exp\left(-x^2\right)/\sqrt{\pi}$ nach. Plausibel ist es wegen

$$\partial_t u(t, x) = \int_{-\infty}^{x} \partial_t K(t, \xi)\, d\xi = \kappa \int_{-\infty}^{x} \partial_\xi^2 K(t, \xi)\, d\xi = \kappa \left.\partial_\xi K(t, \xi)\right|_{-\infty}^{x}$$
$$= \kappa \partial_x K(t, x) = \kappa \partial_x^2 u(t, x).$$

Offenbar gilt $u(t, x) > 0$ für alle $(t, x) \in \mathbb{R}_{>0} \times \mathbb{R}$. Es gilt weiter $\lim_{t \to 0} u(t, x) = 1$ für $x > 0$, $\lim_{t \to 0} u(t, x) = 0$ für $x < 0$ und $\lim_{t \to 0} u(t, 0) = 1/2$. Die C^∞-Funktion u ist also eine Lösung der Wärmeleitungsgleichung zur unstetigen Anfangsvorgabe durch die Standardstufenfunktion Θ. Während die Anfangsvorgabe Θ für alle $x < 0$ verschwindet, ist für jedes noch so kleine $t > 0$ der Funktionswert $u(t, x)$ an jeder noch so fernen Stelle $x < 0$ von 0 verschieden. Lektion: Anders als die Wellengleichung breitet die Wärmeleitungsgleichung Anfangsvorgaben mit unendlich hoher Geschwindigkeit aus. Überdies glättet sie Unstetigkeiten. Abb. 5.17 illustriert den mit wachsender Zeit zunehmend flacher werdenden Temperaturanstieg.

Welche Lösung ergibt sich durch eine Galileitransformation von u? Es gilt

$$\widetilde{u}(t, x) = e^{\frac{v^2}{4\kappa}t} e^{-\frac{v}{2\kappa}x} \frac{1}{2}\left[1 + \mathrm{erf}\left(\frac{x - vt}{\sqrt{4\kappa t}}\right)\right].$$

Diese Lösung gehört zur Anfangsvorgabe $f(x) = e^{-\frac{v}{2\kappa}x} \Theta(x)$. Für $v \geq 0$ ist sie räumlich und zeitlich abklingend, d. h., es gilt

$$\lim_{x \to \pm\infty} \widetilde{u}(t, x) = 0 \text{ für alle } t > 0 \text{ und } \lim_{t \to \infty} \widetilde{u}(t, x) = 0 \text{ für alle } x \in \mathbb{R}.$$

Abb. 5.17 $y = \frac{1}{2}$
$(1 + \mathrm{erf}(x))$ (schwarz) und
$y = \frac{1}{2}\left(1 + \mathrm{erf}\left(\frac{x}{4}\right)\right)$ (rot)

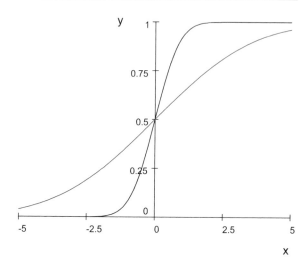

Eine Halbraumlösung der Wärmeleitungsgleichung ist die Funktion $u : \mathbb{R}_{>0} \times \mathbb{R}_{>0} \to \mathbb{R}$ mit

$$u(t, x) = T_R + (T_0 - T_R)\,\mathrm{erf}\left(\frac{x}{\sqrt{4\kappa t}}\right).$$

Sie erfüllt die Anfangsvorgabe $\lim_{t \downarrow 0} u(t, x) = T_0$ für alle $x > 0$ und die Randbedingung $\lim_{x \downarrow 0} u(t, x) = T_R$ für alle $t > 0$. Diese Lösung beschreibt den Prozess der Temperaturangleichung einer Halbachse (oder eines Halbraumes) von einer Anfangstemperatur T_0 an eine am Rand bei $x = 0$ dauerhaft vorgegebene Temperatur T_R. Für $T_0 > T_R$ ist dies ein Abkühlungsvorgang.

5.5.3 Stetige Anfangsvorgabe

Es soll nun gezeigt werden, dass im Fall $n = 1$ für jede stetige Anfangsvorgabe f eine Lösung der Wärmeleitungsgleichung auf $\mathbb{R}_{>0} \times \mathbb{R}$ existiert und durch eine Integration berechnet werden kann. Achtung: Wie das Beispiel des auskühlenden Halbraumes zeigt, existieren auch zu „moderat" unstetigen Anfangsvorgaben f Lösungen der WLG. Darauf wird jedoch nicht weiter eingegangen.

Satz 5.11 *Sei $f : \mathbb{R} \to \mathbb{R}$ stetig und beschränkt. Dann existiert die Funktion $u : \mathbb{R}_{>0} \times \mathbb{R} \to \mathbb{R}$ mit $u(t, x) = \int_{-\infty}^{\infty} K(t, x - \xi)\,f(\xi)\,d\xi$. Weiters ist u eine Lösung[15] der Wärmeleitungsgleichung zur Anfangsvorgabe f.*

---

[15]Die Lösung $u(t, \cdot)$ ist also die Faltung von $K(t, \cdot)$ mit f. Die Funktion K heißt deshalb Evolutionskern der 1d-Wärmeleitungsgleichung (engl. heat kernel).

Beweis (Details zur folgenden Beweisskizze sind in [5, Beweis von Theorem 55.4] zu finden.) Integral und Ableitung nach den Parametern t und x dürfen nach [1, Kap. VI, § 8.7, Satz 40] vertauscht werden. Daher ist u eine Lösung der WLG. Um den Limes von $u(t, x)$ für $t \to 0$ zu berechnen, formt man um:

$$u(t, x) = \int_{-\infty}^{\infty} K(t, x - \xi) f(\xi) \, d\xi = \int_{-\infty}^{\infty} K(t, y) f(x - y) \, dy$$

$$= \frac{1}{\sqrt{4\pi\kappa t}} \int_{-\infty}^{\infty} \exp\left(-\frac{y^2}{4\kappa t}\right) f(x - y) \, dy$$

$$= \frac{1}{\sqrt{\pi}} \int_{-\infty}^{\infty} \exp\left(-z^2\right) f\left(x - z\sqrt{4\pi\kappa t}\right) dz.$$

Damit folgt durch Vertauschen von $\lim_{t \to 0}$ und Integral

$$\lim_{t \to 0} u(t, x) = \frac{1}{\sqrt{\pi}} \lim_{t \downarrow 0} \int_{-\infty}^{\infty} \exp\left(-z^2\right) f\left(x - z\sqrt{4\pi\kappa t}\right) dz$$

$$= \frac{1}{\sqrt{\pi}} \int_{-\infty}^{\infty} \exp\left(-z^2\right) \lim_{t \downarrow 0} f\left(x - z\sqrt{4\pi\kappa t}\right) dz$$

$$= \frac{1}{\sqrt{\pi}} \int_{-\infty}^{\infty} \exp\left(-z^2\right) f(x) \, dz = f(x).$$

$\square$

Aus der Positivität von K folgt übrigens für $f \geq 0$ und $f \neq 0$, dass $u(t, x) > 0$ für alle $(t, x) \in \mathbb{R}_{>0} \times \mathbb{R}$. Dies ist natürlich wichtig für eine Interpretierbarkeit von u als absolute Temperatur oder Massendichte.

Die probeweise Anwendung der Evolutionsformel auf die Anfangsvorgabe $f = \Theta$ mit $\Theta(x) = 1$ für $x \geq 0$ und $\Theta(x) = 0$ sonst ergibt wegen

$$\int_{-\infty}^{\infty} K(t, x - \xi) \Theta(\xi) \, d\xi = \int_{-\infty}^{x} K(t, \xi) \, d\xi$$

die uns schon bekannte Lösung des auskühlenden Halbraumes. Zumindest für diese moderat unstetige Anfangsvorgabe liefert also die Evolutionsformel eine Lösung des Anfangswertproblems.

Evolution einer Gaußvorgabe

Für ein $a \in \mathbb{R}_{>0}$ gelte $f(x) = e^{-\frac{x^2}{a^2}}$ für alle $x \in \mathbb{R}$. Dann folgt für $t > 0$ und $x \in \mathbb{R}$

$$u(t, x) = \int_{-\infty}^{\infty} K(t, x - \xi) f(\xi) \, d\xi = \int_{-\infty}^{\infty} \frac{1}{\sqrt{4\pi\kappa t}} e^{-\frac{(x - \xi)^2}{4\kappa t}} e^{-\frac{\xi^2}{a^2}} \, d\xi.$$

Zur besseren Übersichtlichkeit fassen wir die Faltung zweier Gaußfunktionen in ein Lemma:

Lemma 5.1 *Seien $\alpha, \beta \in \mathbb{R}_{>0}$. Dann gilt für alle $x \in \mathbb{R}$*

$$\int_{-\infty}^{\infty} e^{-\alpha(x-\xi)^2} e^{-\beta\xi^2} d\xi = \sqrt{\frac{\pi}{\alpha+\beta}} e^{-\frac{\alpha\beta}{\alpha+\beta}x^2}.$$

Beweis Sei $F(x) = \int_{-\infty}^{\infty} e^{-\alpha(x-\xi)^2} e^{-\beta\xi^2} d\xi$. Dann folgt

$$F(x) = e^{-\alpha x^2} \int_{-\infty}^{\infty} e^{-\alpha\xi^2+2\alpha x\xi} e^{-\beta\xi^2} d\xi = e^{-\alpha x^2} \int_{-\infty}^{\infty} e^{-(\alpha+\beta)\xi^2+2\alpha x\xi} d\xi$$

$$= e^{-\alpha x^2} \int_{-\infty}^{\infty} e^{-(\alpha+\beta)\left[\xi^2-\frac{2\alpha x\xi}{\alpha+\beta}\right]} d\xi$$

$$= e^{-\alpha x^2} \int_{-\infty}^{\infty} e^{-(\alpha+\beta)\left[\xi^2-\frac{2\alpha x\xi}{\alpha+\beta}+\left(\frac{\alpha x}{\alpha+\beta}\right)^2-\left(\frac{\alpha x}{\alpha+\beta}\right)^2\right]} d\xi$$

$$= e^{-\alpha x^2} e^{\frac{\alpha^2 x^2}{\alpha+\beta}} \int_{-\infty}^{\infty} e^{-(\alpha+\beta)\left[\xi^2-\frac{2\alpha x\xi}{\alpha+\beta}+\left(\frac{\alpha x}{\alpha+\beta}\right)^2\right]} d\xi$$

$$= e^{-\alpha x^2\left(1-\frac{\alpha}{\alpha+\beta}\right)} \int_{-\infty}^{\infty} e^{-(\alpha+\beta)\left[\xi-\frac{\alpha x}{\alpha+\beta}\right]^2} d\xi$$

$$= e^{-\alpha x^2\left(\frac{\beta}{\alpha+\beta}\right)} \int_{-\infty}^{\infty} e^{-(\alpha+\beta)\xi^2} d\xi = e^{-\frac{\alpha\beta}{\alpha+\beta}x^2} \sqrt{\frac{\pi}{\alpha+\beta}}.$$

$$\square$$

Im Faltungsintegral zur Berechnung von u gilt $\alpha = 1/4\kappa t$ und $\beta = 1/a^2$ und daher

$$u(t,x) = \frac{1}{\sqrt{4\pi\kappa t}} e^{-\frac{\alpha\beta}{\alpha+\beta}x^2} \sqrt{\frac{\pi}{\alpha+\beta}} = \sqrt{\frac{\alpha}{\pi}} \sqrt{\frac{\pi}{\alpha+\beta}} e^{-\frac{\alpha\beta}{\alpha+\beta}x^2}$$

$$= \sqrt{\frac{\alpha}{\alpha+\beta}} e^{-\frac{\alpha\beta}{\alpha+\beta}x^2}.$$

Mit

$$\frac{\alpha\beta}{\alpha+\beta} = \frac{1}{\frac{1}{\alpha}+\frac{1}{\beta}} = \left(4\kappa t + a^2\right)^{-1}$$

folgt somit für alle $(t,x) \in \mathbb{R}_{>0} \times \mathbb{R}$

$$u(t,x) = \sqrt{\frac{a^2}{4\kappa^2 t + a^2}} e^{-\frac{x^2}{4\kappa t + a^2}}. \tag{5.8}$$

Für $t \le 0$ mit $4\kappa t + a^2 > 0$ wird $u(t,x)$ durch Gl. 5.8 definiert. Die so auf den Bereich $\left(-\frac{a^2}{4\kappa}, \infty\right) \times \mathbb{R}$ fortgesetzte Funktion ist überall eine Lösung der Wärmeleitungsgleichung. Lektion: Der Definitionsbereich von Lösungen des Anfangswertproblems der Wärmeleitungsgleichung kann i. A. nicht auf alle Zeiten ausgedehnt werden.

Die Funktion u steht zur Lösung K in einem engen Zusammenhang, denn es gilt für alle $t > -\frac{a^2}{4\kappa}$

$$u(t,x) = a\sqrt{\pi} K\left(t + \frac{a^2}{4\kappa}, x\right).$$

5.5.4 Eine Fundamentallösung

Da die zur Funktion $\xi \mapsto K(t, x - \xi)$ gehörige reguläre Distribution für $t \downarrow 0$ schwach gegen Diracs Delta-Distribution δ_x konvergiert, ist die reguläre Distribution zur lokalintegrablen Funktion $g : \mathbb{R}^2 \to \mathbb{R}$ mit

$$g(t,x) = \begin{cases} K(t,x) & \text{für } t > 0 \\ 0 & \text{für } t < 0 \end{cases}$$

eine Fundamentallösung von $\partial_t - \kappa \partial_x^2$ (zum Beweis siehe [8, § 6.5. f]).

Die Resultate dieses Abschnitts lassen sich ganz einfach auf n Raumdimensionen verallgemeinern. Der entscheidende Sachverhalt ist, dass der n-dimensionale Evolutionskern durch

$$K_n\left(t, x^1, \dots x^n\right) = K\left(t, x^1\right) \cdot \dots \cdot K\left(t, x^n\right)$$

gegeben ist. $\partial_t K_n = \kappa \Delta K_n$ rechnet man direkt mit der Produktregel nach.

5.6 Gezupfte Saite

In Satz 3.30 ist die Lösung des Anfangsrandwertproblems der am Rand eingespannten Saite charakterisiert. Dabei sind über die Anfangsvorgaben bestimmte Differenzierbarkeitsannahmen vorausgesetzt. Welche Funktion A produziert die Lösungsformel des Satzes, wenn die Anfangsdaten (u, v) die Differenzierbarkeitsannahmen nicht erfüllen?

Zur Illustration diene der Fall der gezupften Saite. Es wird also

$$u(x) = \begin{cases} 2u_0 x & \text{für } 0 \le x < L/2 \\ 2u_0 (L - x) & \text{für } L/2 \le x \le L \end{cases}$$

und $v = 0$ angenommen. Die Funktion u sei ungerade und $2L$-periodisch auf ganz $\mathbb{R}$ fortgesetzt. Die Anfangsauslenkung u ist zwar stetig, aber in $x = L/2$ nicht differenzierbar. Die Fouriersche Lösungsformel ergibt die auf ganz $\mathbb{R}^2$ definierte Funktion A mit

$$A(t,x) = \frac{8u_0}{\pi^2} \sum_{k=0}^{\infty} \frac{(-1)^k}{(2k+1)^2} \cos\left((2k+1)\pi\frac{ct}{L}\right) \sin\left((2k+1)\pi\frac{x}{L}\right). \quad (5.9)$$

Ein Blick auf d'Alemberts Lösungsformel lässt $A(t,x) = \frac{1}{2}\big(u(ct+x) + u(ct-x)\big)$ für alle $(t,x) \in \mathbb{R}^2$ vermuten. Es sollte also während der ersten Viertelperiode, d.h. für $0 < t < L/2c$, im Bereich $0 < x < L$

$$A(t,x) = \begin{cases} 2u_0 x & \text{für } 0 \leq x < L/2 - ct \\ 2u_0\left(\frac{L}{2} - ct\right) & \text{für } L/2 - ct \leq x < L/2 + ct \\ 2u_0(L-x) & \text{für } L/2 + ct \leq x < L \end{cases}$$

gelten. Tatsächlich ist Gl. 5.9 die Sinusreihe dieses um $L/2$ symmetrischen Trapezprofils. Abb. 5.18 zeigt die Funktion $x \mapsto A(t,Lx)$ zur Zeit $ct = 0$. Abb. 5.19 zeigt sie für $ct = L/4$. Die Knickstelle wird nicht geglättet und verschiebt sich mit der Geschwindigkeit c des Wellenoperators.

Abb. 5.20 zeigt die Sechzehntelperiode-Schnappschüsse der Partialsumme der Fourierreihenlösung bis $k = 10$ zu den Zeiten $ct = \pi n L/8$ mit $n = 0, \ldots 8$. Diese Partialsumme von A aus Gl. 5.9 ist natürlich eine C^∞-Lösung des Anfangsrandwertproblems der schwingenden Saite.

Die Lösungsformeln von d'Alembert und Fourier ergeben also ein und dieselbe nicht differenzierbare lokalintegrable Funktion A. In welchem Sinn ist sie eine Lösung der dAWG? Eine Antwort gibt der folgende Satz:

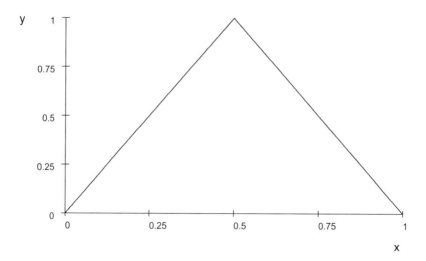

Abb. 5.18 Momentaufnahme der gezupften Saite: $y = A(t,x)$ für $ct = 0$ und $L = 1$

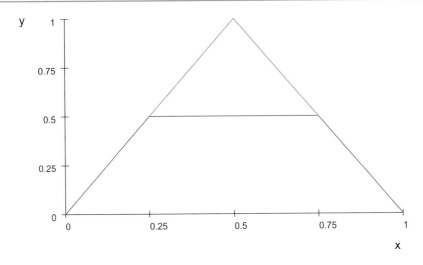

Abb. 5.19 Momentaufnahmen der gezupften Saite: $y = A(t, x)$ für $ct = L/4$ (rot) und für $ct = 0$ (grau); beides für $L = 1$

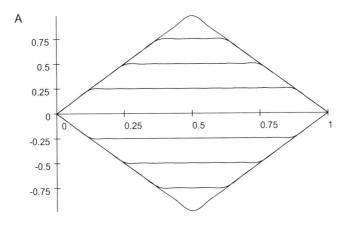

Abb. 5.20 Partialsumme von Gl. 5.9 bis $k = 10$ für $L = 1$ zu den Zeiten $ct = n\pi/8$ für $n = 0, \ldots 8$

Satz 5.12 *Sei $u \in C(\mathbb{R})$ und $A(t, x) = \frac{1}{2}(u(ct + x) + u(ct - x))$. Für die zu A gehörige reguläre Distribution $\widetilde{A} \in D'\left(\mathbb{R}^2\right)$ gilt $\square \widetilde{A} = 0$.*

Beweis Sei $x_\pm = ct \pm x$. Es gilt in der Karte $\Phi = (x_+, x_-)$

$$\square A = 4 \partial_1^\Phi \partial_2^\Phi A.$$

Damit folgt für jede Testfunktion $f \in \mathscr{D}\left(\mathbb{R}^2\right)$

$$\widetilde{A}(\square f) = \int_{\mathbb{R}^2} \frac{1}{2}(u(x_+) + u(x_-)) \, 4 \left(\partial_1^\Phi \partial_2^\Phi f\right) \frac{1}{2} dx_+ dx_-.$$

Nun folgt für ein $L > 0$ mit $f(x_+, x_-) = 0$ für alle (x_+, x_-) mit $|x_-| \geq L$

$$\int_{-\infty}^{\infty} u(x_+) \partial_1^{\Phi} \left(\int_{-\infty}^{\infty} \left(\partial_2^{\Phi} f \right) dx_- \right) dx_+ = \int_{-\infty}^{\infty} u(x_+) \left(\partial_1^{\Phi} f \right) (x_+, x_-) \Big|_{x_-=-L}^{x_-=L} = 0.$$

Daraus folgt die Behauptung.   □

5.7 Übungsbeispiele

1. Einige Delta-Folgen: Zeigen Sie für die folgenden Funktionenfolgen $(g_k)_{k \in \mathbb{N}}$ mit $g_k \in C^{\infty}(\mathbb{R})$, dass für alle $f \in \mathscr{D}(\mathbb{R})$

$$\lim_{k \to \infty} \int_{-\infty}^{\infty} g_k(x) f(x) \, dx = f(0)$$

gilt. Die Folgen von regulären Distributionen $(\widetilde{g}_k)_{k \in \mathbb{N}}$ konvergieren also schwach gegen Diracs Delta-Distribution. (Man sagt: $(\widetilde{g}_k)_{k \in \mathbb{N}}$ ist Delta-Folge.)

$$g_k(x) = \frac{1}{\pi} \frac{k}{1 + k^2 x^2},$$
$$g_k(x) = k \exp\left(-\pi k^2 x^2\right),$$
$$g_k(x) = \frac{k}{\pi} \left(\frac{\sin(kx)}{kx} \right)^2.$$

Hinweis: Es gilt

$$\int_{-\infty}^{\infty} \left(\frac{\sin x}{x} \right)^2 dx = \pi.$$

2. Interpretation formaler Ausdrücke: Sei $f \in \mathscr{D}(\mathbb{R}^2)$. Versuchen Sie, den folgenden formal notierten Ausdrücken Sinn zu geben.

$$\int_{\mathbb{R}^2} \delta(x - a) \delta(x - y) f(x, y) \, dx dy,$$
$$\int_{\mathbb{R}^2} \delta'(x - a) \delta(x - y) f(x, y) \, dx dy,$$
$$\int_{\mathbb{R}^2} \delta(x - y) f(x, y) \, dx dy.$$

3. Rückholung der Delta-Distribution: Sei $f \in \mathscr{D}(\mathbb{R})$ und $h \in C^1(\mathbb{R})$. Die Funktion h habe in jedem endlichen Intervall nur endlich viele Nullstellen. Es gelte

$h'(x_i) \neq 0$ für alle Nullstellen x_i von h. Sei $g_k : \mathbb{R} \to \mathbb{R}$ für alle $k \in \mathbb{N}$ lokalintegrabel. Die Folge $(g_k)_{k \in \mathbb{N}}$ sei eine Delta-Folge. Machen Sie plausibel, dass

$$\lim_{k \to \infty} \int_{-\infty}^{\infty} g_k(h(x)) f(x)\, dx = \sum_{i=1}^{n} \frac{1}{|h'(x_i)|} f(x_i), \qquad (5.10)$$

wobei $\{x_1, \ldots x_n\}$ die Nullstellenmenge von h in einem endlichen Intervall ist, außerhalb dessen $f = 0$ gilt. Hinweis: Das Integral wird bei wachsendem k von immer kleiner werdenden x-Intervallen um die Nullstellen von h herum bestimmt. Führen Sie um jede Nullstelle von h die Funktion h als (lokale) Integrationsvariable ein.

4. Einige Spezialfälle der Rückholung der Delta-Distribution: Leiten Sie aus Gl. 5.10 die folgenden formal notierten Spezialfälle ab. Dabei seien $a, b \in \mathbb{R}$ mit $a > 0$ und $f \in \mathscr{D}(\mathbb{R})$.

$$\int_{-\infty}^{\infty} \delta(ax - b) f(x)\, dx = \frac{1}{a} f(b/a),$$

$$\int_{-\infty}^{\infty} \delta(x^2 - a^2) f(x)\, dx = \frac{1}{2a}(f(a) + f(-a)).$$

5. Die Delta-Distribution auf der Sphäre: Sei $f \in \mathscr{D}(\mathbb{R}^3)$. Versuchen Sie, dem folgenden formal notierten Ausdruck Sinn zu geben. Dabei sei $a \in \mathbb{R}_{>0}$.

$$\int_{\mathbb{R}^3} \delta(|x|^2 - a^2) f(x)\, d^3x.$$

6. Eine Fundamentallösung von $\frac{d^2}{dx^2} + k^2$: Für $0 \neq k \in \mathbb{R}$ sei $G_k \in \mathscr{D}'(\mathbb{R})$ die reguläre Distribution zur Funktion $x \mapsto (2k)^{-1} \sin(k|x|)$, d. h.

$$G_k(f) = \int_{-\infty}^{\infty} \frac{\sin(k|x|)}{2k} f(x) dx.$$

Zeigen Sie $G_k'' + k^2 G_k = \delta$. Finden Sie ein $G_0 \in \mathscr{D}'(\mathbb{R})$ mit $G_0'' = \delta$.

7. Die stationäre Lösung zur sinusmodulierten ruhenden Punktquelle der dAWG: Sei $\omega := ck \in \mathbb{R}_{>0}$ und sei $\Gamma \in \mathscr{D}'(\mathbb{R}^2)$ die reguläre Distribution zur Funktion $\gamma : \mathbb{R}^2 \to \mathbb{R}$ mit

$$\gamma(t, x) = -\sin(\omega t) \sin(k|x|)/(2k).$$

Zeigen Sie für $J \in \mathscr{D}'(\mathbb{R}^2)$ mit $J(f) = \int_{-\infty}^{\infty} \sin(\omega t) f(t, 0) dt$, dass $\Box \Gamma = J$ gilt. Das heißt ausführlicher: Für alle $f \in \mathscr{D}(\mathbb{R})$ gilt $\Gamma(\Box f) = J(f)$. Formal wird J mit der „Funktion" $j(t, x) = \sin(\omega t)\delta(x)$ assoziiert und daher

$$\Box \gamma(t, x) = \sin(\omega t)\delta(x)$$

geschrieben. Abb. 5.21 zeigt Momentaufnahmen der Stehwellenlösungen zu $k = 1$ (schwarz) und $k = 2$ (rot) zu Zeiten maximaler Auslenkung.

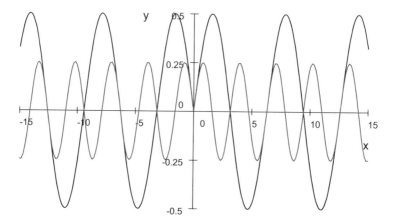

Abb. 5.21 Die Funktionen $y = \frac{\sin(|x|)}{2}$ und $y = \frac{\sin(2|x|)}{4}$ (rot) aus Übungsbeispiele 7

8. Die Ausstrahlungslösung zur allgemein modulierten ruhenden Punktquelle der dAWG: Sei $f \in C^1(\mathbb{R})$ und sei F eine Stammfunktion von f. Zeigen Sie für $A : \mathbb{R}^2 \to \mathbb{R}$ mit $A(t, x) = \frac{c}{2} F\left(t - \frac{|x|}{c}\right)$ den formal notierten Sachverhalt

$$\Box A(t, x) = f(t)\delta(x).$$

Anders als die stehende Lösung aus Übungsbeispiele 7 „läuft" diese Lösung von der Quelle weg. Für $\omega := ck \in \mathbb{R}_{>0}$ und $f(t) = \sin(\omega t)$ gilt beispielsweise $A(t, x) = -\frac{\cos(k|x|-\omega t)}{2k}$; siehe Abb. 5.22.

9. Die retardierte Fundamentallösung von $\Box_2$: Sei Θ die Heaviside-Stufenfunktion und sei $\Delta_{\text{ret}} \in \mathscr{D}'(\mathbb{R}^2)$ die reguläre Distribution zur Funktion $D_{\text{ret}} : \mathbb{R}^2 \to \mathbb{R}$, mit $(t, x) \mapsto \frac{c}{2}\Theta\left(c^2t^2 - x^2\right)\Theta(t)$. Also gilt

$$\Delta_{\text{ret}}(f) = \frac{c}{2} \int_0^\infty \left(\int_{-ct}^{ct} f(t, x)dx\right) dt.$$

Zeigen Sie $\Box\Delta_{\text{ret}} = \delta^2$. Expliziter: $\Delta_{\text{ret}}(\Box f) = f(0, 0)$ für alle $f \in \mathscr{D}(\mathbb{R}^2)$. Hinweis: Zeigen und verwenden Sie $\Theta\left(c^2t^2 - x^2\right)\Theta(t) = \Theta(ct + x)$ $\Theta(ct - x)$. Die Distribution Δ_{ret} heißt retardierte Fundamentallösung des d'Alembertoperators $\Box$. Die Funktion D_{retret} heißt retardierter Propagator von $\Box$.

10. *Eine* Delta-Folge: Sei $T_\kappa \in \mathscr{D}'(\mathbb{R})$ mit $T_\kappa(f) = \frac{\kappa}{2}\int_{-\infty}^\infty \exp(-\kappa|x|) f(x)dx$. Zeigen Sie für alle $f \in \mathscr{D}(\mathbb{R})$, dass $\lim_{\kappa \to \infty} T_\kappa(f) = \delta(f) = f(0)$.

11. Eine Fundamentallösung von $\frac{d^2}{dx^2} - \kappa^2$: Für $0 \neq \kappa \in \mathbb{R}$ sei G_κ die Distribution in $\mathscr{D}'(\mathbb{R})$ mit

$$G_\kappa(f) = -\int_{-\infty}^\infty \frac{\exp(-\kappa|x|)}{2\kappa} f(x)dx.$$

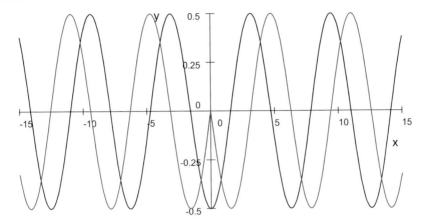

Abb. 5.22 Die Funktionen $y = -\frac{\cos(|x|)}{2}$ (schwarz) und $y = -\frac{\cos(|x|-\frac{\pi}{2})}{2}$ (rot) aus Übungsbeispiele 7

Zeigen Sie, dass $G_\kappa'' - \kappa^2 G_\kappa = \delta$. (Für $\kappa > 0$ kann G_κ zu einer temperierten Distribution fortgesetzt werden.)

12. Ausstrahlungslösung zur sinusmodulierten bewegten Punktquelle der dAWG; Dopplereffekt: Sei $k = \omega/c \in \mathbb{R}_{>0}$, $v \in [0, c)$ und $k_\pm := ck/(c \mp v)$. Zeigen Sie für die reguläre Distribution zur (stetigen!) Funktion $A : \mathbb{R}^2 \to \mathbb{R}$ mit

$$A(t, x) = -\frac{1}{2k}\left[\Theta(x - vt)\cos(k_+(ct - x)) + \Theta(vt - x)\cos(k_-(ct + x))\right],$$

dass (formal)

$$\Box A(t, x) = \sin(\omega t)\,\delta(x - vt).$$

Am bewegten Ort (Empfänger) $\gamma(t) = x_0 + ut$ mit $u \in \mathbb{R}$ hat A zur Zeit t den Wert $S_\gamma(t) = A(t, \gamma(t))$. Zeigen Sie, dass

$$S_\gamma(t) = \begin{cases} -\frac{1}{2k}\cos\left(\omega\frac{c-u}{c-v}t - k_+ x_0\right) & \text{für } \gamma(t) > vt \\ -\frac{1}{2k}\cos\left(\omega\frac{c+u}{c+v}t - k_- x_0\right) & \text{für } \gamma(t) < vt \end{cases}.$$

Für $u = 0$ hat das Signal S_γ für $vt < \gamma(t) = x_0$, also rechts von der Quelle, die Frequenz

$$\omega' = \frac{\omega}{1 - \frac{v}{c}} > \omega.$$

Links von der Quelle hat das Signal die Frequenz

$$\omega' = \frac{\omega}{1 + \frac{v}{c}} < \omega.$$

Für $v = 0$ ruht die Quelle. Bewegt sich γ mit der Geschwindigkeit $u < 0$ nach links, so hat S_γ die Frequenz

$$\omega' = \omega \left(1 + \frac{|u|}{c} \right) > \omega,$$

solange $\gamma\,(t)$ noch rechts von der Quelle ist. Danach hat S_γ die Frequenz

$$\omega' = \omega \left(1 - \frac{|u|}{c} \right) < \omega.$$

Die Signalfrequenz hängt somit bei gleicher Relativgeschwindigkeit zwischen Quelle und Empfänger davon ab, ob sich die Quelle oder der Empfänger bewegt. Bewegen sich Quelle und Empfänger mit derselben Geschwindigkeit, dann hat S_γ unabhängig von x_0 die Quellfrequenz ω.

Literatur

1. Erwe, F.: Differential- und Integralrechnung, Bd. 2. BI, Mannheim (1962)
2. Fischer, H., Kaul, H.: Mathematik für Physiker, Bd. 2. Teubner, Stuttgart (2005)
3. Forbes, N., Mahon, B.: Faraday, Maxwell and the Electromagnetic Field. Prometheus, Amherst (2014)
4. Jänich, K.: Analysis für Physiker und Ingenieure. Springer, Berlin (2001)
5. Koerner, T.W.: Fourier Analysis. Cambridge UP, Cambridge (1988)
6. Ortner, N., Wagner, P.: Fundamental Solutions of Linear Partial Differential Operators. Springer, Heidelberg (2015)
7. Walter, W.: Einführung in die Theorie der Distributionen. BI-Wiss.-Verlag, Mannheim (1994)
8. Wladimirow, W.: Gleichungen der mathematischen Physik. Deutscher Verlag der Wissenschaften, Berlin (1972)

Sachverzeichnis

© Springer-Verlag GmbH Deutschland, ein Teil von Springer Nature 2019
G. Grübl, *Mathematische Methoden der Theoretischen Physik | 2*,
https://doi.org/10.1007/978-3-662-58075-2

Printed in the United States
By Bookmasters